제 3 판

도시계획학원론

정 환 용 저

博 英 社

제 3 판 서문

제 2 판을 출간한지 3년 만에 다시 제 3 판을 내게 되었다. 도시계획관련 저서들 중에서 지속적으로 수정 · 보완하여 출간하는 책들은 그렇게 많지 않은 가운데에서도, 이 책이 제 3 판을 내놓게 된 것은 독자 제현들의 지속적인 관심과 사랑 때문이라고 생각한다.

제 3 판을 내면서 중점을 두었던 사항은 책의 논리적 틀인 목차의 기본구성은 유지하면서 도시계획의 여건변화를 수용하기 위해 내용의 일부를 수정하고 보완하는 것이었다. 이론적인 부문도 일부 보완하였지만, 도시계획관련 법규의 제·개정에 따른 변경내용을 제 2 판 출간 이후 2005년 말까지를 기준으로 정리하였다. 아울러 문장의 부자연스러운 표현이나 부드럽지 못한 문맥을 바로잡고, 오·탈자의 내용도 수정하였다.

장별 주요 수정내용은 다음과 같다.

제 2 장 도시계획체계는 개정된 법규와 새로운 계획수립지침에 따라, 광역계획 · 기본계획 · 관리계획 · 지구단위계획의 수립 및 결정내용을 중심으로 대폭적인 보완을 하였다.

제 4 장 도시계획의 접근이론에서는 제 4 절 도시계획의 실증적 모형의 내용이 일반계획이론적 성격이 강하고, 일부는 제 3 절 도시계획이론의 주요 전통과 모형의 내용과 일부 중복되어, 이를 전면 삭제하였다.

제 7 장 토지이용계획의 제 3 절 계획과정에 토지이용조사분석항목에 토지적성평가에 대한 사항을 삽입하였다. 제 4 절 토지이용규제에서는 용도지역·지구계획 수립원칙을 보완했으며, 용도구역에서는 신설된 도시자연공원구역을 추가하였다.

제 9 장 공원녹지계획에서는 「도시공원 및 녹지 등에 관한 법률」의 제정·시행에 따라 전체적인 내용을 재구성하였다. 특히 공원녹지기본계획, 시설조성계획 등은 법의 내용에 따라 새롭게 작성하였다.

제10장 도시개발에서는 개정된 「도시개발법」의 내용에 따라 제 2 절 개발계획의 내용을 수정하였다. 아울러, 제 3 절 개발방식에서는 민관협력개발에

관한 내용을 보완하였다.

제11장 도시재개발에서도 제1절 개요에서 접근방법의 내용을 보완하고, 관련법의 개정에 따라 제2절 정비계획의 내용을 수정했으며, 제3절 정비사업의 경우 주거지정비에 대한 내용을 재정리하고, 제4절 재개발정책의 내용은 간략화했다.

제12장 신도시개발에서는 행정중심복합도시건설에 대한 내용을 제3절 개발사례에 포함시켰고, 제5절 개발사업의 평가에서 이론적 평가부문을 재정리하였다.

제14장 도시계획제도에서는 제3절의 도시정책에서 수도권관리, 시범도시의 내용을 보완하였다.

제3판의 개정작업에서도 여러 사람의 도움을 받았다. 무엇보다도 학과 동료교수들의 도움이 많았다. 그리고 학과의 조교인 최필성 군은 연락 등의 일을 했다.

끝으로 이 책이 발간되도록 도와 주신 박영사의 안종만 회장님, 황인욱 전무님, 편집부 허유협 선생님, 그리고 관계자 여러분께 감사를 드린다.

2006년 2월

著 者 識

서 문

새로운 천년의 시작이 얼마 남지 않은 오늘의 도시환경은 과거와는 판이하게 다른 여건에 놓여 있다. 정보화와 기술발달에 따라 접촉공간이 확대되는 것은 물론 거리의 마찰이 없는 가상공간을 통해 세계 각지와 다양한 최신의 정보를 교환할 수 있어 지구촌가족의 상호의존적인 삶이 구체화되고 있다. 이러한 정보화·개방화추세와 병행하여 후기산업사회의 포스트 모던이즘 가치관이 새롭게 등장함에 따라 도시문제와 도시계획에 대한 접근방안도 새로운 시각에서 재정립해 나가야 할 시점에 이르렀다.

환경문제의 대두에 따라 개발과 보전의 조화를 이루는 지속가능한 도시개발의 정립방안, 양적인 경제성장에서 삶의 질을 제고하는 도시환경조성, 그리고 획일적이고 전체적인 도시개발에서 다양성과 정체성을 강조하는 시각이 중요성을 더해 가고 있다. 대도시위주의 성장지향적인 도시정책에서 지역간 균형개발을 추구하는 중소도시개발정책, 그리고 도시계획과 개발에서 민주성과 시장성을 강조하는 입장에 이르기까지 새롭고 혁신적인 패러다임이 도시계획에 커다란 영향을 미치고 있다.

학문의 대상으로서 도시계획이 이 땅에 도입된 지 한 세대가 지난 지금까지 도시계획을 연구하는 학자들에게 주어진 주요한 책무의 하나는 현실적인 도시문제에 대해 실제적이면서 설득력 있는 대처방안을 제시하는 것이다. 아울러 도시계획에 대한 학적 기반을 논의하고, 한국적인 도시문제와 도시계획의 대처방안을 강구하는 노력은 중요한 의미를 갖는다. 본서는 도시계획의 학문적 정립을 위한 하나의 시도로서 「도시계획학원론」이라는 이름을 선택했다.

이 책은 지난 20여년간 대학강단에서 도시계획을 연구하면서 가르친 내용들을 중심으로 지금까지의 이론들과 연구성과들을 오늘의 시점에서 정리한 것이다. 본서는 주로 대학에서 도시계획을 공부하는 학생들이 도시계획의 이론과 실제의 이해를 위해 쓴 것이지만, 도시계획에 관심을 갖고 있는 모든 사람들의 폭넓은 이해에 많은 도움이 있을 것이다.

이 책을 쓰면서 중점을 둔 부분은 다음과 같다.

첫째, 도시계획에 대한 이론적 기반을 정리하여 종합과학으로서 도시계획의 학문적 위치를 확립하고, 도시가 처한 현실적인 과제와 발전방향을 명료하게 제시할 수 있는 이론적 틀을 제시하는 데 노력했다.

둘째, 도시계획의 이론화를 위한 시도로서 본서의 전체적인 구성은 물론 주요 부문계획에서도 실체이론과 과정이론의 균형을 도모했다.

셋째, 변화하는 도시환경과 확대되는 도시계획에 대한 기대역할을 고려하여 개발과 보전, 지속성의 문제, 그리고 참여계획의 문제 등을 포함하였다.

넷째, 계획과 집행, 계획과 개발을 연결시키고, 계획의 실제적인 적용의 문제를 다루기 위해 도시개발계획과 도시계획제도의 내용을 삽입하였다.

총 15장으로 구성된 본서는 기초개념, 이론적 접근, 부분별 계획, 도시개발계획, 도시계획제도의 5개 부문으로 나누었다.

제1편 도시계획의 기초에서는 도시계획에 관한 기초개념, 도시계획체계, 그리고 도시발달과 도시계획의 변천에 대한 내용을 검토하였다. 제1장은 도시계획의 기초개념에 관한 내용으로 도시계획의 개념정의, 도시계획의 기능과 유형, 도시계획의 필요성과 범위, 그리고 도시연구와 도시계획의 인접학문에 대한 개괄적인 검토를 했다. 제2장은 도시계획체계로서 국토공간계획에서 도시계획의 위상을 파악하고, 도시계획의 종류별로 계획의 성격과 기능, 계획의 수립과 집행을 검토했다. 제3장은 도시의 시대별 발달을 서양·동양·한국으로 나누어 도시계획의 개념발달과 연관하여 고찰한 후 주요한 전통을 범주화하여 기술했다.

제2편 도시계획의 이론적 접근에서는 도시계획의 접근이론, 도시의 성장과 구조, 도시계획과정론을 3개 장으로 나누어 검토하였다. 제4장은 도시계획의 접근이론을 정리한 것으로 도시계획에 대한 이론적 기반을 정립하기 위한 시도로서 도시계획의 이론발달, 도시계획의 주요 전통, 그리고 도시계획의 적법화의 바탕이 되는 주민참여의 논리적 근거, 참여수단과 방법을 살펴보았다. 제5장은 도시계획에 관한 실제이론으로 도시의 성장과 구조를 집중적으로 설명하였는데, 주요 내용은 도시화의 특성과 과정, 도시체계와 분포, 도시성장이론, 그리고 도시구조와 구성을 다루었다. 제6장 도시계획과정론은 과정이론으로 목표설정·미래예측·대안작성선택·대안집행관리의 과정으로 나누어 구체적인 내용을 검토하였다.

제 3 편 부문별 도시계획에서는 토지이용, 교통, 공원녹지계획의 도시계획의 공간적 계획을 중심으로 개념, 계획과정별 활동, 시설계획, 정책과 관리의 내용 등에 대해 고찰하였다. 제 7 장 토지이용계획에서는 토지이용결정이론·계획과정 · 토지이용규제에 대한 내용을 기술했다. 제 8 장 교통계획에서는 계획과정 · 시설계획 · 녹색교통에 대해 서술했다. 제 9 장 공원녹지계획에서는 계획과정 · 시설계획은 물론 경관계획을 포함하여 다루었다.

제 4 편은 도시계획을 개발활동과 연계하는 부문으로 도시개발의 일반적인 검토와 함께 도시재개발 · 신도시개발의 내용을 다루었다. 제10장은 도시개발에서는 도시개발방식과 기법, 그리고 지구개발에 대해 검토하였다. 제11장은 도시재개발에서는 재개발계획의 작성과 재개발사업의 수행에 대한 내용을 고찰했다. 제12장 신도시개발은 계획과정, 개발사업, 그리고 국내외의 신도시개발사례를 검토하고, 최근에 새로운 형태의 신도시로 부각되고 있는 기술집적도시를 아울러 고찰하였다. 제13장 지속가능개발에서는 환경과의 조화를 이룰 수 있는 도시계획과 개발의 구체적인 도입방향을 그 기본원리에서부터 개발사례, 그리고 도시보전계획의 수립방향까지를 검토하였다.

제 5 편 도시계획제도에서는 도시관리제도와 도시계획교육을 중심으로 기술했다. 제14장 도시관리제도에서는 도시계획과 개발에서 정부의 활동이 요구되는 부분을 도시행정조직 · 법제 · 도시정책, 그리고 도시재정의 내용을 중심으로 살폈다. 제15장 도시계획교육은 도시계획교육, 도시계획가의 역할과 윤리강령을 중점검토했다.

처음의 의도와는 달리 도시계획의 학제적 성격과 저자의 능력의 한계에 의해 체계화와 종합적인 면에서 부족함이 많을 것이다. 앞으로 독자제현의 질책을 통해 더욱 보완할 것을 다짐한다. 그러나 이 책이 도시계획분야의 이론화에 하나의 밑거름이 되었으면 하는 심정이다.

도시계획에 관한 연구와 교육을 진행해온 과정에서 많은 지도와 귀감을 보여 주셨던 은사와 동료교수들의 도움을 받을 수 있었던 것은 커다란 행복이었다. 쉐필드(Sheffield) 대학교의 명예교수이신 마사(Masser, Ian) 교수님과 서울대학교 환경대학원의 최상철 교수님은 은사로서 학문의 방향을 제시해주시고 있어 언제나 든든함을 느낀다. 그리고 언제나 많은 조언과 격려를 아끼지 않으신 조재육 교수님을 비롯한 동료교수 여러분들에 대해서도 감사드린다. 그리고 교정에 도움을 준 이종익 박사, 김병수 조교, 신희정 양에게도 고마움을 전하고 싶다.

출간을 고대하신 아버님께 이 책을 바치며, 사랑과 인내로서 묵묵히 지원해준 아내(김혜경)와 은경, 원준이와 함께 출간의 기쁨을 나누고자 한다.

끝으로, 이 책이 발간되도록 도와 주신 안종만 사장님, 황인욱 국장님, 이일성 차장님, 그리고 관계자 여러분께 가슴 깊이 감사드립니다.

1998년 12월

著 者 識

목 차

제 1 편 도시계획의 기초

제 2 편 도시계획의 이론적 접근

제 4 장 도시계획의 접근이론

제 5 장 도시성장과 구조

제 3 편 부문별 도시계획

제 7 장 토지이용계획

제 9 장 공원녹지계획

제 4 편 도시개발계획

제10장 도 시 개 발

제12장 신도시개발

제 5 편 도시계획제도

제15장 도시계획교육

제 1 편 도시계획의 기초

제 1 장 도시계획의 기초개념

제 2 장 도시계획체계

제 3 장 도시발달과 도시계획

제 1 장

도시계획의 기초개념

제 1 절 도시계획의 의의

Ⅰ. 개념정의

1. 용 어

영어로 도시를 지칭하는 말은 city · town · urban이 주로 사용되고 있는데, 이들은 각각 다른 어원을 갖고 있다. city는 로마시대 시민(citizen)을 뜻하는 "civis"라는 말에서 기원했으며, town은 둘러싸인 곳(enclosure)을 나타내는 고영어(古英語) "tun"에서 나왔다(Norton, 1994 : 3). 그리고 urban은 중심을 의미하는 "urbanu"라는 말에서 연원하였다. 우리가 사용하고 있는 도시란 말은 도(都)와 시(市)가 합하여 이루어진 합성어이다. 여기서 도(都)는 천자가 거주하는 취락을 지칭하고, 시(市)는 교역이 이루어지는 장소를 의미한다. 이들 도시를 나타내는 말들은 동서양을 막론하고 중심지의 의미를 함유하고 있음을 알 수 있다. 환언하면, 도시는 정치 · 행정의 중심지이며, 산업 · 경제활동 등이 모여서 이루어지는 활동의 중심지를 의미한다.

도시계획을 나타내는 말은 영국에서는 town planning, 미국에서는 city planning과 urban planning을 주로 사용하고 있다(日笠 端, 1988 : 73). 여기서 "urban planning"과 "city planning"은 동일한 의미로 사용하는 경우가 많다. 그러나 양자의 의미를 구별하는 경우 후자(後者)는 행정관할구역 내의 계획활동을, 전자(前者)는 단일도시의 행정경계보다는 실질적 도시화가 이루어진 지역을 대상으로 설정된 권역에 대한 계획을 각각 지칭한다(Schwarz, *et al.,* 1976 : 223).

최근에는 도시화의 진전과 도시규모의 확대에 따라 단일도시중심의 도시계획보다는 도시의 주변영향권까지를 포함한다는 의미로 '도시 및 농촌계획'(town and country planning : 영국에서 주로 사용) 또는 '도시 및 지역계획'(urban and regional planning : 라틴계 국가에서 주로 사용)이라는 말을 많이 사용하고 있다(Cherry, 1982 : 1).

2. 개념정의

(1) 고찰의 초점

도시계획(都市計劃)은 이의 학제적 성격, 종합적 시각, 그리고 변화하는 성격 때문에 명쾌하게 그 개념을 정의하기 어렵다(Ratcliffe, 1978 : 3). 따라서 도시와 도시계획에 대한 이해의 시각에 따라 학자별로 다양한 정의가 제시되고 있다.

도시계획의 목적(目的)에 초점을 두어 도시계획을 '경제 · 편의 · 미의 최대획득을 위한 토지이용의 질서와 건물 · 통신로의 위치선정과 관련한 예술과 과학'(Keeble), '인간생활의 세련된 물리적 환경을 창조하는 원리의 형성시도'(Sharp)라고 정의한다.

도시계획의 계획적 특성(特性)을 강조하여 '예측과 유도된 변화를 추구하는 활동'(McLoughlin), '도시의 장래발전에 대비하는 일'(McAneny)이라고 이해하기도 한다.

도시계획의 대상(對象)과 활동내용(活動內容)에 따라 '하나의 사실상의 도시를 대상으로 공공활동이나 공공규제가 필요한 모든 부문에 걸쳐 도시의 성장과 변화의 테두리를 마련하고 실천하는 활동'(Gillie), '도시와 이의 배후지역의 개발에 대한 공적인 통제수단으로 커뮤니티에 유해하다고 생각되는 규제와 남용에 대한 통제이며, 민간부문의 활동에 의해 달성하기 어려운 특정목표를 성취하기 위한 사회 · 경제 · 환경정책'(Cherry, 1982 : 4)이라고 각각 규정한다.

(2) 정의의 방향

도시계획에 대한 다양한 정의들을 범주화하여 추상적 · 선험적 접근과 경험적 · 실체적 접근으로 나누어 고찰할 수 있다(Scott and Roweiss, 1977: 1098).

추상적(抽象的) · 선험적(先驗的) 접근은 도시계획을 사회 · 역사적 현상으로 이해하기보다는 추상적 분석개념으로 취급한다. 전통적인 계획이론은 대부분 선험적 또는 명목적 특성을 중심으로 하는 형식적이며 언어학적인 정의에 치중했다. 계획을 '목표지향적 과정', '사회변화를 인도하는 합리적 의사결정과정', '인간성장촉진' 등으로 정의하는 예들이 이 범주에 속한다. 그러나 이러한 유형의 정의는 어떠한 사회적 논리에 의해 바람직한 목표가 결정되는가 또는 사회 · 역사적 관점에서 무엇이 합리성의 특이한 속성과 내용을 이루는가 등의 질문에 접하게 되고, 이러한 접근은 경험적 시각에서는 매우 공허한 것으로 여겨진다.

경험적(經驗的) · 실체적(實體的) 접근은 매우 구체적이며 현실적 시각에서 도시를 이해하고 도시계획을 정의한다. 예를 들면 정치가들이 자신의 선거승리를 위해 도시계획을 작성하는 것으로 보고, 이를 위해 도시소득수준의 극대화, 도시변화과정의 안정화, 시민에 유리한 지역지구제의 재조정을 추구하게 된다. 같은 맥락에서 '계획은 경제생산과 유통의 총량적인 사회적 비용을 최소화하기 위해 도시를 재구성하는 시도'라고 정의하기도 한다. 이러한 시각에서의 정의들은 매우 일방적이지만 실체적 내용이 풍부하다. 법적인 정의도 이 범주에 속한다. 「국토의 계획 및 이용에 관한 법률」에서는 도시계획을 '도시의 관할구역에 대하여 수립하는 공간구조와 발전방향에 대한 계획'이라고 규정하고 있다(법 제 2 조 제 2 호).

(3) 개념정의

도시계획은 말 그대로 '도시에 대한 계획'이다. 계획대상으로서의 도시는 '하나의 사실상의 도시'를 의미하는 것으로 행정구역상의 도시와는 그 공간적 범위가 다를 수 있다. 즉, 도시의 기능과 도시계획의 목적에 따라 대상계획공간은 상이하게 획정(劃定)할 수 있다. 그러나 「국토의 계획 및 이용에 관한 법률」에서는 계획의 수립 · 집행 · 관리의 효율성을 위해 계획구역과 행정구역을 일치시키고 있다(법 제 2 조 제 2 호).

도시계획은 도시의 구성요소인 인간 · 시설 · 토지 간의 상호관계에 조화로운 질서를 부여하여 사람들에게 도시생활의 혜택을 제고시킬 수 있는 바탕을 마련하는 체계적 노력이라고 풀어서 말할 수 있다. 여기서 도시생활의 혜택은 인간능력을 최대한 개발할 수 있도록 다양한 기회를 충분히 제공하여 개인발달을 이루도록 함은 물론, 각종 공 · 사 부문의 서비스를 충분히 제공하여 인간의 존엄을 유지할 수 있는 쾌적하고 편리한 환경에의 접근이 쉽게 이루어지도록 하는 데 있다(Henderson and Ledebur, 1972).

Ⅱ. 성격과 기능

1. 성 격

삶의 공간으로서 도시는 인간생활과 불가분의 관계를 유지하면서 인류의 역사발달과 함께 성장과 변화를 계속해 오고 있다. 이러한 도시발달의 오랜 역사성과 도시건설활동의 지속적 전개에도 불구하고 학문적인 의미에서 도시계획에 대해 체계적인 이해를 시도하기 시작한 것은 20세기 초 이후이다(Davies, 1996 : 221; Cherry, 1982 : 1). 이러한 근대적 의미의 도시계획출현은 서구에서 산업혁명에 의해 악화된 주거환경(특히 노동자계층의)을 개선하기 위한 노력, 도시분산정책과 저밀도개발을 위한 전원교외개발, 그리고 심화된 도시문제해결을 위한 제도적 대응방안모색 등 다양한 동기에 의해 이루어진 것으로 이해할 수 있다(Cherry, 1996 : 212).

초기도시계획은 이념적 · 정치적으로 자유와 개혁의 원리에 의해 발생되었다(Greed, 2000 : 244). 즉, 20세기 초의 '도시계획운동'은 사회개혁(social reform)을 추구하는 조직과 개인들에 의해 전개된 사회운동(social movement)으로 특징지울 수 있다(Evans, 1997 : 2). 환언하면 도시계획은 18~19세기에 급격하게 확산된 공업도시의 비인간적인 생활환경의 팽배에 대한 반작용으로 등장하였다. 아울러 도시계획의 출현은 도시의 정치 · 경제 · 지리의 변화를 통해 제어되지 않은 자본주의의 병폐를 제거하기 위한 광범한 사회개혁과 연계되어 출현했다(Yiftachel, 1998). 때문에 전통적으로 도시계획을 진보적 · 개혁적, 그리고 사회적 과업으로 인식해 왔다.

그러나 시간이 지남에 따라 도시계획은 기존의 정치적 성격을 가지고 진행된 사회운동과는 거리를 두고, 주로 기술적이며 비정치적인 전문가집단으로서의 활동에 국한하게 되었다(Evans, 1997 : 2~3). 이에 따라 제2차 세계대전 이후에는 도시재개발 · 인구분산 · 농촌개발전략 · 그린벨트 · 신도시 기타 공간정책의 형태로 물리적 영향에 관심을 기울여 왔다. 아울러 정치적 이념이 시장지향적인 입장으로 바뀜에 따라 계획은 권력만 상실한 것이 아니라 현대사회가 직면한 복잡한 문제를 다룰 수 있는 전문성과 이론적 지식도 결여된 상황에 직면하게 되었다(Evans, 1997 : 4). 이러한 복합적인 여건변화에 따라 도시계획을 그 뿌리로 되돌리자는 요구와 병행하여 새로운 계획합의를 도출해 내려는 움직임이 나타나게 되었다.

2. 기 능

도시계획은 우리 일상생활의 여러 측면에 직 · 간접적인 영향을 주고받고 있다. 때문에 이의 파급효과는 다양한 측면에서 복합적인 기능과 역할을 수행한다. 여기서는 정치 · 경제 · 사회 · 문화 · 법률적 측면에서 그 수행기능을 살피기로 한다.

(1) 정치적 기능

도시계획은 기본적으로 정부의 기능이고, 정책과 결정에 포함된 가치와 이념이 내포된 체계를 운영하는 사람들(전문가 · 공무원 · 정치가들)의 기능이다. 이러한 도시계획의 결정에 의해 혜택을 받는 계층과 불이익을 받게 되는 계층이 나타나게 된다. 그리고 도시계획은 지역사회 전체에 보상(補償) · 자원(資源) · 기회(機會) 등을 배분하는 정치적 활동이다. 더욱이 도시계획은 계획을 만드는 사람(the planner)과 계획에 의해 영향을 받는 사람들(the planned), 그리고 지배하는 사람(governor)과 지배받는 사람(governed)과의 대화(對話)라는 측면에서 정치적인 의미가 크다.

도시계획의 의사결정은 정부의 제도적 구조와 지역사회의 외적 압력 사이의 복잡한 상호작용망이라고 할 수 있다(Cherry, 1982 : 5). 정치학자들은 도시 내에서 경쟁하는 집단끼리 상호갈등을 표출하고 자원배분과 의사결정과정에서 공식 · 비공식 통로를 통해 압력을 행사하는 데 관심을 집중하고 있다

(Stewart, 1973 : 204). 일반주민들이 느끼는 정치적 의미는 도시계획관련활동이 일상생활과 관련된 가시적인 문제에 대해 구체적 결정을 함으로써 주민들의 재산가치에 직·간접적인 영향을 주기 때문에 민감한 반응을 표출하게 된다(Levy, 1997 : 80~81).

(2) 경제적 기능

도시는 자체의 공간 내에서 생산·분배·교환·소비가 일어나는 하나의 거대한 경제적 엔진(economic engine)이다. 따라서 도시계획은 주민의 경제생활이 원활히 이루어질 수 있도록 주민에게 고용기회와 직업선택의 자유를 보장하고, 생산성을 제고하며, 소득분배의 균형이 이루어지도록 하는 기능을 수행하고 있다.

도시계획은 토지·재화 및 용역과 같은 희소자원의 배분과 관계되고, 때문에 경제계획적인 기능을 수행한다고 말할 수 있다. 시장경제하에서 도시계획의 모순은 시장이 주요한 배분수단인 사회·정치체제에서 강제성을 내포한 토지이용·배분에 관한 의사결정을 수행하고 있다는 점이다(Blowers, 1986: 12~13). 환언하면 시장은 사적 이익의 창출을 추구하는 데 비해, 계획은 원칙적으로 토지이용에 있어 공익에 관계되기 때문에 양자간에 갈등이 야기될 수 있다. 그러나 도시계획은 성장과 부의 창조를 위한 노력의 일환으로서 시장과정을 방해하기보다는 도와 주는 역할을 해야 한다.

(3) 사회·문화적 기능

섹스피어(Shakespeare)는 "사람이 도시다"(The people are the city)라고 했다(LeGates and Stout, 2000 : 89). 그는 도시를 사람들의 개인적 열망, 집단적 갈등, 그들의 일상생활, 그리고 그들의 제도 등이 결합된 것으로 보았다. 맘포드(L. Mumford)는 "도시는 인간정신의 표현이며, 계속 진보하는 인성에 기여하기 위해 존재한다"고 했다. 이러한 의미에서 그는 도시는 인구규모·밀도·건축환경이 아니라, 도시의 인간적 측면이 본질이라고 했다. 즉, 그는 도시의 거리는 생활의 드라마가 펼쳐지는 무대라고 했다. 아울러 그는 도시를 '시민이 평등한 입장에서 대화하여 상호 변증법적으로 향상되어 가도록 마련되어 있는 장소'라고 하면서, 도시의 결정적 요인은 그 곳에 사는 사람의 수나 건물이 아니라 그 곳에서 꽃피는 예술·문화·종교·민주적 정치행태에 있다고 했다(LeGates and Stout, 2000 : 89).

도시의 문화적 속성은 문화적 용기로서의 특성을 말한다. 즉, 도시는 맘포드(L. Mumford)가 지적한 것처럼 용기(container)와 자석(magnet)의 양면적 특성을 가지고 있다. 용기(容器)는 도시의 기능 · 과정 · 목적들이 시간이 지남에 따라 발전 · 전파되는 물리적 구조의 영구적 조립품이고, 자석(磁石)은 사람과 제도들의 유인력(誘引力)과 관계된다.

전체적으로 도시계획의 사회적 기능은 인간의 존엄성을 유지하면서 문화적 생활이 영위되도록 도시환경을 보호해야 하는 점에 있다. 도시계획은 취락패턴을 형성하고, 특정한 인구를 집중 · 분산하게 하고, 공동사회와 종교적 · 윤리적 시설과 서비스를 입지시키고, 공공공간의 성격과 규범을 관리함으로써 억압과 동질화과정에 영향을 주고 있다(Yiftachel, 1998). 때문에 계획은 윤리적 · 문화적 정체성을 재구성하는 역할을 한다. 도시의 가치를 따진다면 도시는 다양성의 무대(theater of diversity)이고, 세계문화의 중심(center of cosmopolitan culture)이며, 자유와 인내의 배양장(breeding ground of freedom and tolerance)이다(Hill, 1994 : 1).

(4) 법률적 기능

계획은 욕구의 예측에서부터 시작된다. 여기서 당면하는 과제는 제한된 자원을 욕구충족을 위해 배분하는 문제로서, 누가 얼마나 갖고 누가 배분을 강요하는가 하는 배분(配分)과 강요(強要)의 두 가지로 요약할 수 있다. 여기서 전자는 경제적 문제이고, 후자는 법률적 문제이다(Firey, 1965 : 18).

도시계획은 도시와 그 배후지역의 개발에 대한 공적 통제수단이며, 현대사회의 변화하는 여건에 대한 적응수단이다. 도시계획은 소극적으로는 지역사회에 유해하다고 여겨지는 것들에 대한 규제와 남용에 대한 통제와 관련되고, 적극적으로는 민간부문의 구속 없는 활동에 의해서는 달성될 수 없는 특정한 목적들에 대한 사회 · 경제 · 환경적 정책을 나타낸다(Cherry, 1982 : 4).

Ⅲ. 유형과 시각

1. 유 형

도시계획은 계획의 특성에 따라 여러 유형으로 구분할 수 있다. 여기서는 계획대상환경의 변화에 대한 접근태도, 문제진단과 해결방법에 따라 개선·체제유지·진보·혁신의 4개 계획유형으로 구분하여 설명하기로 한다(Hartshorn, 1992 : 462; Bracken, 1981 : 21~23; Berry, 1976 : 508~509).

(1) 개선적 계획

개선적 문제해결형(ameliorative problem solving mode) 계획은 사회에 상당한 역기능이 발생하여 심각한 문제로 인식되고, 교정적 행동이 요구될 때까지는 아무런 계획적 활동을 하지 않는다. 이는 가장 단순하고 일반적인 계획형으로 문제가 위기상황에 이르기까지는 구체적 조치를 취하지 않는 매우 현실지향적인 계획으로 장기목표에 대해서는 거의 고려하지 않는다. 이 입장의 계획가들은 '불끄기식' 또는 일일기반의 긴급조치 등의 단기적인 반응적(反應的) 계획으로 장기계획의 개발을 고려하지 않는다.

이러한 계획유형은 계획부서의 구성인원·자금지원이 부족하거나 또는 선출된 관리의 빈번한 교체에 따라 연속성이 부족할 때 나타난다. 그리고 이 계획은 과거와 현재의 문제에 대한 반응에 바탕을 둔 실용적인 계획유형이다. 또한 이 접근의 특징은 문제나 목표를 사전에 계획하지 아니하고, 장래나 장래의 결과를 최소의 범위에 걸쳐 예측하는 데 그친다는 점에 있다.

(2) 체제유지계획

체제유지형(system maintaining mode) 계획은 주로 현재 진행되고 있는 변화(on-going changes)를 가장 효율적으로 이용하는 방법을 모색하는 최소변화접근방법(minimum change approach)을 지향한다.

이 계획유형은 체계계획에서 소극적 환류(negative feedback)를 통한 '일탈통제'(逸脫統制)를 추구하는 모형이다. 이 계획유형의 단점은 현상의 유지를 지향하기 때문에 동적인 사회상황에서는 그 효과가 의문시된다는 점이다.

(3) 체제진보계획

체제진보형(system evolutionary mode) 계획은 미래지향적 계획형으로 단계적 또는 점진적 접근방법을 추구하며, 계획과정에서 변화가능성을 적극적으로 모색하며 촉진한다. 체계적인 의미에서는 선택된 영향에 의해 체계 내에서 적극적 환류(positive feedback)로 작용하도록 하여 바람직한 목표로의 변화추세를 강조한다.

이 견해는 외형으로는 '중간타협'(middle-of-the-road compromise)을 추구하고 있기 때문에 실제적인 면에서 어려움에 직면하고 있다. 즉, 주로 축적된 지식에 의해서 문제정의와 해결방안을 지향하는 한계점이 있기에 쇄신적인 문제설계를 하는 데는 어려움이 있다. 이 계획유형은 미래문제를 확인하지는 않지만 새로운 성장기회를 찾으며, 이 접근은 공·사 부문의 상상력 있는 지도자에 의해 확인된다. 그러나 이 시각에 속하는 정책결정자나 민간기업가들은 성장의 결과 또는 성장에 의해 만들어질 수 있는 장래문제에 대한 심각한 고려 없이 이윤극대화를 위한 개발을 현실적으로 모색하는 경향이 많다.

표 1-1 계획의 유형

현재를 위한 계획	미래를 위한 계획		
과거문제에 반응	예측된 미래에 반응		소망스런 미래창출
점진적 문제해결	배분적 추세조정	탐색적 기회추구	규범적 목표지향
현재를 위한 계획	미래를 향한 계획	미래와 함께 하는 계획	미래에서의 계획
개선적 계획	체제유지계획	체제진보계획	체제혁신계획

자료 : Berry, 1976 : 508.

(4) 체제혁신계획

체제혁신형(system revolutionary mode) 계획은 완전한 규범적 접근방법으로, 기본적인 가치·규범·목표의 제정에 의해 사회체계의 변환을 추구한다. 이 견해는 미래에 대해 명료한 창조적 견해를 요구하고, 변화에 대한 세부계획을 추구한다. 이 접근은 미래지향적인 것으로 바람직한 도시 모습을 확인하고, 계획은 이러한 미래 모습을 달성하기 위해 목표를 설정하고, 이에 따라 집행한다.

장기계획부서에서는 이 접근에 의존하여 업무를 수행한다. 이는 분석적·추세적 예측과 미래에 대한 규범적이고 이상적인 견해를 아울러 수용하는 장점이 있지만, 정치적으로 문제시되는 의사결정에의 개입을 요구받는다는 단점이 있다.

2. 시 각

가퍼트(G. Gappert)는 도시의 장래를 보는 시각과 도시문제에 대처하는 방법에 따라 도시계획에 영향을 주는 4개의 패러다임을 제시하였다(Blair, 1991 : 547).

(1) 기술주의적 시각(technocratic perspective)

여기서는 주로 합리성과 효율성에 관심을 갖는다. 이 관점에서는 도시는 생산과 소비를 위한 효율적인 사회적 장치로 발달되고 있다고 여긴다. 따라서 여기서 제기되는 전형적인 질문은 '버스는 제시간에 운행될 것인가'(Will the buses run on time)이다.

(2) 유토피안적 시각(utopian perspective)

이 접근에서는 지식 · 자원, 그리고 좋은 의도의 적절한 적용에 의해 도시환경의 개선을 이룰 수 있다고 본다. 때문에 여기서는 미래도시를 특징지우는 이상적인 패턴의 정의를 시도한다. 이들은 '버스가 필요하지 않는 도시'를 개발하려고 한다. 이 견해에서는 태양에너지 · 도시정원 기타 적절한 새로운 기술의 실험을 적극적으로 도입 · 수용하고자 노력한다.

(3) 실용적 인도주의 시각(pragmatic humanistic paradigm)

이는 주로 인간행태의 질에 관심을 갖는 반면에 기술변화에 대해서는 관심이 낮다. 이 견해에서는 인간행태가 도시활동의 효율성을 증진시킬 수 있다고 본다. 만족할 만한 미래를 위해 지도력과 정치적 통합의 중요성을 강조한다. 이 입장에서의 계획가는 '승객은 물론 버스운전사 모두가 정중(鄭重)'해질 수 있는 계획목표를 추구한다.

(4) 전략적 재구성주의 시각(strategic reconstructionists)

이는 새로운 기회를 창출할 수 있는 대규모 개발을 강조한다. 이 견해에 입각한 계획가는 '지하철이 중심지로부터 새로운 비행장까지 연결될 수 있는가'의 여부에 관심을 집중한다.

제 2 절 도시계획의 필요성

Ⅰ. 의 의

1. 논의의 배경

'왜 계획을 하는가'(why plan) 하는 질문에 대해 계획이 좋기 때문이라고 단순하게 답할 수 있다. 여기서 '계획이 좋다'(good)는 말은 이론적으로 정의된 것은 아니지만, 계획이 필요하다(계획하지 않으면 여건이 악화된다), 합리적이다(자료의 수집분석에 의해 계획은 우수한 결정과 결과를 산출한다), 또는 효율적이다(최소비용으로 최대혜택을 가져오는 해결을 가져온다)는 의미와 유사하다(Moore, 1978 : 388).

일반적으로 계획의 선(善)은 공공복리의 증진능력에 두고 있다. 그러나 이러한 정의만으로는 계획의 정당성을 충분히 제시한 것으로 보기 어렵다. 이는 "계획은 무(無)계획에 비해 공공복리를 증진시키는 것인가" 하는 보다 본질적인 질문에 대한 답을 제공하지 못하기 때문이다.

도시화와 산업화의 진전, 인구증가와 자동차소유의 증가, 기술발달과 생활패턴의 변화 등 도시를 옹위하고 있는 주변환경의 끊임없는 변화는 지금까지의 '보이지 않는 손'(invisible hand)에 의한 질서와 조화를 추구하기보다는 직접적이고 적극적인 개입, 즉 '보이는 손'(visible hand)에 의한 공간질서의 확립이 요구되는 상황으로 바뀌고 있다.

2. 논의의 전개

도시계획의 필요성에 대한 논리적 배경은 '대논쟁'(The Great Debate)에서 제기된 명제인 자유와 계획 또는 시장기구와 계획활동과의 관계에 대한 논쟁에서 도출해야 할 것이다. 즉, 하이에크(F. Hayek)와 포퍼(K. Popper) 같은 자유시장경제와 자유방임을 주장하는 입장과 만하임(K. Manheim)과 타그웰(R. Tugwell) 같은 계획옹호론자 사이에서, 계획이 자유를 억제하는 것이냐 또는 확대하는 것이냐 하는 점에 대해 1930년대와 1940년대에 걸쳐 첨예한 논쟁을 전개했는데, 1950년대에 이르러서는 계획의 타당성과 필요를 인정하는 논리가 우세해졌다(Klosterman, 1985 : 5). 그러나 1980년대에 들어 신우익경제학자(neo-right economists : 시카고학파 · 오스트리아학파 · 공공선택학파)들을 중심으로 시장의 중요성을 강조하면서 정부의 개입을 정당화하는 사회적 효율을 반대하고 도시문제의 자유시장해결을 주장하고 있다(Jacobs, 1992 : 9 ~21).

Ⅱ. 찬반논의

도시계획의 필요성을 옹호하는 입장과 비판적인 견해를 공유하고 있는 4가지 논쟁유형을 확인할 수 있다. 여기서는 이들의 주장의 논거를 찬·반 양면에서 검토하기로 한다(Klosterman, 1985 : 6~17).

1. 경제적 논의

(1) 비판논리

계획을 포기하고, 규제를 줄이고, 정부규모를 제한하자는 논의는 민간기업과 시장의 경쟁력에 의존하자는 주장에 근거한다. 이 입장을 지지하는 학자들은 정부규제와 계획은 기업적 창의성을 억제하고, 쇄신을 방해하며, 경제에 불필요한 재정적 · 행정적 부담을 지우게 된다고 주장한다. 이들은 완전경쟁시장은 효율적인 방법으로 사회의 자원배분을 가능하게 한다고 주장하고 있다.

이 견해의 역사적 근원은 아담 스미스(Adam Smith) · 밀(J. S. Mill) 등의 고전경제학(古典經濟學)전통에서 찾을 수 있다. 이 학자들은 개인자유보호와 선택과 행동의 자유제고를 위해 경제적인 문제에 정부의 개입을 최소화하고자 한다. 이러한 논리적 바탕 위에 현대의 신고전경제학자(新古典經濟學者)들은 경쟁적 시장은 효율적인 방법으로 사회의 자원을 배분할 수 있다는 이론을 수학적인 방법으로 제시하고 있다. 특히 1980년대에 들어 계획에 대한 이론적 · 정치적 관심이 케인즈(J. Keynes) 시각에서 하이에크(F. Hayek)의 자유사상으로 바뀌어져 계획을 비효율 · 규제 · 통제 · 과도한 비용과 유사하게 생각하기 시작했다(Albrechts, 1991 : 125). 그리고 국가의 개입은 경제력이 작용하는 제도나 물리적 환경을 단순히 조정하여 경제성장으로 인하여 발생될 수도 있는 사회적으로 바람직하지 않은 결과를 줄이기 위한 노력에 국한해야 한다고 주장하고 있다.

(2) 지지논리

계획을 지지하는 학자들은 완전경쟁시장에서도 자원의 적정배분이 이루어지지 않는 시장의 실패(market failure)가 나타나기 때문에 이를 교정할 정부의 활동을 현실적으로 요구하고 있다고 주장한다. 시장의 실패는 공공소비재, 외부성, 죄수의 딜레마, 그리고 배분문제의 특성이 작용하기 때문에 발생한다(Walker, 1981 : 268; 최병선, 1992 : 67～102).

(가) 공 공 재 공공재(public goods)는 생산과 소비가 동시에 이루어져 축적되지 않고, 비경쟁성(non-rivalry)과 비배제성(non-excludability)의 특성을 갖고 있는 재화나 서비스이다. 비배제성(非排除性)의 특성 때문에 무임승차(free rider)의 문제가 발생하고, 때문에 공공재의 공급은 시장보다 정부의 개입이 요구되는 것이다. 비경쟁성(非競爭性)의 특성은 이용자가 추가된다고 해도 추가적인 사회적 비용이 발생되지 않고, 따라서 공공재를 많이 이용할수록 사회후생을 증진시키게 된다. 때문에 이러한 공공재를 정부가 제공함으로써 많은 사람이 이용하도록 하는 것이 바람직하다.

(나) 외 부 성 외부성(externalities)이란 어떤 사람의 행동이 비(非)의도적으로 또는 대가의 교환이 없이 타인에게 이득이나 손해를 가져다 주는 것을 말한다. 외부효과(外部效果)에는 개인적인 편익이 사회적 편익보다 적은 외부경제(external economies)와 개인적인 비용이 사회적 비용보다 적은 외부비경제(external diseconomies)의 두 가지 유형이 있다. 전자에서는 자원배분이 사회적으로 바람직한 수준보다 낮게 이루어지고, 후자에서는 과다하게 이루어지는 등 자원배분의 왜곡을 초래한다. 따라서 자원이 효율적으로 배분되도록 외부효과를 제거하여야 한다. 즉, 외부경제의 경우 원인제공자에게 외

부경제로 인한 사회적 이익을 환원시키는 방안이 필요하고, 외부비경제의 경우 자원의 과다배분이 이루어지게 하는 자에게 사회적 비용을 부담하도록 해야 한다. 이러한 역할을 계획을 통해서 달성해야 할 것이다.

(다) 죄수의 딜레마　유사한 어려움 가운데서 개별적 이익을 추구하는 상황은 사회의 최적산출을 유도하지 못한다. 예를 들면 쇄락하는 근린에서의 토지소유자가 자기의 임대재산에 대해 개선을 위한 투자를 할 것인가 또는 하지 않을 것인가를 결정하는 상황을 고려하자. 만일 토지소유자가 개선투자를 하고 다른 사람들은 투자하지 않는다면 근린은 계속 조락하게 되며, 그런 경우에는 투자를 조언할 수 없다. 반대로 자기는 투자하지 않고 다른 토지소유자들이 투자하면 전체적으로 근린여건이 개선되어 지대를 높일 수 있다. 결과적으로 각 개인의 사적 이익은 개선을 위한 투자를 하지 않는 것이지만, 모두 투자하지 않으면 전체적으로 근린은 계속 쇄락하여 사태는 점점 악화된다. 이러한 죄수의 딜레마(prisoner's dilemma) 상황에서는 쇄락지역의 근본적 해결을 위해서는 강제적인 규제, 토지의 공공취득 등 공공기관의 적극적인 개입을 통해 근린의 여건을 개선하여 민간투자를 적극적으로 유인해야 한다.

(라) 배분문제　완전경쟁시장여건에서도 자원의 최적배분이 이루어지지 않는 경우가 많다. 상속된 부, 타고난 재능, 횡재(blind luck)가 있기 때문에 완전한 균형에서부터 거부(巨富)와 적빈(赤貧)이 나타나는 배분상 문제(distributional questions)가 있는 상황을 생각할 수 있다. 경제적 효율성만이 최선의 판단기준이 아니다. 결과적으로 자원의 적정배분에 대한 사회적 합의가 있기 때문에 정부의 과세와 소득이전계획이 최소시장개입과 함께 정당화된다.

2. 다원주의적 논의

(1) 비판논리

1960~1970년대에 들어 경제적 논의에 대한 보완으로 린드블롬(C. Lindblom) · 윌다브스키(A. Wildavsky) 등과 같은 학자들은 계획에 대해 비판적인 입장을 취한다. 그들은 정부활동은 종합적인 조화를 통한 장기계획에 의해 유도되어서는 안 되고, 현재의 정치적 협상과정을 통해 인도되어야 한다고 주장한다.

다원주의에서는 중요한 공공의제(公共議題)에 대해 어떤 집단도 지배적인 영향력을 발휘하지 않고 정치적 안정을 유지하면서 다양한 목표와 이익을 추구하는 공식·비공식 집단 사이에 경쟁이 이루어지는 상황을 가정하고 있다. 이는 경제적인 의미에서의 완전경쟁시장과 유사성이 있는 것으로 이해할 수 있다. 이 모형에서는 정부는 독립적인 활동을 하기보다는 경쟁집단간의 조정을 위한 경기규칙을 확립 · 제정하는 데 그치고, 독립적인 정부의 활동·계획 · 조정은 제거해야 한다고 주장한다.

(2) 지지논리

다원주의모형은 완전시장경쟁모형에서 당면했던 것과 같은 근본적인 제약에 직면하게 된다. 현실의 시장은 거대한 재벌들에 의해 지배되는 것과 마찬가지로 정치적 상황도 정부관리 또는 엘리트집단과의 접근이 용이한 개인 또는 집단에 의해 지배되는 경우가 많다. 지방적 차원에서는 공무원들이 기업을 다른 이익집단과 동일하게 취급할 수 없고, 바람직한 기업활동은 조세감면·저리융자 등의 조치로서 유치하거나 도심지에는 상업활동을 촉진하는 조치를 취하게 된다. 따라서 이들 기업들은 특별한 지위를 향유하게 된다.

일반적으로 의사결정과 협상과정에서 제외된 집단은 대체로 소외 또는 저소득집단이다. 이와 같이 집단간에 정치적 권력과 자원에 격차가 있고, 현재의 정치적 과정이 소득과 부의 불균형을 심화시키고, 적정한 정보제공을 어렵게 하며, 충분한 정보에 바탕을 둔 의사결정을 이루지 못하게 한다. 이러한 다원주의적 협상의 한계는 넓은 의미에서 계획기능의 이론적 정당성을 제공해준다. 즉 지역사회의 공통된 이익을 대변하고, 개인과 집단의 행동을 조정하고, 현재 행동의 장기적인 효과를 고려하는 공공부문의 계획가가 요구된다.

3. 전통적 논의

(1) 비판논리

20세기 중반에 들어 계획에 관여하는 사회과학자들을 중심으로 공공부문 계획에 대해 심각한 의문을 제기했다. 즉, 물리적 실체로서 도시에 대한 계획가의 관심은 너무 한정적이고, 도시개발에 대한 인식은 정치적으로 나약하고, 그들의 기술적인 해결책은 중산층의 생활을 반영하는 것이고, 그들이 추구하는 집단공익은 주로 민간과 기업엘리트의 필요충족에 초점을 두고 있다. 그리고 공공개발과 민간개발의 민주적인 종합조정(comprehensive coordination)은 조직상 그리고 정치적으로 불가능한 것으로 판명되었다. 이러한 비판은 가치중립적이고 합리적 과정으로서 계획개념에 대한 비판과 궤를 함께 한다. 즉, 합리계획모형은 민간부문과 조직의 의사결정에 대한 근본적인 제약, 계획실무에 내재된 정치적·윤리적 속성, 그리고 계획실제에서의 조직상 사회적·심리적 현실을 인지하는 데 실패했기 때문에 심각한 비판을 받고 있다.

(2) 지지논리

계획직업은 금세기 초에 공업도시의 물리적 퇴락과 정치적 부패를 반영한 현재의 시장과 정치적 과정에 대한 광범위한 불만족에서부터 나타났다. 진보적 개혁으로서 계획직업의 정치적 기원은 계획은 개인간 또는 집단간의 대립·갈등하는 이익들에 대해 상호조정하여 전체적인 공익을 제고하는 정부의 독립적인 제 4 권력으로 보는 견해에서 찾을 수 있다. 다른 견해에서는 계획을 공·사 부문의 토지이용행위에 의해 주변재산소유자에 대한 영향을 조정하는 장치로 보았다. 이러한 주장들은 직업적 전문성·도구적 합리성·과학적 방법에 의한 계획적인 접근이 시장력(market force)과 정치적 경쟁보다는 경제적 성장과 정치적 안정을 효과적으로 제고할 수 있다는 신념을 바탕으로 하고 있다.

집단적 공익을 제고하는 정부의 독립적 기능으로서 계획에 대한 지지논의는 공공재나 집단소비재의 제공을 위한 정부의 활동에 대한 경제적 그리고 다원적 논의와 궤를 같이 한다.

4. 마르크스적 논의

(1) 비판논리

마르크스주의계열의 반계획적 사고는 최근의 견해이고, 계획비판의 심도는 시장주의자에 비해 그리 깊지 않다(Banerjee, 1992 : 524). 마르크스와 엥겔스의 저서들에는 도시계획은 사회변화에 영향을 미치지 않기 때문에 그 기능에 대한 중요성을 인지하지 않았다(Banerjee, 1992 : 524).

그러나 최근에 일부 학자들이 공간·도시·계획에 대해 언급하기 시작하고 있다. 이들의 견해에 의하면 신중한 사회적 변화의 도구로서 계획에 대한 자유주의적 관념에 대해 공개적으로 의문을 제기하고 있다(Banerjee, 1992 : 524). 그들은 계획은 국가의 장치이고, 이의 목적은 자본주의체제의 보호에 있으며, 자본주의생산모형의 계속적인 유지와 자본재생산의 제고에 목적이 있다고 이해하고 있다(Banerjee, 1992 : 524). 환언하면 계획은 자본을 위한 것이고, 자본은 계획을 필요로 한다는 의미이다(Banerjee, 1992 : 525).

⑵ 지지논리

마르크스주의자들의 견해가 현대계획의 속성을 이해하는 데 중요한 하나의 시각을 제시한다고 하더라도 이는 계획의 실무적인 측면을 인도하기에는 제약이 있다. 모든 사회조직과 정부의 활동이 자본의 이윤을 위해 종사한다는 마르크스주의자들의 분석은 가까운 장래에는 사회의 급진적 변혁(radical transformation) 이외에는 개혁(reform)의 장치를 발견하기 어렵다고 생각된다. 만일 필요한 개혁이 노동자의 개혁적 행동을 통해서만 이루어진다면, 노동자와 자본가 사이에 애매하게 위치한 개혁지향적 계획가(reform-minded planner)가 수행해야 할 역할은 별로 없어 보인다.

전통적인 마르크스주의 분석에서처럼 혁명적인 계획가의 역할이 결핍되어 있다고 해서 다른 진보적인 전문가집단과 지역사회에 바탕을 둔 조직들과 함께 단기개혁을 효과적으로 수행할 수 없다고 주장하기는 어려운 것이다. 그리고 현재의 계획이 정말로 자본의 이익을 위한다 하더라도 단순하게 그 하나의 이익만을 위해 계획이 존재하고 계획활동이 이루어지는 것은 아니다.

Ⅲ. 통합적 접근

1. 시장주의에 대한 비판

시장주의자들은 사회문제에 대한 시장해결이 계획적 해결에 비해 효율성, 개인과 집단복지의 극대화, 형평성의 관점에서 우월하다고 주장하고 있다(Banerjee, 1992 : 525). 그러나 전통적 경제이론에서도 지식사회에서의 계획의 역할에 대해 일정 부분을 인정하고 있다. 특히 시장실패의 경우, 공공부문에 종사하는 계획가의 개입을 허용하고 있다. 그러나 시장주의자들은 민영화, 시장과 산업에 대한 탈규제, 공공재나 외부재에 대한 새로운 시장조직 등을 통해 시장실패의 문제를 해결할 수 있다고 보고 있다(Banerjee, 1992 : 525).

시장주의자들의 계획에 대한 비판의 오류는 경제적 근대성의 빈곤과 정치의 부인이라는 두 측면에서 검토될 수 있다(Banerjee, 1992 : 527~530). 시장주의의 지적 뿌리가 자본주의의 자유이념에 바탕을 두고 있으나, 이의 접근방법은 과학적 방법론 · 실증주의에 바탕을 두고 과학의 수리적 영역을 중시하나 정성적(定性的)인 측면은 도외시한다. 시장주의는 몰역사적(沒歷史的)이고, 사회적 기억이 없으며, 미래에 대한 관념이 없다. 시장주의자들은 계획과 규제를 동일시하고 있다. 그러나 어떤 계획가도 선출된 법정기관의 승인 없이는 규제할 수 없는 것이다. 마찬가지로 계획이 규제하는 것이 아니라 정치가 규제한다는 사실을 간과하고 있다. 그리고 시장주의자들은 공공계획과 민주주의의 연계를 비판하고 있다. 계획은 특정이익집단의 하녀이기 때문에 계획이 민주적이라는 데 회의적이다. 민주주의가 언제나 시장경제에서 존재하는 데도 불구하고 시장경제는 언제나 민주주의 없는 상황을 상정하고 있다. 무엇보다 중요한 것은 자유주의자도 신념체계이고 이데올로기이다.

2. 통합적 접근

(1) 공·사 협력추세

20세기에 들어서는 계획과 시장의 이분적 접근은 계획문제의 중심을 이루지 못하고, 계획과 시장에 의해 누가 혜택을 받느냐 하는 문제가 중심과제가 되고 있다. 누가 계획하고, 누가 혜택을 받는가(Who plans and who benefits) 하는 문제에 대해 자유시장이론은 불분명한 점이 많다. 계획은 전통적으로 공공개입과 관련되어 있고, 계획의 논리적 바탕은 공공재와 정부활동에 대한 후생경제적 논점에 바탕을 두고 있다. 그러나 계획은 단순하게 공공부문에만 국한되는 것은 아니고, 민간부문에서도 체계적 전략계획을 수행하고 있어 양자간의 경계가 불명해지고 있다. 공 · 사 부문의 협력(public-private partnerships) · 민영화(privatization) · 제 3 당 정부(third party government) 등의 방안이 거론되고 있는 것은 이러한 추세를 반영하는 것이다(Alexander, 1994 : 341).

(2) 시장과 계획의 보완관계

시장기능과 계획활동과의 상호보완관계에 바탕을 둔 계획의 필요성은 다음과 같이 설명할 수 있다(Ratcliffe, 1974 : 5~7). 도시계획이 없다면 토지자원은 가격기구와 수급관계에 의한 경쟁적인 용도에 배분될 것이다. 이와 같은 자유시장적 상황에서는 토지자원은 예측가능한 시간적 범위 내에서 최대수익을 제공할 수 있는 용도에 사용되지만, 경험에 의하면 구속되지 않은 시장은 단견적인 자원소비를 촉진할 뿐만 아니라 앞으로 수세기에 걸쳐서도 쉽게 해결하기 어려운 문제들을 만들어 왔음을 알 수 있다. 특히 자유방임적 조건이 우세한 민간부문에서 조성된 경쟁은 자원낭비를 가져오곤 한다. 민간부문의 개발업자들은 개인적인 최대수익을 추구하고, 사회적 서비스와 공적 시설의 제공은 소홀히 하는 경우가 많다.

계획의 필요성은 19세기에 팽배되었던 자유시장사조와 사회적 관심의 결핍의 상호작용에 의해 나타난 불평등 · 빈곤 · 불결 때문에 나타났다. 독자적으로 작용하는 시장은 도로 · 소방서 · 하수처리장 등과 같은 비영리적 토지사용에 대해서는 최적입지를 제공해 주지 못한다. 그럼에도 불구하고 이러한 비영리적 토지이용의 적절한 입지는 영리적 토지이용을 보다 수익이 많이 발생하도록 해 준다. 이들 다양한 서비스와 활동들에 대한 근접과 접근성은 상업적 활력에 필수적이고, 때문에 계획은 시장을 더욱 효율적이도록 도와 준다. 다시 말하면 자유시장과 계획과정이라는 쌍생아(雙生兒)적인 힘은 서로 도움이 되는 상호보완적 관계를 이루고 있다.

제 3 절 도시계획의 내용과 범위

Ⅰ. 접근태도

1. 전통적 접근

전통적으로 도시계획을 물리계획(physical planning)으로 보고, 도시계획가는 가로 · 주택 · 공원 · 공공건물 등의 물리적 시설의 설계자(designer)로서 이해해 왔다. 이러한 전통적 견해는 도시계획을 주로 지리적 · 공간적 · 입체적, 그리고 시각적인 측면에서 고찰한다(Branch, 1966). 즉, 물리계획(物理計劃)은 기본적으로 생활활동의 기반으로서의 토지, 이러한 활동을 수용하는 건물, 그리고 사회가 기능하도록 하는 인조물 같은 물리환경 내의 변화와 관련되어 있다고 본 것이다.

물리계획의 의미는 사회 · 경제적인 문제와는 관련짓지 않고 사회와 경제 목표도 물리적 수단에 의해 달성할 수 있다고 보며, 도시계획은 정치적 계획이 아니라는 의미이다(Taylor, 1998 : 6~8). 이 접근은 오랜 시간에 걸쳐 공익을 반영하는 단일의 최종상태계획(single end-state plan)이며, 형태와 기능을 강조한다(Taylor, 1998 : 14~16; Burchell and Hughes, 1979 : xviii).

2. 접근태도의 변화

1960년대 중반 이후 계획가들은 도시의 복지에 영향을 미치는 사회 · 경제 · 환경 · 정치문제에 관심을 보이기 시작했고, 경제 · 재정 · 사회계획의 측면도 물리계획처럼 중요하다고 인식하게 되었다.

변화하는 도시계획의 여건과 함께 전통적인 도시계획의 가정적 기초에 대한 회의적인 시각과 비판에 따라 도시계획의 내용과 범위에 대한 여러 변화를 초래하게 되었다. 이러한 변화 중 두드러진 현상으로 다음 몇 가지를 확인할 수 있다(Fruseth, 1997 : 201).

> 첫째, 계획작성시 순수한 물리적 토지이용기준에서 전략적 또는 구조계획적 측면의 경제 · 사회적 기준으로 적용이 확대되고 있다.
>
> 둘째, 계획작성시 정치적이거나 참여적 요소를 보다 많이 고려하게 되었다.
>
> 셋째, 지방행정에서 기업적 견해에 바탕을 둔 '도시관리주의' 계획으로 이동하고 있다.

3. 최근의 추세

1980년대 후반 이후에 새로운 계획패러다임으로 등장한 신도시주의(new urbanism)는 도시설계와 물리계획전통의 중요성을 재등장(comeback)시키고 있다(Berke, 2002 : 26). 이의 목적은 보행자와 대중교통친화적인 환경을 지향하는 내용은 물론, 가로경관과 공공공간의 재설계를 통해 공동체와 사회적 상호작용에 대한 보다 큰 여건을 조성하는데 있다. 이는 저밀도평면확산에 비해 지역사회의 감각을 제고하고, 자동차의존성을 줄이고 개방공간을 확대하고자 하는 고밀도개발패턴을 지향한다. 이러한 신도시주의가 유럽과 미국에서 관심이 집중됨에 따라 물리계획의 접근에 대한 관심도 다시 부활하고 있다(Berke, 2002 : 26).

Ⅱ. 도시계획의 범위

1. 범위의 확대추세

도시의 규모가 확대되고, 도시를 옹위하고 있는 주변환경이 복잡해짐에 따라 도시계획도 더욱 복잡해지고 있다. 지리 · 지학 · 물리 · 경제 · 정치 · 법·

그림 1-1 도시계획의 범위확대추세

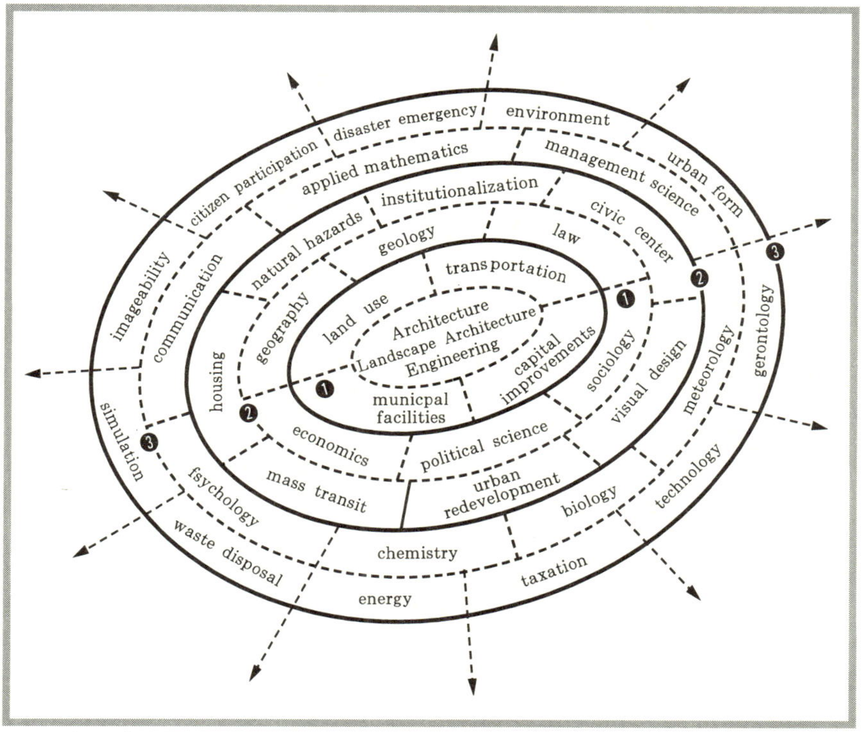

주 : ① 초기(1900~1940), ② 중기(1940~1965), ③ 현재(1965~).
자료 : Branch, 1975 : 2.

사회 · 심리 · 문화 · 기술적 고려사항도 도시계획과 분리할 수 없는 상황에 처해 있다. 여기에 최근에는 환경의 영향에 대한 인식증가로 도시계획의 취급영역의 확대를 가져왔다(Branch, 1975 : 2). 즉, 도시계획에 대한 접근태도의 변화로 도시계획의 관심영역이 물적 계획에서 비물적 계획으로까지 확대됨에 따라 도시계획의 범위와 대상도 물적인 토지이용측면에서 환경문제에 대한 관심으로 확대되고, 더 나아가 인간정주공간으로서 속성과 특성에 대한 관심으로 확대발전하고 있다(참조 〈그림 1-1〉).

2. 법적 범위

「국토의 계획 및 이용에 관한 법률」에서 제시하는 도시계획범위는 활동범위 · 관련 부문, 그리고 내용범위로 나누어 검토할 수 있다. 도시계획의 활동범위는 도시의 이용 · 개발 및 보전을 포함하도록 했다(법 제 1 조). 이는 지금까지의 개발과 이용위주의 계획에서 관리와 보전의 영역을 포함한 것으로 볼 수 있다. 도시계획의 부문별 취급범위에 대해 도시관리계획에서는 물리적인 토지이용 · 교통 · 환경 · 경관 · 정보통신 · 보건 · 안전에 비물적인 산업 · 문화 · 후생 · 안보 등을 다루도록 했다(법 제 2 조 제 4 호). 그리고 도시(관리)계획의 내용적 범위는 계획구역의 지정 또는 변경, 지역 · 지구 · 구역의 지정 또는 변경, 기반시설의 설치 · 정비 또는 개량, 도시개발사업 또는 재개발사업, 그리고 지구단위의 계획들을 포함한다(법 제 2 조 제 4 호).

3. 주요 연구주제

도시계획의 영역이 확대됨에 따라 관심주제가 다양화되고 있다. 〈표 1-2〉는 도시계획의 주요 영역별 관심주제의 내용을 정리한 것이다.

표 1-2 도시계획의 영역과 관심주제

영 역	주요 관심주제
물적 문제	토지이용 · 지역제 · 하부구조서비스 · 설계 · 쾌적성
환경문제	지속성 · 녹지 · 생태 · 조경 · 오염 · 에너지 · 폐기물처리
미적 문제	도시설계 · 도시보전 · 조경 · 대중예술 · 개발통제
사회문제	인구 · 주택 · 내부도시 · 근린 · 지역사회 · 빈곤
문화문제	예술 · 문화 · 위락 · 관광 · 스포츠
경제문제	경제계획 · 도시갱신 · 도시활성화 · 지역계획 · 고용
법적 문제	개발통제 · 계획의무 · 계획합의 · 계획소추 · 계획법제
정치문제	정부정책 · 지방기관의 정치적 태도 · 지방압력단체 · NGO

자료 : Greed, 2000 : 7.

제 4 절 도시계획여건의 변화

21세기 초의 우리 주위환경은 생활의 모든 영역에서 구질서가 파괴되고 새로운 옷을 갈아 입고 있다. 이러한 변화추세는 경제 · 환경 · 문화, 그리고 기술적 힘에 의해 추진되고 있다(Freestone, 2000 : 9∼11). 여기서는 오늘의 핵심단어(key words)로 떠오르고 있는 세계화 · 정보화, 그리고 포스트모더니즘을 중심으로 도시계획에 미치는 직 · 간접적인 영향을 검토하기로 한다.

Ⅰ. 세계화와 개방화

1. 의 의

새 천년의 변화중심에 세계화(globalization)가 위치하고 있다(Farazmand, 1999). "모든 것은 다른 모든 것에 영향을 준다"(everything affects everything else)는 말처럼 우리는 지구의 한쪽이 다른 쪽에 실시간에 상호작용하는 '지구촌'(global village) 시대에 살고 있다(Hague, 2000 : 3; LeGates and Stout, 2000 : 531).

세계화는 국가경제의 통합, 국가의 정치적 분해, 그리고 유사한 소비생활 유형의 확산이라는 3가지 요인에 의해 진행되고 있다(Behrman and Rondinelli, 1992). 세계적 접근성(global accessibility) 증가는 인간발달의 커다란 긍정적 과정이지만 부정적 영향도 많다. 국가주권의 쇠퇴, 민주주의에 대한 제약, 지역사회의 상실, 세계권력구조의 집중, 기업과 정보조직엘리트의 증가된 집중, 저개발국의 세계권력에의 의존도 증가를 문제점으로 지적하고 있다.

2. 도시에의 영향

세계경제의 자유화 · 개방화가 가속되면서 국가와 지역들이 경제적 · 정치적으로 점점 상호 긴밀한 관계를 이루게 되어, 한편으로 경쟁적이고 때로는 협조적인 모습을 보이고 있다(Hall, 1995a : 3). 세계경제는 기술변화뿐만 아니라 모든 생산요소의 지리적 이동에 의해 재구성되고 있다. 이러한 이동성은 도시간의 교역과 투자의 방향과 흐름뿐만 아니라 생산요소의 변화를 가져온다(Behrman and Rondinelli, 1992). 세계경제의 도래, 국제시장에 대한 정부개입의 감소, 경계를 넘은 거래의 확대는 국가를 상호의존적으로 만들 뿐만 아니라 도시로 하여금 그들의 생존을 위해 보다 적극적으로 국제적 경쟁에의 참여를 요구하고 있다(Behrman and Rondinelli, 1992).

세계경제의 통합은 적어도 다음 3가지 방법으로 도시에 영향을 미친다(Behrman and Rondinelli, 1992).

첫째, 국가간 상호의존성 증대로 국제적으로 연결된 도시체계에서는 의사결정의 분권화를 촉진한다.

둘째, 국제적 산업이 도시경제에서 강력한 역할을 수행할 것이다.

셋째, 도시들이 국제경제활동에서 요구하는 유형을 유인 · 수용하기 위해 그들의 문화와 적응함으로써 경쟁력을 갖게 된다. 즉, 세계화를 유도하는 도시문화개발이 중요하다.

3. 세계도시

세계화가 도시에 미치는 영향은 세계경제에서 높은 수준의 기능을 확보한 도시들이 성공적일 수 있다는 점이다. 세계경제는 재정과 기업의 집중이 이루어지고 있는 제한된 수의 도시를 만들어 내고, 이들 도시 중 일부는 지구도시(global cities) 또는 세계도시(world cities)로 발전하게 된다(Newman and Thornley, 1996 : 12).

세계도시(world cities)의 개념은 게데스(P. Geddes)가 처음 사용하였고, 홀(P. Hall)이 그의 저서 「세계도시」(*The World Cities*, 1966)에서 그 개념을 확장하여 다시 사용하였다(Clark, 1996 : 137). 세계화에 따라 어떻게 세계의 주요 도시가 세계자본의 중심지가 되어 가는가에 대해 프리드만(J. Friedmann)은 세계도시가설(world city hypothesis)을 제기했다. 그는 세계의 주요 도시를 제 1 차 세계도시와 제 2 차 세계도시로 나누어 전자를 중심, 후자를 주변입지로 구별하였다(Taylor and Walker, 2001 : 23).

세계도시는 다음 5가지의 경제적 속성을 내포하고 있다(Smith, 1998).

> 첫째, 세계경제의 국제화로 국경을 초월한 경제활동이 증대된다.
> 둘째, 자본이동의 증가는 제한된 세계도시(global cities)에 집중된다.
> 셋째, 국가의 중심도시에서는 제조업에서 기업과 생산자서비스로의 변환이 나타난다.
> 넷째, 또한 세계도시에서도 생산자서비스부문의 증가에 의해 세계적인 지배·통제 기능이 나타난다.
> 다섯째, 이러한 도시들의 계층적 구조가 세계적인 도시체계를 형성하게 된다.

Ⅱ. 기술발달과 정보화

1. 의 의

정보의 저장과 유통이 기하급수적으로 증가하고 있는 새로운 시대를 후기산업사회(D. Bell)·정보시대 또는 정보경제(M. Porat)·지구촌(M. McLuhan)·단절시대(P. Drucker), 제 3 의 물결(E. Toffler) 등으로 부르고 있다(Babe, 1995 : 9). 이 시대는 상품화된 정보의 생산과 소비활동이 이루어지는 과거에 유례가 없었던 새로운 사회이다. 사이먼(H. Simon)은 정보사회(information society)의 출현에 대해 인간의 지적 역사에서 전환점에 이르렀으며, 이를 문자(written language)와 인쇄물(printed book)에 이은 제 3 의 정보혁명(third information revolution)이라고 부를 수 있다고 했다(Segerstahl and

Vasko, 1988 : 21).

정보부문(information sector)은 기업의사결정 · 공공의사결정, 그리고 계획에서 중요한 역할을 한다(Nijkamp and Salomon, 1988 : 92). 정보와 커뮤니케이션기술의 발달은 의사결정에서 높은 신속성과 신뢰성, 신축성과 적응 잠재력, 그리고 조직과의 소통력증대를 가져오게 되었다(Nijkamp and Salomon, 1988 : 92).

2. 도시에의 영향

현대도시는 건물 · 교통망의 물리적 밀집이나 경제 · 사회 · 문화 생활의 중심지일 뿐만 아니라, 원격통신과 텔레매틱스(telematics)의 전자중심(electronic hubs)으로서의 역할을 수행한다(Graham and Marvin, 1997 : 3). 케른크로스(F. Cairncross)는 정보화의 공간적 의미를 거리개념의 파괴, 입지중요성의 감소, 이동성의 증가, 가정과 사무실기능의 변화, 인구이동필요성의 감소, 그리고 도시개념의 재정립을 들고 있다(주성재 · 김태환, 1998 : 49).

텔레커뮤니케이션은 도시발달에 상반된 영향을 미쳤다(Hall, 1999 : 241~242). 도시중심부에서는 기능들의 분산을 촉진하였다. 고용의 분산과 재택근무의 발달은 중심도시와 교외 간의 통근수요를 감소시키고 통행을 더욱 유연하게 만들어 러시아워 동안에 도시교통하부시설의 부담을 완화시켜 줄 것이다. 이러한 분산은 지속가능한 도시개발을 강화하는 데 잠재력으로 작용하게 될 것이다. 텔레커뮤니케이션 네트워크의 발달은 네트워크의 결절지점, 그리고 이러한 결절지로의 접근을 통제하는 사람들이나 기관들은 전자정보경제나 사회에서 점차 강력한 힘을 지니게 될 것이다. 그 결과 정보네트워크로부터 배제된 공간이나 사회집단, 즉, 정보빈곤층(information underclass)이 모여 사는 전자게토(electronic ghetto)를 형성하게 될 것이다. 때문에 텔레커뮤니케이션의 발달의 긍정적 영향과 부정적인 면을 조화시키는 노력도 필요하다.

3. 전자도시

정보통신의 중심지로서의 도시의 중요성이 증대됨에 따라 정보도시(intelligent· city) · 텔레토피아(teletopia) · 전자도시(e-topia) 등과 같은 다양한 형태의 정보산업도시의 개념이 등장하고 있다. 기존도시에서도 도시하부구조로서 정보와 통신의 기반을 구축하는 작업이 도시의 성장발전에 중요한 의미를 갖게 되었다.

최근에 도시경제에 새로운 정보와 커뮤니케이션기술의 대량유입에 따라 도시경관은 급격하게 변화하고 있다. 지능건물(intelligent buildings)·텔레포트(teleports)·광섬유망(fibre optic networks) 기타의 하부구조들이 정보도시(information city)의 주요한 구성부문이 되고 있다(Hepworth, 1991 : 29).

Ⅲ. 포스트모더니즘

1. 의 의

포스트모더니즘(postmodernism)은 현대성(modernity)에 대한 공동의 불만으로부터 발흥한 것으로 20세기 후반 이후를 특징짓는 시대정신이며 세계관이 되었다(Goodchild, 1990 : 120; 김욱동, 1995 : 668～669). 포스트모더니즘은 해체적(解體的)·반기초주의(反基礎主義)·비쌍대적(非雙對的), 그리고 다원성(多元性)과 상이성(相異性)의 촉진(encouraging of plurality and difference)의 특성을 나타낸다(Milroy, 1991 : 183). 여기서 해체적(deconstructive)은 전통적인 신념에 회의적인 거리를 두거나, 보다 적극적으로는 이에 대체할 수 있는 가치를 도출한다는 의미이다. 반기초주의(anti-foundationalist)는 진리의 기초로서 보편성을 제거하는 것을 말한다. 비쌍대적(nondualistic)이란 진리와 의견, 사실과 가치 간의 분리를 포함한 이원론(二元論)을 위태롭게 하는 주관성과 객관성의 분리를 거부하는 감각이다.

2. 주요 부문별 영향

㈎ 경 제 경제분야(經濟分野)에의 영향은 다양하지만 제조업의 쇠퇴와 서비스업의 증대현상은 주목할 만하다. 생산에서는 단일품종·대량생산에서 다품종·소량생산, 그리고 주문생산형태로의 변환을 나타내 포드주의에서 포스트포드주의로의 이행을 보이고 있다. 소비에서도 대량소비보다 고가품의 소량소비, 근검절약보다 과소비현상이 나타나게 되었다(김욱동, 1995: 686).

포드주의시대의 도시계획가들은 지역제, 외곽으로의 교외확장, 내부도시교통망설계와 건축, 도시재개발프로그램, 공공주택의 제공과 같은 과업에 전념하였다(Scott, 2000 : 251). 그러나 포스트포드주의 도시는 규모경제의 중요성이 감소하게 되었고, 이에 따라 대도시에서 대규모 공장의 필요성이 감소되는 등의 경제적 변화가 나타나게 된다(Lever, 2001 : 275). 아울러 이는 보다 적은 고용노동력과 보다 유연함이 요구되는 소규모 기업부문성장과 제조업에서 서비스업으로의 고용변환이 동반하여 나타난다. 높은 수준의 정보, 적시생산(just-in-time)체계 같은 관리체계 등은 도시위계에 영향을 미치게 된다(Lever, 2001 : 275).

㈏ 경 영 1980년 이래로 대부분의 선진국에서는 정도의 차이는 있지만, 도시서비스공급에 있어 민영화(privatization)와 탈규제(deregulation)의 추세를 지향하고 있다(Hall, 1995a : 19). 정부통제와 집권화된 계획에 대신하여 시장지향적인 전략을 강조하게 되었는데, 민영화가 이의 시금석(cornerstone)의 하나가 되었다. 일반적인 복지국가는 신자유주의개혁(neo-liberal reforms)에 의해 지속적으로 훼손되어 오고 있다. 따라서 도시정부에 의해 제공되는 혜택과 서비스는 보다 적절하지 못하다고 여기게 되었고, 그 공급범위도 축소되고 있다(Kearns and Paddison, 2000 : 846).

시민의 소득 · 교육수준이 높아짐에 따라 도시정부에 대한 기대수준이 높아지고, 급변하는 도시환경에 효과적으로 대처하기 위해 도시정부의 활동과 노력이 다양해지고 있다. 그러나 이러한 도시정부에 대한 주민들의 상승하는 기대수준에 비해 이를 충족시키기 위한 재원은 제한되어 대부분의 도시들은 재정적자에 봉착하게 되었다. 이러한 문제를 해결하기 위해 경영의 합리화를 통한 재원의 적정배분은 물론 서비스공급관리의 민영화를 통한 문제해결방안을 적극적으로 모색하기에 이르렀다. 따라서 도시경영이 도시계획에서 새로운 연구영역으로 부상하게 되었다.

㈐ 정 치 포스트모던정치이론은 중앙집권화가 쇠퇴하고 지방분권화를 중시한다. 지방자치의 확대실시에 따라 도시계획기능의 분권화와 도시계획에 주민참여가 확대되고 있다. 이에 따라 지금까지 중앙정부에 집중되었던 도시계획의 결정과 집행기능들이 대폭 지방에 이양됨으로써 도시가 처한 개별적 여건에 따라 독자적이고 개성 있는 모습의 도시를 조성해 나갈 수 있는 기반이 형성되어 가고 있다. 그러나 지방자치하에서는 서로의 자율성·

독자성을 강조함에 따라 인접지역간에 갈등이 발생할 가능성이 있고, 때문에 비능률과 낭비를 조정할 필요성도 대두되고 있다.

주민참여계획이 확대실시됨으로써 주민의 욕구에 바탕을 둔 주민의 생활과 관련된 도시환경의 개선이 중요한 의미를 갖게 될 것이다. 지금까지의 일방적인 계획의 결정집행에서 쌍방적인 의사전달통로를 통해 도시계획이 보다 민주적으로 결정집행될 수 있을 것이다.

㈑ 환 경 환경문제의 심각성은 전체사회를 위협하고 있다. 즉 인구폭발, 에너지자원의 고갈, 그리고 개발의 이름 아래 이루어진 환경파괴는 지구 전체에 심각한 문제가 되고 있으며, 도시 전체에도 부정적인 영향을 미치고 있다. 따라서 지속가능개발은 새 천년의 토지이용과 환경에 관한 공공정책을 수립하는 기본 틀이 되고 있다.

그린아젠다(green agenda)가 21세기에 더욱 중요한 의미를 갖게 되는데, 이는 지속성과 삶의 질이 연계되어 있기 때문이다. 삶의 질 · 지속성, 그리고 정체성은 성장정치학(成長政治學)과 도시마케팅(urban marketing)의 무대가 되고 있다(Fischler, 2000 : 149). 건축가들도 도시적주성(urban livability) · 환경보전(environmental preservation)에 대한 수요에 관심이 높아지고 있다.

㈒ 문 화 오늘의 도시계획가는 단순한 공학적 기술자보다는 사회적 맥락 속에서 작업하는 예술가의 창조성이 요구된다. 이는 자연 · 사회 · 문화 · 정치 · 경제 환경 간의 연계와 경성하부구조(hard infrastructure)는 물론 연성하부구조(soft infrastructures)의 중요성을 파악하는 통합적 능력이 필요하다(Bianchini and Greed, 1999 : 196). 여기서 연성하부구조는 일상의 업무와 유희, 지방풍습, 전통, 분위기와 활동에의 소속감 등을 포함한 사회 · 문화적 망이며, 장소의 동학성이다.

문화는 단순한 의미의 고품격 예술(high art)이기보다는 복합적 실체(complex entity)이고, 산출(product)이면서 과정(process)이고, 인공물(artefact)은 물론 생활방식(way of life)이고, 소비양식(consumption mode)일 뿐만 아니라 생산양식(consumption mode)도 된다(Wansborough and Mageean, 2000: 182). 간략하게 문화란 도시와 도시주민의 장소감(sense of place)과 생활방식(way of life)을 말한다(Montgomery, 1990). 즉 이미지와 기억의 근원으로서 문화는 특정장소에 누가 속하는가를 상징해 준다(Zukin, 1995 : 1). 도시의 이미지(image)를 창조하고, 비전(vision)을 형성하는 문화적 힘(cultural power)은 사람들을 보다 동적이고 다양하게 만든다. 아울러 문화는 거의 모든 서비스산업에 상징·패턴·의미와 같은 기본정보를 제공한다(Zukin, 1995: 11~12). 때문에 도시문화는 도시의 삶을 결정하는 주요한 요인이면서 21세기 도시경쟁력의 원천이라 할 수 있다.

3. 포스트모던도시계획

포스트모던도시는 길들여지지 않고, 심술궂고 변덕스러우며, 계속 변하는 특성을 가지고 있다(Portigali, 1996 : 154). 이 포스트모던도시는 도시이기보다는 자신이 저자인지도 모르는 수백 만의 알려지지 않은 저자들에 의해 쓰여지고, 수백 만의 독자들에 의해 읽히는 교재(text)와도 같다(Portigali, 1996 : 154).

포스트모더니즘계획이론은 모더니즘에 대한 반작용으로 나타났다. 모더니즘도시계획의 특징은 질서·계층성·종합성 등을 강조한다. 여기에 반해 포스트모더니즘은 전체성보다 개별성을, 획일성보다 다양성에 큰 가치부여를 하고 있다(Goodchild, 1990 : 126; 김 원, 1994 : 388~389). 획일화된 주택과 거리, 선택의 폭이 좁은 모더니즘의 도시에서 주민들은 다양한 개성을 살릴 수 있는 선택의 자유를 찾아 교외로 탈출하고 있다. 이에 따라 도시문화의 중심이 대도시에서 소도시로, 중앙집중에서 지방분산방향으로 바뀌고 있다. 포스트모더니즘은 주민의 다양한 권익을 보호한다는 의미에서는 옹호이론과 유사한 점이 있고, 종합계획을 거부한다는 점에서는 부분점증이론과 유사한 면을 갖고 있다. 그러나 포스트모더니즘의 도시계획적 해석은 초기단계에 있다.

제 2 장

도시계획체계

제1절 개 요

Ⅰ. 공간계획구성체계

1. 계획체계

계획체계(planning system)는 계획작성(計劃作成)에서 개발통제(開發統制)에 이르기까지 계획수준을 선택하고 관리하는 장치이다(Cullingworth and Nadin, 1997 : 2). 이는 목표설정, 정책작성, 상담과 참여, 공식적인 갈등해소, 개발통제, 집행, 그리고 결과의 평가에 이르는 모든 과정을 포함한다(Cullingworth and Nadin, 1997 : 2).

도시계획체계(都市計劃體系)란 도시계획과 관련된 법·실제·과정·기관, 그리고 전문가들과 관련된 장치들을 의미한다(Lichfield, 1984 : 11～12). 이 체계는 도시공간조직의 전략과 원리, 그리고 토지이용과 건축형태를 나타내는 계획작성기능(plan-making function), 토지취득과 하부구조의 정비·구축과 개발활동에 이르는 개발기능(developmental function), 그리고 건축의 위치와 형태, 현존건물의 활동변화의 통제와 관련된 규제기능(regulatory function)으로 구성되어 있다(Healey and Williams, 1993 : 702).

2. 우리 나라의 공간계획체계

공간계획은 계획대상의 공간범위와 계획내용에 따라 국토계획 · 지역계획 · 도시계획 · 지구계획 · 단지계획 등으로 분류할 수 있다. 이들 계획들간의 상호위계는 대체로 보다 넓은 공간을 대상으로 하는 계획이 상위계획, 보다 좁은 지역을 대상으로 하는 계획이 하위계획이라고 할 수 있다. 계획내용면에서는 상위계획일수록 추상적 · 일반적 · 종합적인 성격이 강하고, 하위계획일수록 구체적 · 특수성 · 부분적인 특성을 갖고 있는 경우가 많다. 그리고 상위

그림 2-1 우리 나라의 공간계획체계

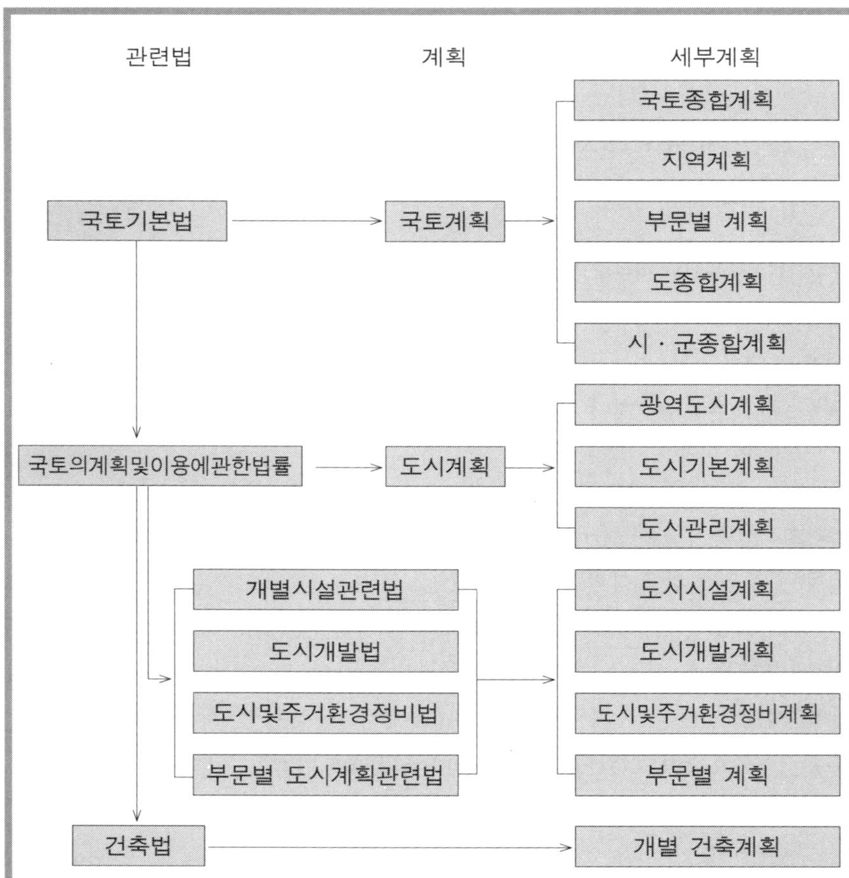

계획일수록 사회 · 경제적 측면에 중점을 두는 데 비해, 하위계획일수록 물적 측면을 강조하고 있다. 계획작성과 집행의 재량권면에서는 상위계획일수록 재량권행사의 범위가 넓고 관련계획에의 규제가 적은 데 비해, 하위계획일수록 상위계획 및 관련계획의 제약이 많아서 재량권행사가 한정된다.

우리 나라의 주요 공간계획은 「국토기본법」에 의한 국토계획, 「국토의 계획 및 이용에 관한 법률」에 의한 도시계획, 그리고 「건축법」에 의한 건축계획을 들 수 있다. 국토공간의 이용 · 개발 및 보전을 다루는 국토계획(國土計劃)은 국토종합계획 · 도종합계획 · 시군종합계획 · 지역계획 및 부문별 계획의 5개 종류로 구분하고 있다(「국토기본법」 제 6 조). 여기서 시·군종합계획(市·郡綜合計劃)은 특별시 · 광역시 · 시 또는 군의 관할구역을 대상으로 하여 당해 지역의 기본적인 공간구조와 장기발전방향을 제시하는 계획으로서 「국토의 계획 및 이용에 관한 법률」에 의하여 수립되는 도시계획(都市計劃)을 지칭한다.

〈그림 2-1〉은 우리 나라의 공간계획간의 관계를 관련법과 함께 정리한 것이다. 도시계획의 상위계획은 국토종합계획 · 지역계획 · 부문별 계획 · 도종합계획이고, 하위계획은 건축계획이다.

Ⅱ. 도시계획의 구성체계

1. 외　국

(1) 영　국

(가) 의　의　영국(UK)의 종합개발계획체계는 1947년 「도시 및 농촌계획법」에 의해서 확립되었다. 이 법에서는 계획의 기능을 개발통제 · 개발계획, 그리고 중앙정부감독의 3가지로 구분하였다(Newman and Thornley, 1996: 42~43). 개발통제(development control)는 지방기관이 개발신청을 받아 정책구조와 상세한 지방여건을 고려하여 결정하는 제도이다. 이 결정은 지방계획가의 조언을 받아 지방정치가가 한다. 지방기관은 관할지역의 토지이용정책을 기술한 개발계획(development plans)을 준비한다. 이 계획은 개발신청에 대한 결정을 하는 데는 중요하지만, 법적으로 구속되는 것은 아니다. 중앙정부는 개발통제결정에 중요한 고려사항인 입법과 개발지침의 발행에 대한 책

임을 갖고 있다. 계획체계의 또 다른 중요한 특징은 개발신청자가 개발통제 결정에 대해 이의(appeal)를 제기할 수 있고, 이 이의는 중앙정부에 의해 결정된다. 이는 계획에 대해 중앙정부와 지방정부가 서로 다른 견해를 가지고 있을 때 특히 중요한 의미를 갖는다. 중앙정부정책은 계획정책지침각서(planning policy guidance notes)라 부르는 도구를 통해 계획체계의 다른 부문에 강한 영향을 갖고 있다.

영국의 개발계획(development plans)들은 공·사 부문의 개발기관들의 활동을 조화시키고 규제하기 위한 지침구조(guidance framework)이다(Prior, 2000a : 51). 이는 미국의 지역제계획(zoning plans)도 아니고, 독일에서처럼 완전한 법적 구속력을 갖는 것도 아닌 준 법적인 정책에 기반을 둔 계획이다. 때문에 개발계획은 '개발은 계획에 따라야 법적'이라는 의미에서 보면 규정적(prescriptive)이 아니고, 계획이 계획허가를 부여하는 것은 아니기 때문에 지시적(indicative)이다(Prior, 2000a : 51~52).

(나) 계획체계의 발달 1968년의 「도시 및 지역계획법」에 의해 도입된 개발계획(development plan)은 구조계획(structure plan)과 지방계획(local plan)으로 구분했다. 그러나 1980년대 들어 토지이용과 개발을 위한 시장의 개입효과에 대해 의문이 제기되면서 계획체계에 대한 검토가 있었다. 이에 따라 잉글랜드(England)의 대도시지역(English metropolitan regions)에서는 구조계획(structure plan)과 지방계획(local plan)을 폐기하고, 대도시구의회(metropolitan borough council)에서 단일개발계획(Unitary Development Plan : UDP)을 수립하도록 했고, 다른 지역에서는 구조계획과 지방계획의 이원체계(two-tier system)를 그대로 유지하도록 했다(Prior, 2000a : 52~54; Newman and Thornley, 1996 : 43).

1991년의 「계획과 보상법」(Planning and Compensation Act) 이래로 계획 채택 이전에 청문회(public inquiry)를 개최하도록 했다. 그리고 중앙정부의 승인을 얻을 필요는 없지만, 중앙정부가 원하면 개입할 권리를 갖도록 했다(Newman and Thornley, 1996 : 43). 개발통제의 원칙에는 큰 변화가 없지만, 계획허가에 협상(negotiation)을 증대시키도록 했다. 계획의무(planning obligations : 과거의 planning gain)라 불리는 협상은 재정책임·하부구조제공, 그리고 일정한 지역사회의 사용계획에 대한 것을 비밀리에 수행한다.

(다) 계획별 특성

1) 구조계획 구조계획(structure plan)은 장래의 경제 · 물리적 개발과 교통관리 및 자연환경의 개선을 위한 전략적 토지이용정책을 설계한다(Williams, 1984 : 88). 이 계획은 지방계획에 대한 상위계획으로 지침적 성격이 강하며, 계획대상공간에 따라 군구조계획(county structure plan)과 도시구조계획(urban structure plan)으로 나누어진다. 도시구조계획은 구체적이고 정적인 토지이용배분보다는 도시와 정책 · 목표 · 기준에 대한 광범한 구조(뼈대)를 제공하기 때문에 붙여진 이름이다(Prior, 2000a : 55). 도시구조계획은 도시지역 전체를 대상으로 하고, 10~15년 앞의 토지이용전략을 제시하며, 지방계획과 계획통제(development control)의 정책과 방향을 제시하며, 공청회 등의 광범한 주민참여가 보장된다(Prior, 2000a : 55). 이 계획은 잉글랜드에서는 군(shire counties), 스코틀랜드에서는 단일의회(unitary councils)에서 수립한다.

2) 지방계획 지방계획(local plan)은 계획적용의 일상적인 결정을 인도하는 토지이용의 상세한 배분과 특정정책에 관련된다(Prior, 2000a : 55). 이는 구조계획에서 기술된 공간개발전략의 집행수단의 의미를 갖는다. 지방계획의 계획기간은 5~10년이다. 이 계획은 잉글랜드에서는 디스트릭트(districts)에서, 스코틀랜드에서는 단일의회에서 수립한다. 지방계획의 준비는 영국의 모든 지역(스코틀랜드에서는 1975년, 잉글랜드와 웨일즈에서는 1990년 이래)에서 의무가 되었다.

3) 단일계획 UDP는 잉글랜드의 대도시지역(metropolitan areas)에서 1986년부터 도입되었다(Prior, 2000a : 58). UDP는 하나의 개발계획에 구조계획(UDP의 제 1 부)과 지방계획(UDP의 제 2 부)의 기능을 결합하고 있다(Prior, 2000a : 58). 이 계획은 런던 바로우(London boroughs), 잉글랜드의 대도시의회(metropolitan councils)와 웨일즈의 단일의회(unitray councils)에서 수립한다. 스코틀랜드에는 UDP가 없다.

(2) 독 일

(가) 의 의 1960년에 「연방건설법」(Bundesbaugesetz)이 통과됨으로써 현대계획법의 기초가 확립되었고, 도시재개발사업의 특성을 보완하기

위해 1971년 「도시건설촉진법」(Städtebauförderungsgesetz)이 반포되었다(Kunzmann, 1984 : 18; 오준근 · 김명연, 1996 : 256). 이 두 법은 1986년에 「건설법전」(Baugesetzbuch)으로 통합되었는데, 이 법전이 도시계획의 법적 기반이고, 건축통제 · 토지취득 등을 포함한 계획집행을 규제한다(오준근 · 김명연, 1996 : 256; Kunzmann, 1984 : 18).

도시계획은 도시발전계획(Städtentwirklungsplan)과 건설기본계획(Bauleitplan)으로 구분된다. 기본구상을 다루는 도시발전계획은 1976년부터 도입되었고, 건설기본계획은 토지이용계획(Flachennutzungsplan : F-plan)과 지구상세계획(Bebauungsplan : B-plan)으로 구분한다(Dieterich, *et al.*, 1993 : 56~59; Ratcliffe and Stubbs, 1996 : 176; 건설교통부, 2000 : 164).

(나) 계획체계

1) 토지이용계획 이 계획은 기초자치단체인 게마인데(Gemeinde) 전역에 대하여 토지이용 개요를 정하는 마스터플랜으로 해당 기초자치단체 의회의 의결과 상급관청의 허가로 확정된다. 이 계획은 주민에 대한 법적 구속력은 없는 반면, 해당 기초자치단체는 물론 주나 연방의 상위행정주체들도 이 계획에 따라야 한다. 이 계획은 해당 자치단체의 지역발전의 방향을 제시하는 토지이용의 골격을 나타내는 장기적 계획이다. 계획내용은 건축 · 교통 · 녹지 · 농경지 · 삼림지역 등의 용도지역이 포함되며, 도면의 축척은 도시의 전체적인 면적에 따라 1 : 10,000 또는 1 : 20,000이다(Kunzmann, 1984 : 22). 원칙적으로 이 계획은 매 10년마다 수정하도록 되어 있지만, 실제로는 특정 사업계획의 허가시 수시로 수정한다.

2) 지구상세계획 이 계획은 토지이용계획으로부터 발전되어 수립되는 것으로 대부분의 경우 지방자치단체의 일부지역에 국한하여 수립하는 경우가 보통이다. 이 계획은 공공과 민간토지의 경계, 토지이용의 종류와 밀도, 건축지, 개방공간에 대해 상세하게 나타낸다(Kunzmann, 1984 : 21). 그리고 지역적인 특성과 요구에 따라, 예를 들면 사용된 건물의 종류 · 수목식재 · 주차장정비 등과 같은 상세한 규제를 할 수 있다. 주민을 직접 구속하는 도시계획은 지구상세계획으로 토지이용계획(F-plan)에 근거하여 가구(block) 단위별(5~20ha)로 조례로 정하는 상세도시계획이다(박재길 · 손기찬, 1997 : 42). 지방정부는 이 계획과 관련하여 공청회 또는 기타 주민참여기회를 제공해야

한다. 이 계획의 계획기간은 5년 단위이고, 계획내용은 보통 1 : 1,000의 축척으로 나타내고, 필요한 경우는 1 : 500의 축척으로 나타낼 수 있다(Kunzmann, 1984 : 21).

(3) 미 국

(가) 의 의　　미국에는 연방수준의 통일된 도시계획법이 없을 뿐만 아니라, 전국토 또는 주(州) 지역 전체를 대상으로 하는 개발계획이나 토지이용계획도 없다. 따라서 도시계획은 지방자치단체가 조례를 제정하여 수행하기 때문에 지방정부마다 상이하다. 그러나 상당수의 지방자치단체가 장기계획성격의 도시기본계획(comprehensive plan)을 수립하고, 이에 근거하여 용도지역제를 운용하고 있다(박재길 · 손기찬, 1997 : 47~48).

(나) 계획체계

1) 도시기본계획　　도시기본계획은 계획기간을 20년으로 하는 장기계획으로 지방자치단체의 기본정책을 밝히면서 각종 공공사업을 조정하고, 지역제(zoning) · 택지분할규제(subdivision control) · 도시재개발(urban renewal) 등 각종 규제수법에 대한 근거가 되고, 토지이용의 미래상을 밝혀 토지이용 및 개발행위를 유도한다. 이 계획은 권고적 계획으로 법적 구속력은 없다(日笠 端, 1988 : 229; 건설교통부, 2000 : 157).

2) 용도지역제　　용도지역제(zoning)는 구속적인 토지이용계획으로 지방자치단체가 주(州)로부터 권한을 위임받아 독자적으로 조례를 제정하는 형태를 취하고 있다(건설교통부, 2000 : 157). 이는 용도지역을 구분하고 지역별로 허용가능한 건물의 위치 · 규모 · 형태 · 용도 등을 규정하는 제도이다. 이 용도지역제는 도시의 특성에 따라 다양한 형태로 운용되고 있다.

이 외의 토지이용규제수단(土地利用規制手段)으로는 필지분할규제(land subdivision control) · 공도제(official mapping) · 계약제(covenant) 등이 있다(건설교통부, 2000 : 154). 필지분할규제(筆地分割規制)는 토지를 양도 또는 개발하기 위해 2개 이상의 필지로 분할하고자 할 때에는 자치단체가 정하는 기준을 의무적으로 따라야 한다는 제도이다. 공도제(公圖制)는 장래에 건설하려는 공공시설의 용지를 미리 확보할 목적으로 계획도로 · 공원 기타 공공시설용지를 도시계획에 따라 도면상에 표기하고, 보상 없이 경찰력에 의해 사권을 제한하는 제도이다. 계약제도(契約制度)는 부동산소유자 간 또는 개발업자와 실수요자 간에 체결되는 민사계약으로 일반적으로 부동산등기에 기록되어 있으며, 부동산을 신규로 구입하는 자에게 계속 인계된다.

(4) 일 본

(가) 의 의 국토개발의 기본법인 「국토종합개발법」에서 국토종합개발계획을 전국종합개발계획(全國綜合開發計劃)·도부현종합개발계획(都府縣綜合開發計劃)·지방종합개발계획(地方綜合開發計劃)·특정지역종합개발계획

표 2-1 각국의 도시계획의 구성체계

계획성격 \ 국가	영 국		독 일	미 국	일 본	한 국
기본계획	구조계획	단일계획	도시발전계획	도시종합계획	도시계획	도시기본계획
세부계획	지방계획		건설기본계획 · 토지이용 계획 · 지구상세 계획	· 지역제 · 필지분할 규제 · 공도제 · 도시재개발	· 토지이용 계획 · 지구계획 · 시설정비 계획 · 개발사업 계획	도시관리계획 · 지구단위 계획 · 지역지구 계획 · 시설계획 · 사업계획

(特定地域綜合開發計劃)으로 구분하고 있다(오준근·김명연, 1996 : ccxc). 한편 국토이용에 관한 기본법인 「국토이용계획법」에 의해 국토이용계획(國土利用計劃)을 수립한다. 이 국토이용계획은 전국계획(全國計劃)·도도부현계획(都道府縣計劃), 그리고 시정촌계획(市町村計劃)의 3종류가 있다(오준근·김명연, 1996 : ccxcii).

(나) **계획체계** 「도시계획법」에 의한 도시계획에는 시가화구역·시가화조정구역·지역구역에 관련된 도시계획과 도시계획사업과 관련된 도시계획 및 지구계획이 있다(오준근·김명연, 1996 : ccxcix).

시정촌단위에서 도시계획에 대해 보다 실질적 지침이 될 수 있는 시정촌의 도시기본계획으로 1992년에 시정촌도시계획기본방침 수립을 제도화하였다. 여기에는 토지이용계획·지구계획·시설정비계획·개발사업계획 등의 내

용이 포함된다.

2. 우리 나라

도시계획(都市計劃)은 특별시 · 광역시·시 또는 군의 관할구역에 대하여 수립하는 공간구조와 발전방향에 대한 계획으로서 도시기본계획과 도시관리계획으로 구분하고 있다[「국토의 계획 및 이용에 관한 법률」(이하 "법") 제2조 제2호)]. 도시기본계획(都市基本計劃)은 도시계획의 기본방향을 제시하는 계획이다. 이를 바탕으로 보다 구체적인 내용의 도시관리계획(都市管理計劃)이

그림 2-2 우리 나라의 도시계획구성체계

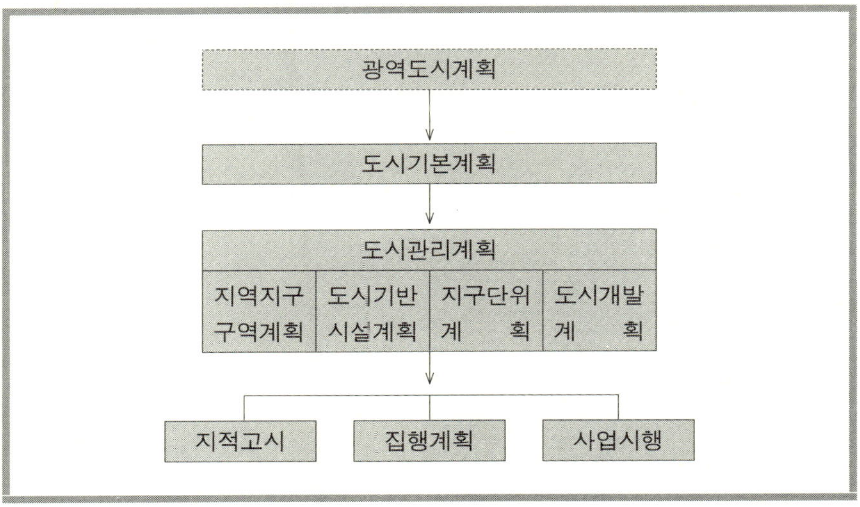

수립된다. 그리고 관리계획의 내용을 구체적으로 집행하기 위한 집행계획이 작성된다. 이러한 3계층의 기본적 체계와는 별도로 필요시 광역계획구역에 대해 광역도시계획(廣域都市計劃)을 도시계획으로 결정할 수 있도록 했다.

광역도시계획이 수립되어 있는 지역에 대하여 수립하는 도시기본계획은 당해 광역도시계획에 부합되어야 하며, 도시기본계획의 내용이 광역도시계획의 내용과 다른 때에는 광역도시계획의 내용이 우선한다고 규정하여(법 제19조 제2항) 광역도시계획이 도시기본계획의 상위계획임을 분명히 했다. 그리고 도시기본계획은 도시관리계획수립의 지침이 되는 계획이라고 규정하였다

(법 제2조 제3호). 〈그림 2-2〉는 도시계획간의 위계관계를 정리한 것이다.

제2절 광역도시계획

Ⅰ. 의 의

1. 개 념

광역도시계획(廣域都市計劃)은 광역계획권의 장기발전방향을 제시하는 계획이다(법 제2조 제1호). 이 계획은 도시의 범위가 외연적으로 확산되고 연담화됨에 따라 이들 지역을 하나의 계획권으로 묶어 효율적으로 관리함으로써 무질서한 확산을 방지하기 위한 것이다. 또한 이는 지방자치단체간 상호협조를 통하여 광역시설을 합리적으로 배치하는 등 규모의 경제를 확보하여 투자의 효율성을 제고하고 중복투자를 방지하기 위한 계획이다. 아울러 이 계획은 광역계획권의 지속가능한 발전을 도모하고 주민의 삶을 제고하기 위한 목적을 가지고 있다.

2. 지 위

광역도시계획은 도시계획체계상 최상위계획으로서, 도시기본계획 · 도시관리계획 등에 대한 지침이 된다. 다만, 도시기본계획과 도시관리계획 등이 하위계획이라 할지라도 전략적으로 중요한 사항이 있을 경우에는 환류 · 조정하여 수용할 수 있다(건교부, 2003a : 1).

광역도시계획이 도시기본계획에 포함되어야 할 내용들을 모두 수용하여 수립하는 경우, 광역계획권에 관할구역 전부가 포함된 시 · 군은 도시기본계획을 수립하지 아니할 수 있다(건교부, 2003a : 2).

3. 도 입

광역도시계획에 대한 개념은 1991년 「도시계획법」에 의해 도입되었으나 주로 광역시설의 설치와 관리에 중점을 두어 제도도입의 본래 취지를 수행하지 못했다(류해웅, 2000 : 26). 이에 따라 2000년 「도시계획법」에서 광역도시권의 장기발전방향을 제시하는 계획으로서의 성격을 명확히 하여 오늘에 이르게 되었다.

Ⅱ. 광역계획권의 지정

1. 지정권자와 지정대상

건설교통부장관은 2 이상의 특별시 · 광역시 · 시 또는 군(이하 "시 · 군")의 공간구조 및 기능을 상호연계시키고 환경을 보전하며 광역시설을 체계적으로 정비하기 위하여 필요한 경우, 인접한 2 이상의 시 · 군의 관할구역의 전부 또는 일부에 대해 광역계획권(廣域計劃圈)으로 지정할 수 있다(법 제10조 제 1 항). 중앙행정기관의 장, 특별시장 · 광역시장 · 도지사(이하 "시 · 도지사"), 시장 또는 군수는 건설교통부장관에게 광역계획권의 지정 또는 변경을 요청할 수 있다(법 제10조 제 2 항).

광역계획권은 인접한 시 · 군의 관할구역단위로 지정한다(시행령 제 7 조 제 1 항). 그러나 부득이한 경우, 관할구역의 일부를 포함시키는 경우에도 구 · 군 · 읍 또는 면의 관할구역단위로 하여야 한다(시행령 제 7 조 제 2 항).

광역계획권은 변경하지 않는 것을 원칙으로 한다. 다만, 국토종합계획 · 광역권개발계획 · 수도권정비계획 등 상위계획의 수정 및 재수립, 시·군의 세력권 및 성장권의 변화 등에 의하여 필요성이 인정되는 경우 광역계획권을 변경할 수 있다(건교부, 2003a : 3).

2. 지정절차

건설교통부장관이 광역계획권을 지정 또는 변경하고자 하는 때에는 관계 시 · 도지사, 시장 또는 군수의 의견을 들은 후 중앙도시계획위원회의 심의를 거쳐야 한다(법 제10조 제 3 항). 건설교통부장관이 광역계획권을 지정 또는 변경한 때에는 지체 없이 관계 시 · 도지사, 시장 또는 군수에게 그 사실을 통보하여야 한다(법 제10조 제 4 항).

3. 권역명칭 및 설정지표

(1) 권역명칭

미국에서 광역도시권의 명칭은 1950년대에는 SMA(Standard Metropolitan Area), 1960년대에는 SMSA(Standard Metropolitan Statistical Area)로, 1990년대에는 MSA(Metropolitan Statistical Area)로 변경하여 사용하고 있다(김현식 외 2인, 1998 : 25). 영국은 노동공급권(SMLA : Standard Metropolitan Labour Area), 일본은 기능도시권(FUR : Functional Urban Region)이라는 명칭을 각각 사용하고 있다.

(2) 설정지표

광역계획권은 중심도시와 그의 영향권을 포함하는 공간을 의미하기 때문에 사용하는 지표에 따라 그 공간적 범위가 차이가 있게 된다. 권역설정지표로 고려할 수 있는 것은 공동의 생활영향권을 중심으로 교통권 · 상권 · 정보권 · 행정서비스권 · 시설이용권을 들 수 있다(국토연, 1994b : 16).

Ⅲ. 계획의 수립 및 결정

1. 수립권자

(1) 수립권자

건설교통부장관 또는 시 · 도지사는 다음의 구분에 따라 광역도시계획을 수립하여야 한다(법 제11조 제1항).

① 광역계획권이 같은 도의 관할구역에 속하여 있는 경우에는 관할 도지사가 수립

② 광역계획권이 2 이상의 시 · 도의 관할구역에 걸쳐 있는 경우에는 관할 시·도지사가 공동으로 수립

③ 국가계획과 관련하여 광역도시계획의 수립이 필요한 경우 또는 광역계획권을 지정한 날부터 3년이 경과될 때까지 관할 시 · 도지사로부터 광역도시계획의 승인신청이 없는 경우에는 건설교통부장관이 수립

건설교통부장관은 시 · 도지사의 요청이 있는 경우 및 그 밖에 필요하다

고 인정되는 경우에는 ①～③의 규정에도 불구하고 시 · 도지사와 공동으로 광역도시계획을 수립할 수 있다(법 제12조 제 2 항).

(2) 공동수립의 조정

건설교통부장관, 시 · 도지사가 광역도시계획을 공동으로 수립하고자 하는 때에는 광역도시계획의 수립에 관한 협의 · 자문 등을 위하여 광역도시계획협의회를 구성 · 운영할 수 있다(시행령 제 8 조 제 1 항). 광역도시계획협의회는 관계 공무원, 광역도시계획에 관하여 학식과 경험이 있는 자 등으로 구성한다(시행령 제 8 조 제 2 항).

2. 계획의 내용 및 수립기준

(1) 계획내용

광역도시계획에는 광역계획권의 지정목적을 달성하는 데 필요한 다음 사항에 대한 정책방향을 포함하여야 한다(법 제12조 제 1 항; 시행령 제 9 조; 건교부, 2003a : 5～6).

(가) 계획의 목표와 전략
(나) 광역계획권의 현황 및 특성
(다) 공간구조구상
  ① 여건변화 및 전망분석
  ② 주요 지표 제시
  ③ 공간구조의 골격구상: 개발축(성장축), 교통축, 녹지축 설정
  ④ 생활권 설정
(라) 부문별 계획
  ① 기능분담계획 및 토지이용계획
  ② 문화 · 여가공간계획
  ③ 녹지관리계획
  ④ 환경보전계획
  ⑤ 교통 및 물류유통계획
  ⑥ 광역시설계획
  ⑦ 경관계획
  ⑧ 방재계획
(마) 개발제한구역의 조정
(바) 집행 및 관리계획

⑵ 수립기준

광역도시계획의 수립기준을 정할 때에는 다음 사항을 종합적으로 고려하여야 한다(법 제12조 제 2 항; 시행령 제10조; 건교부, 2003a : 4~5).

㈎ **포 괄 성** 광역도시계획은 여건의 변화에 탄력적으로 대응하기 위하여 포괄적이고 개략적으로 수립하도록 한다. 그리고 특정부문위주로 수립하는 경우에는 도시기본계획이나 도시관리계획에 명확한 지침을 제시할 수 있도록 구체적으로 수립할 수 있도록 한다.

㈏ **연 계 성** 광역도시계획은 상위계획의 내용을 수용하고 관련계획의 내용을 충분히 고려하며 계획내용이 하위계획과 환류되어 상호 연계될 수 있도록 수립하여야 한다. 또한 광역계획권의 미래상을 실현할 수 있는 체계화된 전략을 제시하여야 한다.

㈐ **합 리 성** 계획의 목표 · 전략 및 지표를 예측하고 부문별 계획이 상호 연계되도록 하면서 산출근거자료를 제시하여야 한다. 계획내용은 실현성을 고려하여 합리적이며 일관성있게 수립하여야 한다.

㈑ **친환경성** 광역도시계획은 환경적으로 건전하고 지속가능한 발전을 위하여 자연환경 · 경관 · 생태계 · 녹지공간 등의 보전 및 확충에 주력하여 쾌적하고 살기 좋은 환경이 조성될 수 있도록 계획하여야 한다. 그리고 녹지축 · 생태계 · 산림 · 경관 등 양호한 자연환경과 우량농지, 보전목적의 용도지역 등을 충분히 고려하여 수립하도록 한다. 개발제한구역의 조정에 관한 사항은 2020년 광역도시계획에 한하여 수립하도록 하며, 해제된 지역은 구역 밖의 동일용도나 동일용도지역보다 저밀도를 유지하도록 하고, 친환경적으로 계획을 수립하여야 한다.

3. 수립절차

건설교통부장관 또는 시 · 도지사가 광역도시계획을 수립 또는 변경하고자 하는 때에는 기초조사와 공청회(公聽會)를 거쳐야 한다(법 제13조 · 제14조). 기초조사(基礎調査)는 인구 · 경제 · 사회 · 문화 · 토지이용 · 환경 · 교통 · 주택 · 자연적 여건 · 기반시설 및 주거수준 · 재해 · 관련계획 및 사업 기타 사항에 대해 조사하거나 측량하는 것을 말한다(법 제13조 제 1 항; 시행령 제11조 제 1 항). 공청회(公聽會)는 광역계획권에 속하는 시 · 군을 보급지역으로 하는 일간신문에 공청회 개최예정일 14일 전까지 개최목적, 개최예정일 및 장소, 계획의 개요 등을 포함한 내용을 1 회 이상 공고하여야 한다(시행령 제

12조 제 1 항). 공청회는 광역계획권단위로 개최하되 필요한 경우에는 광역계획권을 수개의 지역으로 구분하여 개최할 수 있다(시행령 제12조 제 2 항).

시 · 도지사가 광역도시계획을 수립 또는 변경하고자 하는 때에는 미리 관계 시 · 도의 의회와 관계 시장 또는 군수의 의견을 들어야 한다(법 제15조 제 1 항). 그리고 입안권자인 시 · 도지사는 광역도시계획(안)에 대하여 당해 지방도시계획위원회의 자문을 거쳐야 한다(건교부, 2003a : 21). 건설교통부장관이 계획을 수립하는 때에는 관계 시 · 도지사에게 광역도시계획안을 송부하고, 계획안을 송부받은 관계 시 · 도지사는 그 계획안에 대해 당해 시 · 도의 의회와 관계 시장 또는 군수의 의견을 들은 후 그 결과를 건설교통부장관에게 송부해야 한다(법 제15조 제 2 항).

4. 계획의 승인

(1) 승인절차

시 · 도지사는 광역도시계획을 수립 또는 변경한 때에는 건설교통부장관의 승인을 얻어야 한다(법 제16조 제 1 항). 건설교통부장관이 광역도시계획을 승인하고자 하는 때에는 관계중앙행정기관의 장과 협의한 후 중앙도시계획위원회의 심의를 거쳐야 한다(법 제16조 제 2 항). 이 때 협의를 요청받은 관계중앙행정기관의 장은 특별한 사유가 없는 한 요청을 받은 날로부터 30일 이내에 건설교통부장관에게 의견을 제시해야 한다(법 제16조 제 3 항). 건설교통부장관은 필요하다고 인정되는 경우 도시계획에 관한 전문기관의 자문을 받을 수 있다(건교부, 2003a : 22).

건설교통부장관이 계획을 수립(공동수립 포함)하는 때에는 관계중앙행정기관의 장과 협의한 후 중앙도시계획위원회의 심의를 거쳐야 한다(법 제16조 제 2 항).

(2) 관계서류 송부 및 공람

건설교통부장관은 광역도시계획을 승인한 때에는 이를 관계중앙행정기관의 장과 해당 시 · 도지사에게 관계서류를 송부하여야 하며, 관계서류를 송부받은 시 · 도지사는 지체없이 이를 당해 지방자치단체가 발행하는 공보에 공고하고 일반이 열람할 수 있도록 하여야 한다(법 제16조 제 4 항).

그림 2-3 광역도시계획 입안 · 승인절차

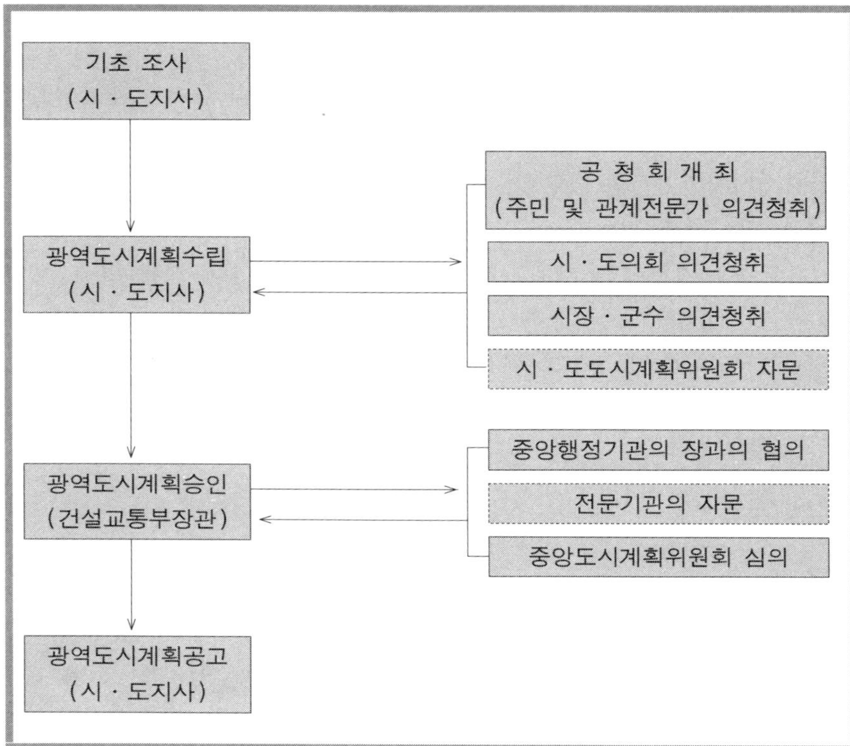

제 3 절 도시기본계획

Ⅰ. 의 의

1. 성격과 기능

(1) 성 격

「국토의 계획 및 이용에 관한 법률」에서는 도시기본계획을 시 · 군의 기본적인 공간구조와 장기발전방향을 제시하는 종합계획으로서 도시관리계획수립의 지침이 되는 계획이라고 말한다(법 제 2 조 제 3 호).

이 도시기본계획(都市基本計劃)은 일반계획(general plan)·종합계획(comprehensive plan)·수장계획(master plan) 등으로 다양하게 부르고 있다. 여기서 일반계획(一般計劃)의 의미는 계획내용의 표현이 구체적이 아니고 일반적·개념적인 방향제시에 그 특성이 있음을 말하는 것이다. 종합계획(綜合計劃)이라 함은 계획내용과 범위가 어느 한 측면만을 강조하기보다는 여러 측면을 옹위하는 계획임을 의미하는 것으로 물적인 측면은 물론 사회·경제적인 측면까지를 포함하는 포괄적인 계획임을 지칭하는 말이다. 이와 같이 일반적·종합적 성격으로 인해 도시계획체계 내에서 우두머리 역할을 수행하기 때문에 수장계획(首長計劃)이라 불리고 있다. 또한 타계획에 지침을 제시하는 기능을 수행하기 때문에 기본계획(基本計劃)이라 한다. 그리고 이 계획은 상황변화에 탄력적으로 적응하면서 도시의 기본적인 개발방향을 모색하고 있기 때문에 개발계획(developmental planning)과 쇄신계획(innovative planning)적 성격을 갖고 있다 하겠다(Faludi, 1973 : 173～174).

⑵ 기　　능

도시기본계획의 기능과 역할은 상위계획과 정책을 수용·해석하고 주민의 욕구를 수렴하여 바람직한 도시의 미래상을 구현하기 위해 거시적인 시각에서 도시의 장래를 조명하고 필요한 계획적 행동노선을 설정하는 계획으로 하위계획의 틀을 제공할 뿐만 아니라, 관련계획의 지침제공의 기능을 수행하고 있다(MHLGWO, 1970 : 19; Lichfield, 1984 : 14). 즉, 도시기본계획은 국토종합계획·광역도시계획 등 상위계획의 내용을 수용하여 시·군이 지향해야 할 미래상을 밝히고 장기적인 발전방향을 제시하는 정책계획(政策計劃)이다. 아울러 시·군행정의 바탕이 되는 주요 지표와 토지의 개발·보전, 기반시설의 확충 및 효율적인 도시관리전략을 제시하여, 하위계획인 도시관리계획 등 관련계획의 기본이 되는 전략계획(戰略計劃)이다(건교부, 2005a : 1). 따라서, 시장·군수는 관할구역에서 다른 법률에 의한 환경·수도·하수도·주택 등에 관한 부문별 계획을 수립하는 때에는 도시기본계획의 내용과 부합되게 해야 한다고 규정하고 있다(법 제 4 조 제 2 항). 이는 도시기본계획이 다른 관련 부문계획의 상위계획으로서의 지위를 명시한 것이라고 볼 수 있다.

도시기본계획은 중요한 정책지침을 제공하고, 계획집행부서에 계획을 실행하고, 의사결정을 수행하는 데 참고가 되는 사전식(辭典式) 계획이며, 주민과 행정부 간에 도시정책과 개발방향에 관한 정보를 교환함으로써 보다 나은 계획을 수립할 수 있는 바탕을 마련하고, 도시주민에게 도시가 처한 여건과 제약을 알리고 앞으로의 방향을 제시함으로써 협조적이며 지지적 분위기를 조성할 수 있는 교육적 기능(教育的 機能)을 갖고 있다(노융희, 1984 : 463~464).

2. 구비여건

도시기본계획이 주어진 기능을 충분히 수행하기 위해서는 다음의 조건을 구비할 필요가 있다(日笠 端, 1987 : 99~100).

1) 도시와 관련주변지역을 충분히 고려한 계획이어야 한다.
2) 국토계획 · 지방계획의 요청을 충분히 고려한 계획이어야 한다.
3) 경제, 사회, 행 · 재정 등 비물적 계획을 고려한 종합계획이어야 한다.
4) 도시의 장래목표를 명료화하고, 그 실현을 전제로 한 장기계획이어야 한다.
5) 여러 활동의 터전이 되는 도시공간의 형태를 토지이용, 시설의 종류 · 양 · 배치 등을 통해 나타내는 종합적 계획이어야 한다.
6) 현행제도에 구속될 필요는 없으나 계획논리에 일관성이 있고, 실현방도에 일정한 맥락이 있어야 한다.
7) 계획은 포괄적이고 탄력적이며, 기본계획의 테두리를 벗어나지 않는 것이어야 한다.
8) 전체적인 구상이 창의에 넘치고, 지방성을 충분히 살린 계획이어야 한다.
9) 표현이 명쾌 · 간결하고, 일반시민도 이해하기 쉽고 설득력이 있어야 한다.
10) 계획은 늘 새로운 정보에 의해 부분적으로 수정된다.
11) 계획은 도시계획전문가가 장이 되고, 관련분야의 전문가가 협력하는 팀작업(team work)에 의해 만들어진다.

Ⅱ. 계획의 수립 및 결정

1. 수립권자와 대상지역

(1) 수립권자와 계획구역

도시기본계획은 특별시장, 광역시장, 시장 또는 군수(이하 "시장 · 군수")

가 관할구역(管轄區域)에 대해 수립하여야 한다(법 제18조 제1항). 그리고 시장 · 군수는 지역여건상 필요하다고 인정되는 때에는 인접 시 · 군의 관할구역의 전부 또는 일부를 포함하여 기본계획을 수립할 수 있는데, 이 때는 미리 당해 시장 · 군수와 협의하도록 했다(법 제18조 제2항 · 제3항).

계획구역을 원칙적으로 행정구역과 일치시킨 것은 계획의 효율적인 집행 및 관리를 위한 것이다. 그러나 도시의 장래성장발전을 고려하여 행정구역보다 넓게 인접지역에 걸쳐서도 계획지역을 지정할 수 있도록 하고 있다.

(2) 계획수립 제외지역

도시기본계획은 모든 시 · 군에 대해 의무적으로 수립하도록 한 것이 아니다. 시 또는 군의 위치, 인구의 규모, 인구감소율 등을 감안하여 다음 지역에 대해서는 계획을 수립하지 아니할 수 있다(법 제18조 제1항; 시행령 제14조).

① 수도권에 속하지 아니하고 광역시와 경계를 같이하지 아니한 시 또는 군으로서 인구 10만 명 이하인 시 또는 군
② 관할구역 전부에 대하여 광역도시계획이 수립되어 있는 시 또는 군으로서 광역도시계획에 도시기본계획의 내용항목이 모두 포함되어 있는 시 또는 군

2. 계획내용 및 수립기준

(1) 목표연도

도시기본계획의 목표연도는 계획수립시점으로부터 20년을 기준으로 하되, 연도의 끝자리는 0 또는 5년으로 한다(건교부, 2005a : 3).

(2) 계획내용

도시기본계획에는 다음 사항에 대한 정책방향이 포함되어야 한다(법 제19조 제1항; 시행령 제15조; 건교부, 2005a : 4).

① 지역의 특성과 현황
② 계획의 목표와 지표의 설정(계획의 방향 · 목표 · 지표설정)
③ 공간구조의 설정(개발축 및 녹지축의 설정, 생활권 설정 및 인구배분)
④ 토지이용계획(토지의 수요예측 및 용도배분)
⑤ 기반시설(교통, 물류체계, 정보통신, 기타 기반시설계획 등)
⑥ 도심 및 주거환경(시가지정비, 주거환경계획 및 정비)

⑦ 환경의 보전과 관리
⑧ 경관 및 미관
⑨ 공원 · 녹지
⑩ 방재 및 안전
⑪ 경제 · 산업 · 사회 · 문화의 개발 및 진흥(고용, 산업, 복지 등)
⑫ 계획의 실행(재정확충 및 재원조달, 단계별 추진계획)

(3) 수립기준

도시기본계획의 수립기준은 건설교통부장관이 정하는데, 이 때 다음 사항을 종합적으로 고려하여야 한다(법 제19조 제 3 항; 시행령 제16조; 건교부, 2005a : 4∼5).

① 시 · 군의 기본적인 공간구조와 장기발전방향을 제시하는 토지이용 · 교통 · 환경 등에 관한 종합계획이 되도록 할 것(계획의 종합성 제고)
② 여건변화에 탄력적으로 대응할 수 있도록 포괄적이고 개략적으로 수립하도록 할 것(포괄적 · 개략적 계획수립)
③ 도시기본계획을 정비할 때에는 종전의 내용 중 수정이 필요한 부분만을 발췌하여 보완함으로써 계획의 연속성이 유지되도록 할 것(계획의 연속성 유지)
④ 도시와 농어촌 및 산촌 지역의 인구밀도 · 토지이용 등은 도시와 농어촌 및 산촌 지역이 서로 연계되도록 할 것(지역간 연계화)
⑤ 부문별 계획은 도시기본계획의 방향에 부합하고 도시기본계획의 목표를 달성할 수 있는 방안을 제시함으로써 도시기본계획의 통일성과 일관성을 유지하도록 할 것(부문별 계획간 통일성 · 일관성 유지)
⑥ 도시지역 등에 위치한 개발가능토지는 단계별로 시차를 두어 개발되도록 할 것(단계별 개발)
⑦ 녹지축 · 생태계 · 산림 · 경관 등 양호한 자연환경과 우량농지, 보전목적의 용도지역 등을 충분히 고려하여 수립하도록 할 것(친환경적 계획수립)
⑧ 경관에 관한 사항에 대해서는 필요한 경우에는 도시기본계획의 별책으로 작성할 수 있도록 할 것(경관계획 포함)

3. 수립 및 승인절차

(1) 수립절차

수립권자는 계획수립을 위한 기초조사에 의해 기본계획(안)을 세우고, 이를 공청회와 지방의회의 의견을 들어 수정 · 확정한다. 기초조사와 공청회는 광역도시계획 수립시의 규정을 준용한다(법 제20조). 입안된 기본계획(안)은 해당 도시계획위원회의 자문을 받아 도지사를 경유하여 건설교통부장관에게 승인을 요청하게 된다. 이 때 도지사는 신청된 도시기본계획(안)을 상임기획단 또는 전문연구기관의 사전검토를 거쳐 도도시계획위원회의 자문을 받아 건설교통부장관에게 승인신청한다(건교부, 2005a : 40). 그러나 특별시장이나 광역시장이 입안한 경우는 도지사를 경유하지 않고 필요한 절차를 거쳐 바로 건설교통부장관에게 승인을 신청한다.

(2) 승인절차

시장 · 군수가 도시기본계획을 수립 또는 변경하는 경우에는 건설교통부

그림 2-4 도시기본계획 입안 · 승인 절차(건설교통부장관 승인시)

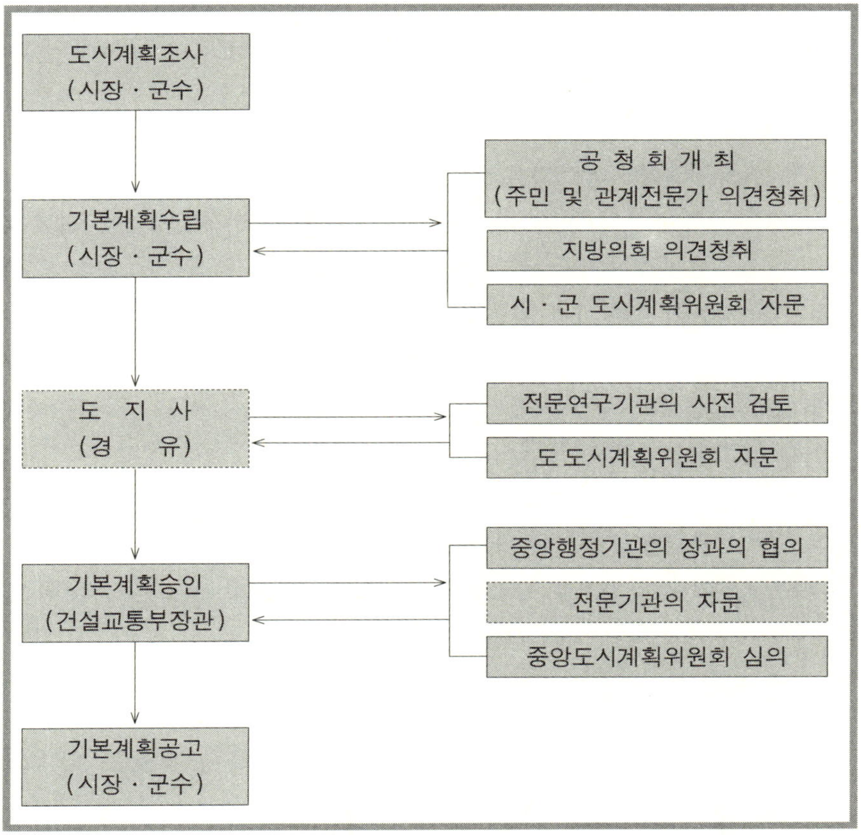

장관(시장 또는 군수가 도시기본계획을 수립 또는 변경하는 경우에는 도지사를 말한다)의 승인을 받아야 한다(법 제22조 제 1 항).

㈎ 건설교통부장관의 승인 　건설교통부장관은 신청된 기본계획을 미리 중앙행정기관의 장과 협의한 후 중앙도시계획위원회의 심의를 거쳐 승인한다(법 제22조 제 2 항). 이 때 건설교통부장관은 필요한 경우 도시계획에 관한 전문기관의 자문을 거칠 수 있다(건교부, 2005a : 41).

㈏ 도지사의 승인 　도지사는 신청된 도시기본계획을 미리 관계 행정기관의 장과 협의한 후 지방도시계획위원회의 심의를 거쳐 승인한다(법 제22조 제 5 항).

㈐ 고시 및 공고 　건설교통부장관(또는 도지사)이 도시기본계획을 승인한 때에는 이를 관계중앙행정기관의 장(또는 관계행정기관의 장)과 해당 시장 또는 군수에게 관계서류를 송부하여야 하며, 관계서류를 송부 받은 시장 또는 군수는 지체없이 이를 당해 지방자치단체가 발행하는 공보에 공고하고, 일반이 열람할 수 있도록 하여야 한다(법 제22조 제 4 항).

4. 계획의 정비

도시기본계획은 계획기간을 20년으로 하는 장기계획이므로 계획수립시 미래예측에 한계가 있고, 또 계획환경이 끊임없이 변화하기 때문에 이러한 변화상을 계획에 반영시킬 필요성이 매우 크다. 이러한 계획예측의 한계성을 극복하고 변화에 신축적으로 대처하기 위해 시장·군수는 도시기본계획에 대해 5년마다 그 타당성 여부를 전반적으로 재검토하여 이를 정비하여야 한다(법 제23조).

기본계획을 정비할 때에는 기본계획의 내용 중 수정이 필요한 부분만을 발췌하여 보완함으로써 계획의 연속성이 유지되도록 한다. 재수립시에는 기존 기본계획의 추진실적을 평가하고 그 결과를 반영한다(건교부, 2005a : 7).

Ⅲ. 문제점과 개선방안

1. 문 제 점

도시기본계획은 몇 개의 약점을 노출하고 있는데, 이를 제도상 문제와 내용상 문제로 나누어 검토할 수 있다(서울 시정연, 1993a : 100～102).

제도상(制度上) 문제점으로는 관련계획들과의 연계성이 부족하고, 계획구성이 획일적이라는 점이다. 다양한 국가사업을 도시차원에서 그 사업의 타당성 및 영향을 평가하는 절차가 없다. 따라서 기본계획과 별도로 추진되는 국가사업에 의해 기본계획 자체의 대폭적인 수정이 불가피한 경우가 많다. 도시기본계획수립이 「국토의 계획 및 이용에 관한 법률」과 건설교통부의 지침에 의해 계획구성이 획일화되어 지역의 특성과 여건을 고려할 수 있는 신축적인 계획이 되지 못하고 있다.

내용상(內容上) 문제점은 기본계획에 대한 인식부족으로 공간적 토지이용문제를 강조하는 물적 계획에 초점을 두고, 산업경제 · 사회복지 · 행정계획 등 비물적 계획에 대한 인식이 부족하다. 계획내용이 주요 문제에 초점을 맞추기보다는 가능한 모든 문제를 다루는 너무 종합적인 성격을 띄고 있다. 그리고 계획집행보다는 수립에 초점을 두고, 개발위주의 계획이 되고 있다.

2. 개선방안

도시기본계획은 지역의 특성과 잠재력을 최대한 반영할 수 있는 신축적이고 개성 있는 계획이 될 수 있도록 도시의 자율성을 제고하는 계획이 되도록 해야 한다. 그리고 효율적 계획의 수립시행을 위해 관련계획과 부문계획 간에 연계성을 높여야 한다.

내용면에서는 변화하는 계획환경을 효과적으로 수용할 수 있도록 하되 잦은 계획내용의 변경은 계획의 일관성확보를 위해서 지양되어야 할 사항이다. 따라서 신규개발위주의 정책목표보다는 기존 스톡의 효율적 운영과 그 스톡을 효과적으로 보수 · 유지 · 관리해 나가는 관리지향적 정책수단의 강구가 요구된다. 그리고 계획기간 내에 집행가능하고 해결되어야 할 제한된 문제들을 중심으로 종합적이고 체계적인 계획이 수립 · 시행되도록 해야 한다.

제 4 절 도시관리계획

Ⅰ. 의 의

1. 개 념

도시관리계획(都市管理計劃)은 시 · 군의 개발 · 정비 · 관리 및 보전을 위하여 수립하는 토지이용 · 교통 · 환경 · 안전 · 산업 · 정보 · 통신 · 보건 · 후생 · 안보 · 문화 등에 관한 다음의 계획을 말한다(법 제2조 제4호).

① 용도지역 · 용도지구의 지정 또는 변경에 관한 계획
② 개발제한구역 · 도시자연공원구역 · 시가화조정구역 · 수산자원보호구역의 지정 또는 변경에 관한 계획
③ 기반시설의 설치 · 정비 또는 개량에 관한 계획
④ 도시개발사업 또는 재개발사업에 관한 계획
⑤ 지구단위계획구역의 지정 또는 변경에 관한 계획과 지구단위계획

2. 성 격

도시관리계획은 시 · 군의 제반기능이 조화를 이루고 주민이 편안하고 안전하게 생활할 수 있도록 하면서 당해 시 · 군의 지속가능한 발전을 도모하기 위하여 수립하는 계획으로서 계획결정이 개별 시민의 건축행위를 규제하는 법적 구속력을 수반하는 법정계획(法定計劃)이다. 이 계획은 광역도시계획 및 도시기본계획에서 제시한 시 · 군의 장기적인 발전방향을 공간에 구체화하여 실현시키는 일반적으로 10년을 계획기간으로 하는 중기계획(中期計劃)이다. 그리고 이 계획은 용도지역 · 지구 · 구역계획, 도시기반시설계획, 도시개발사업계획, 그리고 지구단위계획 등을 일관된 체계로 종합화하여 단계적으로 집행할 수 있도록 구체적으로 제시 · 표현되는 물적계획(物的計劃)이다.

3. 지 위

도시관리계획은 상위계획인 광역도시계획 · 도시기본계획의 지침을 수용·발전시키는 한편, 하위계획에 지침을 제공하는 역할을 수행한다. 때문에 도시

관리계획은 광역도시계획 및 도시기본계획에 부합되어야 하며(법 제25조 제 1 항), 지구단위계획에 대해서는 대상지역과 계획방향을 제시하고, 필요한 경우에는 구역지정을 하도록 규정하고 있다(건교부, 2005b : 5∼6). 이러한 도시관리계획은 상위계획의 지침을 수용하는 적응계획(adaptive planning)이며, 실제의 집행계획을 위해 계획자원을 구체적으로 나눈다는 의미에서는 배분계획(allocative planning)의 성격을 갖고 있다.

Ⅱ. 계획의 수립

1. 계획의 입안권자

(1) 입안권자와 대상지역

(가) 시장 · 군수의 입안　　시장 · 군수는 관할구역(管轄區域)에 대하여 도시관리계획을 입안하여야 한다(법 제24조 제 1 항). 다만, 지역여건상 필요하다고 인정하여 미리 인접한 시장 · 군수와 협의한 경우와 인접 시 · 군을 포함하여 도시기본계획을 수립한 경우에는 인접한 시 · 군의 관할구역 전부 또는 일부를 포함하여 계획을 입안할 수 있다(제24조 제 2 항).

(나) 공동입안 등　　인접 시 · 군의 관할구역을 포함하여 도시관리계획을 수립하는 경우, 관계시장 · 군수가 협의하여 공동으로 입안하거나 입안할 자를 정한다(법 제24조 제 3 항). 다만, 협의가 성립되지 않은 경우에 입안하고자 하는 구역이 같은 도의 관할구역에 속하는 때에는 관할도지사가, 2 이상의 시 · 도의 관할구역에 걸치는 때에는 건설교통부장관이 입안할 자를 지정하고 이를 고시하여야 한다(법 제24조 제 4 항).

(다) 건설교통부장관의 입안　　건설교통부장관은 국가계획과 관련된 경우, 2 이상의 시 · 도에 걸치는 용도지역 · 지구 · 구역과 2 이상의 시 · 도에 걸치는 사업 중 도시관리계획으로 결정해야 할 사항이 있는 경우, 시장 · 군수가 정해진 기한까지 건설교통부장관의 도시관리계획의 조정요구에 따라 계획을 정비하지 아니한 경우에는 직접 또는 관계중앙행정기관의 장의 요청에 따라 도시관리계획을 입안할 수 있다(법 제24조 제 5 항).

(라) 특례입안　　건설교통부장관, 시 · 도지사, 시장 또는 군수는 도시관리계획을 조속히 입안하여야 할 필요가 있다고 인정되는 때에는 광역도시계

획 또는 도시기본계획을 수립하는 때에 도시관리계획을 함께 입안할 수 있다 (법 제35조 제 1 항).

⑵ 주민제안

주민(이해관계자 포함)도 도시관리계획의 입안을 제안할 수 있다. 즉, 주민은 도시관리계획입안자에게 기반시설의 설치 · 정비 및 개량에 관한 사항, 지구단위계획구역의 지정 및 변경과 지구단위계획의 수립에 관한 사항에 대해 도시관리계획입안을 제안할 수 있는데, 이 때 제안서에는 도시관리계획도서와 계획설명서를 첨부해야 한다(법 제26조 제 1 항).

주민으로부터 도시관리계획입안을 제안받은 입안자는 제안서의 내용을 검토하여 적합하다고 판단되는 경우, 도시계획위원회의 자문을 거쳐 입안에의 반영 여부를 결정하여 그 처리결과를 제안자에게 통보해야 한다(법 제26조 제 2 항). 도시관리계획의 입안자는 제안자와 협의하여 제안된 도시관리계획의 입안 및 결정에 필요한 비용의 전부 또는 일부를 제안자에게 부담시킬 수 있다(법 제20조 제 3 항).

2. 계획내용 및 수립기준

⑴ 계획내용

입안자가 도시계획을 입안할 때에는 도시계획도서(계획도 및 계획조서)와 계획설명서(기초조사결과 · 재원조달방안 · 환경성 검토결과 등)를 작성해야 한다 (법 제25조 제 2 항).

㈎ 도시관리계획조서 도시관리계획조서(都市管理計劃調書)에는 현황분석과 장래전망 및 계획내용에 대한 자세한 설명과 기존계획의 변경 또는 신규결정에 관한 조서를 포함한다. 도시기본계획수립 대상도시는 도시기본계획상의 도시관리계획목표연도의 도시개발지표와 각 부문별 계획에 의거하여 작성하고 도시기본계획수립대상이 아닌 도시는 목표연도의 도시개발지표와 각 부문별 개발계획 등 도시의 장기발전구상을 포함하여 작성한다.

도시관리계획에는 계획의 배경(계획의 성격 · 특성 · 기존계획의 검토), 도시개발의 장기구상(기본목표와 전략 · 주요지표의 설정 · 공간구조의 기본골격 · 생활권설정 · 단계별개발구상), 도시계획구역계획, 용도지역 · 지구 · 구역계획, 도시계획시설계획, 도시개발사업계획, 그리고 단계별 집행계획(재원조달방안 포함)을 포함한다(건교부, 2005b: 7~8)

(나) **계획설명서** 계획설명서(計劃說明書)에는 기초조사결과 · 교통성검토서 · 환경성검토서 · 도시경관검토서 · 도시계획시설재검토서가 첨부되어야 한다(건교부, 2005a : 8). 도시기본계획을 수립하는 시 · 군 중 용도지역을 상향조정하고자 하는 지역, 도시계획시설을 설치하거나 도시계획사업을 시행하기 위하여 도시관리계획을 수립하는 지역에 대해서는 교통성검토서 및 환경성검토서를 별도로 작성해야 한다. 다만, 도시관리계획의 경미한 사항을 변경하는 경우, 도시계획시설의 폐지, 개발밀도가 낮은 용도지역 또는 지구로의 변경 등의 경우에는 이를 생략할 수 있다.

(다) **도시관리계획도면** 도시관리계획도면(都市管理計劃圖面)은 작성지침에 따라 정확하게 표시하고, 계획도면은 축척 1/1,000 또는 1/5,000의 지형도에 도시계획사항을 명시한 도면(이하 도시계획결정도)을 말하며, 도시계획설명서에는 축적 1/25,000이상의 지형도에 주요 도시계획사항을 명시한 도시계획총괄도를 포함할 수 있다(시행령 제18조 제 2 항)

(2) 수립기준

도시관리계획은 계획의 상세정도, 도시계획으로 결정하여야 하는 기반시설의 종류 등에 대하여 도시 및 농 · 산 · 어촌 지역의 인구밀도, 토지이용특성 및 주변환경 등을 종합적으로 고려하여 차등화되게 입안하여야 한다(법 제25조 제 3 항). 건설교통부장관이 도시관리계획의 수립기준을 정할 때에는 다음 사항을 종합적으로 고려하여야 한다(시행령 제19조).

① 광역도시계획 및 도시기본계획 등에서 제시한 내용을 수용하고 개별사업계획과의 관계 및 성장추세를 고려하여 수립하도록 할 것
② 도시기본계획을 수립하지 아니하는 시 · 군의 경우, 당해 시 · 군의 장기발전구상 및 도시기본계획에 포함될 사항 중 도시관리계획의 원활한 수립을 위하여 필요한 사항을 포함할 것
③ 도시관리계획의 효율적인 운영 등을 위하여 필요한 경우에는 특정지역 또는 특정부문에 한하여 정비할 수 있도록 할 것
④ 공간구조는 생활권단위로 적정하게 구분하고 생활권별로 생활 · 편익 시설이 고루 갖추어지도록 할 것

⑤ 도시와 농어촌 및 산촌 지역의 인구밀도, 토지이용의 특성 및 주변지역 등을 종합적으로 고려하여 지역별로 계획의 상세정도를 다르게 하되 기반시설의 배치계획 · 토지용도 등은 도시와 농어촌 및 산촌 지역이 서로 연계되도록 할 것
⑥ 토지이용계획을 수립할 때에는 주간 및 야간 활동인구 등의 인구규모, 도시의 성장추이를 고려하여 그에 적합한 개발밀도가 되도록 할 것
⑦ 녹지축 · 생태계 · 산림 · 경관 등 양호한 자연환경과 우량농지 등을 고려하여 토지이용계획을 수립할 것
⑧ 수도권 안의 인구집중유발시설이 수도권 외의 지역으로 이전하는 경우, 종전의 대지에 대해서는 그 시설의 지방이전이 촉진될 수 있도록 토지이용계획을 수립하도록 할 것
⑨ 도시계획시설은 집행능력을 고려하여 적정한 수준으로 결정하고, 기존도시계획시설은 시설의 설치현황과 관리 · 운영 상태를 점검하여 규모 등이 불합리하게 결정되었거나 실현가능성이 없는 시설에 대하여는 재검토함으로써 미집행되는 시설을 최소화하도록 할 것
⑩ 도시의 개발 또는 기반시설의 설치 등이 환경에 미치는 영향을 미리 검토하는 등 계획과 환경의 유기적 연관성을 높여 건전하고 지속가능한 도시발전을 도모하도록 할 것

3. 입안절차

도시관리계획을 입안하기 위해서는 도시기본계획의 타당성검토 · 기초조사 · 계획안의 작성 · 계획안의 공고 및 공람 · 주민의견청취 등의 과정을 거쳐 최종계획안을 작성한다(건교부, 2005b : 82～83).

(1) 도시기본계획의 타당성 검토

시장 또는 군수는 도시기본계획에 대하여 5년마다 그 타당성 여부를 검토하여 이를 도시기본계획에 반영하여야 하고, 도시관리계획은 도시기본계획의 내용을 수용하고 구체화시켜 입안하여야 한다.

(2) 기초조사

도시관리계획을 입안하는 경우, 입안권자는 광역도시계획의 수립시 제시한 기초조사를 준용한다(법 제27조 제 1 항). 입안권자는 기초조사의 내용에 도시관리계획이 환경에 미치는 영향 등에 대한 환경성 평가와 토지의 토양·

입지 · 활용가능성 등 토지적성평가를 포함하여야 한다(법 제27조 제 2 항 · 제 3 항), 그러나 지구단위계획구역으로 지정하고자 하는 구역 또는 지구단위계획을 입안하는 구역이 도심지에 위치하거나 개발이 완료되어 나대지가 없는 등의 요건에 해당하는 경우에는 기초조사, 환경성 검토 또는 토지의 적성에 대한 평가를 실시하지 아니할 수 있다(제27조 제 4 항; 시행령 제21조 제 2 항)

(3) 계획안의 작성

도시관리계획의 수립기준에 따라 도시관리 계획안을 작성한다.

(4) 계획안의 공고 및 열람

입안권자가 도시관리계획을 입안하는 때에는 주민의 의견을 들어야 한다. 다만, 국방상 또는 국가안전보장상 기밀을 요하는 사항(관계중앙행정기관의 장의 요청이 있는 경우에 국한)이나 경미한 사항인 경우는 그러하지 아니한다(법 제28조 제 1 항).

입안권자가 도시관리계획안의 입안에 관하여 주민의 의견을 청취하고자 하는 때에는 계획안의 주요 내용을 당해 시 · 군의 지역을 주된 보급지로 하는 2 이상의 일간지에 공고하고, 계획안을 일반인이 열람할 수 있도록 하여야 한다(시행령 제22조 제 2 항). 신문게재와 동시에 시 · 군 · 구의 게시판, 인터넷 홈페이지, 반상회보 등에 게재하여 이해관계인 등이 널리 알 수 있도록 홍보하도록 했다(건교부, 2005b : 83).

(5) 주민 등의 의견청취

시장 군수는 계획안에 대한 주민의 의견청취결과, 그 의견이 타당하다고 인정하는 경우에는 이를 도시관리계획에 반영하여야 한다(제28조 제 1 항). 그리고 계획안의 공고 및 열람결과 제출된 주민의 의견은 그 내용의 타당성 여부에 불구하고 조치여부 · 조치내용 · 미조치 사유 등 주민의 의견청취결과요지를 작성하여 도시관리계획결정 신청시 이를 첨부한다(건교부, 2005b : 83).

Ⅲ. 계획의 결정

1. 결정권자

도시관리계획은 시 · 도지사(市 · 道知事)가 직접 또는 시장 · 군수의 신청에 의하여 결정한다(제29조 제 1 항). 다만, 다음의 경우는 건설교통부장관(建設交通部長官)이 결정한다(법 제29조 제 2 항; 시행령 제24조).

① 건설교통부장관이 입안한 도시관리계획
② 총면적이 5km² 이상의 도시지역 · 관리지역 · 농림지역 또는 자연환경보전지역간의 용도지역의 지정 및 변경에 관한 도시관리계획
③ 녹지지역을 50만m² 이상의 주거지역 · 상업지역 또는 공업지역으로 변경하는 도시관리계획
④ 개발제한구역의 지정 및 변경에 관한 도시관리계획
⑤ 시가화조정구역의 지정 및 변경에 관한 도시관리계획
⑥ 수산자원보호구역의 지정 및 변경에 관한 도시관리계획
⑦ 토지면적이 5km² 이상의 제 2 종 지구단위계획구역의 지정 및 변경에 관한 도시관리계획

2. 결정절차

(1) 결정신청

입안자(시장 · 군수)는 입안된 도시관리계획안에 대해 당해 시 · 군도시계획위원회의 자문을 받아, 도시관리계획도서 및 계획설명서에 주민의견청취결과, 지방의회의견청취결과, 시 · 군도시계획위원회의 자문결과, 그리고 관계행정기관의 장과의 협의에 필요한 서류, 시 · 도도시계획위원회의 심의에 필요한 서류를 첨부하여 결정권자(시 · 도지사)에게 신청한다(시행령 제23조).

(2) 결정과정

시 · 도지사는 신청된 도시관리계획안에 대해 관계 지방의회의 의견을 들은 후, 관계행정기관과 미리 협의하여야 하며, 시 · 도도시계획위원회의 의결을 거쳐 이를 결정한다(법 제30조 제 1 항 · 제 2 항). 다만, 시 · 도지사는 지구단위계획내용 중 건축물의 최고한도와 최저한도에 관한 사항, 건축물의 배치 · 형태 · 색채 또는 건축선에 관한 사항, 경관계획에 관한 내용을 결정하고자

그림 2-5 도시관리계획의 입안 · 결정 절차(시 · 도지사 결정시)

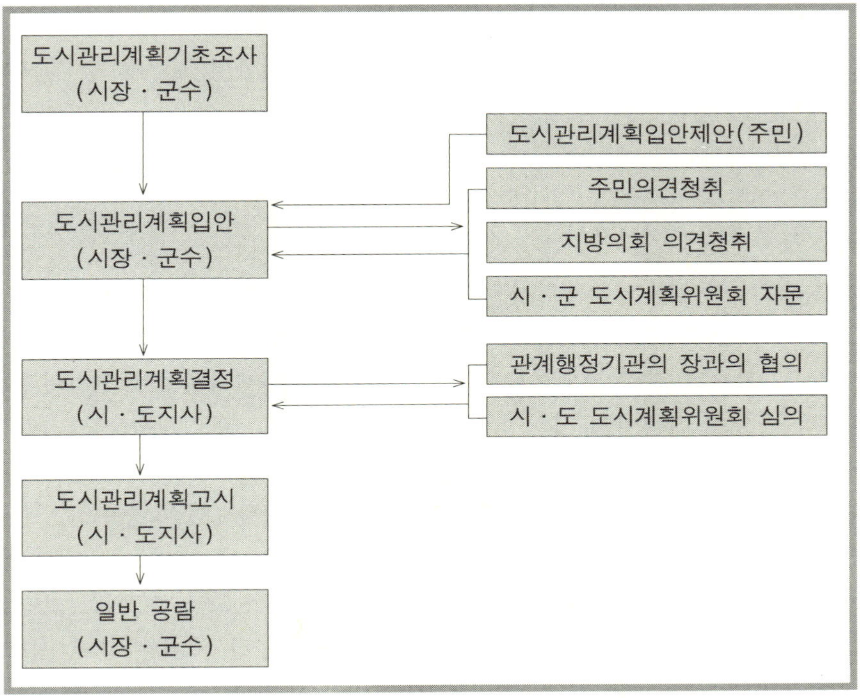

하는 경우에는 시 · 도에 두는 건축위원회와 도시계획위원회가 공동으로 하는 심의를 거쳐야 한다(법 제30조 제 3 항). 건설교통부장관이 도시관리계획을 결정하고자 하는 때에는 관계중앙행정기관의 장과 미리 협의하여야 하며, 중앙도시계획위원회의 심의를 거쳐 결정한다(법 제30조 제 1 항 · 제 3 항).

결정된 도시관리계획을 변경할 때에도 같은 절차를 거친다(법 제30조 제 5 항). 다만, 시 · 도지사가 건설교통부장관이 입안 · 결정된 도시관리계획을 변경하고자 할 때, 광역도시계획과 관련하여 시 · 도지사가 입안한 도시관리계획, 개발지역해제지역에 대해 최초로 결정되는 도시관리계획, 그리고 2 이상의 시 · 도에 걸쳐 설치되는 도시기반시설설치에 관한 도시관리계획에는 미리 건설교통부장관과 협의하여야 한다(법 제30조 제 2 항; 시행령 제25조 제 1 항).

(3) 결정고시 및 공람

건설교통부장관 또는 시·도지사는 도시관리계획을 결정한 때에는 이를 고시하고, 관계서류를 시장·군수에게 송부하여 일반이 열람할 수 있도록 하여야 하며, 특별시장·광역시장은 관계서류를 일반이 열람할 수 있도록 하여야 한다(법 제30조 제6항).

3. 지형도면의 고시

시장·군수는 도시관리계획결정고시가 있을 때에는 지적이 표시된 지형도에 도시관리계획사항을 명시한 도면(이하 "지형도면")을 작성하여야 한다. 다만, 도시지역 외의 지역으로서 당해 토지에 도시계획시설이 결정되지 아니한 경우 등은 지적이 표시되지 아니한 지형도에 도시관리계획을 명기한 도면을 작성할 수 있다(법 제32조 제1항). 시장 또는 군수가 지형도면을 작성한 때에는 도지사의 승인을 얻어야 한다. 이 경우 지형도면의 승인신청을 받은 도지사는 그 지형도면과 결정·고시된 도시계획을 대조하여 착오가 없다고 인정되는 경우에는 30일 이내에 승인하여야 한다(법 32조 제2항). 그리고 건설교통부장관 또는 도지사가 도시계획을 직접 입안한 때에는 관계 시장·군수의 의견을 들어 직접 지형도면을 작성할 수 있다(법 제32조 제3항).

건설교통부장관 또는 시·도지사는 직접 지형도면을 작성하거나 지형도면을 승인한 때에는 승인한 지형도면과 지번·지목 등을 나타내는 조서("지적조서")를 관보에 고시하고 관계 시장·군수에게 관계 서류를 송부하여야 하며, 관계서류를 송부받은 시장·군수는 이를 일반에게 공람하여야 한다(법 제32조 제4항).

4. 결정의 효력

(1) 효력의 발생

도시관리계획결정은 고시가 있는 날로부터 5일 후에 그 효력이 발생한다(법 제31조 제1항). 그러나 도시관리계획결정 당시 이미 사업 또는 공사에 착수한 자는 당해 도시계획결정에 관계없이 그 사업 또는 공사를 계속할 수 있다. 다만 시가화조정구역 또는 수산자원보호구역의 지정에 관한 도시관리계획결정이 있는 경우는 시장 · 군수에게 신고하고 그 사업 또는 공사를 시행할 수 있다(법 제31조 제 2 항).

(2) 도시계획의 실효

도시관리계획결정 고시일부터 2년이 경과되는 날까지 지형도면의 고시가 없는 경우에는 그 2년이 되는 날의 다음날에 그 도시관리계획결정은 효력을 상실한다(법 제33조 제 1 항). 건설교통부장관 또는 시 · 도지사는 도시관리계획결정의 효력이 상실된 때에는 지체없이 그 사실을 고시하여야 한다(법 제33조 제 2 항; 시행령 제28조).

Ⅳ. 집행과 관리

1. 계획의 재정비

시장 · 군수는 5년마다 관할구역의 도시관리계획에 대하여 그 타당성 여부를 전반적으로 재검토하여야 한다(법 제34조). 시장 · 군수는 도시관리계획을 정비함에 있어 도시계획시설에 대한 도시관리계획결정의 고시일부터 10년 이내에 당해 도시계획시설의 설치에 관한 시설사업이 시행되지 아니한 때에는 당해 시설결정의 타당성을 검토하여 그 결과를 도시관리계획입안에 반영하여야 한다(시행령 제29조 제 1 항). 도시기본계획을 수립하지 않는 시장 · 군수가 도시관리계획을 정비하는 때에는 계획설명서에 시 · 군의 장기발전구상을 포함시켜야 하며, 공청회를 개최하고 주민의 의견을 들어야 한다(시행령 제29조 제 2 항).

2. 계획의 변경

도시관리계획은 변경에 따른 국민의 재산피해와 민원을 해소하고 건전한 도시발전을 도모하기 위하여 도시계획수립에 신중을 기하고 빈번하게 변경하지 않아야 한다. 도시관리계획은 원칙적으로 결정된 날로부터 5년 이내에는 이를 변경할 수 없도록 했다. 다만 상위계획의 규정, 국가보안상 또는 중앙정부의 중요정책사업 시행, 천재지변 등 불가항력적인 사유, 도시계획관련법령의 제정 또는 변경, 도시기본계획의 재검토에 의한 조정, 지구단위계획수립에 의한 변경, 도시계획사업계획에 의한 지구단위계획의 변경, 문화재 및 자연환경의 보전을 위해 불가피한 경우 등에는 변경할 수 있도록 했다(건교부, 2005b : 9～10).

제 5 절 지구단위계획

Ⅰ. 의 의

1. 개 념

지구단위계획(地區單位計劃)은 계획대상도시의 시가지 또는 시가지로 예정되고 있는 지구를 대상으로 물적 환경을 정비하기 위한 계획이다(日笠 端, 1988 : 182). 이 계획은 도시구역 전체를 대상으로 하기보다는 도시의 구성부문인 지구에 대해 상위계획의 내용을 구체적으로 집행하는 계획으로서 개개의 건축물과 시설들을 도시계획에 결합시키는 역할을 담당하고 있다. 대부분의 도시개발사업은 신도시개발사업을 제외하고는 도시 전체에 대한 개발보다는 도시의 일부분에 대한 개발사업이 주를 이루고 있다. 때문에 지구단위개발이 도시개발의 핵심을 이루고 있다 하겠다.

지구단위계획은 당해 계획구역의 토지이용을 합리화하고 그 기능을 증진시키며 경관 · 미관을 개선하고 양호한 환경을 확보하며, 당해 구역을 체계적, 계획적으로 관리하기 위하여 수립하는 계획이다(건교부, 2005c : 1). 이 계획은 도시계획의 내용을 구체화하며, 토지이용 · 도시기반시설 · 건축물 등에 관한 계획을 일체적이고 종합적으로 수립하여 도시건설을 합리적으로 유도 · 관리하는 데 목적이 있다(조현세 · 민병기, 1996 : 2; 건설부, 1994: 1; 노융희, 1984 : 488; 권태준 · 최상철, 1982 : 4).

2. 제도의 도입

(1) 도입필요성

지구단위계획제도의 도입필요성은 기존 토지이용규제의 문제점, 기존사업법의 일관성 없는 도시개발체계, 그리고 주민참여의 제고에서 찾을 수 있다(민범식, 1993 : 4~6; 권태준 · 최상철, 1982 : 4~11). 기존의 용도지역지구제는 도시 전체의 토지이용에 관한 관리를 목적으로 하는 전체적 · 거시적 · 일반적 · 획일적 규제이고, 개별 건축물을 규제하는 건축규제는 물리적 환경의 최저기준을 확보하는 소극적 기준의 열거방식으로 행위를 제한하고 있다. 따라서 도시 전체를 대상으로 하는 도시계획(기본계획과 관리계획)과 개별건축규제를 연결시키는 교량적 역할로서 지구단위의 부분적 · 미시적 · 신축적인 도시개발을 이루어 지역적 특성이 전체와 조화할 수 있도록 할 필요성이 대두되었다.

현행 도시계획관련법제 내에 도시기반정비를 목적으로 하는 개발사업관련법들이 있으나, 이들이 특별법적인 성격을 갖고 있고 도시계획과는 별도의 결정절차를 갖고 있어 도시계획과 조화가 이루어지지 않고 사업별로 다른 계획작성기준이나 지침을 통해 사업이 수행되어 계획관리의 일관성을 상실하고 있었다. 때문에 이 제도들은 도시기반정비를 위한 사업시행에 초점을 두고, 지구의 전체적인 조화로운 환경조성에는 미흡한 면이 많았다.

지구단위계획제도는 도시계획의 분권화를 유도하여 계획수립과정에 주민참여를 제고할 수 있는 장치로서의 유용성도 있다.

(2) 제도의 도입

지구단위계획은 1981년 「건축법」의 도시설계제도와 1991년 「도시계획법」에 의한 상세계획을 통합한 것이다. 기존의 도시설계제도는 그 동안의 시행과정을 통해서 기여한 바도 있지만, 기존도시계획의 일반용도지역의 규제틀 안에서 건축규제위주였고, 사업실천수단을 결여하고 있다는 점 등이 단점으로 지적되었다(민범식, 1993 : 9~11). 1998년 「건축법」을 개정하면서 도시설계제도가 확대된 결과 「도시계획법」의 상세계획제도가 유명무실하게 되었는데, 이를 지구단위계획으로 개편하면서 건축법상의 도시설계를 흡수하게 되었다(정태용, 2001 : 257). 지구단위계획은 독일의 지구상세계획(Bebauungsplan : B-plan)을 본받아 만든 제도이다.

3. 특　　성

지구단위계획은 다음의 계획적 특성을 지니고 있다.

첫째, 지구단위계획은 도시계획구역의 일부에 대해 구역을 지정하고 계획을 하기 때문에 도시계획구역 전체를 대상으로 하는 도시기본계획 · 광역도시계획의 하위계획(下位計劃)이다.

둘째, 지구단위계획은 건축물의 용도 · 건폐율 · 용적률 · 건물높이, 건축물의 형태 · 색채 · 배치 · 건축선 등을 결정하고 조정할 수 있는 구체적(具體的)인 계획(計劃)이다.

셋째, 상위도시계획은 보편적이고 획일적인 건축행위를 제한하는 평면계획인 데 비해, 지구단위계획은 가구 · 획지 · 건축물 · 경관 · 광장 · 주차장 · 공공공지 · 문화시설 등의 소규모 도시기반시설 등에 대한 3차원의 집합형태와 공공활동에 관심을 갖는 입체계획(立體計劃)이다.

넷째, 다양한 인센티브를 통해 계획에서 정해진 내용대로 건축행위를 유도하는 실천계획(實踐計劃)이다.

다섯째, 지역특성의 반영이 가능하고 미래의 개발패턴에 대한 조절이 가능한 조정계획(調整計劃)이다. 즉 주민에 의해 지구단위계획의 수립이 가능하며, 이를 통해 부분적으로 지역특성과 지역민의 요구를 반영할 수 있다. 또한 특별계획구역의 도입을 통해 도시환경의 지속적인 변화과정 속에서 나타나는 새로운 기술의 반영과 문제해결을 시도해 볼 수 있다는 점에서 조정적인 계획의 성격을 갖고 있다.

4. 계획의 종류

지구단위계획은 제 1 종 지구단위계획과 제 2 종 지구단위계획으로 구분한다. 제 1 종 지구단위계획은 토지이용을 합리화 · 구체화하고, 도시 또는 농·산 · 어촌의 기능의 증진, 미관의 개선 및 양호한 환경을 확보하기 위하여 수립하는 계획이다(법 제49조 제 1 호). 제 2 종 지구단위계획은 계획관리지역 또는 개발진흥지구를 체계적 · 계획적으로 개발 또는 관리하기 위하여 용도지역의 건축물, 그 밖의 시설의 용도 · 종류 및 규모 등에 대한 제한을 완화하거나 건폐율 또는 용적률을 완화하여 수립하는 계획이다(법 제49조 제 2 호).

Ⅱ. 계획구역의 지정

1. 지정대상구역

⑴ 지정원칙

지구단위계획구역(地區單位計劃區域)의 지정은 도시관리계획에서 계획한 지역 또는 시 · 군에서 특별한 문제점이나 잠재력이 있는 곳으로서 지구단위계획을 통한 체계적 · 계획적 개발 또는 관리가 필요한 지역을 대상으로 함을 원칙으로 한다. 지구단위계획구역(이하 "계획구역")을 지정할 때에는 당해 구역 및 주변지역의 토지이용, 교통여건, 관련계획 등을 함께 고려하여 지구단위계획으로 의도하는 목적이 달성될 수 있는지 그 타당성을 면밀히 검토하여야 한다(건교부, 2005c : 3).

계획구역을 지정할 때에는 그 지정목적을 분명히 하여야 한다. 제 1 종 계획구역의 경우, 기존시가지정비, 기존시가지관리, 기존시가지보전, 신시가지개발, 복합구역 등으로 그 목적을 분명히 할 수 있다(건교부, 2005c : 3). 제 2 종 계획구역의 경우, 주거형 · 산업형 · 유통형 · 관광휴양형 · 복합형 등으로 그 기능을 구분할 수 있다(건교부, 2005d : 2).

계획구역은 환경친화적으로 지정하여야 하며, 이를 위하여 도시관리계획 수립지침의 환경성 검토방법 중 계획구역의 지정목적에 적합한 사항을 선정하여 환경성 검토를 실시해야 한다(건교부, 2005c : 3; 2005d : 2).

⑵ 대상구역

㈎ 제 1 종 계획구역 　　건설교통부장관 또는 시 · 도지사는 다음에 해당하는 지역의 전부 또는 일부에 대하여 제 1 종 지구단위계획구역을 지정할 수 있다(법 제51조 제 1 항; 시행령 제43조; 건교부, 2005c : 5~6).

1. 토지이용을 고도화하거나 특정목적달성을 위하여 부여된 토지용도의 취지를 개별건축물에 구체적으로 반영하고자 하는 용도지구(「국토의 계획 및 이용에 관한 법률」 또는 시 · 도의 조례)
2. 토지의 형질변경과 토지이용계획, 건축물계획이 서로 환류하도록 함으로써 쾌적한 구역환경을 조성하고자 하는 경우 또는 당초의 개발사업취지와 내용을 살려 계획적인 관리가 되도록 하여 쾌적한 주거환경을 유지하도록 하는

① 도시개발구역(「도시개발법」),
② 정비구역(「도시 및 주거환경정비법」),
③ 택지개발예정구역(「택지개발촉진법」),
④ 대지조성사업지구(「주택법」),
⑤ 산업단지(「산업입지 및 개발에 관한 법률」),
⑥ 관광특구(「관광진흥법」)

3. 도시형태와 기능의 재정립, 특정기능의 강화 또는 완화, 난개발 방지 등을 통하여 시·군의 기능 및 미관을 증진시키고 환경을 확보하고자 하는
① 기반시설부담구역,
② 개발제한구역·시가화조정구역 또는 공원에서 해제되는 구역, 녹지지역에서 주거·상업·공업지역으로 변경되는 구역과 도시지역으로 편입되는 구역 중 계획적인 개발 또는 관리가 필요한 지역,
③ 시범도시,
④ 개발행위허가제한구역(법 제63조),
⑤ 지하 및 공중공간을 효율적으로 개발하고자 하는 지역,
⑥ 용도지역의 지정·변경에 관한 도시관리계획을 입안하기 위하여 열람 공고된 지역,
⑦ 공장·학교·군부대·시장 등 대규모 시설물의 이전 또는 폐지로 인하여 발생되는 부지와 그 주변지역,
⑧ 재건축사업에 의하여 공동주택을 건축하는 지역,
⑨ 그 밖의 양호한 환경의 확보 또는 기능 및 미관의 증진을 위하여 시·군의 도시계획조례가 정하는 지역

건설교통부장관 또는 시·도지사는 다음에 해당하는 지역에 대하여 제 1 종 지구단위계획구역을 반드시 지정하여야 한다. 다만, 관계법률에 의하여 당해 지역에 토지이용 및 건축에 관한 계획이 수립되어 있는 경우에는 그러하지 아니한다(법 제51조 제 2 항; 시행령 제43조 제 2 항; 건교부, 2005c : 6).

1. 정비구역·택지개발예정구역에서 시행되는 사업이 완료된 후 10년이 경과된 지역
2. 체계적·계획적인 개발 또는 관리가 필요한 시가화조정구역 또는 공원에서 해제된 지역, 녹지지역에서 주거·상업·공업 지역으로 변경되는 지역으로 그 면적이 30만m^2 이상인 지역

(나) 제 2 종 계획구역 건설교통부장관 또는 시·도지사는 다음에 해당

하는 지역에 대하여 제 2 종 지구단위계획구역을 지정할 수 있다(법 제51조 제 3 항; 시행령 제44조).

1. 계획관리지역 중 다음에 해당하는 지역
   ① 지정하고자 하는 토지면적이 아파트 또는 연립주택이 포함되는 경우에는 30만m^2 이상, 그러나 계획구역이 「수도권정비계획법」의 자연보전권역인 경우와 계획구역에 통학가능한 초등학교가 위치한 경우는 10만m^2 이상, 그 외는 3만m^2 이상일 것
   ② 당해 지역에 도로 · 수도공급설비 · 하수도 등 기반시설을 공급할 수 있을 것
   ③ 자연환경 · 경관 · 미관 등을 해치지 아니하고, 문화재의 훼손우려가 없을 것
2. 개발진흥지구로서 다음에 해당하는 지역
   ① 개발관리지역에서 제시한 각 요건
   ② 당해 개발진흥지구가 계획관리지역 내의 주거개발진흥지구 및 복합개발진흥지구, 계획관리지역 · 생산관리지역 또는 농림지역 내의 산업개발진흥지구 · 유통개발진흥지구 및 복합개발진흥지구, 도시지역 외 지역 내의 관광 · 휴양개발진흥지구에 위치할 것

2. 지정절차

계획구역의 지정은 도시관리계획의 결정으로 한다(법 제50조). 따라서 도시관리계획의 입안 · 결정 절차에 따라 계획구역이 지정된다. 즉 계획구역의 지정안작성은 시장 · 군수 · 구청장(특별시 · 광역시에서 구청장에게 권한을 위임한 경우)이 기초조사를 바탕으로 주민의 의견을 청취하고 시 · 군 · 구 도시계획위원회의 자문을 거쳐 입안하여 시 · 도지사에게 지정을 신청한다. 시 · 도지사는 관계행정기관의 장과의 협의와 시 · 도 도시계획위원회의 심의를 거쳐 지정결정하고 이를 고시하며, 해당 시장 · 군수 · 구청장에게 송부한다. 시장 · 군수 · 구청장은 이를 일반에게 공람하게 된다(건교부, 2005c : 4; 2005d : 5).

3. 지정 변경

계획구역은 원칙적으로 결정된 날로부터 5 년 이내에는 이를 변경하지 않는 것으로 하되, 관계법령 및 조례의 제 · 개정 또는 도시계획 및 도시계획사

업의 변경 기타 당해 구역 및 인근 지역의 여건변화 등으로 필요한 경우에는 변경할 수 있다(건교부, 2005c : 3; 2005d : 4).

4. 지정의 실효

계획구역의 지정에 관한 도시관리계획결정의 고시일로부터 3년 이내에 계획구역에 관한 지구단위계획이 결정 · 고시되지 아니하는 경우에는 그 3년이 되는 날의 다음 날에 당해 지구단위계획구역의 지정에 관한 도시관리계획결정은 그 효력을 상실한다(법 제53조 제 1 항). 시 · 도지사는 계획구역지정효력이 상실된 때에는 지체없이 그 사실을 고시하여야 한다(법 제53조 제 2 항).

Ⅲ. 계획의 수립과 결정

1. 입안 및 결정절차

지구단위계획(지구단위계획)의 입안 및 결정은 지구단위계획구역의 지정과 같이 도시관리계획의 입안 · 결정절차를 따른다(법 제50조). 그러나 입안자 또는 결정자에 따라 그 절차는 약간의 차이가 있다.

(1) 시장 · 군수 · 구청장이 입안하는 경우

시장 · 군수 · 구청장(특별시장 · 광역시장이 구청장에게 위임한 경우)이 계획구역이 지정된 후 3년 이내에 기초조사를 바탕으로 지구단위 계획안을 작성하여, 주민의 의견을 청취하고, 시 · 군 · 구도시계획위원회의 자문을 거쳐 입안하여 시 · 도지사에게 지정을 신청한다.

시 · 도지사는 관계행정기관의 장과의 협의와 시 · 도도시계획위원회의 심의를 거쳐 결정하고, 이를 고시하며, 해당 시장 · 군수 · 구청장에게 송부한다. 시장 · 군수 · 구청장은 이를 일반에게 공람한다.

시 · 도지사는 지구단위계획에 다음의 내용이 포함되어 있을 때에는 시 · 도도시계획위원회의 심의 전에 시 · 도에 두는 건축위원회와 도시계획위원회가 공동으로 하는 심의를 거쳐야 한다(법 제30조 제 3 항; 시행령 제25조 제 2 항; 건축법 제 4 조; 건교부, 2005c : 12).

① 건축물 높이의 최고한도 또는 최저한도에 관한 사항(제 1 종 지구단위계획

에 국한)

② 건축물의 배치 · 형태 · 색채와 건축선에 관한 사항

③ 경관계획에 관한 사항

⑵ 건설교통부장관 또는 도지사가 입안하는 경우 및 건설교통부장관이 결정하는 경우

건설교통부장관 또는 도지사가 입안하는 경우에는 입안자가 기초조사 및 계획안작성을 직접 수행할 수 있으며, 시 · 군 · 구도시계획위원회의 자문 대신, 당해 시장 · 군수 · 구청장의 의견을 듣는다(법 제24조 제 5 항 · 제 6 항; 건교부, 2005c : 11~13).

건설교통부장관이 결정하는 경우에는 시 · 도도시계획위원회 및 공동위원회의 심의 대신 중앙도시계획위원회의 심의를 거치며, 건설교통부장관이 지구단위계획을 결정 · 고시한다(법 제29조 제 2 항; 2005c : 12)

2. 계획내용 및 수립기준

⑴ 계획내용

지구단위계획구역의 지정목적을 달성하기 위하여 제 1 종 지구단위계획에는 다음 각 호의 사항이 포함되어야 하며, 제 2 종 지구단위계획에는 ②~④, ⑦의 사항을 포함한 4 이상의 사항이 포함되어야 한다(법 제52조 제 1 항).

① 용도지역 또는 용도지구의 세분 또는 변경

② 기반시설의 배치와 규모

③ 도로로 둘러싸인 일단의 지역 또는 계획적인 개발 · 정비를 위하여 구획된 일단의 토지의 규모와 조성계획

④ 건축물의 용도제한, 건축물의 건폐율 및 용적률, 건축물의 높이의 최고한도 및 최저한도

⑤ 건축물의 배치 · 형태 · 색채와 건축선에 관한 계획

⑥ 환경관리계획 또는 경관계획

⑦ 교통처리계획

⑧ 그 밖의 토지이용의 합리화, 도시 또는 농 · 산 · 어촌의 기능증진 등에 필요한 사항

지구단위계획은 도로, 상 · 하수도 등 도시계획시설의 처리 · 공급 및 수

용능력이 지구단위계획구역안에 있는 건축물의 연면적 · 수용인구 등 개발밀도와 적정한 조화를 이룰 수 있도록 하여야 한다(법 제52조 제 2 항).

지구단위계획의 내용은 도시계획적 조치에 관한 사항, 건축적 조치에 관한 사항, 그리고 기반시설에 관한 사항으로 대별할 수 있다(구자훈 · 이희정, 1995 : 29). 도시계획적 조치에 관한 사항은 지역지구의 지정 및 변경, 도시계획시설의 배치와 규모 등을 결정하는 것이고, 건축적 조치에 관한 내용은 가구 및 획지의 규모와 조성계획, 건축물에 관한 사항(용도제한 · 건폐율 및 용적률 · 고도제한 등)을 포함하고, 기반시설에 관한 내용은 도로 · 수도 · 하수도 · 공동구 등 각종 도시계획시설의 처리 · 공급 · 수용능력 및 규모에 관한 사항이고, 지구단위계획구역 내의 도시계획시설과 건축물의 용적률과 적정한 조화를 유지하도록 규정하고 있다.

(2) 수립기준

지구단위계획의 수립기준은 건설교통부장관이 다음 사항을 고려하여 정한다(법 제52조 제 4 항; 시행령 제48조; 건교부, 2005c : 9～10; 2005d : 8～9).

① 지구단위계획은 계획수립의 목적에 따라 계획의 항목과 상세수준을 다르게 할 수 있다.

② 주민의견을 충분히 수렴하고, 주민과 미리 협의하는 등 주민이 참여하는 합리적인 계획이 되도록 한다.

③ 쾌적하고 편리한 환경이 조성되도록 적절한 개발밀도가 유지되도록 하는 등 친환경적으로 계획을 수립하여야 한다.

④ 정비구역 및 택지개발예정지구에서 시행되는 사업이 완료된 후 10년이 경과된 지역에 수립하는 지구단위계획은 기존의 기반시설 및 주변환경에 적합하고 과도한 재건축이 되지 않도록 한다.

⑤ 계획내용 중 기존의 용도지역 또는 지구를 용적률이 높은 용도지역 또는 지구로 변경하는 사항이 포함되어 있는 경우, 당해 변경되는 구역의 용적률은 용도지역 또는 지구가 변경되기 전의 용적률을 적용하되, 공공시설부지를 제공하는 현황 등을 감안하여 용적률을 완화하도록 계획할 수 있다.

⑥ 기반시설의 처리 · 공급 수용능력과 건축물의 연면적이 적정한 조화를 이루도록 하여 기반시설용량이 부족하지 아니하도록 한다.

⑦ 계획구역의 지정목적이 순조롭게 달성될 수 있도록 계획으로 결정되는 기반시설의 종류, 설치우선순위 등을 정하도록 한다. 특히, 기반시설부담계획

이 수립되는 경우에는 그 계획과 연계 · 검토하여야 한다.

⑧ 계획작성시, 도시계획 · 건축 · 토목 등 필요한 분야의 전문가의 협력을 받을 수 있다.

⑨ 계획의 실행력이 강화되도록 계획작성시 공공이 부담하는 시설, 민간이 부담하는 시설, 민간과 공공이 합동으로 부담하는 시설 등 이해당사자 각각의 역할부담을 명확히 하도록 한다.

⑩ 입안권자는 관계기관 및 사업시행자(시행예정자 포함)와 충분히 협의하고, 타당성이 있는 경우에는 그 내용을 계획수립에 반영하도록 한다.

⑪ 개발사업에 대한 교통 · 인구영향평가 등을 받아야 하는 경우에는 도시계획위원회 심의에 상정하기 이전에 계획에 동 영향평가결과를 반영하여야 한다.

⑫ 개발제한구역에서 계획을 수립하는 경우에는 개발제한구역의 지정목적이나 주변환경이 훼손되지 아니하도록 한다.

그림 2-6 지구단위계획의 입안 · 결정절차(시장 · 군수 · 구청장 입안시)

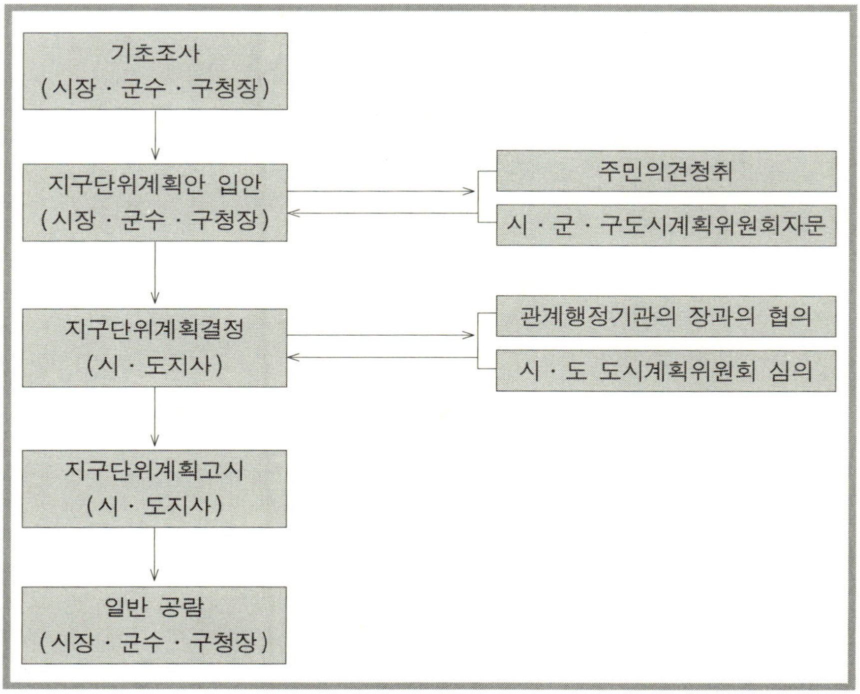

3. 계획의 집행관리

계획구역 안에서 건축물을 건축하고자 하는 때에는 그 지구단위계획에 적합하게 건축되어야 한다. 다만, 지구단위계획이 수립되어 있지 아니한 경우와 지구단위계획의 범위안에서 건축물을 단계적으로 건축하는 경우에는 그러하지 아니한다(법 제54조).

시장 · 군수는 지구단위계획구역안의 토지소유자 및 지상권자가 지구단위계획에서 정한 내용에 적합하게 토지를 이용하기 위하여 토지의 분할 · 합병 또는 교환을 위한 환지를 원하는 경우에는 그 토지를 대상으로 환지계획을 작성하고 환지처분을 하는 등의 필요한 조치를 취할 수 있다(법 제55조 제 1 항).

제 3 장

도시발달과 도시계획

제 1 절 개 요

I. 의 의

카(E. H. Carr)는 "역사는 현재의 시각에서 과거를 이해하고, 과거의 시각에서 현재의 이해를 높여 준다"고 했다. 이는 역사분석(歷史分析)은 만병통치약은 아니지만, 역사적 지표는 직접적이고 지시적이라는 의미를 내포하고 있다(Johnson and Schaffer, 1985 : 132). 즉 역사연구는 결론이 아니라 고찰시각을 제공하고, 이의 근원적 가치는 사실의 백과사전식 수집이 아니라 적용에 있다. 때문에 역사분석(historical analysis)은 보편적인 문제해결도구가 될 수 있다는 뜻이다(Abbott and Adler, 1989 : 468).

계획가들은 기록이나 계획사에 관한 문헌들에 의존함이 없이 '역사적으로 사고함'에 의해 혜택을 받을 수 있다. 그들은 역사적 분석에 직접 순응할 수 있는 문제나 상황의 특정국면을 규칙적으로 탐구함으로써 그들이 당면한 문제의 외적인 맥락과 내적 동학성을 보다 잘 이해할 수 있다. 역사분석이 효과적이기 위해서는 사실은 이슈에, 이슈는 가치에, 가치는 목표와 방향에 연계되는 것과 같은 방법으로 과거를 체계적으로 분석해야 한다(Johnson and Schaffer, 1985 : 132).

도시계획사연구의 정당성(justification)은 다음 두 가지 점에서 파악할 수 있다(Abbott and Adler, 1989 : 467~468).

첫째, 역사에 대한 감각은 직업에 대한 결속과 긍지를 구축하게 한다. 즉, 계획가는 불완전하고 한정된 전문성과 원칙을 가지고 작업하기 때문에 역사는 집단정체성을 형성하는 데 중요한 기능을 한다.

둘째, 특정한 문제나 이슈(issues)의 배경을 이해하는 것이 중요하기 때문이다.

역사연구의 정당성에 대한 논의는 역사를 배우는 것은 과거의 반복을 회피하게 한다는 의미를 내포한다. 때문에 계획사는 계획가에게는 유용하지만, 대부분의 실무자들은 과거보다는 현실과 미래지향적인 활동을 추구하는 경향이 많다.

Ⅱ. 시대구분

일반적으로 시대에 따라 지역의 정치·경제·사회 등 제반여건이 변화하게 되고, 이와 같은 변화는 그 지역과 시대의 사람들에게 새로운 이념과 가치관을 형성하게 한다. 이렇게 형성된 문화특성에 따라 그 시대의 문화를 대표하는 도시특성도 시대에 따라 다르게 나타나기 마련이다. 이러한 도시의 시대별 변혁은 충분한 타당성을 배경으로 한 것이고, 도시계획의 시대구분에 있어서도 이러한 점을 감안하는 것이 좋다.

시대구분(時代區分)은 시각에 따라 여러 유형으로 구분할 수 있는데, 주로 사용하는 지표는 시대(時代)의 원근(遠近)·사회발전단계(社會發展段階)·성장과정(成長過程)·주제(主題), 그리고 지배세력(支配勢力)의 변화(變化)에 의하는 방법 등이 있다(이기백, 1983 : 11~19). 여기서는 일반적으로 많이 사용하는 시대(時代)의 원근(遠近)에 의한 분류에 따라 고대·중세·근대·현대의 4단계로 나누어 고찰하기로 한다. 고대(古代)는 서구에서는 로마시대, 중국은 남북조시대, 한국은 삼국시대까지를 의미한다. 중세(中世)는 6~14세기까지, 중국은 수·당·송·원까지를, 한국은 고려시대가 여기에 속한다. 근대(近代)는 15~18세기까지, 중국은 명·청, 한국은 조선시대가 여기에 해당된다. 현대(現代)는 19세기 이후, 중국은 신해혁명(1911년) 이후, 한국은 개항이후부터이다(윤정섭, 1984 : 14~22).

제 2 절 도시발달의 시대별 특성

Ⅰ. 고대도시계획

1. 초기도시

(1) 도시의 출현

도시의 기원에 관한 호기심은 "어떻게 도시가 시작되었는가" 하는 질문으로, "언제, 어디서, 왜 발생했으며, 도시의 첫 모습은 무엇이었을까" 하는 점으로 요약할 수 있다(Davis, 1973 : 10).

일반적으로 도시는 마을(village)의 전통에 그 뿌리를 두고 있다고 보지만 단순하게 마을보다 큰 규모를 의미하는 것은 아니고, 마을의 구성단위에 새로운 도시적 요소가 결합된 새로운 형태의 삶의 공간으로서 나타나게 된 것이다(Benevolo, 1980). 즉, 기후변화 · 인구증가 · 집단간의 갈등 등의 여건 변화는 과거의 경험과 대중적 지혜를 바탕으로 하는 마을의 장로적(長老的)인 접근보다는 즉각적인 결정 · 모험심 · 자신감, 그리고 시련극복 등의 특성을 갖추어 새로운 상황에 효과적으로 적응할 수 있는 능력을 구비한 새로운 지도자를 찾게 되었다. 이러한 욕구를 충족시킬 수 있는 사람들이 사냥꾼(hunters)이었고, 이들을 중심으로 새로운 사회계층이 형성되고 새로운 모듬살이 형태를 만들었으니 이것이 도시이다. 이와 같이 농업사회에서 도시사회로 변화한 것을 '도시혁명'(urban revolution)이라고 부른다(Childe, 1950 : 26~27).

도시혁명(都市革命)은 조밀한 영구주택 · 비농(非農) 계급 · 과세 · 교역 · 문자 · 예측과학 · 예술 · 기념비적 건물 · 사회계층, 그리고 정치조직의 10가지 복합적 특징을 나타냈다(Childe, 1950 : 28~29). 이러한 도시혁명이 도대체 '왜' 일어났는가를 설명하는 데 여러 이론이 제시되고 있으나, 대표되는 것은 잉여이론(surplus theory)이다(Childe, 1950 : 25~26). 이 이론에 의하면 농업잉여가 있어야 농업과 유리된 지배자를 중심으로 한 사회계층, 즉 비농계급(非農階級)을 부양할 수 있고, 이러한 잉여농산물은 비옥한 토양이나 발달된 기술에 의해 확보할 수 있다는 것이다. 초기농업노동자는 잉여식량을 산출하는 데 필요한 지식과 도구(기술)가 결핍되었으나 시간이 지남에 따라 농업기술이 개선되어 식량잉여가 나타나게 되었다. 때문에 도시생활이 이루어지기 위해서는 양호한 생태적 환경, 발달된 기술, 그리고 복합적인 사회구조가 전제되어야 한다(Sjoberg, 1960 : 27). 이러한 시각에서 도시문화의 기술적 전제조건의 지표로 쟁기 · 수레 · 주조(鑄造) · 관개(灌漑) · 동식물사육 등을 들고 있다(Light, 1983 : 18).

⑵ 초기도시

㈎ 도시의 출현과 전파 최초의 도시는 고신석기사회인 B.C. 5500년 무렵에 근동(近東), 특히 메소포타미아(Mesopotamia) 유역에서 나타났고, 그 수세기 후 이집트의 나일강유역에서 도시생활이 이루어지고, 그로부터 얼마 지나지 않아 오늘의 파키스탄인 인더스계곡에 도시가 출현했다. 그러나 나일강과 인더스유역의 도시화가 지역적인 것이냐 아니면 메소포타미아의 영향을 받은 것인가에 대해서는 논쟁이 따르고, 황하계곡의 초기도시가 독립적 창조물이냐 하는 점에 대해서도 상이한 견해가 공존하고 있다(Sjoberg, 1960 : 26).

㈏ 주요 도시 초기의 대표적인 도시들은 메소포타미아지방의 우르(Ur)와 바빌론(Babylon), 이집트의 테베(Thebes)와 멤피스(Memphis), 인더스유역의 모헨조-다로(Mohenjo-daro)와 하라파(Harappa) 등을 들 수 있다. 바빌론(Babylon : 바그다드에서 남으로 55mile)은 직사각형 모양(2,500m×1,500m)의 성에 둘러싸여 있고, 유프라테스강에 의해 두 개 지역으로 나뉘었다. 성(城) 내는 기하학적으로 가로와 건물이 배치되어 있었으며, 기념비적인 문·행렬용 가로 · 가로를 연한 3～4층의 건물 · 그리고 일반서민용의 규격화된 주택 등이 발견되었다. B.C. 2000년경에 인구는 5만 명이었던 것으로 추정된다(Sullivan, 1990 : 67). 한편 인더스의 하라파(Harappa)에는 상징적인 건물은 없었으나 종교목적의 건물과 큰 의식용 목욕탕이 발견되고 격자형 가로망도 나타난다. 중국의 최초도시사회는 황하유역에서 발생한 것으로 추정되는데, B.C. 15세기경 오늘의 하남성 안양에 도읍한 상(商)에서 수레사용 흔적과 귀갑(龜甲) 문자의 존재를 확인할 수 있다.

㈐ 도시의 특징 초기도시들의 모습은 매우 유사하다. 대부분이 성벽으로 둘러싸여 있고, 도심에 사원 · 궁전 · 곡식저장창고를 포함한 성곽으로

그림 3-1 토지이용의 개념발달

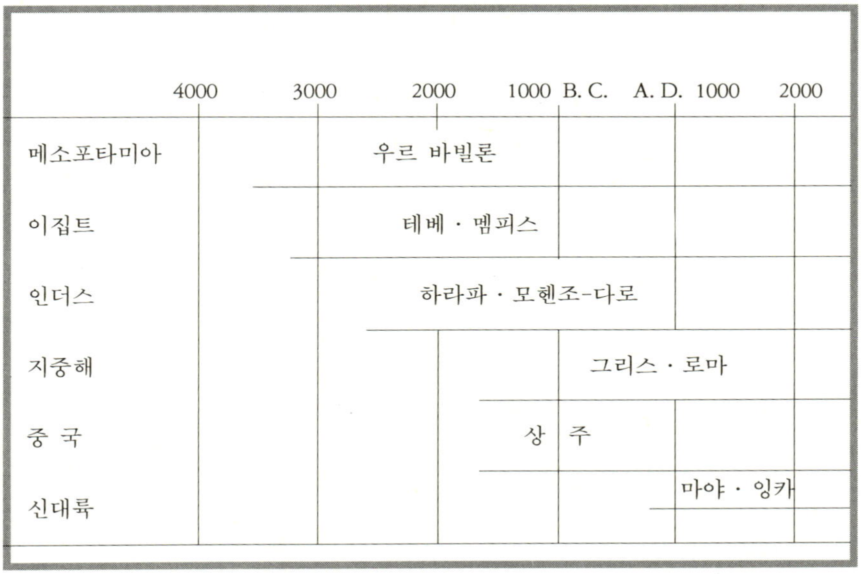

자료 : Sjoberg, 1973 : 20~21.

이루어진 성채지역(citadel precinct)과 피라미드(pyramid)나 지구랫(ziggurat)과 같은 상징건물을 갖고 있었다(LeGates and Stout, 2000 : 17; Sullivan, 1990 : 69). 중국의 상(商)과 주(周), 아프리카의 사하라남부, 동남아시아, 그리고 중부아메리카에서 발생한 고대도시들은 근동지방의 도시들과 독립적으로 출현했다. 그러나 이들 도시들간에는 사회적 구조 · 경제적 기능 · 정치적 질서, 그리고 건축적 기념성에 높은 유사성이 있음은 특이한 현상이다(LeGates and Stout, 2000 : 18).

2. 고대도시

(1) 서 양

서양의 대표적인 고대도시는 그리스와 로마의 도시들에서 찾을 수 있다.

(가) 그 리 스 그리스는 좁은 땅이지만 기후의 다양성에 의해 작물이 풍부하여 초기에는 농부들에게도 오락을 알게 했고, 험한 지형조건은 장애적 구실을 하여 공통적인 통치체제보다는 마을중심의 민주적 전통이 형성되는

바탕이 되었다. 그러나 제한된 경지와 척박한 토양은 인구증가에 따라 빈곤을 가져왔다.

도시계획의 구성요소(構成要素)는 도시 내의 종교적인 성역으로 신전이 있는 아크로폴리스(acropolis), 도심에 위치한 공공공간으로서 정치 · 경제 생활의 중심인 아고라(agora), 그리고 주거공간의 3개를 들 수 있다. 도시 내에 특정계층을 위한 독립된 지역은 없었고, 주택은 동일한 건축형에 신분에 따라 규모에 차이가 있을 뿐이고, 전체적으로 도시는 단일의 통합된 실체였다(Benevolo, 1980 : 59～60). 그리스의 도시는 B. C. 1200년경에 출현하여 B. C. 500년에는 문화적 전성기를 구가했는데, 대체로 소규모(수천 명 정도)이며, 경제적으로 자립적이고, 그들의 사회·정치적 기관은 거의 마을 비슷한 모습이었다(LeGates and Stout, 2000 : 18). 플라토(Plato)가 도시인구는 5천～1만 명 이내가 되어야 한다고 주장하고, 아리스토텔레스(Aristotle)는 한 사람의 목소리로 전체도시민을 불러모을 수 있는 정도를 이상적인 도시국가로 상정하고 있음은 당시의 도시인구규모를 짐작케 한다(LeGates and Stout, 2000 : 18). 그러나 4～5세기경의 아테네의 시민은 4만 명으로 기록되어 있으나, 노예와 외국인을 포함하면 대략 10～15만 명으로 추정된다.

그리스의 대표적인 계획도시(計劃都市)로 밀레투스(Miletus)와 프리에느(Priene)를 들 수 있다. 밀레투스는 소아시아해안에 위치한 도시로 B. C. 10～6세기에 번성한 도시였으나 B. C. 494년에 페르시아에 의해 점령 · 파괴된 것을 B. C. 479년부터 전체적으로 새롭게 계획한 도시였다. 도시재건기본계획은 히포다무스(Hippodamus, B. C. 500～440)에 의해 작성되었다. 이 도시는 내륙반도지형에 성곽을 둘러쌓은 도시로 격자형 가로망체계를 기본골격으로 중심부에 아고라(agora)를 위치시키고, 주거지역은 3개 지역으로 나뉘었으며, 극장·경기장 등은 아고라(agora) 서쪽에 두었다. 전체적으로 지형조건을 잘 이용한 도시로 성곽 내의 면적은 220에이커로 8～10만의 인구를 수용하기 위한 것이었다(Morris, 1979). 프리에느는 B. C. 350년경에 건설된 도시이다. 히포다무스(Hippodamus)는 최초의 도시계획가로 도시의 물리계획에 철학적 바탕을 가미했으며, 수메르와 이집트의 도시를 관찰한 후 도시공간의 기하적 형태로 격자형 가로망을 이론화했다(Catanese, 1979 : 6).

(나) 로 마 중부 이탈리아에서 수개의 촌락군으로 출발한 로마는

세력을 확대하여 현재의 이란(Iran)에서 스코틀랜드(Scotland)에 이르는 거대제국으로 발전해 나가면서 자신의 문학 · 철학 · 예술의 전파와 함께 군대가 진출하는 곳에는 수많은 식민도시를 건설하였다(LeGates and Stout, 2000 : 18). 즉, 군대진출지역에 지방군사활동의 중심지인 카스트라(castra)를 수천 개 건설했는데, 이들은 기본적으로 임시병영이지만 이 중 많은 수는 항구적인 도시의 기반이 되었다. 표준적인 카스트라의 모습은 직사각형의 성곽(초기에는 성이 생략되기도 했음)에 동서-남북의 두 개 간선도로가 지역의 중앙을 통과하도록 하고, 이를 바탕으로 격자형 가로망을 구성했으며, 2개 간선도로의 교차지점에 포룸(Forum : 그리스의 아고라와 유사함)이 위치하도록 했다. 이 포룸 주위에 주신전(主神殿) · 극장 · 공중목욕탕 등이 건립되었다.

도시는 군사목적 이외에 정치 · 경제적인 목적에서도 건설되었다. 도시들은 주민이 로마와 같은 시민권을 갖는 도시(coloniae), 일부 시민권만 향유하는 주요한 부족중심도시(municipia), 그리고 부족들의 시장(市場) · 행정중심도시(civitates)의 3개 유형으로 구분할 수 있다. 오늘의 유럽의 주요 도시 중에서 로마에 기원을 두고 있는 도시(특히 -chester, -caster, -cester로 끝나는 도시)들이 많다.

수도 로마는 B.C. 753년부터 주위의 7개의 언덕에 위치한 마을들을 중심으로 자연적으로 형성 · 발달한 유기체적 도시로 구릉성지형 · 홍수 · 식수 등의 문제는 로마의 계획가들이 대처해야만 했던 입지상 제약점이였다. 따라서 종합적 재구성계획보다는 조금씩 문제에 대처해 나가는 제한적 접근을 시도할 수밖에 없었고, 때문에 전체적인 조화가 결여되었다. 로마가 안고 있는 자연적 제약을 극복하기 위해 대규모의 하수(下水)와 도수(導水) 체계를 확립한 것은 이의 좋은 예이다. 최초의 수도(水道)는 아피아(Appia : 전장 1,652m, B.C. 312)였고, 가장 긴 것은 마르키아(Marcia : 전장 9,130m, B.C. 145)였다(장명수, 1992 : 42; 주종원 외 2인, 1999 : 92). 주택은 단독주택(domus)과 집단주택(insulae)의 두 가지 유형이 있었으나 집단주택이 주류를 이루고, 건물의 밀집에 따른 소방대책과 건물의 고층화에 따른 도괴방지를 위해 고도제한 조처도 실시했다. A.D. 3세기에 로마의 인구는 1백만을 초과했던 것으로 추정된다(Sullivan, 1990 : 69).

(2) 동 양

B.C. 12세기경에 상(商)이 주(周)에 의해 멸망하고, 도시들은 황하의 동과 남으로 확산하여 양자강유역에까지 이르렀다. B.C. 9세기경의 주요 도시는 낙양과 장안이었다. 진(秦)을 거쳐 한(漢)의 통치에 이르는 B.C. 3~A.D. 4세기 사이에 광동·남경·북경 등의 도시가 발달하기 시작했다.

주(周)로부터 남북조시대까지를 고대중국이라고 부를 수 있는데, 고대도시의 형성에 가장 많은 영향을 준 것은 「주례·고공기」(周禮·考工記)이다. 이 「고공기」(考工記)의 도성계획과 관련된 내용은 사방 9리에 각각 3개의 성문을 설치하고(方九里 旁三門), 성 내는 9경과 9위로 나누고 경은 9궤(國中九經九緯 經九軌)이며, 직선도로는 9궤, 순환도로는 7궤, 들길은 5궤(經九軌 環七軌 野五軌)로 규정하였다(강태호, 1998 : 9). 도시는 직사각형의 성곽도시의 모습에 「좌묘우사 면조후시」(左廟右社 面朝後市)라 하여 도성의 중앙에 궁전, 그 좌측에 조상의 종묘, 우측에 토지신의 제단인 사직을 짓고, 그 뒤에 사당을 두고, 앞에는 조정 뒤에는 시장을 배치하도록 했다.

(3) 한 국

한반도에는 청동시대가 되면서 부족국가 혹은 성읍국가(城邑國家)가 성립되었던 것으로 보인다. 이들은 그리스의 폴리스(polis)처럼 도시국가라고 부르기에는 인구집중 등 일반적인 도시화의 흔적을 찾기 어렵고, 대취락의 존재를 상상할 수밖에 없기 때문에 성읍국가라 부르는 것이 타당하다(이기동, 1982 : 40~41). 즉 이들 국가의 영토는 그리 넓지 못하고, 나지막한 구릉 위에 성을 쌓고 살면서 성 밖의 평야에서 농경에 종사하는 농민을 지배해 나가는 정도의 소국들이었다(이기동, 1982 : 41). 이들 성읍국가가 연맹왕국이 되면서 본격적인 도성이 형성된 것은 삼국시대 이후라 할 수 있다.

삼국시대의 대표적인 도성(都城)은 고구려의 국내성·평양성·장안성, 백제의 웅진성과 사비성, 그리고 신라의 경주를 들 수 있다. 고구려(高句麗)의 장안성(長安城)은 A.D. 586년 평원왕 때 평양 일원에 건설한 것으로 내·외성으로 구분되는 성곽도시로 격자형의 가로망에 포장의 흔적이 발견되는 등 잘 정리된 계획도시의 모습이다. 백제(百濟)의 사비성(泗沘城)은 A.D. 538년 성왕시기에 건설된 도시로 이전의 도성과 산성의 분리방식에서 양자를 결합한 축성과 시가지 조성의 특성을 나타냈으며, 도시규모는 사방 1리 반이고 가옥수는 1만이라고 기록하고 있다(손정목, 1998 : 14). 신라(新羅)의 경주(慶州)는 자연발생적인 소규모의 취락에서 계획적인 왕도로 발전한 도시로 전성기의 도시모습은 경주평야의 중심부에 궁성이 있었고, 이를 수비하기 위한 산성들이 있었으나 나성(羅城)은 없었다. 도시는 178,936호를 옹위한 것으로 기록되어 100만 이상의 대도시로 생각할 수 있으나, 이를 수용할 도시하부구조는 발견되지 않고 있다.

삼국시대의 왕도는 임산배수(臨山背水)의 분지나 평지에 남향으로 도성을 만들어 평상시 주거지로 하고, 부근에 지형을 이용한 방어목적의 산성을 만들어 전쟁에 대비했다. 왕도의 모습은 지리적 특성에 의해 약간의 차이가 있는데, 고구려는 배후산성식(背後山城式), 백제는 반성곽식(半城郭式), 그리고 신라는 삼산성식(三山城式)을 사용했다. 한국의 고대국가는 중앙집권국가로서 일체의 정치적 · 행정적 활동이 수도에 집중되어 한국고대사회에서는 지방도시의 발전을 볼 수 없었다(조기준, 1977 : 44)

Ⅱ. 중세도시계획

1. 서 양

(가) 도시발달 로마제국멸망 후 많은 도시인구가 농촌으로 되돌아감으로써 도시생활은 붕괴되고 농촌문화가 재등장하게 되어 서구도시들은 전체적으로 쇠퇴했다. 이슬람의 정복은 지중해의 교역을 파괴했고, 따라서 항구도시들의 몰락을 가져왔다. 또한 바베리안의 약탈은 유럽전역에 걸쳐 이루어졌기 때문에 여행과 교역은 위험했고, 사람들은 도시성곽 내에서 안전을 추구하게 되었다.

봉건시대의 도시들은 수는 많았으나 소규모였다. 11~12세기 사이에 비잔틴과 이슬람 지도자 간의 협약에 의해 지중해지방에서의 교역이 허가됨에 따라 여기에 위치한 일부 도시는 많은 인구를 포용했다. 예로 당시 최대도시였던 콘스탄티노플(Constantinople)의 인구는 1000년에 45만 명을 기록한 반면에, 11세기에 영국 최대도시인 런던의 인구는 16,000명이었고, 영국의 다른 도시들은 5,000명 내외의 규모였다. 11~14세기 사이에 바베리안의 침입이

줄어듦에 따라 소규모 방어도시들은 시장도시로 변모되어 갔고, 상인계급이 발달하게 되었다. 14세기에 유럽 최대도시이며 교역과 교육의 중심지였던 파리의 인구는 45만 명에 이르렀다(Sullivan, 1990 : 71~72). 중세의 도시는 대체로 소규모 도시로 500~2,000명의 수준이었지만, 2,000~10,000명의 중도시와 10,000명 이상의 대도시도 일부 있었다(엔넨, 1997 : 281).

(나) 도시의 유형 중세유럽의 도시는 발생기원에 따라 5개의 범주로 나눌 수 있다. 로마제국의 멸망과 함께 버려졌다 재발흥한 로마기원도시(towns of Roman origin), 군사기지였다가 후에 상업기능이 보강된 버그(burgs), 마을에서 도시로 발전한 유기체적 도시(organic growth towns), 영·불 등에서 발견되는 사전계획형태의 성채도시(bastide towns), 그리고 유럽전역에 퍼져 있는 식민도시(planted towns)가 그것이다. 이 중 전자 3개는 자연 발생적으로 성장·발전하는 유기체적 성장도시(organic growth towns)이고, 후자 2개는 계획에 의해 이루어진 신도시(new towns)이다.

(다) 도시계획의 특성 전체적으로 5~10세기까지는 도시계획이 없었다(Catanese, 1979 : 10~11). 그러나 10세기 말 이래로 영주들간의 잦은 전쟁에 의해 농촌지역의 안전성이 결여됨에 따라 농노들은 봉건영주들의 성곽도시에 보호를 요구하게 되었고, 이에 따라 11~13세기에 걸쳐 도시들은 재발흥하게 되었다. 또한 중세는 교회가 그 영향력을 강화시킨 사회라 할 수 있다. 때문에 중세사회의 특성을 성곽(castle)·교회(church)·길드(guild)로 요약할 수 있다(Gallion and Eisner, 1975). 여기서 길드는 상인과 장인들이 그들의 사회·경제적 지위를 강화하기 위한 목적으로 결성한 것으로 중세의 경제생활에 큰 영향을 주었고, 교회는 대지주로서 상업적 기업·건축·예술 등을 추진함으로써 도시성장에 중요한 역할을 했으며, 중요 종교건물 주위에 도심이 발달했다(Curl, 1974).

도시의 기원이 무엇이든 간에 중세도시들은 유사한 사회·경제·정치적 여건을 가지고 있었기 때문에 비슷한 도시공간을 나타내고 있었다. 도시의 구성부문은 탑과 성문을 포함한 성곽, 도로와 관련된 순환공간, 상업건물과 회관을 포함한 시장지역, 교회지역, 그리고 일반적인 도시건물과 공원 등이다. 중세도시의 일반적인 특색은 방어목적상의 미로형 가로망, 종교적 가치에서 연유한 미약한 위생관념, 그리고 무질서한 도시성장 등을 들 수 있다. 성채도시는 사전에 정한 계획에 의해 건설되고, 직사각형의 모습에 격자형을 바탕으로, 도시 내 거주를 위해 주택과 토지에 대한 혜택을 제공하는 계획의 원칙을 가지고 있었다.

2. 동 양

(가) 중 국 중세중국의 대표적인 나라는 수·당·송, 그리고 원이고, 이 시대를 대표하는 도시는 당(唐)의 장안과 원(元)의 북경을 들 수 있다. 장안(長安)은 현재의 협서성의 서안(西安)으로 B.C. 200년경 한(漢)이 정도(定都)한 이래 약 1000여 년간 중국의 수도로서 중국의 고대도시계획을 대표하는 도시이다. 성곽으로 둘러싸인 도시는 궁성·황성·경성의 세 부문으로 이루어져 있었다. 경성에 시가지가 있고, 황성 앞의 주작문(朱雀門)에서 남단의 명덕문(明德門)에 이르는 주작로(朱雀路 : 폭 75~150m)를 중심으로 동서로 각각 5개의 남북가로가 있었고, 남북으로는 9~13방으로 구획되었다. 장안의 규모는 동서 10km, 남북 8km에 이르며, 당시 인구 100만을 수용한 세계 제 1 의 도시였다. 이러한 당대의 도시계획은 동양의 도시구조와 건축에 크게 영향을 미쳤는데, 고구려의 장안, 신라의 경주, 일본의 평성경(나라)과 평안경(경도) 등이 대표적이다. 북경(北京)은 원의 수도지정 이후 오늘날까지 중국의 수도로 발전해 오고 있다.

(나) 일 본 일본의 기록된 역사는 중국과 한국으로부터 불교가 전래된 A.D. 6세기 중엽부터이며, 도시라고 지칭할 만한 취락은 A.D. 710년에 건설된 헤이조쿄(平城京 : Nara) 이후라고 할 수 있다. 중국의 장안을 모방한 이 도시는 동서 약 4.2km, 남북 약 4.7km의 장방향의 격자형 도시로 융성시의 인구규모는 약 10~20만 명으로 추정되고, 장안과 다른 점은 성이 없다는 정도이다(주종원 외 2인, 1999 : 211). 이외에 A.D. 794년에 건설된 헤이안쿄(平安城 : Kyodo)도 격자형의 좌우대칭형식을 취하고 있다. 전체적으로 이들 도시는 일본에 의해 건설되었지만, 중국의 관념에 바탕을 둔 것으로 볼 수 있다. 12세기 말부터 16세기 말의 기간에 해외교역 등에 의해 융성한 요새화된 반자치도시가 발흥했는데, 이 때의 대표적 도시가 대판만(Osaka)에 입지한 사카이(堺)였다.

3. 한　국

고려(高麗)는 태조 2년(A. D. 919년)에 개경(開京)으로 천도한 이후 90여 년에 걸쳐 수도건설을 계속하였다. 태조는 왕궁(만월대)을 짓고, 시가를 5부로 나누고, 그 아래 방(35개)과 리(343개)를 두었다. 거란침입 이후 외성을 축조하였고(현종 20년 : 1029년), 내성은 공민왕 3년 축조에 착수하여 조선조(태조)에야 완성되었다. 시가지는 지형과 기능에 따라 자연스러운 형상으로 발전했던 것으로 보인다.

전성기에는 10만호의 주택이 있었다고 하니 인구는 50만 이상의 대도시였을 것으로 추정된다(장명수, 1992 : 22). 고려시대의 도시체계는 수도인 개경 이외에 3경(평양 · 한양 · 경주), 5도호부(수주 · 해주 · 영주 · 안동 · 안변), 8목(광주 · 충주 · 청주 · 상주 · 전주 · 나주 · 진주 · 황주)으로 구성되어 있었으나, 수도와 3경을 제외하고는 도시다운 면모를 구비한 취락은 없었던 것으로 보인다(이태우, 1973).

Ⅲ. 근대도시계획

1. 서　양

(1) 르네상스 시대

(가) 계획여건　15세기 유럽에는 대규모 상업도시가 상당수 발달했는데, 이는 중앙집권과 장거리교역의 발달에서 그 원인을 찾을 수 있다(Sullivan, 1990 : 74). 이 시기에 이르러 정치적 · 경제적 권력은 많은 수의 영주(領主)의 손에서 소수의 왕(王)에게 귀속하게 되었는데, 이는 전통적인 봉건적 방어전략이 소용 없을 정도로 군사기술이 발달한 데서 그 원인의 일단을 찾을 수 있다. 장거리교역은 절대권력의 지원에 의해 지역간 교역의 장애를 제거했고, 신대륙발견과 같은 새로운 시장을 개척할 수 있게 하였다.

15세기의 화약발명과 르네상스(Renaissance)의 만개(滿開)는 도시발달과 도시계획에 큰 영향을 주었다(Catanese, 1979 : 12). 화약(火藥)의 발명에 의해 성벽이 무용지물이 되었고, 르네상스에 의해 실질적인 면보다는 미적인 면을 강조하게 되었다. 도시발달사에 있어 르네상스 시대는 15세기 중엽에 시작하여 18세기 말까지의 기간을 말한다. 이 시대는 문학에서 싹터서 예술과 건축으로 표현되었으며 17세기에는 웅장한 도시건설로 유도되었는데, 그 전반을 르네상스, 후반을 바로크시대로 구분하기도 한다. 이 시대에 서 · 북구(西 · 北歐)에서의 양모무역 · 은행업, 남 · 중구(南 · 中歐)의 광산업 등에 의해 자본의 원시적 축적이 이루어졌다. 그리고 신대륙발견에 따른 해외교역확대로 제품의 수요가 증대되어 공장제수공업이 채택되었고, 절대군주제의 형성에 따라 중상주의가 전개되는 등 도시의 성장발달의 여건에 큰 영향을 주었다. 즉, 자본의 축적은 인도주의 · 합리주의의 산물인 르네상스도시를, 절대군주제에 의한 중상주의는 웅장한 바로크도시를 각각 만들어 냈다. 전자의 예가 베니스 · 제노바 · 프로렌스이고, 후자를 대표하는 것이 런던과 파리이다.

(나) 계획특성 이 시대는 과학기술의 발달 특히 화약의 출현에 의해 도시 내의 가로가 확장되고 직선화되는 등 도시의 외형적인 모습에 많은 변화를 초래하게 되었다. 르네상스도시계획의 특성은 5가지로 나누어 파악할 수 있다. 축성이 아닌 참호와 운하 등의 수단에 의한 방어체계, 새로운 공공시설과 관련 가로의 조성에 의한 도시의 재생, 새로운 간선도로의 건설에 의한 도시의 재구성, 넓은 주거지역의 추가, 그리고 제한된 수의 신도시설계 등이 그것이다(Morris, 1979). 이러한 르네상스도시설계의 구성요소는 직선광로(直線廣路) · 격자형 가로(格子型 街路) · 폐쇄광장(閉鎖廣場)을 들 수 있다. 설계시 고려사항은 대칭개념(對稱槪念), 원근이론(遠近理論), 건축물의 앙상불, 그리고 직선광로 끝에 기념건물 등의 배치로 차단된 전망조성 등이다.

(다) 이상도시계획안 르네상스시대의 도시계획에 큰 영향을 준 이론은 비트루비우스(Vitruvius, B.C. 27 ~ A.D. 30)의 이상도시안으로 그는 폐쇄된 팔각형의 방어성곽 내에 방사환상적인 형태의 도시를 구상하면서 중심부에는 중심포룸을 두고 8개의 제 2 의 공간녹지를 각 선형별로 배치했으며, 특히 규칙적인 주거공간의 바탕을 강조했다. 그는 본래 로마의 건축가였으나 그의 저서 「건축 10서」(*Ten Books on Architecture*)가 1412~1414년 사이에 발견되고, 이의 이탈리아어판 번역서가 1521년에 출간됨에 따라 르네상스도시발달과 도시설계에 특히 중요한 영향을 주게 되었다. 이의 영향으로 여러 학자에 의해 이상도시안들이 제시되었는데, 대표적인 사람으로는 알베르티(L. B. Alberti) · 필라르테(Filareta) · 마르티니(G. Martini) · 바르바로(D. Barbaro) ·

스카모찌(V. Scamozzi) 등이다.

이외에 레오나르도 다 빈치(Leonardo da Vinchi)는 그의 저서 「아틀란티쿠스 사본」(*Codex Atlanticus*)에서 이상도시안을 서술하였다. 그는 도시 자체를 3개의 계층으로 나누어 계획하였다. 하부는 상하수도를 위한 지역, 가운데 부분은 화물과 기능적 동선을 위한 지역, 그리고 상부는 도시의 신사들을 위한 지역으로 구분하였다. 이러한 다층구조법은 교통혼잡을 완화하고 교역을 촉진시킬 수 있다고 했다. 그리고 그는 노동자들을 위해 경작기간 동안은 시골에서 살 수 있고, 그들의 건강을 회복시킬 수 있는 이동목조주택을 제안하기도 했다(국토학, 2000 : 51).

(2) 산업혁명과 도시계획

(가) 도시발달과 도시문제 18세기 중반 이후부터 시작된 산업혁명은 영국에서 시작하여 프랑스·독일을 거쳐 유럽전역과 기타지역에 전파되면서 각지의 도시를 변모시키고, 도시와 농촌 지역의 기본적인 속성을 변화시키는 데도 많은 영향을 미쳤다. 특히 인구증가·생산력향상·도시로의 인구집중·교통통신기술의 발달 등의 여건변화는 도시화를 촉진하고 도시의 물리적 형태의 변화를 가져오게 되었다. 공장규모의 확대는 직주분리(職住分離)와 노사(勞使)의 구별을 가져왔으며, 교통통신의 발달은 교역의 범위를 확대함은 물론 도시지역의 확대도 초래했고, 건강과 안전에 대한 시설의 발달로 생활환경의 개선도 가져왔다.

한편, 산업혁명에 의한 여건변화는 과거에 경험하지 못했던 여러 도시문제를 발생시키기도 했다. 즉, 대규모의 공업생산·교역범위의 확대·그리고 자본주의의 발달 등은 공장의 규모를 확대시키게 되었다. 이는 노동력의 수요증대를 초래하고, 이에 따라 주변의 농업노동력이 도시에 유입하게 되었다. 그러나 도시는 이들을 수용할 수 있는 시설을 충분히 확보하지 못했기 때문에 대체로 공장을 중심으로 불량한 과밀주거지역이 형성하게 되었으며, 낮은 보건위생상태·무질서한 건물·무정형의 도시발달 등의 모습을 나타내게 되었다.

(나) 이상도시 산업혁명에 의해 나타난 공업도시의 심각한 도시문제에 대처하기 위해 상반된 두 개의 접근이 있었으니, 하나는 기존도시와는 상이

한 새롭고 이론적인 지역사회유형을 계획하는 입장이고 다른 하나는 각 문제들을 상호 연결된 전체로서 파악하기보다는 분리된 치유방안을 모색하는 접근이다(Benevolo, 1967). 전자(前者)를 이상주의자(Utopians)라고 하고, 오웬(R. Owen) · 버킹검(J. Buckingham) · 리차드슨(B. Richardson) 등이 여기에 속한다. 후자(後者)는 도시에 새로운 보건규제나 서비스공급을 도입한 전문가와 행정가, 그리고 근대도시계획의 법적 바탕을 수립한 사람들을 포함한다.

이상주의안의 대표적인 구상으로 오웬(R. Owen)은 1816년에 공업과 농업을 혼합한 협동사회(cooperative community)안을 제안했다. 이 안(案)에 의하면 주거지는 공동시설이 위치한 공간녹지에 집단화하고 이 주거지주위를 정원으로 둘러싸며, 전체지역은 철로로 에워쌌다. 그리고 이 주거지 주위는 1,000～1,500에이커에 이르는 농업지대로 둘러싸고 약 1,200명의 주민이 거주하도록 한 자급자족마을이다. 버킹검(J. Buckingham)은 1849년에 「국가악과 실제적 치유」(*National Evils and Practical Remedies*)라는 저서를 발표하고, 빅토리아(Victoria)라는 유리로 덮힌 도시를 제안했다(국토학, 2000 : 55). 리차드슨(B. Richardson)은 위생도시로서 하이지아(Hygeia)안을 제시했다.

이 이상주의자들의 제안은 구체적으로 실현되지는 못했지만 도시환경악화에 대한 관심을 제고시키는 계기가 되었고, 이의 결과로 영국에서는 1848년에 최초의 「공중보건법」(Public Health Act)이 통과되었다. 한편 공장주도 이상주의자의 안에 자극받아 공장노동자를 위한 모형도시(model town)의 건설이 많이 이루어졌으나, 이는 도시의 슬럼문제를 근본적으로 해결하는 데는 큰 도움을 주지 못했다.

(다) 도시건설 산업혁명 후 계획된 공업도시들이 국가별로 제한적으로 건설되었다. 이 중 대표적인 것은 영국에서 솔트(T. Salt)에 의해 건설된 솔테어(Saltaire), 프랑스의 가니에(T. Garnier)의 공업도시, 그리고 스페인의 마타(Soriay Mata)의 선형도시를 들 수 있다(주종원 외 2인, 1999 : 164～171).

2. 동 양

(1) 중 국

근세중국의 왕조는 명(明)과 청(淸)이다. 이 시대를 대표하는 대도시는 북쪽의 북경(北京)과 남쪽의 소주(蘇州)가 있고, 그 외에 양주(揚州), 한구(漢

口), 항주(杭州), 광주(廣州)와 천진(天津), 상해(上海) 등도 대도시로 발전하였다.

북경(北京)은 외성과 내성으로 구성되어 있다. 내성(內城)은 동서 7.0km, 남북 5.7km로서 내성 중앙에 자금성(궁성과 황성)을 건설하고, 그 남쪽의 좌측에 태묘(太廟), 우측에 사직단을 배치하고, 자금성의 북쪽에 인조산과 호수를 만들고, 황성의 북쪽에는 시장을 배치하였다. 시가지는 궁성을 중심으로 남북대로가 각 문을 기점으로 뻗었고, 이 간선대로에 지선(支線)이 연결되어 있는데, 이는 당대의 장안을 개량한 것이다(주종원 외 2인, 1999 : 188~192). 내성에는 관료 · 귀족 · 지주 등이 살았고, 외성에는 일반백성이 거주하였다.

(2) 일 본

근대일본은 전국시대가 통일되어 쇄국시대에 들어간 1573년부터 1868년 사이의 에도(江戶) 또는 도쿠가와(德川)시대를 지칭한다. 이 시대에는 전국시대에 방어목적으로 산상(山上)에 구축됐던 성곽도시(castle town)들이 전쟁이 없어지고 도시의 규모가 확대됨에 따라 평야지역에 도시가 건설되어 경제·행정 기능을 주로 수행하도록 했으니 이들 도시를 성하정(城下町 : joka-machi)이라 했다. 성하정은 영주의 강대한 권력에 의해 설계 · 건설되었는데, 기본가로는 격자형이었으나 소로는 방어목적상 미로형을 가미했고, 무가택지(武家宅地) · 사사(社寺) · 정옥(町屋)의 구별이 명확했다. 무가(武家)의 택지가 전체의 2/3 또는 3/4을 점유하고, 일반주민은 열악한 입지에 협소하게 과밀배치했다. 이 때의 대표적 도시는 도요토미 히데요시(豊臣秀吉)에 의해 이루어진 오사카(大阪)와 도쿠가와 이에야스(德川家康)의 강호막부의 수도인 에도(江戶)였다.

1868년 명치유신(明治維新)에 의해 도쿄(東京)로 개칭된 에도(江戶)는 12세기 말에 작은 성곽도시로 출발했다가 막부군사정부의 중심이 되면서 급속히 성장하기 시작하여 17세기 초에는 인구 100만에 이르는 대도시로 발전하였다(주종원 외 2인, 1999 : 215). 도시는 성채를 중심으로 한 유기적 성장형태를 취했다.

3. 한 국

(1) 한 양

1392년 태조등극 후 1394년에 한양을 신수도로 선정하고, 신도축조도감(新都築造都監)을 설치하여 도시건설사업을 추진하게 되었다. 한양의 배치는 「주례고공기」(周禮考工記)의 왕성제에 따라 「좌조우사 전조후시」(左祖右社 前朝後市)의 원칙을 준수했다. 즉 도성의 좌에 종묘, 우에 사직단, 전면에 궁궐과 관청가, 후면에 시가지를 배치하였다. 도시는 성곽(길이 59,500척, 높이 20척)으로 둘러싸고, 성곽에는 대소 8개 문이 있었다. 서울의 면적은 16.5km^2(약 500만 평)로 추산되고, 세종조(1426년)에 호수(戸數)가 16,921, 인구는 103,328인으로 기록되고 있다. 가로배치는 중심부에서는 궁궐과 관아를 기점으로 대로(56척, 약 17m)는 격자형과 T자형으로 하고, 주택지의 소로(11척, 약 3m)는 자연발생적이고 불규칙한 모습이었고, 도로 양쪽에 도랑을 각 2척(약 60cm)씩 두었다(주종원 외 2인, 1998 : 245; 장명수, 1992 : 25～26; 손정목, 1977 : 29～63). 가로는 광화문(黃土峴)에서 동대문(興仁門)에 이르는 종로통, 종각과 남대문(崇禮門)까지의 남대문통의 2대 간선도로가 주축이 되었다. 조선조까지 상수도시설은 없었으나, 하수도시설은 1405년 건설한 개천(清溪川)이 하수도의 효시이다.

도성 내 대지(垈地)는 신분에 따라 배분되었다. 대군공주는 30부(1170평), 왕자옹주는 25부(975평), 1·2품 15부(585평), 3·4품 10부(390평), 5·7품 8부(312평), 7품 이하 양반 4부(156평), 그리고 서민은 2부(78평)이었다(주종원 외 2인, 1998 : 245).

(2) 지방도시

지방도시 중 주요한 것은 한양의 수호를 위한 4개 유수부(개성 · 강화 · 화성 · 광주)와 지방 8도의 감영이 있는 읍성에는 객사를 중심으로 가로망과 토지이용계획을 수립하였다. 이 중에서 신도시형태로 건설된 화성(華城 : 1794년 착수, 1796년 준공)은 도시계획사적 의미가 크다(손정목, 1977 : 402～451).

Ⅳ. 현대도시계획

1. 서 양

(1) 도시계획사조

(가) 사조의 발달 20세기의 계획운동은 당시의 주요한 경제적 또는 사회적 문제에 대한 인식에 의해 영향을 받았다(Hall, 2002 : 263). 1900년 전후에 하워드(E. Howard)·게데스(P. Geddes) 등 현대계획운동의 개척자들은 과밀한 도시슬럼문제에 대한 해답을 추구했다. 이들의 제시안들은 저밀도의 중심도시재개발과 농촌지역에 새로운 전원도시나 전원교외를 건설하는 것이었다. 즉, 이 계획운동의 기원은 주택개혁과 토지개혁운동으로 확산되어 나갔다(Hall, 2002 : 263). 계획된 분산정책은 전력과 저비용대중교통, 특히 전차 같은 새로운 기술들에 크게 의존하였다(Hall, 2002 : 263~264). 그러나 1925년 전후하여 유럽본토에서는 건축부문에서 현대운동이 전개되었는데, 꼬르뷔제(Le Corbusier)를 비롯한 학자들은 대체로 양호한 대중교통과 연결된 계획된 통합부문으로서 아파트블럭(apartment blocks)처럼 고밀도안을 제시하였다(Hall, 2002 : 264).

제 2 차 세계대전 이후인 1950년대에는 종합적인 전후재건설활동에 따라 계획활동이 활발히 진행되었다. 이는 대공황과 전쟁에 의해 오랫동안 지연되었던 초기계획운동의 계속 또는 종료를 의미함은 물론, 복지국가의 건설이라는 새로운 사회적 의제(social agenda)와 연계된 것이다(Hall, 2002 : 264). 그러나 1970년대에 들어서는 이전과는 다른 주장들이 등장하였다. 즉 종합적인 재건설·대규모 개발·자동차이동은 대체로 나쁜 것으로 보았으며, 이들은 슈마커(E. Schumacher)의 "작은 것이 아름답다"(small is beautiful)를 슬로건으로 삼았다. 이들은 환경보호는 기본적인 명령이고, 전문적 기술자들은 적이라고 생각했으며 상향적인 옹호유형의 계획을 요구하였다(Hall, 2002 : 264).

1975년 이후부터 2000년에 이르는 기간 동안에는 환경의제(environmental agenda)가 전면에 등장하는 한편, 세계화, 새로운 지식경제, 그리고 네트워크사회(networked society)의 도래라고 하는 새로운 여건이 등장하게 되었다(Hall, 2002 : 264).

(나) 도시계획의 방향 현대도시계획의 방향에 대한 전문가논의가 20세

기에 두 차례에 걸쳐 이루어졌는데, 각각의 모임에서 합의된 내용을 헌장의 형식으로 발표하였다.

1933년 제4차 근대건축가협회회의(CIAM)에서는 「아테네헌장」(Charter of Athens)을 발표했는데, 그 배경은 다음과 같다(Madani-Pour, 1995 : 21). 현대도시는 과밀, 대기오염, 퇴락지역, 슬럼, 교외확산, 녹지와 공공시설의 부족 등 여러 문제에 놓여 있다. 이러한 도시문제는 기계시대(machine age)의 통제되지 않고 무질서한 개발과 그칠 줄 모르는 사적 이익의 추구에 기인한다. 이러한 도시를 구제하기 위해서는 현대적 기법과 전문가의 협력을 바탕으로 도시개발과정에 통제를 도입하여 미리 계획된 질서를 만드는 계획적 행동이 요구되었다. 헌장의 주요 내용은 다음과 같다(Madani-Pour, 1995 : 21; 국토학, 2001 : 303).

1) 도시는 기능적 단일체로서, 각 구성부문이 조화롭게 성장하여야 한다.

2) 도시계획의 핵은 주택이며, 이는 유효한 크기와 거주단위를 형성하는 주거집단으로 나아가야 한다.

3) 도시의 주요 기능을 조화시킬 지역지구제의 개혁은 각 지구간의 자연적인 결합을 만들어 낼 것이며, 그것은 합리적 교통체계의 수립을 통해 보강되어야 한다.

4) 도시계획은 주거 · 노동 · 위락 · 교통 기능들이 상호합리적 관계를 맺도록 기능간의 배분과 질서화가 중요하다.

5) 도시문제해결을 위해서는 근대기술의 수단을 과학적 확실성을 가지고 적극 활용해야 한다.

6) 도시문제해결을 위해서는 각 도시는 스스로의 계획을 세우고, 그것을 실현할 수 있는 법과 제도를 갖추어야 한다.

현대도시계획의 방향을 제시한 또 하나의 움직임으로 아테네헌장을 보완·발전시켜 발표한 「마추피추 헌장」(The Charter of Machu Picchu, 1977)이 있다. 이의 내용은 다음과 같이 요약할 수 있다((Magnago, 1980 : 236).

1) 도시와 농촌의 동적인 개체는 복원되어야 한다.

2) 생태위기 · 에너지위기 · 식량부족의 관점에서 선 · 후진국 모두 도시성장은 규제하고 제약해야 한다.

3) 아테네헌장에서 제안된 주거 · 작업 · 위락 · 교통 기능은 분리되어야 한

다는 주장과는 달리 도시의 기능적 통합은 추구되어야 한다.

4) 보조받는 주택은 사회개발의 효과적 수단으로 간주되어야 하고, 앞으로도 계속되어야 한다.

5) 공공교통체계는 개인교통형태에 대해 우선순위를 부여해야 한다.

6) 종합적 도시계획을 위해 효과적 입법조치를 촉진해야 한다.

7) 에너지와 위생(환경오염)의 측면은 고려되어야 한다.

8) 도시의 정체성과 특성을 유지하기 위해 역사적 기념물은 보호되고, 살아 있는 도시과정에 통합되어야 한다.

9) 기술진보는 도시계획의 서비스에 투입되어야 한다. 즉 기술진보는 세속적인 인조환경의 조성이 아니라 전체적인 성장의 범위 내에서 사회문제의 해결에 사용되어야 한다.

10) 정부와 건축직업은 계획뿐만 아니라 신축적 조치를 인지해야 한다.

11) 건축적 격언은 도시구성의 계속성을 위해 갱신되어야 한다.

⑵ 주요 국가의 도시계획

㈎ 영 국　　산업혁명의 진전에 따라 농촌인구의 도시유입이 심해져 맨체스터 · 버밍검 · 리버풀 등 대도시의 인구증가가 두드러지고, 수도인 런던의 거대화도 촉진되었다. 이러한 도시화의 진전에 따라 도시정부의 새로운 역할이 요구되는 공중보건문제를 야기했고, 위생정책의 확대요구는 도시계획에 대한 관심으로 발전되었다. 1909년의 「주거및도시계획법」이 1932년의 「도시및농촌계획법」으로 바뀌었다. 그리고 전후에 개발계획체계구축의 기본방향을 제시한 것은 1947년의 「도시및농촌계획법」이다. 이 법은 지역수준에서 균형개발과 공간적 형평을 나타내는 양호한 환경과 지방수준에서 공급시설의 제공에 바탕을 두고 있다.

1973년 오일쇼크 이후 영국경제의 후퇴에 따라 리버풀 · 맨체스터 등 공업지역에서의 인구가 감소되고 도심부에서의 쇠퇴현상이 심해져 내부도시문제에 대한 관심을 갖게 되었고, 이에 따라 1978년에는 「내부도시지역법」을 공포하여 내부시가지의 산업기반을 확립하고 생활환경을 재정비하는 사업에 보조금을 지출하는 등 경제회복과 지역활성화를 도모하기에 이르렀다(日粒端, 1987 : 37).

㈏ 독 일　　독일의 도시개발은 재건기(1950년대~1960년대 초), 확장기(1960년대~1970년대 중반), 회생기(1970년대 중반~1980년대), 도심개발기

(1980년대), 그리고 현재(1990년대 이래)의 5개 시기로 구분하여 고찰할 수 있다(Kunzmann, 1984 : 9～15). 재건기의 제1우선순위는 많은 황폐된 도시의 재건에 두었으며, 주택건설을 비롯하여 교통·수도 등 하부구조의 복구에 초점을 두었다. 도시재건은 전전(戰前)의 토지이용패턴에 의해 이루어졌으나, 1960년에 연방계획법을 제정하였다. 1960년대와 1970년대 중반은 주요 도시 주변에 고밀도주거지역의 계획과 건축이 이루어졌다.

(다) 미 국 미국의 19세기 도시개발패턴은 대체로 개인주의와 자유기업활동의 결과였고, 계획은 격자형 도로의 단순한 설계와 부지의 판매목적으로 블럭을 세분하는 방법을 따랐다. 이러한 계획여건 속에서 위생과 과학적 효율성(sanitation and scientific efficiency), 도시미와 건축예술(civic beauty and building art), 그리고 사회적 형평(social equity)이라는 세 개의 독립적인 생각들이 발흥하여 도시계획의 개념으로 모아졌다. 19세기에 들어 철도가 전국적으로 확산됨에 따라 점진적으로 도시들간의 기능적 연계가 이루어졌고, 위생적인 하수체계에 관한 공학적 기술의 발달에 따라 도시생활환경이 개선되기 시작했다. 위생개혁의 뒤를 따라 공공설계의 수준을 제고하고, 시민의식의 확대를 위해 도시미운동(city beautiful movement)이 전개되었다. 이러한 위생개혁과 도시미를 바탕으로 제3의 계획문화로서 근린조성과 주거개선의 목표가 등장했으며, 이는 건강한 주거환경과 지역사회생활의 정신의 고양을 강조했다.

양차대전 사이의 도시계획의 성과는 현실론자와 이상론자의 주장 사이에서 이루어졌다. 현실론자(現實論者)들에 의해 전문가조직, 관련학과의 개설, 각급수준 정부에서의 계획기능제도화가 이루어졌다. 이들에 의해 실제적인 계획도구와 기법들도 많이 개발되었는데, 지역제(zoning)·기본계획(master plan) 등이 능률적이며 과학적 계획이 되도록 기여하였다. 이상론자(理想論者)들은 도시를 유토피안적인 개념과 가치에 의해 건설하려 했다. 예로 실용주의와 기술에 비판적인 맘포드(L. Mumford)는 인간주의적 가치에 바탕을 둔 도시개발철학을 발전시켰다. 이상주의자들의 생각들을 모아 이루어진 미국계획운동의 주요한 상징의 하나로 설계된 도시가 래드번(Radburn)으로 이는 '자동차시대의 신도시'로 불리고 있는데, 분산·자급·환경에의 민감성·공동의 공간녹지·지역사회서비스·자동차의 안전성 등의 개념들을 통합하였다.

계획분야에 대한 전후의 교외화와 도시화의 초기적 영향은 양적이라기보다는 질적인 면이 강했으며, 연방정부주도의 사업계획의 영향을 확대했다. 주요한 프로그램은 공공주택 · 도시재개발 · 주택저당보험, 그리고 고속도로건설이었다. 1960년대에 들어 국가적 관심은 '도시위기'에 모아졌는데, 시민권리운동에 의해 제기된 인종과 계급불균형, 위대한 사회와 모형도시(model city)를 위한 연방정부프로그램, 그리고 반전(反戰) 운동 등이 이루어졌다.

2. 동 양

㈎ 중 국 현대중국의 도시정책은 3단계로 전개되어 왔다(Laia and Lai, 1991 : 210～211). 제 1 단계(1949～1957)는 실용적 개발단계로 인민정권수립 이후 제 1 차 5개년계획의 완료시까지로 도시중심의 개발을 추진한 단계이다. 이 때의 도시화율은 1949년의 10.6%에서 1957년에는 15.4%로 증가했다. 제 2 단계(1958～1977)는 대약진운동으로부터 문화혁명의 종료시까지로 농촌중심의 개발전략의 추진으로 통제된 도시화정책이 시행된 단계이다. 따라서 도시인구는 완만하게 증가하여 도시화율은 1958년의 16.3%에서 1976년의 17.4%로 변화하였다. 제 3 단계(1978～현재)는 실용적인 도시중심적 개발로 회귀하는 단계로 근대화 · 개방화를 추구하고 농업과 공업의 균형정책을 추진하고 있다. 도시화율은 1977년의 17.6%에서 1982년에는 20.8%로 상승했다. 1949년 인민정권이 수립됨에 따라 사회주의적 도시계획이 시작되어 경제개발과 관련하여 대도시를 변모시키는 정책을 추구했다. 1950년대까지는 도시뿐만 아니라 농촌지역의 일부에 대해서도 도시계획을 수행했다. 1960년대 초 이후로 문화혁명(1966～1976)을 포함한 정치적 혼란 때문에 도시계획활동은 크게 약화되었다가 1979년 이래로 다시 도시계획에 대한 관심이 고조되고 있다(Chen, 1987).

사회주의 중국의 도시계획의 기본원칙은 네 가지로 요약할 수 있다. 첫째 대도시의 성장억제 · 중도시의 합리적 개발 · 소도시의 활발한 확장정책, 둘째 도시는 전체적인 계획과 합리적 설계에 의해 건설하고, 셋째 생활시설과 생산시설의 조화, 그리고 하부구조건축의 중요성 강조, 마지막으로 역사·문화적 전통은 물론 경관 · 환경의 보호가 그것이다.

㈏ 일 본 일본의 소위 명치유신(1868년)은 봉건도시에서 현대도

시로의 이행에 결정적 계기가 되었다. 이러한 급격한 여건변화에 대부분의 도시들이 적응에 많은 어려움을 겪었지만, 성하정들은 그들의 입지상 중요성 덕분에 대부분 지역중심으로 기능변환하여 현수도(縣首都 : prefectural capital)와 같은 행정중심지로서의 역할을 수행하고 있다. 한편 동경(東京)·오사카(大板) 등과 같은 항구도시들은 국제항구로서의 기능을 수행하기에는 좁고 얕기 때문에 외항을 건설하여 이러한 문제를 보완했는데, 고베(神戶)와 요꼬하마(橫濱)가 그 예이다. 이와 같이 과거와 연계를 맺고 발달한 도시들 이외에 홋카이도(北海島) 지방의 도시들은 개척도시로 새롭게 성장·발전했는데, 사포로(札幌) 등이 이에 속한다. 1960년 이래로 공업도시와 대도시 위성도시가 경제발달과 함께 중요한 위치를 점하고 있다.

도시계획상 일본의 현대는 명치(1868～1912), 대정(1912～1925), 소화 초기～종전(1926～1945), 종전 후(1945～현재)의 4기로 나눌 수 있다(日笠 端, 1987 : 54～68). 명치기에 도시계획은 수도인 동경개발에 집중되었고, 대정기에는 상공업중심의 오사카·나고야, 항만도시 요코하마·코베 등이 발전하였으며, 1919년에 도시계획법과 시가지건축물법이 공포되었다. 이 건축법에 의하면 계획은 중앙정부에서 결정하고, 집행은 개별도시정부의 책임으로 규정했다(Ito, 1988 : 30). 소화 초기～종전기에는 전쟁기간으로 특별함이 없었으나 1923년의 관동대지진에 의해 도쿄와 요코하마의 피해가 극심하여 이의 복구를 위한 특별도시계획법이 제정되었다. 종전 후 도시계획법제를 정비하여 1968년 새로운 「도시계획법」제정 이외에 많은 단독법들이 제정되어 시행되고 있다. 이 도시계획법의 개선내용은 다음과 같다(Ito, 1988 : 31).

1) 도시계획의 결정권한이 중앙정부에서 도시정부로 이양되었다.
2) 도시계획의 작성·승인 과정에 주민참여가 도입되었다.
3) 시가화구역·시가화조정구역으로 구성된 도시계획구역이 확립되었다.
4) 계획구역구분과 관련된 개발허가제도를 채용하였다.
5) 용적률제한을 포함한 용도지역제의 세분화가 채용되었다.

3. 한 국

(1) 일제시대

조선시대의 도시는 행정·군사 및 교통중심지에 주로 발달한 소비적·관아적 도시로 전산업적인 농업중심의 도시체계였다. 1876년 강화조약의 결과 내륙도시보다 임해도시의 성장이 활발하게 나타났다. 1913년 실시한 부제(府制)에 의하면, 최초로 지정된 12부 중 경성 · 대구 · 평양을 제외한 9개 부(인천 · 군산 · 목포 · 부산 · 마산 · 진남포 · 신의주 · 원산 · 청진)가 모두 개항장이었다.

일제시대의 도시계획은 편의상 전기(1910~1935)와 후기(1936~1945)로 나눌 수 있다. 전기 도시계획의 특징은 일제가 한국진출에 물리적 장애요인을 제거하고 필요한 도시기반시설의 확충 등 시가지정리에 치중하였다. 즉 1909년에 완료한 지적조사를 토대로 작성한 토지대장(1913년)에 의해 시구·가구를 조정하는 시가지정비작업을 단행했었다. 1934년 「조선시가지계획령」을 공포하고, 2년 후에 경성부에 계획면적을 확대(14.5km²)하고 시가지개수사업과 토지구획정리사업을 세웠다. 일제 후기에 와서 30년(1935~1965) 장기계획을 채택하고, 계획인구도 최소자승법에 의한 추계를 하고 가로망을 확장계획한 것은 매우 선진적이었다(김 원, 1985). 「조선시가지계획령」을 적용한 도시는 나진 · 서울 · 청진 등 전국 38개 도시에 이르렀으며, 이들 도시에 가로계획과 토지구획정리사업을 계획하였다. 우리 나라 최초로 용도지역제가 실시된 것은 나진(1936년)으로 주거 · 상업 · 공업 지역이 지정되었다(김의원, 1982 : 16~17). 한일합병 이전에 상수도가 시설된 곳은 서울 · 평양 · 부산·목포의 4개 도시였으나, 합병 이후 수도시설확장으로 1945년까지 79개 도시에 보급되었다. 이 시대의 도시화는 개항시대부터 발달한 해안도시가 계속 성장하고 신설된 철도연변의 신시가지, 지방정부의 이전을 통한 행정중심도시, 군사기지 · 공업지를 통해 부각된 신흥도시 등의 여러 형태의 도시가 발달했다. 1913년의 12부 인구는 전국의 3.3%였는데, 해방 당시에는 부의 수가 21개, 읍이 197개였다.

(2) 해방 이후~1960년 이전

해방 당시 남한에는 12부(府), 63읍(邑)이었는데, 1949년 「지방자치법」 실시에 따라 부가 시(市)로 명칭이 바뀌고, 이 때 도시수는 1특별시, 19시, 75읍이었다. 1950년 도시화율은 18.4%(읍을 포함할 때는 26.0%)였다.

해방 후 해외동포의 귀환과 6 · 25에 의한 북한으로부터의 피난민들이 대부분 대도시로 집중하여 무허가주택의 범람, 취약한 경제기반, 전근대적인 사회 · 경제 구조 등으로 도시환경은 극도로 악화되었다(건설부, 1987 : 843~844). 이 시기에 1951년에 전재복구의 일환으로 포항(浦項)과 김천(金泉)에 도시계획을 입안 · 결정 · 고시하게 되었는데, 이것이 해방 후 우리 정부에 의해 수립한 최초의 도시계획이다(건설부, 1987 : 843). 이 도시계획의 내용은 도시계획구역 · 도로 · 광장 · 공원 · 녹지지역 · 풍치지구 · 토지구획정리 등에 관한 개략적인 것으로 주거 · 상업 · 공업 등 지역에 대한 지정은 없었고, 전재복구를 위한 토목공사와 토지구획정리사업을 실시하는 데 주력했다. 해방 이전 남한에 도시계획이 결정된 도시수는 26개였고, 해방 후 1960년 이전에 20여 개의 도시에 대해 도시계획이 결정고시되었다(건설부, 1987 : 844).

(3) 1960년대 이후~2000년 이전

1960년대에 들어오면서 경제개발계획의 추진에 의해 공업화가 진전되면서 대도시 중심의 도시화가 진전이 되고 농촌지역과 중소도시의 상대적인 침체현상이 나타나게 되었다. 이 시기에 「국토건설종합계획법」(1963), 「도시계획법」(1962년), 「건축법」(1961년)이 각각 제정되어 도시계획행정의 기반이 정립되었다.

1970년대 이후 2000년까지 매 10년마다 작성하여 시행했던 국토종합개발계획(이하 "국토계획")에 도시계획 및 개발의 기본방향이 제시되었다. 즉, 제 1 차 국토계획(1972~1981)은 합리적인 국토의 이용 · 개발 · 보전에 관한 기본방향을 제시하면서, 거점개발이론을 개발전략으로 도입하였다. 제 2 차 국토계획(1982~1991)에서는 생활권별로 자족적인 기능을 수행할 수 있도록 하는 한편, 성장거점도시를 육성하여 대도시로의 유입인구를 지방정착과 지방도시의 균형적 정주체계를 확립하는 개발방향을 설정하여 시행했다. 제 3 차 국토계획(1992~2001)은 국토의 균형성, 자원이용의 효율성, 생활의 쾌적성 등의 개발기조에 따라 지방 대도시의 수도권 견제기능의 강화 및 중소도시의 경쟁력을 제고하기 위해 노력했다.

(4) 2000년대 이후

2000년에 들어 도시계획관련법규의 대폭적인 정비가 이루어 졌다. 「국토기본법」(2002), 「국토의 계획 및 이용에 관한 법률」(2002), 「도시개발법」

(2000), 「도시 및 주거환경정비법」(2002) 등이 각각 제정, 시행되고 있다.

한편, 21세기에 전개될 새로운 여건에 대응하기 위해 수립된 「제 4 차 국토종합계획」(2000~2020)은 21세기통합국토의 실현을 계획기조로, 균형 · 녹색 · 개방 · 통일국토의 조성을 기본목표로 설정했다. 도시개발방향으로는 수도권분산과 계획적 정비, 지역특성에 따른 개성있는 개발전략의 추진을 제시하고 있다.

제 3 절 도시계획의 전통과 특성

유럽의 도시들은 수세기에 걸쳐 최선의 도시생활을 제공하는 건축환경에 대해 관심을 가져왔다. 이러한 관심의 전통은 도시계획에 대한 일련의 접근방법을 형성해 오고 있다. 수세기에 걸쳐 형성된 이러한 분리된 전통들은 1945년 이래 서로 혼탁해지고 매우 다양하지만 도시정책과 계획에 큰 영향을 주고 있는 권위주의 · 효용주의 · 낭만주의 · 이상주의 · 기술적 이상주의 · 유기체적 계획, 그리고 사회주의의 7개의 계보를 추적할 수 있다. 여기서는 각 전통별로 주요한 특징을 중심으로 고찰하기로 한다(Burtenshaw, *et al.*, 1981 : 12~32; Mumford, 1974 : 985~996).

Ⅰ. 권위주의적 전통

가장 오랜 권위주의적 전통(authoritarian tradition)은 도시설계에 있어 이성을 따르기보다는 그 시대의 여건에 의해 주어진 한 사람 또는 한 엘리트의 견해에 따르는 경향이 있다. 최초의 전통은 히포다무스(Hippodamus)의 격자형(grid iron) 설계와 1세기(A. D.)경의 비트루비우스(Vitruvius)의 방사형(radial pattern) 설계를 들 수 있다. 르네상스에 이르러 방사형태는 새로운 요새화기술과 함께 사용되기 시작했고, 격자형도 성채도시(bastide town)에서 권위창조수단으로 등장했다. 기하학적으로 규칙적인 도시형태를 추구하는 기하적 권위주의(geometric authoritarianism)는 권력의 강대함을 강조하는 도시환경의 조성을 바라는 절대군주 밑에서 발달한 접근방법으로 16세기 이래 전성기를 구사했다.

긴 직선광로, 일률적인 가로면, 기념물이나 첨탑으로 유도하는 광장은 이 유형의 초기적 특징이다. 사람들과 건물은 정치적으로 집중화요구에 따라야 했고, 모든 가로는 행렬용 광장역할을 수행했다. 이 원리를 베르사이유(Versailles)·워싱턴(Washington)·브라질리아(Brasilia)와 같은 정치적 수도의 이상적 계획안으로 응용하였다. 랑팡(L'Enfant)은 워싱톤(Washington, D. C.) 계획에서 3권분립에 바탕을 두어 주요 공공건물은 조망적 위치에 입지하도록 긴 대각선가로들을 지혜롭게 사용했다. 오스망(Haussman)은 파리개조계획으로 무질서한 도시를 정비하여 통일성을 부여했고, 인간미 넘치는 도시를 만들기 위해 공원과 대가로(大街路)정비에 중점을 두었다.

브라질은 신수도인 브라질리아(Brasilia) 건설을 위해 리우 데 자네이로(Rio de Janeiro)에서 약 950km 떨어진 두 개의 하천의 합류점을 대상지로 선정하고(1955년), 설계공모를 실시〔코스타(Lucio Costa)안이 당선(1956년)〕하여 건설에 착수한 것이다(日笠 端, 1988 : 27~28). 면적은 약 150km²이고, 1980년의 상정인구는 375,000명이며, 이 중 공무원수는 워싱턴과 마찬가지로 전체의 12%인 45,000명으로 설정했다. 이 계획은 십자형으로 교차한 두 개의 축을 기본구상으로 입체교차한 간선도로망이 이 축을 가로지르고 있다(〈그림 3-2〉 참조).

이 도시는 제트기와 유사한 모습으로 비유된다. 머리부분이 행정중심으로 입법·사법·행정의 3권 광장이라 부르는 공간이다. 동체로 머리부분에서 두 날개에 이르는 약 200m 도로 양쪽에 정부의 각 부처가 같은 유형의 고층건물로 설계되어 나란히 서 있다. 두 날개는 중심축에 간선도로를 갖는 몇 개의 근린지구로 분할된 주거지역이며, 각각의 학교·교회 등 지구근린시설이 배치되어 있다. 주택의 형식은 4~6층의 아파트가 보통이고, 단층의 연속주택도 있다. 도심은 두 날개와 동체가 교차되는 부분으로 버스중앙정류장·오피스빌딩·오락시설·국립극장 등이 집중배치되어 있다. 꼬리부분에는 철도역과 공업지구가 위치한다(黑川紀章, 1991 : 66).

권위주의적 접근방법은 주민의 사회경제적 욕구를 무시하고 엄격한 법적

그림 3-2 브라질리아 계획도

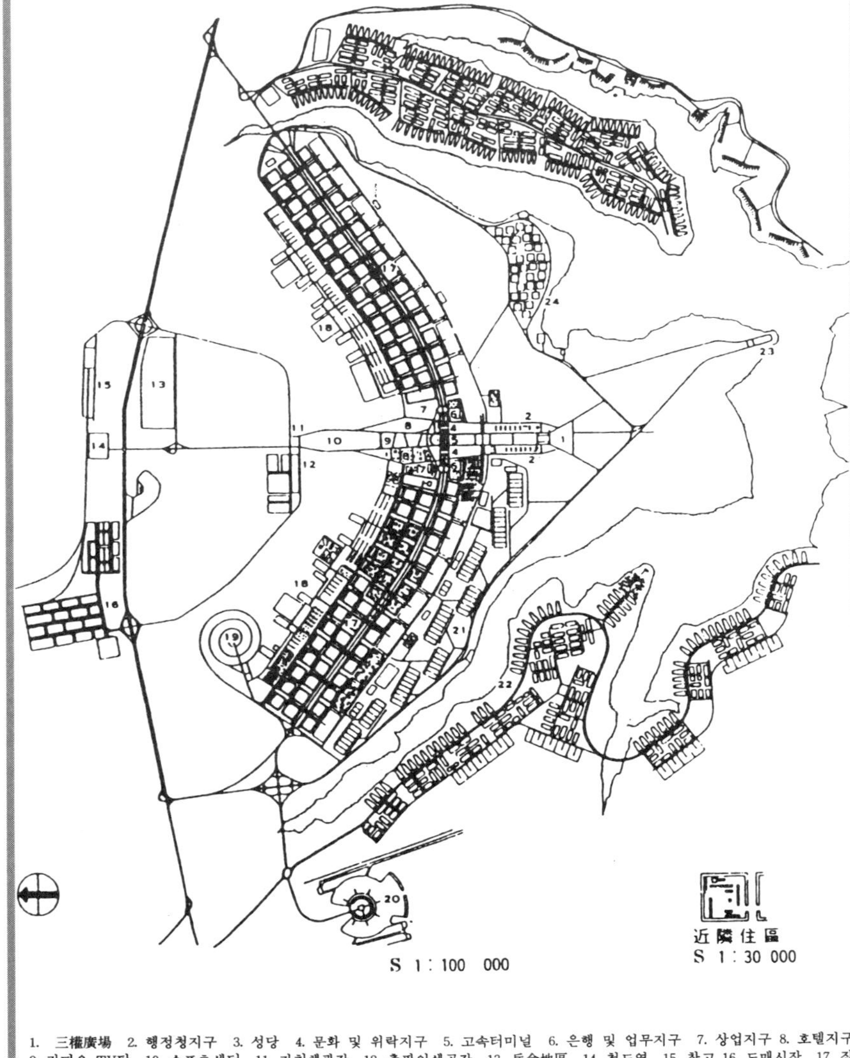

1. 三權廣場 2. 행정청지구 3. 성당 4. 문화 및 위락지구 5. 고속터미널 6. 은행 및 업무지구 7. 상업지구 8. 호텔지구 9. 라디오 TV탑 10. 스포츠센터 11. 자치체광장 12. 출판인쇄공장 13. 兵舍地區 14. 철도역 15. 창고 16. 도매시장 17. 집합주거지구 18. 2호연립주택지구 19. 묘지 20. 공항 21. 공관지구 22. 교외주거지구 23. 요트클럽 24. 대학

자료 : 주종원, 1998 : 37.

규제로 우아함과 질서를 유지할 수 있지만, 근린 · 시장 · 직장의 중요한 마을 기능을 무시한 집권적 권력을 가정하고 있는 것이 결점으로 지적되고 있다. 비록 이 접근이 도시의 필수적인 기능들을 도외시했다고는 하지만, 공원 · 대가로 · 정원 등의 형태로서의 공공공간녹지는 큰 기여로 볼 수 있다.

Ⅱ. 효용주의적 전통

효용주의적 전통(utilitarian tradition)은 자유방임적 경제학과 19세기의 자본주의 발흥의 산물이다. 이는 자유기업에 의해 탄생한 공업경제의 수요에 순응적이었고 기능적인 도시개발의 모습으로 나타났다. 효용주의계획은 공익이나 도시경제에 대한 사려 없이 토지개발업자 · 기술자 · 상업적 건축가 · 부동산투자가 등의 수익극대화와 편의에 바탕을 두고 도시개발이 진행되어 왔다. 즉 효용계획은 다른 사회적 희생은 무엇이든 간에 증대되는 도시인구를 수용하기 위한 물리적 시설의 확충에 노력을 집중하였다.

효용주의계획에 의한 도시개발은 혼란 · 혼잡 · 비효율 · 비위생적인 모습을 보이고, 공공용지의 결핍 등을 가져와 쾌적성이 결여되고, 비능률적인 도시로 변모시켜 주민의 교외이주를 촉진하게 되었다. 대도시의 교외지역이 주요 간선도로를 따라 리본모양으로 무질서하게 확산되고 있는 모습은 자유방임적 도시성장의 결과이다. 효용적 접근을 규제하고 무질서한 도시구조에 조화로운 형태를 부과하기 위해 독일에서 최초로 건축규제와 지역지구제를 채택하여 건물의 고도와 밀도의 제한, 토지이용규제를 실시했다. 그러나 이러한 입법에 의한 규제는 무질서만 억제한 것이 아니라 다양성도 억제하여 단조로운 주거지역을 형성하였고, 고가의 상업 · 업무 지역을 만들어 대다수 주민의 이용을 어렵게 만들었다.

효용주의전통은 두 가지 측면에서 기여했는데, 하나는 팽배한 사회적 의식에 의해 악화된 환경폐해를 규제하기 위한 법률의 제정이고(예 : 영국의 「보건법」 제정), 다른 하나는 20세기 초에 절정을 이룬 이상주의적 사고의 잉태에 도움을 주었다.

Ⅲ. 낭만주의적 전통

낭만주의적 전통(romantic tradition)은 한편으로는 산업혁명의 도시형태에 미치는 큰 영향에 대한 공포감, 다른 한편으로는 유럽의 아름다운 수도들에 대한 권위주의자들의 영향에 대한 반작용으로서 등장하였다. 즉 낭만주의 계획은 일부 계층만을 위한 권위주의와 자유방임적인 효용주의의 비인간적인 결함을 보완함으로써 도시를 보다 자연적이고 인간적인 정주환경으로 만들자는 것이다. 낭만주의는 효용주의가 절정일 때 이의 반론으로서 제기되었다.

이 개념은 공업과 관료적 복합체에서 제외시킨 필수적 인간가치를 되돌려 찾자는 시도이다. 즉, 이는 햇빛 · 맑은 공기 · 공지 · 식생과 같은 농촌적 환경과 관련이 있다고 보고, 이러한 도시환경을 조성하는 데 중점을 두는 접근방법이다. 이 접근에서 나타난 도시설계상 새로운 면은 대가로(大街路, super block)였는데, 이 방식은 가로면에 일렬로 주택을 배열하는 형식을 지양하고 막다른 골목(cul-de-sac) 방식과 단지식(clusters)으로 집단화하는 방식을 사용하여 불필요한 도로에 대한 자본지출을 감소시킨 것뿐만 아니라 공원면적도 넓히고 주거지의 쾌적함도 보장받을 수 있었다.

낭만주의운동은 지테(C. Sitte)에 의해 발전되었는데, 그는 자신의 저서 「예술원리에 따른 도시계획」(*Der Städtebau nach seinen kunstlerischen Grundsatzen*, 1889)에서 현존의 역사도시들에 대해 체계적 공간분석을 했다. 즉 고대 · 중세와 르네상스도시의 공간구조를 검토하면서 거기에 공통으로 내재하는 도시요소간의 기본원리를 찾아 내고 그 원리에 따라 공간구성의 모델을 만들어 냈다. 그는 도시공간구성에서의 기하학적 계획의 경직성 · 대칭성 · 통일성, 그리고 집중성에 의한 과도한 단순성과 함께 심미적인 측면의 결여를 비판했다. 획일적 가로와 블럭 대신에 다양화한 근린단위 —— 시장 · 광장 · 녹지공간 등 —— 에 대한 인식제고를 강조했다. 미적 가치를 강조하는 그의 생각은 권위주의적 계획에 대한 대안으로서 독일과 오스트리아에 즉각 채택되었고, 특히 잘스부르크(Salzburg)와 비엔나(Vienna) 계획에 직접 활용하였다. 영국에서는 언윈(Unwin)이 레치워스(Letchworth)를 설계하면서 처음 사용하였고, 기타 유럽제국의 여러 계획에 직 · 간접적인 영향을 주었다. 지테는 현대도시계획의 탄생에 중요한 기여를 한 것으로 평가되고 있다(Kain, 1981 : 6).

미국에서 낭만주의계획의 대표적 옹호자는 옴스타드(F. Omstard)이다. 그는 뉴욕의 쎈츄랄공원설계시(1856년) 이 수법을 도입했고, 일리노이스(Illinois)의 리버사이드교외계획(1869년)에도 이를 적용했다. 그는 반복되는 블럭이나 연속되는 가구(街區)의 형성을 포기하고, 인구와 교통밀도에 맞는 크기와 포장을 하는 도로와 토지의 평탄화보다는 등고선에 따르는 계획에 의해 개발비용을 줄이고 보다 넓은 정원공간을 제공할 수 있었다.

Ⅳ. 이상주의적 전통

이상주의적 전통(utopian tradition)은 최초의 도시가 건설된 이래로 계속적으로 도시계획에 기여해 온 특별한 전통이다. 이 전통의 최초의 기술은 플라토(Plato)의 도시정부에 대한 이상안이다. 1516년 모아(T. More)는 자신의 저서 「유토피아」(*Utopia*)에서 순환적인 도시와 농촌생활의 계획을 포함한 노동과 참여가 연결된 물질적으로 풍요로운 이상도시를 검토했다. 18세기 말에 이르러 도시계획에서의 이상주의(idealism)는 산업혁명에 의해 만들어진 사회·환경적 여건에 대한 반응으로 돌아왔다. 그 예(例)의 하나로 1816년 발간된 오웬(R. Owen)의 안(案)은 공업체계 안에서의 타협적 해결책으로서 커뮤니티의 물리적 구조에 집중적 관심을 보였다.

현대도시계획에 큰 영향을 준 이상주의사고는 하워드(E. Howard)의 구상에서 발견할 수 있다. 그는 자신의 저서 「내일의 전원도시」(*Garden Cities of Tomorrow* : 원제는 「*Tomorrow : A Peaceful Path to Social Reform*」라는 제목으로 1898년에 발간했다가 1902년에 개칭한 것임)에서 도시와 농촌의 혜택을 이상적으로 결합한 새로운 정주형태로서 전원도시를 제안했다(〈그림 3-3〉 참조).

전원도시(田園都市)는 6,000에이커의 면적에 인구 3만 명을 수용하는 1,000에이커의 도시와 이를 둘러싸는 녹지대(농지 5,000에이커)를 설정하여 여기에 2천 명의 농민이 거주하도록 했다. 도시는 6개의 방사형 도로(boulevard)에 의해 6개로 분구되며, 5개의 환상도로(avenue)에 의해 인접지역과 연결되도록 했다. 도심부에서 세 번째의 환상도로는 공원역할을 하는 대가로로 이의 전후에 주거지를 배치했다. 도심은 정원과 공공시설을, 그리고 외곽지대(제5환상도로 밖)에 공장지대를 두었다. 그는 전원도시의 성장에 따라

그림 3-3 하워드의 전원도시

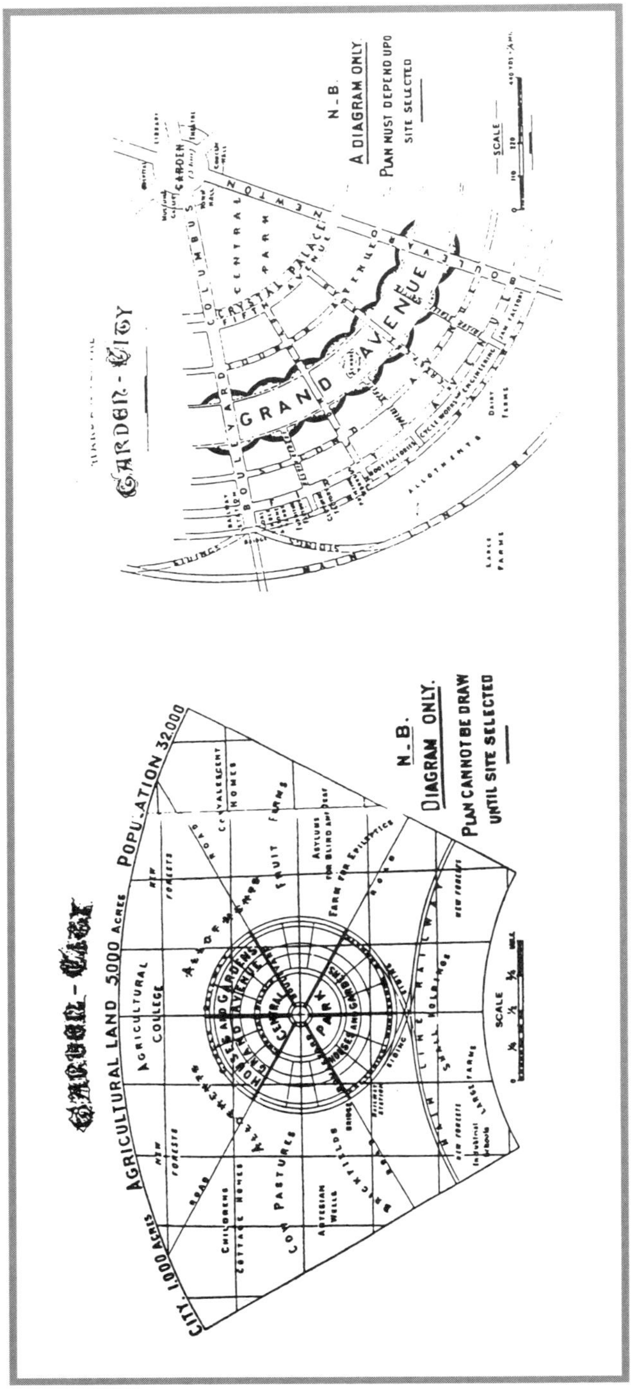

하나의 중심도시(인구 58,000명)에 6개의 전원도시들이 상호연계한 전원도시군으로서 사회도시(social city)를 구상했는데, 66,000에이커의 면적에 약 25만 명의 인구를 수용하는 규모였다.

하워드안의 전원도시는 런던부근에 2개가 실제로 건설되었다. 즉 1903년에 언윈(Unwin, Raymond)과 파커(B. Parker)에 의해 계획된 레치워스(Letchworth : 제 1 전원도시)와 1919년 쑤와송(L. Soissons)에 의한 웰윈(Welwyn : 제 2 전원도시)이 그것이다. 그는 도시생활에 있어 정의를 실현하고, 사회 · 경제적 활동의 다양성, 자연적 매력, 관심의 증대, 활동의 강화를 강조하였고, 전원도시의 특징은 도시와 농촌의 결합, 토지의 공유, 주민의 자유와 협동보장, 개발이익의 사회환원, 경제적 자족성 등을 들 수 있다. 이러한 전원도시의 개념은 국제적으로 큰 영향을 끼쳐 전원도시와 유사한 전원교외(Garden Suburbs)가 많이 건설되었다.

하워드안에 대해 로드윈(Rodwin)은 정치적으로 독립도시의 구상은 현실성이 부족하고, 인구이동의 방향과 동기에 대한 고려가 부족했고, 자동차와 대중교통의 발달을 충분히 고려하지 못한 점 등을 지적하고 있다. 이론적으로 하워드는 권위주의 · 효용주의 · 낭만주의를 뛰어 넘어 유기체계획의 개념을 도입했다. 그의 사상은 파커(Parker) · 언윈(Unwin) · 게데스(Geddes) 등에 의해 전파되었다. 그리고 그의 견해는 서구도시계획에서 하나의 이정표의 역할을 하고 있다. 전원도시의 도시계획적 영향은 지역제의 활용, 근린지구제의 도입, 그린벨트, 그리고 토지공유제 등을 들 수 있다.

V. 기술적 이상주의전통

기술적 이상주의전통(technocratic utopian tradition)은 모든 도시활동을 기계의 기능처럼 만들고자 한다. 따라서 인간문제는 기술적인 해결에 개방되어 있고, 모든 인간의 욕구는 그것을 촉진 · 만족 · 전환시키는 기계적 또는 전자적 장치들의 끊임없는 발명에 의해 충족시킬 수 있다고 본다. 이는 도시의 조직을 하나의 기계조직으로 보고, 주택도 고층화하여 모든 공급시설을 기계화 · 자동화하고 전체적으로 통제함으로써 인간의 욕구를 만족시킬 수 있다는 생각이다.

이 전통은 18~19세기의 이상주의이론의 기술적 부산물인데, 가장 영향력이 큰 사람은 꼬르뷔제(Le Corbusier)이다. 그의 계획에 관한 중심적인 주장은 그 자신의 두 권의 저서인 「내일의 도시」(*The City of Tomorrow*, 1922)와 「빛나는 도시」(*The Radiant City*, 1933)에 잘 나타나 있다. 그의 생각은 다음의 4개의 전제로 간략히 요약할 수 있다(Hall, 1975).

> 첫째, 전통적 도시들은 규모의 확대와 중심부의 혼잡으로 인해 기능적으로 퇴락했다.
>
> 둘째, 모순이지만 중심부혼잡은 밀도의 증대로서 치유할 수 있다.
>
> 셋째, 도시내 전지역의 주거밀도를 같게 함으로써 CBD의 혼잡을 줄일 수 있다.
>
> 마지막으로, 새로운 도시형태는 새롭고 매우 효과적인 도시교통체계를 수용할 수 있어야 한다.

그의 도시이론은 직교하는 기하적 격자, 단일형태의 마천루, 절연되고 통풍이 잘 되는 아파트군, 통합된 보조시설, 고층건물간의 넓은 녹지공간, 그리고 보차(步車) 접근의 분리를 들 수 있다(Lampugnani, 1980 : 127~128). 도시의 주요 기능인 주거 · 직장 · 위락 · 교통은 상호분리되어야 한다고 했다. 그는 인구 3백만 명을 수용할 수 있는 미래도시를 설계하면서 60층 마천루로 이루어진 업무위락중심(40만 명 수용), 도시주거지역(5~7층의 주거블럭으로 60만 명 수용), 공간녹지, 공장, 5개의 전원도시(200만 명 수용)로 구분하여 지역별로 수용인구를 배분했다. 주거밀도를 제고하고 통합적인 동선체계를 정립하여 전체의 85%를 녹지공간으로 확보함으로써 사람과 자연의 접촉기회를 높였다(〈그림 3-4〉 참조).

꼬르뷔제의 구상은 파리중심부개조계획(보아잔계획, 1923)에 적용했고, 1950년대 초에는 찬디가르(Chandigarh : 판자브의 신수도)를 계획했다. 그의 주장에 동조하는 건축가들에 의해 결성된 CIAM(근대건축국제회의, 1928)에서 현대도시의 존재방식에 대한 생각을 정리하여 1933년 「아테네헌장」으로 발표되었다. 그의 이상은 비인간화된 환경이라는 비판에도 불구하고 대도시의 재개발을 위한 타당한 형태의 하나로 이해되고 있다. 교통기술에 바탕을 둔 기술적 계획의 전통은 많은 계획에서 교도적 원리로 남아 있다. 1942년의 MARS(Modern Architects Research Society) 집단의 런던계획은 주거지는 교

그림 3-4 르 꼬르뷔제의 찬디가르계획안

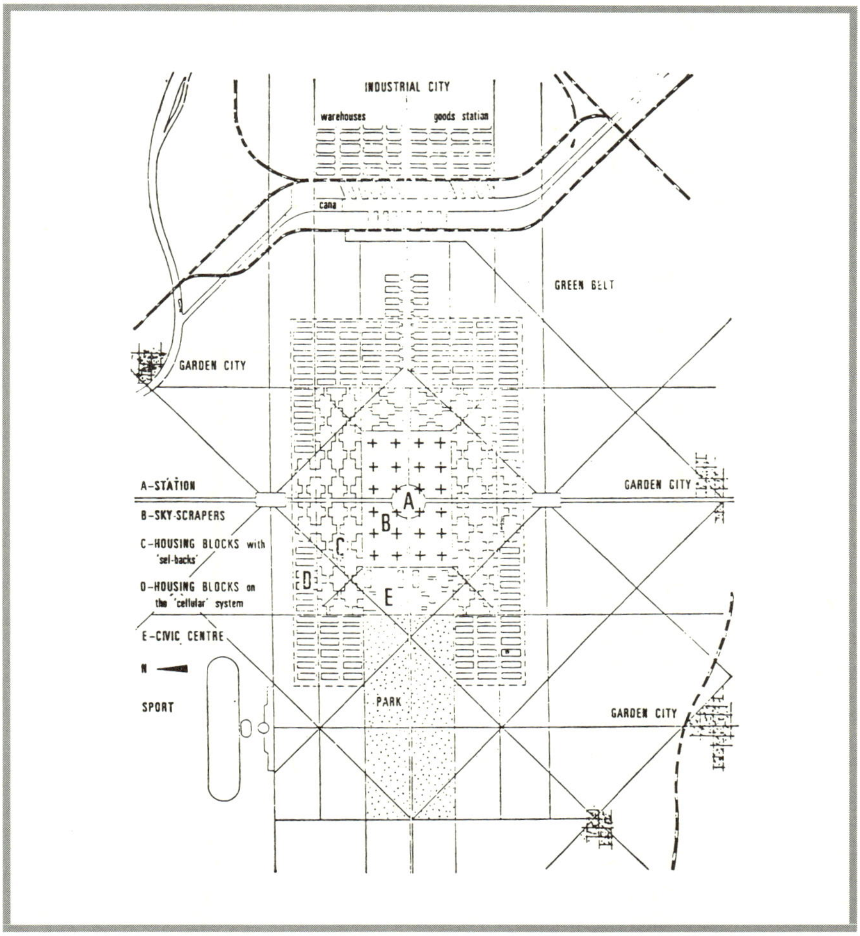

자료 : 황용주, 1986 : 105.

통망을 고려하여 6개의 근린지구로 개편하며, 산업시설은 주변부에 분산배치하고, 상업 · 공공 · 문화시설은 도심부에 입지하도록 했다. 중심축에서 남북으로 펼쳐진 16개의 축수로 구분한 교통계획을 작성·제시했다. 이러한 기술적 계획의 채택은 도시계획에서 예술을 영구히 추방하는 결과를 가져오게 될 것이다.

Ⅵ. 유기체적 전통

이 전통에서는 도시에 대한 유기체적 관념은 근대생태학이 발흥한 17세기 이후부터이다. 인체의 기관과 도시형태와 기능 간의 유사성을 대비설명하는 경우가 많다. 공원과 광장 같은 공간녹지는 도시의 폐이고, 도심은 피(교통)를 동맥(가로)에 펌핑하는 심장과 같으며, 대지는 세포와 같은 기능을 수행하고, 공단·금융가 · 교외 등은 특정기능을 수행하는 조직과 같으며, 자본은 도시체계에 흐르는 에너지이다(Kostof, 1991 : 52～53). 동식물은 일정한 경계를 갖고 자규적인 성장체계를 갖고 있는데, 도시도 생명체처럼 성장 · 쇠퇴·소멸하는 특성을 나타낸다고 보고 있다(Kostof, 1991 : 53).

유기체적 계획전통(tradition of organic planning)은 이상주의와 낭만주의의 작업에서 나온 도시의 과거에 대한 풍부한 지식의 활용과 도시속성에 대한 보다 나은 사회적 이해를 추구하기 위해 발상되었다. '유기체적'이라는 말은 구성요소간에 조화가 잘 되고 스스로 제한된 성장을 할 수 있는 것을 의미할 뿐만 아니라, 자체적인 기능보완과 함께 스스로 동적인 균형도 이룰 수 있음을 함축하고 있다. 이 유기체설은 사회를 경쟁적 갈등보다는 사회유지를 위한 협력을 강조하고, 건강한 커뮤니티는 이질적이지만 다양한 구성요소들이 적정비율에 의해 균형을 유지하고 있는 것이다. 일반적으로 정주공간의 내부구조는 계층을 이루어야 하며, 나뭇가지처럼 각 단위는 하위단위를 갖고, 이들은 또한 각자의 하위단위를 갖는 형태를 취한다. 살아 있는 세포처럼 각 단위는 각각의 경계와 중심을 가지고 있고, 이들은 서로 연계되어 있다. 근린단위 또는 소주거단위가 도시조직의 중요 개념이다(Lynch, 1981 : 90～91).

유기체이론은 공업화, 거대도시의 스트레스, 그리고 전례 없는 기술발달에 따른 반응이다(Lynch, 1981: 88～89). 여기에 속하는 주요한 학자들은 게데스(P. Geddes) · 맘포드(L. Mumford)·옴스테드(F. Olmsted) · 페리(C. Perry)·라이트(F. Wright), 그리고 언윈(R. Unwin) 등이다(Lynch, 1981 : 90).

유기체적 전통은 앞의 여러 전통들의 좋은 점들을 합일하려는 시도이며, 또한 이는 현대계획가들 사이에서 인지하고 있는 변화의 불가피성과 예측의 어려움 때문에 나타난 것으로 보여진다. 유기체이론에 대한 비판도 다양하게 등장하고 있는데, 도시는 유기체가 아니고 스스로 성장 · 변화 · 재생하지도 않는다는 점이다. 그리고 계층의 존재에 대해서도 비판이 따르고 있다. 즉 모든 구성요소는 동일한 중요성을 갖는 것이지 이의 차이가 현저한 것은 아니다(Lynch, 1981 : 95~96).

Ⅶ. 사회주의전통

사회주의적 전통(socialist tradition)은 마르크스(Marx) · 엥겔스(Engels), 그리고 이들의 해석자들로부터 발흥한 것으로 도시계획의 하나의 흐름으로 포함시키기에 충분한 전통이다. 이와 같이 하나의 명확한 전통임에도 마르크스 · 엥겔스, 그리고 다른 사회주의철학자들도 도시계획에 관한 저서를 만들지는 않았다. 엥겔스의 멘체스터 빈민에 대한 연구와 마르크스의 「고타계획비판」(*Critique of the Gotha Programme*)들은 그들의 이상적 시각에서 프롤레타리안혁명적 해결방안을 논의하는 데 불과했다. 이들의 견해는 이상주의적 사고에서 발흥했지만, 오웬 등의 '유토피안 사회주의'를 사상누각으로 보고 자기들의 '과학적 사회주의'와 구별하려고 했다. 서구의 모든 도시개발에 대한 마르크스주의자들의 비판은 공간구조와 이의 지배적인 사회구조에 대한 영향관계를 분석의 형태로 제시했다.

사회주의적 시각에서 현대도시문제를 검토하고 있는 사람은 도시정치경제학자인 까스텔(Castells)로, 그는 자신의 저서 「모노포빌」(*Monopoville*)에서 사회적 과정이 도시공간형태에 미치는 영향에 대해 검토했다. 모든 기본계획(master plan)은 그것의 공간규모가 무엇이든 간에 계획기관이 의존하는 제도적 장치 내에서의 정치적 주도권의 상황에 따라 변화한다는 사회적 · 정치적 논리를 갖고 있다고 보았다. 그에 의하면 도시도 국가처럼 지배계급의 도구이고, 도시공간은 지배계층에 대한 관계가 주요 연구영역인 물질적 요소로 보았다. 그는 '공간구조'라는 말은 사회구조의 기본요소가 공간적으로 분화되어 있는 특별한 방법을 기술한 것으로 이해했다.

사회주의전통에는 현재까지 하워드 · 꼬르뷔제 · 지테 · 게데스 등에 버금가는 이상주의자도 없을 뿐만 아니라, 팔(Pahl)이 지적한 바와 같이 이론적으로 사회주의와 현대대도시와는 양립하기 어렵고 실제적인 면에서도 사회주의자들은 불균형을 심화시키는 공간정의(territorial justice)에 대한 열망을

그림 3-5 유럽의 도시계획전통

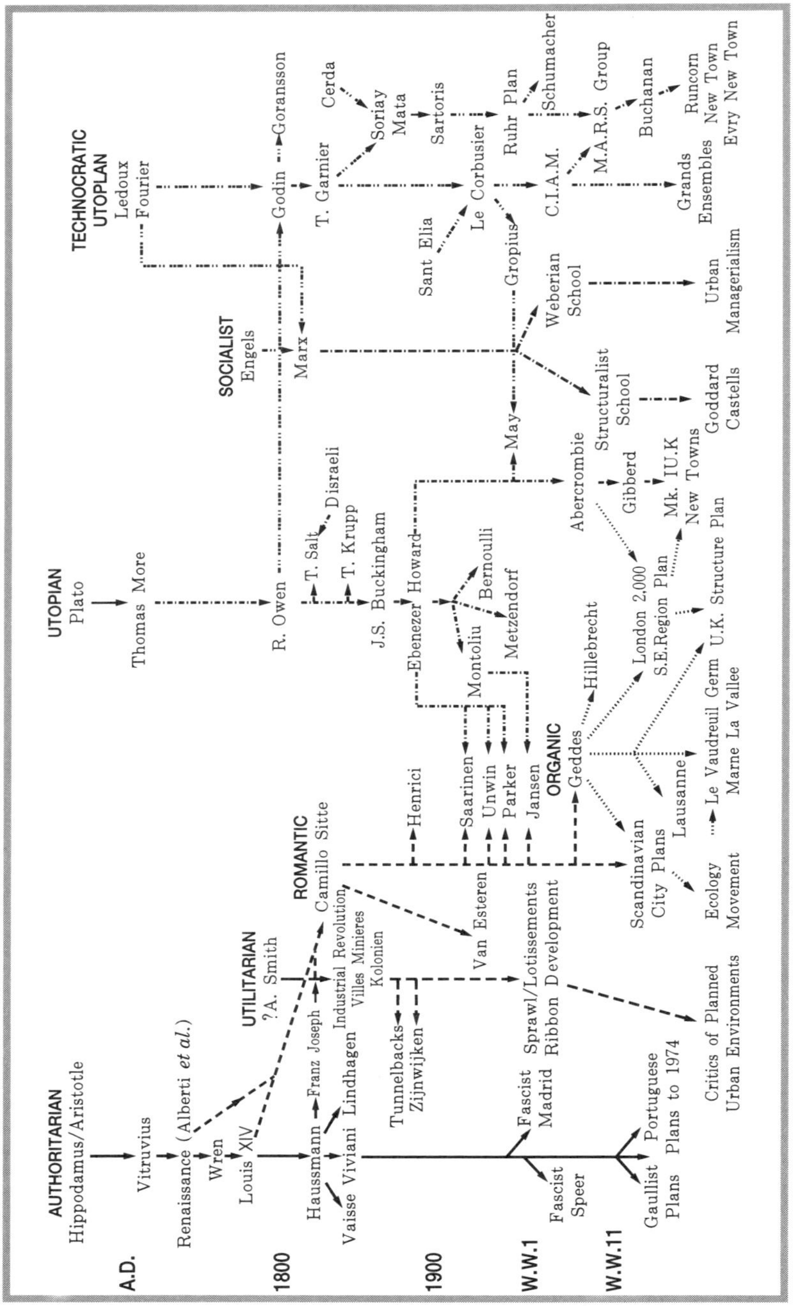

자료 : Burtenshaw, *et al.*, 1981 : 31.

처리해야 한다는 비판을 받고 있다.

〈그림 3-5〉는 유럽의 도시계획전통을 나타낸 것이다. 이는 그 관념 속에 매우 깊은 뿌리를 갖고 있으며, 출현하고 있는 전통들은 그 시대에 지배적인 이념에 대한 반작용으로 등장하고 있음을 알 수 있다.

제 2 편 도시계획의 이론적 접근

제 4 장

도시계획의 접근이론

제1절 개 요

Ⅰ. 의 의

도시계획을 실제적인 상황에 적용함에 있어 부적합성을 보이는 경우가 많다. 이는 도시계획의 바탕에 있는 이론이 부적절했기 때문으로 이해할 수 있다(McConnel, 1981 : 1). '계획이론이 상실되었다'(Poulton, 1991 : 225)는 지적도 이론이 실용성과 거리가 멀기 때문에 나온 말이다. 이는 1960년대 이래로 주로 과정적 문제에 초점을 둔 이론들이 주류를 이루어 계획의 과정·목표, 그리고 사회적인 의미를 다루는 데는 기여가 있었으나, 실제상황을 정확하게 설명하고 기술하고 예측하는 현실적인 실증이론의 발달은 미흡한 상태였기 때문이다.

적정한 도시계획이론이 되기 위해서는 다음과 같은 현실적인 질문에 답할 수 있어야 한다(Scott and Roweis, 1977 : 1099).

1) 계획은 무엇을 달성하려 하며, 어떠한 사회적 기능을 수행하는가.
2) 어떠한 권력이 계획을 만들고 있으며, 계획목표는 어떻게 결정되는가.
3) 계획가의 기능과 역할은 무엇인가.
4) 왜 계획이 확산되고 있으며, 도시마다 계획문제가 발생하는가.
5) 오늘의 계획이 내일에는 어떻게 될 것인가.
6) 계획의 한계는 무엇인가.

7) 주민참여운동은 왜 발생하는가.

Ⅱ. 도시계획이론의 영역

계획이론의 영역에 대해 멕코넬(S. McConnel)은 실체이론 · 과정이론, 그리고 사회이론으로 나누어 설명하고 있다(McConnel, 1981 : 14). 도시계획이론이 다루어야 할 영역도 위와 같이 3개 범주로 구분하여 고찰할 수 있다.

1. 실체이론

실체이론(實體理論)은 계획이 관여하는 현상과 관련된 이론으로, 계획가가 무엇을 하고 무엇을 산출해야 하는가와 같은 계획가의 관심과 활동영역에 대한 바탕을 제공한다. 이 이론은 실체적인 지식, 주제에 관한 지식, 문제의 속성에 관한 이론들을 의미한다(Smit and Rade, 1980 : 88). 이 입장에서는 가장 생산적인 도시계획의 접근방법은 도시활동의 구조와 형태에 관한 이해를 통해서 이루어진다고 본다. 이러한 시각에서 해리스(B. Harris)는 실체계획이론(theory in planning)이 계획의 이론발달에 중요한 위치를 차지한다고 보고, "도시의 이론에서 완전히 분리된 도시계획이론은 없다"고 지적했다(Galloway and Mahayni, 1977).

실체적 도시계획이론(實體的 都市計劃理論)은 도시지역을 설명하는 논리적인 사고체계로서 무엇(what) —— 즉 계획이 영향을 미치고, 미쳐야 할 현상 —— 에 대한 것과 관계된다. 이의 초점은 도시의 존재사유(why they exist?), 도시의 성장과 변화(how their growth and change occur?), 도시의 기본구조와 형태의 구성요소(what the basic structure and form components?) 등에 대한 설명적 바탕을 제공함과 동시에 이들의 예측을 위한 논리적 바탕도 제공한다(Chapin, 1965).

2. 과정이론

과정이론(過程理論)은 계획의 과정과 운영을 분석 · 설명하고 이의 개선을 위한 규범적 이론이다. 즉, 이는 '어떻게(how) 계획을 운영하고 조직해야 할 것인가'에 대한 이론이다. 그리고 과정이론은 계획활동 자체가 추구하는 이념 · 가치 · 계획의 원칙과 절차, 기구와 제도적 장치를 다루는 이론이다(Galloway and Mahayni, 1977; 김신복, 1991).

과정계획이론(過程計劃理論)은 사전에 결정된 목표에 대한 다양한 달성방안 중에서 최적의 의사결정을 제안한다. 이러한 의사결정처방의 가장 이상주의적 접근은 합리적 · 종합적 모델이다. 즉, 이 이론은 합리적이고 효율적인 계획을 수립 · 집행하기 위해서는 계획활동 그 자체가 어떻게 하면 능률적으로 이루어질 수 있는가에 관해 관심을 집중한다. 다시 말하면 과정계획이론은 '계획의 계획'(planning of planning) 또는 '상위계획'(meta-planning)으로서의 중요성을 갖는다(Smit and Rade, 1980 : 88).

3. 사회이론

계획을 위한 사회이론(社會理論)은 왜 사회와 계획이 현재와 같이 이루어지고 있으며, 앞으로 어떻게 되어야 하는가를 제시해 주는 정치적 · 도덕적 측면의 이론들이다(McConnel, 1981 : 14). 도시계획은 계획과정에 의해 빈곤층은 불이익을 당하는 데 반해 부유층은 혜택을 받게 되고, 계획가의 판단은 정치적 편견을 갖고 있기 때문에 많은 계획결정은 정치적이라고 비판한다(McConnel, 1981 : 8~9). 이 이론은 계획의 방향설정과 관련된 규범적 이론으로, 계획을 위한 이론(theory for planning)으로 분류할 수 있다. 여기서 어떻게 주민을 위한 계획(planning for people)을 할 것인가 하는 문제에 당면하게 되는데, 먼저 물리적 환경과 관련된 전통적인 계획의 개념에서 탈피하여 주민이 어떻게 살고, 무엇을 원하고, 해결하고자 하는 문제가 무엇인가를 확인하는 데서 이 계획적 접근이 출발한다(Gans, 1969 : 39).

사회계획(社會計劃)은 1960년대에 발달한 것으로 특정집단의 욕구를 고려하고, 욕구의 확인을 위한 사회과학기법의 사용과 관계된다. 이 계획접근은 물리환경보다 사회적 욕구(social needs)를 추구한다. 그리고 사회계획은 사회적 가치를 경제적 또는 정치적 목표를 추구하는 프로그램에 적용하는 활동이라고 정의할 수 있다. 사회계획(social planning)은 종합적 계획의 물리적·경제적인 편견, 기술적 해결에 의한 공공정책의 집행에 따라 발생되는 정치적 불평등, 시장작용에 의해 발생되는 불공평한 자원재배분 등의 반작용으로 전면에 등장하게 되었다(Burchell and Hughes, 1979 : xxviii).

제 2 절 도시계획이론의 발달

Ⅰ. 계획패러다임의 변천

패러다임(paradigm)이란 일정한 이론에 의해 세상을 고찰하는 방법으로 하나의 이론적 패턴이다(Chadwick, 1978 : 187). 이는 이론의 학문적 기반(disciplinary matrix), 공동의 신념과 가치이며, 공동의 문제해결접근방식이다(Alexander, 1984 : 62). 또한 패러다임은 동일한 지적 선각자의 사상을 이어받아 공통의 문제진단 · 개념 · 용어 · 방법 등을 바탕으로 하는 일련의 학자들이나 실무자들이 공유하는 상위이론이다. 때문에 하나의 패러다임 주위에는 같은 신념을 가진 사람들이 모여 하나의 학문적 전통을 형성하게 되는 것이다. 따라서 패러다임의 이해를 통해 계획의 역사를 이해할 수 있다. 여기서는 서구의 경험을 바탕으로 1900년 이래의 계획패러다임의 변화 · 발전을 도시계획과 관련하여 살펴보기로 한다(Weaver, *et al.*, 1985 : 153～165; Rydin, 1993 : 17～86).

1. 경험적 전체론

계획사고의 논의에서 중요한 위치를 차지하는 경험적 전체론(experiential holism : 1900～1935)은 꽁트(A. Comte)로부터 영향받은 경험주의와 미국의 실용주의에 바탕을 두고 있다. 이 접근은 인식론적으로 세상에 대한 개인의 직접적인 경험에 초점을 두어 문제해결을 추구했다. 따라서 여기서는 '살아 있는 경험'을 과학적 지식에의 가장 직접적인 통로로 여겼다. 아울러 계획은 경험적 지식을 갖춘 전문가의 '직관적 도약'으로 일어나고, 전문가의 판단에 의해 이루어진다고 보았다.

이 패러다임에 속하는 사람들은 공업도시문제를 도시와 농촌의 재통합을 통해서 사회적 관계와 물리적 생활조건의 개혁을 이룸으로써 해결하려고 했다. 이들이 제시한 유의할 만한 전략은 신도시건설과 지역계획을 통한 도시·농촌관계의 균형화를 들 수 있다. 주요 학자로는 듀이(J. Dewey) · 맘포드(L. Mumford) · 게데스(P. Geddes)를 들 수 있다.

2. 과학적 추론

과학적 추론(scientific conjuncture : 1935~1950)은 대공황, 파시스트독재, 제 2 차 세계대전과 같은 사회적 여건에 대한 반작용으로 나타났다. 이 접근에 속하는 주요 이론가는 타그웰(R. Tugwell) · 만하임(K. Manheim)을 비롯한 실용주의자(Pragmatist), 영국의 페비안주의자(Fabianist), 제도경제학(Institutional Economics)과 독일역사학파에서 찾을 수 있다. 이들은 사회에 대해 유기체적 진보의 견해를 가지고 있었고, 계획은 사회적 분화에 대한 필연적인 목적적 반응으로 보았다. 아울러 계획은 정부의 제 4 권력이며, 상호배치되는 사회적 이익의 진보적 결합을 이루기 위한 노력으로 보았다.

1930~1940년대는 상호배치되는 이해관계와 이념의 영향을 회피하기 어려운 시기였다. 사회적 지식은 경험세계의 해석을 위한 기반으로 수용되었다. 그리고 계획에서 생각하는 합리성은 이러한 다양한 관점을 통합하여 적절한 중도적 방향을 제시하는 수단으로 인식되었다. 여기서 가치판단이 요구되고 만하임(K. Manheim)의 본질적 합리성(substantive rationality)은 이런 의미에서 중요하게 여겨진다.

3. 합리적 종합주의

합리적 · 종합적 모형(rational comprehensive model : 1950~1965)은 다른 접근과는 달리 계획에 관심 있는 사람뿐만 아니라 일반인에게도 많이 알려진 패러다임이다. 이러한 합리적 계획모형은 합리주의에서 근원한 것으로, 르네상스 이후 서구사고의 중심을 이루고 있다(Alexander, 1984 : 63).

합리적 종합주의는 논리적 실증주의를 사회에 적용하기 위한 계획구조이다. 여기서는 합리성을 실증적 지식과 도구적 계산에 의해 배타적으로 정의했다. 이 접근은 기본적으로 과학적 분석방법이며 문제해결을 위한 특수한 방법이고, 성취해야 할 목표의 관점에서 대안적 수단을 고려하고 평가하는 방법이다.

시대에 따른 패러다임의 변화에도 불구하고 지배적인 계획이론은 이 합리적 계획모형 또는 합리적 행동모형이다. 이 접근 이후의 계획패러다임은 어느 의미에서는 합리적 · 종합적 접근의 반작용이라고 볼 수도 있다. 여기에 속하는 대표적인 학자는 메이어슨(M. Meyerson) · 채핀(F. Chapin) · 팔루디 (A. Faludi)를 들 수 있다.

4. 자유정치과학비판

자유정치과학비판(liberal political-science critique : 1950~1970)은 가장 수명이 긴 패러다임의 하나로서 1950년대 중반에서 1960년대 중반에 걸쳐 강한 영향력을 가졌다. 이는 정치사회의 시장모형으로 여기에 속하는 시카고학파는 처음에는 과학적 추론을, 다음에는 합리적 종합주의를 사상적 배경으로 하고 있다.

이 접근의 가장 중요한 요소는 사회에 대한 다원적 시각이다. 즉, 이익집단들은 이익지향적인 개인들로 구성되어 있는 것으로 보았다. 때문에 개인의 가치는 갈등을 나타내고, '민주적 지성'은 '중도적'(muddling through) 과정을 추구하게 된다. 결과적으로 모든 지역사회 · 집단 · 개인들은 '붕당적 상호조정'(partisan mutual adjustment)을 통해 공익이 달성된다고 보고 있다. 이 접근의 바탕에는 계획에 대한 반계획모델(antiplanning model)이 자리잡고 있다. 반필드(E. Banfield) · 알슈러(A. Alschuler) · 라비노비츠(F. Rabinovitz)는 이 패러다임에 바탕을 두고 있는 학자들이다.

5. 급진적 자유비판

합리적 · 종합적 계획의 급진적-자유비판(radical-liberal critique : 1960~1970)은 옹호계획(advocacy planning)과 관련되고 자유정치과학비판의 연장이다. 기본적으로 북미(北美)의 산물인 이 패러다임의 기원은 1960년대의 각종 항의운동에서 찾을 수 있다. 이 접근은 (백인의)전문적 숙련성의 한계를 인정하지만, 과학적 지식은 빈곤층과 소외계층에 보다 평등하게 활용되어야 한다고 주장하였다.

인식론적으로 이는 논리적 실증주의전통을 따르지만, 빈곤층의 이익과 서로 다른 견해들을 옹호하기 때문에 자신의 지배적 패러다임과도 배치되는 모호성도 있다. 옹호계획의 이러한 한계성에도 불구하고 학습이론가들과 신마르크스주의 비판연구에 일정한 방향을 제시하는 역할도 했다. 데비도프(P. Davidoff) · 라이너(T. Reiner) · 헤스킨(Heskin)이 여기에 속한다.

6. 신인도주의

사회학습이론가들(learning theorists; new humanism : 1971～현재)은 도시 및 지역계획의 실패는 방법의 실패로 보고, 논리적 실증주의와 합리적 종합주의 모델에 반대한다. 이들은 개인적 지식의 사회적 학습에 중점을 두면서 지식은 과정이지 가공물이 아니며, 실체와 과정이 혼합되어 있다고 주장한다. 던(W. Dunn) · 햄프톤-터너(Hampton-Turner) · 숀(D. Schon)·프리드만(J. Friedmann)이 이 패러다임에 속하는 대표적인 학자이다.

던(W. Dunn)은 패러다임변화를 통한 과학적 진화의 관념을 제기하면서, 생물진화와 유사하게 사회발생(sociogenesis)도 사회학습(social learning)과 동일하다고 생각했다. 따라서 예측과 계획에서도 사회적 학습과정에 대한 전면적인 재고가 요구된다고 주장했다. 숀(D. Schon)은 합리적 종합주의모형은 불확정적 상황에서는 적용하기 어렵고, 필요한 것은 실존적 지식을 촉진하는 학습체계와 망(networks)이라고 했다.

7. 신마르크스주의비판연구

신마르크스주의비판연구(neo-Marxism critical studies : 1972년 이래)는 사회의 계급구조와 정치권력은 경제적 생산관계에서 발견된다는 가정 위에서 출발하고 있다. 자본주의에서는 국가장치의 여러 행동이 자본의 축적을 촉진하고, 현재의 사회적 관계를 적법화하고, 결국은 정부의 주도권을 유지하고, 정치권력을 장악하기 위해 설계된다고 본다. 이러한 목표달성을 위해서는 사회통제가 요구되는데, 도시계획은 이러한 통제수단의 하나라는 것이다.

이러한 의미에서 하이타워(H. Hightower)의 실체적-과정적 이론의 구분은 의미를 상실하고, 양자는 모두 자본주의 관계의 이념적 구성요소라고 주장한다. 지식의 사회적 내용과 직업기능의 재생산적 성격을 이해하지 못하는 계획가는 실패할 수밖에 없다고 보았다. 이러한 입장에 속하는 대표적 학자는 까스텔(M. Castell)과 하비(D. Harvey)이다.

8. 신분권주의

서구제국에서는 1970년대 중반 이래로 재정적 위기와 적법성문제에 대한 반작용으로 복지국가의 개념은 쇠퇴되고, 신분권주의(new decentralism)가 등장하게 되었다. 이 패러다임은 우익-좌익의 변형, 즉 주의주의(主意主義)와 자아관리(自我管理)의 형태로 구분되어 나타나게 된다.

주의주의(voluntarism)의 흐름은 미국 캘리포니아에서의 과세항의(tax revolt), 영국의 대처정권 등장의 해인 1978년에서부터 시작되는 것으로 본다. 이 자기선포적 신보수주의는 지역사회의 일에 중앙정부의 개입을 거부한다. 이 접근은 의미론적으로 논리적 실증주의를 표명하며, 방법론적으로는 실제적 전문지식의 산출을 요구하는 행태주의(behaviourism)의 경험적 유형이다. 개인적 권리와 자유를 강조하는 개인주의윤리에 바탕을 둔 주의주의는 공익은 개인에 부수되는 것으로 보았다.

자아관리(self-management)는 책임과 권위의 진정한 분산의 필요를 제기하고 있다. 노동현장에서는 노동자의 공평한 참여, 노동자관리, 과업조정화, 수평적 정보공유를 의미한다. 지역사회수준에서는 자아정부와 참여민주주의를 위한 의미 있는 조치를 뜻한다. 의미론적으로 자아관리는 새로운 생태학 학파로서 다윈(C. Darwin)의 전통과는 달리 진화의 대행자로서 자기조직적인 구조의 자치와 개성에 관심을 갖는다. 쇄신 · 신축적 반응, 그리고 사회적 학습은 지식의 주요 속성이고, 계획의 새로운 상위이론의 주요 속성이 되고 있다.

Ⅱ. 도시계획이론의 발달

1. 물리계획

전통적 시각에서는 도시계획을 물리계획(physical planning)으로 보고, 도시계획의 주요 목적은 미적인 즐거움을 주고 일정한 설계기준에 부합되는 새로운 개발을 제고하는 데 있다고 생각했다. 이러한 물리적 계획의 논리적 근거는 물리적 설계를 통한 통제로 즐겁고 효율적 환경을 성취할 수 있다는 신념에 바탕을 두고 있다.

이 접근은 19세기부터 20세기 초까지의 도시개혁주의자 · 박애주의자, 그리고 이상주의자들의 노력에서부터 기원했다(Bracken, 1981). 전통적 시각은 새로운 정주공간의 종합적 설계와 기존공간의 재건축은 도시형태에서의 쾌적성 · 편의성 · 안전, 그리고 보건을 잘 달성할 수 있으며, 이는 사회진보로 이끌 수 있다고 주장했다. 이러한 시각에서 계획가는 건축환경을 조성하고, 도시의 균형과 질서를 만들기 위해 토지이용을 정비하는 설계인으로 간주하였다. 때문에 도시계획가는 건축 · 공학 등에서 기원한 전문가들로 이들에게 심미적 이해 · 기술적 숙련성, 그리고 계획직업에 대한 기본속성을 요구하였다(Adams, 1994 : 3).

1960년대 중반 이후 계획가들은 물리적 환경이 계획가들이 믿는 것만큼 주민의 삶에 심각한 역할을 수행한다는 증거가 없다는 사실을 인지하게 되었다. 이는 사람들이 건물에서 살고 일하고 놀지만, 그들의 행태는 건물에 의하기보다는 주민의 경제 · 문화 · 사회적 관계에서 결정된다는 것을 알게 되었다(Gans, 1969 : 37).

도시계획에 대한 이러한 새로운 접근은 분석적 논의 · 도시형태, 그리고 과정적 논의의 3가지 영역에서 나타나게 되었다(Adams, 1994 : 3~6). 분석적 논의(analytical debate)는 '도시계획은 무엇인가' 하는 본원적인 질문과 관계된다. 여기서는 도시계획은 도시설계(civic design)라기보다는 국가정책(state policy) 기능을 더 많이 수행한다고 생각하게 되었다. 도시형태에 대한 논의(urban form debate)는 '무엇이 좋은 도시계획인가'라는 질문과 관계된다. 여기서는 전통적 접근에서 경시했던 사회적 · 경제적 측면을 도시개발시 고려하게 되고, 도시분산 등의 물리정책보다는 내적 구성을 강조하게 되었고, 도시재개발에서도 철거보다는 보전과 회복을 강조하게 되었다. 최근에는 도시형태에서의 지속성확보문제에 관심을 보이고 있다. 과정논의(procedural debate)에서는 '무엇이 좋은 계획과정인가'와 관련된 문제이다. 여기서는 계획과정은 집단적 의사결정을 위한 이성의 적용이라고 정의하면서 이를 위한 합리적 · 종합적 계획, 체계적 접근을 강조하게 되었다.

2. 체계이론과 과정이론

1960년대 중반에서 후반에 체계이론과 과정이론이라는 두 이론이 등장하였다(Taylor, 1998 : 60). 전자를 대표하는 저서로는 맥러글린(B. McLoughlin)의 「도시 및 지역계획 : 체계적 접근」(*Urban and Regional Planning : A Systems Approach*, 1969)과 채드윅(G. Chadwick)의 「계획에 대한 체계적 견해」(*A*

Systems View of Planning, 1971)를 들 수 있다. 후자의 대표적 저서로 팔루디(A. Faludi)의 「계획이론」(*Planning Theory,* 1973)과 「계획이론독본」(*A Reader in Planning Theory,* 1973)을 들 수 있다(Taylor, 1998 : 61).

(1) 체계이론

체계이론(體系理論)은 통제체계로서 통계적·수학적 기법을 사용하여 체계관계를 모형화하는 OR(Operations Research)과 두뇌공학(Cybernatics)과 같은 기술적 영역에서 기원하였다. 계획에 대한 체계적 접근은 전통적인 물리적 설계에 대한 비판의 반작용으로 등장하였다(Taylor, 1998 : 64). 즉 전통적인 계획접근에서는 도시생활의 복합성과 상호의존성에 대한 이해결핍과 비신축적인 마스터플랜적 접근에 대해 주로 비판하고 있으나, 체계이론에서는 이러한 문제점을 극복할 수 있다고 본다.

체계이론에서는 매우 표준화된 계획과정을 채택하였다. 첫째, 명료한 목표와 목적을 설정하고, 다음으로 체계의 현재상황을 나타내는 항목들을 채택한다. 이들 항목들을 통해 정확한 수학적 형태로서 항목들간의 상관관계를 나타내는 모형(model)을 도출하고, 모형에서 얻은 상관관계에 의해 체계의 장래상태를 예측한다. 그리고 예측을 바탕으로 대안선택을 위해 대안적 해결방안을 비교·평가한다. 마지막으로 집행하면 계속적으로 모니터링하고 필요시 체계를 수정할 수 있다(Hall, 1988 : 387). 이 접근은 과거의 기본계획(master plan) 또는 청사진접근(blueprint planning)과는 달리 계획을 과정(process)으로 보면서 변화가 요구되는 상황에서는 집행중에도 사업계획을 수정할 수 있다고 생각하였다. 이러한 체계계획(systems planning)은 1960년대 말경에 출현하였다.

체계계획(systems planning)은 일부 정치학자와 좌파적 입장의 양면에서의 비판이 제기되었다(Hall, 1988 : 388~390). 린드블름(C. Lindblom)에 의해 제기된 부분점증이론(disjointed incrementalism)이 전자이고, 옹호이론과 마르크스이론이 후자에 속한다.

(2) 과정이론

과정계획이론(過程計劃理論)은 1950~1960년대에 영미에서 논의·도입된 계획이론이다. 이는 계획을 일반적인 사회관리과정으로 보고 있으며, 1960년대에 들어 지배적인 위치에 올라서게 되었다. 그러나 과정이론은 1970년대에 들어서는 계획이론의 영역에서 주도적 위치를 확보하는 데 실패하게 되었다. 따라서 상당수의 경쟁적인 이론적 입장들이 1970년대 이후에 제기되고 있으나, 어떠한 이론적 입장도 주도적인 위치를 확보하지 못한 이론적 난립상태에 놓이게 되었다(Healey, *et al.*, 1982).

과정계획이론(procedural planning theory)에 대한 비판은 두 가지 측면으로 요약할 수 있다(Taylor, 1998 : 96).

> 첫째, 이 이론은 계획의 개념에 대한 연장에 불과하고, 계획이 어떻게 실제작용하고 그 효과는 무엇인가에 대해 언급이 없기 때문에 매우 추상적이고 일반적이라고 비판한다. 즉 내용과 실체가 없는 매우 공허한 것으로 비판한다.
>
> 둘째, 합리적 계획모형은 하향적 계획접근으로 계획이 어떠해야 하고, 어떻게 집행되어야 하는가에 대해서는 이해가 결여되어 있다.

3. 현대계획이론

서구의 계획사고는 실증주의(實證主義)를 바탕으로 하는 기능적 합리성(技能的 合理性)이 주류를 이루었다. 이러한 계획전통을 이어받아 1980년대 중반까지 지배적인 계획이론모형은 합리주의에서 근원한 합리적 계획모형(rational planning model)이었다. 이 모형에 대한 비판의 증가와 이론적 · 방법론적인 보완에도 불구하고 이를 대체할 수 있을 정도로 충분한 지지를 받은 어떠한 경쟁적인 아이디어군도 아직까지는 나타나지 않고 있다(Alexander, 1984 : 62; Hemmens, 1980 : 259; Muller, 1998; 정환용, 2001 : 132).

현재까지 합리모형의 고삐를 이어받을 새로운 패러다임의 후보자는 없지만, 알렉산더(E. Alexander)는 우연성접근(contingency approach)의 가능성을 고려했다. 즉, 그는 계획과 관련된 의사결정원리의 새로운 패러다임이 될 수 있는 우연성이론(contingent theory)이 비판이론(critical theory) 같은 추상적 모형으로부터 논리적인 틀을 차용한다면, 새로운 패러다임으로 충분히 발전할 수 있을 것으로 전망했다(Alexander, 1984 : 67). 아울러 그는 새로운 패러다임이 없는 상황에서 계획가는 경험적 연구의 통찰력과 실용적 교훈으로 결합된 합리모형을 지속적으로 보완해 나가야 한다고 주장했다. 그의 우연성패러다임(contingency paradigm)의 철학적 바탕으로서 비판이론(critical theory)을 가정하고 있음을 의미하는 것이다. 이러한 측면에서 하버마스(J. Habermas)는 최근에 나타나고 있는 여러 계획접근의 지적인 기반을 제공하고 있으며, 합리계획의 대안으로 의사소통계획(意思疏通計劃)에 대한 관심이 증대되고 있다(Muller, 1998; 정환용, 2001 : 132).

제 3 절 도시계획이론의 전통과 계획모형

1960년대 이래로 다양한 도시계획접근모형이 제시되고 있다. 여기서는 허드슨(B. Hudson)이 종합·고찰하여 정리한 총괄(總括)·점증(漸增)·교류(交流)·옹호(擁護)·급진(急進) 계획의 다섯 가지의 접근이론을 중심으로 검토하기로 한다(Hudson, 1979 : 387~398). 그의 분류는 계획이 분명한 활동영역으로 대두되게 된 역사적 과정을 살펴보고, 계획이 이루어지는 시대적 상황, 사회제도, 가치-이념의 전제와 관련이 있다(알렉산더, 1995 : 110~129). 아울러 각각의 도시계획접근이론들이 왜(why), 어떻게(how), 누구를 위해(for whom), 누구에 의해(by whom) 계획이 이루어지고 있는가 하는 점에 따라 구분한 것이다(Hudson, 1979 : 387). 여기서는 그가 제시한 접근이론을 각각의 주요 계획패러다임인 합리주의·다원주의·신인도주의·정치경제학적 전통과 연계하여 고찰하기로 한다.

Ⅰ. 합리주의

1. 전통의 특성

서양의 사상적 전통의 중심적 위치를 차지하고 있는 합리주의는 세상을 이해하는 방법이다(Baum, 1977 : 403~404).

첫째, 합리주의는 사람이 세상을 경험하는 방법을 나타낸다. 여기서는 사유과정이 유일하게 적법한 이해모형이며, 감성적 감각은 적절한 방법으로 생각하지 않는다.

둘째, 과학과 합리주의는 분석을 통해 세상을 이해한다. 이는 사람이나 상황을 이해하기 위해서는 전체를 부분화하여 축소하고, 이 작은 부분이 전체의 진정한 의미를 내포하고 있다고 가정한다.

셋째, 합리주의는 문제해결방법을 암시한다. 즉, 특정한 재능과 방법에 의해 다루려는 대상을 인지한 다음 목표에 대한 수단의 효율적인 관계를 계산하여 당면한 문제를 해결하고자 한다. 합리적인 문제해결방법을 생각할 때는 측정가능한 비용과 편익을 고려하고, 경제적 비용-편익의 비(比)가 극대화되는 방안을 강구해야 한다.

만하임(K. Manheim)에 의하면 합리주의에서 중시하는 이성의 역할과 "자유로운 개인"에 대한 관념은 계몽시대철학자로부터 계승해 온 가장 중요한 주제이다(Camhis, 1979 : 18). 합리주의는 첫째, 연역 때문에 모든 과학과 계획의 바탕이 되는 논리와 수학과 관련된다. 둘째, 완전성과 전체성의 관념을 통해 합리적 계획의 사고와 연계된다(Camhis, 1979 : 22). 합리주의전통에 바탕을 둔 계획모형은 총괄적 계획 · 부분점증계획, 그리고 혼합주사가 있다.

2. 계획모형

(1) 총괄적 계획

도시계획분야에서 종합적(comprehensive) 개념은 수장계획(master plan) 또는 일반계획(general plan)이라는 용어로도 표현되고 있다(임길진, 1995: 103). 종합계획을 옹호한 사람의 하나는 옴스테드(F. Olmstead)인데, 종합적·합리적 계획의 순수한 개념적 모형은 메이어슨(M. Meyerson)과 반필드(E. Banfield)에 의해 1955년에 제시되었다(임길진, 1995 : 104). 합리적 계획의 옹호자들은 모든 생각할 수 있는 행동노선은 관련된 모든 목표에 의해 확인·평가할 수 있으며, 때문에 이 계획은 종합적으로 진행되어야 한다고 말한다. 이 접근방법은 계획가가 완전한 정보를 바탕으로 종합적 분석과 최적의 대안 선택이 가능하다고 보는 당위적이고 이상적인 접근방법이다. 총괄계획(synoptic planning)이라고도 하는 종합계획은 문제를 체제적 관점(systems viewpoint)에서 보며, 목표에서 수단과 관련된 개념 또는 수학적 모형을 사용하고 있다(Hudson, 1979 : 388).

이 계획은 다음의 특징을 나타낸다(Faludi, 1973 : 151).

1) 인간의 제한된 지적 능력을 수용하지 않는다.
2) 정보의 불완전성을 수용하지 않는다.

3) 분석상 높은 비용을 수용하지 않는다.
4) 실패를 수용하지 않는다.
5) 정책결정에 있어 사실과 가치의 관찰결과의 밀접성을 수용하지 않는다.
6) 체계의 개방성을 인정하지 않는다.
7) 정책문제의 다양성을 인정하지 않는다.

이 접근은 계획상황을 거시적으로 단순화하여 제시하는 장점이 있다. 그러나 너무 이상화되어 복합적인 현실문제에 직접 활용하는 데는 한계가 있고, 도시계획을 적응적인 과정으로 만들지 못하는 단점이 있다.

(2) 부분점증계획

린드블름(C. Lindblom)은 합리적 · 종합적 계획은 현실에 적용하는 데 한계가 있기 때문에 대안적인 접근으로 부분점증계획(部分漸增計劃)을 제시했다. 이 접근방법은 인간의 지적 능력의 한계와 의사결정의 기술적인 제약을 감안한 현실적이며 보수적인 접근방법이다. 따라서 이 접근에서는 모든 대안을 고려하기보다는 한정된 대안을 추출하여 평가하고, 최적의 대안을 기대하지 않을 뿐만 아니라 선정된 결정사항에 대해 계속적인 평가와 조정을 추구하고 있다.

이 계획의 주요 특징은 다음과 같다(Faludi, 1973 : 151; Hobbs and Dol-ing, 1981 : 133).

1) 대안간에 차이를 나타내는 한계적 점증상황에 초점을 둔다.
2) 제한된 수의 정책대안만을 고려한다.
3) 각 대안별로 한정된 수의 결과만 고려한다.
4) 계획문제와 목표는 수단의 특징과 결과, 그리고 해결가능성의 측면에서 재조정한다.
5) 문제에 대한 단일의 최선의 해결은 고려하지 않는다.
6) 장래의 목표성취보다는 현재문제의 점진적 해결에 초점을 둔다.

합리적 · 종합적 계획이 이상적이고 추구할 가치가 있지만 달성할 수 없는 여러 제약이 따르기 때문에 부분점증이론이 제시되고 있다. 그러나 이 이론은 진정한 의미에서 합리적 · 종합적 계획의 대안으로서 간주되지 못하고 있다. 현실적으로 합리적 · 종합적 계획은 진정으로 포기한 사실이 없고, 아직도 이를 추구하고 있기 때문이다(Camhis, 1979 : 35).

(3) 혼합주사

에찌오니(A. Etzioni)는 제 3 의 접근모형으로 혼합주사(mixed scanning)를 제시하였다. 이는 합리주의와 점증주의의 혼합형태로서 합리주의처럼 이상적이고 비현실적이고 정확하지도 않고 점증주의처럼 보수적 · 자아중심적·비쇄신적인 방법도 아니라고 주장하고 있다. 혼합주사(混合走査)에 의한 의사결정은 먼저 전체적인 시각에서 상황적 · 맥락적 결정을 하고, 다음으로 부분적 · 세부적 결정을 하는 방법을 택하고 있다.

Ⅱ. 다원주의

1. 전통의 특성

1950년대 이후 발달된 이 전통의 중심적 주장은 자유민주사회에서는 권력의 집중보다는 분산된 형태를 취하는 경우가 많고, 선거를 통하여 주민의 참여를 허용하고 다양한 경쟁적 압력집단에 가입하여 스스로의 견해를 피력할 수 있는 기회를 보장하고 있으며, 각 압력집단은 반대집단에 대해 자기 집단의 특정한 견해를 옹호할 수 있다는 내용이다.

다원주의적 접근(pluralist approach)에 의하면 사회는 선거과정을 통해 정부의 행동을 통제하고자 경쟁하는 소규모 이익집단들로 이루어져 있으며, 어떤 집단도 사회의 특정부문에서 지배적 역할을 수행할 수 없도록 권력은 분산 · 배분되어 있어야 한다고 보고 있다(Judge, 1995 : 14; Mazziotti, 1982: 209~212; Kirk, 1980 : 57). 이 접근에 의한 계획과정은 개방적 · 민주적이며, 의사결정자에의 접근이 용이하고, 개인과 집단을 위한 수많은 통신채널이 특징적으로 나타난다. 이 전통에서는 여론이 정책변화에 중요한 역할을 하고, 정치활동은 주민의 이익에 의해 결정된다고 본다. 이러한 다원적 견해는 주민들이 자기들과 관련된 문제를 위해 조직할 권리와 능력을 강조하는 복음(福音)주의적 의미를 갖고 있다. 만일 개인이 동등한 지위를 가지고 있다고 생각되면, 그들의 특정한 이익을 요구하기 위해 스스로 조직할 수 있는 동등한 기회를 가져야 한다.

이러한 다원적 접근방법의 매력과 설득력에도 불구하고 이의 타당성에 대해서는 몇 가지 의문이 제기되고 있다. 즉, 각 경쟁적 이익집단의 동등성문제, 상향적 · 정치적 영향력의 일방통행적 성격에 대한 가정, 그리고 주요 문제에 국한된 행동과 관련된 방법론만을 강조하고 있다는 점에서 비판이 따르고 있다(Kirk, 1980 : 60). 그러나 옹호운동의 효과는 사회정책의 형성을 막후협상에서 개방적인 형태로 변환시켰다는 점에서 찾을 수 있다.

2. 계획모형

옹호계획(擁護計劃)은 1960년대를 풍미했던 중앙집권적인 계획유형과 기술관료적 가치관에 대한 반작용으로 등장했다. 즉, 일부 계획가들은 기존계획과는 달리 법률체계와 유사한 계획모형으로서 옹호계획(advocacy planning)을 창안하였다(Alexander, 1995 : 124). 데비도프(P. Davidoff)와 라이너(T. Reiner)에 의해 1962년에 제창된 옹호계획은 계획가는 특정한 이익, 특히 현재의 정치적 영향구조 하에서는 잘 반영하지 못하는 이익을 옹호하는 역할을 한다(Poulton, 1991 : 271; 김 원, 1977 : 53~54). 이 접근방법은 계획결정은 경쟁적인 이익집단간의 정치적 행동의 결과로 합의에 도달할 수 있다고 가정하고 있다(Poulton, 1991 : 271). 사회에는 다원적 가치가 혼재하고 있으므로 단일의 계획보다는 복수의 다원적 계획을 수립하여 선택 · 실천하는 것이 바람직하다고 보고 있다.

이 모형에 의하면 도시정책결정에 있어서도 정부가 성안한 공공안(公共案)과 주민이 중심으로 만든 민간안(民間案)을 비교 · 검토하여 좋은 계획안을 선택하여 실천하는 것이다. 이는 미국에서 선거시 민주 · 공화 양당이 각각 문제의 해결의 처방을 제시하는 것과 같이, 또 법정에서 원고 · 피고가 각각 자기주장을 옹호하는 것과 같이 도시정책형성에서도 이 논리를 채택하자는 것이다(김 원, 1977 : 53).

이 접근방법은 계획에 대한 무관심을 지양하고 공익에 대해 단선적(單線的) 규정을 하는 전통적 견해에 대한 도전수단으로서 의미가 있다. 즉 지역주민들에게 도시계획의 문제점에서 사업계획에 이르기까지 주민의 관심과 참여를 유도할 수 있는 긍정적 교육효과를 나타낸다(김 원, 1977 : 55). 이 접근은 이론적으로는 단위계획보다는 다원계획의 발달을 주창하지만, 실제적으로는 건설적인 대안을 위한 평등하면서도 효과적인 지원을 동원하지 않고는 기대 기능을 수행할 수 없다는 비판이 있다.

Ⅲ. 신인도주의

1. 전통의 특성

1970년대 프리드만(J. Friedmann)과 숀(D. Schon) 등에 의해 발전된 이 급진주의는 개인적 상호작용을 통한 사회조직의 연구에 바탕을 두고 있다. 즉 이 전통은 세포적 구조 속에서 스스로 조직하고 책임지는 개인들이 서로를 존중하면서 상호학습하는 소규모의 지역사회를 제안한다(Healey, *et al.*, 1982 : 10). 급진적 변화대행자로서 계획가는 이러한 원리에 의한 새로운 사회를 만들기 위해 주민들을 교육하는 역할을 수행한다고 보았다(Healey, *et al.*, 1982 : 10). 사회학습전통은 이론과 실제, 지식과 행동 사이에서 발생하는 불일치 내지 모순을 극복하는 데 초점을 둔다.

프리드만(J. Friedmann)이 이 이론을 착상하게 된 배경에는 다음의 이유가 있다(김 원, 1977 : 57~58).

> 첫째, 후기산업사회에서는 인간의 가치를 정확히 판단하기 어렵다.
>
> 둘째, 미국처럼 복합적 사회체계에서는 인간 상호간의 이해가 요청된다.
>
> 셋째, 현대의 발달된 기술과 기법에 의해 전체적인 상황을 이해하기는 쉽지만, 개체를 이해하는 데는 한계가 있기 때문에 상호간의 이해가 이루어져야 한다.

2. 계획모형

프리드만(J. Friedmann, 1973)에 의해 제기된 거래계획(transactive planning)은 계획가와 고객집단 간의 접촉과 상호학습을 강조한다(Poulton, 1991 : 271). 계획은 익명의 목표집단을 대상으로 이루어지는 것이 아니라 계획에 의해 영향을 받는 사람들과의 면 대 면 접촉을 통해 이루어진다(Hudson, 1979 : 389). 계획은 현장조사와 자료분석보다는 상호학습과정으로 특징지워지는 개인간 대화를 더욱 중요시 한다(Hudson, 1979 : 389). 거래계획(去來計劃)은 사람들로 하여금 그들의 복지를 지배하는 사회적 과정에 대한 통제를 증대시키는 데 도움을 줄 수 있는 분권화된 계획기관의 발달에 대해 관심을 갖도록 한다(Hudson, 1979 : 389). 이 계획은 계획이 사람들에게 재화와 용역의 공급에 어떠한 역할을 하느냐 하는 것과 같은 점에서 평가되는 것이 아니라, 계획의 사람에 대한 효과──존엄성과 효과성, 가치와 행태, 협력을 통한 성장능력, 관대성──에 의해 평가된다고 본다(Hudson, 1979 : 389).

'거래'(transactive)의 의미는 계획가의 과정화된 지식과 고객의 개인적 지식을 면 대 면으로 교환함으로써 이루어진다는 것이다. 다른 말로는 거래란 대화와 상호학습의 특징을 나타낸다(Sager, 1994 : 5). 프리드만(J. Friedmann)에 의하면 거래계획은 학습사회(learning society)가 필요하며, 이를 위한 사회의 재구성은 사람의 재교육에서부터 시작해야 한다는 것이다(Friedmann, 1973 : 223).

거래계획모형은 과업지향적인 작업집단으로 사회를 재구성하는 것과 관계된다(Sager, 1994 : 5). 여기서 과업지향적 작업집단(task-oriented working group)은 가장 작은 단위(세포)로서 전문화된 역할이 부여된 10~12명으로 구성되어 있다. 이들은 자원하거나 선임된 대표자들로서 개인구성원은 여러 집단에 동시에 속한다. 이러한 집단은 일정한 자치와 책임을 가지고 스스로 인도하게 된다. 각 작업집단의 구성원은 집회에 참여하게 되고, 집회의 지도자는 의사결정권의 분화에도 불구하고 전체적이고 균형된 시각을 유지할 책임이 있다. 이러한 하위단위가 모여 상위단위를 형성하고 최종적으로는 사회체계가 통합되고 사회적 교도가 발생한다(Camhis, 1979 : 76).

거래계획의 주요 요소는 대화(對話)로서, 사고 · 도덕적 판단 · 감정 · 감정이입(empathy) 등이 행위에 융합된 것으로 믿는다(Camhis, 1979 : 76). 이러한 형태의 커뮤니케이션을 제고하기 위해서는 계획가와 주민 모두가 학습하는 것을 배워야 한다. 사회는 거래계획이 이루어지도록 학습하는 것을 배워야 하고, 거래계획은 배우는 것에 대한 학습과정을 통해 성취된다(Camhis, 1979 : 76).

Ⅳ. 정치경제학

1. 전통의 특성

1970년대에 들어 사회과학부문에 있어 마르크스학파가 부활하기 시작했고, 이러한 마르크스전통의 새로운 흐름을 정치경제학이라고 지칭한다(McDougall, 1982 : 258). 이 전통은 시장기능의 전통적 설명에 대한 주요 비판자일 뿐만 아니라 (신)좌파의 이론적 바탕이 되고 있다. 마르크스는 공간입지 문제에 대해서는 원래 관심을 보이지 않았지만, 마르크스에 대한 연구가 활발해짐에 따라 공간문제에 대한 관심도 부분적으로 진행되었다. 특히 1960년대 후반에 들어 도시연구부문에 마르크스적 분석이 발달하기 시작했다. 이는 도시현상과 관련한 계획이론들이 적절한 설명을 제공하지 못한 데 대한 반작용으로 등장하게 된 것이다(Camhis, 1979 : 119). 이 전통에 속하는 이론가인 하비(D. Harvey)와 마시(D. Massey)는 자본유통에 의한 도시성장을 설명했고, 까스텔(M. Castell)은 사회학적인 이론을 개발하였다(Hall, 1995c : 335~340; 강대기, 1989 : 55~63).

마르크스학자들의 주장간에 많은 차이가 있지만, 계획에 대한 정치경제학접근의 주장들은 다음 4개의 전제들로 통합할 수 있다(McDougall, 1982: 260~262; Fainstein and Fainstein, 1982).

> 1) 도시계획은 도시수준에서 생산유형과 자본축적에 대한 국가적 개입장치이며, 노동력재생산과정의 규제와 생산수단의 재생산과 관련된다. 도시형태는 생산형태와 경제적 잉여의 순환형태의 결과이다. 계획은 계층갈등 속에 축적을 촉진하고 사회통제를 위해 필요하다.
>
> 2) 도시계획의 이해를 위해서는 토지자본시장과 건축환경의 발달과정을 고찰할 필요가 있다. 자본주의 토지이용패턴의 불가피한 결과는 불균형개발이다.
>
> 3) 계획과정과 계획의 성격을 이해하기 위해서는 자본축적과정과 이념재생산과정을 분석해야 한다.
>
> 4) 도시계획가는 주로 정부의 대행자적 역할을 수행하고, 도시형태와 공간개발에서 나타난 자본주의의 배치(背馳)를 관리하는 역할을 하며, 계획가는 국가의 계획활동을 기술적인 면에서 다룸으로써 비정치화하고 있다.

정치경제학적 접근은 방법론상 · 이론상, 그리고 실제적인 측면에서 비판이 이루어지고 있다(McDougall, 1982 : 262~263). 방법론상으로 그들의 작업은 경험적으로 검증하기 어려운 고정된 분석범주일 뿐만 아니라 현실을 무시하고 있기 때문에 그들의 개념을 효용과 효력의 측면에서 독립적 분석을 하기 어렵다는 데 모아지고 있다. 이론적인 면에서는 도시문제는 사회 · 경제적 여건에 따라 독특한데, 획일적인 적용을 한다는 것은 문제가 있다는 비판이 있다. 실제적인 면에서는 계획가에게 실제적인 이론을 제공하지 못하기 때문에 현실과의 관련이 거의 없다는 점이 지적되고 있다.

2. 계획모형

급진계획(急進計劃)은 마르크스전통에 속한다(Sager, 1994 : 50). 급진계획(radical planning)의 저변을 형성하는 핵심적인 이념은 사회적 동원(社會的動員)이라 할 수 있다(김신복, 1990 : 173). 민중 또는 서민계층은 자신들에 관한 중요한 사항들을 결정하는 데 함께 참여해야 할 권리가 있음에도 불구하고 정책결정이나 권력에 접근할 수 있는 통로가 차단되어 있다. 그러므로 그들은 자신들의 권리회복을 위한 정치적 투쟁이나 집단행동을 전개할 수밖에 없고, 때로 그것은 기존의 권력관계나 사회체계를 전복시키고자 할 만큼 혁명적인 성격을 띠기도 한다.

급진계획(急進計劃)은 두 개의 사고의 흐름에 바탕을 두고 있다. 하나는 이상적이지만 자립과 자조에 대한 실용적 비전에 의해 인도되는 자발적 행동주의(spontaneous activism)와 관계된다. 거래계획과 유사하게 이 흐름은 개인의 성장·협조정신, 익명의 힘에 의한 조작으로부터의 자유 등을 강조한다. 이 접근의 출발은 다른 계획접근보다도 더 가까운 장래에 구체적 결과를 달성할 수 있는 집단적 행동에 깊은 관심을 가지고 있다. 두 번째 흐름은 대규모 사회과정, 즉 계급구조와 경제관계의 효과, 문화와 대중매체가 행사하는 통제, 사회운동, 대립·연합·갈등의 역사적 동학성 등에 대해 보다 비판적이면서 총체적 견해를 갖고 있다.

제4절 주민참여계획

Ⅰ. 의 의

1. 개 념

참여(participation)란 이해당사자들(stakeholders)이 자신들에 영향을 미치는 의사결정과 선택에 영향을 주거나 통제를 공유하는 것을 말한다(McCracken and Narayan, 1998 : 4; Rydin, 1999 : 186; 정환용, 2001 : 219). 그러나 참여(參與)는 영향(influence)과는 그 의미가 다르다. 참여가 공식·비공식 장치를 통해 의사결정과정에 주민이 직접 개입하는 것과 관련되는 반면에, 영향(影響)은 의사결정의 효과에 관련된 것으로 주민이 의사결정과정에 실제 참여하지 않아도 영향은 작용할 수 있다(Day, 1997). 참여는 의사결정에 의해 영향을 받는 집단에게 의사결정에 영향을 줄 기회를 제공하는 과정이다. 따라서 주민참여(citizen participation)는 주민에게 영향을 줄 수 있는 결정이나 계획에 주민이 개입할 수 있는 기회를 제공하여 결정에 영향을 미치도록 하는 과정이라고 정의할 수 있다(Glass, 1979 : 180; 정환용, 2001 : 219).

참여의 개념은 맥락적(脈絡的)이기 때문에 시대적인 상황과 문제의 내용에 따라 그 의미가 변한다. 최근에 제기되는 주민참여는 다음의 두 가지 점에서 전통적인 개념과 구별된다(Thomas, 1995 : 3～4).

> 첫째, 주민의 적절한 역할에 대해 전통적인 견해는 정책결정에 국한시켰지만, 새로운 견해는 채택된 정책이 어떻게 운영되는가 하는 정책집행에 초점을 두었다.
>
> 둘째, 엘리트중심의 주민참여에서 저소득층의 범주를 포함하는 주민의 범위로 확대했다(정환용, 2001 : 220).

2. 대두배경

주민참여의 출현배경은 지역사회개발에 대한 자원자의 활동에서부터 찾을 수 있고, 이것이 1960년대의 시민권리와 반전운동을 포함한 사회활동주의(social activism)로 확대되었다(Jackson, 2002 : 8). 1960～1970년대까지는 주민들은 자기들에게 영향을 미치는 결정들에 대해 상의받기를 원했지만, 오늘날에는 의사결정자와 권력의 공유까지를 요구하기에 이르렀다(Jackson, 2002 : 8).

1960년대의 시민권리운동(civil rights movement)은 계획가들에게 보다 많은 목소리를 바탕으로 선택기회의 확대를 요구하게 되었다(Berke, 2002: 23). 아울러 이 운동은 옹호계획이라는 새로운 영역으로까지 확대발전하였다. 이에 따라 옹호계획가들은 충분히 소외계층들의 욕구충족을 위한 계획작성뿐만 아니라 이들에게 권한이양(empowerment)하는 광범한 지역사회참여를 촉진하기에 이르렀다(Berke, 2002 : 23).

도시계획에서 주민참여문제가 본격적으로 취급되기 시작한 것은 근린계획에서 주민참여를 제고하려는 노력에서 연유된다. 이 근린참여계획은 1960년대 들어 주민참여를 통해 도시서비스를 제고시키려는 노력이 나타나기 시작했고, 팽배한 도시문제에 대해 도시정부가 효과적으로 대처하지 못했기 때문에 시민의 참여를 바탕으로 한 해결방안강구 필요성이 증대되어 나타나게 된 것이다(Gil and Lucchesi, 1979 : 55).

3. 참여목적

계획에서 주민의 역할이 증대되어야 한다는 요구는 철학적이며 실용적인 측면의 고려사항에 근거하고 있다(Sewell and Coppock, 1977 : 1～2; 정환용, 2001 : 222～224). 철학적 고려(哲學的 考慮)는 민주사회에서 개인은 자기에게 영향을 미치는 문제에 대해 자기의 견해를 알리고 상의받고 표현할 권리를 가지고 있으나, 현실적인 상황은 개인의 견해를 표출하고 정보를 전달할 수 있는 효과적인 커뮤니케이션통로가 부족하고, 정부의 의사결정과정에서 소외당하고 있다고 느끼는 주민의 수가 증가되고 있는 현상과 관련된다. 실용적 고려(實用的 考慮)는 계획이나 의사결정이 주민의 선호나 열망을 정확하게 파악하지 못해서 부정확한 목표가 형성되고 수단이 선택됨에 따라 계획은 실패하고, 주민의 지지도 확보하지 못하는 사회경제적 의미에서 매우 낭비적인 계획이 되고 있는 현상과 관련된다.

주민참여의 목적(目的)은 참여를 행정적 목적의 성취를 위한 도구로 이해하는 행정적 관점과 주민에게 정책이나 계획의 결정에 실제적인 역할을 제공하는 수단으로 이해하는 주민의 입장으로 구분할 수 있다(Glass, 1979: 181). 즉 행정적 측면(行政的 側面)에서의 참여의 목적은 계획이나 의사결정에 주민이 관여함으로써 정부에 대한 주민의 신뢰를 증진시키고, 정부의 결정과 계획을 보다 잘 수용하도록 하며, 문제의 해결을 체계 내에서 이루어지도록 하는 데 있다. 주민입장(住民立場)에서는 계획 · 의사결정 · 서비스인도를 향상시키기 위해 계획과 의사결정에 주민의 의견을 제시할 기회를 제공받는 데 있다고 본다. 이러한 양 측면을 고려할 때 주민참여에 대한 일반목표로서 정보교환(information exchange) · 교육(education) · 지지기반구축(support building) · 의사결정의 보완(decision making supplement), 그리고 대표적 투입(representational input)의 5가지를 확인할 수 있다(Glass, 1979 : 181~182). 여기서 정보교환이란 계획가와 주민이 생각과 관심사를 함께 하는 것이다. 교육은 계획과 정보를 주민에게 알리고, 왜 그리고 어떻게 계획하는가를 상세히 이해시키는 데 목적이 있다. 지지구축은 제안된 계획과 정책에 대해 호의적 분위기를 조성하는 활동과 관계된다. 이들 3개의 목표는 행정적 측면의 목표이다. 나머지 2개 목표는 주민의 입장에서 본 목표로 의사결정보완은 계획과정에 주민이 영향을 발휘할 수 있는 기회를 증대시켜 계획내용이나 의사결정을 보완하도록 하는 목표이며, 대표적 투입은 계획에 지역사회의 욕구를 반영하도록 특정문제에 대해 지역사회의 견해를 확인하려는 노력으로 이해할 수 있다.

Ⅱ. 이론적 배경

1. 민주주의와 참여

민주주의에 대해 여러 모형을 생각할 수 있는데, 민주적 엘리트주의와 참여민주주의로 나누어 고찰할 수 있다(Thomas, 1996 : 174~177).

민주적 엘리트주의(democratic elitism)에서는 민주주의를 대중의 주기적 지지가 요구되는 정치적 엘리트간의 경쟁과 관계되는 것으로 본다. 이 견해는 정책문제나 결정에 관여하거나 그것을 이해하는 사람들은 기술적인 시각의 대중참여관을 가지고 있다. 기술관료 또는 정치적 엘리트가 대중의 견해를 의사결정에 포함시키기를 바라는 이유는 여러 가지이다. 대중 깊이 간직한 신념과 가치를 확인함으로써 의사결정에서 대중이 제외되는 것을 피할 수 있고, 광범한 대중의 반대를 예견하여 대처할 수 있다. 또한 의사결정과정에 반대론자들을 표면상 포함시켜 논쟁적인 결정(controversial decisions)을 적법화할 수 있는 방법의 하나이다.

참여민주주의(participatory democracy) 모형에서는 주요한 사회기관(social institutions)에서의 의사결정에 시민이 직접관여(direct involvement)하는 것은 개인의 자아발달에 필수적이라고 본다. 이 견해에서는 참여가 목표달성을 위한 수단일 뿐만 아니라 목표의 일부라고 생각한다. 이러한 견해에서는 참여는 의사결정과정의 우연한 단계가 아니고 과정 자체로서의 특성을 갖고 있다고 옹호하고 있다. 이 견해에서의 참여의 목적은 개인의 삶에 영향을 미치는 의사결정에 대한 보다 많은 통제력을 행사하기 위해 개인과 지역사회의 능력을 개발하는 것이라고 본다.

2. 계획의 적법성과 참여

계획이 현재와 장래의 사회과정에 대한 선택적이며 의도적인 제약을 포함하기 때문에 모든 계획활동이 답해야 할 문제는 '어떻게 정당화할 것인가' 하는 점이다. 적법성(legitimacy)이란 계획활동을 정당화시키는 바탕이다. 즉 계획의 속성으로서 통제(control) · 강제(coercion) · 인도(guidance)를 정당화시키는 근거는 무엇인가. 무엇이 계획가들에게 타인을 위해 도시계획할 권한을 부여하는가. 도시계획활동의 합법성의 근원은 무엇인가. 이러한 질문에 대한 논의가 적법성에 관한 것이다.

계획의 적법성에 대해 알렉산더(E. Alexander)는 공익 · 참여, 그리고 계획가의 가치를 들었다(Alexander, 1994 : 161~171). 스미스(R. Smith)는 합리성 · 합의성 · 참여성을 제시했다. 그는 적법성의 형태를 시대적 여건에 따라 합리성(목표에 대한 가장 효율적인 수단)에서 합의성(관련이익집단의 보증과 지지)으로, 그리고 참여성(계획에 의해 영향을 받는 사용자의 고려)으로 변하고 있다고 주장한다(Smith, 1973 : 278~282; 1978 : 12~22).

계획의 관점이 자원과 기회의 공평한 배분에 모아짐에 따라 통제와 배분과정에 보다 넓은 합의를 요구하게 되었고, 이는 근본적으로 사용자 또는 주민에 높은 관심을 갖는 참여계획의 형태를 가져오게 되었다. 참여계획(參與計劃)의 근본적인 적법성은 계획행동에 의해 영향을 받는 사람들에 의해 보증·지지 · 창조되는 계획이라는 점에 있다. 참여는 모든 계층에 개방되어 있지만, 계획에 의해 불이익을 받는 계층이 참석하여 이의를 제기하고 자기의 견해를 옹호하는 계획형태도 중요한 의미를 갖게 된다.

3. 의사소통적 합리성과 참여

의사소통모형(意思疏通模型)은 존 듀이(J. Dewey)에 의해 개발된 실용주의(pragmatism)와 하버마스(J. Habermas)에 의해 제시된 의사소통적 합리성

(communicative rationality)에 의해 도출되었다. 의사소통이론에서의 계획가의 주요 기능은 사람들의 이야기를 듣고 상이한 견해 가운데서 합의(合意)를 도출하는 데 있다. 의사소통계획이론(意思疏通計劃理論)의 규범적 목적은 도구적 합리성(instrumental rationality)을 하버마스(Habermas)의 의사소통적 합리성(communicative rationality)으로 대체하는 데 있다(McGuik, 2001 : 196; 정환용, 2001 : 229).

의사소통계획이론의 특징인 대화와 합의를 강조하여 합의계획(合意計劃)이라고도 부른다. 여기서 합의계획(consensus planning)은 의사결정의 선택이 의사소통합리성에 기초하고 있음을 의미한다. 동의에 이르기 위해서는 계획문제에 관련된 이해당사자가 상호작용과 대화의 과정에 참여해야 한다. 그러한 의사소통과정의 이상적 결과는 의사소통합리성에 바탕을 둔 합의이다. 합의계획의 목적은 의사소통적 조건하에서 토론 후에 합의적 정책결과를 달성하기 위해 계획과정에서 모든 이해당사자가 관여하는 데 있다(Kumar and Paddison, 2000; 정환용, 2001 : 230).

Ⅲ. 참여방법과 수단

참여와 관련하여 제기되는 문제는 누가, 어떤 방법으로, 얼마나 참여할 것인가 하는 문제로 요약할 수 있다(Thomas, 1995 : 11~12; 정환용, 2001: 231~235).

1. 관련주민

참여문제와 관련하여 도시관리자가 고려할 사항은 어떤 집단과 개인들이 도시계획문제에 대해 흥미를 갖고 있는가를 결정하는 것이다. 즉, 관련주민을 확인하는 문제가 중요하다. 이 관련주민들은 문제해결에 유용하거나 의사결정을 집행하는 능력에 영향을 줄 수 있는 모든 조직화된 집단 · 비조직화집단·주민대표들을 포함한다(Thomas, 1995: 55~56).

관련주민을 파악하는 접근방법에는 하향적 방법과 상향적 방법이 있다(Thomas, 1995 : 59~68). 하향적 접근(top-down approach)에서는 도시관리자가 참모의 도움을 받아 주민참여를 유도한다. 도시관리자는 잠재적 주민의 출현가능성에 대비하여 도시관리자는 관련주민의 확인작업에 일부는 상향적 접근(bottom-up approach)을 사용해야 한다. 이 접근방법에서는 주민이 스스로를 정의하고, 주민이 주도하여 참여가 진행되는 방법이다. 그러나 도시관리자는 단순하게 수동적 위치에만 있을 필요는 없고, 상향적 접근기회를 제고하는 적극적 역할이 요구된다.

2. 참여정도

참여단계에 대해 안스타인(S. Arnstein)은 8개의 칸을 갖고 있는 주민참여사다리(ladder of citizen participation)를 제시하였다. 가장 밑의 칸에서부터 비참여(nonparticipation)라 불리우는 조작(manipulation)과 치유(therapy), 형식주의(tokenism)를 나타내는 통보(informing) · 협의(consultation) · 회유(placation)의 단계를 거쳐, 주민권력(citizen power)의 정도를 나타내는 협동(partnership) · 대리권력(delegated power) · 주민통제(citizen control)에 이르는 8개 단계를 제안했다(Arnstein, 1969 : 218; 정환용, 2001 : 240~241).

도르시(Dorcey, *et al.*) 등은 상호작용 · 영향, 그리고 개입의 수준에 따라 통보(informing) · 대중교육(public education), 정보수집(information gathering), 반응에 대한 상의(consulting on reactions), 문제의 정의(defining issues), 아이디어검색 및 조언모색(test ideas, seek advice), 합의모색(seeking consensus), 그리고 지속적 개입(ongoing involvement)의 8개 수준을 제시하였다(Jackson, 2002 : 11). 안스타인(S. Arnstein)과는 달리 이들은 낮은 수준의 참여는 조작적이거나 효과성이 낮다고 비판하는 대신에 각각의 수준은 결정의 내용에 따라 적합성을 평가할 수 있다고 했다.

3. 참여수단

계획에서 참여가 늘어남에 따라 수행하는 기능과 사용기법의 수 · 다양성이 증대되고 있다. 파겐스(M. Fagence)는 참여수단을 전통적 · 쇄신적 · 자립적 범주로 구분하여 설명하고 있다(Fagence, 1977 : 272~327; 정환용, 2001: 244~254).

전통적 수단(傳統的 手段)은 주민참여계획에서 일반적으로 사용하고 있는 참여수단으로 비교적 저렴하고 계획가나 행정가에게 많은 시간과 의사결정에

의 책임을 많이 요구하지는 않으면서도 주민들의 기대가 큰 전통적으로 사용해 온 기법들이다. 이 범주에 속하는 수단은 전시회 · 공청회 · 팜플렛 등을 이용한 정보유포 · 설문조사에 의한 정보수집 등을 들 수 있다.

계획기관에서는 계획가와 계획의 적용을 받는 주민간의 지적인 대화를 이루기 위한 효과적인 방안강구에 노력하고 있는데, 이러한 시도로서 전통적인 참여수단보다 영향이 큰 참여수단이 쇄신적 방법(刷新的 方法)이다. 이 범주에 속하는 주요 기법들은 델피방법(delphi method) · 명목집단방법(nominal group method) · 샤레트방법(charrette method) 등이 있다. 이들 참여수단들은 참여자가 평균 이상의 지적 수준을 갖추고 있을 것을 요구하고, 각 기법은 참여자의 유의적(有意的)인 선택에 의존하고 있다는 공통적 특색을 갖고 있다.

자립적 방법(self-help method)은 주민 스스로의 자발적 참여를 강조하는 방법으로 정보수집과 의사결정보완을 위한 목적을 갖고 있는 것이다. 잘 발달된 참여수단은 특별위원회 · 자립적 편람(self-help manual) 등을 들 수 있다.

4. 계획과정별 참여

도시계획과정 중에 주민참여가 특히 요구되는 단계는 목표설정 · 대안선택, 그리고 계획집행단계이다(〈표 4-1〉 참조). 주민참여에 의한 도시계획의 목표를 설정하기 위해서는 먼저 계획의 범위 · 성격 · 필요성을 중심으로 지역의 대중매체를 통해 계획의 시작을 주민들에게 홍보함은 물론 참여의 방법과 수단에 대해서 제시할 필요가 있다. 목표설정의 출발은 설문조사 등의 방법을 활용하여 도시의 현안문제와 시민의 바램을 파악하여 이를 정련화하는 과정을 거치는 것이 바람직하다(정환용, 1983 : 12). 참여수단은 어느 하나에 의존하기보다는 여러 수단을 활용하여 서로의 문제점을 보완하는 것이 바람직하다.

도시계획은 도시민의 복지에 영향을 미치기 때문에 어느 대안은 비교되는 다른 대안에 비해 특정한 개인과 집단에 상대적인 장점과 단점을 나타내게 된다. 따라서 대안선택을 위한 평가는 계획에 의해 영향을 받게 되는 모든 개인과 집단에 대한 복지의 변이를 측정해야 하는데, 이를 평가의 종합성이라 한다(Kwon, 1976 : 56). 이와 같은 평가의 종합성의 특성에서 계획안의

표 4-1 계획과정별 참여

계획과정 \ 참여자	주 민	계획가	공무원
1. 목표설정	◉	○	◉
2. 자료수집		◉	
3. 대안작성		◉	
4. 대안선택	◉	○	◉
5. 계획집행	◉	◉	◉
6. 환 류		◉	◉

주 : ◉ : 주요 역할
○ : 보조역할.
자료 : Gil and Lucchesi, 1979 : 566.

선택과정에 주민의 참여의 필요성을 발견할 수 있다. 계획집행에서의 참여의 논의는 계획이 변화하는 환경을 능동적으로 수용하면서 설정된 목표를 지향하고 있는가를 모니터하고 평가하기 위해 주민들의 참여가 요구된다.

Ⅳ. 참여의 문제점

계획과정에서의 주민참여는 그 자체로서 선(善)이라고 생각하고 있다. 참여기회를 부인하는 것은 민주적 전통을 배신하는 것처럼 생각하기에 이르렀다. 주민참여의 아이디어는 시금치를 먹는 것처럼 그것이 좋기 때문에 누구도 원칙적으로는 반대하지 않는다(Arnstein, 1969 : 216). 그러나 참여의 필요성을 제기하는 많은 지적에도 불구하고 계획의 실제에서는 많은 문제와 혼란이 나타나고 있다(정환용, 2001 : 255).

주민참여프로그램에 대해 입장에 따라 상이한 관점에서 회의적(懷疑的)인 견해를 제시한다(Cogan, *et al.,* 1986 : 283). 참여에 대해 의사결정자들(decision makers)은 방해주의자(obstructionist)들에 의해 독점되고 있다고 비판하고, 계획가들(planners)은 기술적인 속성이라고 믿고 있는 결정사항에 대해 방해받고 있다고 개탄하며, 주민들(citizens)은 이미 모든 결정이 이루어진 후에 단순한 표식(token)으로 시행한다는 염려를 나타낸다.

주민참여의 문제점은 비용과 수익, 권력과 통제, 계획가의 역할이라는 3

개의 영역으로 범주화하여 고찰할 수 있다(Gil and Lucchesi, 1979 : 567~574; 정환용, 1983 : 91~92). 비용(費用)과 수익(收益) 문제는 주민참여에 의해 의사결정이 지연됨으로써 시간·금전상의 지출이 증대되어, 경제적으로 낭비적일 뿐만 아니라 비효율적인 의사결정이 될 가능성이 있다는 것이다. 주민들이 그들의 결정과 행동에 법적 책임이 적어 자의적인 행동이 되기 쉽고, 주민들은 주로 자기와 근린의 이익만을 옹호하기 때문에 도시가 분리된 지역사회가 될 수 있다. 이와 같은 경제적 인자와 함께 주민이 참여의 힘을 오용할 가능성이 있다는 것들이 이 범주에서 제기된 문제점들이다. 권력(權力)과 통제(統制)의 문제는 주민집단과 지방정부 또는 주민집단간에 개발자원의 통제와 정책결정에 있어 갈등을 일으키고 있기 때문에 효과적인 계획과 개발집행에 장애가 될 뿐만 아니라 지방정부에 대한 주민들의 불신은 통제의 문제를 야기한다는 점이다. 마지막으로 적극적인 주민참여는 계획가(計劃家)에게 여러 문제를 야기한다. 주요 문제는 주민참여에 의한 대중적 의사결정과 계획가의 전문성 사이에서 야기되는 철학적 문제, 주민의 욕구와 근린주구의 수요를 인지하는 한편, 계획에 대한 행·재정적 제약을 이해하고 있는 계획가의 심리적 갈등문제, 그리고 계획가가 당면하고 있는 정치적 문제는 경쟁하는 시민집단간의 이익조정문제와 도시 전체로서의 혜택과 특정근린에서의 손실발생 사이에서 나타나는 우선순위의 결정문제이다.

제 5 장

도시성장과 구조

제 1 절 도 시 화

Ⅰ. 의　　의

1. 개　　념

(1) 정　　의

도시화(urbanization)란 도시적인 모습으로 변화되어 가는 과정을 의미하는데, 학문분야와 학자에 따라 각각 상이한 의미로 사용하고 있다. 인구학자(人口學者)는 도시의 인구나 밀도변화, 사회학자(社會學者)는 도시주민의 사회계층 · 의식구조 · 생활양식의 변화, 지리학자(地理學者)는 도시의 기능과 영향력의 공간상 변화, 그리고 경제학자(經濟學者)는 도시의 산업구조변화에 각각 초점을 맞추어 설명하고 있다.

일반적으로 도시화과정은 물리적 · 공간적 · 사회적 · 정치적 · 경제적 변화를 수반하는 전체적 변모(total transformation)이며, 이는 하나의 도시적 과정(urban process)으로 이해할 수 있다(Reissman, 1964).

(2) 고찰방향

도시화과정에 대한 개념은 행태적(行態的) · 구조적(構造的) · 인구학적(人口學的) 측면의 3개 방향으로 구분하여 고찰할 수 있다(Lampard, 1967 : 519~520; Diederiks, 1981 : 4~5). 행태적 개념(behavioral concepts)은 사회환

경이나 지역에 관계 없이 특정형의 행태나 사고를 도시적인 것으로 보고, 개인의 문화나 가치와 관련지워 정의한다. 구조적 개념(structural concepts)은 주어진 지역 내의 산업이나 직업의 변화상황에 일차적 관심을 갖는 것으로 농업사회에서 비농사회(非農社會)로의 변화에 초점을 맞춘다. 인구학적 개념(demographic concepts)은 도시화를 인구집중이라고 보고, 인구와 공간변수간의 관계에 관심을 보인다. 즉 일정지역에의 인구집중의 증가, 인구수의 증가에 관심을 갖는다.

2. 도시화지표

도시화는 종합적인 성격을 가진 개념이기 때문에 어느 하나의 지표에 의해 간단하게 정의할 수 없다. 따라서 인구의 공간별 · 산업별 · 시간별 집중현상, 토지이용변화를 포함한 인구의 정착현상, 생활기능의 공간적 분화, 도시민의 의·식·주 등 다양한 지표를 활용하여 도시화의 단면을 파악하고 있다.

Ⅱ. 도시화추세

1. 발달추세

인류발달의 오랜 역사에서 상대적으로 밀집된 도시지역에서 사람들이 살기 시작한 것은 비교적 최근의 일이다. 그러나 도시화의 진행속도와 범위는 과거와는 비교할 수 없을 정도로 빠르게 진행되고 있다. 데비스(K. Davis)는 1850년 이전에는 본질적으로 도시사회라고 부를 곳이 없었지만, 오늘에는 대부분의 선진국들과 많은 저개발국들은 도시사회의 특성을 보이고 있다고 지적했다(Davis, 1965 : 5). 이러한 도시화추세는 시간이 지남에 따라 더욱 진전되고, 결과적으로 도시적인 생활패턴이 점차 확산되고 있다.

도시화의 역사적 발달추세를 살펴보면 대체로 "S" 자형의 곡선을 나타내고 있다(Davis, 1965 : 7; Northam, 1979 : 65~67). 즉, "S" 자의 밑에서 처음 구부러진 면까지는 도시화율 25% 이하인 초기단계(initial stage)로 농업위주의 전통사회에 속한다. 다음 단계는 도시화가 급격하게 진전되는 시기로 도시화율이 25~75%에 이르는 가속단계(acceleration stage)이다. 이 단계에서는 제조업중심의 경제적 특성을 나타냈다. 마지막은 도시화가 완만하게 진전되거나 감소되는 종착단계(terminal stage)로 도시화율은 75%를 넘어서고 있으며, 서비스산업의 중요성이 증가된다.

선진국, 특히 미국을 중심으로 나타나고 있는 도시화의 특징 중의 하나는 대도시지역보다는 중소도시지역의 인구증가가 두드러지게 나타나고 있다는 점이다. 이는 전통적인 도시화와는 구별되는 하나의 전환점으로 간주되고, 이를 역도시화(counter-urbanization)라고 부른다. 이러한 추세를 설명하는 접근이론으로는 기존의 도시화와는 구별되는 새로운 도시화라고 주장하는 단절이론(clean-break approach), 기존 도시화의 특징을 계속하여 나타내는 현상에 불과하다고 여기는 계속이론(continuation approach), 그리고 도시화는 순환적으로 진전된다고 설명하는 순환이론(cyclic approach)의 3가지가 있다(Chung, 1989 : 8).

2. 선·후진국 도시화특성대비

현재의 저개발국에서의 도시화는 공업화와 큰 관계 없이 급격하게 진행된 현상으로서, 19~20세기 초 서구에서 진행되었던 경제발달에 기여한 도시화와는 구별된다. 그러나 현재의 저개발국도시화는 19세기의 선진국도시화와는 서로 다른 여건에서 진행되고 있는데, 이 중 중요한 것은 급격한 인구성장, 상이한 기술수준, 상이한 국제여건 등에서 찾을 수 있다(Chung, 1989: 5~6).

서구의 도시화가 급격히 진행되었던 19세기의 인구증가율은 연 0.5%인데 비해, 오늘의 개발도상국은 연 2.5~3.0%의 높은 성장률을 보이고 있다. 가용토지자원도 차이를 보여 개발도상국의 토지자원에 대한 인구밀도가 높아 농촌지역에서 도시지역으로의 인구의 압출요인(pushing factor)으로 작용하고 있으나, 19세기 서구의 도시화는 도시 자체의 유인요인에 의해 주변농촌인구를 끌어들이는 흡입요인(pulling factor)의 작용에 의해 진전되었다. 아울러 오늘의 교통통신기관의 발달은 거리의 마찰을 줄이고 도시의 기회에 대한 정보를 높이는 효과를 가져왔다. 그리고 식민경제의 소멸과 같은 국제정세의 변화는 국제적 인구이동기회를 감소시켜 20세기의 인구증가는 바로 도시화와 연결되고 있다.

오늘의 선진국 도시화의 특성은 수위도시의 인구·경제적 지배력은 감소되었지만, 수위도시지역은 공간적으로 확대되는 거대도시화(metropolitanization) 현상이 두드러지게 나타나고 있다. 아울러 선진국도시들은 공업도시의 몰락, 대도시주변의 중소도시의 성장, 환경성 · 쾌적성을 제공하는 지역의 성장 특성을 보이고 있다. 한편 개발도상국의 도시화는 대도시위주의 급격한 도시화로 특징지울 수 있다(Chung, 1989 : 7).

전체적으로 선진국도시화는 성숙도시화(mature urbanization), 개발도상국은 팽창도시화(expanding urbanization)라고 각각 특징지울 수 있다. 개발도상국의 도시화에 대해 과도시화의 문제점을 주로 지적하는 비관적 견해와 도시화는 경제개발의 결과로 나타나는 것으로 노동생산성이 향상되고 생활수준이 개선된다고 보는 낙관적 견해가 공존하고 있다.

3. 도시화설명이론

도시화를 설명하는 데 있어 도시화의 원인과 결과라는 측면에서 근대화이론(modernization theory) · 도시편향이론(urban bias theory) · 종속이론(dependence theory)의 세 가지 접근을 확인할 수 있다(Chung, 1989 : 13~14).

근대화이론(近代化理論)은 도시화가 전통사회에서 현대사회로 넘어오는 자연스러운 추세라고 보는 입장이다. 기술쇄신 같은 현대적인 특징이 도시지역에서 주변지역으로 확산되기 때문에, 장기적으로 도시화는 긍정적 효과를 가져온다고 본다. 즉, 도시화는 발전과정을 촉진하는 기회이며, 주민의 삶의 질을 제고한다는 주장이다. 그러나 이 이론은 도시화에 따라 발생되는 문제점 등을 충분히 설명하지 못하는 단점이 있다.

도시편향이론(都市偏向理論)은 도시화는 도시중심적인 정책의 결과라고 본다. 많은 저개발국가의 도시화는 농업부문의 자본추출에 의해 도시부문을 우선개발함에 따라 발생하여 결과적으로 농촌지역은 피폐화되고 국가 전체의 발전에도 장애가 된다는 것이다.

종속이론(從屬理論)은 외국자본에 의한 자본집약적인 제조활동에 대한 투자의 결과로 도시화가 진전된다고 본다. 즉, 외국자본이 농민들을 도시지역으로 압출하게 되고, 도시가 농촌지역의 청소년층을 유인하여 도시화가 진전된다는 것이다. 또한 선진국들의 경제적 침체와 계속되는 구조조정은 저개발국가의 성장하는 도시들을 관리하는 데 필요한 자원을 제공받는 데 어려움을 겪게 된다는 것이다. 이 이론의 문제는 도시 자체의 매력에 의한 도시화와 도시성장은 설명하지 못하는 단점이 있다.

Ⅲ. 도시화단계

도시화의 진전과정을 종합적으로 검토해 보면 일정한 단계에 걸쳐 성장·발달하고 있음을 알 수 있다. 이러한 도시화변화단계 규명을 위한 노력이 많이 진행되고 있는데, 최근에 유럽의 도시발달과 관련하여 의미 있는 연구들이 나타나고 있다(Hall and Hay, 1980; Berg, *et al.*, 1982; Barras, 1987). 버그(L. Berg, *et al.*) 등은 도시지역에서 중심·외곽, 그리고 도시지역 전체의 인구변화에 따라 4단계(8개 세부단계)로 구분하여 설명하고 있다(〈표 5-1〉 참조).

1. 도시화단계(stage of urbanization)

농촌인구가 증가함에 따라 이용가능한 농업용지가 부족한 경우, 잉여노동력이 발생하고 소득수준이 하락하게 된다. 이 때 공업부문의 고용이 시작되면 이러한 공업활동이 전개되는 도시지역으로 인구집중이 일어나고, 농촌지역의 상대적 인구감소가 발생한다. 이러한 초기적 도시화는 유럽지역에서는 산업혁명 이후 나타나게 되었다. 개발도상국에서의 도시화는 근대적 개발을 옹위하고 있는 특정도시――즉 국가적 대도시――로의 인구집중이 두드러지게 나타난다. 도시의 공간적 형태는 교통시설과 기관의 이용가능성에 의해 좌우된다. 노동자주거지는 공장에 근접한 지역에 밀집되어 열악한 주거환경을 형성하게 되었고, 때문에 주거환경의 정비와 개선이 이 단계에서의 주요한 도시문제가 되었다.

2. 교외화단계(stage of suburbanization)

공업화의 진전에 따라 도시 내의 여러 지역에서 공장이 가동되고, 경제구조의 가속적 진보가 이루어지며, 도시화는 계속되는 단계이다. 주민들은 소득증가에 따라 보다 좋은 주거환경과 쾌적성에 대해 더 높은 관심을 갖게 된다. 그리고 발달된 교통시설과 버스·자동차의 도입은 주거입지를 공간적으로 확대했으며, 이에 따라 쾌적한 환경의 널찍한 주거지역을 도시에 포함하게 되었다. 이 단계에서 새로운 교통기관의 혜택으로 공장들도 도시외곽지대로 이전할 수 있게 되었다. 그리고 주민들은 주거는 도시외곽에서, 직장은 도심에서 구하는 경향이 두드러지게 나타난다. 따라서 이 단계에서 당면하게 주요한 도시문제는 대량통근교통문제와 도시평면확산(urban sprawl)이다.

3. 반도시화단계(stage of deurbanization)

후기산업사회로의 진전에 따라 3차산업 종사자수의 비중이 높아지고, 소득향상이 계속되며, 자가용이용의 증가추세로 직장근처나 공공교통시설 이용가능성 등은 주거입지선정에 있어 큰 의미를 갖기 어렵다. 이에 따라 악화되는 도시환경을 피하여 쾌적한 생활여건을 제공하고, 생활서비스공급도 개선되고 있는 농촌지역에서의 생활을 선호하는 사람의 수가 증가하게 된다. 이러한 추세에 따라 기존도심부의 쇠퇴·유휴화 현상이 두드러지게 나타난다.

4. 재도시화단계(stage of reurbanization)

서구의 대도시에서는 재개발사업의 도입, 교통여건의 개선, 주거수준의

표 5-1 도시화의 단계

단계 \ 지표		인구변화의 특징		
		중 심	외 곽	도시 전체
1. 도시화	1. 절대집중	++	−	+
	2. 상대집중	++	+	+++
2. 교외화	1. 상대분산	+	++	+++
	2. 절대분산	−	++	+
3. 반도시화	1. 절대분산	−−	+	−
	2. 상대분산	−−	−	−−−
4. 재도시화	1. 상대분산	−	−−	−−−
	2. 절대집중	+	−−	−

* : +,++, +++ : 인구증가
-, --, --- : 인구감소.

자료 : Berg and Klaassen, 1987 : 28.

회복, 보행자몰의 조성, 사회하부구조의 개선 등의 조치를 통해 도심부의 기능활성화방안을 모색하고 있다. 이러한 조치들이 사람들로 하여금 대도시에 계속 거주하도록 설득하거나 도시 밖의 사람들을 유인하는 역할을 수행할지는 확정해서 말하기 어렵다. 다만, 대도시의 반도시화추세와 함께 재도시화도 장래의 도시화의 하나의 대안이 될 것으로 여겨진다.

제 2 절 도시체계와 분포

Ⅰ. 도시체계

1. 의 의

국가에서 다수의 개별도시들이 서로 다른 입지에서 다양한 물리적 속성을 가지고 독자적인 기능을 수행하고 있지만, 도시들간에도 기능적 연계를 맺으면서 성장변화한다. 이러한 도시들간의 내재적인 상호의존관계를 도시체계(urban system)라고 한다(Brook, 1982 : 7; Bourne and Simmons, 1978 : 11).

도시와 도시지역은 개별도시지역에서 국가 전체의 도시체계에 이르기까지 복잡한 계층을 형성하고 있는 상호관련된 하위체계들로 구성되어 있다. 따라서 도시체계(都市體系)는 위계에 따라 국가체계(國家體系)·지역체계(地域體系)·일일도시체계(一日都市體系)로 구분할 수 있다(Bourne, 1975 : 12~13). 여기서 국가체계(national system)는 거대도시(metropolitan centers)들에 의해 지배되는 단계적 규모계층을 형성하고 있는 것으로 도시인구규모가 감소됨에 따라 각급계층의 도시수가 규칙적으로 증가하는 특징을 가지고 있다. 이러한 국가체계 밑에 국가체계와 비슷하지만 분화정도가 낮은 위계체계를 보이는 지역체계(regional subsystem)가 있다. 이는 대체로 단일의 지역중심대도시(regional metropolitan city) 아래 계층간의 규모와 도시수 간에 차이가 많이 나타난다. 지방 또는 일일도시체계(daily urban system)는 도시거주민의 생활공간으로 하나의 도시의 주변지역에 대한 영향공간으로 이해할 수 있다.

2. 도시체계의 발달

도시화의 진전에 따라 도시간 또는 도시와 배후지 간에 상이한 모습의 연계체계를 형성하게 된다. 여기서는 전산업(前產業)·산업(產業)·후기산업(後期產業) 도시로 나누어 설명하기로 한다(Herbert and Thomas, 1992 : 85~87).

(1) 전산업도시

전산업도시(preindustrial city)의 대부분은 인구 5,000명 내외의 소도시이고, 오직 수도인 수위도시가 인구 10,000명을 초과하는 정도였다. 도시들은 경제·사회·정치 조직의 초보적인 형태이고, 교통기술도 초기적인 모습으로 도보나 동물을 이용하는 수준이었다. 때문에 도시 내 거주주민의 교통거리도 매우 짧고, 도시의 영향권은 일일왕복여행이 가능한 지역범위이고, 권역 내의 주민들에게 제공하는 도시서비스도 매우 제한되어 있었다. 이 시대의 도시들은 주변농촌지역과 타도시들과 느슨한 연계관계를 맺은 도시핵(都市核)이라고 할 수 있다.

(2) 산업도시

초기산업화단계에서의 도시성장은 특정자원의 지방화와 관련을 맺었고, 대부분의 도시들은 그들의 자연적 이점과 관련해서 그 규모가 증대되었다. 운하와 철도가 도시간의 효율적 교통수단으로 등장하여 공업원료와 완제품수송에 이용되었고, 이는 도시간 경제적 연계관계를 제고하는 역할을 수행했다. 이와 같이 공간상으로 경제적 연계가 증대됨에도 불구하고 개별도시들은 아직도 분리적이고 기능적 정체성을 보였다.

산업화의 진전에 따라 도시규모는 전체적으로 성장했지만 전(前) 산업시대의 공간규모에 과밀집중된 모습을 보이는 경우가 많았다. 도시 내 교통은 주로 대중교통에 의존했다. 공업노동자의 긴 노동시간과 저임금은 출근에 따른 시간과 비용을 줄이고자 노력하게 되고, 이는 사회계층에 의한 주거분화와 연결되었다. 따라서 저소득층주택은 산업고용지역 주위에 형성되고, 신공업지대와 고소득교외주거지는 주요 간선도로의 대중교통로를 따라 발달하는 촉수(觸手) 모형의 도시형태를 만들게 된다. 이러한 발달과정은 공업시대의 도시화지역을 나타내고, 전 산업도시에 비해 보다 규모가 크지만 도시경계

밖에까지는 비교적 약한 기능적 연계를 맺고 있다.

(3) 후기산업도시

후기산업도시(post-industrial city)는 커뮤니케이션의 속도와 효율성이 현저히 증대되는 특징을 보이고 있다. 자동차교통의 급격한 성장은 도시간 교통형태를 운하나 철도로부터 도로로 바뀌게 만들었으며, 도시간 개인이동도 공공교통에서 개인차량으로 바뀌게 되었다. 이러한 변화는 도시 내·외부 간의 경제·사회적 기능연계의 증대는 물론 거리의 제약을 감소시켰다. 때문에 공간적 분산은 도시체계에서 중요한 요소가 되고 있다.

통신의 효율성증대에 따라 도시와 농촌의 구별 그리고 개별도시의 기능분리는 급격히 감소되었다. 또한 통신의 용이한 이용가능성은 도시체계의 입지요인으로 거리보다 쾌적성을 우선 고려하게 만들었다. 그리고 매력적인 노동력도 보다 광범한 지역을 대상으로 선정할 수 있게 되었다. 이러한 추세들이 대부분의 주요 도시주변에 교외화현상을 초래하고 있다. 비슷하게 원료에 비해 기술과 노동력의 투입비가 높은 산업들이 대도시지역보다 매력적인 소도시에의 입지를 모색하게 된다. 전체적으로 보다 분산된 도시화지역이 후기산업사회도시체계의 특징으로 볼 수 있다.

Ⅱ. 도시분포

도시체계 내에서 도시규모분포를 어떻게 설명할 것인가 하는 문제는 도시분석의 주요한 과제의 하나이다(Richardson, 1978a : 169). 대체로 도시의 규모분포는 도시규모가 증대됨에 따라 이에 속한 도시수는 감소되는 경향을 보인다. 이러한 도시수와 도시규모와의 관계를 설명하는 이론에는 순위규모·대수, 그리고 파레토분포의 3가지 방법이 주로 사용되고 있다.

1. 순위규모분포

국가의 도시규모분포(rank-size distribution)는 대체로 도시의 규모가 클수록 이 집단에 속하는 도시수는 감소하고, 규모가 작을수록 이에 속하는 도시수는 증가하는 도시피라미드(urban pyramid)를 취하고 있다. 여기서 피라

미드의 첨두에 위치하는 도시를 수위도시(primate city)라고 한다. 이 이론에 의하면 특정도시의 인구는 수위도시인구를 해당 도시의 국가 전체에서 차지하는 규모순위로 나눈 값과 동일하다는 것이다. 즉, 수위도시인구를 1로 보면, 제2위의 도시인구는 1/2, 제3위 도시는 1/3, 제 n 번째의 도시인구규모는 $1/n$ 순으로 나타난다. 이와 같은 도시규모와 순위와의 관계를 처음으로 규명한 사람은 아우에르바하(Auerbach, 1913)이고, 그가 제시한 모형은 다음과 같다.

$$P_r = \frac{P_1}{r}$$

단, P_r : r순위의 도시인구
P_1 : 수위도시인구

위의 식을 지프(G. Zipf)는 보다 일반적인 형태로 바꾸어 제시하였다. 그의 설명에 의하면 아우에르바하(Auerbach)의 수식은 $q=1$인 특수한 경우이다.

$$P_r = \frac{P_1}{r^q}$$

단, q는 매개변수

베리(B. Berry)는 실증적 편의상 지프(Zipf)의 수식을 대수로 잡아 아래와 같이 변형하였으며, 이를 실제적용하기 위해서는 쌍대수용지(雙代數用紙)의 횡축에 순위, 종축에 인구규모를 표시하여 분포도를 만든 후 이를 만족시키는 회귀방정식을 구해야 한다.

$$\log P_r = \log P_1 - q \log r$$

여기서 q의 값으로 국가의 도시체계를 개관할 수 있는데, $q>1$이면 대도시지배, $q<1$이면 중소도시가 탁월, $q=\infty$은 하나의 도시, $q=0$은 모든 도시가 동일규모상태를 의미하고, $q=1$인 경우는 순위-규모법칙관계로 볼 수 있다.

이 순위규모분포의 설명은 논리적 근거도 미약하다고 비판받고 있지만, 규모 · 공간 · 기능상 상호연계된 동질지역의 현상을 기술하는 방법으로서의 의미를 갖고 있다.

2. 대수분포

도시분포가 하위계층에 속할수록 도시수가 많고 상위계층으로 올라갈수록 그 수가 적어진다고 가정하고 있는 순위규모분포모형은 실제적으로는 일반적이지 못하며, 일정규모 이상의 도시들의 규모분포를 파악하는 데는 적합할지 모르지만 모든 도시들의 규모분포를 파악하는 데는 사용하기 어렵다(국토연, 1981 : 385). 따라서 이를 위해서는 대수정규분포(lognormal distribution)로 파악하는 것이 바람직하다고 주장하면서 구나바르디나(Gunawardena, 1964)는 다음의 모형을 제시했다.

$$N = \log P$$

단, N = 도시수의 누적백분률
P = 도시규모

이를 실제적용하기 위해서는 횡축에 도시규모를 대수척(代數尺)으로, 종축에 도시수의 누적백분률을 정규확률척도로 표시하면 양자의 관계가 직선으로 나타난다. 이러한 대수분포는 도시규모의 전체범위의 분포를 나타내려 하고 있기 때문에 일정규모 이상의 도시만을 나타내는 파레토분포와는 구별된다.

3. 파레토분포

도시규모분포를 설명하는 데 있어서 파레토(V. Pareto)가 국가의 소득분포형태를 설명하는 데 사용한 역지수의 법칙을 사용하기도 한다(박수영, 1990 : 57). 즉 대수분포는 임계도시규모를 자의적으로 부과하거나 3개의 매개변수를 사용하는 자료에서의 추정을 통해 파레토분포(Pareto distribution)로 변환시킬 수 있다.

$$N(\bar{P}) = AP^{a}$$

단, $N(P)$은 P인구규모 이상 도시의 누적백분률
A, a는 상수

이 수식은 다음과 같이 표시할 수 있다.

$$\log N(P) = \log A - a \log P$$

여기서 $a=1$이 되는 경우가 순위규모분포이다. 이 파레토분포의 모형은 순위규모분포의 경우와 마찬가지로 최빈치, 즉 규모임계치 이상의 도시들에 대한 규모분포를 파악하는 데 사용되므로 모든 도시를 대상으로 할 때는 사용이 불가하다. 함수식에서 기울기 a의 값이 클수록 대도시에 인구가 집중되어 있는 분포로 상대적으로 중소도시가 빈약한 상태이며, a값이 작을 경우에는 그 반대이다(국토연, 1981 : 363).

제3절 도시성장과 변화

Ⅰ. 의 의

1. 개 념

도시는 인간의 다양한 활동들을 수용하고 있고, 도시의 존재는 많은 요인과 힘들이 복잡하게 얽혀 있기 때문에 이를 연구하거나 이해하는 데 어려움이 따른다(Reissman, 1964). 때문에 도시성장이론은 도시계획에서 뒤떨어진 영역에 속하고, 이는 일반화하기 어려울 정도의 다양한 도시화와 도시성장과정의 복합적인 특성을 반영한 것이다(Richardson, 1969 : 156).

일반적으로 성장은 양적 성장과 질적 성장으로 구분할 수 있다. 전자는 구성부문의 수나 크기가 많아지는 것을 말하고, 후자는 구성인자들의 내용물이 고차적인 모습으로 변모하는 것을 말한다. 도시의 양적 성장은 도시인구수·도시면적 등이 증대되는 것을 지칭하고, 질적 성장은 동일한 면적이나 인구수의 상황에서도 활동내용이 보다 고도화·다양화되는 모습으로 나타난다. 산업구조의 고도화, 소득의 증대는 후자의 예라고 할 수 있다.

도시는 행정·사회·경제·문화적 역할을 포함한 다양한 이유 때문에 존재한다. 여기에 추가하여 도시는 자신의 인구규모와 상대적 부에 의해 사회·문화적 시설, 보건, 교육, 그리고 소매 등과 같은 다양한 수준의 기능적 특화를 지원할 수 있다. 그리고 도시는 쇄신의 원천(well-spring)으로서 사회적 상호작용의 풍부함을 가져올 수 있다(Haughton and Hunter, 1994 : 39). 따라서 도시성장은 경제 · 사회 · 문화, 그리고 정치적 동학성에 의해 촉진된다고 말할 수 있다(Haughton and Hunter, 1994 : 39~40).

2. 성장단계

도시의 성장변화가 일정한 순서에 따라 진행되는 것으로 보고, 이를 설명하는 데 분리적 접근(secular approach)과 순환적 접근(cyclical approach)으로 나누어 볼 수 있다(Chung, 1989 : 9~11).

분리이론(分離理論) 중에서 스죠버그(G. Sjoberg)는 기술의 이용가능성과 공업화의 관점에서 전 산업도시(preindustrial city)와 산업도시(industrial city)로 구분하였다(Sjoberg, 1960 : 7~13). 프리드만(J. Friedmann)은 경제개발과 공간변화와의 관계에서 계층이 없는 독립적인 지방중심, 단일의 강한 중심, 주변배후지역들과 함께 출현하는 국가중심, 그리고 기능적으로 상호의존적인 도시체계의 출현의 4단계의 공간발달을 제시했다. 이들 분리이론들은 도시성장변화의 요인으로 경제와 기술개발을 주로 들고 있다.

순환이론(循環理論)의 예로 맘포드(L. Mumford)는 요람도시(aeopolis) · 도시(polis) · 대도시(metropolis) · 거대도시(megalpolis) · 전제도시(tyranopolis), 그리고 사자의 도시(nekropolis)의 6단계를 제시하였다. 톰슨(W. Thompson)은 도시성장을 5개 단계로 나누어 설명하고 있다(Thompson, 1965 : 15~16). 그는 도시경제가 단일산업 또는 단일기업의 영향을 크게 받는 수출특화단계(stage of export specialization), 중간생산의 지방생산자와 소비자를 추가함에 따라 생산단계를 전후로 확장하여 도시생산을 다른 생산물까지 확대하는 수출복합체단계(stage of export complex), 주요한 지방활동의 확장이 수입을 새로운 자가사용생산으로 대체하는 방향으로 이루어지고 기업과 소비자서비스 양쪽의 범위가 질적 측면에서 확장하는 경제적 성숙단계(stage of economic maturation), 지방경제가 주변도시와 연결하고 통제하는 결절이 되고 서비스수출이 주요 경제기능이 되는 지역대도시단계(stage of regional metropolis), 그리고 국가적으로 기술과 경제적 기능이 특화를 이루는 단계로 기술적 · 전문적 애호단계(stage of technical-professional virtuosity)로 구분하고 있다.

Ⅱ. 성장이론

도시화의 다양성과 도시성장과정의 복합성 때문에 이론화의 어려움에도 불구하고 도시성장발달을 설명하려는 여러 이론이 최근에 등장하기 시작하고 있다. 그러나 이들 이론들은 도시성장발달의 일반이론(general theory)이기보다는 도시성장의 일면을 중심으로 설명하고 있는 한계점이 있다. 여기서는 이론의 사용빈도와 공간발달과정에서의 중요성에 따라 경제기반이론 · 신고전이론 · 불균형개발이론 · 중심지이론 · 성장거점이론 · 쇄신확산이론의 6개 이론을 중심으로 도시성장발달의 관점에서 검토하기로 한다(Chung, 1989).

1. 경제기반이론

경제기반이론(economic base model)은 도시경제가 수출을 위해 재화와 용역을 생산 · 분배하는 기반활동과 지역 내에서 소비되는 재화와 용역과 관련되는 비기반 또는 서비스활동의 2개 범주로 구성되어 있다고 생각한다. 여기서 기반활동이 도시성장의 관건이고, 이 부문의 팽창은 서비스부문의 성장을 유인하여 도시경제 전체의 성장을 가져온다고 생각하고 있다. 이 이론은 호이에트(H. Hoyt, 1939) · 알렉산더(E. Alexander, 1954) · 블루멘헬드(Blumenfeld, 1955) · 노스(D. North, 1955) · 티보(C. Tiebout, 1956) 등에 의해 발달되었는데, 이 중 호이에트의 방법론이 이 개념의 초석으로 간주된다(Chung, 1989 : 45).

먼저 도시 전체의 고용(E)은 비기반산업의 고용(N)과 기반산업의 고용(B)으로 구성되어 있다고 본다($E=M+B$). 그리고 도시 내의 수요에 의해 유발된 비기반산업의 고용량(N)은 항상 도시전체고용량(E)에 대해 일정비율이라고 가정한다.

$$N=aE(0<a<1)$$

위의 식에서

$$E=aE+B$$

또는

$$E = \frac{1}{1-a} B$$

가 된다.

따라서 1단위의 기반산업의 고용량증가는 $1/1\text{-}a$단위의 고용증가를 가져온다. 즉, 기반산업의 고용증가는 그 승수만큼의 총고용량의 증대를 가져온다.

경제기반이론(經濟基盤理論)은 도시경제 전체에 대한 종합적 분석에 의한 도시성장을 설명한 최초의 공식이론이다. 이 이론의 가치는 도시경제의 개방성을 강조하고 있는 점이다. 단점으로는 이론적 측면과 기술적 측면에서 검토할 수 있다. 전자는 도시경제활동을 기반-비기반 활동의 2개 영역으로 구분하는 데 따른 합리성이 부족하며, 후자는 기반활동과 비기반활동을 구별하기 곤란한 면이 있고, B/N 비가 고정적이 아니고 가변적이라는 점을 지적할 수 있다(Chung, 1989 : 46).

2. 신고전성장이론

신고전성장이론(neoclassical growth model)은 도시성장의 원동력이 공급측에 있다고 생각하고, 노동 · 자본 등의 생산요소의 증가가 도시의 장기적 성장을 가능하게 한다고 보고 있다. 즉, 생산요소의 공급증대에 의해 수요가 반응하여 도시의 고용과 생산을 장기적으로 성장시킨다. 이 접근은 솔로우(R. Solow, 1957)에 의해 처음 개발되고, 데니슨(Denison, 1985)이 국가수준의 경제성장을 설명하는 데 사용하였으며, 최근에는 지역 및 도시성장에 이 모형을 응용하여 설명하고 있다(Mills and McDonald, 1992 : xvi).

이 모형은 완전고용, 완전경쟁, 동질적 상품, 수송비의 지역차 부재, 규모에 대한 수익불변, 고정된 노동력 공급, 그리고 동일한 생산기술의 가정으로부터 이론을 전개하고 있다. 이러한 상태 하에서 노동의 한계생산과 임금은 자본 대 노동의 비율에 정비례하고, 자본의 한계생산과 자본수익은 자본 대 노동비율에 반비례하게 된다. 즉, 도시의 임금이 낮아지면 높은 자본수익을 가져오고, 고임금지역에서 낮은 자본수익을 나타내고 있는 자본이 임금이 낮은 도시로 움직이게 된다. 이렇게 한계요소수익이 동일한 수준에 이를 때까지 생산요소들의 지역간 이동이 발생되기 때문에 자동적으로 지역간 소득균형이 실현되게 된다.

최근에 신고전모형(新古典模型)이 지배적인 성장이론으로 각광을 받고 있는 이유는 지역경제분석에서 받아들이고 있는 총합성장이론의 사고는 이해하기 쉬울 뿐만 아니라, 이론 속에 성장이론은 물론 요소이동의 이론을 포함하고 있으며, 간결·정확한 성장예측을 가능하게 한다는 점 때문이다(Richardson, 1973 : 23~24). 그러나 이 모형의 단점은 주로 가정의 비현실성에서 기인하고, 구체적이고 미시적인 지역의 경제특성관련정보를 제공하지 못하며, 지역의 생산관계 및 생산성의 변화를 고려할 수 없다는 점을 들 수 있다.

3. 불균형개발이론

신고전학파의 균형이론에 반하여, 뮈르달(G. Myrdal, 1957)과 허쉬만(A. Hirschman, 1958)은 거의 비슷한 시기에 불균형개발의 개념(theories of uneven development)을 발표하였다. 두 사람 모두 제조업이 이루어지고 있는 중심지와 원료공급지로서의 배후지 사이의 배후연계관계를 통해 개발이 이루어진다고 보았다.

뮈르달(Myrdal)은 특정한 입지에서 발원한 경제성장은 순환적·누적적 인과과정(circular and cumulative circulation process)을 거쳐 계속된다고 주장했다. 지리적 관점에서 성장은 확산(spread)과 역류(backwash) 효과의 망(network)을 통해 전달되면서 이루어지는 것으로 보고, 교역·자본·노동이 배후지역에서 성장중심으로 이동하는 누적적 인과관계를 특히 강조했다. 허쉬만(Hirschman)은 성장지역은 침체지역에 대해 파급(trickle down)과 극화(polization) 효과의 두 가지 방법을 통해 영향을 미친다고 보았다. 후자는 침체지역에서 중심지역으로의 노동·자본·재화와 서비스의 이동을 가르키고, 전자는 중심에서 주변으로의 쇄신전파와 같은 것을 의미한다. 침체지역이 성장하기 위해서는 파급효과가 크게 작용해야 하는데, 현실적으로는 침체지역이 언제나 상대적으로 불리한 위치에 있어 양 지역간에는 불균형성장이 발생될 수밖에 없다고 주장한다(Chung, 1989 : 41~42).

프리드만(J. Friedmann)은 중심-변경이론에서 도시성장을 설명하고 있다. 이 이론은 뮈르달과 허쉬만의 연구를 일부 수정·보완한 것으로, 경제성장이 중심지에서 주변지로 계층적 정주체계를 통해 전파된다고 주장했다. 여기서 중심(core)은 급속히 발전하는 공업지역에서 발달하는 것으로 쇄신적 변화에 대한 높은 잠재력을 나타내며, 변경지역(periphery regions)의 성장은 중심지에 의존하여 결정된다(Chung, 1989:42~43). 중심-변경관계는 구조적·진보적, 그리고 사회·경제적 접근을 통해 설명할 수 있다(Chung, 1989 : 42). 구조적 접근은 중심과 변경의 분화를 하나의 체계 속에서 양자간의 계층·통제·조직의 관점에서 분석한다. 진보적 접근은 국가와 사회에서 역사적 발전과정으로 중심과 변경관계가 발생한다고 본다. 사회·경제적 접근은 축적(accumulation)과 개발(exploitation)에 대한 경제적 모형에 의한 공간적 해석이라고 본다. 이 중심-변경이론은 양자간의 관계가 식민관계로 불균형성장이 필연적이라고 이해한다. 그러나 이 이론은 도시성장의 전체적인 기술보다 하나의 측면을 제시한 데 불과하고, 공간정책으로서의 의미가 적다는 한계점이 있다. 그러나 도시성장변화에서 중심과 변경 간의 쇄신의 확산과 기능연계를 강조한 것은 중요한 의미를 갖는다.

4. 중심지이론

크리스톨러(W. Christaller)에 의해 형성된 중심지이론(central place theory)은 그의 저서 「남부독일의 중심지」(*Die zentralen Orte in Suddeutchland*, 1933)에 집약(集約)되어 있다. 그의 연구의 목적은 인간정주의 분포에 관한 일반원리를 도출하는 데 두었다. 그의 이론전개를 위한 기본가정은 다음과 같다.

1) 인구는 동질공간에 균형분포되어 있다.
2) 중심지는 고정된 범위의 주변배후지역에 재화와 서비스를 제공한다.
3) 중심지는 지배공간을 극대화하기 위해 입지한다.
4) 중심지는 계층을 형성한다.

그는 이러한 가정 하에서 육각형시장영역(hexagonal market areas)이 형성되며, 이 중심지의 크기와 모양은 재화와 서비스수요에 대한 최소인구규모와 최대공급범위에 의해 결정된다고 주장했다. 이 중심지이론은 뢰쉬(A. Lösch)에 의해 더욱 발달되었는데, 그의 중심과제는 경제활동의 입지와 경제공간의 형성에 대한 것이었다. 크리스톨러와 달리 그는 처음에는 단일기업의 경제활동범위로서 원형시장을 형성하는 과정을 설명하고, 이것이 시장경쟁에 의해 육각형시장으로 균형화되어 가는 과정을 설명하였다.

이러한 중심지이론(中心地理論)에는 중심지는 교역지역 내에서 총합교통이 최소가 되는 지역을 추구하고(중심성원리), 소비자는 근접중심지에 교통하고(접근성원리), 중심지간에는 계층이 있으며(계층원리), 마지막으로 각 중심지는 각자의 교역범위를 갖고 상위교역지역은 하위교역지역을 포함한다(안배원리)는 4가지 원리가 작용하고 있다.

도시성장은 배후지역에 공급하는 재화와 서비스의 결과로 성장한다고 주장하는 이 개념은 도시성장에서 매우 유익한 이론적·작업적으로 타당한 접근방법으로 간주된다. 그러나 이 이론은 정적 균형상황을 가정하고, 지역 내의 경제적 상호관계에 의해 형성되는 지리적 패턴에 대한 명료성이 부족하고, 기업가의 적극적 역할을 고려하지 않았으며, 소비자행태를 극히 단순화한 모델로 제시하는 등 여러 단점이 지적되고 있다. 또한 도시성장에 대해서도 서비스부문의 역할을 지나치게 강조하고 제조업을 저평가했다는 지적도 있다.

5. 성장거점이론

성장거점이론(growth pole theory)은 뻬루(F. Perroux)에 의해 1955년에 제기되었다. 그는 경제개발과정을 관찰한 결과 성장은 모든 지역에서 동시에 나타나지 않고, 한 지점 또는 개발거점에 상이한 강도로 나타나 다양한 통로를 통해 전체경제에 확산된다고 주장했다. 그는 원래 경제성장에 관심을 갖고 경제적 상호관계에 대한 지리적 패턴보다는 주로 개별 기업과 산업, 그리고 이들의 상호관계에 주로 흥미를 가졌다. 성장거점개념의 지리적 연계는 부드빌(J. R. Boudville)에 의해 이루어졌다. 그는 경제공간이 기능변환하여 지리적 공간과 일치한다고 보고, 이 변환은 동질·극화·계획공간의 관점에서 고찰할 수 있다고 했다. 그는 성장거점은 '도시지역에 위치한 팽창산업군'이라고 정의했다. 즉 그에 의해 성장거점은 특정지역의 추진산업의 집적을 의미하고, 대부분의 추진산업은 도시지역에서 발견된다고 했다.

성장거점이론(成長據點理論)은 선도산업과 추진산업, 산업연계, 극화와 파급효과 등 중요한 개념들을 옹위하고 있다. 선도산업(leading industry)은 선진기술에 바탕을 둔 비교적 새롭고 동적인 산업을 의미하고, 추진기업(propulsive firm)은 비교적 대규모이며 빠르게 성장하고 쇄신적 특성을 갖고 있다. 이들 산업들은 관련기업들과의 강한 연계성 때문에 산업복합체(industrial complex)를 형성하고 있다. 따라서 선도산업은 공간개발에서 성장효과를 촉진·전달하는 데 중심적 역할을 수행한다. 공간개발에 있어 성장거점의 조성은 수직적으로 결합된 산업복합체를 구축하고, 도시에 근대적 하부구조를 구비하며, 선진공장들의 건축 등을 의미한다.

이 이론이 개발정책으로서 성가를 유지하고 있는 이유는 공간개발에 동원될 수 있는 자원·인력·조직의 힘이 제한되어 있는 국가에 효과적이며 효율적 정책수단이기 때문이다. 이러한 장점에도 불구하고 이 이론은 아직 응답하지 않은 여러 질문을 갖고 있다.

> 첫째, 성장이 어떻게 발생하며 위치하는가.
> 둘째, 성장을 유도하는 경제활동의 혼합은 어떤 것인가.
> 셋째, 계획분야에서 요구되는 거점의 규모는 어느 정도인가.
> 넷째, 성장효과가 경제 내의 다른 부분에 어떻게 전달되며, 다른 지역에 어떻게 전달되는가.
> 마지막으로, 확산효과를 유도하기 위한 정책은 무엇인가.

6. 쇄신확산이론

쇄신(innovation)은 일정한 사회체계로 새롭다고 인지된 생각의 성공적인 도입을 의미한다. 쇄신확산(innovation diffusion)은 커뮤니케이션의 함수로 정의된다. 즉, 확산과정은 두 유형의 행위자(변화의 옹호자와 잠재적 수용자), 행위자들이 작용하는 상황, 행위자간의 커뮤니케이션의 통로, 소통되는 새로운 물건이나 사고의 4가지로 구성되어 있다.

개발은 보통 도시에서 발생되는 일련의 기본적 쇄신들로 구성되어 있으며, 이러한 쇄신들이 쇄신군을 형성하고, 이것이 도시전체의 체제변화를 가져오는 진보적 쇄신체계로 발전한다. 환언하면 지역수준에서의 급속한 발전은 정보의 유통, 쇄신의 확산, 그리고 새로운 사고들의 신속한 수용에 의해 이루어진다. 일반적으로 급격히 성장하는 도시지역은 비슷한 규모와 유사한 입지에서 정체하고 있는 도시에 비해 쇄신을 보다 잘 받아들인 결과라고 이해할 수 있다. 따라서 쇄신활동의 입지적 특성이 도시경제학에서는 주요한 관심사가 되고 있다. 이러한 시각에서 프레드(A. Pred)는 도시성장의 차이는 쇄신의 수용과 확산의 차이라고 주장했다.

Ⅲ. 성장관리

1. 의 의

도시성장은 경제적 혜택의 근원이며 보다 많은 고용기회를 제공하기 때문에 환영했지만, 교통혼잡 · 대기오염 · 공간녹지감소 · 추가적 하부구조구축을 위한 재정지출 · 주택부족 등의 문제를 야기하고 있다. 때문에 이를 통제하기 위한 정책이 필요하게 되었다.

성장관리(growth management)는 다음 두 가지의 추세에 의해 새롭게 등장한 개념이다(Levy, 1997 : 59~60).

> 첫째로 인구성장추세와 병행하여 나타나는 도심인구의 교외이동현상에 대해 많은 지역사회에서는 위험을 느끼게 되었고, 이를 예방하거나 억제할 수단의 개발의 필요성을 느꼈다.
>
> 둘째로 성장(growth)은 인구와 경제적 번영의 증가이고, 이는 주택 · 작업공간 · 서비스시설 · 도로 · 학교 등에 대한 보다 높은 수요를 창출하고 토지와 자연자원의 개척으로 유도된다. 따라서 관리되지 않은 성장은 경제활동·생활수준을 지탱하는 자연의 능력을 고갈시키고, 이는 환경문제를 야기하게 된다(Chinitz, 1990 : 3).

미국에서 주(state) 전체에 걸치는 성장관리프로그램은 1961년 하와이(Hawaii)에서 시작하여 그 개념과 내용이 발달하고 있는데, 1998년 이후로는 '스마트 성장프로그램'(smart growth programs)이라는 명칭으로 여러 주에서 추진하고 있다(Weitz, 1999). 스마트성장(smart growth)에 대해 오스틴시(Austin, Texas)에서는 "지역사회를 개선하고, 경제를 강화하며, 환경을 보호하는 도시와 교외성장을 재구성하는 노력"이라고 정의한다(Miller and Hoel, 2002 : 4~5). 이의 목표는 대중들에게 다양한 교통과 주택선택기회를 제공하고, 매력 있는 지역사회를 만들기 위해 녹지공간을 제공하고, 혼합용지개발을 사용하고, 도시내부에 신건축을 하는 것과 같은 조화된 계획을 수립 · 시행하는 데 있다(Miller and Hoel, 2002 : 5). 성장관리프로그램은 초기에는 환경보호차원에서의 토지이용규제에 초점을 두었으나, 현재는 삶의 질과 도시확산

제한을 통합하는 내용들이 추진되고 있다(Carruthers, 2002 : 1959)

성장관리(成長管理)는 개발의 양(amount)·시기(timing)·위치(location), 그리고 특성(character)에 대한 규제라고 정의할 수 있다(Levy, 1997 : 240; OECD, 1983 : 13). 여기서는 개발과 보전, 다양한 개발형태와 하부구조의 동반제공, 성장에 의해 창출되는 공공서비스에 대한 수요와 이러한 수요에 따른 재원의 공급, 진보와 형평 간의 균형을 추구한다(Chinitz, 1990 : 6).

2. 성장관리정책

성공적인 성장관리는 지방정부 간(수평적 일치성), 그리고 지역과 지방정부 간(수직적 일치성)의 조화가 요구된다(DeGrove and Metzger, 1995 : 165). 성장정책(成長政策)은 국가적 성장정책과 지역적 성장정책으로 구분할 수 있다. 전자는 과대도시의 경제적·사회적 비용의 감소, 도시성장의 혜택을 선정된 특정지역에 제공, 그리고 도시간의 극도의 성장의 변이를 조정하여 이 변이에 따른 비용과 혜택의 불균형배분을 줄이는 데 초점을 둔다(OECD, 1983 : 14). 후자는 지역제를 사용한 기업규제 지침을 통한 개발허용, 민간부문에 영향을 주기 위한 계획들이 사용된다(OECD, 1983 : 15).

성장규제기법은 다양하지만 공공시설요구·성장단계·성장경계, 그리고 성장률의 4가지 유형으로 구분할 수 있다(Kelly, 1993 : 43~71).

(1) 적정공공시설 요구

많은 도시에서 적정한 공공시설(adequate public facilities)들을 이용하기 어려울 때는 개발을 허가하지 않는 규제조치를 채택하고 있다(Kelly, 1993 : 45). 적정한 공공시설기준이 어떻게 성장을 관리하느냐 하는 점은 다음 두 질문과 관련된다(Kelly, 1993 : 48).

> 첫째, 급격한 성장을 하고 있는 도시의 주요한 관심의 하나는 공공서비스의 이용가능성인데, 적정한 공공시설기준은 이용가능한 시설이 충분하지 못할 때는 새로운 개발을 보장할 수 없는 것과 같은 방법으로 직접적으로 관계된다.
>
> 둘째, 적정한 공공시설규제는 기존공공시설이 인접한 지역에의 성장을 보장하는 장려책(incentives)을 제공하여 성장의 입지에 직접적으로 영향을 미치게 된다.

(2) 성장단계프로그램

성장단계프로그램(growth phasing program)은 새로운 개발의 입지와 시기를 규제하는 것으로, 이는 공공시설의 이용가능성에 기준하여 개발을 결정한다(Kelly, 1993 : 48). 이 프로그램의 실제 목적은 도시평면확산을 방지하고, 도시형태의 변화와 이의 부정적인 인식을 방지하는 데 있다(Kelly, 1993 : 52).

(3) 도시성장경계

도시성장경계(urban growth boundary)는 도시성장의 한계를 정하기 위해 도시주변에 설정한 경계이다(Kelly, 1993 : 53). 즉 도시성장경계의 설정은 도시성장이 도시경계 내에서만 이루어지도록 하여 도시난개발을 막는 정책이다. 도시성장경계의 설정을 위해서는 도시성장에 대한 많은 예측작업이 요구된다. 그러나 도시성장은 시간에 따라 변화하기 때문에 일정기간에 성장에 필요한 토지를 정확하게 예측하기 대단히 어렵다. 때문에 이 기법은 다른 기법과 함께 사용하는 것이 보통이다.

(4) 성장률프로그램

다른 프로그램들도 성장률규제의 수단으로 활용할 수 있으나, 직접적으로 성장률을 규제하는 기법을 활용하기도 한다.

제 4 절 도시공간구조

Ⅰ. 의 의

1. 개 념

도시공간구조연구의 요체는 도시를 하나의 공간적 실체로 파악하여 거기에 나타나는 질서를 파악하고, 그 질서의 배경에 존재하는 논리를 규명하는 것이다(국토연, 1981 : 83~84). 도시공간구조를 논함에 있어서는 형태와 기능 양면에서 내부질서의 논리는 무엇이며, 활동간의 기능연계는 어떻게 되어 있고, 무엇과 누가 입지를 결정하고 상호 연결시키는가 하는 질문들이 핵심관심사항이다(Doxiadis, 1973 : 277).

일반적으로 도시형태(urban form)는 도시지역 내의 건물(들)과 토지이용, 그리고 사회집단 · 경제활동 · 공공기관 같은 개별요소의 공간적 패턴 또는 배열을 말한다. 도시상호작용(urban interaction)은 개별요소의 패턴과 행태를 통합시키는 상호작용 · 연계 · 흐름의 하부집단을 지칭한다. 도시공간구조(urban spatial structure)는 도시형태와 도시상호작용을 조직원칙에 의해 결합시킨 것이다(Bourne, 1982 : 30). 이러한 도시형태와 구조에 대한 통합된 개념이나 이론이 현재까지는 제시되고 있지 않지만, 여기서는 공간구조는 무엇이며 어떻게 측정 · 이해 · 구성할 것인가에 초점을 두어 검토하기로 한다.

2. 공간조직이론

공간조직과 관련된 이론들은 다음의 4가지 문제유형과 이에 관련된 이론적 접근을 모색해야 한다.

첫째는 '무엇'(what)이 존재하는가 하는 문제로 기술적 접근(descriptive theories)이다. 이는 공간활동의 현재의 배분패턴을 적절한 방법으로 확인하고 기술하는 데 도움을 주는 개념구조와 작업적 수단을 제공해 주는 데 목적이 있다. 지리학자들의 연구의 거의 대부분이 이 범주에 속하고, 인간의 정주패턴을 기술하는 많은 문헌들도 여기에 속한다.

둘째의 문제는 '왜'(why) 현재의 패턴이 존재하는가 하는 것이다. 이는 실증적 이론(positive theories)으로 공간패턴을 이미 확립된 요인들이나 작용력을 바탕으로 하는 연역적 방법이나 경험적 증거에 의한 일반화를 추구하는 귀납적 방법으로 설명하는 데 목적을 둔다. 광범한 기술적 문헌과는 대조적으로 이 범주에는 매우 제한된 연구가 있는 정도이다.

세 번째 문제는 '어떻게 되어야 하는가'(what ought to be) 하는 것으로 공간조직에 있어 적정한 정주패턴에 대한 이론들로 규범적 이론(normative theories)으로 볼 수 있다.

규범이론에서 제시하는 규범과 적정수준은 네 번째 이론인 통제이론(control theories)의 지침과 준거를 제공해 주고 있다. 통제적 접근방법은 사전에 설정된 목표를 달성하기 위해 공간조직에 어떻게 개입하고 변화를 유도할 것인가 하는 문제와 관련된다. 이상적으로는 이들 목표들은 공간조직과 경제개발과의 상호작용의 가정 속에서 설정된다. 규범적 이론이 실제적인 계획에 간접적으로 응용할 수 있는 반면에, 규범적 요소를 포함한 통제이론은 정책작성 · 계획 · 집행, 그리고 평가에서 발생되는 문제유형들을 다룬다.

Ⅱ. 접근이론

도시공간구조에 관한 접근이론들을 생태이론, 토지경제이론, 사회지역분석, 갈등 · 관리론적 접근, 그리고 마르크스적 접근으로 요약할 수 있다(Korcelli, 1982 : 93～110; 국토학, 1991 : 81～130).

1. 생태적 접근이론

생태적 접근방법(ecological approach)은 시카고학파(Chicago school of urban sociology)의 1916～1940년 사이의 저술 등과 깊게 관계되는 것으로, 팍(R. Park)이 대표적인 학자이다. 이 학파에서는 사회집단간의 영역에 대한 경쟁을 특히 강조하고, 이것이 각 중심의 '자연적' 지역의 출현을 유도한다고 보고 있다. 즉 생태학의 관점에 따라 인간도 환경의 선택적 · 배분적 · 수용적인 힘에 의해 영향을 받는 공간적 관계를 가지며, 이를 다루는 학문을 인간생태학(Human Ecology)이라고 한다.

생태학자들은 도시와 도시사회를 사회조직이 지리적 위치를 점유한 것으로 간주하고 있다. 이들은 도시생활은 질서 있는 그러나 계속적으로 변화하는 사람 · 시설, 그리고 활동들의 분포를 산출하는 자연력이 작용하는 지역들의 혼합으로 본다. 이들은 사람과 그들의 주거지와의 관계를 핵(核) · 선형(線型) · 지대(地代)의 개념으로, 그리고 집중(集中) · 집심(集心) · 계승(繼承) · 지배(支配) 등의 과정으로 설명하고 있다. 대표적인 모형으로는 동심원 · 선형 · 다핵이론을 들 수 있다(〈그림 5-1〉 참조).

동심원(同心圓) 모형은 1925년 시카고대학의 버제스(E. W. Burgess) 등이 중심되어 제시한 것으로, 도시는 중심에서 방사선형으로 확장하며, 이 중심으로부터 중심업무지역(centrral business district) · 점이지대(transitional zone) · 노동자주택(zone of workingmen's homes) · 주거지역(zone of better residence) · 교외지역(commuter's zone)의 5개의 동심원지대군으로 구성되어 있다고 보았다. 이에 대한 비판은 도시의 자연적 특성을 고려하지 못했고, 역사

그림 5-1 생태개념에 의한 도시구조

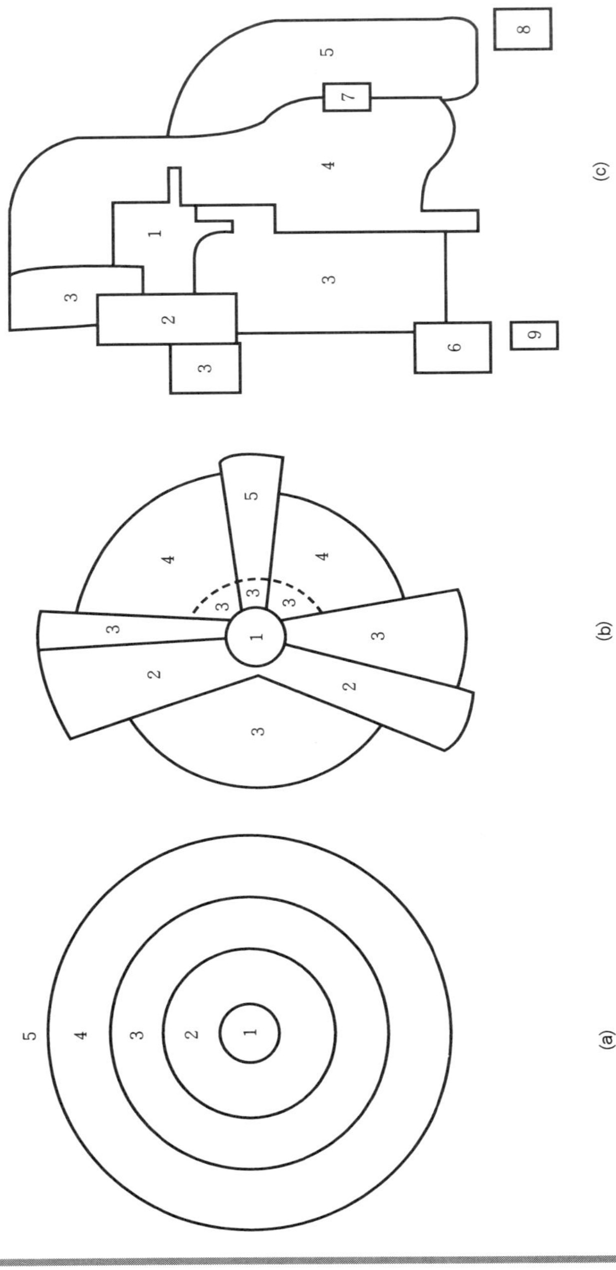

(a) Concentric zone concept: 1 Central Business District, 2 zone of transition, 3 zone of working men's homes, 4 zone of better residences, 5 communters' zone. (b) Sector concept: 1 Central Business District, 2 wholesale light manufacturing, 3 low-class residential, 4 medium-class residential, 5 high-class residential (c) Multiple nuclei concept: 6 heavy manufacturing, 7 outlying business district, 8 residential suburb, 9 industrial suburb. From Chauncy D. Harris and Edward L. Ullman, '*The nature of cities*', Annals of the American Academy of Political and Social Science, November 1945.

성도 무시했으며, 교통노선의 역할에 고려도 없었으며, 점이지대의 경공업 이외에는 중공업에 대한 고려가 미흡했다는 점에 모아지고 있다. 그리고 자동차교통에 의한 영향이 지대한 현재의 여건에서는 적용하기에 한계가 있고, 예외적인 자연조건을 갖고 있는 경우를 제외하고는 적용하기 곤란하다는 점 등이다.

선형(扇型) 모형은 1933년 호이에트(H. Hoyt)에 의해 미국의 142개 도시의 주택자료를 분석한 결과를 바탕으로 제시한 이론이다. 도시형태는 주거지구의 형태에 의해 결정된다고 보고, 전체적으로 CBD를 중심으로 부채꼴형태의 토지이용이 이루어지고 있다고 보았다. 고급주택가는 도시 내에서 가장 빠른 교통로에 따라 발달하며, 중산층주택이 이에 인접하며, 다음으로 저임대주거지역이 형성된다고 보았다. 동심원모델에 비해 도심으로부터의 거리와 방향을 고려한 점은 진일보한 내용이다. 비판점은 선형의 동인은 고임대주거지보다 상업지의 확대에 의해 좌우되고, 고속간선도로의 중요성을 강조하고 있으나 고임대주거지는 간선고속도로를 기피하는 경향이 있고, 토지이용을 제약하는 사회 · 문화 제도의 역할을 충분히 고려하지 못했다는 측면을 들 수 있다.

다핵(多核) 모델은 1945년 해리스(C. Harris)와 울만(E. Ullman)에 의해 동심원과 선형모델을 수정발표한 것으로 도시의 토지이용패턴은 단일핵에 의해 성장하는 것이 아니라 여러 개의 지역핵들로 이루어졌다고 보고 있다. 그들은 토지이용에서 핵의 출현은 상호의존적이며 물리적 근접성의 요구, 집적이익의 추구, 교통중점을 중심으로 하는 집적형성, 그리고 이질적 활동에 대한 반발작용에 의해 이루어진다고 생각했다.

생태적 접근이론(生態的 接近理論)은 경쟁적인 상호관계나 상관관계를 다룰 때는 가치 있지만, 인간을 동식물과 같이 취급하여 도시의 사회적 패턴의 형성에 영향을 미치는 경제 · 제도 · 정치적인 힘을 무시한 것은 단점으로 지적된다.

2. 토지경제이론

도시구조에 관한 경제이론(economic approach) 또는 상쇄모형(trade-off model)은 튜넨(J. Thünnen)의 농업토지이용모델에서 그 기본개념을 발견할 수 있다. 도시구조에 대한 분석은 초기에 허드(R. Hurd, 1903)와 헤이그(R. Haig, 1926)에 의해 제시되었다. 최근에는 이 접근이론은 케인(Kain, 1962)·알론소(W. Alonso, 1964) · 무스(R. Muth, 1969) · 밀스(E. Mills, 1972) 등에 의해 발전되고 있다. 이 접근은 신고전경제학에 바탕을 둔 것으로 도시내부토지이용을 토지에 대한 경쟁적 제시의 결과로 설명하고 있다.

토지경제이론(土地經濟理論)의 기본가정은 재산소유자는 지대를 교통비에 상쇄함으로써 입지비용을 최소화하려 한다는 점이다. 토지이용자집단간의 상이한 제시가격함수는 동심원적인 사회 · 경제적 활동을 나타내게 된다. 이러한 상쇄모델은 단핵도시, 완전경쟁, 시장에 대한 완전한 지식, 선택의 자유 등을 가정하고 있다. 도시구조를 교통비와 도시지대의 공간적 패턴의 반영으로 보고 있는 이론들은 공간에서의 경쟁과 지배와 같은 기본관념에서 생태이론과 궤를 같이한다. 도시공간구조의 경제적 이론의 바탕을 제공한 헤이그(Haig)는 지대와 교통비는 보완적 가치로, 이의 합계는 총마찰비용(total costs of friction)을 이룬 것으로 보았다.

이 접근은 버제스(E. Burgess)의 동심원이론에 논리적 바탕을 제공하고, 도시사회구조에 대한 생태적 설명과 경제적 설명을 통합했다는 데 가치가 있다. 그러나 이 이론의 가정, 즉 이의 정적 · 균형적 형태와 단일중심에의 모든 서비스와 고용기회의 집중 · 교통비의 대칭적인 형태 · 완전경쟁조건 같은 극히 단순화한 가정 등에 비판이 따르고 있다(Korcelli, 1982 : 98).

3. 사회지역분석

1950년대에 이르러 생태학연구는 도시공간, 특히 근린주구의 사회 · 문화적 인자에 관심을 갖게 되었으며, 이것이 사회지역분석이나 요인생태이론으로 변화되어 왔다(황희연 · 변병설, 1998 : 222). 즉 사회지역분석과 요인생태학은 도시내부구조를 사회적 · 경제적 변화의 과정으로 해석하는 생태적 접근의 연장이다. 사회지역분석(social area analysis)은 쉐브키(E. Shevky) · 벨(W. Bell) · 윌리암스(M. Williams) 등에 의해 고전생태학에서 개념화된 자연지역(natural area)에서 유래하였다(황희연 외, 2002 : 171).

사회지역분석(社會地域分析)에서는 같은 생활수준 · 생활방법, 그리고 같은 윤리적 배경을 갖는 특정한 사회영역에 거주하는 사람들은 다른 사회영역에 거주하는 사람과는 다른 태도와 행동을 보이게 된다고 전제하고 있다. 사회지역분석을 위해 사회등급(또는 경제적 수준)·도시화(또는 가족수준), 그리고 분리(또는 윤리수준)의 3개 기본개념을 도출하고, 이들 각 개념에 대해 표준화지수를 구성하여 도시의 세부지역별로 지도화하여 표시한다. 경제수준은 직업(고용자 1,000명당 숙련공수)과 교육(25세 이상 인구 1,000명 중 8년 이상 교육이수자)으로 측정하였다. 가족수준은 출산율, 비고용주부(15세 이상 여성 인구 중 비고용주부), 그리고 단일가족세대(총가구대비)로 측정한다. 윤리적 수준은 전체인구 중 특정소수집단에 속한 사람수에 의해 측정한다. 이들 각 변수의 값을 표준화점수로 환산하고, 이를 지도로 표시하여 사회지역을 확인하게 된다.

머디(R. A. Murdie., 1969)는 미국의 여러 도시를 대상으로 분류한 결과 사회경제적 지위에 따라서는 선형(扇形) 모형과 유사한 공간패턴이 나타나고, 가족구조에 따라서는 동심원(同心圓) 패턴이 나타났으며, 윤리적 수준에 의한 분석결과는 다핵(多核) 패턴이 형성된다는 결과를 발표했다(황희연·변병설, 1998 : 223~224).

사회현상의 분석을 통해 도시공간조직을 이해하고자 하는 이 접근이론은 몇 가지 제약점이 따른다. 즉, 왜 주거지역은 동질적이어야 하고, 주거지역 상호간 달라야 하는가에 대한 이론적 설명이 없고, 특정한 3개의 기본개념만을 사용하는 이유를 명시하지 못했다는 점에 비판이 집중되어 있다(Cadwallader, 1985 : 127).

4. 갈등·관리론적 접근

영미의 학자들을 중심으로 발달한 갈등·관리 접근은 대도시의 변두리와 교외지역은 상대적으로 번영하고 있으나, 복잡화되어 가는 도심지문제의 공간적 현상은 도시 내에 전통적인 격차와 불평등을 창조·보강시키는 강력한 배분적 구조가 존재하는 것으로 보았다. 이러한 상황은 합의보다는 갈등을 시사했고, 도시구조는 도시의 공간경쟁에 내재되어 있는 긴장과 마찰의 결과라고 보았다. 갈등·관리 접근방법은 입지적 긴장을 강조하고, 도시의 토지이용에 직접적인 통제·조작하는 역할을 중요시한다.

도시는 다양한 지리적 규모에 따라 여러 의사결정단위를 포함하고 있고,

이들 각 의사결정단위들은 효용의 최대화를 위해 주어진 자원을 배분 · 사용하게 된다. 이러한 자원배분활동은 긍정적인 효과와 부정적인 효과를 가져오게 된다. 여기서 긍정적 효과를 제공하는 것에 대한 근접과 부정적 효과에 대한 혐오는 도시 내에서 공간적인 분화를 초래하게 된다. 이러한 도시의 지역적 분화는 유형 · 가격 · 질에서 동질적인 대규모 주거지개발에 의해 보강된다. 그리고 한번 형성된 도시의 지역적 분화는 재정의 지역 내 흐름에 의해 유지되고 복합화된다. 이러한 입지적 갈등접근을 영국에서는 관리적 측면에서 분석하고 있다.

5. 마르크스적 접근방법

하비(D. Harvey)는 마르크스(K. Marx)의 경제분석을 도시토지이용에 적용했다. 그는 일반재화와 대비되는 독특성에도 불구하고 토지의 교환가치와 소유권은 경쟁적인 입찰원리에 의해 결정된다고 보았다. 즉 도시 내 토지배분이 빈 극장의 좌석이 점유되는 것처럼 첫번째 입장자는 좌석수(n)에 해당하는 만큼의 선택이 가능하지만, 두 번째 입장자는 n-1, 세 번째는 n-2, … 등의 선택기회가 각각 제공된다. 토지에 대한 입찰참여자의 순서를 입찰능력순이라고 생각한다면 최고의 소득자가 최대의 선택성을 확보할 수 있는 반면에, 저소득자는 상위계급에서 차지하고 남은 공간을 차지할 수밖에 없거나 남은 것이 없으면 임차할 수밖에 없다고 본다. 따라서 고소득집단은 공간확보비용이 상대적으로 저렴한 반면에 저소득층은 부담이 크다. 고소득층이 소유한 토지의 일부는 임대하게 되는데, 이 때 이들은 토지투자에 대한 이익을 극대화하기 위해 임대료는 최대한 인상하면서 보수 · 유지비의 지출은 줄이려는 경향이 있다. 따라서 도시 내의 토지이용패턴은 토지독점집단의 임대료조작에 의해 이루어진다고 본다. 임대료가 높으면 상업적 목적으로, 낮으면 주거나 공업용으로 이용된다는 주장이다.

마르크스주의분석은 기본가정 · 개념구조, 그리고 분석방법 등에서 신고전경제학과 대비된다(Lake, 1983 : xxi).

첫째, 신고전경제학이 시장에서의 취향과 선택이 독립적인 개인을 상정하는 데 비해, 마르크스주의에서는 개인의 취향과 선택은 보다 넓은 사회 · 경제적 의미에서 구조화된다고 생각하고 있다.

둘째, 신고전경제학에서는 사회적 관계의 바탕을 형성하는 시장에서 개인간에 대립되는 교환에 초점을 두는 데 비해, 마르크스주의에서는 생산수단을 소유한 자본가와 생산에서 자본가에 판매할 노동력을 소유한 노동자로 정의되는 계급들의 생산에 초점을 둔다.

셋째, 신고전경제학은 시장교환을 자원·노동·자본 등의 상호관계를 포함하는 자연적 과정으로 보는 데 비해, 마르크스주의자들은 이러한 시장과정은 사람간 계급관계의 표면적인 명료화일 뿐이라고 본다.

Ⅲ. 도시구성

1. 접근이론

공간적 현상으로 도시를 설명하는 데는 계획이론·기능이론·규범이론의 3개 범주의 이론들이 있다(Lynch, 1981 : 37~50). 계획이론(planning theory)은 어떻게 도시발달에 관한 복잡한 결정들이 이루어졌는가를 이해하는 데 초점을 둔다. 이 이론은 결정이론이라고도 불린다. 기능이론(functional theory)은 왜 도시가 형태를 갖추며, 이 형태가 어떻게 기능하는가를 설명한다. 규범이론(normative theory)은 인간가치와 정주형태와의 사이의 일반화된 연계를 다루고 있으며, 우리가 볼 때 어느 것이 좋은 도시인가 하는 것이 주요한 관심사이다. 이들 이론은 하나의 줄기에서 분리되어 나왔고, 많은 점에서 상호연계되고 상호보완적이다.

(1) 규범이론

규범이론에는 우주이론(cosmic theory)·기계모형(machine model), 그리고 유기체이론(organic theory)의 세 가지가 있다(Lynch, 1981 : 73~98).

우주이론(宇宙理論)은 영구정주형태를 우주의 질서와 조화시키고자 한다. 여기에는 중국모형과 인도모형의 두 종류가 있다. 기계모형(機械模型)은 도시를 기계에 비유하여 영속적 부분과 가변적 구성요소로 이루어져 있다고 본다. 이 이론에서는 여건변화에 따라 도시 전체가 변화할 수 있지만, 이미 정해진 궤도를 따라 꾸준히 변화하기 때문에 예측가능하게 변화한다고 여긴다. 그리고 도시의 각 부분은 작고 확정적이며 상호유사하지만, 기능적으로 연계되어 있다고 생각한다. 유기체이론(有機體理論)은 도시를 유기체로 생각하여 도시를 구성하는 각 지역사회는 상호분리된 사회적 · 공간적 단위이지만, 내부적으로 상호의존적인 모습을 보인다. 정주공간은 유기체처럼 출생 · 성숙하며, 기능은 순환적이고 자기 변환적이 된다고 본다.

(2) 기능이론

도시정주의 공간패턴에 관한 대부분의 이론들은 도시기능에 관한 것으로 "도시는 어떻게 작용하는가"(How does city work?)에 관해 관심을 집중하고 있다. 이러한 도시발달과 기능에 관한 주요 이론들은 도시를 어떻게 생각하는가 하는 중심이미지에 따라 여러 접근이론으로 나눌 수 있는데, 주요한 것은 다음과 같다. 도시는 역사적 과정의 침전물이다. 도시는 인간집단의 생태체계이다. 도시는 재화의 생산 · 분배공간이다. 도시는 구성인자간의 상호유인, 반발하는 힘의 역학관계에 의해 공간이동과 기능배분이 이루어진다. 도시는 상호영향관계를 맺고 있는 많은 개인 · 집단 · 기관들의 반복되는 의사결정의 누적적인 산물로서 연결된 의사결정체계이다. 도시는 집단간의 갈등의 잔재이고, 주변지역과의 지배관계에 의해 모양지워지는 갈등의 장소이다 등등이다(Lynch, 1981 : 327~343).

규범이론의 시각에서 보면 기능이론들은 검증되지 않은 불완전한 가치에 바탕을 두고 있고, 정적인 이론으로 변화현상을 성공적으로 설명하지 못하고, 도시형태와 의미를 구성하는 환경적 의미를 포함하지 않으며, 도시를 개인과 집단의 목적적 행동의 결과로 보지 않는 등의 공통적인 결함을 갖고 있다 (Lynch, 1981 : 38~39).

(3) 계획이론

이 접근방법은 환경적 결정과정 —— 결정과정은 어떤 것이며, 어떻게 수행되어야 할 것인가 —— 의 문제를 다룬다. 도시는 가정, 기업, 도시정부의 관련부서, 개발업자, 투자가, 규제 또는 보조기관 등과 같은 여러 행위자에 의해 건설 · 유지된다.

이 행위자들은 서로 다른 이해관계를 갖고 있기 때문에 의사결정과정은 복수적이고 부분화되어 있으며, 의사결정과정에서의 역할과 기능도 상이하다. 이들은 대체로 자신의 이익을 증대시키기 위한 단일목적의 행위자이고, 그들이 결과적으로 구축해 나가는 도시의 형태에 관해 종합적인 견해를 갖지 못한 경우가 많다. 그러나 이러한 여러 행위자들의 개별적인 견해와 결정들이 모여서 전체적인 도시의 구조와 형상을 이루게 된다. 때문에 도시건설과정은 복합적·복수적이고, 갈등·배치되는 목적·협상 등의 모습으로 나타나며, 이의 결과는 가끔 불균형하거나 바람직하지 못한 모습으로 나타나기도 한다.

이러한 복잡한 계획환경 속에서 중요한 의사결정을 하는 모든 행위자들이 당면하게 되는 주요한 질문은 "무엇이 문제인가"하는 점이다. 문제의 인식은 달성하려는 목표가 무엇이고, 고객은 누구이고, 이용가능한 자원과 해결방안은 무엇인가 등과 같은 도시 이미지(像)와 관련된 종합적 인식이다.

2. 공간구성요소

모든 도시는 초기중심을 바탕으로 하여 핵·구성요소군·지역, 그리고 경계를 가지고 있다. 이러한 구성요소들이 입지·지리적 형태, 그리고 내부환경을 확립하게 된다. 그리고 모든 체계는 특정한 행태를 나타내게 되고, 이를 지배하는 조직원리가 작용하게 된다. 아울러 도시는 외부환경과의 계속되는 접촉을 통해 성장과 변화를 하게 되고, 이는 역사적 발전순서를 나타내게 된다(Bourne, 1982 : 32~40).

도시의 핵(核)은 최초의 취락이며, 현재의 도시에서는 중심업무지역으로 볼 수 있다. 이러한 최초의 취락입지는 도시를 특정한 지점과 환경에 고정시키고, 차후의 발전방향을 형성하게 된다. 도시가 성장하고 확산함에 따라 중심지의 영향력은 감소되고 부심(副心)이 출현하게 된다.

대부분의 공간체계는 명료한 지리적 경계(地理的 境界)를 가지고 있는 경우가 보통이나, 도시처럼 복합적인 사회·공간 체계는 명료한 경계를 획정하기 어렵다. 따라서 도시의 경계는 도시구성요소의 기준과 조직원리에 따라 파악한다.

도시구조의 행태와 진보의 변화를 유인하는 요소 또는 사상(事象)들은 시간에 따라 상이한 빈도와 주기성을 나타내는데, 여기에는 3개의 상이한 사상(事象)군이나 빈도들을 확인할 수 있다. 즉, 자주 일어나지만 체계의 근본적인 변화보다는 체계의 유지(system maintaining) 기능을 하는 규칙적 또는 일상적 사상(routine events, 예 : 출퇴근), 체계의 발달과정에서 점진적 또는 진보적 변화를 통해 체계의 수정(system modifying) 기능을 하는 사상(事象)들(예 : 인구변화 · 지역사회운동), 그리고 잘 일어나지 않지만 체계에 극적인 변화를 가져와 체계변환(system transforming)을 야기하는 사상들(예 : 기술변화 · 사회불안)이 그것이다.

도시는 매우 독특한 속성과 행동유형을 나타낸다. 도시는 복합적 사회체계(complex social systems)이고 내부적 이질성을 갖고 있으며, 외부영향에 개방적이기 때문에 예측하기 어렵다.

조직원리(組織原理)는 체계 내의 요소들의 배열 · 상호관계 · 행태를 결정하는 규율로 정의할 수 있다. 도시에서의 공간조직은 경쟁적 토지시장, 정부와 공공기관의 기능, 그리고 사회행태의 원칙과 규범의 작용과 관계된다.

3. 구성방식

린치(Lynch)는 도시형태의 모형을 다음 몇 가지로 요약 · 제시하고 있다(Lynch, 1981 : 373~389).

(1) 성형 도시

성형 또는 방사환상형(star : loop system with radial) 도시는 고밀도, 복합용도의 단일중심과 이 중심에서 방사형으로 외부지역과 연결하는 4~8개의 주요 교통로로 구성되어 있다. 도심을 중심으로 하는 동심도로가 횡적인 연결을 한다. 이들 방사 · 환상도로가 교차되는 지점들을 중심으로 일정간격으로 제 2 의 중심들이 형성되며, 전체적으로 주요 교통로를 연한 지역에 고밀도의 토지이용이 이루어지고 있다. 개발권 밖의 중심에서 주변지역에 이르는 선형의 공간은 공간녹지로 활용된다.

코펜하겐 · 모스크바 · 워싱톤 등의 계획은 이 개념을 바탕으로 한 것이다. 이 구성방식은 넓은 녹지공간확보의 곤란성, 중심지의 과밀문제가 있지만, 적절한 규모에서는 바람직하다고 간주된다.

(2) 선형 도시

선형도시(linear city) 모형은 교통선이 연속되거나 서로 평행되게 토지이용이 이루어져서 전면은 생산 · 주거 · 상업 · 서비스의 고도이용이 있고, 후면은 저위의 이용이 되도록 한다. 그리고 이 교통선에서 약간 벗어나도 쉽게 농촌녹지공간에 접할 수 있다. 새로운 성장은 교통로의 연장을 통해 수용할 수 있으며, 지배적인 중심이 없고 모든 지역이 각종 서비스 · 직업 · 녹지에 쉽게 접할 수 있다.

마타(A.S. Mata)가 1882년에 제창한 이 구상은 도로폭 500m와 길이는 도시성장에 따라 제한하지 않는 주요 교통로에 인구 3만이 수용될 수 있는 도시를 제안했다. 모든 서비스는 도로에 따라 통로화되고 커뮤니티시설들은 일정간격으로 집단화되어 있다. 주거지역은 도로 양쪽에 200m폭으로 제한했고, 각 세대는 독자적인 주택과 정원을 가지며 건폐율은 20%를 초과하지 못하도록 했다. 이 안으로 마드리드교외에 시험적인 선형교외(ciudad lineal)를 건설했는데, 최초안은 연장이 50km였으나 완성은 5.2km였다(박병주, 1994: 58). 밀류틴(N.A. Milyutin)은 1930년대 스탈린그라드(Stalingrad)의 개발방식으로 이 접근방법을 제안했다. 그에 의하면 볼가강을 따라 평행되게 녹지대 · 주거지 · 간선도로 · 녹지대 · 공업지, 그리고 철도의 6개의 지대를 대상으로 배치하였다. 한편 MARS(Modern Architecture Research Group)에 의해 1937년에 제안됐던 선형의 런던개조계획도 이 개념에 바탕을 둔 것이다(장명수, 1992 : 76~77; 양동양, 1992 : 18).

이 구성방식의 장점은 과잉교통의 배제, 도시환경악화의 방지, 도시성장에의 융통성 있는 대처 등이고, 단점은 특수한 지형조건에서만 적용가능하고 (양동양, 1992 : 18; 황용주, 1983 : 92), 중심지의 접근성이 훼손되고 간선교통과 지방교통의 분리가 어렵고, 각종 서비스제공거리가 멀고 따라서 고가(高價)라는 점을 들 수 있다(Ratcliffe, 1974). 아울러 모든 사람이 주요 교통로에 근접해 생활하더라도 교통은 모든 지점에 정차할 수 없고, 따라서 정거장은 필연적으로 발생되고 이를 중심으로 밀집될 수밖에 없다.

(3) 격자형 도시

격자형 도시(rectangular grid city) 구성안은 도시를 직각의 도로로 나누어 동일한 블럭(block)으로 만들며, 어떤 방향으로도 확장할 수 있으며, 변화와 성장은 내부와 외부 어느 쪽으로도 가능하다. 이상적으로 이 형태는 경계도 없고 중심도 없으며, 모든 지점이 동등한 접근성을 갖고 같은 부지모양을 갖게 된다. 그러나 실제로는 계층적 격자(도로의 계층화), 지형을 고려한 변형된 격자형이 만들어지고 있다.

도시계획에서 격자형 도로의 최초의 의식적 적용은 히포다무스(Hippodamus)가 계획한 밀레투스(Miletus)이다. 고대에 그리스와 중국에서 사용했을 뿐만 아니라 현대에서도 많은 국가들이 이 안을 채택하고 있다.

(4) 위성도시

중심도시가 일정한 거리에 제한된 규모의 위성커뮤니티군에 옹위되는 것이 위성도시(satellite city)의 개념이다. 위성도시라는 명칭은 테일러(G. Taylor)가 그의 저서 「위성도시」(1915)에서 처음으로 사용했다. 그의 구상은 도시발달에 따라 도시 내의 공장들이 저렴하고 넓은 부지를 찾아 교외지역으로 분산하여 가는 경향에 따라 교외의 공장을 중심도시와 교통으로 연결해 주면 모도시와 공장이 동시에 발전할 수 있다는 안이다(장명수, 1992 : 89).

이 개념을 제안한 사람은 테일러를 비롯하여 언윈(R. Unwin)·휘튼(R. Whitten), 그리고 레딩(A. Rading) 등이다(주종원 외 2인, 1999 : 178). 1924년의 암스테르담 국제도시계획회의에서 도시계획수법의 하나로서 제시되었다. 이 구성방식은 성형(星型) 구성과 비교하여 도심은 유지되지만 방사상도로에 의해 확산되지 않고, 성장은 중심지역과 분리된 커뮤니티에 전달된다는 차이점이 있다. 일반적으로 위성도시는 모도시와 넓은 농업지대로서 분리되고, 위성도시는 녹지대로 둘러싸인 경우가 많다.

제 6 장

도시계획과정

제 1 절 개 요

Ⅰ. 의 의

계획활동의 과정적 측면에 대한 관심증대에 따라 도시계획을 어떠한 과정과 절차에 따라 수립·집행할 것인가 하는 도시계획과정(都市計劃過程)에 대한 논의가 많이 이루어지고 있다(Lichfield, *et al.*, 1975 : 17). 즉, 계획의 관심영역과 범위가 물리적 측면에서 경제·사회·정치적 측면까지 확대하여 고려하게 됨에 따라 계획활동의 접근방법에도 변화가 나타나게 되었다(정환용, 2001 : 293).

과거에는 계획을 '바람직한 미래의 최종상태'(desired future end state)를 상세히 기술하는 데 중점을 둔 데 반해, 새로운 입장에서는 계획의 목표와 목표달성의 대안적 방안모색에 초점을 두고 있다(Hall, 1992 : 228~230). 따라서 과거의 접근에서는 단순한 직선적인 계획과정을 지향하는데, 대표적인 것은 게데스(P. Geddes)의 '조사-분석-계획'을 들 수 있다. 그러나 새로운 입장에서는 대안들의 가능한 결과를 추적하고, 행동노선(行動路線)을 선택하기 위해 목표에 비추어 평가하고, 계획가의 의도와 계획대상체계의 실제적인 상태와의 사이의 일탈을 제거하기 위한 모니터링의 반복을 강조한다. 이러한 새로운 접근방법은 사이버네틱스(cybernetics)에서 유래했다. 이의 중심개념은 많은 사회현상은 복합적인 상호작용체계로서 모든 구성부문의 행태는 체계적 측면에서 관찰 · 기술해야 된다고 보고, 적절한 통제장치를 통해 체계의 행태를 특정방향으로 유도함으로써 통제자의 특정목적을 달성할 수 있다고 본다. 이러한 배경 하에 발달한 체계적 · 순환적 계획접근은 맥러글린(B. McLoughlin) · 채드윅(G. Chadwick) · 윌슨(A. Wilson)에 의해 발달되었다.

Ⅱ. 계획과정의 구분

1. 접근방법

계획가가 어떠한 절차와 과정에 따라 계획을 수립 · 시행할 것인가 하는 계획과정에 대한 접근이론은 합리적 · 종합적 접근, 부분점증접근, 그리고 혼합주사접근의 3가지로 나누어 고찰할 수 있다(Bracken, 1981 : 16~21).

합리적 · 종합적 접근방법(rational comprehensive approach)은 상황의 종합적 분석과 최적의 대안선택이 가능하다고 보는 당위적이고 이상적인 방법으로, 계획과정은 기본적으로 목표설정 · 대안작성 · 평가 · 집행 · 모니터링의 단계들로 구성되어 있다고 본다(Hobbs and Doling, 1981 : 101~103; Hudson, 1979 : 388). 이 모형의 특징은 계획과정을 순환적 과정으로 이해하는 점과 어느 단계든 앞 단계를 재평가한다는 점에서 체계분석과 유사하다.

부분점증적 접근방법(disjointed incremental approach)은 인간의 지적 능력의 한계와 의사결정의 기술적인 제약을 감안한 현실적이며 보수적인 접근방법이다. 모든 대안을 고려하기보다 한정된 대안을 추출하여 평가하고, 최적의 대안을 기대하지 않을 뿐만 아니라 선정된 결정사항에 대해 계속적인 평가와 조정을 추구하고 있다(Hobbs and Doling, 1981 : 133).

완전한 합리성과 실용적인 점증주의 사이의 현실적인 제 3 의 입장으로 에찌오니(A. Etzioni)는 혼합주사(混合走査, mixed scanning)를 제시했다. 이 접근은 가치분석을 통해 기본방향을 설정하는 높은 수준의 사회정책을 결정하는 합리적 · 종합적 접근과정과 저수준(低水準) 또는 기술적 과정으로 실태를 파악하고 문제를 정의하여 기본적 결정의 실제적 결과를 예측 · 평가하는 부분점증적 접근과정으로 구분하였다.

2. 계획과정구분

계획과정에 대해 학자들은 계속적 과정이고, 명확한 시작도 없고 확실한 끝도 제시하기 어려우며, 새로운 문제가 발생되면 새로운 접근이 요망된다고 지적한다(Lichfield, 1975 : 18; Cross, 1975 : 5). 따라서 학자들에 따라 다양하게 제시되고 있는 계획과정의 단계 중에서 여기서는 목표설정 · 조사분석 · 대

그림 6-1 계획과정도

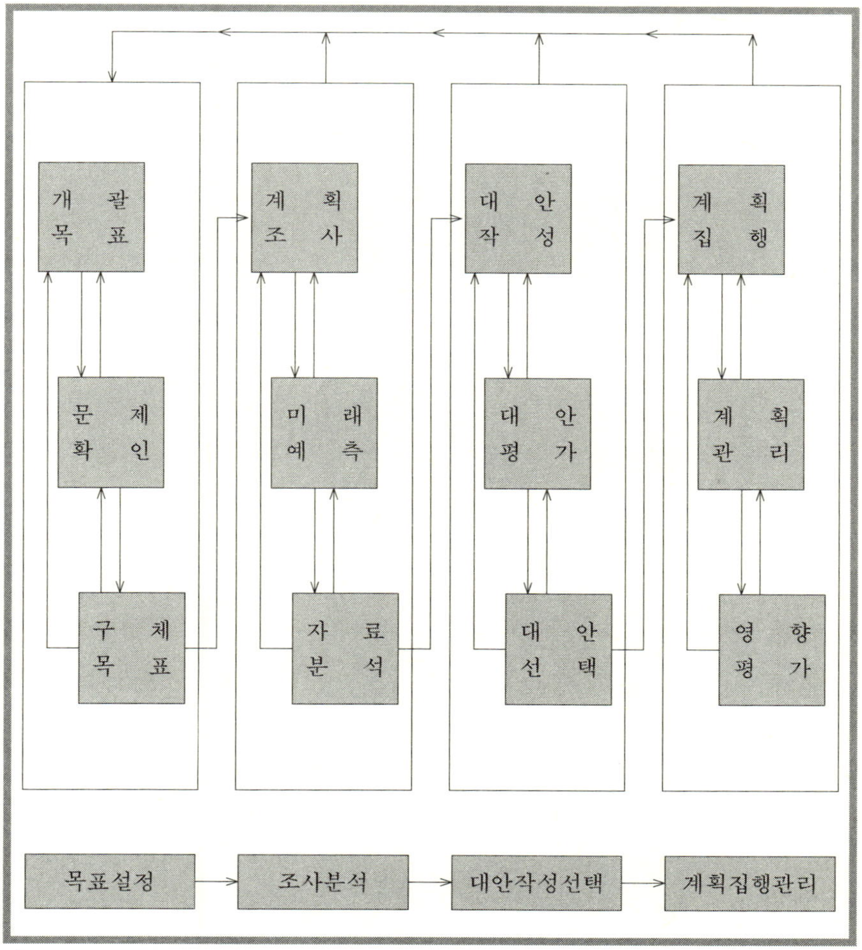

자료 : Sarley, 1972 : 11에서 재작성.

안작성선택 · 계획집행관리의 4개 단계로 범주화하여 살피기로 한다(〈그림 6-1〉 참조).

제 2 절 계획목표설정

Ⅰ. 의 의

1. 개 념

계획과정의 첫번째 단계는 목표의 설정이다(Hall, 1975). 목표설정(目標設定)은 문제와 욕구분석을 바탕으로 이루어진다(Chapin and Kaiser, 1978 : 339). 목표(goal)란 장래에 달성하고자 하는 바람직한 최종상태를 말한다. 즉, 계획집행기간의 끝에 달성될 것으로 기대되는 최종상태의 여건이나 상호관계를 의미한다. 목표설정은 합리적 계획과정의 요충점(crux point)이다. 때문에 계획이란 근본적으로 목표결정과정이며, 이 목표가 성취되도록 수단을 설계하는 과정이라 할 수 있다(Young, 1966). 즉, 계획은 수단을 목표와 연결시키는 지적 과정이다.

2. 구 조

목표체계는 일정한 위계구조를 가지고 있다. 대체로 상위목표일수록 추상적 · 일반적 · 가치함축적인 성격이 강하며, 하위목표일수록 구체적 · 특수성 · 실제적인 면이 강하다. 그리고 하위목표는 상위목표를 달성하기 위한 수단이 된다. 그리고 목표의 위계에 따라 하위목표로 내려갈수록 보다 구체적이고 명료한 시간적 범위가 주어지는 것이 보통이다.

횡적인 목표간 관계는 경쟁적인 모습을 보이는 경우가 많다. 상호대립·경쟁관계에 있는 목표들 간에 우선순위를 부여하여 관계를 조정하는 것이 중요하다(정환용, 2001 : 317~318).

3. 기 능

목표설정의 중요성은 다음 몇 가지로 요약할 수 있다(Smith, *et al.,*

1982 : 2～3).

첫째, 계획작성의 방향을 제시하고, 집행과정에서의 행동지침, 집행결과 및 성과를 평가하는 준거가 된다.

둘째, 목표설정은 계획문제를 명료화하고 창조적인 해결방안을 유도한다.

셋째, 목표에 근거한 계획은 주민의 지원과 긍정적 활동을 유도할 수 있다.

넷째, 목표설정은 지역사회의 계층별 욕구와 가치를 파악할 수 있다.

다섯째, 목표설정은 참여자에게 도시의 문제점과 계획방향을 제시함으로써 장기적인 교육적 가치를 가지고 있다.

4. 요 건

목표가 계획의 작성 · 집행 · 평가의 제 과정에서 실효성 있는 지침 또는 준거로서의 기능을 다하기 위해서는 다음의 요건을 충족해야 한다(김신복, 1982 : 108～110; 이종열, 1988 : 168～169; 정환용, 2001 : 315).

1) 비괴리성 설정된 목표와 실제목표 사이에 괴리가 있어서는 안 된다.

2) 적 합 성 목표는 해결해야 할 문제나 지향하는 미래상황에 비추어 타당성이 있어야 한다.

3) 내적 일관성 목표들 사이에는 내적 일관성이 있어야 한다.

4) 실 제 성 목표는 구체적이고 실제적이어야 한다.

5) 타 당 성 목표는 여러 제약요인에 비추어 실현가능한 것이어야 한다.

Ⅱ. 목표설정과정

1. 설정단계

목표설정은 목표확인(goal identification) · 목표명료화(goal clarification) · 목표순위화(goal prioritization)의 3단계로 구분 · 진행된다(Smith, *et al.*, 1982: 25). 목표확인(目標確認)은 개인과 지역사회의 가치 · 잠재력, 그리고 욕구를 면밀히 검토하는 단계이다. 목표명료화(目標明瞭化)는 확인된 목표를 보다 완전하게 이해하고 기술하는 시도이다. 목표의 우선순위결정(優先順位決定)은 일정기준에 의해 목표를 조정하고 질서를 부여하는 과정이다. 목표간 우선순위결정에 있어서는 잠재적 기회의 성숙성 또는 해결가능성과 같은 본질적 기준(本質的 基準), 사용자나 고객의 수요(需要), 문제의 보편성 · 영향정도 · 대상집단 · 정치적 관심도와 같은 필요성(必要性), 그리고 사회적 · 경제적 편익(便益) 등과 같은 여러 기준을 사용하여 결정한다(유 훈, 1992 : 220~221).

2. 주민참여목표설정과정

전통적으로 계획의 목표를 설정할 때 주로 계획가의 전문적인 역할과 책임을 강조해 왔으나, 최근에는 목표설정 · 선택에 있어 주민참여를 강조하고 있다(Robinson, 1972 : 37).

채드윅(G. Chadwick)은 주민의 가치와 욕구에 바탕을 둔 도시계획목표설정에 대해 8단계의 과정을 제시하였다(Chadwick, 1978 : 127~128).

1) 누구를 위한 계획이며, 누가 영향을 받게 되는가(고객의 확인)
2) 고객들의 가치는 무엇이고, 얼마나 넓게 소유하고 있으며, 어떻게 측정할 것인가(고객의 가치분포확인).
3) 목표의 계층적 정리
4) 각 목표에 대한 달성방법(measures)이나 기준(standards)의 확립
5) 목표를 측정가능한 형태로 변환하고 이에 대한 기준의 설정
6) 구체적인 문제의 형태로 목적(objectives)을 표현
7) 목적에 도달하기 위한 수단의 설계
8) 수단의 평가

Ⅲ. 목표의 범주

도시계획의 목표는 도시가 처한 상황에 따라 차이가 많지만 대부분의 도시들이 제시하고 있는 일반적인 목표들은 기능적 · 심미적 · 경제적 · 사회적, 그리고 환경적 목표군(目標群)으로 범주화할 수 있다(Hobbs and Doling, 1981; Jacobs and Appleyard, 1987 : 115~116; Levy, 1997 : 102~104; McLoughlin, 1969 : 107~109; Simmonds, 1986 : 200~204).

1. 기능적 목표

기능적 목표(functional aims)는 초기계획가들이 성공적으로 달성되기를 기대했던 것으로, 이는 계획을 통해 정주체계를 물리적 측면에서 충족시키고

자하는 실용적인 목표이다. 전통적인 물리계획과 근대도시계획에서 추구했던 공중보건지향적인 계획은 이 범주의 목표와 일치한다. 공중보건이 확보될 수 있도록 토지이용을 결정하는 것은 계획의 주요 목표의 하나이다.

공중보건관련목표는 영국에서 19세기 중엽에 제정된 「공중보건법」(Public Health Act)에서 공식적으로는 처음으로 관심을 보였다. 이 법은 근대도시계획의 전환점이 되었으며 과밀억제를 위한 밀도규제 · 난방 · 통풍·쾌적에 대한 최저수준의 설정, 그리고 건물 내의 주간 밝기에 대한 기준제시 등을 규정하였다. 이 법의 의미는 모두가 비교적 안락한 삶이 이루어질 수 있는 도시공간이 되어야 한다는 것이다(Jacobs and Appleyard, 1987 : 115). 거의 대부분의 사람들은 양육 · 사생활 · 수면 · 휴식 · 재충전의 공간을 요구하는데, 이는 각종 공해 · 혼잡, 그리고 불필요한 일의 간섭이 배제된 환경을 의미한다.

2. 미적 목표

미적 목표(aesthetic aims)는 기능적 목표만큼 오랜 역사적 배경을 가지고 있는 것으로, 그리스 · 로마도시의 건축적 웅장함, 중세의 교회, 르네상스의 주거광장, 바로크의 도시 등이 이의 증거이다. 근대도시계획도 시각적인 미적 목표에 크게 영향을 받았으며, 미국의 '도시미' 운동도 같은 맥락에서 이해할 수 있다.

도시설계에서의 '기념적' 경향, 전원도시운동의 물리적 표현, 도시경관보전 등이 여기에 포함된다. 그리고 도시환경은 사람들에게 그들이 원하는 것을 스스로 표현할 수 있고, 참여하고 결정하는 것을 장려할 수 있어야 한다. 이를 통해 도시의 소외성(alienation)과 익명성(anonymity)을 줄이고, 사람들에게 정체성(identity)과 근원성(rootedness)을 높인다(Jacobs and Appleyard, 1987 : 115).

3. 경제적 목표

경제적 목표는 경제적 효율성(economic efficiency)과 관계되는 것으로, 도시계획은 전체도시체계의 전반적인 경제적 효율성을 제고하기 위한 의도적 활동으로 보고 있다. 또한 경제성장은 많은 도시의 주요한 목표가 되고 있다.

이 목표는 재정적 건강이라는 목표와 연계되고, 지역주민에게 고용기회를 제공해 준다는 의미가 있다. 때문에 도시계획은 토지이용계획을 통해 각종 산업활동이 원활하게 이루어질 수 있도록 부지를 제공하고, 이러한 시설들의 접근성을 높이고, 필요한 하부시설을 충분히 제공할 수 있도록 해야 한다.

4. 사회적 목표

사회적 목표(social aims)는 계획을 통해 지역사회 내에서 덜 혜택받고 있는 계층에 혜택이 이르도록 이루어져야 한다는 신념에 바탕을 두고 있다. 사람들은 전통적인 형태를 타파하고, 경험을 확대하며, 새로운 사람을 만나고, 다른 견해를 배울 수 있는, 재미 있는 도시를 추구한다(Jacobs and Appleyard, 1987 : 116).

기능적 의미에서 도시는 주택과 직업의 선택이 자유롭게 이루어지고 계몽과 문화적 경험이 이루어질 수 있어야 한다. 또한, 도시는 도시주민에게 지역사회와 공공생활의 참여를 촉진할 수 있어야 한다.

5. 환경목표

환경을 보전하고 쾌적한 삶이 이루어질 수 있도록, 도시생활에 필요한 각종 시설을 적정공급할 수 있는 계획을 수립하는 것이 중요하다. 실제로 종합적 계획의 중요 부분은 도시생활에 필요한 각종 시설을 적정하게 공급하는 것이다. 이러한 시설의 공급정도는 인간다운 삶의 유지를 결정하는 주요 요인이 되고 있다.

현대산업사회의 급격한 변화에 따라 목표의 유형도 다양화하고 있다. 나라에 따라 목표도 다른데, 개발도상국에서는 도시계획에서 물리적인 측면을 강조하는 데 비해, 선진국에서는 형평 · 분배 · 경제성 등에 치중하는 경향이 있다.

제 3 절 계획조사와 미래예측

Ⅰ. 계획조사

1. 의 의

(1) 중 요 성

도시계획은 자료와 정보의 분석 · 처리로부터 출발한다. 자료의 수집 · 처리 · 조직과 정보산출의 목적은 복합적인 계획이 이루어지는 환경을 이해하는 데 있다(Han and Kim, 1989 : 296). 때문에 계획가의 주요 역할은 효과적인 정책결정을 도울 수 있는 정보를 산출 · 분석하는 데 있다. 여기서는 계획가에게 어떤 정보가 필요하고, 어떻게 이를 획득하며, 조직 · 사용할 것인가, 그리고 정보의 사용과 계획과정의 다른 부문과는 어떤 관계가 있는가 하는 문제를 다룬다(McLoughlin, 1969).

도시계획가는 도시가 '어떤 모습이 되어야 할 것인가'(what should be?)를 모색하기에 앞서 '현재의 모습이 어떤 것인가'(what is?)를 알아야 한다(Nishikawa, 1982 : 32). 즉, 도시계획은 도시의 현재의 상황에 대한 조사부터 시작된다. 어떻게 계획대상인 도시의 기술을 시작할 것인가 하는 문제는 어떻게 계획조사를 할 것인가 하는 문제와 관련되어 있다.

(2) 조사목적

도시계획에서 조사목적은 다음의 6가지로 요약할 수 있다(日笠 端, 1988).

첫째, 지역에서 도시가 차지하는 위치와 역할을 밝힌다.

둘째, 도시의 발전과정과 현재의 제 기능을 밝히고 그 존립조건을 이해한다.

셋째, 도시의 당면과제를 밝히고 그 요인과 해결의 목표를 밝힌다.

넷째, 도시내 지역 또는 지구 상호간의 관계와 도시 전체의 구조를 이해한다.

다섯째, 위의 사항을 시계열적으로 분석함으로써 장래의 도시변화를 예측한다.

마지막으로, 조사자료를 축적한다.

(3) 조사내용

「국토의 계획 및 이용에 관한 법률」에서는 각종 도시계획을 입안하는 때에는 기초조사를 실시하도록 하고 있다(법 제13조 · 제20조 · 제27조). 주요 조사내용은 인구 · 경제 · 사회 · 문화 · 토지이용 · 환경 · 교통 · 주택 등 도시계획과 관련된 물적 · 비물적 항목을 망라하고 있다(법 제13조).

2. 자료의 수집과 분석

(1) 자료수집

자료(data)는 계획대상을 나타내는 상징적 표현이다(Masser, 1998 : 9). 자료는 수집주체에 따라 사용자가 직접 수집한 자료를 제 1 차 자료(primary data), 다른 사람이 수집한 자료를 제 2 차 자료(secondary data)라 한다. 자료의 체계적 수집방법인 조사(調査)는 면접 · 전화 · 우편 · 설문조사의 4가지 기법을 주로 사용한다.

(2) 자료분석

자료수집이 이루어지고 나면, 이를 어떻게 요약 · 설명할 것인가 하는 문제에 접하게 된다. 수집된 자료의 양이 방대하기 때문에 개별적으로 설명하기보다는 대표값, 변동의 크기, 분포의 형태 등 자료를 요약해 주는 통계치를 통해서 자료가 갖는 특징을 파악하는 경우가 대부분이다(홍두승, 1992 : 169).

수집된 자료를 표현하고 이로부터 의미를 찾기 위해서는 자료를 정리해야 한다. 자료정리(資料整理)는 2단계로 진행된다. 제 1 단계는 원자료(原資料)로부터 도표형태의 자료로 변환하는 작업이다. 이들 도표자료의 시각적 효과를 높이기 위해 막대 · 꺾은 선 · 원 등 여러 형태의 그래프를 사용한다. 제 2 단계에서는 테이블을 대표하는 수치를 구하는 단계이다. 대표적인 중심값으로 산술평균 · 중위수 · 최빈수 등이 많이 사용된다(안문석, 1993a : 98~101).

수집된 자료 사이에 존재할 수 있는 관계를 나타내는 방법으로는 두 집단간의 상관성을 나타내는 상관계수, 두 변수 사이의 관계의 강도를 나타내는 지표(감마지표 : 서열변수간 강도, 람다지표 : 명목변수간 강도), 두 집단 사이의 차이를 검증하는 방법 등의 다양한 통계적 방법이 사용되고 있다(안문석, 1993a : 101~143; Roberts, 1977 : 36).

Ⅱ. 미래예측

1. 의 의

계획활동은 장래의 행동을 준비하는 것이기 때문에 미래의 상태를 예측하는 것이고, 최적상태라고 생각되는 도시체계의 장래상태를 선택하게 되는 것이다(Chadwick, 1978 : 155). 문제해결을 위한 대안을 강구할 때에도 미래의 조건 · 수요 · 제약점 등을 추정해야 하기 때문에 예측을 해야 한다. 그리고 미래의 상황에서 대안들이 어떠한 영향을 미칠 것인가를 추정하지 않고서는 계획에 대한 평가와 선택이 어렵다(알렉산더, 1995 : 85~86; Dunn, 1994: 198). 따라서 계획 없는 예측은 가능하지만, 예측 없는 계획은 불가할 정도로 예측은 계획에서 중요한 의미를 갖고 있다(Cross, 1975 : 1).

예측에는 질 · 양 · 시간, 그리고 확률의 4가지 요소가 중요한 의미를 갖는다(Jones and Twiss, 1978). 즉, 어떤 현상이 장래계획에 영향을 줄 것인가(질적 요소), 어떻게 측정되며 어떤 수준의 성취가 목표와 관련하여 중요한가(양적 요소), 언제 그들 수준이 달성될 것인가(시간요소), 그리고 그 예측이 얼마나 신뢰를 줄 수 있는가(확률요소) 하는 점이다.

예측과 관련하여 제기되는 문제로는 예측기간과 간격, 도시체계의 부분예측과 종합적인 예측, 인간행태의 예측가능성, 예측의 용도와 상세성의 정도 등 많은 실제적인 어려움에 직면하게 된다(McLoughlin, 1969 : 166).

2. 예측방법

(1) 접근방법

예측에 대한 접근방법은 선형-추론적 접근(linear-deductive approach)과 통합적 접근(integrated approach)으로 구분할 수 있다(Field and MacGregor, 1987 : 184~195). 선형-추론적 접근(線型-推論的 接近)은 전통적인 접근방법으로, 하나의 예측에서 산출은 다른 예측의 투입이 된다. 여기서는 예측과 예측사이의 상관관계와 제약효과는 무시되고 반추(feedback)도 없다. 이 접근방법은 단순 · 저렴하여 쉽게 사용할 수 있으나, 단점은 변화의 동적 측면을 포함하지 못하고 주요 활동간의 상호관계를 무시하고 수요측면보다는 공급측면에 관심을 보이고 있다는 점이다.

각 주제별로 예측된 각 부문간에는 상호 연계관계를 맺고 있다는 점을 고려한 방법이 통합예측체계(統合豫測體系)이다. 이 방법의 원리는 예측의 중점 단계별로 통합을 강구하고, 공통의 가정을 사용하며, 수급관계와 연계변수에 초점을 두고, 정책적 조치가 영향을 발휘할 수 있는 주요 지점을 확인할 수 있게 해야 한다는 데 있다. 이 접근의 방법론상 문제점으로는 개별부문별 예측이 표준적 방법을 사용했다고 하더라도 전체적인 표준방법이 개발되지 않았다는 점이다.

(2) 예측방법

미래예측방법은 사용하는 자료나 가정내용에 따라 관찰된 과거의 추세를 미래에 연장하는 외삽적 예측(extrapolative forecasting), 이론 속에 내포되어 있는 인과적 가정에 따라 자료들을 연역적으로 예견하는 이론적 예측(theoretical forecasting), 사람의 통찰과 직관에 의한 추측을 기반으로 하는 판단적 예측(judgemental forecasting)의 세 가지로 범주화할 수 있다(Dunn, 1994 : 198～258).

Ⅲ. 분석기법

1. 인구분석

도시인구의 규모와 구성은 도시 내에서 각종 집단의 규모와 밀도에 관련된 것으로 장래 시설에 대한 수요수준을 결정하고, 대부분의 도시문제해결의 지표로서 활용되기 때문에 도시계획의 기초자료로서의 중요성을 갖는다.

도시의 인구계획을 위해서는 현재인구분석 · 미래인구예측 · 인구의 공간적 분포의 3개 측면에서의 검토가 요구된다(Chapin and Kaiser, 1979 : 163).

(1) 현재인구추정

현재인구를 파악하는 것은 비교적 단순한 작업이나, 고려할 점은 상주인구에 일시적 변동인구를 가감하는 작업이 요구된다. 현재인구추정방법은 자료의 이용가능성에 따라 구성부문방법 · 센서스비례방법 · 증후자료방법, 그리고 혼합방법으로 나눌 수 있다(Chapin and Kaiser, 1979 : 164～174). 구성부문방법(component method)은 이용가능한 최근 센서스인구에 인구이동 · 출생 · 사망과 같은 주요 구성부문의 변화상황을 가감하여 현재인구를 추정한다. 센서스비례방법(censual ratio method)은 지리적 공간체계에서 추정대상지역이 센서스자료의 이용이 가능한 차(次)상위의 지리적 공간단위에서 차지하는 점유비에 따라 인구를 배분하는 방식이다. 증후자료방법(methods based on symptomatic data)은 인구변화와 밀접한 관계를 맺고 있는 변수들 중에서 자료이용이 가능한 항목을 중심으로 현재인구를 추정한다. 최종센서스로부터 현재의 시점까지를 비율과정을 통해 조정하는데, 사용되는 자료는 주로 생명통계 · 취학학생수 · 전기사용량 · 수도사용량 · 전화설치수 · 등록선거인수 등등이다. 혼합방법(various composite methods)은 두 개 이상의 추정방식을 혼용하여 현재인구를 산정하는 방식이다. 예를 들면 센서스비례방식과 증후자료방식을 함께 사용하여 상호조정하는 방식과 같다.

(2) 인구예측

인구예측방법들은 전체로써 인구를 예측하는 총체적(aggregate) 방법과 인구의 구성부문별로 구분하여 추정하는 분리적(disaggregate) 방법으로 범주화할 수 있다(Field and MacGregor, 1987 : 20～53; Bracken, 1981 : 176).

여기서는 총체적 방법으로 추세분석 · 비율방법 · 상관방법을, 분리적 방법으로 조성법에 대해 각각 고찰하기로 한다(박종하 외, 1994 : 297～302; 황용주, 1983 : 205～206; Isard, 1960 : 9～15; Kaiser, *et al.*, 1995 : 122～141; Krueckeberg and Silvers, 1974 : 259～266).

(가) 추세분석 추세분석(trend extrapolation)은 과거의 성장추세를 미래에 연장시키는 방법으로, 선형 · 지수 · 곰페르츠 · 로지스틱 · 회귀분석의 5가지 방법이 주로 사용되고 있다.

선형모형(linear model)은 과거의 인구증감추세와 같이 미래의 인구증감이 예상될 때 적용하는 방식으로 증감률이 일정할 것으로 가정한다.

지수모형(exponential model)은 인구증가가 복리이자증가와 같이 일정률로 계속 증가한다고 보기 때문에 시간의 증가에 따라 기하급수적으로 증가하게 된다. 그러나 도시인구는 신흥공업도시나 고성장신도시에서는 인구가 급성장하지만, 시간이 지남에 따라 그 증가율은 점차 둔화 · 감소되거나 정체하는 경향을 보이는 것이 일반적이다. 따라서 인구가 일정률로 계속 증가된다고 보는 지수방법은 적용에 한계가 있다.

지수모형의 단점을 보완하여 인구성장의 상한선을 정하고, 그 상한선에 근접하면 증가율이 감소된다고 보는 추정방식이 수정된 지수모형(modified exponential model)이다. 이 모형은 인구수용상한선(K)을 설정하여 여기서 사용하지 않은 수용력(K-P_t)을 일정비율(v)로 차감(差減)하는 방법이다. 시간이 지남에 따라 최대수용치(最大受容値)에서 차감하는 양이 감소한다. 이 방법은 대도시의 인구예측에 유용하게 활용할 수 있다.

곰페르츠방법(Gompertz model)은 수정된 지수모형을 발전시킨 것으로 'S'자형의 추세선을 나타내며, 상한값뿐만 아니라 하한값도 갖는다. 두 곡선의 기울기는 거의 영(零)의 하한값에서 시작하여 변곡점(變曲點)에 이를 때까지 점점 커지다가 변곡점을 지나서는 점점 값이 작아져 영의 상한값에 접근한다.

표 6-1 인구추정식

모형명		산 식	비 고
선 형		$P_{t+n}=P_t+b(n)$	$b=\frac{1}{m}\Sigma(P_{t+1}-P_t)$ P_t= 기준연도인구 n= 기간 b=단위기간당 인구증가수 m= 평균계산에 이용되는 단위기간의 총수
지수	기본	$P_{t+n}=P_t(1+r)^n$	$r=\frac{1}{m}\Sigma(P_{t+1}-P_t)/P_t$
	수정	$P_{t+n}=K-[(K-P_t)(v)^n]$	$v=\frac{1}{m}\Sigma\frac{K-P_{t+1}}{K-P_t}$ K= 최대수용인구(상한선) v= 미사용수용력의 감소율
곰페르츠		$P_{t+n}=Ka^{b^n}$	$a \cdot b$=상수
로지스틱		$P_{t+n}=\frac{k}{1+e^{a+bn}}$	
회귀분석		$P_t=a+bt$	$a=\frac{\Sigma Pt-b\Sigma t}{N}$ $b=\frac{N\Sigma t\ Pt-\Sigma t\Sigma Pt}{N\Sigma t^2-(\Sigma t)^2}$

로지스틱곡선(logistic model)은 지수나 곰페르츠방식보다 더 많이 사용되는 방법으로, 지수방식의 수정된 형태의 하나이다. 이 모형은 'S'자 형태를 나타내고, 곰페르츠방식과 같은 일반적인 특성을 가지고 있으나, 차이는 변곡점을 중심으로 대칭적인 변화를 이룬다는 점을 들 수 있다.

회귀모형(regression model)은 시계열별 인구자료를 통해 회귀식을 도출하여 미래인구를 추정하는 방식이다.

(나) **비율방법** 비율방법은 조사지역의 인구성장이 비교되는 다른 지역(표준 또는 패턴지역)의 성장을 지배하는 사회 · 경제 · 정치 · 생태적인 측면과 상호관련성이 있다면 인구성장도 상호관계를 나타내게 될 것으로 가정하고, 이러한 양자간의 상호관계가 인구추계의 바탕이 된다.

이러한 기본적 사고를 다음의 예에 적용할 수 있다. 즉 추정대상도시(c)의 인구는 표준지역(s)의 인구성장에 매우 밀접한 상관관계를 맺고, 비교대상이 되는 주변지역의 인구추계자료가 용이하게 획득가능하고 양자간의 인구비가 일정하다고 가정하면, 표준지역의 추정인구에 대한 연구대상도시의 점유비를 산정할 수 있다. 이의 산식은 다음과 같다.

$$\frac{cP_{t+n}}{sP_{t+n}}=\frac{cP_t}{sP_t} \text{ 또는 } cP_{t+n}=\left(\frac{cP_t}{sP_t}\right)sP_{t+n}$$

(다) **증후 또는 상관방법** 조사지역의 인구성장은 고용 · 투자 · 소득 · 수출 · 취학학생수 · 인구밀도 · 가구당 인구수 · 전화보유수 · 자동차등록수 등과 같은 변수들과 통계적으로 상관관계를 맺고 있다고 가정하고 있다(Isard, 1960 : 19). 이러한 통계적 분석에서 인구성장은 종속변수, 다른 요인들은 독립변수로 설정하여 처리할 수 있다. 이러한 통계방법 중에서 많이 사용되고 있는 다중회귀식은 다음과 같이 표시된다.

$$P_{t+n}=a+b_1X_1+b_2X_2+ \cdots +b_nX_n$$

여기서 $X_1, X_2, \cdots, X_n$: 독립변수

$b_1, b_2, \cdots, b_n$: 계수

(라) **조 성 법** 조성법(cohort survival method)은 1930년에 생명보험회사 통계원인 더블린(L. Dublin)과 로트카(A. Lotka)가 보험계약자의 연령계

층별 사망률을 파악하여 보험위험계산한 것이 이 방법의 시초이다(Ascher, 1978 : 44). 조성법(組成法)은 인구를 연령 · 성별로 분해하는데, 이는 이들 변수가 다른 어떤 지표보다 출생 · 사망률의 변화가 뚜렷이 나타난다는 가정에 근거하고 있다(Cullen, 1984 : 62).

이 방법의 진행순서는 다음과 같다(Robert, 1977 : 207～209).

1) 기준연도의 인구를 집단(cohorts)으로 나눈다. 연구목적상 지역의 인구를 성별 · 연령집단(보통 5년)으로 각각 구분한다.

2) a. 출산률을 가임(可姙) 여성인구집단에 적용한다. 즉, 가임여성연령집단별로 계산기간 내의 출산률을 곱한다.
   b. 출생아를 계산하고, 성비를 곱하여 출생아의 성별 인구수를 정한다.
   c. 출생여아 · 출생남아가 각각 다음 추계집단의 제 1 연령 집단이 된다.

3) 여성연령집단의 연령집단별로 생잔률(生殘率)을 곱하여 다음 추계단계까지의 생잔인구수를 정한다.

4) 남성연령집단의 생잔인구계산도 3)과 같이 한다.

5) 2)～4)의 과정을 반복한다.

이 기법은 인구구성에 대한 다른 추정방법보다 상세한 자료를 제공해 주고, 인구학적인 면에서 보다 명료한 가정에 근거하고 있기 때문에 토의 · 점검 · 검토가 용이하다. 또한 계획가로 하여금 연구지역과 가장 관련이 깊다고 여겨지는 구성요소에 초점을 둘 수 있는 예측방법으로서의 장점을 가지고 있다. 그러나 이 방법은 다른 방법들에 비해 많은 자료가 요구되고 일부는 얻기 어려운 자료도 요구된다는 점이 단점이다.

(3) 인구분포

추정된 총인구와 선정된 인구집단이 공간적으로 어떻게 분포되었는가 하는 것은 필요한 활동공간과 각종 공급시설의 추정과 계획에 중요한 기초자료로서 활용할 수 있다. 총인구의 공간적 분포패턴에 대해 도심에서 주변으로 갈수록 지수적으로 감소한다는 연구가 많고, 이를 다음의 식으로 표시할 수 있다.

$$d_x = d_0 e^{-bx}$$

여기서 d_x : 도심으로부터 거리 x인 지점의 인구밀도
x : 도심으로부터의 거리

d_0 : 도심의 인구밀도
e : 자연대수의 밑수
b : 인구밀도경사도

윗식의 양변에 대수를 취하면,

$$Ind_x = Ind_0 - bx$$

인구분포에 대한 연구는 주간인구분포와 주거지별 인구분포로 나눌 수 있다(Chapin and Kaiser, 1979 : 189~190). 주간인구(daytime population)는 하루의 시간대별로 인구분포가 어떻게 변하는가에 대한 관심으로 출발한다. 주간인구자료는 교통과 주차연구, 재난발생시 대피로계획, 민방위계획, 보건과 안전의 관점에서의 중심상업지역의 인구수요상한선 확립 등의 목적에 활용될 수 있다. 주간인구분포자료는 주민에게 직접 설문조사하여 하루의 활동을 시간대별 · 지역별로 파악 · 조사하는 시간예산연구(time-budget study)를 통해 획득하거나, 교통연구에서 이루어지는 시종점(始終點) 조사(origin-destination survey) 자료를 통해 확인할 수 있다. 인구분포는 주 · 야간에 따라 차이가 나타날 수 있다. 즉, 야간에는 중심부의 인구는 희소하고(중심부공동화) 주거지역이 밀집되어 있는 외곽지역에의 인구밀도가 높아지는 모습(dough-nut effect)을 보이고, 주간에는 반대의 상황을 나타낸다. 주거지분포(residential distribution)는 추정된 총인구가 공간적으로 어떻게 분포되고, 어떻게 세부분석단위지역별로 장래인구가 연령집단과 기타 특성별로 구분하여 분포되는가를 연구한다. 특히 지역별 수용력의 범위내에서 예측된 인구성장수를 어떻게 배분할 것인가를 검토하는 작업이 중요하다.

2. 경제분석

(1) 의　　의

도시경제(都市經濟)란 도시지역 내에서 기업 · 기관 · 가구들의 생산활동의 총합을 포함한 생산 · 분배 · 소비체계라고 간주할 수 있다(Chapin and Kaiser, 1979: 127). 도시경제활동에 대해 관심을 갖는 이유는 도시 내의 토지를 활동별로 배분할 필요성뿐만 아니라, 고용증감 · 소득수준 · 주택수준 등과 같은 경제활동에 의해 영향을 받기 때문이다. 도시경제를 연구하는 목적은 도시경제의 현재의 형태와 기능, 주요 변화요인, 중요한 불균형의 형태와 치유방법, 그리고 치유책을 경제개발목표로 전환하여 계획적인 방법으로 대처하기 위한 구체적인 방법들을 강구하는 데 있다(Andrews, 1968 : 77~78).

도시경제활동의 이해 · 분석은 거시경제분석과 미시경제분석으로 나누어 고찰할 수 있다. 거시경제분석(巨視經濟分析)은 상호 관련된 경제의 특성을 파악하기 위해 경제주체간의 상호의존관계를 설명하며, 도시경제의 총량규모의 상관성에 초점을 두는 분석방법으로 도시성장변화 · 경제적 안정성 · 도시화 등의 당면과제들을 다룬다(Hirsch, 1973 : 173). 이 기법들은 국가경제에서의 총합분석과 유사한데, 주요 분석기법은 투입-산출분석, 경제기반분석 등이 있다(Goldburg and Chinloy, 1984 : 43; Hirsch, 1973 : 186). 미시경제분석(微視經濟分析)의 이론적 도구는 이윤극대화를 추구하는 기업과 효용극대화를 추구하는 가구의 행태를 분석하는 데 초점을 두고 있으며, 특히 시장에서의 행태분석에 중점을 둔다(Hirsch, 1973 : 13). 이 분석은 시장을 토지 · 주택 · 교통 · 환경 등으로 구분하여 고찰할 수 있을 것이다.

여기서는 거시경제활동의 분석과 예측방법으로 많이 사용되는 변화-할당분석, 경제기반분석, 그리고 투입-산출분석에 대해 살피기로 한다.

(2) 변화-할당 분석

(가) 개 념 변화-할당 분석(shift-share analysis)은 크래머(D. Creamer)에 의해 1942년에 처음으로 시도되어 발전된 분석모형으로(박종화 외, 1994 : 327), 도시의 산업성장변화를 국가전체산업의 성장변화와 비교하여 설명하는 방법이다(황용주, 1983 : 174~176).

(나) 모 형 이 방법의 기본모형은 다음과 같다(Chung, 1989 : 123~124). 일정기간의 산업의 총변화(d)는 국가 전체의 산업성장에 의해 유발된 국가성장(National Growth : NG), 산업구조의 특성에서 발생된 산업구조효과(Industrial Mix : IM), 그리고 전국의 타지역과 대비한 분석대상도시의 경쟁적 위치를 나타내는 지역할당(Regional Share : RS)으로 구분할 수 있다.

$$d=NG+IM+RS$$
$$NG_{ij}=E_{ij}[(E^*-E)/E]$$
$$IM_{ij}=E_{ij}[(E_i^*/E_i)-(E^*/E)]$$

$$RS_{ij}=E_{ij}[(E^*_{ij}/E_{ij})-(E^*_i/E_i)]$$

여기서 $E_{ij}=j$지역 i산업의 고용자수
$E_i=i$산업의 전국고용자수
$E=$전국 총고용자수
*는 대비연도, *가 없는 것은 기준연도.

㈐ 장 단 점 이 기법의 장점은 일정기간 동안 특정도시에서 발생한 경제활동의 변화를 분석하는 기법 가운데 비교적 적은 비용으로 수행할 수 있다는 점, 자료가 불충분하여 시계열분석이 어려운 경우나 시간과 자원이 제한된 경우에 사용할 수 있고, 설명이 간결하고 이해하기 쉽다는 점을 들 수 있다.

그러나 이 기법은 한 시점에 오직 하나의 변화만을 분석하기 때문에 실업에 대한 고려가 없어 문제가 있으며, 분석기법이 기술적이어서 변화의 양과 상태에 대한 설명력이 약하다는 한계점을 가지고 있다.

⑶ 경제기반분석

경제기반연구(economic base approach)에서는 다음의 5가지 가정에 바탕을 두고 있다(강병주 · 손희준, 1992 : 37~38; 국토연, 1981 : 186).

1) 산업은 기반부문과 비기반부문으로 구분되며, 도시의 성장은 기반산업에 의해 이루어진다.
2) 기반부문의 수출활동은 지원부문의 생산활동에 영향을 미친다.
3) 지역 내 생산으로서 수입을 대체하지 못한다.
4) 기반부문에 의해 생산된 재화와 용역은 지역 내에서 소비되지 않는다.
5) 추계기간 동안 성장변수는 변동하지 않는다.

경제기반분석은 첫째 산업을 기반과 비기반산업으로 구분하고, 둘째 기반비율과 기반승수를 계산하며, 마지막으로 기반승수를 장래의 고용추계에 적용하는 비교적 직선적인 단계로 진행된다(Chung, 1989 : 45~47).

㈎ 산업구분방법 산업을 기반산업(basic industries)과 지원산업(non-basic industries)을 구분하는 방법은 직접법과 간접법이 있다. 직접법(直接法)은 해당 기업체에 대해 직접조사를 통해 기반산업 여부를 확인하는 방법이다. 이 방법은 개별기업별로 총매출에 대해 지역 내 판매비와 지역 외 판매비를

조사하여 각 산업별로 총기반고용과 비기반고용을 획득하여 총고용에 대해 일반화하는 방법이다. 이 방법은 직접조사이기 때문에 가장 정확하지만, 실제 적용하는 데는 많은 시간과 노력이 요구되는 비현실적인 방법이다.

간접법(間接法)은 간접적인 자료를 활용하여 구분하는 방법으로 가정법·입지상법 · 최소요구량법 등이 있다(Kaiser, *et al.*, 1995 : 152~154; Glasson, 1975 : 66~67). 가정법(assumption approach)은 특정한 산업 전체를 기반산업으로 가정하고, 나머지는 비기반산업으로 분류하는 방법이다. 공통적인 가정은 제 1 차 산업과 제조업은 기반산업이고, 나머지 경제활동은 비기반으로 분류하고 있다. 이 방법은 소규모 지역이나 외부와 고립된 지역에서는 이러한 가정이 합리적일 수 있으나, 많은 지역에서 대부분의 산업활동은 기반부문과 비기반부문의 양면성을 갖고 있기 때문에 위와 같은 단순분류는 적용상 제약이 따른다. 입지상법(locational quotient approach)은 입지상(LQ)이 '1' 이상이면 기반산업으로 분류한다. 입지상(location quotient)은 도시의 특정산업을 국가전체와 비교하여 그 상대적 강도를 제시하는 기법이다. 이는 특정산업의 도시 전체에서의 점유비와 당해 산업의 국가 전체에서의 점유비를 대비하는 것이다. 이의 계산식은 다음과 같다.

$$LQi \cdot r = \frac{Ei \cdot r/Er}{Ei/En}$$

단, E : 고용자수
i : 산업
r : 도시
n : 국가 전체

이 기법의 장점은 단순성과 자료획득의 용이성 때문에 많이 사용되고 있으나, 국가 전체로 동일한 생산소비패턴, 동일한 생산성을 가정하고 있고, 국제적인 수출입이 없는 것으로 보고, 지역수요는 지역적 생산에 의해 충족된다고 가정하는 등 현실과 괴리된 여러 제약요인이 따른다(Chung, 1989 : 120). 최소요구량법(minimum requirement approach)은 입지상기법의 변형의 하나이다. 주요 차이는 입지상처럼 지역의 총고용량에 대한 i 산업의 비율($Ei \cdot r/Er$)을 국가 전체에 비교하지 않고, 여기서는 비슷한 규모의 지역과 대비한다는 점이다. 연구대상도시의 총고용에 대한 각 산업의 비율은 대상도시가 속한 도시범주(인구규모기준)에서의 각 지역의 비중으로 계산한다. 각 산업의 최소구성비를 해당 도시범주에서의 내부소비로 보고, 이 부분을 초과한 것은 수출에 공여하는 것으로 간주한다. 이 방법은 한 지역의 고용의 현재상태를 이해시켜 주고 도시의 경제적 취약성을 제시해 주며, 입지상에서 가정하고 있는 소비가 국가와 일치한다는 점에서는 탈피할 수 있는 등의 장점이 있다. 그러나 지역의 수입측면을 경시하고 간접적인 수출이 비기반활동으로 간주되며, 산업의 특정지역에의 입지이유를 충분히 설명하지 못하는 등 여러 단점도 있다.

(나) 기법의 응용 경제기반분석에서 유용하게 사용하는 두 가지 개념은 기반비율(base ratio)과 기반승수(base multiplier)이다. 비기반고용(또는 소득)에 대한 기반고용(또는 소득)의 비율을 기반비율(基盤比率)이라고 한다. 기반승수(基盤乘數)란 기반산업고용의 총고용에 대한 비율이다. 기반승수는 지역의 규모, 경제기반의 다양성, 산업의 상세수준에 따라 차이가 있다. 큰 지역일수록, 다양화된 경제일수록, 그리고 산업의 상세분류일수록 승수값이 크다. 기반승수를 알고 있으면 한 지역에서 기반산업이 경제 전체에 미치는 영향을 예측할 수 있다. 총고용은 기반산업고용수에 기반승수를 곱하여 구할 수 있고, 총고용의 변화는 기반산업의 고용변화에 기반승수를 곱하여 구할 수 있다.

(다) 장 단 점 경제기반연구는 경제기반승수의 계산이 용이할 뿐만 아니라 이해하기 쉬워 실무자나 정책결정자에게 설득력이 강하고, 통계자료가 제한되어 있는 경우에도 기반비만 알면 승수효과를 쉽게 예측할 수 있어 사용하기에 용이하며, 산업연관표작성이 어려운 상황에서도 산업간의 연관성에 기초하여 생산 또는 고용을 예측할 수 있는 장점(長點)이 있다.

그러나 이 방법은 이론과 실제면에서 많은 결점(缺點)을 나타내고 있다. 개념적으로 기반산업과 비기반산업을 분류하는 데 한계가 있다. 기반비율과 기반승수는 일정하다고 간주하고 있는데, 경제의 다양화, 수입대체, 소비자의 선호도 등의 여건변화에 따라 변한다. 그리고 이 분석기법은 지역성장엔진으로서의 역할을 수행하는 서비스부문의 가치를 무시하고 있다. 기반승수는 모든 기반부문 대 비기반부문의 평균을 의미하나 승수는 임금수준과 산업별 투입요소의 지역구매에 따라 변화한다는 점을 간과하는 등의 한계점이 있다

(Heilbrun, 1987 : 147～151; Hirsch, 1973 : 193).

(4) 투입-산출 분석

(가) 의 의 투입-산출 분석(input-output analysis)은 지역간 · 산업간 거래관계를 통해 경제활동의 상호의존관계를 파악하고 예측하기 위한 모형이다. 레온티에프(W. Leontief)가 「미국경제의 구조, 1919～1939」를 1951년에 발표하면서 이 기법을 제시하였는데, 이는 케네(F. Quesnay)의 경제표와 왈라스(L. Walras)의 일반균형이론을 배경으로 하여 발전한 것이다. 이 분석기법은 지금까지 주로 국가경제의 구조분석 및 예측을 위한 분석도구로서 주로 활용되어 왔으나, 1950년대부터는 아이사드(W. Isard) 등에 의해 지역경제 및 도시경제분석에도 널리 사용되고 있다. 우리 나라에서는 1960년부터 한국은행에서 전국의 산업연관분석표를 작성하고 있고, 1980년부터 수년간 국토개발연구원에서 지역간 산업연관표를 작성하였다(홍기용, 1994 : 447).

(나) 모 형 지역적 차원에서 경제적 상호의존관계를 분석하기 위한 이 기법은 다음의 가정에서 출발한다(강병주 · 손희준, 1992 : 53～54; 국토연, 1981 : 195～196).

1) 측정기간 동안 교역계수, 즉 각 산업의 내부 및 외부 판매비율은 동일하다.
2) 모든 산업은 각기 하나의 선형적이고 동질적인 생산함수를 갖는다.
3) 하나의 산업은 하나의 제품만을 생산한다.
4) 외부경제 및 비경제는 없다.

도시의 산업활동을 크게 투입과 산출 부문으로 구분한다. 종축의 투입부문은 생산부문과 지불부문으로, 횡축의 산출부문은 중간수요와 최종수요부문으로 각각 구분된다. 종축의 합계는 총투입이고, 횡축의 합계는 총산출이다. 생산부문(processing sector)은 산업별로 총산출액을 중간수요와 최종수요 부문으로 배분되고, 지불부문(payment sector)은 가계와 수입 부문으로 구분된다. 중간수요(purchasing sector)는 산업별로 중간투입재를 의미하고, 최종수요(final demand sector)는 산출물의 최종적 수요를 의미하는 것으로 가계소비 · 정부소비 · 고정자본형성 등으로 구성되어 있다. 이러한 투입-산출표에는 총투입액과 총산출액이 동일하다는 균형조건과 산업별로 일정한 기술적

표 6-2 투입-산출표의 기본구조

산 출 / 투 입		구매부문		총산출
		중간수요	최종수요	
공급부문	생산부문			
	지불부문			
총 투 입				

투입계수가 존재한다는 기술조건의 두 가지 이론적 조건이 필요하다.

투입-산출 모형에 의한 예측은 3단계를 거쳐 이루어진다(Kaiser, *et al.*, 1995 : 157).

1) 연구지역의 획정, 적정수준의 산업분류, 산업별 투입계수가 요구된다.
2) 투입-산출표의 최종구매(최종수요)란의 각 entry를 추계한다.
3) 추계된 거래표를 계산한다.

연구지역의 획정은 이용가능한 자료의 내용, 연구의 목적, 분석결과의 활용 등을 감안하여 결정하여야 한다. 분석에 사용할 산업의 분류는 비용, 이용가능한 자원, 자료수집과 처리, 현존자료의 양과 종류, 연구의 목적, 연구자의 취향 등의 요인에 의해 결정된다(Isard, 1960 : 319). 투입계수란 한 산업의 생산에 대한 각 산업 또는 각 부문의 기여율을 의미하며, 이를 표로 작성한 것이 투입계수표이다.

㈐ 장 단 점 도시경제분석에서 투입-산출 분석의 사용이 늘어나고 있는 이유는 분석과정 중에 투입-산출표에서의 산업의 유형과 수는 분석자의 목적에 따라 신축적으로 조정할 수 있으며, 국가 전체에 대한 거래표를 작성하고 있기 때문에 이를 지역적 차원에서 조정하는 것이 용이해졌기 때문이다(Kaiser, *et al.*, 1995 : 158).

이 모형에 의해 경제구조를 예측할 때 산업간의 연계관계 즉 투입계수가 일정하다는 생산함수의 불변을 가정하고 있으나, 가격과 생산기술의 변화에 따라 투입계수가 달라질 수 있다. 그리고 규모의 경제나 외부효과가 작용하지 않는다는 가정이 있으나 이도 현실과 유리된 사항이다. 이 모형이 실용성을 갖기 위해서는 경제주체간의 거래관계자료가 필수적이나 기술적·비용상 애로가 따르기 때문에 이용하기 어려운 경우가 많다(Hirsch, 1973 : 209).

Ⅳ. 도시정보관리

1. 정보체계

(1) 개 념

계획과정에서 사용·이용되고 있는 각종 통계자료들을 종합적으로 이용·관리하는 정보체계의 필요성이 증대되고 있다. 정보체계(情報體系)의 목표는 대량의 자료를 의미 있는 정보로 바꾸는 것이다. 모든 관련정보를 계획과정 중에 저장·관리, 그리고 이용하기에 용이한 형태로 표현되어야 하는데, 이러한 역할을 수행하는 것이 계획정보체계이다. 계획정보체계(計劃情報體系)란 계획에서 사용된 공간관련자료·연구·분석, 그리고 모형의 수집이며, 이의 목적은 계획지역의 인구·경제·환경·토지이용·하부구조·공공시설들에 대한 지식을 도출하고 결정을 지지하는 것이다(Kaiser, *et al.,* 1995 : 90).

(2) 정보체계구축단계

정보체계구축(情報體系構築)은 범위확인·자료결정·자료수집·자료저장과 검색, 자료분석, 그리고 표현과 통신의 6단계로 진행된다(Chapin and Kaiser, 1979 : 111~112).

정보체계에서 나타내려고 하는 주요 구성요소의 확인이 정보체계구축의 첫 단계이다. 즉 범위확인(範圍確認)은 도시계획을 위한 정보체계의 자료파일을 어떻게 구성할 것인가 하는 문제에 대한 결정이다. 자료결정(資料決定)은 정보체계에 포함되어야 할 특정자료의 내용을 결정하는 것이다. 이는 측정할 변수, 측정의 바탕(예 : 블록·사람·주소 등), 요구되는 정확성, 상세수준, 현행측정의 유지, 과거자료의 소급기한 등의 결정을 포함한다. 자료수집(資料蒐集)의 과업은 자료의 수집방법에 대한 것으로 기발간된 자료(secondary information)에서 획득하는 방법과 직접적으로 자료의 획득(primary information)을 위한 조사를 실시하는 두 가지 방법을 사용한다. 필요한 자료를 직접 획득하기 위한 조사를 수행하기 위해서는 표본추출, 조사도구, 조사과정의 설계관리, 코딩, 자료의 검토 등이 있어야 한다. 수집된 자료저장(資料貯藏)체계는 컴퓨터파일뿐만 아니라 지도 · 보고서 등도 포함된다. 자료검색(資料檢索)은 자료저장장치에 적용되며, 각종 정보파일에서 도표로 나타내기 위한 '접근' 프로그램이다. 자료분석(資料分析)은 자료군들을 재결합하여 각종 중간분석을 작성하는 것과 관련되는 것으로 자료의 조직 · 분석 · 제시를 위한 여러 방법과 기법을 포함한다. 정보체계설계(情報體系設計)의 마지막 단계인 표현(表現)과 통신(通信)은 시각적으로 매력적인 산출을 단순명료하게 나타내는 작업이다.

2. 지리정보체계

(1) 개 념

지리정보(地理情報)란 지구의 자연특성과 경계에 대한 지리적 위치와 특징을 확인할 수 있는 정보이다(Masser, 1998 : 10). 여기서 지리정보는 입지(location)와 속성(attribute)에 관한 정보로 구분할 수 있다. 입지는 지리적 정보가 되기 위해 필수적이지만, 속성이 결여된 입지정보는 가치가 없다.

지리정보체계(geographical information system)를 피셔와 나이캠프(Fisher and Nijkamp)는 "공간관련자료를 수집 · 검색 · 저장 · 조작 · 처리 · 통합 · 분석, 그리고 출력하기 위한 컴퓨터관련체계이다"라고 정의하고 있다(Gill, *et al.*, 1999 : 341). 이 정의는 지리정보체계가 첫째 대량의 공간관련자료를 저장 · 관리 · 통합하는 것이며, 둘째 이를 분석하고, 셋째 이용자가 용이하게 접근할 수 있도록 정보를 조직 · 관리하는 세 가지 임무가 있음을 강조하고 있다(Scholten and Stillwell, 1990 : 3~4).

지리정보체계(GIS)의 기능은 잘 구축되고 정리된 자료체계로서의 데이터베이스(data base), 공간정보의 분석과 모형구축에 초점을 둔 공간분석(spatial analysis), 자료의 도표출력 또는 지도적 표현(catographic aspects)의 세 가지로 요약할 수 있다(Maguire, 1991 : 13~14; 교통연, 1994 : 14). 데이터 베이스관리는 필요한 자료를 수집하고 이를 전산화하여 체계적으로 자료를 관리하는 기능을 담당한다. 공간분석은 완성된 데이터 베이스를 기초로 자료의 검색 및 재생 등을 수행하고, 의사결정을 위한 공간해석과 모형화기능을 수행한다. 자료의 도표출력은 자료를 처리하거나 공간분석한 결과를 사용자가 쉽게 이해할 수 있도록 도표형태나 지도로 제공하는 기능을 담당한다.

(2) 자료의 유형과 연계

GIS자료는 토지 자체의 속성을 나타내는 속성자료(attribute data)와 공간적 관계를 나타내는 도형자료(graphical data)를 포함한다. 속성자료(屬性資料)는 도형실체와 관련된 속성으로 공간단위의 통계정보와 도형설명정보가 포함된다. 전자는 일반적인 통계자료수집절차를 거쳐서 수집되며, 후자는 수치지도제작과 함께 수집된다. 도형자료(圖形資料)는 공간적 실체에 대한 문자적 표현이다. 전통적으로 이러한 도형기록은 지도형태로 보관된다. 컴퓨터를 통해 토지관련도형요소를 점(points)·선(lines)·면(polygons)의 형태로 보관한다.

(3) GIS의 구성

GIS는 다음 4개의 구성요소로 이루어졌다(Martin, 1991 : 50~52).

(가) 자료수집·투입, 그리고 교정 지리정보체계에 속성자료를 수작업, 스캐닝 또는 키보드 등을 통해 투입하고, 다른 데이터 베이스체계에서 온라인검색이 가능하게 하는 작업과 관련된다. 이 단계에서는 먼저 디지털지도가 작성된다. 일반적으로 사회경제자료는 직접적으로 지리적 특성을 구비한 경우는 거의 없다. 따라서 대부분의 자료들이 성격면에서 독특하여 다른 목적의 요구에는 부합되지 못한다. 그리고 지역적인 특성을 구비한 자료도 서로 호환하기 어렵고, 시간에 따라 변하기 쉽다. 즉 GIS를 염두에 두고 수집된 자료는 거의 없기 때문에 자료수집의 목적과 방법에 대한 분명한 이해는 GIS이용자에게는 매우 중요하다.

도형자료를 컴퓨터에 표현하는 방법은 래스터(raster)표현과 벡타(vector)표현이 있다. 래스터표현은 격자 또는 래스터에 표현하는 방식으로 각 격자셀은 종횡치(縱橫値)를 갖고, 표현하고자 하는 속성의 값을 나타내는 화상처리방법이다. 벡타표현은 시종을 나타내는 선들과 이의 연결로서 표현되는 도형처리방식이다. 여기서 선의 시점과 종점이 벡타를 형성한다.

자료의 투입방법은 래스터(raster)·벡타(vector), 그리고 쿼드트리(quadtree)형의 3가지가 있다. 래스터형은 대상지역을 규칙적인 격자형 셀로 나누어 셀별로 속성자료를 수집·투입한다. 벡타형은 지도에 자료정보를 숫자형태로 기록하는 것으로 숫자화하는 과정은 자동화수단에 의해 이루어지지만, 수작업으로도 이루어지는 경우가 많다. 수작업에 의한 숫자화작업은 작업자가 제도면 위에 있는 자료문건을 커서를 따라 추적하면, 커서의 위치를 탐지하는 전자장치에 의해 주컴퓨터에 입력된다. 자동투입은 스캐너나 벡타라인 추적장치에 의해 이루어진다. 쿼드트리형은 격자와 벡타의 결합형인데, 이 방법에서는 자료들이 가변적인 크기의 격자셀로 투입된다. 즉 동질공간에서는 큰 셀을 사용하다가 조사지역의 끝부분에서는 정확한 그림을 나타내기 위해 셀의 크기가 작아진다.

(나) 저장과 검색 　메모리, 디스크 또는 테이프에 자료를 물리적으로 저장하고, GIS의 다른 세 가지 구성요소의 필요에 의한 검색장치의 통제를 포함한다.

(다) 조작과 분석 　조작과 분석은 수학적인 수단을 통한 디지털모형의 변형을 위해 이용가능한 전체적인 기법들을 나타낸다. 이는 GIS의 핵심이다.

(라) 산출과 보고 　이는 지리정보체계 내의 자료를 컴퓨터나 인간이 읽을 수 있도록 송출하는 것이다. 산출체계는 산출장치(output device)와 산출물(products)을 의미한다. 산출장치는 Visual Display Unit(VDU), Line Printer, Plotter, Magentic Media이며, 산출물은 Maps, Overlays, Tabular data, Reports, Disks and tapes 등이다.

(4) 도시계획과 지리정보체계

지리정보체계는 도시계획에서 표현 · 자료정리 · 분석기능에 활용할 수 있다. GIS의 가장 기본되는 기능은 계획시 필요한 많은 도면작업에 응용할 수 있다는 점이다. 다양한 축척 · 크기 · 형태 · 색채 등을 자유자재로 정교하고 효과적으로 표현할 수 있다(국토학, 1997 : 152). GIS는 방대한 자료를 저장할 수 있고, 여러 형태로 검색할 수 있으므로 지형도 · 지적도 · 도시계획도 등 여러 유형의 토지에 관한 자료를 하나의 데이터 베이스로 만들어 일반적 기본도로 통합할 수 있다(국토학, 1997 : 152). 아울러 GIS는 지역지구의 관리, 토지관계규제변경의 통보, 토지관계인허가의 추적 등에도 활용할 수 있다.

GIS를 도시계획에서 분석적 목적으로 활용하는 방법은 다양하다. 주요 방법으로는 특정한 용도와 입지에 적합한 최적지를 선정하는 적지분석(適地

分析), 개발활동의 생태적 영향을 파악하는 환경영향평가(環境影響評價), 상하수도 · 가스 · 전신 · 전화 등의 공급노선과 수요분석에 의한 하부구조의 수급분석(需給分析), 버스노선설정 · 서비스차량의 효율적 노선을 설정하기 위한 최단경로분석(最短經路分析), 학생들의 학교까지 통학시간을 최소화하기 위한 분석, 교통시설기준, 각종 서비스시설의 최적입지분석을 하는 등의 네트워크분석(network analysis) 등이 있다. 아울러 도시설계 · 도시경관분석 등에 CAD 등을 활용하여 입체형태로 분석하는 3차원 모형, 각종 도시계획의 기본자료의 시계열분석을 하는 시간적 변화의 모형 등 계획가의 관심과 능력에 따라 다양한 측면에서 이용가능하다.

3. 도시계획정보체계의 구축 · 운영

건설교통부장관, 시 · 도지사, 시장 또는 군수는 국토의 이용 및 관리업무의 효율적 추진을 위하여 도시계획에 관한 사항의 정보체계를 구축하는 등 국토이용정보체계를 구축 · 운영할 수 있도록 규정하고 있다(「국토의 계획 및 이용에 관한 법률」 제128조).

제 4 절 계획안작성과 선택

Ⅰ. 계획안작성

1. 의 의

(1) 개 념

계획목표에 대한 합의가 이루어진 다음에는 설정된 목표를 달성하기 위한 방안을 강구하게 되는데, 이를 계획안(計劃案)이라 한다. 계획안은 복수의 대안(alternatives)으로 제시되는 것이 보통인데, 이는 목표달성방안은 하나가 아니고 다수로 상정할 수 있기 때문이다. 즉, 계획작성은 여러 개의 대안 가운데 설정된 목표를 가장 효과적으로 실현시킬 수 있는 최종안을 찾아 내는 과정이다. 대안(代案)은 처음부터 완벽하게 작성되어 최초안이 최종안으로 선택되는 경우는 드물고, 처음에는 포괄적인 안이 구상되었다가 점진적으로 대안의 내용이 수정, 변경 또는 새로운 내용이 첨가되어 구체화된다(안해균, 1992 : 238).

(2) 특 성

대안작성은 계획과정 중에서 가장 창조적 단계에 속한다. 이 단계에서는 대안작성자에게 계획목표의 달성을 위해 두 개 이상의 방안을 생각하도록 한다. 이러한 요구는 쇄신적 지혜를 통해 이룰 수 있으며, 보다 많은 대안을 고려할수록 보다 좋은 해결방안을 도출할 수 있다고 보기 때문이다.

대안은 다음의 속성(屬性)을 가지고 있다(Mayer, 1985 : 150~152).

> 첫째, 대안적 행동노선은 소극적으로 상호관계되는 명료한 행동군(行動群)으로 정의할 수 있는데, 이는 하나의 행동의 수용은 다른 행동을 채택할 수 없게 만든다는 의미이다. 즉, 대안들은 상호배타적 관계에 있다.
>
> 둘째, 대안은 단일행동노선의 상이한 강도의 형태를 취할 수도 있다.
>
> 셋째, 행동노선군이 모두 목표달성에 긍정적 효과를 가져오고 상호배타적이 아닐 수도 있다. 즉, 하나의 대안의 채택은 다른 대안의 수용을 제한함이 없이 모든 대안을 수용할 수도 있지만, 실제로는 이용가능한 자원의 제약 때문에 제한된 수를 선택하는 경우가 많다.

2. 작성단계

(1) 접근방법

대안작성은 목표-수단의 연쇄(end-means chain)적인 정련(精練) 과정을 통해서 구체화되는데, 그 내용은 목표달성을 위한 가능한 행동노선(courses of action)으로 이루어진다. 이러한 대안작성의 접근방법은 선형접근과 순환접근이 있다.

선형적 접근방법은 '대안의 작성(generation) — 정련(elaboration) — 평가(evaluation)'의 일련의 과정이 이루어져 하나의 대안이 최종적으로 선택되는 방법이다. 순환적 접근방법은 하나의 순환은 선형접근처럼 '대안의 작성 — 정련 — 평가'로 이루어지나, 이것이 이어지는 다음 순환의 결정과 재구성의 바탕이 되게 하는 연쇄적 과정으로 이루어져 있다(Wilson, *et al.*, 1979).

(2) 작성단계

대안작성과정은 4단계로 구분할 수 있다(Mayer, 1985 : 152~156).

(가) 계획문제의 개념적 구조의 구축 계획안작성은 계획문제에 대한 개념적 구조를 구축하는 것으로부터 시작한다. 이 구조는 계획가에게 바람직하지 못한 여건을 형성하고 있는 요인들 또는 바람직한 상황의 발생을 저해하는 요인들을 체계적으로 표현하게 하여 현재의 여건을 명료화할 뿐만 아니라 교정이 요구되는 적정한 행동을 확인할 수 있게 한다.

(나) 문제해결을 위한 대안적 행동의 도출 계획문제의 개념구조를 파악한 후에는 이들 문제를 해결하기 위한 대안적 활동방안을 모색하게 된다. 대안의 도출은 계획문제의 개념구조 모형에서 방해요인(blocking factors) 또는 유지요인(maintaining factors)을 확인하여 이에 대처할 수 있는 행동의 설계와 관련된다. 이 단계는 창의성을 극대화하기 위해 비교적 자유분방하게 제약 없이 진행한다. 시간제약 등을 제외하고는 도출대안의 수는 제한이 없는 것이 보통이다. 이 단계는 계획과정에서 중심적 위치를 차지하고 있다.

(다) 적합성의 관점에서 대안들의 선별 상상력과 시간이 허용하는 범위에서 대안이 도출되었으면, 계획가는 이들 중에서 유망한 대안들을 선별(選別)해야 한다. 대안작성 다음 단계인 대안평가에서 각 대안평가를 위해 상당한 시간과 노력이 요구되기 때문에 대안의 수는 분석에 이용가능한 자원에 따라 3~6개로 줄여야 한다. 대안의 선별기준은 자원의 이용가능성, 기술의 이용가능성, 의사결정체의 가치체계와의 적합성, 그리고 목표에의 적합성의 준거에 의한다.

(라) 적합한 대안의 서술화 대안이 관리가능한 갯수로 줄여지면, 마지막 단계는 각 대안에 대해 서술(敍述)해야 한다. 이 서술은 집행단계와 연결될 수 있도록 구체적이어야 한다. 그리고 각 서술은 예상되는 비용과 편익을 적절히 추정할 수 있도록 충분한 상세성을 갖추어야 한다.

3. 작성방법과 기법

(1) 작성방법

대안작성에는 문헌검토, 비교연구, 현존지식과 경험의 조사, 그리고 구조화된 집단과정의 4가지 기법이 유용하다(Mayer, 1985 : 156~160). 문헌검토(文獻檢討)는 계획문제의 상세화에 관한 현재의 지식과 경험을 평가하는 데 가장 쉽고 자주 사용하고 있는 기법이다. 비교연구(比較硏究)는 새롭고 체계적인 지식이 없는 계획문제에 대한 해결대안을 도출하는 데 가장 유용한 방법이다. 관련된 문헌이나 사례를 발견하기 어려울 때 조사(調査)가 대안적 행동을 도출하기 위해 사용할 수 있다. 마지막으로 구조화된 집단과정(集團過程)은 앞의 세 가지 방법과 연계되어 사용하는데, 관계문헌이나 모형이 없을 때 특히 유용하다. 이 방법은 동적이고 상호작용적이기 때문에 쇄신적 또는 창조적 사고를 촉진하는 데 유용하다.

(2) 작성기법

대안작성에는 여러 기법들이 사용되고 있다. 한편으로는 경험을 통한 전통적 지혜를 바탕으로 한 것으로 직관적인 브레인스토밍(brain-storming), 집단토의를 사용하는 델피(delphi) 방법, 그리고 문제에 대해 중간적인 답을 추구하는 반논리적(semi-logical) 접근방법이 있다. 다른 한편으로는 매우 체계적이며 수리적 방법에 의해 문제해결방안을 모색하는 결정이론(decision theory)으로 나눌 수 있다. 이들 기법들은 상이한 목적을 가지고 있고, 상이한 요구를 하고 있기 때문에 실제 적용에는 여러 방법의 혼합에 의한 보완이 요구된다(Bracken, 1981).

4. 대안의 내용과 표현형식

대안의 수는 가용자원(시간 · 노력 · 인력 등), 잠재적 제약요인(물리적 · 정치적 · 사회적 제약 등), 그리고 계획가의 상상력 등의 요인에 의해 제한된다(McLoughlin, 1969 : 232; Hobbs and Doling, 1981 : 100).

대안은 계획목적과 계획대상도시의 여건에 따라 다양한 내용이 포함되어 작성될 수 있다. 그러나 대안적 계획의 조직원리와 개념에는 적어도 계획형태(선형 · 방사 · 확산 · 다핵), 구조적 특징(저밀도 대 고밀도, 집적 대 분산), 교통체계(차종, 고속 대 간선도로의 조화), 개발계획과정(통제 대 비통제 개발, 민간개발 대 집권화된 개발), 목표와 표준(주거밀도의 변화, 근린구조, 교통시설의 서비스수준, 주요 상업시설의 규모와 공간)의 내용은 포함되어야 한다(Wilson, *et*

그림 6-2 대안의 도출

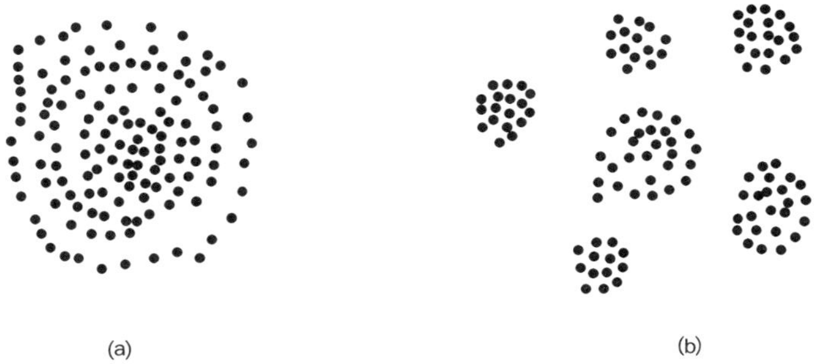

land use alternatives. (a) continuous expansion. (b) nucleated expansion

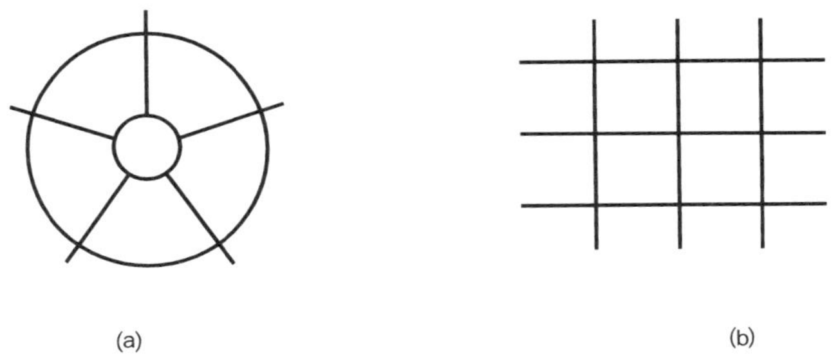

transportation alternatives. (a) radial highway pattern. (b) grid highway pattern

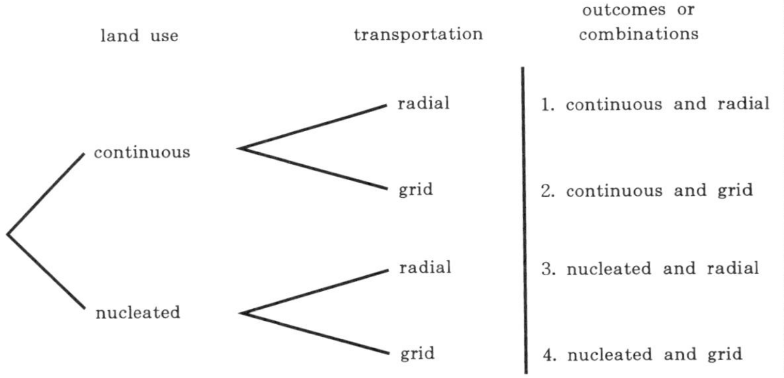

A decision tree of combined metropolitan growth alternatives

자료 : Krueckeberg and Silvers, 1974 : 64.

al., 1979). 〈그림 6-2〉는 토지이용과 교통에서 각각 2개의 대안을 고려하여 4개의 대안을 도출하는 과정을 요약한 것이다(Krueckeberg and Silvers, 1974 : 64).

대안의 형태는 적절한 시간간격(예 : 5년)으로 투시하고, 표현은 가급적 명료하고, 정보제시적이며 일상적 집행과 통제에 활용할 수 있어야 한다. 맥러글린(B. McLoughlin)에 의해 제시된 투시궤도방법(trajectary approach)은 계획기간 동안에 일어날 변화과정을 대안별로 그 전모를 파악할 수 있으며, 설정된 목표와 예측된 변화와의 비교 · 검토를 통해 수시로 수정 · 유도할 수

그림 6-3 대안별 과적

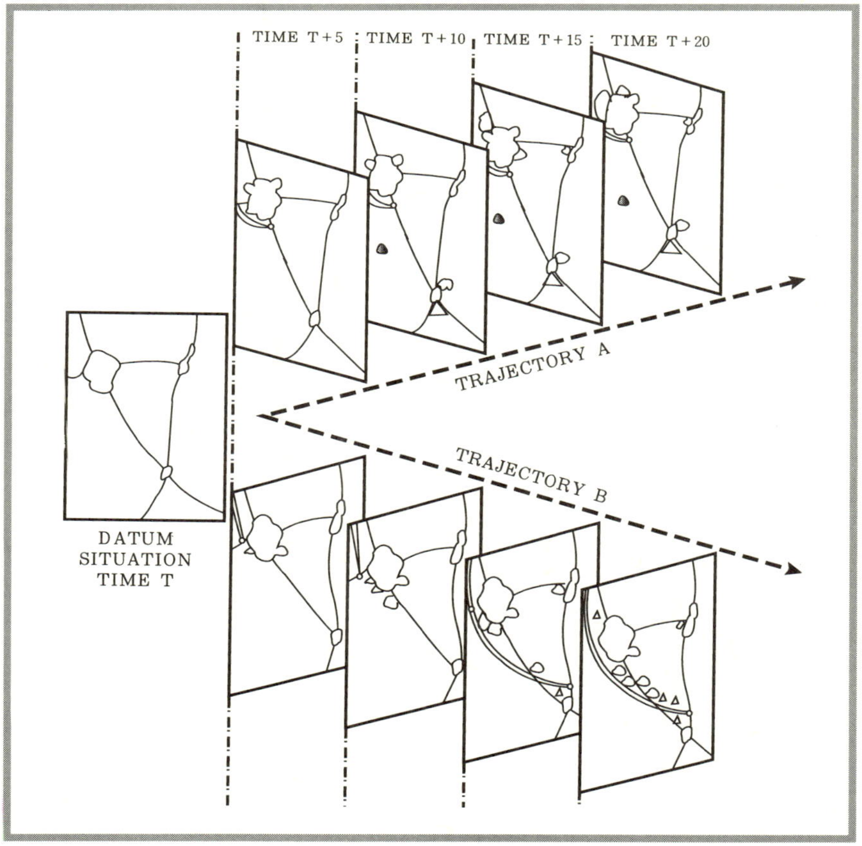

자료 : McLoughlin, 1969 : 232.

있다(McLoughlin, 1969 : 231~235). 현시점 T에서 $T+5$, $T+10$, $T+15$, $T+20$에 이르는 기간별로 대안별 변화상(變化相)을 연속적으로 투시해 볼 수 있으므로 계획목표의 성취정도를 대안끼리 비교 · 검토할 수 있다(〈그림 6-3〉 참조). 이 방법은 시각적인 변화상태를 짐작할 수 있는 도시형태에서는 그 적용이 용이하나, 경제적 측면의 목표달성과 효율성측정에는 어려움이 많다.

대안의 내용과 형태는 다음의 조건을 만족시켜야 한다(McLoughlin, 1969 : 262).

1) 특정시점에 달성할 도시체계의 단계별 상황을 명료하게 제시해야 한다.
2) 대안의 의도를 주민 · 대표자 · 계획가들이 분명히 알 수 있어야 한다.
3) 목표를 포함한 계획의 바탕이 되는 논점과 가정을 명료화해야 한다.
4) 도시체계의 계속적인 관리과정을 통해 계획집행의 작업적 수단을 제공해야 한다.
5) 이 모든 일을 수행함에 있어 가장 적정한 매체를 사용하여 커뮤니케이션이 명료하게 이루어져야 한다.

Ⅱ. 대안의 평가

1. 의 의

(1) 개 념

평가(evaluation)란 상이한 행동노선의 장단점에 대한 비교평정(assessment)이다. 이 평가는 비교되는 계획안의 전과정을 아우르는 개념으로 과정의 일부분에 초점을 맞추는 활동(valuation)과는 대비된다.

평가는 계획결정에 의해 영향을 받는 모든 개인 · 집단의 복지변화를 측정해야 되는데, 이를 평가의 종합성(綜合性)이라 한다. 또한 평가는 지역사회 구성원 전체에 대해 계획안의 영향에 관한 정보를 제공해 준다. 그리고 평가는 학습과정(學習過程)으로 이해할 수 있는데, 이는 평가를 통해 특정계획안의 장단점을 비교 · 평가하여 보다 탁월한 대안의 창출로 유도하는 새로운 통찰이 획득되기 때문이다.

(2) 평가의 종류

평가의 종류는 그 시기나 목적에 따라 구분할 수 있다(Voogd, 1983 : 16).

평가의 시기(時期)에 따라 사전(ex ante) 평가와 사후(ex post) 평가로 구분할 수 있다. 전자는 계획안의 준비과정(foreward looking)에 초점을 맞추고, 후자는 계획집행시 일어날 일(backward looking)에 대해 중점을 둔다. 대안을 선택하기 위한 평가는 사전평가에 해당된다. 평가의 목적(目的)에 따라 과정평가와 영향평가로 구분할 수 있다.

2. 평가기법

평가방법을 사정하는 기준으로 다른 사람도 같은 절차를 따랐을 때 유사한 결과를 얻을 수 있는 방법론상 체계성(體系性), 사용상 단순성(單純性), 제한된 시간 내에 결과를 도출할 수 있는 신속성(迅速性), 적정한 비용으로 유용한 정보를 획득할 수 있는 저렴성(低廉性), 법적·행정적 욕구를 충족할 수 있는 법적 수용성(受容性), 결정에 관련된 모든 요소를 고려할 수 있는 종합성(綜合性)을 들 수 있다(McAllister, 1982 : 72~73).

평가기법(評價技法)은 효율성과 형평의 관점에서 단일의 목표에 초점을 두는 방법, 특정수준에서 고정된 하나의 목표를 설정하는 방법, 그리고 목표간의 상쇄성을 나타내는 다목적 효용함수를 작성하는 3개의 방법으로 나눌 수 있다(Shefer and Kaess, 1990 : 76). 비용-편익분석과 계획대차대조표방식은 첫 번째와 두 번째에 각각 해당되고, 목표성취분석은 세 번째의 방법에 속한다. 여기서는 이들 3기법을 중심으로 고찰하기로 한다.

(1) 비용-편익분석

(가) 개 요　　비용-편익분석(cost-benefit analysis) 방법은 가장 자주 사용되고 있는 체계적 평가방법으로, 가장 발달된 이론적 바탕을 갖고 있다(McAllister, 1982 : 85). 이 방법은 계획을 수행함으로써 발생될 것으로 예상되는 유·무형의 모든 편익과 비용들을 추정하고, 이들을 합리적인 평가기준에 비추어 판단하도록 하여 계획안선택과정을 돕는 분석수단이다(노화준, 1989).

비용-효과분석(cost-effectiveness analysis)은 비용-편익분석의 하나로, 단위비용당 산출단위를 비교하는 것으로 단위비용당 화폐편익을 비교하는 비용-편익분석과 차이가 있다(McAllister, 1982 : 120). 예로 도시위락시설에 대한 대안에서 대안별로 창출되는 예상이용자수를 비교하는 것은 예상되는 화폐편익을 비교하는 것과는 다르다.

(나) 절 차 이 분석방법의 절차는 비교대안의 식별, 사업수명의 결정, 각 대안들의 편익과 비용의 추정, 사용될 할인율의 구체화, 사업효과성측정방법의 구체화, 선정된 효과성측정방법에 대한 대안의 비교, 민감도분석, 그리고 적정대안의 선택으로 구분할 수 있다(정정길, 1998 : 809).

(다) 장 단 점 이 기법의 장점은 첫째 개념적으로 알기 쉽고 용이하게 이용할 수 있고, 둘째 모든 효과를 화폐로 환산하기 때문에 대안의 비교가 용이하고, 셋째 분석자의 주관이 개입하기 어려워 객관적인 평가를 할 수 있다는 점이다(Dunn, 1994 : 295~296; 天野光三, 1986 : 550).

자주 지적되고 있는 단점도 3가지로 요약할 수 있다. 첫째, 효율성을 강조하기 때문에 형평성은 무시된다. 둘째, 화폐적 가치는 주민의 반응성을 측정하는 데는 부적절하다. 셋째, 시장가격을 이용하기 어렵기 때문에 재화와 용역에 대해 주민들이 지불할 용의가 있는 주관적 평가로서 잠재가격(shadow price)을 쓰는데, 이러한 주관적 평가는 자의성이 작용할 수밖에 없다(Dunn, 1994 : 295~296; Shefer and Kaess, 1990 : 76~77).

(2) 계획대차대조표

(가) 개 요 리치필드(N. Lichfield, 1956)에 의해 개발된 계획대차대조표(planning balance sheet) 방법은 회계상 작성하는 대차대조표(貸借對照表)에 바탕을 두어 도시계획의 대안을 평가하는 데 원용한 기법이다. 이 방법은 대안평가를 관련된 개인차원에서 비교·검토하는 것은 불가능하기 때문에 지역사회를 동질집단으로 구분하여 대안별로 영향을 비교하기 위한 평가기법이다(Lichfield, 1970 : 156).

이 방법은 전통적인 비용-혜택분석에 토대를 두고 있으나, 대안에 의해 영향받는 집단들간의 비용과 수익의 배분에 대한 상세한 정보를 제공해 주고, 무형 또는 불가측의 영향에 대해서도 화폐적인 영향과 함께 평가표에 표시할 수 있다는 두 가지 점에서 진일보한 것이다(McAllister, 1982 : 148). 대체로 편익-비용분석이 민간부문에서 단일부문의 소규모 개발문제를 주로 다루는 데 비해, 이 방법은 공공부문에서 지역사회 전체의 총비용에 대한 총편익을 복식회계방식을 활용하여 제시하고 있다.

(나) **평가과정** 대안의 영향을 대안을 만드는 사람 또는 집단, 즉 '생산자'와 이 대안을 받아들이는 사람 또는 집단, 즉 '소비자'로 나누어 양 집단 간의 거래를 표로서 나타낸다. 여기서 거래는 전형적인 시장거래이다. 예를 들면 화폐적 거래로서 주택개발업자(생산자)와 가정(소비자), 비화폐적 거래로서 공립학교(생산자)에 의한 교육서비스제공과 학군 내의 가정(소비자), 공항(생산자)에 의한 소음발생과 주변지역주민(소비자) 등의 구분이다.

이 방법의 평가과정은 다음과 같다.

1) 각 대안을 수립 · 소비하는 데 관계되는 각 집단을 상세화한다.
2) 각 집단을 생산자/소비자로 하여 대차대조표의 종란에 나열한다.
3) 각 생산자/소비자를 대안별로 재화와 서비스군으로 짝지운다.
4) 각각 짝지운 재화와 서비스를 한쪽에서 생산된 것을 다른 쪽에서 판매하는 관계를 만든다.

〈표 6-3〉에서와 같이 $X \cdot Y \cdot Z$은 생산자로 생각되는 집단이고, $X^1 \cdot Y^1 \cdot Z^1$은 소비자역할을 하는 집단을 나타낸다. £표시는 화폐적 가치, M은 물리적 단위(광산물산출 · 전기단위 · 일일여행자 등), 그리고 I는 비가측적인

표 6-3 계획대차대조표

계 층	대 안 A				대 안 B			
	혜 택		비 용		혜 택		비 용	
	자 본	연 차	자 본	연 차	자 본	연 차	자 본	연 차
생산자								
X	£a	£b	–	£d	–	–	£b	£c
Y	i_1	i_2	–	–	i_3	i_4	–	–
Z	M_1	–	M_2	–	M_3	–	M_4	–
소비자								
X^1	–	£e	–	£f	–	£g	–	£h
Y^1	i_5	i_6	–	–	i_7	i_8	–	–
Z^1	M_1	–	M_3	–	M_2	–	M_4	–

자료 : McLoughlin, 1969 : 272.

비용과 혜택을 나타낸다.

(다) **장 단 점** 이 방법은 비용-혜택분석에 대해 다음의 장단점을 갖고 있다(McAllister, 1982 : 155~159). 장점은 첫째 화폐적인 영향과 함께 비화폐적·무형적 영향에 대해서도 대비평가하고, 둘째 특정집단간에 비용과 혜택의 배분을 나타내는 거래표에 따라 영향을 설명하고 있다는 점이다.

단점은 첫째 평가자가 거래기준으로 영향범주를 선정하기 때문에 특정한 영향들은 무시될 개연성이 있고, 둘째 평가자가 가장 유리한 계획을 결정함에 있어 가치판단을 허용하게 된다는 점이다.

(3) 목표성취분석(goal achievement analysis)

(가) **개 념** 목표성취분석(目表成就分析)은 단일목표를 평가하는 비용-편익분석과 계획대차대조표방식들이 대안적 행동노선을 평가하는 데는 한계가 있음을 인지하고, 이러한 약점을 보완하기 위해 개발된 방법이다(Hill, 1968 : 21). 이 방법은 목표가 설정되면, 목표의 중요도에 따라 가중치를 부여하여 대안별로 이 목표의 달성정도를 비교·검토한다. 이 분석방법에서는 영향들을 명료하게 기술된 지역사회목표와 이를 다시 영향받는 지역사회의 집단에 따라 세분하였다.

(나) **평가과정** 〈표 6-4〉에서와 같이 복식부기적 체계를 사용하여 편

표 6-4 목표달성분석

목표기술	α			β			γ			δ		
상대비중	2			3			5			4		
	상대비중	비용	혜택	상대비중	비용	혜택	상대비중	비용	혜택	상대비중	비용	혜택
집단 a	1	A	D	5	E	E	1		N	1	Q	R
″ b	3	H		4	—	—	2		—	2	S	T
″ c	1	L	J	3	—	—	3	M	—	1	V	W
″ d	2	—		2			4		—	2	—	
″ e	1	—	K	1	T	T	5		P	1	—	
		Σ	Σ					Σ	Σ			

자료 : Hill, 1968 : 23.

익과 비용을 나타내도록 했다. 그는 이러한 비용과 편익은 화폐적 단위로 나타내는 것을 권장했으나, 한편으로는 비가측적인 효과를 예상하여 주관적으로 평가(예를 들면 '+' · '−' · 무효과는 공배)하는 것도 제안했다. 꺽쇠는 영향이 여러 집단에 걸쳐 나타나는 것을 의미하고, 공배는 무영향, 그리고 댓쉬는 무시할 만한 영향을 의미한다. 가중치체계를 이원화하여 의사결정자가 설정한 각 목표에 대한 상대적 중요성(상단부의 횡으로 제시된 가중치)과 여러 집단에 의해 평가된 상대적 중요성(종으로 제시된 가중치)으로 구분 · 평가하였다.

이 방법은 목표들의 항목화, 각 목표에 대한 최선의 수단개발, 각 목표별 가중치결정, 각 대안별목표달성의 평가, 최선의 대안선택의 5단계 과정을 거쳐 진행한다(Sawicki, 1979 : 165; Nash, *et al.*, 1975).

(다) 장 단 점 　지역사회의 목표에 따른 영향평가라는 것이 목표성취분석의 중심적 특징이다. 비용-편익분석과 계획대차대조표분석에서 제기하는 이 기법의 단점은 사회복지에 관한 이론에 근거하고 있지 않다는 점이다.

3. 평가과정

평가과정은 목표의 명세화, 대안(정책프로그램)의 확인, 영향의 분석, 그리고 상이한 행동노선의 비용과 혜택의 결정대체의 4개의 단계로 구분할 수 있다(Ashcroft, 1979).

대안의 평가지표는 단정적이라기보다는 보완적 · 제시적 의미에서 유용하게 이용할 수 있다. 이러한 평가지표는 계획작성과정중에 고려사항에 대한 점검표역할을 하기도 하고, 계획가에게 대안의 변형을 개발하는 데도 도움을 줄 수 있다(〈표 6-5〉 참조).

표 6-5 계획평가지표

영 역	평 가 항 목
배경의 적합성	1. 계획의 정치적/법적 배경은 설명되었는가 2. 계획의 목적, 계획대상, 계획의 유형과 범위는 제시되었는가 3. 계획의 개요/요약 · 계획재원 · 계획준비기간은 제시되었는가
합리적 모형의 고려사항	1. 문제는 상세히 확인했고, 목표는 명료하고, 대안은 제시되었는가 2. 계획의 논조는 제안된 계획접근방법(예 : 종합적 · 점증적 · 옹호 등)과 상응한 것인가 3. 현재의 하부구조와 조직체계의 능력과 적합성은 기술되었는가
과정적 타당성	1. 계획작성에 누가 어떻게 선발되어, 어떻게 관여했는가 2. 사용된 자료, 모형 기타 자료는 어떤가 3. 예비초안은 대중의 논평을 위해 배부되었는가
범위의 적합성	1. 모든 가능한 문제(자연 · 사회 · 정치 · 심리 · 문화 · 설계 등)는 고려되었는가 2. 상이한 집단간의 비용과 혜택의 배분은 고려되었는가 3. 금융/재정적 · 법률적 · 정치적 의미는 고려되었는가
집 행	1. 계획집행의 시간범위 · 스케줄 · 집행우선순위 · 집행비용은 고려되었는가 2. 집행에 책임 있는 기관/사람이 있으며, 현실적으로 집행을 기대하고 있는가 3. 집행되면 목표는 달성될 수 있으며, 영향분석프로그램은 있는가
자료/방법론	1. 타당한 다양한 자료에 바탕을 둔 계획인가 2. 계획은 새로운 자료와 발견사항을 받아들이는 데 탄력적인가 3. 자료원 · 방법론은 제시되었는가
커뮤니케이션의 질	1. 계획의 고객은 확인되었으며, 주민의 생각은 편리하게 제시할 수 있는가 2. 결정의 배경논리는 효과적으로 제시되고 있는가 3. 제안/건의/결론은 목표와 일치하는가
계획양식	1. 규격과 양식은 이용에 편리하고, 출간일 · 출간자는 표시되어 있는가 2. 목차는 있고, 페이지는 표시되었으며, 도표는 사용에 편리한가 3. 계획은 매력적으로 설계되었는가

자료 : Baer, 1997 : 338~339.

4. 평가제도

(1) 제도의 도입

우리 나라에서는 그 동안 환경·교통·재해·인구 등 영향평가가 각각 다른 법률에 근거하여 별도로 시행하여 왔다. 1977년에 「환경보전법」에 의한 환경영향평가제도, 1987년에 「도시교통정비촉진법」에 의한 교통영향평가제도, 그리고 1996년에 「자연재해대책법」에 의해 재해영향평가제도가 각각 도입되었다. 또한 수도권에의 인구집중방지를 위해 1984년 「수도권정비계획법」에 의해 인구영향평가제도가 도입되어 운영되어 왔다.

그러나 동일한 사업이 2가지 이상의 영향평가대상이 되는 경우, 절차의 중복과 비용의 과다 등으로 사업자에게 과도한 부담으로 작용했다. 이러한 문제점을 해소하고, 평가절차를 통일하고, 영향평가를 단일화하기 위하여 환경영향평가제도를 중심으로 교통·재해·인구영향평가를 통합하게 되었다. 즉, 계획의 집행에 따른 영향을 미리 평가·검토하여 건전하고 지속가능한 개발이 되도록 하기 위해 1999년에 「환경·교통·재해등에관한영향평가법」(이하 "법")을 제정하여 환경, 교통, 재해 또는 인구에 미치는 영향을 평가하도록 규정하고 있다(법 제1조).

(2) 영향평가대상사업

영향평가대상사업은 도시의 개발, 산업단지의 조성, 에너지개발, 항만의 개발, 도로의 건설 등 14개 사업을 제시하고 있다. 다만, 인구영향평가의 경우에는 수도권에서 시행되는 사업에 한한다(법 제4조 제1항).

(3) 평가서의 작성

(가) 평가서내용　　사업자가 영향평가대상사업을 시행하고자 하는 때에는 평가서초안의 내용에 관한 구체적인 분석 및 평가, 주민·관계행정기관의 장 등의 평가서초안에 대한 의견, 그리고 공청회개최결과에 대한 분석 및 평가, 영향평가결과를 반영하여 수립한 사업계획안의 내용, 그리고 환경영향평가분야의 경우 사후환경영향조사에 관한 사항이 포함된 평가서를 작성하여야 한다(시행령 제4조 제1항).

(나) 평가서체계 및 작성절차　　평가서는 요약문, 사업의 개요 및 주민의

견수렴, 교통분야, 재해분야, 인구분야, 환경분야, 그리고 부록순으로 작성된다(시행령 제 4 조 제 2 항).

사업자는 평가서를 작성함에 있어 설명회 또는 공청회 등을 개최하여 대상사업의 시행으로 인하여 영향을 받게 되는 지역안의 주민의 의견을 듣고, 이를 평가서의 내용에 포함시켜야 한다. 이 경우 정해진 범위의 주민의 요구가 있을 때에는 공청회를 개최하여야 한다(법 제6조 제1항). 사업자는 생태계의 보전가치가 큰 지역 등에서 평가대상사업을 시행하고자 하는 경우에는 주민 외의 사람의 의견을 듣고, 이를 평가서의 내용에 포함시켜야 한다(법 제6조 제2항).

(4) 평가서승인절차

사업자는 평가대상사업 또는 그 사업계획에 대한 승인 · 인가 · 허가 · 면허 또는 결정 등(이하 "승인 등")을 얻어야 하는 경우에는 승인 등을 행하는 기관(이하 "승인기관")의 장에게 평가서를 제출하여야 한다(법 제17조 제 1 항).

승인기관의 장 및 승인 등을 얻지 아니하여도 되는 사업자(이하 "승인기관장 등")는 평가기관별로 관계중앙행정기관의 장 또는 특별시장 · 광역시장 · 도지사(이하 "평가서협의기관장")에게 평가서를 제출하고, 그 평가서에 대하여 협의를 요청하여야 한다(법 제17조 제 2 항). 평가서협의기관장(評價書協議機關長)은 평가서의 검토를 위하여 필요한 경우에는 관련전문기관의 의견을 들을 수 있다(법 제19조 제 2 항). 행정자치부장관, 건설교통부장관 및 시 · 도지사는 평가서를 검토함에 있어 대상사업에 따라 각각 재해영향평가위원회, 중앙교통영향평가심의위원회 또는 지방교통영향평가심의위원회의 심의를 거쳐야 한다(법 제19조 제 5 항).

승인기관의 장은 사업계획 등에 대하여 승인 등을 하고자 하는 때에는 협의내용이 사업계획 등에 반영되었는지의 여부를 확인하고, 협의내용이 반영되지 아니한 때에는 이를 반영하도록 하여야 한다(법 제21조 제 1 항). 승인기관의 장은 사업계획 등에 대한 승인 등을 하거나 승인 등을 얻지 아니하여도 되는 사업계획 등을 확정한 때에는 그 내용을 평가서협의기관장에게 통보하여야 한다(법 제21조 제 2 항).

Ⅲ. 대안선택

1. 의 의

대안선택을 위한 결정은 단순하게 기술적인 작용을 통해서만 이루어지는 것이 아니라, 정치적 성격의 판단도 요구된다. 계획안의 선택시 당면하는 문제는 누가 선택에 참여하여 어떠한 절차를 거쳐 참여할 것인가 하는 문제로 요약할 수 있다. 선택과정에 누가 참여할 것인가 하는 문제는 계획과정에서의 의사결정체계 · 의사결정자, 그리고 계획가의 3유형 관여자 또는 행위자들을 검토할 필요가 있다.

2. 선택과정

계획안의 선택과정은 보고서작성 · 외부검토 · 내부검토 · 계획안수정, 그리고 주민에게 반추의 5단계로 구성되어 있다(Mayer, 1985 : 176~180).

계획안선택의 출발은 의사결정자에게 어떻게 계획안을 요약 · 정리하여 제출할 것인가 하는 보고서준비(report preparation)이다. 여기에는 대안별로 문서와 구두보고서를 포함해야 하지만, 도표와 지도를 가급적 많이 사용하여 추상적 사고와 복잡한 관계를 간략 · 명료하게 제시해야 한다.

의사결정자는 대안에 대해 의사결정체계에 있는 주민으로부터 공적 검토나 논평을 완화하기 위해서 외부검토(external review)를 받기를 원한다. 외부검토는 많은 기법이 동원되지만, 가장 일반적으로 사용되는 것은 공청회이고 시민조언위원회 등도 사용된다.

의사결정자는 외부검토와 계획안의 검토를 통해 의사결정에 이르게 되는데, 내부검토(internal review)는 계획안의 모든 분석내용을 종합 · 검토하여 의사결정할 필요성이 제기된다. 이를 위해 집단기법들이 활용되는데, 커뮤니티 샤레트(Charette) · 델피(delphi) · 명목집단(nominal group)법이 활용된다.

네 번째 단계는 계획안에 대한 수정의 확인이다. 여기서는 목표로 변환되지 못한 가치, 목표의 우선순위가 주어지지 못한 조건, 평가되지 못한 수요, 고려되지 못한 대안 등을 중점검토하여 수정한다. 여기서 계획가는 생략된 내용에 대한 평가에 관해서도 의사결정자를 도와 준다.

마지막 단계는 외부검토에 의해 제시된 내용이 계획안에 어떻게 반영되었나 또는 되지 못했나를 참여자에게 제시하는 단계이다.

제 5 절 계획집행과 관리

Ⅰ. 계획집행

1. 의 의

(1) 개 념

계획이 완성·채택되면 계획의 집행문제에 이르게 된다. 집행(執行)에 대한 개념정의는 매우 다양하다. '수행수단의 제공, 실제적 효과의 제공'(Webster사전), '미리 설정한 목표를 달성하기 위한 행동'(Van Meter & Van Horn), '권위 있는 정책지시를 실천하는 과정'(Nakamura & Smallwood), '계획이 효과적으로 달성되도록 하는 일련의 활동들'(Jones) 등이 예이다. 대체로 집행(implementation)이란 일반적이고 추상적인 계획안을 점차적으로 위계에 따라 연역화(演繹化)하여 구체화시켜 행동에 옮기는 과정이라고 정의할 수 있다. 간략하게 집행은 계획을 행동에 연결하는 것이라고 이해할 수 있다.

도시계획에 대한 대중의 회의는 많은 계획이 작성되고 있지만, 기대한 대로 충분히 집행되지 않은 데서 그 원인의 일부를 찾을 수 있다(Crowther, 1983 : 146). 즉, 도시계획에서 제시하는 많은 약속과 희망이 현실화되거나 구체화되지 않기 때문에 실망하는 경우가 많다. 실제로 도시계획의 수립역사는 오래지만, 집행에 대한 관심은 최근에 제한적으로 이루어지고 있는 것은 이를 반영하는 것이다. 지금까지 계획에 대한 주요 관심은 주로 계획안작성과 작성된 계획의 평가에 초점을 두었기 때문에 집행은 이 양 과정의 사이에 빠진 고리(missing link)로 간주되어 왔다.

집행에 대한 연구는 프레스만(J. Pressman)과 윌다브스키(A. Wildavsky)의 「집행」(*Implementation,* 1973) 발간이 최초이다. 그들은 자신들의 저서에서 미국 오클랜드(Oakland) 지방의 실업자구제정책이 성공을 거두지 못한 것은 계획과 집행의 분리에 그 원인이 있다고 지적했다. 이 저서의 발간 이후 집행에 대한 많은 관심과 연구가 이루어지고 있다.

(2) 집행의 특성

집행의 속성은 다음과 같다(유 훈, 1992 : 280~281).

첫째, 계획이 지적 작업인 데 비해, 집행은 사회적 · 정치적 · 행동적 활동이다. 때문에 계획가들은 계획작성보다도 집행을 난삽한 과제(thorny subject)로 여긴다(Faludi, 1973 : 278).

둘째, 집행과정은 위계에 따른 연역과정이다.

셋째, 집행과정은 상호적응적이며 순환적 과정이다. 계획집행은 계획작성과 영향을 주고받을 뿐만 아니라 영향평가와도 상호작용하는 순환적 과정이다.

넷째, 집행은 복합적 과정이다. 집행은 많은 단계로 세분될 뿐만 아니라 많은 인물이나 조직이 참여하고, 계획결정과정과 교호작용을 하고 있다.

계획집행에 대한 연구의 목적은 성공적인 집행을 위한 조건이나 전략을 파악하기 위한 처방적 · 실천적 목적과 집행과정에서의 영향요인들을 분석·검토하는 경험적 · 실증적 목적으로 나눌 수 있다(정정길, 1998 : 570~571).

집행의 성공 여부는 실질적 · 내용적 기준과 주관적 · 절차적 기준에 의해 판단하는 것이 일반적이다(정정길, 1998 : 578~591). 전자는 집행의 성공 여부를 집행주체와는 관계 없이 계획목표의 달성정도를 나타내는 효과성, 계획의 효과를 적은 비용으로 극대화하는 데 초점을 두는 능률성의 관점에서 주로 평가한다. 후자는 계획의 수립, 집행주체의 주관적 입장에 성공 여부를 판단하는 것으로 계획의도 · 욕구 · 절차의 합리성 등의 관점에서 검토한다.

(3) 영향인자

계획과 집행의 결과는 차이를 나타내게 되고, 이를 집행긴장(implementation tension)이라 한다(Bracken, 1981 : 232). 성공적인 집행은 통제변수를 조작하여 긴장원(緊張源)을 제거하는 것인데, 이를 위해 계획기관은 프로그램에 따라 자원을 통제하는 것이다(Faludi, 1972 : 278). 집행중 당면하게 되는 어려운 점의 많은 부분은 계획작성시의 부적합성에서 연유되는데, 이는 계획환경에 대한 불완전한 이미지, 그리고 통제과정과 이용가능자원에 대한 오해에서 연유된다(Faludi, 1972 : 278). 여기서 불확실한 계획환경에 대한 이미지를 보완하기 위해서는 계획기관이 집행의 결과에 대한 정보를 획득하여 예상과 결과를 비교하여 이미지를 수정하는 반추과정을 거치게 된다.

계획집행의 영향요인은 정책변수 · 집행변수 · 환경적 변수, 그리고 문제관련변수로 나눌 수 있다(유 훈, 1992 : 317~339). 여기서 정책변수는 목표의 명료성과 목표간 인과관계의 타당성은 있는가, 집행변수는 집행기관과 집행재원은 바람직한가, 환경적 변수는 계획을 에워싸고 있는 사회경제적 상황과 관련기관들의 지지도는 어떤가, 그리고 문제관련변수는 계획의 집행에 의해 영향을 받는 집단의 특성은 어떤가 등과 각각 관련된다.

도시계획의 집행에 영향을 미치는 인자로 의사결정영향인자 · 계획의 속성인자, 그리고 도시체계인자의 3개군으로 구분할 수 있다(Alterman and Hill, 1978 : 278). 의사결정영향인자는 계획의 결정, 집행과정에 영향을 미치는 정치적 · 제도적인 구조, 이해관계집단과 개인의 영향력, 계획가의 역할 등이 포함된다. 계획의 속성인자는 계획작성에 사용된 기법, 계획작성팀의 유형, 목표설정 기타 계획의 질과 관련된 속성들을 의미한다. 도시체계요인은 인구성장압력 · 생활수준의 변경 · 경제활동변화 등과 같은 도시체계를 둘러싸고 있는 여건변화와 관련된 인자들을 지칭한다. 여기서 의사결정영향인자의 작용이 클수록 계획과 집행에 일탈이 크며, 계획 자체의 신축성이 클수록 일탈의 가능성은 적어지며, 도시체계의 환경요인의 변화가 적을수록 일탈(逸脫)이 낮아진다고 보았다.

2. 집행과정

1970대 중반까지의 집행과 집행평가에 대한 접근방법은 선형(linear) 또는 하향적(top-down)인 것으로 특징지울 수 있다(Alexander and Faludi, 1989 : 130). 이는 계획은 일정시점까지 완성하고 계획에 부응한 결과가 도출되었는가에 따라 집행을 평가하는 접근방법이다. 그러나 계획내용이 집행중에 수정 또는 변환된다는 점을 고려하여 선형적인 접근을 수정하여 순환적(circular), 반사적(reflexive) 또는 협상적(negotiative) 과정으로 이해하게 되었다(Alexander and Faludi, 1989 : 130). 대표적인 집행과정의 연구로서 맥러글린(B. McLoughlin)의 체계통제모형과 알렉산더(E. Alexander)의 PPIP모형을 예시할 수 있다.

⑴ 체계통제모형

맥러글린의 체계통제모형은 〈그림 6-4〉를 통해 설명할 수 있다(McLoughlin, 1969 : 292～294). 먼저 실제상태와 모델의 예측상황, 즉 계획 전의 도시의 실상과 개발계획에서 기술하고 있는 최초의 계획된 상태를 대비하는 상황을 고려하자. 통제작업은 집행된 계획의 의도한 상태의 단계인 M_1과 M_2에 따라 C_1과 C_2로 표시된다. C_1에서의 통제는 S_1에 의해 나타내는 실제상태에 대한 작용에서 일탈을 규제하기 위해 특별한 방법으로 작용한다. 시간이 지남에 따라 M_2모형에 의해 만들어진 조잡한 예측이 S_2로 표시되는 실제상태와 CP_2의 비교분석과정에서 비교된다. CP_2에서 두 개의 산출이 사용되는데, 하나는 M_3로 이끄는 쌍 화살표로 나타내는 모형의 예측적 힘에 의해 확대되고, 다른 하나는 실제상태 S_2와 S_3 사이에서의 충돌에서 나타난 장애의 보다 나은 규제자로서 C_2에서 통제장치로서의 감도를 증폭하는 것이다. 실제적으로는 M-순서는 예측 · 모형 · 선택과정의 결과이고, S-순서는 계속된 조사과정을 나타낸다.

그림 6-4 체계통제모형

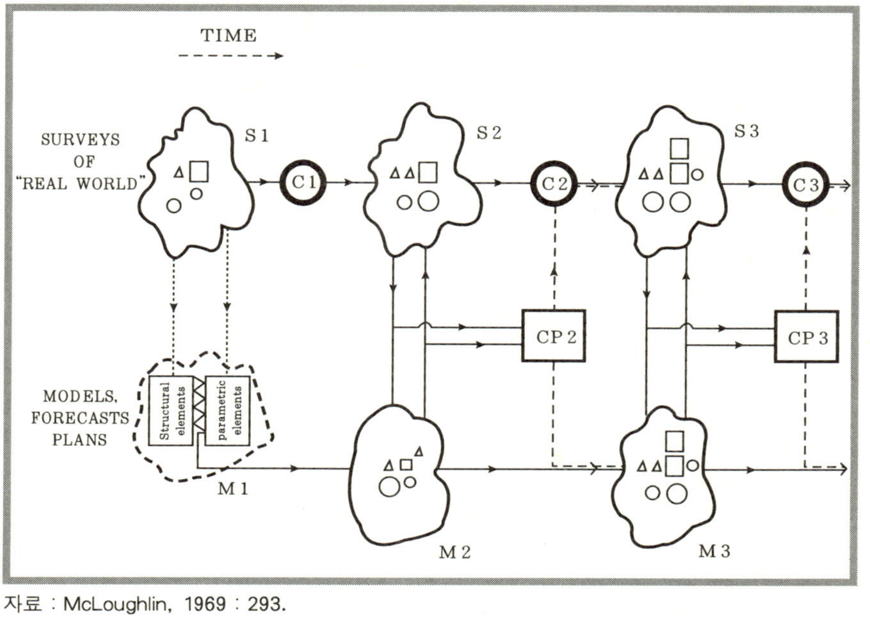

자료 : McLoughlin, 1969 : 293.

(2) PPIP모형

알렉산더(E. Alexander)의 PPIP모형은 정책－계획－집행이 단절된 별개의 단계가 아니라 계속적 단계로 보고, 각 단계의 연계관계를 그림으로 나타냈다(Alexander and Faludi, 1989 : 132; Alexander, 1979 : 43). 〈그림 6-5〉에서와 같이 일정한 자극(STIM)에서 시작하여 정책개발의 단계(POLICY), 계획과 프로그램설계(PLAN/PROG) 단계를 거쳐 집행(IMPLMNT)에 이르는 일련의 연속과정이다. 각 단계는 '연결'(LINK) 1·2·3으로 표시되는 요소의 복합에 의해 앞 단계와 연결되어 있으며, 각 연결들은 수개의 대안적 통로를 갖고 있다.

이 모형에서 각 단계간 연결을 나타내는 대안적 통로는 다음과 같다.

그림 6-5 PPIP 모형

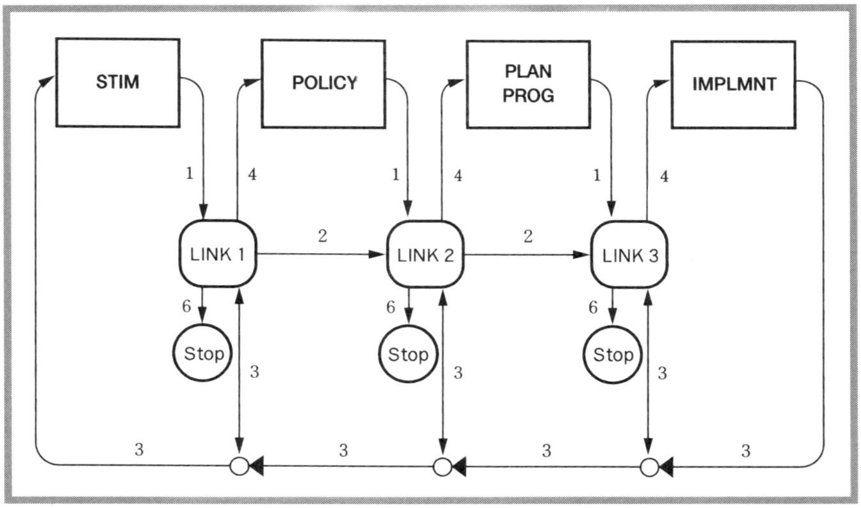

주 : 1) 앞 단계에서
2) 바로 앞 단계를 포함함 없이 앞의 어떤 단계에서
3) 어떤 뒷 단계에서 어떤 앞 단계로
4) 다음 단계로
5) 바로 다음 단계를 포함함 없이 어떠한 다른 뒷 단계로
6) 과정의 조숙한 완성(stop)

자료 : Alexander, 1979 : 43.

3. 집행방법

집행방법은 다양하지만 단일의 도구나 방법을 통해서 계획을 집행할 수는 없다. 때문에 집행은 목표를 달성하기 위한 일련의 행동이나 전략개발의 조화(orchestration)라고 할 수 있다. 집행을 성취하는 데는 도시정부의 직접적이며 조화적 개입을 통하는 방법, 다른 개인이나 기관에게 보조적 목표의 추구를 조장함으로써 의도된 목표의 달성을 유도하는 방법, 그리고 토지이용개발의 형태와 성격의 통제를 통한 방법의 3가지의 중첩된 방법이 있다(Hobbs and Doling, 1981 : 126; Roberts, 1978 : 161~177).

(1) 직접개입

직접개입은 도시정부가 주체가 되어 도시개발사업과 개발계획을 수행해 나가는 방법이다. 이 방법에 속하는 것은 토지의 공적 취득과 공공개량사업이 있다. 도시정부가 토지를 취득하는 것은 공공개발사업을 집행하는 효과적인 도구이다. 토지취득은 수용처럼 강제적인 방법을 활용할 수 있지만, 주로 토지소유자와의 거래를 통해 이루어지는 경우가 대부분이다. 재정적 제약에도 불구하고 토지의 공적 취득방법이 매력적인 이유는 한계적인 자연지역이나 공지를 보호할 수 있고, 도시재개발을 용이하게 하고, 특정지역을 토지이용계획에 맞게 개발할 수 있도록 하기 때문이다.

공공개량사업은 지역의 장래개발의 전제조건이기 때문에 중요한 의미를 갖는다. 모든 공공시설들은 주거·상업·공업개발의 시기·유형·장소에 직접적인 영향을 준다.

(2) 유인방법

도시정부의 다양한 목표와 활동에 비해 권력과 자원은 제한되어 있기 때문에 특정부문에서는 그들 자신의 직접적인 활동에 의해 달성되기 어려운 것이 많고, 어떤 경우는 다른 부문과 비교하여 거의 의미 없는 경우가 많다. 이러한 경우 도시정부의 역할은 다른 기관의 활동을 조장 또는 촉진하는 데 주로 한정된다. 즉 도시정부는 민간부문의 개발이 잘 이루어지도록 용지획득·자금조성 등에 도움을 주는 방식을 택한다. 세 가지 유인책이 주로 활용되는데, 공공투자정책, 공공재정 및 과세정책, 그리고 개발유인책이 있다.

(3) 개발규제

개발규제는 개인이 특정지역에서 특정활동을 하지 못하도록 하거나 다른 지역에서 특정활동을 하도록 유도하는 것이다. 광범하게 이러한 통제를 달성할 수 있는 장치는 토지이용지역지구제(land use zoning)와 계획기준(planning standard)의 두 가지가 있다(Hobbs and Dolings, 1981 : 128~129). 전통적으로 계획작성은 바람직한 모습의 쇄신적인 창조보다는 바람직하지 못한 것의 발생의 예방에 초점을 두고, 따라서 개발통제도 긍적적 과정보다는 부정적인 규제적 측면에 초점을 두어 온 것으로 볼 수 있다(Crowther, 1983: 147).

4. 집행기법

집행기법으로는 일정모형(scheduling models)을 많이 사용하고 있는데, 이는 계획기관의 활동들의 조화를 촉진하고 자원의 보다 나은 이용에 이점을 제공한다. 이 범주에 속하는 것은 다양한 모형이 있으나, 간트표(Gantt chart) · CPM(Critical Path Method) · PERT(Program Evaluation and Review Technique)가 주로 사용되고 있다(Starling, 1986 : 247~250).

Ⅱ. 계획관리

모니터링과 평가는 현재 진행되는 계획의 효율성을 높이고, 앞으로의 계획의 선택과 작성을 개선하기 위한 필수적인 관리도구이다(Kaiser, *et al.*, 1995 : 437; Bamberger and Hewitt, 1986 : 1). 이러한 모니터링과 평가과정을 통해 계획의 추가적인 집행과 주기적인 계획수정을 건의하게 할 수 있다.

1. 모니터링

모니터링(monitoring)은 계획자원(투입요소)이 의도한 대로 관리 또는 사용되었는가, 또는 의도한 결과가 산출되었는가를 평가하는 내부활동이다(Bamberger and Hewitt, 1986 : 1). 다시 말하면 이는 도시가 어떻게 기술된 목표를 달성해 가고 있는가를 나타내는 선정된 정보를 통해 주기적으로 확인·기술하는 활동이다(Haynes, 1974 : 15).

모니터링은 그 중점에 따라 성과모니터링과 과정모니터링으로 구분할 수 있다(Bambeger and Hewitt, 1986 : 8~9). 여기서 성과모니터링(performance monitoring)은 계획투입요소가 승인된 예산과 시간계획에 따라 사용되었으며, 의도된 결과가 적시에 비용-효과적 방법으로 산출되었는가를 평가한다. 과정모니터링(process monitoring)은 계획집행시 사용된 방법의 효율성을 평가한다.

모니터링은 다음 네 가지 기능을 수행한다(Dúnn, 1994 : 335~336).

1) 순 응　　계획가의 행동이 정해진 기준이나 규칙에 맞는가를 결정하는 데 도움을 준다.

2) 감 사　　특정집단이나 지역에 의도한 자원과 서비스가 실제로 공급되고 있는가를 결정한다.

3) 회 계　　계획의 집행결과 나타나는 사회적이며 경제적 변화에 대한 계산을 하는 데 도움을 주는 정보를 제공한다.

4) 설 명　　왜 계획과 집행결과에 차이가 있는가를 설명할 수 있는 정보를 준다.

2. 영향평가

(1) 의 의

계획이 선택되고 나면 계획대로 실행되고 있는가를 파악하기 위해 집행의 궤적을 추적해 보는 것이 중요하다. 그러나 대부분의 경우 사후평가가 미흡한 상태이고, 정확성이 문제가 되는 개발영향의 예측에 초점을 맞추고 있다(Kaiser, *et al.*, 1995 : 437). 평가연구는 계획이 의도한 영향이 산출된 정도, 계획에 의해 발생된 혜택의 배분, 그리고 다른 대안과 비교한 비용-효과의 산정에 초점을 둔다(Bamberger and Hewitt, 1986 : 1). 평가는 영향평가와 비용-효과분석으로 구분하여 고찰할 수 있다(Bamberger and Hewitt, 1986 : 9). 영향평가(影響評價)는 계획집행에 따른 영향을 계획집행지역과 집행되지 않은 지역을 비교하여 순영향(純影響)을 파악·추정하는 방법이다. 비용-효과분석의 목적은 대안적 사업계획들을 비교하는 것이다.

평가의 설계에서는 다음 4가지 문제의 명료화작업이 요구된다(Mayer, 1985 : 191~193).

1) 계획은 집행되었는가

첫번째 질문은 어느 정도까지 계획이 집행되었는가 하는 점이다. 이는 계획의 실제 집행에서는 원래 계획의 의도나 내용이 왜곡될 수 있다. 평가는 실제 발생된 효과만을 측정하기 때문에 실제 집행된 내용과 계획에서의 의도를 차별화할 수 있다. 따라서 평가의 첫번째 단계는 집행된 내용과 계획된 것의 일관성 또는 상위성을 결정해야 한다.

2) 목표는 성취되었는가

목표의 성취정도는 어느 정도인가. 원하는 결과가 도출되었는가. 여기서 결과평가 또는 전후비교기법이 사용된다.

3) 프로그램은 효과적이었는가

계획집행 후 관찰된 상황의 변화는 사용된 프로그램의 직접적인 효과였는가. 여기서 실험·준실험 설계기법이 사용된다.

4) 프로그램은 효율적이었는가

발생된 효과와 비용의 비율을 파악하는 것으로 효과가 비용을 초과할 때 효율적이라고 본다. 비용-혜택 또는 비용-효과 분석이 사용된다.

(2) 평가방법

사후영향평가(ex-post evaluation) 기법으로는 전후비교, 유무비교, 실제 대 계획성과 비교법, 실험모형, 그리고 비용지향적 평가기법으로 구분하여 고찰할 수 있다(Putton and Sawicki, 1993 : 311～321).

(가) 전후비교법(before-and-after comparisons) 이 평가방법은 계획이나 사업이 집행되기 전의 상황과 계획이 집행된 후의 여건을 비교하는 방법이다. 이 방법에서는 계획집행 전의 자료를 수집하고 계획의 목표와 관련평가기준을 확인하는 단계가 따르지만, 기본적으로 계획전후의 변화는 계획에 의한 영향으로 간주하고 있기 때문에 계획에 의하지 않은 자연스러운 변화도 계획의 영향으로 간주하게 되는 단점이 있다.

(나) 유무비교법(with-and-without comparisons) 이는 계획이 집행된 지역(또는 집단)과 비교대상지역으로 사업이 시행되지 않은 지역을 대비하여 사업의 영향을 확인하려는 기법으로 전후비교법에서처럼 자연스런 변화는 제거할 수 있는 장점이 있으나, 비교대상이 되는 지역을 선정하는 데 따르는 문제점은 있다.

(다) 실제 대 계획성과 비교법(actual-versus-planned performance comparisons) 이는 실제적인 사업 후 자료를 사업집행 전에 설정한 목표와 비교하는 방법이다. 여기서는 일정기간에 대해 사전평가기준으로 목표를 설정하고 실제 발생된 성과에 대한 자료를 획득하여 목표성과와 실제성과를 비교하여 차이에 대해 사업계획 자체에서 발생된 것인가, 또는 사업외요인에 의해 발생된 것인가를 설명하는 과정을 취하게 된다.

㈑ **실험모형** 사업전후비교의 한계를 극복하기 위해 사용되는 실험모형(experimental models)은 영향평가대상집단(실험집단)과 비교대상집단(통제집단)을 비교하여 영향의 정도를 파악하는 방법이다. 여기서 실험집단과 통제집단은 집행된 계획 이외에는 모든 조건이 동일하다. 따라서 두 집단이 동일하도록 하는 요인들은 통제하여 두 집단 간의 어떠한 차이도 집행된 계획의 결과로 간주한다. 여기서 계획의 순영향은 실험집단의 총변화와 통제집단의 총변화의 차이로서 추정된다. 이 방법의 어려움은 계획 이외의 모든 요인을 통제한다는 것이 현실적으로 불가능하다는 점에 있다. 실험설계의 유형은 통제변수의 통제정도에 따라 변수의 완전통제가 가능하다고 보고 접근하는 진실험설계(pure experimental design)에서 완전통제의 어려움을 인정하는 준실험(quasi-experimental design)에 이르기까지 여러 변형이 있다.

㈒ **비용평가모형** 계획집행 전, 계획안선택을 위해 사용된 비용-편익분석과 비용-효과분석 같은 비용지향평가접근(cost-oriented evaluation approaches)을 영향평가에서도 사용할 수 있다.

제 3 편 부문별 도시계획

제 7 장

토지이용계획

제1절 개 요

Ⅰ. 의 의

1. 개 념

(1) 토지이용

토지이용(land use)은 토지공간에서 일어나는 제반활동을 공간적으로 수용한 결과이다(국토학, 1987 : 112). 토지이용행위는 행위주체의 개별목적에 의한 의사결정의 결과이고, 이는 경쟁적이거나 상호대립적인 타인의 토지이용행위와 불가피하게 갈등을 유발할 수 있다.

이러한 토지이용행위와 관련된 대립과 갈등은 제한된 토지자원의 적정배분과 효율적 이용에 장애요인으로 작용하게 된다. 때문에 토지자원의 질서있는 개발을 촉진하고 토지이용에 따른 문제와 갈등을 최소화하며, 토지자원에 대한 적정개발을 제고하고 공공복지를 극대화하기 위한 노력이 요구된다(Barlowe, 1978 : 535).

(2) 토지이용계획

토지이용계획(land use planning)이란 토지공간과 인간활동체계를 조화시키려는 계획적 노력이다(White, 1979 : 63). 다시 말하면 토지이용계획(土地利用計劃)은 토지공간 위에서 영위되는 제반활동을 미리 가늠하여 공간에 합리적으로 배치함으로써 도시활동과 생활의 기능성 · 안정성 · 편리성 · 쾌적성을 증진시키기 위한 체계적 노력이다(국토연, 1980 : 106).

(3) 지속가능 토지이용계획

지속가능한 토지이용계획(sustainable land use planning)이란 현세대의 수요와 욕구를 충족할 뿐만 아니라 장기적으로 자연자원을 적정하게 이용하고 보호하기 위해, 다양한 토지이용의 적정한 입지와 토지의 물리적 · 공간적 여건을 개선하기 위한 토지이용정책수립수단이다(Lier, 1994 : 10). 이 정의는 사회경제적 지속성에 관한 현세대의 욕구를 충족함은 물론 환경적 지속성에 관한 자연자원의 적정사용과 보전도 강조하고 있다.

지속가능한 토지이용계획은 토지이용의 양적인 것보다 질적인 면의 효과를 보다 더 강조한다. 이 계획접근은 토지이용 자체에 대한 것보다 타 용도로의 변환에 따라 어떤 효과가 발생하는가를 고려한다. 아울러 이 접근은 건축지역은 고밀도이용이 되도록 하고, 혼합토지이용은 원인 · 효과관계의 측면에서 검토한다(Schmid, 1994 : 22).

2. 목적과 기능

토지이용계획의 목적(目的)은 인간의 자유로운 활동을 보장하기 위해 토지공간이용의 질서를 제공하고, 토지 자체가 가지고 있는 내재적 가치에 경제 · 사회적 목적을 합리적으로 투영하여 토지의 효율성을 제공하는 데 있다.

토지이용계획은 도시의 현재와 장래의 공간구성, 계획목표달성을 위한 토지이용규제와 실행수단의 제시, 도시설계지침의 제공, 체계적 토지개발, 그리고 장래를 위한 토지의 보존과 같은 구체적 기능(機能)을 수행하고 있다(국토학, 1996 : 7~8).

1) 도시의 현재와 장래의 공간구성　토지이용계획은 도시의 현재와 장래의 공간구성과 토지이용형태를 결정하여 제시한다.

2) 토지이용의 규제와 실행수단의 제시　토지이용계획은 국토 및 지역계획의 지침을 수용하고, 지구단위의 계획에 지침을 전달하며, 계획내용의 실현성을 보장하기 위한 구체적 수단을 제시한다.

3) 도시설계의 지침제시　토지이용계획에서는 단순히 지상뿐만이 아니라 공중 · 지하 등 3차원적 공간계획을 대상으로 해야 하며, 토지이용계획에서

기능배치는 용도뿐만 아니라 밀도와 형태를 포함하여야 한다.

4) 체계적 토지자원개발 토지개발이 소유자의 자의에 의해 이루어지거나 방치되면 공공비용의 투자를 증가시키고 토지이용의 경제성을 절감시키게 된다. 따라서 계획적 개발을 통해 체계적인 토지자원개발 · 이용이 되도록 한다.

5) 장래를 위한 토지의 보존 현재의 시점에서 예측과 추정이 어려운 토지는 장래를 위해서 보존되어야 한다. 장래에 대한 부족한 지식으로 모든 토지자원을 점유해 버린다면, 장래에 더 유효하게 사용될 토지의 여분이 없게 되어 비경제적 토지이용이 될 수 있다. 따라서 어느 곳을 개발할 것인가에 대한 결정도 중요하지만, 어느 곳을 남겨 미래에 대비할 것인가를 판단하는 것도 토지이용계획의 주요 역할 중 하나이다.

3. 특 성

토지이용계획의 특성은 기능상 측면과 속성상 측면으로 구분하여 고찰할 수 있다(류해웅, 1994 : 248～251). 기능상 특성(機能上 特性)은 토지는 사회적 자산이기 때문에 토지소유권에 대한 제약이 용인되고, 주민 전체의 이익이 도모될 수 있도록 주민참여를 통한 통제가 이루어져야 한다는 시각과 관련된다. 또한 토지이용계획은 개발과정에서 개발이익과 손실이 발생하여 이해의 대립을 가져오게 되고, 토지이용계획은 전체의 상호관련된 종합성의 특성을 지니고 있기 때문에 전체적인 조화가 중요하다고 생각한다. 속성상 특성(屬性上 特性)은 토지이용계획은 직접규제력을 갖지 않는 기본계획적인 면과 규제력을 확보한 실행계획으로서의 이중구조적 특성이 있고, 계획환경의 가변성을 계획집행과 조화시키는 문제가 있으며, 토지이용계획도 계획재량의 범주에 속한다는 점이다.

토지이용계획의 특성은 관련계획 또는 관련제도와의 대비를 통해서 파악할 수 있는데, 특히 도시계획 · 지역지구제 · 시설계획을 중심으로 검토할 수 있다(국토학, 1996).

1) 도시계획과의 관계 토지이용계획은 계획구역 내의 토지를 어떻게 이용할 것인가를 결정하는 계획이다. 즉, 도시공간 속에서 이루어지는 여러 활동들의 양적 수요를 예측하고, 그것을 합리적으로 배치하기 위한 계획작업이다. 따라서 토지이용계획은 교통계획 · 도시시설계획 · 공원녹지계획과 더불어

도시계획의 근간을 이루는 중요한 하나의 부문계획이다.

2) 지역지구제와의 관계 토지이용계획이 지역제와 혼동되는 경우가 종종 있다. 그러나 지역제는 토지이용계획을 구체적으로 실현하는 법적 · 행정적 방안 중의 하나이며, 토지이용계획을 질서 있고 합리적으로 실행하기 위한 제도적 장치이다. 따라서 토지이용계획을 수립하여 그 토지이용계획을 집행하는 수단의 하나로 '지역제'라는 수법이 활용된다.

3) 도시시설계획과의 관계 토지이용계획은 도시시설계획을 전제로 하는 동시에 도시시설계획에 의해 제약받기도 한다. 즉, 도시시설에 적합한 토지이용이 이루어져야 하며, 토지이용에 적합한 도시시설이 계획되지 않는 경우는 그 토지이용계획 자체를 수정해야 할 상황이 발생하기도 한다. 특히 도시교통계획은 토지이용과 불가분의 관계를 가지고 있다. 토지이용계획에 의해 장래 교통량을 추계하고, 이를 근거로 교통계획을 수립하게 된다. 반면에 도시의 골격을 형성하는 간선도로 · 철도 · 항만시설 등은 토지이용을 결정하는 데 크게 영향을 미친다. 이런 계획은 토지이용과 동시에 결정할 필요가 있으며, 이후에 도시시설계획의 변경이 필요한 경우에 토지이용계획은 재검토되어야 한다.

Ⅱ. 개념발달

토지이용계획의 개념과 계획내용도 시간에 따라 변화 · 발전한다. 여기서는 미국에서의 토지이용계획 개념발달과 계획내용의 변화를 중심으로 그 특징과 계획중점을 살피기로 한다(Kaiser and Godschalk, 1995 : 371~382; Teitz, 1996 : 653).

1. 토지이용설계계획

토지이용설계계획(land use design plan)은 장래토지이용배열에 대한 상세한 지도적 표현형태를 갖추고 있다. 이 계획은 장기적인 미래의 도시형태를 상업 · 공업 · 주거 · 공간녹지 · 공공용지 등으로 나타내는 전통적인 토지이용계획이다. 이 계획은 일반계획(general plan)을 직접 계승한 것으로 상세하게 장래의 토지이용을 지도로 제시하지만, 행동전략과 정책도 포함한다.

2. 토지분류계획

토지분류계획(land classification plan) 또는 개발우선도(development priorities mapping)는 개발시기를 포함한 상세한 개발전략을 나타낸다. 이 계획은 개발촉진지역(도시 · 과도 또는 개발지역)과 개발억제지역(공간녹지 · 농촌 · 보전 · 환경지역)으로 구분하여 나타내고, 각 지역별로 허용가능한 개발의 유형 · 시기 · 밀도와 하부구조의 범위, 개발장려요인과 제약요인을 나타내는 정책을 포함한다. 이 계획은 성장정책지역(growth policy areas)을 지도로 나타냄으로써 바람직한 방향으로 성장관리를 추구하는 계획으로, 도시관리지역보다 넓은 지역(카운티나 대도시지역)을 사용하는 경향이 있다.

그림 7-1 토지이용의 개념발달

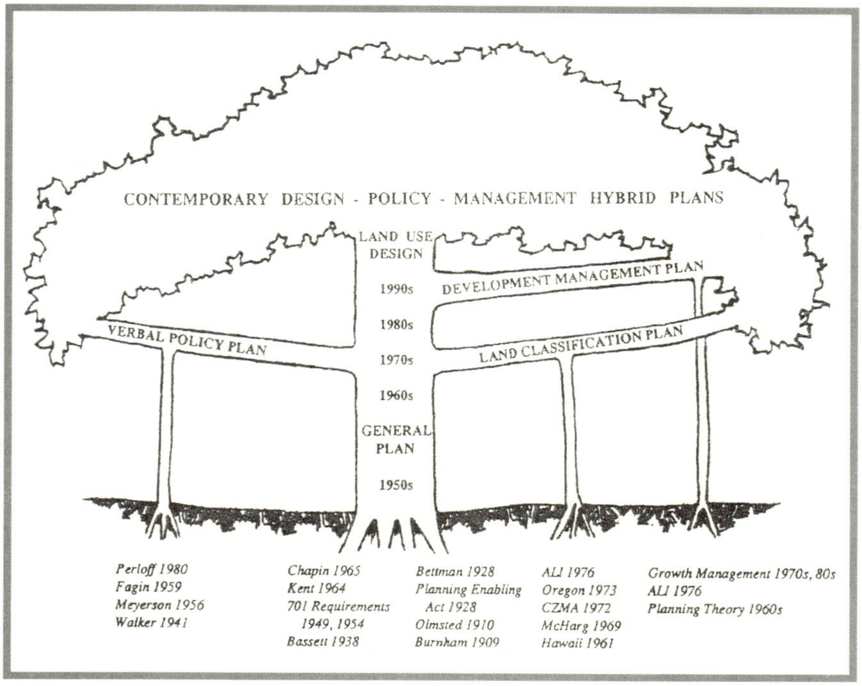

자료 : Kaiser and Godechalk, 1995: 367.

3. 구두정책계획

구두정책계획(verbal policy plan)은 지도화된 최종상태의 비전제시에서 탈피하여 상세한 구술적인 행동정책기술에 초점을 두는 것으로 일종의 전략계획(strategic plan)이다. 이 계획은 지도로 나타내는 상세한 토지이용패턴이나 집행전략 대신에 목표와 정책에 관한 기술에 초점을 두기 때문에 정책구조계획(policy framework plan)이라고도 불리운다. 이 계획에는 현재와 미래의 여건과 문제를 이해하고, 추구해야 할 목표를 확인하고, 행동의 일반원칙에 관한 내용을 포함한다. 여기서는 계획과정에서 목표와 정책을 중시한다.

4. 개발관리계획

개발관리계획(development management plan)은 공공투자계획, 개발규칙, 하부구조와 서비스를 확대하는 프로그램 등과 같이 개발을 인도하는 특정한 행동계획을 설계한다. 아울러 이 계획은 성장의 입지 · 유형, 그리고 속도에 영향을 줄 수 있는 공공부문의 정책도 포함한다. 이 계획은 일반정책이 아니라 특정한 행동노선을 강조하며, 집행조치를 포함하기 때문에 규제적 조례의 일부분이 되기도 한다.

5. 혼합계획

실제적으로는 앞에서 언급한 독립적인 유형들이 혼합되어 토지이용계획이 작성되고 있다. 여기서는 정책, 표준과 집행의 구조에 장기토지이용계획을 포함한다. 이 형식은 지역제 · 세분할통제와 같은 전통적 도구에 성장관리와 관련된 도구들을 포함한다. 이 계획은 신기술과 주민참여의 증대에 의한 보다 상호작용적이고 참여적 과정에 의한 산물이다(참조 〈그림 7-1〉).

제 2 절 토지이용의 이론적 바탕

Ⅰ. 개념구조

1. 토지이용게임

토지이용에 관한 의사결정은 장래의 토지이용패턴에 대한 다자간(多者間) 경쟁의 게임이라고 할 수 있다(Kaiser, *et al.,* 1995 : 5). 게임(game)에서 이기는 것은 장래토지이용계획, 개발규제, 그리고 가장 혜택이 큰 개발결정을 각각 수용하거나 집행하는 것이다. 토지이용계획가는 자원과 결정에 영향을 미치는 다른 경기자들과 토지이용게임을 하게 되지만, 경기관리자로서 게임의 규칙을 부여하고 지역사회의 목표를 달성하기 위해 경기자간의 협력을 옹호하는 역할을 수행한다.

계획가와 함께 장래의 도시성장과 변화의 방향에 영향을 주는 주요한 이해관계자들(stakeholders)은 개발시장관련자 · 정부관리, 그리고 다양한 이익의 옹호자들이다(Kaiser, *et al.,* 1995 : 7). 개발시장관련자는 토지소유자 · 개발업자 · 건축업자 · 중개업자 기타 토지이용변화에서 이익을 추구하는 사람들을 포함한다. 정부관리는 전체적인 공익을 목적으로 법과 정부의 토지이용결정을 만드는 각급수준의 공무원을 포함한다. 이익집단관련자는 근린보전 · 환경보전 · 경제개발 · 소수집단 등의 특별한 이익의 대표자들을 말한다. 이들 이해관계자(利害關係者)들은 토지이용규제 · 계획 · 개발결정의 내용과 과정에 대해 서로 경쟁하게 된다(Kaiser, *et al.,* 1995 : 7).

이론적으로 토지이용이해관계자들은 지속적인 갈등관계 속에 있고, 이는 토지이용계획에 고유한 긴장을 유발할 수 있다. 실제적으로는 이러한 갈등을 법적 체계, 즉 게임의 법칙에 의해 완화시킨다. 이러한 규칙이 갈등을 규제된 경쟁으로 바꾸는 역할을 한다.

2. 토지이용변화관리

토지이용계획의 핵심은 토지이용변화의 방향에 영향을 주는 노력에 있다. 이러한 노력은 장래 토지이용계획과 정책의 준비와 집행, 개발사업의 검토와 승인, 도시정부의 의사결정과 문제해결에 대한 참여 등을 통해 수행된다(Kaiser, *et al.,* 1995 : 35~36). 이러한 전체적인 노력을 토지이용변화관리(land use change management)라고 하고, 이는 토지이용계획의 논리적 바탕이 된다.

토지이용계획은 지역사회에 최선의 혜택이 돌아갈 수 있도록 지속적으로 변화를 모니터하고 인도해야 하며, 이를 위해서 계획가는 사회 · 시장 · 환경의 3가지 경쟁적인 토지이용가치들을 균형화해야 한다(Kaiser, *et al.,* 1995: 35~55). 사회적 이용가치(social use values)는 삶을 위한 장치로서 토지이용을 활동패턴과 사회적 열망의 촉진제로 본다. 이 가치는 물리적 환경과 삶의 질의 관계를 다루는 도시형태 · 활동체계 · 사회근린의 이론에서 도출된다. 시장가치(market values)는 재화로서 토지를 보면서, 토지는 시장의 작용에 의해 최선최대이용이 되도록 해야 한다고 주장한다. 토지에 대한 자연체계로서 표현되는 생태가치(ecological values)는 토지이용을 완화해야 할 잠재적인 환경적 위협으로 보고 있다. 이러한 세 가지 가치들은 종종 분리되고 경쟁적이나 가끔은 상호보완적 관계를 형성한다.

Ⅱ. 토지이용영향체계

도시공간구조에 특히 관계되는 영향체계는 활동체계 · 개발체계, 그리고 환경체계의 3가지가 있다(Chapin and Kaiser, 1979 : 28).

1. 활동체계

활동체계(activity systems)는 공간상에서 발생하는 활동주체의 행동패턴이다. 다시 말하면 도시활동체계는 가구 · 기업 · 기관들이 도시지역 내에서 일상적인 일을 수행함에 따라 나타나는 패턴화된 길이다. 이러한 활동체계를 기술함에 있어서는 활동자(actors) · 변수(variables), 그리고 활동패턴(activity patterns)에 대한 검토가 있어야 한다. 여기서 활동자(活動者)는 공간의 사용주체이고, 변수(變數)는 활동체계의 기능에 영향을 주는 요소로 이용자의 속성 · 욕구 · 가치, 그리고 환경적 요인에 관한 것이다. 활동패턴은 활동의 시기 · 공간성, 그리고 활동간의 연계관계를 나타낸다(Chapin, 1965: 224~226).

토지이용활동체계는 가구(households)와 개인(individuals)을 중심으로 하는 주거활동(residential activities), 기업(firm)에 의한 생산활동(productive activities), 그리고 기관(institutions)에 의해 이루어지는 일반복지활동(general welfare activities)으로 구분할 수 있다(Chapin, 1965 : 226).

2. 토지개발체계

토지개발체계(land development system)는 공간을 변경 · 재변경하고, 활동체계를 추구하는 과정중에 사람들의 토지이용에 적응하는 과정에 초점을 두고 있다(Chapin and Kaiser, 1979 : 30). 토지개발의 주요 행위자와 하부체계 과정은 〈표 7-1〉과 같이 정리할 수 있다.

표 7-1 토지개발체계

개발행위자	개발체계
1. 개발 전 토지소유자	토지마케팅
2. 개발업자	토지변경과 재변경
3. 소비자	입지와 시설의 매입 또는 임대
4. 재정중계자	취득 · 개발과 관련된 재정거래
5. 공공기관	토지이용과 개발의 검토와 승인

자료 : Chapin and Kaiser, 1979 : 30.

3. 환경체계

환경체계(environmental system)는 자연과정에서 발생된 생물적(biotic)·무생물적(abiotic) 상태와 관련되며, 동 · 식물생활과 물 · 공기 · 물질의 본질적 과정에 초점을 두고 있다(Chapin and Kaiser, 1979 : 30). 이 체계는 인간존재의 활동범위, 인간을 지속시켜 주는 거소(居所), 그리고 자원을 제공해준다. 주요한 행위자는 생물체와 무생물체로 나눌 수 있는데, 전자는 생태체계를, 후자는 수문학적 · 기상학적 · 지학적인 체계를 각각 하위체계로 포함하고 있다(Chapin and Kaiser, 1979 : 30~31).

Ⅲ. 결정인자

1. 의 의

토지이용계획의 기본적인 요소는 활동(activities) · 인간(people), 그리고 위치(location)의 3가지이다(Farmer and Gibb, 1979 : 235). 이들의 상호작용과정 중에서 제기될 수 있는 문제는 다음과 같다.

첫째, 특정한 위치에 사는 사람은 누구인가.
둘째, 거기에는 어떠한 활동이 존재하는가.
셋째, 어떤 활동이 인간의 집단과 관련되는가.
넷째, 상이한 집단의 공간적 분포는 무엇인가.

사람들은 자기가 일하는 곳에서 살고자 한다. 따라서 직장, 친척 또는 쾌적성에 근접하기를 바라고, 때문에 기업과 산업은 특정한 입지를 선택하게 된다. 입지선택의 결과 집중 또는 분산이 일어나고, 토지이용계획가는 이러한 자연스런 결과를 지역제 또는 다른 토지이용규제를 통해 강화하거나 새로운 패턴을 유도한다.

2. 결정인자

토지이용의 결정인자는 경제적 · 사회적 · 공익적 요인으로 범주화하여 고찰할 수 있다(Chapin, 1965 : 7～68).

(1) 경제적 요인

토지경제학자들은 개별토지의 이용은 토지시장의 수급여건에 의해 결정된다고 보고 있다. 도시토지가 가치를 가지고 있는 것은 장래에 소득을 산출할 잠재력을 갖고 있기 때문이다. 이러한 토지가치는 토지개발업자가 토지이용과 개발에 관한 장래의 계획에 따라 지불하고자 하는 금액이며, 경제적으로는 토지에서 발생되는 순수익을 현시점에서 할인한 총액이다. 토지의 시장가치는 전체적인 토지이용패턴에 따른 지역의 기능적 유형에 의해 결정된다.

도시 전체의 토지이용도 토지수급관계와 시장에서의 가격에 관한 전통적인 지대이론과 균형모형에 의해 설명된다. 그리고 전체적인 토지이용패턴은 개별토지의 오랜 기간에 걸친 많은 시장에서의 결정의 누적적 과정을 통해 결정된 것으로 이해할 수 있다.

(2) 사회적 요인

사회학자들은 도시를 도시생태학과 관련하여, 한편으로는 도시생활의 물리적 · 공간적 · 물질적 측면을 고찰하고, 다른 한편으로는 도시사회의 구조적 관점에서 가정 · 기업 · 정부 등과 관련한 인간의 가치 · 행태 · 상호작용을 주로 고찰한다. 그리고 토지이용에 영향을 주는 사회적 인자는 생태적 과정(ecological processes)과 조직적 과정(organizational processes)의 관점에서 고찰할 수 있다.

도시생태학은 도시의 물리적 변화과정을 기술하기 위해 사회학자들이 생물과 그의 환경과의 관계를 다루는 생태학에서 그 기본개념을 도입 · 사용하는 것으로, 특히 집성(aggregation)에 관심을 가졌다. 이러한 집성의 하위과정으로 인구와 서비스의 집중(集中)과 분산(分散), 중심에 기능이 모이는 것을 나타내는 향심(向心, centralization)과 중심에서 일탈을 나타내는 이심(離心, decentralization), 인구의 지역적 분화(分化), 지역간의 사회·경제적 지위를 나타내는 지배(dominance)와 중심에서의 거리에 따라 감소되는 지배의 정도를 나타내는 경사(gradient), 그리고 새로운 기능의 특정지역에의 침입(invasion)과 침입기능의 환치를 나타내는 계승(succession) 등의 개념을 통해 도시사회의 발전과 변화를 설명하려 했다.

사회적 행태분석(行態分析)에서는 사람이나 집단들이 그들 스스로 어떻게 행동하고, 그들이 가지고 있는 가치와 이상은 이러한 행동과 어떤 관계를 맺고 있으며, 이것이 토지이용에 어떤 영향관계를 형성하고 있는가를 살핀다. 인간행태는 필요와 욕구·목표설정·대안작성, 그리고 행동결정이라는 일련의 순환적인 과정으로 이루어져 있다. 이러한 과정에 의해 개인과 집단의 공간상 활동이 이루어지고, 이의 총합적인 공간상 투영이 토지이용활동이라고 본다.

(3) 공익적 요인

바람직한 도시개발과 쾌적한 도시생활이 이루어질 수 있도록 하기 위해 특히 요구되는 것이 공공활동으로서 공익적 가치를 제고하는 것이다. 이러한 공익가치는 공식적인 정부조직의 법적 조치에 의해 작동하게 된다. 때문에 토지이용결정인자로서 공익(公益)은 통제의 의미를 함축하고 있다. 토지이용계획에서는 공익과 관련된 요인으로 보건(health)·안전(safety)·편의(convenience)·효율(efficiency)·에너지보전(energy conservation)·환경의 질(environmental quality)·사회적 형평(social equity)·사회적 선택(social choice), 그리고 쾌적성(amenity)의 9개로 구분하여 고찰할 수 있다(Chapin and Kaiser, 1979 : 48~58).

보건(保健)과 안전(安全)은 관습적으로 상호연관하여 사용하고 있는데, 최근에는 이들 개념이 보다 광의로 사용되고 있다. 즉, 물리적인 보건과 안전에 부연하여 정신적·감정적 복지를 강조하고 있다. 그리고 단순하게 공중보건과 안전을 제약하는 요인뿐만 아니라 보다 적극적으로 바람직한 보건·안전을 가져올 물리적 환경을 계획 · 건설에 의해 제고시키는 것도 포함하고 있다. 편의성(便宜性)의 측정은 입지적인 면과 토지개발밀도에 의해 영향을 받는다. 입지적 측면은 토지이용의 입지적 배치와 각 기능별 이용과 관계되는 것으로 주거-직장, 직장-위락, 주거-쇼핑, 쇼핑-직장 등의 기능관계에서의 이동에 의해 평가된다. 토지개발밀도는 토지의 자연적 · 사회적 · 경제적 특성에 의해 좌우되는데, 이는 시간 · 거리와 밀접한 관계를 맺고 있다. 토지이용에서의 경제성이란 토지이용패턴에서의 효율성(效率性)과 관계되고, 도시정부의 공공비용과 연계되며, 이 경제성은 편의성과 밀접한 관계를 맺고 있다. 환경(環境)에 대한 관심은 지금까지 공익의 건강요인으로 간주되었으나, 에너지위기와 환경악화 등의 요인에 따라 환경요소에 대한 보다 광범위한 견해가 등장하였다. 환경악화는 대기와 물의 오염 · 소음, 그리고 취약지역의 파괴 등과 관련되며, 이는 토지이용계획과 보다 직접적인 관계를 맺고 있다. 사회적 형평(社會的 衡平)은 생활에 필수적인 것에 대한 균등한 접근기회와 개발행위에 의한 수익과 비용의 공정한 배분과 관련된다. 사회적 선택(社會的 選擇)은 선택이 이루어지는 기회의 범위와 주민들이 자기들에게 영향을 주는 선택의 정의에 참여하는 것이다. 사회적 형평은 기회에 대한 제약의 제거와 관계되고, 사회적 선택은 선택을 위한 기회창출에 보다 적극적인 관심을 보이는 것과 관련된다. 마지막으로 쾌적성(快適性)은 도시환경에 대한 즐거움(pleasantness)으로, 이는 시각적인 미적 외형과 의식된 만족감과 즐거움(enjoyment)도 포함한다.

토지이용은 개별인자들의 통합적인 상호작용의 결과로 나타난다. 행태적 개념에 의하면 토지는 수많은 개인과 집단의 행위결과로 그 이용이 결정된다는 것이다. 즉, 도시인구의 다양한 조직 · 비조직된 부분들이 갖고 있는 가치 · 이상에 의해 작동되는 행위의 누적적 결과가 토지이용형태로 나타난다. 그리고 토지이용행태는 토지시장에서 이루어지는 이윤추구가치, 생활여건과 관련된 가치, 그리고 전통 · 관습 · 신념의 보전과 관련된 문화가치 등이 어우러져 토지이용의 패턴이 결정된다.

제 3 절 계획과정

Ⅰ. 계획목표

목표설정의 기본전제는 계획대상지의 자연 · 지리 · 역사문화적 특성을 반영하고, 개발과 자연환경의 조화가 이루어지는 계획, 장래개발의 확장과 토지이용변화를 수용할 수 있도록 융통성을 부여하는 계획, 건전성 · 보건성· 편의성 · 쾌적성 같은 공공이익이 확보되도록 계획하는 것이 중요하다(토개공, 1994 : 71).

토지이용계획의 목표영역은 주요 활동부문으로 나누어 설정할 수 있다(Chapin and Kaiser, 1979 : 340～341).

1) 경제개발과 고용지역 경기변동에 영향이 적은 산업구조(industrial mix), 지역과 배후지역의 기초수요에 부응할 수 있는 교역과 서비스의 결합, 지역의 노동력의 기술과 경험에 적합한 고용구조와 임금수준, 그리고 직주(職住) 근접, 에너지효율적 입지, 환경적으로 적합한 개발, 주변지역과 조화되는 개발 등을 강조하는 안정적이고 다양한 경제를 구축한다.

2) 주거지역 다양한 경제 · 사회 · 윤리적 배경을 가진 가구의 주택선택이 보장된 개방된 커뮤니티의 성취, 계속적 투자를 위해 지역의 주택의 질· 하부구조, 그리고 일반적 매력의 관점에서 주거지역의 활력의 유지, 지역의 내재적 · 사회적 질서와 문화적으로 의미 있는 상징적 질(symbolic qualities)의 보존, 주민의 생활유형과 가치에 적합한 생활환경의 조성, 고용중심과의 근접, 에너지효율적이며, 경관상 매력 있고, 환경적으로 수용가능한 주거지가 되도록 하여 기본적인 인간적 · 사회적 기능을 충실히 수행할 수 있도록 한다.

3) 쇼핑시설과 위락복합체 접근수단이 자동차에서 대중교통체계로 바뀌는 것에 따라, 자동차의존적인 시설의 규모를 줄이고, 기존 쇼핑센터에 활력을 제공할 수 있고, 환경회복이 이루어지는 개발이 되도록 한다.

4) 커뮤니티시설 다양한 서비스인도체계와 사용자의 편의, 사회적 형평, 비용효율성, 환경의 질, 쾌적성, 그리고 주변지역과의 적합성을 강조하는 방향으로 커뮤니티시설체계의 설계가 이루어지도록 한다.

5) 공간녹지체계 환경적으로 한계지역을 보호하고, 의미 있는 조망을 보존하며, 개발로부터 지형의 기복을 제공하고, 녹지체계의 개발을 위한 기회를

표 7-2 토지이용계획의 목표(영국)

목 표	주요 고려사항
· 신개발수요의 충족	· 공업 · 상업용지의 공급과 다양한 개발요구의 충족 · 소규모기업 · 첨단산업의 성장촉진 · 주거용지의 지속적 공급 · 광범위한 주택공급(주택소유 및 임대주택의 활성화) · 교통난 완화, 교통안전의 증진, 산업부문의 운송비절감 · 지역산업발전의 장래성추구
· 지역경제활성화	· 개발필요성의 충족 · 경제성장의 촉진 · 개발 및 경제활동을 통한 고용증대 · 도심활성화 및 기존 업무지구의 기능회복 · 농촌경제의 성장 및 다양화추진
· 환경 및 생활여건의 향상	· 주거지역의 쾌적성유지 · 도시지역의 안전성 및 편익성증진 · 개발제한구역의 유지 · 교외지역의 개발압력완화 · 도심의 무계획적인 확산방지 · 기존 개발지역과 연계된 토지이용촉진 · 역사적 건물 및 지역적 특성을 갖는 시설물의 보존
· 자연자원의 보존	· 환경파괴 및 오염의 확산방지 · 동 · 식물군락지 보존 · 지하자원의 보호 · 경작지의 보호
· 개발과 환경보존의 균형	· 개발과 문화재보호와의 균형 · 기존도심의 기능유지 및 보호 · 기존도심토지의 이용촉진으로 외곽지 개발압력완화 · 농촌경제성장 및 다양화촉진 · 교통 및 운송체계의 개발촉진

자료 : Pearce, 1992 : 22～23; 국토학, 1996 : 388.

제공할 수 있는 도시녹지공간이 이루어지도록 한다.

6) 교통과 공급시설 도시주민의 모든 계층의 수요에 부응하며, 보다 자원효율적이고 환경적으로 수용가능한 개발패턴의 성취, 사람의 이동이 개인중심에서 대중교통체계로 전환되도록 하부구조계획과 토지이용과의 균형을 유지한다.

〈표 7-2〉는 영국의 구조계획에서 예시하고 있는 토지이용계획의 목표를 정리한 것이다.

Ⅱ. 토지이용조사분석

토지이용연구에서는 활동의 공간적 투영의 결과로서 토지이용에 대해 그 자료의 분류정리방법과 토지이용조사의 접근방법에 대해 고찰한다.

1. 토지이용분류

(1) 우리 나라의 분류실태

우리 나라에서 사용하고 있는 토지이용분류체계는 「지적법」에 의한 지적공부상의 지목분류방식으로, 전 · 답 · 임야 · 대 · 공장용지 · 도로 등 28종으로 분류하고 있다(법 제 5 조 제 1 항). 이러한 분류는 국토 전체에 적용하는 데는 유리한 면이 있지만, 도시지역의 다양한 토지이용활동을 반영하기에는 한계가 있다. 이와 같이 도시특성을 반영하기 어려운 토지이용분류체계에 의해 토지이용실태를 조사하고 있기 때문에 토지이용에 따르는 여러 문제들을 정확히 도출하기 어렵고, 이에 의한 도시계획에도 한계가 따를 수밖에 없다.

토지이용분류와 관련된 문제점을 제거하기 위한 시도로서 서울시에서는 도시 전체에 걸친 토지이용 및 도시시설물에 대한 정밀조사를 최초로 실시했다. 이에 의해 지목별 토지이용을 기능별로 재편성하여 농경지 · 산림지 · 대지 · 공원 · 도로 · 하천 · 공공용지 · 운동장 · 유원지 · 종교용지 기타용지의 11종의 대분류와 38항의 소분류항목으로 분류하였다(국토학, 1996 : 150).

(2) 십진분류체계

정확한 토지이용실태조사를 위해서는 현재의 토지이용상황을 잘 반영할 수 있는 토지이용분류체계에 의해 토지이용조사가 이루어지는 것이 필요하다. 어느 도시에나 공통적으로 사용될 수 있는 특정한 분류체계는 없으나 선진국에서는 보통 십진분류법(decimal classification system), 즉 표준산업분류체계(standard industrial classification)를 원용한 분류를 많이 사용하고 있다. 이는 이 분류체계가 통계자료의 종합적 통일성, 새로운 항목의 설정과 첨가의 용이성, 기존항목의 병합의 편리성, 숫자 자체의 의미, 그리고 집계상의 편리성 등의 장점이 있기 때문이다.

코딩(coding)이란 현장조사에서 토지이용의 체계적 기술수단이고, 분류는 사전에 결정된 일정한 목적을 추구함에 있어 유사한 토지이용의 범주를 체계적으로 집단화하는 수단이다. 미국(美國)의 표준토지이용편람에서 사용하고 있는 코딩체계는 다음과 같다.

1단위 분류체계(one-digit category) ·· 9개
  1 : 주거지 2 : 공업지(1) 3 : 공업지(2) 4 : 수송 · 통신 공익시설 5 : 교역
  6 : 서비스 7 : 문화 · 유흥 · 레크레이션 8 : 자원생산과 채취 9 : 미개발지
2단위 분류체계(two-digit category) ·· 67개
  1 : 주거지 11 : 주택 12 : 집단주거지 13 : 주거용모텔
  14 : 이동주택단지 15 : 하숙
3단위 분류체계(three-digit category) ·· 294개
4단위 분류체계(four-digit category) ·· 772개

2. 토지이용조사

토지이용계획에는 계획대상지역의 토지이용과 관련된 특성을 기술하기 위해 여러 형태의 참고지도를 수집 · 이용하는 노력이 요구된다. 이러한 참고지도를 바탕으로 계획목적에 활용할 수 있는 기본도(base map)를 작성하게 된다. 기본도작성은 예비단계와 기술단계로 구분할 수 있다. 예비단계에서는 이용가능한 참고지도를 수집하고, 지도화할 지역을 결정하며, 참고지도에서 이용할 범위의 선정으로 나누어 볼 수 있다. 준비작업이 끝나면 Base A(단순한 가로망도), Base B(Base A+재산 및 지역선 추가), Base C(Base B+구조 추가)와 같은 보다 상세한 기본도를 준비하는 기술적인 작업을 수행한다(Chapin and Kaiser, 1979 : 234～237).

토지이용조사(land use study)는 지도표시방법과 야외기록방법의 2가지가 주로 사용된다. 전자는 지도에 손으로 토지이용현황을 직접 표시하는 방법으로 소도시에 적합한 방법이다. 후자는 야외관찰의 결과를 전산카드에 옮겨 전산화하는 방법으로 비교적 규모가 큰 도시에 적합하다. 토지이용조사는 중심지에 대해서는 도보로 조사하고, 외곽지대에 대해서는 자동차 등을 활용하

여 실시하는 것이 바람직하다. 기록형태는 야외조사표나 코딩용지를 사용한다. 조사지역에 대해 블록·토지단위·구조·층수·공간이용별로 체계적으로 야외조사를 실시한 후 지역의 구역면적을 측정하고, 지역지구제코드를 기록하여 감독자의 검토를 받은 후 전산화한다(Chapin and Kaiser, 1979 : 249~250).

토지이용조사에서는 이와 같은 토지이용현황조사와 함께 도시적인 토지이용과 개발을 위해 공지의 수용능력을 알고자 할 때에 공지조사(vacant land survey)를 실시하는 것이 좋다. 공지는 지형적 특성과 개선의 특징의 측면에서 분류한다. 지형적 특성에 의해 건축에 적합한 공지를 최량지(prime land), 대지에 대한 광범한 외연적인 준비와 교정이 요구되는 토지를 한계지(marginal land)로 구분할 수 있다. 이러한 공지자료를 도표화·지도화할 수 있으며, 이렇게 작성된 지도를 수용력지도(capabilities map)라 한다. 수문학적 특성조사(hydorological and flood potential study), 구조 및 환경특성조사(structural and environmental quality survey), 지가조사(land value study), 미적 특성조사(studies of aesthetic features), 비용-수익조사(cost-revenue study), 그리고 시민태도조사(citizens attitude)도 아울러 실시하는 것이 바람직하다(Chapin, 1965 : 300~338).

3. 토지적성평가분석

(1) 의 의

㈎ 개 념　　토지적성평가는 전국토의 "환경친화적이고 지속가능한 개발"을 보장하고 개발과 보전이 조화되는 "선계획·후개발"의 국토관리체계를 구축하기 위하여 각종 토지이용계획이나 주요 시설의 설치에 관한 계획을 입안하고자 하는 경우에, 토지의 환경생태적·물리적·공간적 특성을 종합적으로 고려하여 개별토지가 갖는 환경적·사회적 가치를 과학적으로 평가함으로써 보전할 토지와 개발가능한 토지를 체계적으로 판단할 수 있도록 계획을 입안하는 단계에서 실시하는 기초조사이다(건교부, 2004e : 1). 간략히 토지적성평가제도는 토지의 토양·입지·활용가능성 등에 따라 토지의 보전 및 이용가능성에 대한 등급을 분류하여 토지용도구분의 기초를 제공하는 제도이다.

(나) **법적 근거** 이 제도의 법적 근거는 「국토의 계획 및 이용에 관한 법률」로서, 토지적성평가를 도시관리계획수립을 위하여 실시하는 기초조사의 하나로서 규정하고 있다. 즉, 도시관리계획입안자는 도시관리계획을 수립할 때 건설교통부장관이 정하는 바에 따라 토지의 토양·입지·활용가능성 등 토지의 적성에 대한 평가를 실시하도록 규정하고 있다(법 제27조 제3항; 시행령 제21조).

(다) **외국의 사례** 우리의 토지적성평가와 유사한 제도는 미국의 토지평가 및 부지사정(land evaluation and site assessment), 카나다의 토지평가 및 지역검토(land evaluation and area review), 그리고 일본의 백지지역에 대한 토지적성평가를 들 수 있다(최미옥·김정훈, 2003 : 37~54).

(3) 평가절차와 방법

(가) **대 상** 토지적성평가는 관리지역을 보전·생산·계획관리지역으로 세분하는 등 용도지역이나 용도지구를 지정 또는 변경하는 경우, 일정한 지역·지구 안에서 도시계획시설을 설치하기 위한 계획을 입안하고자 하는 경우, 도시개발사업 및 정비사업에 관한 계획 또는 지구단위계획을 수립하는 경우에 이를 적용한다(건교부, 2004e : 2). 그러나 도심지나 개발이 완료된 지역 등은 토지적성평가를 제외할 수 있다(시행령 제21조 제2항).

(나) **종 류** 토지적성평가는 평가체계 I 과 평가체계 II 로 구분하여 실시한다. 평가체계 I 은 관리지역을 보전·생산·계획관리지역으로 세분하는데 필요한 자료를 제공하기 위하여 실시하는 평가이다. 평가체계 II 는 개별사업이 필요한 일부지역에 대하여 용도지역·용도지구·용도구역의 지정·변경, 도시계획시설의 결정 변경 등 도시관리계획을 입안할 때 실시한다(건교부, 2004e : 2).

(다) **평가절차** 토지적성평가는 ① 우선등급분류, ② 평가지표대체선정 ③ 지표별 평가기준 선정, ④ 지표별 평가점수 산정, ⑤ 특성별 적성값 산정, ⑤ 종합적성값 산정, 그리고 ⑦ 적성등급분류의 7단계로 진행된다(건교부, 2004e : 5~6).

우선등급분류(優先等級分類)는 대상토지의 객관적 상황에 비추어 토지적성평가를 실시하지 아니하더라도 개발적성 또는 보전적성의 판별이 명백한 경우에는 이를 실시하지 않고 대상토지에 대해 개발등급 또는 보전등급을 부여한다. 우선보전 또는 우선개발등급으로 분류하고 남은 토지를 대상으로 세부적인 토지적성평가를 실시한다.

평가지표대체선정(評價指標代替選定)은 지역의 상황에 비추어 토지적성평가지침에서 제공한 지표를 그대로 사용하는 것이 적정 · 타당하지 아니한 경우에 이를 다른 지표로 대체 · 선정하는 과정이다.

지표별 평가기준 설정(指標別 評價基準設定)은 평가지표별로 지역상황에 따라 평가기준을 조정 · 확정하는 과정이다. 평가대상토지가 있는 인문 · 사회·환경적 현황을 적절히 파악할 수 있도록 해당 토지에 대하여 물리적 특성·지역특성 · 공간적입지특성을 평가하기 위하여 대표평가지표를 사용한다.

지표별 평가점수 산정(指標別 評價點數 算定)은 필지별 특성값을 평가기준에 따라 점수값으로 환산하는 과정이다.

특성별 적성값 산정(特性別 適性價 算定)은 평가체계에 따라 차이가 있다. 평가체계 I 의 산정절차는 토지의 종합적성에 영향을 미치는 개발 · 보전 · 농업의 3개 특성별로 평가지표별 가중치를 적용하여 적성값을 산출한다. 평가체계 II 는 지표별 평가점수를 합산하여 평가대상토지의 적성값을 산출한다.

종합적성값산정(綜合適性價算定)도 평가체계에 따라 다르다. 즉, 평가체계 I 은 3개 특성(개발 · 보전 · 농업)별 적성값을 가감하여 종합적성값을 산정하고, 평가체계 II 의 경우는 평가대상토지들의 적성값을 평가대상토지면적에 따라 가중평균하여 종합적성값을 산정한다.

적성등급분류(適性等級分類)는 토지의 적성에 따라 등급을 분류하는 과정이다. 평가체계 I 은 5개 등급(제 1 등급~제 5 등급)으로, 평가체계 II 는 도시관리계획입안지역을 A등급(보전적성등급) · B등급(중간적성등급) · C등급(개발적성등급)의 3개 등급으로 각각 구분하여 부여한다.

㈑ **평가방법** 평가체계 I 은 시·군자료를 기초로 도출한 기준을 활용하여 상대평가주의를 택하는 반면, 평가체계 II 는 전국적으로 통일된 절대평가기준을 사용한다. 평가체계 I 은 개발적성 · 농업적성 · 보전적성값을 산정하고, 이를 종합하여 필지별적성값을 구한다. 평가체계 II 는 개발적성값만을 산정하여 적성값의 크기에 따라 개발과 보전의 판단기준으로 사용한다.

Ⅲ. 계획안작성

토지이용계획은 〈그림 7-2〉과 같이 입지수요분석 · 입지적합성분석 · 공간수요분석 · 수용력분석, 그리고 토지이용시안작성의 연관된 5개 과업들로 나누어 진행한다.

그림 7-2 토지이용계획안작성과업

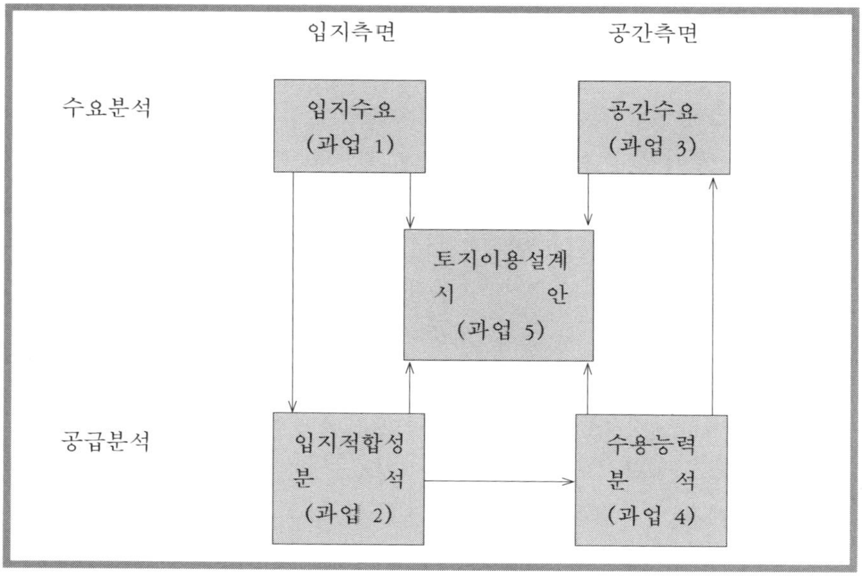

자료 : Kaiser, *et al.*, 1995 : 279～280.

1. 입지수요분석

(1) 일반원리

토지이용의 입지와 관련된 일반원리는 5개의 기능지역으로 구분하여 고찰할 수 있다(Chapin and Kaiser, 1979 : 366～368).

1) 생산공간(work areas) 고용부문으로 이루어진 이 공간은 자원절약적인 대중교통으로 생활공간과 연결되어야 하고, 다른 작업공간과의 연계도 용이해야 한다. 이러한 작업지역의 공간적 분포는 회사들간의 도시 내에서의 상호작용패턴과 조화를 이루어야 하며, 이 공간의 지역적 집중은 오염의 분산

을 막을 수 있다.

2) 생활공간(living areas) 주거공동체와 그에 부속되는 시설, 예를 들면 근린상점 · 운동장 · 공원, 그리고 초등학교를 포함한 지역이다. 생산 · 위락 공간에 접근이 용이하도록 고속대중교통로가 인접해야 한다. 주거공동체의 공간적 형태는 각 가구의 활동과 주거선택을 염두에 두어야 한다. 그리고 이 지역은 교통과 조화될 수 없는 용도로부터 보호되어야 한다.

3) 쇼핑지역과 위락지역(shopping areas and entertainment centers) 쇼핑몰 · 식당 · 영화관 · 지구문화 · 교육 · 운동중심 등은 주거지역에 근접되어야 한다. 그리고 대중교통수단의 이용이 용이해야 한다.

4) 지역사회이용시설체계 학교 · 도서관 · 의료 · 경찰 · 소방과 같은 지역사회의 이용시설은 사용자집단이 편리하게 이용하고, 개발이 경제적이어야 한다.

5) 공간녹지체계와 환경보호 주요 공원과 공간지역은 자연적 과정의 이점을 이용할 수 있고, 조화될 수 없는 토지이용에 보호되어야 한다. 이를 위해 유동체계 · 환경관리, 그리고 도시개발방향과 형태를 고려해야 한다.

(2) 입지표준

표준이란 지역사회의 주요 구성요소의 질을 측정하는 데 사용되는 척도로서, 여기서는 토지이용활동의 입지를 중심으로 한 것으로 편의성과 성과수준의 양면에서 고찰할 수 있다(Chapin and Kaiser, 1979 : 371～372).

1) 편의성표준(convenience standard) 시간과 거리가 편의성측정의 주요 단위가 된다. 따라서 근접 · 편리한 드라이빙범위, 용이한 도보거리 등은 시간이나 거리로 정의되는데, 이러한 표준은 도시의 규모와 밀도에 영향을 받는다. 이러한 편의성의 기준은 국가적으로 공인된 기관에서 제시된 기준을 바탕으로 지방적인 기준을 확립해서 사용하는 것이 바람직하다.

2) 성과표준(performance standard) 여기서는 강조점이 표준의 직접적인 명세에서 바람직한 결과의 명세로 전환된 것이다. 이 유형의 표준은 보호와 안전, 공공이익으로서 환경과 쾌적성의 요인에서 유래된 것으로 편의성과는 반대되는 개념이다. 이 표준은 위험 · 환경파괴 · 공해의 정도를 검증하는 지표를 제공해 준다. 이 성과기준은 아직 불완전하게 개발된 상태로, 여기서는 최소의 수준에 초점을 두기보다는 바람직한 표준의 설정에 더 많은 관심을 갖고 있다.

2. 공간수요분석

(1) 과업의 개관

각 토지이용활동과 시설이 어디에 입지해야 할 것인가 하는 문제에 대한 분석이 이루어진 후에는, 각 용도별로 얼마나 많은 토지공간이 요구되는가 하는 데로 분석초점이 전환된다. 이러한 공간수요도출과업은 공간수요분석·토지공급력분석, 그리고 수급균형화작업의 3단계로 구분할 수 있다(Chapin and Kaiser, 1979 : 405~408).

공간수요추정(空間需要推定)은 분석할 토지이용의 집단에 따라 약간의 차이가 있으나 공통적인 4단계로 진행된다(Chapin and Kaiser, 1979 : 410~478).

① 특정한 토지이용의 현재의 밀도특징에 대한 검토
② 해당 토지이용범주의 장래의 성장·쇠퇴에 대한 예측
③ 현재의 밀도, 국가 및 지역적 추세, 목표에서 도출한 계획원리와 표준을 고려한 장래의 공간밀도 도출
④ 설정한 표준의 예측수준에의 적용

토지이용계획에서 공급대상토지는 비도시적 이용토지·공지, 그리고 재개발예정지로 구성되어 있다. 토지의 공급력분석은 입지, 적합성의 특징, 토지이용범주와 밀도 등에 의해 기술한다. 그리고 이용가능한 면적은 지역별·적합성등급별·토지이용범주별로 합산하고, 이 분석자료는 각 계획지역별로 지도나 도표로서 요약·정리하여 제시할 수 있다.

마지막 단계는 수요로서 공간요구량과 공급수단으로 토지보유력과의 균형을 모색하는 작업이다. 이 수급균형분석(需給均衡分析)은 각 토지이용범주별로 분리하여 수행한 후 전체적으로 종합·재조정하는 순서를 따른다.

(2) 용도별 소요면적추정

용도별 소요면적추정방법은 주거·상업·공업 등 용도별 토지면적을 산정하여 합산하는 방법이다. 여기서는 주거지역·상업지역·공업지역의 소요면적추정방법에 대해 검토하기로 한다(국토연, 1984 : 46~51).

(가) 주거지역소요면적 주거지역의 소요면적을 추계하기 위해서는 기존의 주택수급 및 주택지역 개발밀도의 실태를 분석하고, 면적소요추계를 위

한 가구당 평균가구원수, 주택형별 선호성, 주택형별 밀도에 대한 가설을 설정하여 도시 전체로서 총주거지역 소요면적을 추계한다(Chapin, 1965 : 422~440; 국토연, 1984 : 46). 추계된 주거지역면적과 대상지역 내의 주거지역의 이용가능한 토지면적을 비교하여 이용가능면적이 부족하든가 여유가 있을 경우, 주택형과 주택형별 밀도를 상향 또는 하향조정하여 토지의 수요와 공급의 균형을 찾는다(국토연, 1984 : 46). 소요면적산정방법은 인구밀도, 그리고 주택수와 부지면적에 의해 추정하는 방식을 많이 사용한다.

1) 상정(想定)인구밀도에 의한 방법

$$R_a = \sum_{i=1}^{n} \frac{P_i}{d_i}$$

여기서 R_a : 주거지역면적
P_i : 주거지역별 배분인구수
d_i : 주거입지별 상정인구밀도
$i=1, 2, \cdots, n$ 주거입지별 인구밀도계층구분(예 : 고 · 중 · 저밀도지역)

2) 주택수와 주택당 부지면적에 의한 방법

주택부지면적(A)=주택수×1인당 부지면적

$$\text{주택면적}(B) = \mathrm{A} \times \frac{1}{1-\text{공공용지율}}$$

$$\text{주거지역면적}(C) = B \times \frac{1}{1-\text{혼합률}}$$

여기서 혼합률 : 주거지에서 주택 이외의 타용도와의 혼합비.

(나) **상업지역소요면적** 상업지역면적의 추계는 도심 · 지역중심 · 지구중심상업업무지역으로 구분하여 추계하는 방법을 주로 사용한다. 각 지역별 사업지역의 소요면적은 상업지역이용인구를 규정하고, 사업지역의 건폐율 · 공공용지율 · 이용인구 1인당 평균상면적 · 평균층수를 고려하여 추계하는 이용인구와 건물용적에 의한 방법을 많이 사용한다. 이의 산정식은 다음과 같다.

$$A = \frac{na}{Nr(1-e)}$$

여기서 A : 상업지역면적
n : 상업지이용인구

r : 건폐율
e : 공공용지율
a : 1인당 상면적(床面積)
N : 평균층수

(다) **공업지역소요면적** 공업지역소요면적의 추계는 다음의 4단계에 의해 이루어진다(Chapin, 1965 : 386; 국토연, 1984 : 50).

첫째, 기존도시의 경우 제조업체의 특성과 공장용지이용현황을 파악하고 면적당 공업밀도를 찾아 낸다. 신도시의 경우 전국적인 타도시의 업종별·면적별 공업밀도를 도출한다.

둘째, 위의 현황자료와 기술혁신에 의한 새로운 공업밀도추이를 감안하여 장래업종별 공업밀도를 상정한다.

셋째, 대상도시의 업종별 생산액 또는 종업원수를 지역경제적 차원에서 추계하여 장래의 업종별 공업밀도를 곱하여 공장용지면적을 산출한다.

넷째, 이상에서 산출된 면적에 수반되는 기타용지(폐수처리장·도로·철도 등)를 추가하여 전체적인 공업지역면적을 산출한다.

추계기법으로는 종업원당 면적법·표준공장단위법, 그리고 입지원단위법이 있다.

1) 종업원당 면적법

공업용지＝종업원수×1인당 공업지면적

2) 표준공장단위법

$$I_a = \sum_{i=1}^{n} (F_i \times N_i)$$

I_a : 공업부지면적
F_i : 업종별 표준공장부지면적
N_i : 업종별 공업수
$i=1, 2, 3, \cdots, n$은 업종구분

3) 입지원단위법

공장부지면적(A)＝출하량(종업원수)×단위당 부지면적

$$\text{공장용지}(B) = A \times \frac{1}{1-\text{공공용지율}}$$

$$공업지역면적(C)=B\times\frac{1}{1-혼합률}$$

3. 계획안설계

일반적으로 토지이용계획은 주요 용도지역이 간선도로와의 연계와 용도지역 상호간의 균형된 관계를 시각적으로 나타내는 토지이용패턴과 간선도로망과의 결합된 표현이다(Chapin, 1965 : 467). 이러한 상호관계들을 의미 있게 나타내기 위해서는 전체도시권을 대상으로 하는 토지이용패턴을 제시하는 것이 바람직하지만, 대체로 도시계획지역에 국한하여 준비하는 경우가 많다.

Ⅳ. 대안평가 · 선택

토지이용계획의 대안평가도 일반계획과정에서 제시한 평가기법을 활용하여 평가하고 대안을 선택하게 된다. 〈표 7-3〉은 대안별로 점검 · 평가하는 점검표방식(點檢表方式)을 예시한 것이다.

표 7-3 대안의 비교분석

목표 \ 대안	평면확산	평균밀도	위성형	회랑형
1. 효율적 토지이용	−	0	+	+
2. 미개발지의 질서 있는 개발촉진	−	+	−	+
3. 자연자원의 보호와 적정개발유도	−	+	+	+
4. 넓은 개방공간 유지	−	0	+	+
5. 야외위락기회의 확대	−	+	+	+
6. 공공시설과 서비스의 효율관리	−	+	−	+
7. 효율적 교통체계의 제공	−	−	+	+
8. 생활환경의 다양성 제고	−	−	+	+
9. 상상력풍부한 도시설계	−	−	+	+
10. 계획집행보장	+	+	−	+
수용요소*	−8	+2	+4	+10

* : 양의 요인과 음의 요인의 합
\+ : 목표성취에 긍정적 기여
0 : 목표성취에 크게 기여하거나 해치지 않음
− : 목표성취에 반대로 작용.
자료 : Weiss, 1968 : 134.

제 4 절 토지이용규제

Ⅰ. 규제의 의의

1. 개　　념

토지이용규제(土地利用規制)란 개별 토지이용자의 토지이용행위를 사회적으로 바람직한 방향으로 유도하기 위해 법적 · 행정적 조치에 의해 제한하는 각종 방법을 의미한다(국토연, 1986 : 6; 김순배 외, 1992 : 21). 토지이용규제의 경제적 목적은 토지이용과 관련된 부의 외부효과억제, 토지관련공공재의 적정공급, 그리고 공공서비스공급비용절감의 세 가지로 요약할 수 있다(이정전, 1989 : 402~422; 조정제, 1990 : 286; 김순배 외, 1992 : 22~23; 김 원, 1994: 316). 토지이용규제는 기본적으로 부(負)의 외부효과를 간접적으로 통제하기 위한 가장 오래된 수단이다. 토지이용행위에 대한 간접규제는 공해, 교통혼잡, 조화되지 않는 토지이용 등 여러 형태의 부의 외부효과를 간접적으로 통제하는 수단이다. 그러나 오늘의 심각한 환경오염 등의 문제는 간접적인 규제에 의해서는 사회적 적정수준으로 억제하기 어렵기 때문에 직접적인 규제를 시도하고 있다. 성과지역제(performance zoning)는 오염량을 엄격히 설정·규제하는 직접규제방식이다.

일반적으로 계획에 의한 규제는 과세에 비해 신축성이 결여되고, 현재의 토지이용에서 발생되는 혜택을 충분히 고려하지 못하는 경우가 많다. 그리고 계획은 규제에 의해 발생되는 충격을 간과하기 쉽고, 조장적 · 긍정적인 면보다는 부정적 · 제한적인 특성이 나타나는 난점이 있다(Harvey, 1992 : 171).

2. 규제수단

토지이용규제수단은 규제대상지에 따라 용도지역제 · 토지구획규제 · 건축규제 · 각종 인허가, 그리고 토지이용계획의 5가지의 수단으로 요약할 수 있다(김성배 외, 1992 : 24; 이시경, 1994 : 8).

표 7-4 규제수단의 유형별 특성

대상지 \ 구분	규제수단	성 격	예 시
지 역	용도제한	지역에 대한 거시적 규제	용도지역지구제
지 구	설계제한	지구에 대한 상세규제	토지구획규제
필 지	건축제한	건축행위통제	건축규제
	인허가제한	절차방법에 의한 규제	각종 인허가
	계획통제	계획에 의한 직 · 간접규제	토지이용계획 · 도시계획

Ⅱ. 용도지역제

1. 의 의

용도지역제(zoning)란 도시를 지구(districts) 또는 지대(zones)로 나누는 단순한 개념이다(Kelly, 1993 : 13). 이 수단은 토지이용을 합리적인 방향으로 유도하기 위해 토지의 용도나 기능을 계획원칙에 부합하도록 만드는 법적·행정적 장치이다(국토연, 1984).

이는 도시계획이나 토지이용계획이 채택되었을 때, 이를 실행하는 데 필요한 도구로서 도시의 여러 형태의 토지이용과 개발의 적절한 공간을 마련함으로써 서로 합리적 개발이 이루어지도록 하는 수단이다.

2. 목 적

용도지역제는 다양한 도시개발을 유형에 따라 분리함으로써 근린의 동질성을 추구하기 위해 구상된 것이다. 지역지구규제의 논리적 바탕은 도시부동산시장에서 예상되는 비경제를 예방하는 데 있다(Bish and Nourse, 1975). 이 제도는 지역특성에 맞는 용도를 지정하여 다른 용도를 배제함으로써 해당 지역의 재산가치를 보호하려는 주목적과 부적절한 토지용도를 공간적으로 분리시킴으로써 공해나 재해 · 교통혼잡 · 건물과밀을 방지하려는 부차적 목적 아래 보호될 토지의 위계를 설정하기 위한 취지에서 시작된 제도이다(Wengert, 1983 : 651). 최근에는 이러한 목적 외에 현재의 비효율적인 토지이용상태를 개선하고 토지이용계획에서 제시한 발전방향으로 토지이용양태를 유도하기 위해 현재의 토지이용행위에 제한을 가하는 정책수단으로 활용되기에 이르렀다. 그리하여 오늘의 지역지구제는 토지이용의 효율성제고, 집적이익의 증대, 위생 및 안전상 필요한 최저기준의 설정, 공공서비스를 위한 토지의 원활한 공급, 재산권보호 및 편익배분의 조정 등 여러 목적을 달성하기 위한 수단으로 이용되고 있다(이정전, 1989 : 382).

간략하게 지역제의 목적은 재산가치를 극대화하기 위한 수단으로 보는 재산가치설(property value theory)과 단순하게 계획목적을 달성하기 위한 수단으로 간주하는 계획이론설(planning theory)의 두 가지로 요약할 수 있다(Babcock, 1975 : 76~79).

미국의 표준법에서는 지역제의 목적을 화재 · 공포 기타 위험으로부터의 안전확보, 건강과 복지의 제고, 적절한 빛과 공기의 제공, 토지의 과밀방지, 인구의 과도한 집중방지, 교통 · 상하수도 · 학교 · 공원 기타 공공시설의 적정 공급촉진의 6가지를 제시하고 있다(Cullingworth, 1993 : 32).

3. 연 혁

지역제와 유사한 제도는 고대도시에서 신분 · 종교 · 직업 등에 따라 거주지를 제한하는 것이 있었으나, 용도지역제의 시원(始原)은 1573년 스페인의 필립왕이 신대륙의 도시건설에 있어 도살장은 도시외곽에 위치하도록 명령하는 데서 찾을 수 있다. 프랑스에서는 나폴레옹(Napoleon I)이 1810년에 법률로 라인강연안지방의 여러 도시를 보호구역으로 정하여 그 구역 내에서는 비위생 및 불유쾌한 취기를 발산하는 공장건축을 금하고, 주거지로부터도 일정한 거리를 유지하게 하는 강제규정을 규정한 때부터이다(박수영, 1990 : 587; 윤정섭, 1989).

공해방지목적의 초기적 지역지구제에서 도시계획적 입장에서의 현대적인 지역지구제가 등장한 곳은 독일로 1845년에 「프러시아공업법」이 제정되었다. 산업혁명의 진전과 함께 대도시에의 인구와 산업의 집중은 여러 도시병리현상을 노정하게 되었고, 이에 대처하기 위해 지역제를 체계화하여 활용하게 되었는데, 특히 프랑크푸르트 암 마인의 아디케스(Adickes) 시장에 의해 용도지역을 1891년에 종합적으로 적용하였다(한근배, 1990 : 8).

미국(美國)에서는 1916년에 뉴욕시에서 제정한 지역제조례를 필두로 1920년대에는 거의 대부분의 주에서 이를 채택하게 되었다(Wengert, 1983: 651). 특히 토지소유자들이 지역제의 시행에 따른 토지가격하락에 대해 이의를 제기했고, 이에 대해 연방최고법원이 합헌판결을 한 유클리드(Euclid) 사건 이후 지역제가 확산하게 되었다. 정부에서 통일되게 규제하지 않고 각 주별로 자치체의 조례로서 규제하고 있으므로 도시에 따라 규정을 달리하는 것이 특징이다. 일본(日本)에서는 1919년의 「도시계획법」에서 용도지역제를 도입하였다. 영국(英國)에서는 지역제에 의하지 않고 개발계획에 의한 계획허가 제도가 널리 쓰이고 있다.

우리 나라에서의 근대적 의미의 지역지구제에 관한 최초의 법적 근거는 「조선시가지계획령」(1934년)이다. 이에 의거하여 1939년 서울에 주거 · 상업·공업지역이 최초로 지정되었다. 현재와 같은 지역지구제는 1962년에 제정된 「도시계획법」에 의해 그 기본적인 틀을 구축하였고, 현행 「국토의 계획 및 이용에 관한 법률」(이하 "법")에서는 제 4 장 제 2 절과 제 6 장에 용도지역·용도지구 · 용도구역에 관한 조항을 두고 있다.

4. 규제의 방법과 내용

(1) 규제방법

용도규제는 허용용도의 규정방법에 따라 두 가지로 나눌 수 있다. 허용되는 용도만을 나열하는 긍정적 체계(positive system)와 허용해서는 안 되는 용도만을 나열하는 부정적 체계(negative system)로 나눌 수 있고, 허용되는 용도의 성격의 배타성 여부에 따라 배타적 체계(exclusive system)와 누적적 체계(cumulative system)로 구분한다(조정제, 1990 : 289).

긍정적(肯定的) 체계는 용도의 규제가 강력해서 용도순화의 목적을 달성할 수 있다는 장점이 있는 반면에 신축성이 부족한 경직된 체계라는 단점도 있다. 부정적(否定的) 체계는 운용상 융통성은 있으나 새로운 용도의 출현에 대한 방어력이 부족하여 용도의 혼합이 발생할 우려가 있다. 누적적(累積的) 체계는 가장 양호한 용도를 최상위의 용도지역으로 두고 순서대로 바람직하지 않은 용도가 허용되는 범위를 넓혀 가서 최하위의 용도까지 도달하는 방식이다. 배타적(排他的) 체계는 전용적 체계라고도 불리는 것으로 동종의 용도에 의한 용도순화를 추구하는 형태이다.

(2) 규제내용

규제내용에 따라 용도 · 밀도 · 구조 · 성과기준 등으로 구분할 수 있다. 용도규제(use regulation)는 용도를 상이한 유형으로 분리하여 상호 조화되기 어려운 용도의 혼합을 방지하고, 이러한 용도들이 요구하는 폭넓은 공공서비스시설을 보장하는 데 있다. 밀도규제(intensity regulation)는 정해진 토지에서 특정용도의 양을 제한하는 것이다. 이의 구체적인 적용사례가 용적률이다. 구조의 규제는 대지크기 · 정원크기, 그리고 구조의 높이(height)와 용적(bulk)에 대한 규제로 적주성(livability) 개선을 지향하고 있다. 성과기준(performance standard)은 도시 내에서 발생되는 각종 환경문제에 효과적으로 대처하기 위해 특별한 기준을 정하여 각 지역지구마다 적용함으로써 토지이용을 규제하는 방식이다.

Ⅲ. 한국의 지역제

우리 나라의 도시 내 토지의 용도분류는 도시계획구역 안에서 토지를 경제적이고 합리적으로 이용 · 보전 · 개발 및 관리하기 위하여 현재의 토지이용상황, 앞으로의 토지이용방향 및 이미 지정된 토지용도분류를 충분히 고려하여 지역 · 지구, 그리고 구역으로 구분지정하고 있다.

1. 용도지역

(1) 지정목적

용도지역(用途地域)은 토지의 이용 및 건축물의 용도 · 건폐율 · 용적률 · 높이 등을 제한함으로써 토지를 경제적 · 효율적으로 이용하고 공공복리의 증진을 도모하기 위하여 서로 중복되지 아니하게 도시관리계획으로 결정된 지역을 말한다(법 제2조 제15호).

표 7-5 용도지역의 구분과 지정목적(도시지역)

지역구분			지 정 목 적	건폐율(%)	용적률(%)
대구분	세구분				
주거지역	전용주거	제 1 종	단독주택중심의 양호한 주거환경보호	50 이하	50~100
		제 2 종	공동주택중심의 양호한 주거환경보호		100~150
	일반주거	제 1 종	저층주택중심으로 편리한 주거환경조성	60 〃	100~200
		제 2 종	중층주택중심으로 편리한 주거환경조성		150~250
		제 3 종	중고층주택을 중심으로 편리한 주거환경조성	50 〃	200~300
	준 주 거		주거기능을 주로 하되 일부 업무 · 상업 기능의 보완	70 〃	200~500
상업지역	중심상업		도심 · 부도심의 상업 및 업무 기능의 확충	90 〃	400~1500
	일반상업		일반적인 상업 및 업무 기능 담당	80 〃	300~1300
	근린상업		근린지역의 일용품 및 서비스공급	70 〃	200~900
	유통상업		도시내 및 지역간 유통기능의 증진	80 〃	200~1100
공업지역	전용공업		중화학공업 · 공해성공업 등을 수용	70 〃	150~300
	일반공업		환경을 저해하지 아니하는 공업의 배치		200~350
	준 공 업		경공업 기타 공업수용과 주거 · 상업 · 업무 기능의 보완		200~400
녹지지역	보전녹지		도시의 자연환경 · 경관 · 산림 및 녹지공간 보전	20 〃	50~80
	생산녹지		농업진흥지역 등 농업적 생산을 위해 개발유보		50~100
	자연녹지		녹지공간의 보전을 해하지 않는 범위내 제한적 개발		50~100

(2) 지역의 구분

용도지역은 건설교통부장관 또는 시 · 도지사가 지정 또는 변경하는데, 도시 · 관리 · 농림, 그리고 자연환경보전의 4개 지역으로 구분하여 지정한다(법 제36조 제 1 항). 도시지역(都市地域)은 주거 · 상업 · 공업, 그리고 녹지 지역으로 구분되고, 이를 각각 세분하여 지정할 수 있다(법 제36조 제 1 항 제 1 호; 시행령 제30조).

관리지역(管理地域)은 보전관리 · 생산관리, 그리고 계획관리지역으로 구분한다(법 제36조 제 1 항 제 2 호). 여기서 보전관리지역은 보전이 필요하나, 주변용도지역과의 관계 등을 고려할 때 자연환경보전지역으로 지정하여 관리하기 곤란한 지역에 지정한다. 생산관리지역은 농업·임업·어업생산 등을 위하여 관리가 필요하나, 주변용도지역과의 관계 등을 고려할 때 농림지역으로 지정하여 관리하기 곤란한 지역에 지정한다. 계획관리지역은 도시지역으로의 편입이 예상되는 지역 또는 자연환경을 고려하여 제한적인 이용·개발을 하려는 지역으로서 계획적·체계적인 관리가 필요한 지역에 지정한다.

(3) 용도지역계획

(가) 기본원칙 용도지역계획은 합리적인 도시공간구조의 배치, 교통계획, 도시기반시설 배치계획, 주거환경보호 및 경관 등과의 상호관련성을 고려하여 도시규모별 또는 시가지의 특성에 따라 적절히 지정하되 도시기능수행과 효율적인 교통처리 및 생활환경의 질적 향상을 도모할 수 있도록 합리적으로 계획하여야 한다. 그리고 도시 내에서 보전이 필요한 지역에 대한 보전용도의 용도지역을 우선하여 부여하고, 나머지 개발이 필요한 지역은 도시공간구조와 생활권에 따라 적절히 배치하도록 한다(건교부, 2005b : 15～16).

(나) 주거지역 주거지역은 양호한 주거환경유지 및 적정주거밀도 등을 우선적으로 고려하여 지정하고, 일조권 및 사생활 보호를 위하여 가급적 정형화하여, 일상생활에 필요한 공공시설에 대한 접근성 및 이용의 편리성 등 주민의 일상생활에 불편이 없도록 계획한다(건교부, 2005b : 17).

(다) 상업지역 당해 도시의 경제권 및 생활권의 규모와 구조를 감안하고, 상업·업무·사회·문화시설 등의 집적을 도모할 필요가 있는 토지이용공간으로 확보한다(건교부, 2005b : 20).

(라) 공업지역 공업지역은 주거지역과의 혼재를 피하여 오염피해의 발생을 방지하며, 공업생산의 능률성을 제고할 수 있도록, 지형지세·풍향·수자원 및 교통시설과의 접근성 등을 고려하여 입지시킨다(건교부, 2005b : 22).

(마) 녹지지역 녹지지역은 자연환경 및 경관의 보호, 희귀 및 멸종위기 야생 동·식물의 보호, 환경오염의 예방, 농경지 보호도시의 무질서한 확산을 방지하기 위하여 녹지의 보전이 필요한 지역에 입지시킨다(건교부, 2005b : 23).

2. 용도지구

⑴ 지정목적

용도지구(用途地區)는 토지의 이용 및 건축물의 용도 · 건폐율 · 용적률· 높이 등에 대한 용도지역의 제약을 강화 또는 완화하여 적용함으로써 용도지역의 기능을 증진시키고, 미관 · 경관 · 안전 등을 도모하기 위하여 도시관리계획으로 결정하는 지역을 말한다(법 제 2 조 제16호).

⑵ 지구의 구분

용도지구는 「국토의 계획 및 이용에 관한 법률」에서 10개 지구(경관 · 미관 · 고도 · 방화 · 방재 · 보존 · 시설보호 · 취락 · 개발진흥 · 특정용도제한)를 지정하고, 동법 시행령에서 2개 지구(위락 · 리모델링)를 지정할 수 있도록 하였다(법 제37조 제 1 항; 시행령 제31조 제 1 항). 그리고 용도지구는 필요시 세분하여 지정할 수 있도록 했다(법 제37조 제 2 항; 시행령 제31조 제 2 항). 또한 시·도지사는 지역여건상 필요한 때에는 시·도의 도시계획조례의 정하는 바에 따라 경관지구, 미관지구 및 특정용도제한지구를 세분하여 지정할 수 있다(시행령 제31조 제 3 항).

⑶ 지구계획 기본원칙

공공의 안녕질서와 시·군 기능의 증진을 위하여 필요하다고 인정할 때에는 용도지구의 지정을 계획할 수 있으며, 용도지구는 지정목적에 부합되게 지정하여야 한다.

용도지구는 점적(點的)지정을 지양하고, 일정면적(一定面積)으로 지정해야 한다. 용도지구에서는 지구단위계획을 수립하여 지구지정의 목적에 적합하게 개발 · 관리할 수 있다(건교부, 2005b : 29).

3. 용도구역

용도구역(用途區域)은 토지의 이용 및 건축물의 용도 · 건폐율 · 용적률· 높이 등에 대한 용도지역 및 용도지구의 제약을 강화 또는 완화하여 따로 정함으로써 시가지의 무질서한 확산방지, 계획적이고 단계적인 토지이용의 도모, 토지이용의 종합적인 조정 · 관리 등을 위하여 도시관리계획으로 결정하

표 7-6 용도지구의 구분과 지정목적

지 구 명		지 정 목 적
1. 경 관	자 연	산지 · 구릉지 등 자연경관의 보호 또는 자연풍치유지
	수 변	지역 내 주요 수계의 자연경관을 보호 · 유지
	시 가 지	주거지역의 양호한 환경조성과 시가지도시경관보호
2. 미 관	중 심	토지이용도가 높은 중심지의 미관 유지 · 관리
	역사문화	문화재와 문화적 보존가치가 큰 건축물 등의 미관 유지 · 관리
	일 반	중심지 및 역사문화미관지구 이외 지역의 미관 유지 · 관리
3. 고 도	최 고	환경과 경관보호 및 과밀방지
	최 저	토지이용의 고도화와 도시경관보호
4. 방 화		도시의 화재위험예방
5. 방 재		문화재 및 중요 시설물의 보호와 보존
6. 보 존	문화자원	문화재 및 문화적 보존가치가 큰 지역의 보호와 보존
	중요시설물	국방상 중요 시설물의 보호와 보존
	생 태 계	생태적 보존가치가 큰 지역의 보호와 보존
7. 시설보호	학교시설	학교의 교육환경을 보호 · 유지
	공용시설	공용시설을 보호하고 공공업무기능 효율화
	항만시설	항만기능을 효율화하고 항만시설의 관리 · 운영
	공항시설	공항시설의 보호와 항공기의 안전운영
8. 취 락	자 연	녹지 · 관리 · 농림 · 자연환경보전지역 안의 취락정비
	집 단	개발제한구역 안의 취락정비
9. 개발진흥	주 거	주거기능을 중심으로 개발 · 정비
	산 업	공업기능을 중심으로 개발 · 정비
	유 통	유통 · 물류기능을 중심으로 개발 · 정비
	관광 · 휴양	관광 · 휴양기능을 중심으로 개발 · 정비
	복 합	주거 · 공업 · 유통 및 물류 · 관광 및 휴양기능 중 2 이상의 기능을 중심으로 개발 · 정비
10. 특정용도제한		주거기능보호, 청소년보호위해 유희시설 등 특정시설입지제한
11. 위 락		위락시설의 집단화로 다른 자연환경보호
12. 리모델링		노후공동주택 등 건축물밀집지역으로 개발보다 현재의 환경유지 · 정비

는 지역을 말한다(법 제 2 조 제17호).

「국토의 계획 및 이용에 관한 법률」에서는 개발제한구역(법 제38조) · 도시자연공원구역(법 제38조의2) · 시가화조정구역(법 제39조), 그리고 수자원보호구역(법 제40조)의 4개 구역을 지정할 수 있도록 했다.

(1) 개발제한구역

(가) 지정목적 개발제한구역(또는 그린벨트)에 대해 상이한 실제적·정치적 · 철학적 논쟁에도 불구하고 도시의 성장을 제약하는 그린벨트는 도시 정체성 상실의 방지, 도시토지와 시설의 경제적 이용의 보장, 리본유형의 개발방지, 접근이 용이한 적정한 위락시설의 보장, 대기오염에 대처, 환경보전, 그리고 농업용지의 훼손방지 등의 관점에서 그 개념이 발전되고 있다 (Ratcliffe, 1978 : 60).

「개발제한구역의 지정 및 관리에 관한 특별법」(이하 "법")에서는 도시의 무질서한 확산을 방지하고 도시주변의 자연경관을 보전함으로써 도시민의 건전한 생활환경을 확보하기 위하여 또는 국방부장관의 요청이 있어 보안상 도시의 개발을 제한할 필요가 있다고 인정되는 때에는 개발제한구역을 건설교통부장관이 도시관리계획으로 지정 또는 해제할 수 있다고 규정하고 있다(법 제 3 조 제 1 항; 「국토의 계획 및 이용에 관한 법률」 제38조 제 1 항).

(나) 제도의 발달 그린벨트는 영국에서 발달한 도시계획사상이며 기법이다. 하워드(E. Howard)에 의해 제시된 전원도시(garden city) 공간구조의 핵심적 요소의 하나가 환상형 녹지대였으며, 이것이 그린벨트의 최초의 도입이다. 1939년 「그린벨트법」이 제정되었고, 이 법을 근거로 아버크롬비(P. Abercrombie)는 대런던계획(Greater London Plan, 1944)을 작성하였다. 이에 의하면 런던중심에서 반경 48km에 이르는 지역을 동심원적으로 내부시가지(inner urban) · 교외지대(suburban) · 녹지대(greenbelt), 그리고 주변지역(outer country ring)의 4개 환상부문(ring)으로 구분하여 각각의 계획을 제안했다. 여기서 세 번째 환상부분인 그린벨트는 폭은 6~10마일까지 확장하도록 했다(Okata, 1988 : 86). 이 제안은 그대로 채택되지는 않았지만, 그 기본개념을 견지하였다.

우리 나라는 「도시계획법」(1971년)에 의해 개발제한구역을 지정할 수 있는 입법조치를 확보하여 같은 해에 수도권 일원에 지정했고, 이후 1977년까지 8차례에 걸쳐 14개 지역에 대해 지정했다.

(다) 해제조치 2000년「개발제한구역의 지정 및 관리에 관한 특별법」을 제정하여 행위허가 등 관리에 관한 사항을 규제하고 있다. 이 법은 기 지정된 개발제한구역을 재검토하여 실효성이 적거나 보존가치가 낮은 것은 해제하고, 존치지역에 대해서는 보다 철저한 관리와 지원을 목적으로 제정된 것이다. 이에따라 개발제한구역의 긍정적 역할에도 불구하고, 당초부터 구역이 불합리하게 지정된 사례가 있었고, 엄격한 행위제한은 주민들의 불만사항이 되었다. 이에따라 1999년 7월 '개발제한구역제도개선방안'을 마련하여 중소도시는 선별해제, 대도시권은 환경평가결과 보존가치가 낮은 지역을 대상으로 광역도시계획을 통해 부분해제하였다(건교부, 2005 : 109～110).

(라) 구역의 관리 우리 나라에서는 개발제한구역을 종합적으로 관리하기 위하여 관할 시·도지사는 개발제한구역관리계획(이하 "관리계획")을 5년 단위로 수립하여 건설교통부장관의 승인을 받도록 했다(법 제10조 제1항). 관리계획은 관리의 목표와 기본방향, 구역의 현황 및 실태조사, 토지이용 및 보전, 구역 안의 도시계획시설의 설치, 일정규모 이상의 건축물건축 및 토지형질변경, 취락지구의 변경 및 정비, 주민지원사업 등의 내용을 포함한다(법 제10조 제3항). 개발제한구역 내에서 건축물의 건축, 공작물의 설치, 토지의 형질변경, 토지면적의 분할 또는 도시계획사업을 시행할 때는 관할 시장·군수의 허가를 받아야 한다. 그리고 구역 내 무허가개발규제를 위해 항공사진촬영·특별단속반운영·건물별 관리대장의 작성 등을 제시하고 있다.

(마) 문제점과 개선방안 개발제한구역의 지정운영에 따른 문제점은 구역내 주민과 기타 지역주민과의 소득격차심화, 구역내외토지간의 지가의 상대적 차이, 구역 내 주민의 도시 내로의 이전촉진, 부재지주양산, 지방재정빈곤, 주민복리보다는 구제행정 등의 문제점을 노정하고 있다. 이에 대한 개선방안으로 개발권의 공유화, 개발손실의 보상, 그리고 지정효과의 조사평가를 실시하여야 한다.

그린벨트정책과 관련하여 두 개의 상반된 견해가 존재하고 있다. 한편에서는 그린벨트정책이 도시지역을 에워싸고 있으면서 주택과 고용에 필요한 최소한의 성장도 억제하며, 많은 도시들이 도시외곽의 개발에 필요한 토지의 공급을 과도하게 억제하고 있다고 비판하는 견해가 있다. 다른 시각에서는 개발제한구역의 지정목적의 달성과 함께 도심지재개발을 촉진하기 위해 보다 경직되게 적용되어야 한다는 주장도 있다(Ratcliffe and Stubbs, 1996 : 133).

영국에서 1955년에 대도시성장억제 · 도시특성보전 등을 위해 그린벨트 정책을 채택한 이래로 도시평면확장을 억제하는 데 매우 성공적이었다. 그러나 도시 변두리지역의 토지의 질을 보호하는 데는 성공적이지 못하여 유기된 토지가 증가하게 되었다. 이에 따라 1995년 이후로는 지속가능개발의 개념을 도입하여 그린벨트용지의 질을 제고하고 인접거주자들의 위락용도의 사용을 제고하기 위한 조치들을 도입하게 되었다(Ratcliffe and Stubbs, 1996 : 132~133).

⑵ 도시자연공원구역

㈎ 지정목적 시·도지사는 도시의 자연환경 및 경관을 보호하고 도시민에게 건전한 여가 · 휴식공간을 제공하기 위하여 도시지역 안의 식생이 양호한 산지의 개발을 제한할 필요가 있다고 인정되는 경우에는 도시자연공원구역의 지정 또는 변경을 도시관리계획으로 결정할 수 있다(「국토의 계획 및 이용에 관한 법률」 제38조의2).

㈏ 지정기준 이 구역의 지정 및 변경의 기준은 대상도시의 인구·산업 · 교통 및 토지이용 등 사회경제적 여건과 지형 · 경관 등 자연환경적 여건 등을 종합적으로 감안하여 정한다(「도시공원 및 녹지 등에 관한 법률」 제26조).

㈐ 행위제한 이 구역에서는 건축물의 건축 및 용도변경, 공작물의 설치 등 개발행위와 도시계획사업을 시행할 수 없다. 다만, 시장 · 군수의 허가를 받아 제한적인 행위를 할 수 있다(「도시공원 및 녹지 등에 관한 법률」 제87조).

⑶ 시가화조정구역

㈎ 지정목적 인구 · 산업 등의 급격한 도시집중은 도시과밀화를 초래함과 동시에 도시교외로의 무질서한 평면확장(urban sprawl)을 초래하게 된다. 이러한 도시평면확장은 도로 · 하수도 등 도시기반시설이 정비되지 않은 시가지를 형성하게 만들어 건전하고 질서 있는 도시발전을 도모하기 어렵

다. 때문에 이러한 지역에 대해서는 일정기간 동안 시가화를 방지하는 조치가 필요하고, 이러한 목적에 부응하는 것이 시가화조정구역(市街化調停區域)이다.

(나) 구역의 지정 건설교통부장관은 직접 또는 관계행정기관의 장의 요청을 받아 도시지역과 그 주변지역의 무질서한 시가화를 방지하고, 계획적·단계적인 개발을 도모하기 위하여 5~20년의 기간 동안 시가화를 유보할 필요가 있다고 인정되는 경우에 시가화조정구역의 지정 또는 변경을 도시관리계획으로 결정할 수 있다(「국토의 계획 및 이용에 관한 법률」 제39조 제 1 항; 시행령 제31조 제 1 항). 이 때 건설교통부장관은 당해 도시계획구역 안의 인구동태·토지이용상황 및 산업발전상황 등을 고려하여 시가화유보기간을 정한다(시행령 제31조 제 2 항). 시가화유보기간이 만료된 다음 날로 그 효력이 상실되는데, 이 경우 건설교통부장관은 실효일자, 실효사유 및 실효된 도시계획도서의 내용을 관보에 고시하여야 한다(법 제39조 제 2 항; 시행령 제31조 제 3 항).

(다) 행위제한 이 구역에서는 국방상 또는 공익상 사업시행이 불가피한 것으로 관계중앙행정기관의 장의 요청에 의하여 건설교통부장관이 구역의 지정목적달성에 지장이 없다고 인정하는 도시계획사업에 한하여 시행할 수 있다(법 제81조 제 1 항; 시행령 제88조). 그러나 구역지정목적달성에 지장이 없는 일정한 개발행위(농림어업용 건축물, 마을공동시설 등 주민생활에 필요한 행위, 입목벌채·조림·육림·토석채취 등 경미한 사항)에 대해서는 시장·군수의 허가를 받아 이를 할 수 있다(법 제81조 제 2 항; 시행령 제89조).

(라) 지정관리 이 구역의 지정은 무질서한 시가화경향이 현저한 대도시 및 그 주변지역에 지정할 수 있다. 그러나 이 제도는 현실적으로 적용한 사례가 없으나, 앞으로 활용이 예상되는 제도이다.

(4) 수자원보호구역

(가) 지정관리 건설교통부장관은 직접 또는 관계행정기관의 장의 요청을 받아 수산자원의 보호·육성을 위하여 필요한 공유수면이나 그에 인접된 토지에 대한 수자원보호구역(水資源保護區域)의 지정 또는 변경을 도시관리계획으로 결정할 수 있다(법 제40조).

(나) 행위제한 이 구역에서는 국방상 또는 공익상 사업시행이 불가피

한 것으로 관계중앙행정기관의 장의 요청에 의하여 건설교통부장관이 구역의 지정목적달성에 지장이 없다고 인정하는 도시계획사업에 한하여 시행할 수 있다(법 제82조 제 1 항; 시행령 제90조). 그러나 구역지정목적달성에 지장이 없는 일정한 개발행위(수산자원의 보호 · 육성을 위해 필요한 건축물, 주민생활에 필요한 건축물 또는 시설물 설치행위, 조림 · 육림 · 임도의 설치 등 경미한 사항)에 대해서는 시장 · 군수의 허가를 받아 이를 할 수 있다(법 제82조 제 2 항; 시행령 제91조).

Ⅳ. 지역제의 문제점과 개선방안

1. 문 제 점

토지이용계획과 규제기법으로서 용도지역제의 문제점은 획일적 규제, 효율적 토지이용 저해, 중복적 지정과 규제, 과잉지정, 형평상 불균형, 체계적이고 종합적인 규제의 결여, 입체적 규제의 결여 등의 문제점이 있다(박병주, 1980 : 22~23; 이태일, 1985 : 255~265; 김 원, 1987 : 338~343; 이정전, 1989; 조정제, 1990 : 290~292).

도시의 규모 · 성격 · 기능 · 여건 등의 차이에도 불구하고 전국적으로 획일적인 지역지구의 지정과 함께 동일한 기준과 규제조치를 적용함으로써 도시의 구조적 · 기능적 특성이 전혀 반영되지 못하고 있다. 다양한 토지이용양태를 몇 개의 유형으로 지정함으로써 기계적이고 일률적이 될 수밖에 없다.

현실여건의 변화에 대한 신축성을 잃고 현상유지위주로 토지이용행위를 속박하는 데 치우친 나머지 토지의 효율적 개발 및 이용을 능동적으로 유도하지 못할 우려가 있다. 용도지역제는 인접한 토지에 대한 악영향을 해결하기 위한 것이나, 이로 인해 토지의 효율을 억제하는 부작용을 가져온다.

토지이용상 변화가 성숙된 토지에의 적용이 어렵다. 지역지구의 중복지정과 토지이용규제의 다층화로 그 운영 및 시민생활에 혼란을 가져다 주고 있다.

지나치게 넓은 면적이 특정용도의 지역지구 혹은 구역으로 지정될 우려가 있다. 지정면적이 넓음으로 인해 도시활동의 공간적 적정배분이 어려움은 물론 용도혼재현상을 배제하기 곤란하여 용도지역지정의 근본목적인 지역의 순화 및 각 지역의 특성을 반영할 수 있는 가능성이 적다.

지역지구규제는 외부경제가 비경제를 차감하고도 남을 수 있다는 점을 고려함이 없이 토지이용의 제약을 요구하고 있다. 제한된 규제는 특정계층에는 영향이 적고, 저소득층에는 영향이 많을 수 있다.

현재의 지역제결정은 불평등하거나 부적절하다. 체계적·종합적 규제가 결여되어 용도지역과 용도시설물 간의 연계성이 부족하다.

2. 개선방안

지역제의 시행상 문제점에 대처하기 위해서는 광역적 규제, 종합적 토지이용계획의 수립·시행, 효율적 토지이용과 개발을 유도할 수 있는 적극적·긍정적 규제, 미래지향적 규제, 고정된 토지이용규제개념 대신 신축적인 개선안을 모색해야 할 것이다. 지역제는 목표달성에 있어 계획가들이 기대하는 만큼 신축적이지 못하여 여러 개선안들이 제시되고 있다. 이 중 대표적인 것은 다음과 같은 것이 있다(Wakeford, 1990 : 64~75; Cullingworth, 1993 : 46~94).

1) 유동지역제(floating zoning)　일반적으로 지역제는 일정지역에 대해 특정용도를 설정하지만, 구체적인 지역을 지정하지 않다가 지구의 요건을 만족시키는 토지개발이용신청을 승인하면 승인시점에서 고정제(固定制)가 된다. 이 제도는 계획목적을 효과적으로 달성할 수 있는 장점이 있다.

2) 군집지역제(cluster zoning)　전통적인 지역제가 주택부지별 규제인데 비해, 이 제도는 일정지구에 개발을 밀집시켜 나머지 지역은 공간녹지·위락·보전지로 남겨 두는 것으로 전체적인 개발밀도는 같으나 개발지의 밀도는 상대적으로 증대되는 형태이다. 이는 공급시설비가 절감되고, 특정지역을 보호할 수 있고, 양호한 주거환경을 확보할 수 있다. 계획단위개발(Planned Unit Development : PUD)은 군집지역제의 변형으로 이는 보다 설계적이며 상업·공업지의 개발까지도 포함한다. 이는 일단의 지역에 대한 용적률·건물형태·밀도·공지율 등에 대해 전체로서 허가를 받고, 세부적인 것은 개발주체가 재량을 갖고 개발하는 방법이다. 이의 특징은 개발업자에게 시장수요에 부응한 설계의 자유를 부여하고, 용도의 복합화·대규모 동시개발을 유도하는 데 있다.

3) 이중지구지정제(overlay zoning)　하나의 토지에 대해 2개의 용도지구로 지정하여 규제를 강화함으로써 특정한 목적을 달성할 필요가 있을 때 지정한다.

4) 계약지역제(contract zoning)　용도지역변경에 있어 토지소유자의

개발계획을 승인해 주되 일정한 조건을 전제로 계약형식을 갖추는 것을 의미한다.

5) 상여지구제(incentive or bonuses zoning) 토지개발업자가 지역주민이 필요한 각종 편익시설을 갖추어 주고(예 : 녹지 · 도로 등) 그 대신 이에 대한 보너스(규제완화)를 받는다. 용도지역제도상 개발자에게 허용된 개발한도 이상의 개발권을 보너스로 부여하고, 그 대신에 공공재의 공급을 유도하는 제도이다(조정제, 1990 : 301). 여기서 유의할 점은 개발자에 부여하는 보너스의 크기와 제공받는 공공재의 사이의 균형이 중요하다(박종화 외, 1994 : 577). 이 제도는 1962년 뉴욕시에서 최초로 도입하였다. 이 제도의 목표는 도심지에서는 개방공간확보 · 교통시설개선 등이고, 교외에서는 저소득자용 주택건설이 대표적인 목표이다.

6) 개발권이양제(Transfer of Development Right : TDR) 이 제도는 1968년 뉴욕시에서 최초로 도입하였다. 미국의 일부 도시에서 채용하고 있는 제도로서 역사적 건조물이나 농지, 자연환경의 보전을 목적으로 개발을 제한하는 반대급부로서 지정용적과 실제로 이용하고 있는 용적과의 차이를 이 사용의 개발권으로 보고, 이것을 다른 대지에 이전하는 것을 인정하는 제도이다(日笠 端, 1988 : 260). 어떤 토지에 대해 정해진 개발허용한도 내에서 이용하지 않은 부문(법정이용률과 현 이용용적률과의 차)을 다른 토지로 이전하는 방식을 말한다. 용적을 보내는 지역에 대해서는 개발이 억제되고, 용적을 받는 지역에 대해서는 법적 용적률에 이전된 용적을 더하여 개발이 가능하도록 하는 방법이다. 이는 이론적으로 도시보전과 개발의 균형유지를 기할 수 있는 효과적인 수단의 하나이다. 그러나 이는 현실적으로 허가절차에 많은 시간과 비용이 소요되는 등 문제점이 있다. 현재 대도시에서 역사적 건축물의 보호 기타 도시환경의 보전 등의 목적으로 활용되고 있다(김성배 · 서순탁, 1992 : 37).

7) 복합용도제(Mixed Use Development : MXD) 복합용도개발은 규제대상토지에 3개 이상의 토지이용을 추구하며, 기능적인 면과 물리적인 면이 통합되고, 관련계획과 조화가 이루어진 토지개발이다. 이의 논리적 바탕은 인간이 쉽게 다양한 활동들에 접근할 수 있도록 하는 인간척도에 바탕을 둔 설계, 도심의 활성화를 통해 도시 전체를 활력 있는 생명체로 만드는 데 있다. 때문에 이는 서구에서 도심개발의 주요 수단으로 거론되고 있다. 이는 고밀도개발로서 도시의 하부시설을 공유할 수 있고, 운영상 규모의 경제를 유도하는 장점을 갖고 있다(Witherspoon, *et al.,* 1976 : 6～13).

8) 성과기준(performance standard) 용도에 의한 규제가 적용되지 않고, 토지이용에 따라 주변에 미치는 영향을 규제하도록 하며, 구체적으로는 소

음 · 진동 · 악취 등 환경규제항목에 대해 일정기준을 정하여 이 기준에 부합하는 활동은 허용하고, 그렇지 못한 것은 불허하는 규제방식이다. 이에 의하면 환경기준을 만족시키는 공장은 주거지역에도 허용하지만, 이를 초과하는 것은 불허하는 제도이다. 이는 기본적으로 지역제의 근본취지에 충실하면서 허용된 범위 내에서 신축적인 토지이용을 할 수 있다. 이 성과기준은 계획과 설계과정에서 주관적인 의견을 제한할 수 있고, 객관적인 기준이 마련되어 있기 때문에 비교적 간단하게 적용할 수 있다.

제 8 장

교통계획

제1절 개 요

Ⅰ. 교통의 의의

1. 개 념

교통을 광의로는 '사람이나 재화·용역을 공간적으로 이동·연결시키는 행위'라고 정의할 수 있으며, 보다 간략하게는 '목적물(재화와 사람)의 (시·공간적) 이동'이라고 할 수 있다(Stopher and Meyburg, 1975 : 8). 이들 정의는 공통적으로 도시교통은 도시와 연관되어 일어나는 사람과 재화의 시·공간적 이동으로 도시생활과 관련된 다양한 활동들을 상호연계시켜 주는 역할을 수행하고 있음을 강조한 것이다. 교통은 활동을 연결하고, 활동을 가능하게 하는 필수적 수단이다. 활동간에 접근이 없이는 대부분의 경제활동은 발생할 수 없다. 때문에 교통을 경제체계의 생명선(lifeline)으로 간주하고 있다(Cullingworth, 1997 : 154).

2. 중 요 성

교통(交通)이란 사회활동의 매개체이다. 이는 교통을 통하여 인간의 모든 활동이 이루어지기 때문에 이르는 말이다. 교통을 통해서 개인들은 사회의 모든 활동에 참여가 가능하며, 교통서비스와 지역 간의 교통정도에 따라 삶의 질(quality of life)이 결정된다. 사회와 경제의 발달은 지역간의 교통시간을 줄이는 개선된 교통기술에 의해서 가능했다. 따라서 교통이 중요한 위치를 차지하지 않은 사회와 개인을 상상할 수 없다.

교통은 도시의 공간과 경제개발에 커다란 영향을 미친다. 특정입지의 매력은 이의 상대적인 접근성에 좌우되고, 이 접근성은 교통하부구조의 양과 질에 의존하게 된다(Banister and Lichfield, 1995 : 1). 교통발달은 주거입지의 교외화, 기반 없는 공업(foot loose industry)의 출현, 그리고 간선도로망에 연한 상업지형성과 같은 도시 내 토지이용상 변화를 가져왔다(Murray, 2001: 178). 때문에 교통은 도시의 물리적 구조의 주요 결정인자이며, 주민의 가치와 생활양식의 창조자이며, 반려자의 역할을 수행하고 있다. 특히 자동차는 더할 수 없이 편리한 교통수단이면서도 심각한 부담(혼잡 · 비용 등)과 환경파괴(오염)를 초래하는 혼합된 축복(mixed blessing)의 존재가 되고 있다(Cullingworth, 1985 : 155; Burthenshaw, *et al.*, 1981 : 94). 이와 같이 도시교통은 긍정적인 역할과 부정적인 효과를 주기 때문에 교통을 도시의 조성자(maker)이면서 파괴자(breaker)라고 여기고 있다(Hall, 1995 : 9).

도시교통은 도시계획에서도 언제나 중요한 위치를 차지하고 있다. 이는 교통혼잡은 가장 지속적인 도시문제의 하나이고, 교통시간은 도시거주자의 하루 시간의 많은 부분을 차지하고 있으며, 교통비는 모든 재화와 용역의 가격에 영향을 주고, 교통체계는 도시의 토지이용패턴을 상당한 범위에서 결정하는 역할과 기능을 수행하고 있기 때문이다(Black, 1979 : 7).

3. 교통여건의 변화

교통과 관련된 여러 여건변화 중 두드러진 추세는 자동차화 · 도시과밀 · 환경오염 · 기술변화를 들 수 있다(World Bank, 1972 : 9~10).

교통의 가장 현저한 특징의 하나는 자동차화(自動車化)된 교통의 가속추세이다. 20세기에 10억 대의 자동차가 생산되었고, 현재 약 5억 대가 세계를 배회하고 있으며, 2015년에는 배가(倍加)될 전망이다(Sheller and Urry, 2000 : 738). 이러한 자동차의 소유 및 이용의 증가추세에 비하여 교통시설에 대한 투자는 제한되어 있어 혼잡을 비롯한 여러 교통문제를 야기하고 있다. 자동차소유의 일반화에 의해 사람들의 활동체계의 변화와 접촉공간의 확대를 가져오고, 이는 도시공간구조의 변화를 유인하는 요인으로도 작용하고 있다.

도시화(都市化)의 진전도 과거와는 다른 전연 새로운 규모의 도시교통문제를 일으키고 있다. 도시화에 의한 도시집중은 과밀산출적인 개인우선교통체계에서 공공대중교통체계로의 전환을 강구하게 되었다. 교통문제는 환경문제(環境問題)와 직결되어 있으며, 특히 자동차내연기관의 오염은 가장 중요한 문제의 하나이다. 기술발달에 따라 고속교통기관이 출현하게 되어 주변지역과의 기능연계를 강화하는 요인으로 작용하고 있다. 정보통신기술(情報通信技術)의 발달은 교통에 따른 거리의 마찰을 감소시키는 역할을 수행하고 있다. 이와 같이 교통과 관련된 기술변화에 따라 도시공간에 집중과 분산의 상반된 영향을 주게 될 것으로 보인다.

Ⅱ. 교통발달과 교통문제

1. 도시발달과 교통체계

도시에 거주하고 있는 대부분의 사람들은 도시 내의 주요한 목적지까지 어떠한 교통수단을 이용하든 간에 적어도 반시간(半時間) 이내에 도착할 수 있기를 기대하는 것이 보통이다. 이러한 관점에서 목적지를 연결하는 주요 교통수단에 따라 도시를 도보 · 대중교통, 그리고 자동차도시의 3가지 유형으로 구분할 수 있다(Newman and Kenworthy, 1996 : 1~5).

도보도시(walking city)는 직경이 5km를 넘는 경우가 거의 없다. 도시는 고밀도(100~200인/ha) · 혼합토지이용 · 유기체형 도시에 미로형 가로를 이루고 있는 경우가 많다. 대중교통도시(transit city)는 19세기 후반 이래로 철도와 전철과 같은 고속대중교통의 등장에 따라 도시가 외곽으로 확산되었다. 도시는 중밀도(50~100인/ha), 혼합토지이용에 20~30km까지 확산되고 있다. 자동차도시(automobile city)는 자동차와 버스의 사용에 의해 도시는 모든 방향으로 발전할 수 있게 되었다. 도시는 저밀도(10~20인/ha), 지역제에 의한 토지이용구분, 그리고 직경 50km 정도까지의 규모확대가 가능하게 되었다.

〈표 8-1〉은 교통기술과 교통체계의 발달에 따른 도시형태의 변화상을 시대에 따라 구분하여 나타낸 것이다. 교통기술의 발달에 따라 밀집형에서 분산형 도시형태로 변모하고 있고, 이에 따라 교통체계도 단순형 도로망에서 복합적인 모습으로 바뀌고 있다.

표 8-1 서구도시의 교통체계발달

단계 \ 구분	도시기능	교통기술	교통체계	도시형태
전 산업사회	방어 · 상업 · 정치적, 수공업	도보 · 우마차	노선집중· 방사형 도로	밀집
초기산업사회	기초산업· 제조업	전동차· 대중교통	방사형 도로의 개선	저밀도교외화· 위성도시형
산업사회	공업의 확대, 3차 산업발달	자동차· 대중교통	추가적 방사형 도로· 순환도로도입	저밀도교외화· 공업분산
후기산업사회	4차 산업추가	자동차의 보편적 소유	방사환상의 통합	저밀도교외화· 광범한 기능분산

자료 : Herbert and Thomas, 1992 : 159.

2. 도시교통의 특성

(1) 시 · 공간상 특성

도시는 제한된 공간에 다양한 활동을 수용하고 있기 때문에 독특한 시·공간상 특성을 보인다. 교통발생은 시간적으로 일정한 주기성(週期性)을 나타낸다. 하루 교통량 중 출 · 퇴근시 교통량이 시간당 평균교통량보다 훨씬 많은 첨두(尖頭) 교통시간대가 발생하고 있다(Stopher and Meyburg, 1975 : 10). 주간교통량은 대체로 수 · 목요일이 평균, 금요일은 평균 이상, 그리고 주말(토·일)과 주초(월 · 화)는 평균 이하의 수치를 나타낸다.

공간적으로 교통은 CBD에 집중되며, 교외에서는 분산되는 경향을 보인다. 일반적으로 도시규모가 클수록 총인구에 대한 CBD진입인구비가 낮고, 소도시일수록 그 비율이 높다. 도시 내에서의 교통은 단거리교통이 주류를 이루고 있다. 교통목적은 교통거리와도 관계가 있으니 통근통행은 거리가 길고, 학교 · 쇼핑은 짧은 것이 보통이다(Memmott and Guinn, 1968 : 142). 일일총교통발생량의 40∼60%가 집과 직장 간의 교통이 차지하고 있다(Stopher and Meyburg, 1975 : 10).

⑵ 도시규모별 특성

교통수단은 도시의 규모, 주민의 소득수준, 도시기능의 집적밀도, 산업구조 등에 따라 달라진다(황용주, 1986 : 282). 일반적으로 인구 100만 명 이상의 대도시에서는 주변지역과의 기능적 연계가 크기 때문에 이들 도시권을 연결하는 도시고속전철시설이 필요하다. 인구 30~50만 규모의 도시에서는 버스와 고속전철의 중간기능을 갖는 중량궤도체계를 개발하여 사용하는 경우가 보통이다. 10~30만 규모에서는 대중교통수단으로 버스가 주축을 이루게 된다.

도시교통량의 증가에 따라 단일교통수단에 의한 교통처리보다는 교통수단간의 연계가 이루어진 교통체계의 개발·활용이 요구된다. 이러한 연계교통체계(連繫交通體系)는 버스와 철도의 연계(bus-and-ride), 승용차와 대중교통수단의 연계(park-and-ride), 그리고 자전거와 대중교통수단의 연계(cycle-and-ride) 등이 있다(황용주, 1986 : 285~289).

3. 교통문제

⑴ 문제의 구분

교통문제(交通問題)는 교통서비스 자체에 관한 문제, 교통에 의해 영향을 받는 영역에 관한 문제, 그리고 교통에 영향을 주는 영역에 관한 문제로 나누어 생각할 수 있다(太田勝敏, 1998 : 97~98).

교통서비스에 관한 문제는 주로 서비스이용자가 서비스공급자로부터 영향을 받는 문제이다. 여기서 교통서비스공급자는 교통사업자, 교통시설을 정비·운영·관리하는 공·사부문, 그리고 교통시장의 구조를 결정하는 공공부문과 관련된다. 교통에 의해 영향을 받는 문제는 외부경제의 문제로 교통공해가 대표적이며, 사회경제활동의 입지에의 영향, 도시발전패턴의 영향 등 간접적이고 장기적인 영향과 관련된 문제도 포함하고 있다. 교통에 영향을 주는 영역에 관한 문제는 세계화·정보화·고령화·산업구조의 서비스화 등과 같은 사회경제적 환경일반의 동향, 지역개발·도시발전패턴의 변화 등 교통수요에 직접적으로 영향을 주는 것, 그리고 지가상승으로 인한 용지취득난 등과 같이 교통서비스공급에 간접적으로 영향을 주는 것이 포함된다.

(2) 주요 문제

도시교통문제는 다양한 면을 보이고 있으나, 여기서는 사고 · 혼잡 · 주차 · 공해, 그리고 교통정책을 중심으로 검토하기로 한다.

(가) 교통사고 교통사고(traffic accident)는 자동차의 소유증가에 따라 발생이 높아가고 있는 추세이다. 미국의 경우 자동차사고가 모든 연령계층의 6대 사망요인의 하나가 되고 있으며, 15~34세 계층에서는 수위요인이 되고 있다(Altshuler, 1981 : 210).

(나) 교통혼잡 교통혼잡(traffic congestion)은 대부분의 도시들이 당면하고 있는 가장 지속적인 도시문제로서, 도시주민의 가장 일반적인 불만사항이다. 이는 도로교통시설에 대해 최대설계속도에 의한 교통소통력을 초과하는 수요가 발생하는 상태, 즉 일정시점에 차량밀도(도로면적당 차량수)가 높은 상태를 말한다(Altshuler, 1981 : 317). 이 교통혼잡은 다음 4가지 요인에 의해 발생한다(Black, 1995 : 2~3).

> 첫째, 도시화에 의해 도시지역에 사람과 경제활동이 집중하기 때문이다.
> 둘째, 도시의 기능과 활동이 특화되어 사람들이 분산되어 있는 상이한 활동간 교통이 요구된다.
> 셋째, 교통시설은 제한되어 있는데, 수요는 시 · 공간적으로 크게 변화가 있어 양자간에 불균형이 따른다.
> 넷째, 교통투자와 개선으로 접근성이 높아져 역설적으로 혼잡을 초래한다.

(다) 주차문제 자동차의 급격한 증가는 자동차의 주 · 정차를 위한 공간수요가 급증하게 되어 위락을 제공하던 공간녹지가 주차공간으로 용도변경되고 있다. 주차공간의 부족문제는 교통이 집중되는 도심지뿐만 아니라 주거지역에까지 점차 확산되고 있다. 차고를 확보하지 못하여 주거지역을 중심으로 야간에 주택가 이면도로에 무질서한 주차가 발생하여 교통장애를 유발하고 있다.

(라) 환경오염 교통체계의 환경적 효과는 주로 자동차를 사용함에 따라 발생되는 소음 · 대기오염 · 사회적 파괴를 의미한다(Nash, 1976 : 21). 자동차는 건축이나 공업에 앞서는 주요한 소음원이다(OECDa, 1988 : 12). 교통시설에서 발생되는 소음은 교통량 · 교통속도, 그리고 차량구성(특히 화물차의

비)에 따라 차이가 있다(Morlok, 1978 : 537). 수송분야는 대기오염의 50% 이상을 차지하고 있다. 광화학스모그는 탄화수소와 질소산화물의 산물인데, 주로 자동차에서 발생한다. 이러한 대기오염은 호흡기장애 · 돌연변이 등과 같은 건강효과, 농업생산성저하, 토양의 산성화 등과 같은 환경파괴, 그리고 시각장애 · 악취 등과 같은 오염의 직 · 간접효과를 가져온다(OECDa, 1988 : 12). 자동차교통에 의한 사회적 파괴는 주로 보행자의 지연 · 우회 · 위험 · 불편으로 교통에 있어 추가적으로 지불되는 비용이다(Nash, 1976 : 23).

(마) **교통관리문제** 대부분의 도시에서 대중교통이 높은 교통분담률을 점하고 있는 현실에도 교통정책이 주로 교통혼잡의 완화에 초점을 두기 때문에 지하철 · 버스 같은 대중교통수단의 서비스수준의 향상에는 적극성을 보이지 않고 있다. 대중교통의 또 다른 문제점은 버스노선이 과다하게 도심으로 집중되어 있어 교통혼잡을 가중시키는 요인이 되고 있다. 지하철이 운행되고 있는 도시에서는 지하철과 버스노선 간에 연계수송체계가 미흡하고, 두 대중교통수단의 보완관계가 효율적이지 못한 점도 지적되고 있다.

Ⅲ. 교통계획의 의의

1. 개 념

교통계획(交通計劃)은 인구의 도시집중과 자동차보급의 증대로 도시교통문제가 사회적으로 크게 부각되기 시작한 1940년대부터 발달되어 온 학문분야이다. 교통계획은 교통문제의 시장기능을 통한 해결의 어려움, 교통시설의 건설운영에 소요되는 막대한 자금조달, 도시생활향상에 따른 다양화 · 대량화된 교통수요, 그리고 복합적인 교통체계의 성격과 같은 여러 측면의 수요요인이 작용하여 대두하게 된 영역이다(황용주, 1986 : 297).

교통계획(transportation planning)은 계획과정적(計劃過程的) 측면에서 '사람이나 화물을 안전 · 신속 · 편리 · 쾌적 · 저렴하게 이동할 수 있도록 과학적인 방법을 이용하여 장래를 예측하고, 대안을 분석 · 평가하여 최선의 대안을 선택하여 시행하는 과정'으로 정의할 수 있다(임강원, 1986 : 3). 교통이 수행하는 기능(機能)에 초점을 두어 '사람과 화물의 이동을 위해 사용되는 기능과 시설의 배치와 그 관리 · 운영을 다루는 계획활동'이라고 이해할 수도 있다(황용주, 1986 : 296).

2. 대 상

계획대상으로서의 교통은 수요, 공급, 그리고 시장의 3개 측면으로 나누어 살펴보면 이해하기 쉽다(太田勝敏, 1998 : 3~5; 임규호, 1989 : 4~5).

수요(需要) 부문은 교통발생주체와 이동대상물로 구성된다. 이러한 교통수요의 발생상 특성에 따라 교통목적을 구별할 수 있다.

공급(供給) 부문은 이동대상물을 수용 · 이동시키는 도구로서의 교통수단(交通手段), 교통수단을 수용 · 이동시키는 교통로(交通路), 교통수단과 교통로를 제어 · 관리 · 유지하는 운용체계(運用體系), 그리고 교통서비스를 조직 · 관리 · 운영하는 경영체계(經營體系)로 구성되어 있다.

교통시장(交通市場) 부문은 교통수요와 공급이 균형화되도록 관련구성부문들을 조정하는 체계이다. 이러한 교통시장조정시스템은 교통시설과 교통서비스의 공급주체 · 경영주체의 결정, 교통서비스의 내용의 결정 · 지도 · 조정을 위한 시스템으로 이루어져 있다. 이들 시스템이 잘 작동되고 안전하며 효율적인 서비스가 제공될 수 있도록 정부에서 주도적 역할을 수행하여 관련부문의 활동을 조정하는 것이 일반적이다.

3. 계획수립방향

교통계획을 준비함에 있어 유의해야 할 사항은 다음과 같다(Briggs, 1974 : 1008).

1) 교통계획은 전체적인 도시토지이용계획의 전후관계 속에서 이루어져야 한다.

2) 상이한 교통유형(공공-사적, 승객-화물, 지역내-지역간)의 계획간에 조화가 이루어져야 한다.

3) 인구와 도시밀도 때문에 도시가 물리적으로 수용할 수 있는 교통량의 절대한계가 존재함을 인지해야 한다.

4) 제한된 교통투자재원 때문에 접근성은 개선될 수 있지만, 도시환경은 악화될 개연성이 높다.

5) 대중교통이 도시(특히 대도시)지역의 교통수요를 수용하는 데 계속해서 중요한 역할을 수행할 것이다.

제2절 계획과정

Ⅰ. 계획목표

1. 목표의 구분

교통계획의 목표는 목표집단과 교통문제의 내용에 따라 구분할 수 있다. 목표집단(目標集團)에 따라서 이용자목표(user objectives)와 지역사회목표(community objectives)로 나눌 수 있다. 이용자목표(利用者目標)는 교통체계의 개별이용자의 욕구를 충족시키는 것으로 교통속도의 증가 · 안전 · 편의· 저렴성 등과 같은 교통서비스의 개선과 관계되는 것이다. 지역사회목표(地域社會目標)는 경제성장의 촉진과 바람직한 환경의 형성, 그리고 CBD 같은 오래된 도시지역의 보전을 포함한다(Memmott and Guinn, 1968 : 155).

교통문제(交通問題)와 관련한 목표는 교통서비스 자체와 관련된 목표, 교통에 의해 영향을 받는 영역과 관련된 목표, 그리고 교통에 영향을 주는 영역과 관련된 목표로 나누어 고찰할 수 있다(太田勝敏, 1998 : 107～108). 교통서비스와 관련된 목표는 교통서비스의 양과 질, 교통투자의 효율성 · 경제성· 공평성에 관련된 것이다. 교통에 의해 영향을 받는 영역과 관련된 목표는 교통공해 · 자연자원 · 문화유산 · 경관 · 쾌적성측면에서 교통으로 인한 도시구조와 사회경제활동의 입지의 유도 등과 같은 사항에 대한 것이다. 교통에 영향을 주는 영역과 관련된 목표는 교통계획의 차원에서 다루기보다는 도시계획일반에서 대응해 나가는 목표이다.

2. 지속가능교통목표

지속사회(sustainable society)를 지원하는 교통목표는 다음 몇 가지로 요약할 수 있다(Dittmar, 1995 : 9～11).

1) 보수적 교통체계　　교통에 대한 보수적 접근은 기존 교통하부구조의 유지와 회복을 위한 재정자원의 사용에 최우선순위를 두어야 한다는 것이다.

2) 비재생자원의 사용을 최소화하는 교통체계　　이는 교통부문에서 지속성성취를 위한 핵심목표이다. 이 목표는 석유사용의 최소화는 물론 도로망건설

에서도 사용자재의 재활용 등을 검토하고, 지역사회역사·공간녹지·야생동식물 같은 비재생자원의 소비도 피해야 한다는 의미이다.

3) 이동성은 접근성을 달성하기 위한 하나의 수단 교통체계는 모든 사람에게 양호한 접근이 이루어지도록 해야 한다. 예를 들면 집·직장·쇼핑입지와 상호근접시킴으로써 자동차에의 의존도를 줄이는 방법 등을 통해 이러한 목표를 달성할 수 있다.

4) 교통은 전략적인 경제투자 교통투자는 지역 또는 국가경쟁력추구에 필수적이라고 보아야 한다. 제한된 자원이기 때문에 투자는 재화나 정보유통의 교착점을 치유함으로써 경제적 비효율성을 제거하는 데 초점을 두어야 한다.

3. 런던의 교통계획목표(예)

런던에서는 교통계획목표로 다음 7가지를 제시하고 있다(Buchanan, *et al.*, 1980 : 31~65).

1) 개인의 접근성제고 런던에 살거나 여행하는 모든 사람에게 모든 도시활동에 대해 비용과 시간의 면에서 양호한 접근성을 제공한다.

2) 화물유동의 원활화 런던 내·외부와 모든 종류의 화물의 신속·신뢰·저렴한 이동이 이루어지도록 한다.

3) 저렴한 공공지출 다른 목표들을 달성하는 데 필요한 공공경비를 최소화한다.

4) 환경과 안전 도시환경의 질과 안전성을 보호·개선한다.

5) 자원보전 재생불가한 에너지 또는 자연자원의 보전이 되도록 한다.

6) 형 평 사회복지의 보다 균형된 배분이 이루어지도록 한다.

7) 토지이용계획의 보완 토지이용계획을 보완하여 교통이 더 광범한 목표를 달성하도록 돕는다.

Ⅱ. 자료의 수집과 분석

1. 수집자료내용

교통계획을 수립하기 위해서는 현 교통체계와 이의 성과, 현재의 통행패턴, 지역의 교통특성, 토지이용패턴, 그리고 도시경제에 대한 기본자료가 요구된다(Memmott and Guinn, 1968 : 156).

교통체계(交通體系)에 대한 자료는 현 노선에 대한 이해, 개선이 요구되는 문제지역의 조사, 그리고 속도 · 비용 · 편의에 대한 변화여건을 수용할 수 있는가 여부를 알아보기 위해 필요하다. 교통체계의 이용에 관한 자료는 체계의 구성부문별로 교통량(차량이나 통행인)에 대한 실제계측이나 표본조사에 의해 획득할 수 있다. 현재의 교통체계가 얼마나 기능을 잘 수행하고 있는가를 측정하기 위해서는 하나의 체계를 통행하는 데 요구되는 평균시간을 측정하는 방법과 지역별 사고빈도에 의해 측정하는 방법을 주로 사용한다.

통행료는 모든 통행의 기종점 · 목적 · 시간 · 거리 · 형태, 그리고 기종점에서의 토지이용과 관련된 자료를 제공해 준다. 대체로 기종점(origin-destination : O-D) 조사는 도시지역 내 또는 도시를 통과하는 모든 종류의 교통에 대해 대표적인 표본에 대한 면담을 하도록 설계되었다. 지역 내의 차량과 승객통행의 총합은 지역 외 거주승객과 상업차량의 통행(외부교통), 지역 내 등록의 상업용 차량(내부상업교통), 그리고 지역거주민의 통행(내부주거교통)의 3요소로 구성되어 있다.

인구정보와 결합한 토지이용정보(土地利用情報)는 도시지역의 개발의 강도와 공간적 분포에 관한 좋은 지표이다. 토지이용자료항목은 교통항목에 연계된 토지이용범주, 토지이용과 교통항목에서 동일한 분석지역의 사용, 그리고 토지이용강도 측정수단의 활용이 요구된다. 주요한 경제관계자료는 인구·자동차수 · 고용 · 노동력 · 노동생산력 등이다.

2. 자료수집방법

교통계획수립을 위한 자료수집단계는 지역(교통존) 구분과 코딩 · 공급항목조사 · 토지이용조사 · 통행항목조사로 나누어 살필 수 있다(Stopher and Meyburg, 1975 : 69~93).

교통계획에서 승객이나 화물이동과 흐름을 분석하고 추정하기 위해서 단위공간을 설정하는데, 이를 교통존(zone)이라고 한다(이건영 · 원재무, 1990: 173). 교통존은 토지이용 · 행정구역 · 간선도로 등을 고려하여 설정하며, 존의 크기는 분석목적과 자료의 상세성에 따라 달라진다. 즉, 교통존은 다음의 사항을 고려하여 설정하는 것이 필요하다(국토학, 2000 : 379~380).

1) 각 존은 가급적 동질적인 토지이용을 포함하도록 한다.

2) 교통존은 행정구역과 일치시킨다.

3) 간선도로는 존경계선과 가급적 일치하도록 한다.

4) 존 내 통행량은 최소화되어야 한다.

5) 존은 중첩되지 않아야 한다.

6) 1개 존의 인구규모는 소도시의 주거지역은 1~3천 명, 대도시는 5천~1만 명 정도를 포함하도록 한다.

교통망의 코딩작업은 노선별로 연결선과 연결점을 나타내서 전산처리가 용이하도록 한다. 교통망의 코딩을 위해 요구되는 정보는 현재의 교통시설의 항목, 즉 교통시설의 공급항목(供給項目)에 의해 획득된다. 이러한 자료들은 현장실측과 도상측정에 의해 이루어진다. 노선거리 · 폭 · 교차점통제 · 주차장의 존재 여부 등의 교통망별 물리적 특성과 함께 각 연결노선의 교통량에 관한 정보도 요구된다.

토지이용조사(土地利用調査)의 목적은 교통공급에 영향을 미치는 또 다른 측면을 파악하기 위한 것인데, 조사는 통행발생 또는 통행유인(通行誘因) 유형별로 조사지역의 토지이용의 유형과 강도에 관한 항목들을 조사한다.

마지막 조사항목은 조사지역 내의 통행욕구와 수요에 대한 것이다. 수행할 조사유형은 조사지역의 크기에 의해 결정되는데, 제한된 지역에 대해서는 노변면접(路邊面接), 그리고 넓은 지역에서는 가정면접(家庭面接)을 통한 기종점(起終點) 조사가 필요하다.

Ⅲ. 수요추정

1. 추정단계

수요분석과정(需要分析過程)은 문제확인 · 분석기법선택 · 자료수집 · 모형조정 · 모형검증, 그리고 예측의 6개 과정으로 진행된다(Meyer and Miller, 1984 : 273~283).

문제정의(problem definition)는 계획과정의 초기에 진행되기 때문에 수요분석 이전에 결정되는 것이 보통이고, 이는 매우 일반적이고 추상적이기 때문에 수요추정에 적용하는 데는 한계가 있다. 따라서 수요분석을 위한 문제정의는 보다 구체적인 모습으로 정련화(精鍊化)할 필요가 있다. 여기서는 주로 계획기간, 조사지역과 지역구조, 수요단위(첨두, 일일 또는 연간수요), 정책변수, 그리고 평가를 위한 효과성측정에 대한 검토가 있어야 한다.

분석기법선택(choice of analysis technique)은 문제정의 · 시간범위 · 공간범위 · 정책변수 등에 영향을 받게 된다. 분석기법은 추정의 시 · 공간 범위에 따라 차이가 있기 때문에 모든 경우에 적용할 수 있는 적정한 기법을 찾기는 어렵다. 분석에서 요구되는 자료는 교통행태, 관련사회경제, 활동체계, 교통체계변수에 관한 역사적 자료와 장래수요예측을 위해 관련된 자료수집(data collection)이 요구된다.

분석을 위해 사용될 모형이 예측목적으로 사용하는 데 가장 적합한 형태로 만들기 위해 모형조정(model calibration)과 모형검증(model validation) 과정을 거치게 된다. 그리고 마지막으로 장래의 교통수요에 대한 예측(forecasting)이 이루어지게 된다.

2. 추정기법

도시교통계획에서 가장 중요한 분석의 하나가 교통시설과 서비스에 대한 수요추정이다. 교통수요추정기법(交通需要推定技法)은 다양하지만, 단순화기법과 모형체계로 나누어 검토하기로 한다.

(1) 단순화기법

단순화된 수요분석기법(simplified techniques)은 다른 상세기법을 예산과 시간제약 때문에 사용하기 어렵거나, 사용할 필요가 없는 경우에만 사용한다. 여기에 속하는 기법은 추세분석 · 탄력성기법, 그리고 수작업기법으로 나눌 수 있다. 추세분석은 과거의 교통수요의 추세를 미래에 연결시켜 장래의 교통수요를 파악하는 방법이다. 탄력성기법은 수요함수의 핵심변수를 대상으로, 이들 변수들의 변화로 수요의 변화를 파악하는 방법이다. 수작업기법은 보다 복합적이고 종합적인 컴퓨터사용기법들을 단순화한 형태이다. 이는 전체적인 공간규모를 대상으로, 제한된 변수의 영향을 사전 검증된 모형을 사용하여 수요를 추정한다(Meyer and Miller, 1984 : 232～244).

(2) 모형체계

도시교통수요모형체계는 통행발생 · 통행배분 · 교통수단별 분담, 그리고 노선배정의 4단계 과정으로 구성되어 있다(Meyer and Miller, 1984 : 244~257).

(가) **통행발생**(trip generation) 이 단계는 일정하게 구분된 구역(또는 존)에 대해 그 곳으로부터 밖으로 유출되는 통행량(통행유출, trip production)과 밖에서 그 곳으로 유입되는 통행량(통행유입, trip attraction)을 그 구역의 입지, 경제 · 사회 · 토지이용상 특성을 고려하여 추정하는 작업이다(임강원, 1986 : 70). 통행목적별 발생교통의 파악이 교통계획에서 매우 중요한 작업인데, 이러한 통행유형은 해결하고자 하는 교통계획의 유형에 따라 차이가 있다. 일반적으로는 통행의 시작이나 끝이 가정과 연계되는 것을 가정중심통행(家庭中心通行)과 그렇지 않은 통행인 비가정중심통행(非家庭中心通行)으로 구분한다. 이 중 가정중심통행이 전체의 대부분을 차지하여(전체의 80~90%) 교통계획에서 매우 중요성을 갖는다(Hutchinson, 1974).

통행발생은 회귀모형(regression models)과 분류모형(category models)이 일반적으로 사용되고 있다. 회귀모형(回歸模型)은 2개 이상의 개별 인자들이 통행발생에 영향을 주리라고 여겨질 때 사용하는 방법으로 다음과 같이 표시된다.

$$Y = k + b_1X_1 + b_2X_2 + \cdots + b_nX_n$$

여기서 Y : 통행발생량
$X_1 \sim X_n$: 설명변수
$b_1 \sim b_n$: 회귀계수
k : 회귀상수

가구특성에 의해 장래의 통행발생을 추정하는 방법을 분류분석(category analysis) 또는 교차분석(cross-classification analysis)이라고 부른다. 이 방법에서는 통행발생의 종속변수는 통행유출 또는 통행유입이고, 설명변수는 가구의 특성을 나타내는 가구당 소득 · 자동차보유대수 · 가구규모 및 구성 등이다. 추정방법은 조사지역 내의 모든 가구를 설명변수별로 범주화하여 분류하고, 가구설문조사에 의해 각 변수에 대한 평균통행발생량을 산출한다. 마지막으로 각 범주 내의 가구수를 곱하고, 이들을 전부 합하여 지역 전체의 총통행발생량을 산출할 수 있다.

(나) **통행배분**(trip distribution) 이는 각 존(zone)별로 예측된 발생통

행량을 각 존(zone)간의 통행교차량(trip interchange)으로 배분 · 예측하는 과정이다. 장래의 존간 통행교차량은 먼저 모든 존간의 기존통행교차량의 현황표를 투입자료로 하여 예측모델에 의해 추정한다. 이러한 통행배분예측의 기본적 모형은 성장인자모형 · 중력모형, 그리고 간섭기회모형의 3가지 유형이 있다(Stopher and Meyburg, 1975 : 125).

성장인자모형(growth factor model)은 현재의 존간 통행량을 기초로 성장인자의 크기에 의해 장래의 통행량을 추정하는 방법이다. 따라서 성장인자의 적용형태에 따라 모든 존간 교차통행량을 균일하게 적용하는 균일인자법(均一因子法), 존별 통행유출량성장인자와 유입량성장인자를 평균하여 적용하는 평균인자법(average factor method), 그리고 존별 유출량성장인자와 유입량성장인자는 그대로 적용하지만 통행발생과정에서 추정된 목표연도의 존별 유출량과 유입량을 일치시키기 위해 존별 평형인자를 사용하는 평형인자법(balanced factor method)으로 세분할 수 있다(Stopher and Meyburg, 1975 : 126～131; 노정현, 1999 : 101～111).

중력모형(gravity model)은 사회현상에 대해서도 자연과학적인 중력개념을 적용한 것으로 기본적인 중력모델을 변형한 일반적인 교통수요추정식은 아래와 같이 표시할 수 있다.

$$T_{ij} = A_i B_j O_i D_j f(R_{ij})$$

여기서 T_{ij} : 존 i와 존 j 간의 통행량
O_i : 존 i에서의 통행발생량
D_j : 존 j에서의 통행유입량
R_{ij} : 존 i와 j 사이의 통행거리
f : 통행거리의 감소함수
A_i, B_j : 존 i와 j에 대응하는 상수

간섭기회(intervening opportunity)의 개념은 스토우퍼(S. Stouffer)에 의해 제시된 방법으로 목적지에서의 유입교통량을 구하는 데 통행목적을 수행할 수 있는 기회를 제공하는 목적지의 상대적 접근성에 따라 통행량을 배분한다(임강원, 1986 : 109～110). 즉 각 출발지에서 목적지들간의 거리, 통행시간, 통행비용 등에 따라 순서대로 배열한다. 그리고 통행자에게 이들 모든 목적지들은 자신의 목적을 수행할 수 있는 잠재적 장소로, 이들 잠재적 목적지

가 갖는 기회의 크기를 통행유입량(수요)으로 간주한다. 결국 통행자의 목적지선택은 이들 잠재적 목적지가 제공하는 기회들에 의해 간섭을 받게 된다. 이들 기회를 간섭기회라 부른다(노정현, 1999 : 140).

(다) **교통수단분담**(modal split) 예측된 사람통행을 이용가능한 여러 교통수단에 분할시키는 과정이다. 교통수단분담모형(交通手段分擔模型)은 통행단모형(trip-end model) · 통행교차모형(trip-interchange model), 그리고 통합모형(combined model)의 세 가지로 나눌 수 있다. 수단분담에 영향을 주는 인자는 통행의 특성(통행길이 · 목적), 통행자의 특성(소득수준 · 자가용소유, 주거지의 개발밀도 기타 사회 · 경제적 인자), 교통체계의 특성(상대적 통행시간 · 통행비용 · 서비스수준 · 접근도지표 등) 등을 들 수 있다.

(라) **노선배정**(trip assignment) 교통망에 존 상호간의 통행량을 배정하는 작업이다. 노선배정의 목적은 추정교통량을 현재의 교통망에 배정함으로써 현 교통체계의 문제점을 진단하고 장래의 개선대안을 모색할 수 있으며, 교통계획사업의 우선순위결정에 활용할 수 있고, 교통계획대안의 개발과 평가에 활용될 수 있다.

노선배정(路線配定)을 위해서는 노선망(network)을 구축하여 각 존 중심간의 통행량을 최단시간경로에 부하시키게 되는데, 부하된 교통량이 링크(links)의 도로교통량보다 과다하게 되면 새로운 최단시간경로가 설정되어 재배정하게 된다. 이와 같은 과정을 통행량/용량비가 근사할 때까지 반복한다. 이와 같은 과정을 거쳐 최종적으로 도출되는 배정통행량을 부하량(負荷量)이라 한다. 주로 사용하는 노선배정방법은 최단시간경로에 모든 통행량을 배정하는 최단경로법(minimum path), 전부 또는 비배정법(all or nothing assignment)과 통행량용량곡선 등을 적용하여 통행량증가와 주행속도와의 관계를 밝혀 최단경로를 찾는 용량제한배정법(capacity restraint assignment)이 있다.

Ⅳ. 공급분석

교통서비스의 공급은 교통체계의 성과, 교통체계의 환경에 대한 영향, 교통체계의 구축 · 관리, 사용시 발생되는 비용과 관련된다.

1. 성과분석

교통체계의 성과분석은 체계의 이용자와 운영자의 시각에서 고찰할 수 있다. 교통체계의 이용자(利用者)는 교통비용과 교통시간에 관심을 보이고, 서비스의 안전 · 편안, 그리고 신뢰 같은 다른 성과특징도 중요하다. 교통체계의 운영자(運營者)는 노선빈도, 차량순환시간과 수용력, 서비스공여의 운영비 등의 분석에 관심을 갖고 있다. 교통공급범위에 적용할 수 있는 성과분석의 기법은 시간-거리도표, 행렬이론, 유동-흐름 근사치, 시뮬레이션, 수리프로그램 등이 있다.

2. 영향분석

공급분석의 두 번째 영역은 교통체계성과의 환경영향평가인데, 이는 대기질 · 소음수준, 그리고 연료소비에 대한 영향으로 구분할 수 있다.

3. 비용분석

비용분석은 교통서비스의 건설 · 운영과 관련된 비용추정과 개인자동차의 사용에 따른 사용자비용추정과 관련된다.

Ⅴ. 대안작성

1. 대안의 내용

대안은 도시성장의 방향과 교통문제를 다루는 수단에 따라 다양하게 도출할 수 있다. 대안내용에는 토지이용과 교통망도 포함할 수 있다. 그리고 도시고속도로 · 간선도로 · 대중교통수단의 다양한 조합을 대안에 포함할 수 있다.

(1) 토지이용과 통행패턴

교통계획은 주로 교통체계의 변화에 초점을 맞추고 있지만, 교통체계의 효과성은 토지이용과 통행패턴(travel pattern)에 크게 영향받고 있다. 많은 교통문제는 토지이용변화와 이에 따라 나타나는 교통패턴의 변화에 의해 경감 또는 제거될 수 있다. 때문에 교통계획의 대안작성에서는 교통시설과 서비스에 대한 선택안뿐만 아니라 토지이용의 대안적 패턴도 아울러 검토해야 한다(Morlok, 1978 : 613).

(2) 교 통 망

통행의 공간적 패턴과 깊이 관계되는 것이 교통수요를 충족시키는 적절한 교통망의 형태이다. 교통망에서 어떤 기술과 수단을 택하느냐 하는 문제는 접어 두더라도 교통망에 대한 이상형은 고려되어야 한다.

도시지역의 가장 일반적인 교통망은 대부분의 계획도로망으로 사용하고 있는 격자망(grid network)이다. 이는 통행패턴이 고도로 분산되고, 모든 지역에 등질의 교통서비스제공이 바람직할 때 사용한다. 방사망(radial network)은 특정한 중심지(보통은 중심업무지역)에 집중되는 형태이다. 방사환상형(radial with loop network)은 중심과 주변 지역과의 연계가 아울러 고려되는 형태이다. 나선망(spine network)은 매우 발달된 도시화회랑에서 도시간 연결교통망으로 많이 사용된다. 이외에 육각형망(hexagonal network)과 델타망(delta network) 등도 구상할 수 있다.

2. 대안의 기술

교통계획에서의 공통적 과제는 서비스의 수용력과 질에 대한 요구를 충족시키는 문제이다. 수용력에 대한 요구는 장래의 통행패턴에 대한 지도(地圖)를 개발하는 방법으로 확인·분석할 수 있다. 이 지도는 존간의 주요한 통행흐름을 나타내는 띠(bands), 통행의 시종(始終)을 나타내는 띠, 그리고 전체통행량에 대한 비율을 나타내는 띠의 폭으로 구성되어 표현된다.

통행의 길이분포에 관한 정보는 지방적 시설에 의해 수행되는 단거리통행과 높은 수준의 서비스를 위한 시설이 요구되는 장거리통행의 상대적 중요성을 제시해 준다. 교통망서비스의 특징을 나타내는 중요한 형태로 등교통시간도(isochron map)가 있다. 이는 계획지역의 한 지점에서 다른 모든 지점에 대한 통행시간을 나타내는데, 지도의 등고선은 등시간을 나타낸다.

이러한 교통망의 서비스수준을 나타내는 지도와 함께 많이 사용하는 것이 특정한 교통서비스유형의 이용가능한 곳을 나타내는 지도이다. 보다 구체적으로 특정서비스수준을 충족시키는 특정유형의 시설에 의해 공여되는 서비스지역을 나타내는 것이다. 가장 일반적인 형태는 대중교통서비스가 제공되는 지역을 나타내는 지도 같은 것이다. 이러한 모든 방법들은 대안들간의 비교가 용이하다는 장점이 있다.

Ⅵ. 대안의 평가와 선택

1. 평가항목

개별적인 교통사업을 평가하기 위해서는 편익-비용의 관점에서 평가항목을 선정하여 그 영향을 평가하는데, 이들 항목은 사업에 의해 발생되는 영향의 범위와 내용에 따라 이용자 · 공급자, 그리고 지역사회의 3개 영역으로 구분하여 파악하는 것이 보통이다.

이용자입장에서는 편리성 · 쾌적성 · 안전성·신속성 등에 대해 평가한다. 교통서비스공급자의 입장에서는 경영상 수익과 비용에 초점을 두어 건설비·유지비 · 운영비 · 사업수입 등의 평가항목을 중요하게 여긴다. 지역사회의 입장에서는 토지이용변화 · 환경변화 · 지역개발효과 · 재정효과 등의 항목으로 주로 교통시설 또는 교통개선사업의 결과 공급자나 이용자가 아닌 제 3 자에게 영향을 주는 외부비용적인 성격을 가지고 있다.

평가항목(評價項目)은 영향의 영역에 따라 사회적 · 환경적 · 경제적, 그리고 접근성의 의미로 범주화하여 고찰하는 것이 바람직하다(Hutchinson, 1974 : 353). 사회적 의미는 기존근린에 미치는 영향에 초점을 두고, 환경적 의미는 대기와 소음공해는 물론 보존지역 등과 같은 독특한 환경적 특징에 미치는 갈등상황을 말한다. 경제적 의미는 수익과 비용의 관점이고, 접근성의 의미는 교통체계의 변화에 따른 접근성의 변화를 의미한다.

2. 교통영향평가

(1) 의　　의

교통영향평가(交通影響評價)란 사업의 시행으로 인하여 발생할 교통장애 등 교통상의 문제점 또는 그 효과를 예측 · 분석하고, 이에 대한 대책을 강구하는 평가를 말한다(「환경 · 교통 · 재해 등에 관한 영향평가법」 제 2 조 제 1 호 나목).

교통영향평가의 목적(目的)은 다음과 같다(이건영 · 원재무, 1990 : 228~229).

첫째, 지역적 차원에서 주변의 토지이용과 교통체계의 현황에 비추어 사업의 규모 · 성격 등이 적정한가를 사업시행 전에 살펴보는 것이다.

둘째, 사업지구 내 주변지역교통체계에 미치는 각종 부(負)의 영향을 검토하고, 이를 최소화하는 방안을 찾아 계획과정에서 고려하도록 한다.

셋째, 사업시행이 주변지역의 교통체계에 미치는 영향에 의해 공공투자의 필요성이 제기되는 경우, 수혜의 정도에 따라 비용부담원칙을 결정하기 위함이다.

교통영향평가제도(交通影響評價制度)는 1986년 「도시교통정비촉진법」에 의해 도입되었다. 그러나 환경 · 교통 · 재해 · 인구 등 관련영향평가가 각각 다른 법률에 근거를 두고 별도로 시행됨으로써 동일한 사업이 2가지 이상의 영향평가의 대상이 될 경우, 절차의 중복과 비용의 과다 등으로 사업자에게 시간적 · 경제적으로 불필요한 부담이 가중되는 문제를 안게 되었다. 이와 같은 문제점을 해결하기 위하여 각종 영향평가제도의 통합 · 개선을 추진하여 「환경 · 교통 · 재해등에 관한 영향평가법」(이하 "법")을 제정하여 시행(공포 : 1999. 12. 31; 시행 : 2001. 1. 1)하고 있다.

(2) 평가대상

평가대상(評價對象)은 도시개발사업, 산업입지 및 산업단지의 조성, 도로건설 등 28개 사업과 주거시설 등 37개 시설이다(법 제4조; 시행령 제2조). 평가의 범위는 시간적 범위와 장소적 범위로 나눌 수 있다. 시간적 범위는 평가기준연도로부터 사업은 사업완공 후 1년 · 5년 및 10년, 시설은 시설설치 후 1년 및 5년까지로 한다(「교통영향평가에관한지침」(이하 "지침") 제5조 제1항). 특별시장 · 광역시장 · 도지사는 법에 의한 대상사업의 범위에 해당되지 않더라도 지역의 특수성을 고려하여 영향평가를 실시할 필요가 있을 경우에는 시·도의 조례로 그 범위를 정할 수 있다.

(3) 평가절차

평가대상사업을 시행하는 사업자는 영향평가에 관한 서류(평가서)를 작성하여야 한다(법 제5조). 도시교통정비구역 안에서 일정규모 이상의 사업을 하거나 시설을 설치하고자 하는 자는 미리 건설교통부장관에게 등록한 교통영향평가기관의 교통영향평가를 받고 교통영향평가서를 교부받아야 한다. 교통영향평가서를 교부받은 사업자는 그 평가결과를 중앙교통영향평가기관 또는 지방교통영향평가기관의 심의를 받아야 한다. 건설교통부장관 또는 시·도지사는 심의를 거쳐 심의필증을 사업시행자에게 교부하고 당해 사업 또는 시설에 대한 허가·등록인가·승인의 권한이 있는 행정기관에 이를 통보하여야 한다.

(4) 평가방법

교통사업의 평가는 공학적·관리적·재정적, 그리고 경제적 측면을 고려한다(Adler, 1971 : 3). 공학적 측면은 기술적인 건설과정과 완성 후 운영을 주로 다룬다. 관리적 평가는 사업의 건설·운영에 있어서 관리·인력문제를 다룬다. 재정분석은 사업이 재정적으로 타당한가에 초점을 둔다. 마지막으로 경제적 평가는 경제적 비용과 수익을 측정·비교한다. 교통사업의 경제적 혜택은 운영비의 감소, 경제개발촉진, 시간절약, 사고의 감소, 그리고 안전성·편의성의 증대 등이고, 경제적 비용은 임금·이자·세금, 그리고 예비비 등으로 요약할 수 있다(Adler, 1971 : 23).

최근에 교통계획과 개발에 있어 환경영향분석의 중요성은 점증되고 있다. 교통사업에 의한 교통체계변화의 영향은 자연환경과 인조환경에 미치는 영향으로 구분할 수 있다. 전자는 소음·대기오염·진동·수질오염 등이 포함되며, 후자는 토지이용과 지가·공간개편·지역개발효과 등이 포함된다(Morlok, 1978 : 533~561).

3. 대안의 종합적 평가

교통계획에서 설정된 대안의 종합적 평가를 위해서는 대안별로 영향의 내용과 범위를 평가하고(영향평가), 대안에 의해 초래되는 편익-비용의 배분정도(형평성), 공공투자를 정당화할 정도의 편익발생상황(경제적 효율성), 모든 대안을 충분히 고려했는가(대안설정의 적합성), 선택된 대안을 집행할 예산은 충분히 확보되었는가(재정적 타당성), 그리고 선택된 대안이 현행제도상 타당한가(법적·행정적 타당성)의 6가지 측면에서 검토하는 것이 바람직하다

(원재무, 1995 : 419~422). 교통계획의 평가 · 선택에서도 일반계획과정에서 제시되고 있는 여러 평가기법들을 사용한다.

Ⅶ. 계획집행

평가과정을 거쳐 최종안이 계획기관과 도시정부에서 채택되게 된다. 계획채택은 계획집행의 첫단계이다(Beimborn, 1979 : 269). 집행과정의 주요한 활동은 집행할 프로그램을 개발하고, 이를 집행할 시간표를 작성하며, 이를 위해 필요한 재정자원을 확보하는 것이다(Meyer and Miller, 1984 : 437). 프로그램은 주어진 기간에 목표를 달성하기 위해 자원과 사업계획을 연결하는 것이기 때문에 자원이용가능성과 사업계획이 중요한 의미를 갖는다(Meyer and Miller, 1984 : 437~438). 따라서 프로그램과정에서 중요한 것은 사업계획선택에서의 우선순위를 정하는 것과 자원의 이용가능성을 결정하는 것이다(Meyer and Miller, 1984 : 446).

사업계획선정을 위한 우선순위결정은 이용자혜택 · 환경영향 · 안전 · 시설의 상태의 측정을 바탕으로 우선순위지표를 설정한다(Meyer and Miller, 1984 : 446). 자원의 이용가능성은 상위정부수준에서 이용가능한 장래자원의 추정, 지방정부에서 이용가능한 장래자원의 추정, 현금요구량의 결정, 전체적인 예산과 부족분을 묶은 재원범주의 작성의 4단계로 진행된다(Meyer and Miller, 1984 : 451~453).

제3절 교통체계

Ⅰ. 의 의

1. 개 념

교통체계(transportation system)란 사람 또는 화물의 운송과 관련된 활동을 효과적으로 수행하기 위하여 서로 유기적으로 연계된 교통수단 · 교통시설 · 교통운영과 이에 관련된 산업 및 제도를 말한다. 광의(廣義)의 교통체계는 승객과 화물운송체계 · 수송로 · 환승시설 · 관리체계, 그리고 경영체계로 구성되어 있다(원재무, 1987 : 14~15; 박수영, 1990 : 525~526). 협의(狹義)로는 주로 교통공급체계를 의미하는데, 이는 교통로(travel way) · 차량(vehicle) · 터미널(terminal)로 구분할 수 있다(Memmott and Guinn, 1968 : 145). 교통로(交通路)는 도시의 주요한 구조적 요소로 이와 관련된 시설이 총토지면적의 30% 정도를 차지하고 있다(Memmott and Guinn, 1968 : 145). 자동차 · 버스 · 화물차, 그리고 고속차량들은 상이한 유형의 차량들로서 서로 다른 기능을 수행하고 있다. 차량관련체계의 선택시 고려사항은 비용 · 속도 · 안전 · 편의, 그리고 수용력을 들 수 있다(Memmott and Guinn, 1968 : 151~152). 터미널하위체계 중 중요한 것은 주차장 · 버스터미널 · 화물터미널 · 철도역, 그리고 공항 등이다.

여기서는 협의의 교통체계로 교통로(도로)와 터미널시설(주차장과 터미널)에 대해 검토하기로 한다.

2. 목 표

지속가능교통체계(持續可能交通體系)는 ── 달리(H. Daly)가 지적한 것처럼 ── 재생가능자원을 자연적인 재생률을 초과하지 않는 범위 내에서 사용하고, 비재생자원을 사용하는 비율은 대안적인 대체자원의 개발률을 초과하지 않아야 하며, 교통체계에서 배출하는 오염은 환경적인 수용능력을 초과하지 않아야 한다(Black, 2000 : 141). 즉, 지속가능교통체계는 이용가능한 연료를 사용하고, 사용연료는 환경에 최소의 영향을 주어야 하며, 교통혼잡과 사고를 줄일 수 있고, 불가피한 경우를 제외하고는 추가적인 토지의 사용을 요구해서는 안 된다(Black, 2000 : 141).

지속가능한 교통목표를 달성하기 위한 지속가능교통체계의 목표는 다음 3가지로 나눌 수 있다(Dittmar, 1995 : 11~12).

1) **통합적 교통체계** 교통시설은 다양한 형태의 교통형태를 수용할 수 있어야 한다. 예를 들면 간선도로는 보행자 · 자전거이용자 · 대중교통 등의 안전 · 편의 · 매력을 각각 제공할 수 있어야 한다. 그리고 교통체계와 시설은 지역사회차원에서 통합해야 하고, 국가환경의 건설차원에서 통합해야 한다.

2) **신축적인 교통체계** 과거에는 자동차의존적인 교통체계였지만, 앞으

로 교통목적에 따라 고속교통 · 순환교통 · 자전거 · 도보 · 기차 · 화물차, 그리고 비행기 등 모든 교통수단을 교통목적에 따라 적절하게 선택할 수 있도록 해야 한다. 이들 교통수단별로 시간 · 요금 · 프라이버시가 다르지만, 사회적 · 환경적 비용과 혜택은 물론 운영과 자본비용을 반영해야 한다.

3) **교통체계정보제공** 다양한 교통유형의 교통성취를 고양하기 위해 이용자에게 노선 · 교통유형 등에 대한 유용한 정보를 제공해 주어야 한다.

Ⅱ. 도 로

1. 기 능

도로(道路)는 사람과 화물을 운반하는 통로로서 중요한 공공교통시설이다(원재무, 1995 : 737). 도로는 도시 내의 각종 시설과 기능을 상호연결하는 인체의 혈맥과 같은 주기능 외에 도시공간구성의 골격을 형성하며, 가구나 근린주구 등 도시공간을 구획하며, 각종 생활편익시설의 수용기능을 아울러 수행한다.

도로의 기능은 크게 교통 · 토지이용유도 · 공간기능으로 구별할 수 있다(김수철, 1990 : 17~18; 원재무, 1995 : 737~738). 교통기능(交通機能)은 교통류의 흐름을 신속 · 원활하게 처리해 주는 기능이다. 토지이용유도기능(土地利用誘導機能)은 도로의 건설에 따라 지역간의 접근성을 제고하고 토지이용패턴을 유도한다. 도로는 도시공간의 골격을 형성하여 가구나 주구의 구성을 결정한다. 아울러 도로는 다양한 공간기능(空間機能)을 수행한다. 즉 자동차 · 자전거 · 보행자 등의 도시교통을 위한 공공공간의 기능, 풍광 · 채광 등 양호한 도시환경을 확보하기 위간 공공공간의 기능을 수행하며, 도시방재상 필요한 방화대 · 피난로 등의 기능, 레크레이션 · 휴식처로 사용되는 산책로 · 광장 등의 기능, 도시경관을 형성하는 기능 등을 들 수 있다.

2. 종 류

도시내의 도로를 가로(街路)라 하는데, 이는 기준에 따라 여러 가지로 분류할 수 있다. 도로의 사용(使用) 및 형태(形態)에 따라 일반 · 자동차전용 · 보행자전용 · 자전거전용 · 고가 · 지하도로로 구분한다〔「국토의 계획 및 이용에

표 8-2 도로형태별 특성

특성 \ 구성	방사형	격자형	선 형	곡선형	부정형
경제성 · 편의성	●	●	●	○	×
접근성	●	○	●	×	×
성장변화에의 융통성	×	●	●	×	×
과밀화대책	×	●	○	○	○
과집중대책	×	●	×	×	×
하부구조의 경제성	×	○	●	×	×
보행환경조성 가능성	○	×	●	●	●
경관의 다양성	×	×	○	●	●

● : 양호, ○ : 보통, × : 불량.
자료 : 양동양, 1992 : 359.

관한 법률시행령」 제 2 조 제 2 항 제 1 호; 「도시계획시설의 결정 · 구조 및 설치기준에 관한 규칙」 (이하 "시설규칙") 제 9 조 제 1 호]. 가로의 규모(規模)에 따라 광로(40m 이상), 대로(25m 이상～40m 미만), 중로(12m 이상～25m 미만), 소로(6m 이상～12m 미만)로 구분하며(시설규칙 제 9 조 제 2 호), 기능(機能)에 따라 주간선 · 보조간선 · 집산 · 국지 · 특수도로로 구분할 수 있다(시설규칙 제 9 조 제 3 호).

3. 구 성

가로망체계(街路網體系)의 기본적인 유형은 환상방사형(radial), 격자형(grid), 대상·선형(linear), 곡선형(curvilnear), 부정형(irregular pattern)으로 구분할 수 있다(국토연, 1985c : 57). 각 구성방식별 특성은 〈표 8-2〉와 같이 정리할 수 있다.

4. 배치와 도로율

도로는 형태 · 규모 · 이용에 따라 체계화된 도로망이 형성되도록 배치해야 한다. 도로의 배치거리(配置距離)는 주간선도로와 주간선도로의 간격은 1,000m 내외, 주간선도로와 보조간선도로의 간격은 500m 내외, 보조간선도로와 집산도로의 간격은 250m 내외, 국지도로간의 배치거리는 장측이 90~150m이고 단측은 30~60m가 되도록 규정하고 있다(시설규칙 제10조 제3호). 지역별 간선도로배치간격은 상업 및 공업지역에서 500m, 주거지역에서는 500~1, 000m, 보조도로의 간격은 상업 및 공업지역에서는 250m 이하, 주거지역에서는 250~500m로 한다.

도로율(道路率)은 지역별로 주택의 형태와 지역여건에 따라 적절히 증감할 수 있으나, 주거지역은 20~30% 미만(주간선도로는 10~15% 미만), 상업지역은 25~35% 미만(주간선도로는 10~15% 미만), 공업지역은 10~20% 미만(주간선도로는 5~10% 미만)이 되도록 했다(시설규칙 제11조).

5. 계획수립과정

도로계획도 일반계획과정에 준해서 수립되어야 하나, 계획수립의 기술적 단계를 다음과 같이 요약할 수 있다(국토학, 1987 : 166; 원재무, 1995 : 740~750).

제 1 단계 : 계획구역확정, 계획구역의 특성을 고려한 지역별 분할
제 2 단계 : 교통존(zone)별 현황분석 및 미래예측
제 3 단계 : 각 교통존별 시종점(O-D) 교통량추정
제 4 단계 : 산출된 교통량의 교통수단별 배분
제 5 단계 : 노선별 교통량배분
제 6 단계 : 노선별 개설 · 개선 · 확충계획수립

6. 정비와 관리

도로의 관리청(管理廳)은 도로의 체계적인 건설과 정비 · 관리를 위해 「도로정비기본계획」을 수립하도록 했다(「도로법」 제23조의2). 이 기본계획은 10년을 단위로 하여 장기적인 도로정비방향을 제시하고, 계획이 수립된 날로부터 5년마다 그 타당성 여부를 검토하여 필요시 계획을 변경할 수 있도록 했다. 기본계획에는 다음 5가지 사항을 포함하도록 규정했다.

① 도로정비의 목표 및 방향
② 도로의 정비 · 관리 계획
③ 환경친화적 도로의 건설계획

④ 소요재원의 조달방안
⑤ 기타 사항

Ⅲ. 주 차 장

1. 의 의

주차장(駐車場)이란 자동차의 주차를 위한 시설이다(「주차장법」 제 2 조 제 1 호). 이러한 주차시설은 교통수단간의 연결을 위해 필요하다.

주차문제(駐車問題)는 공급 · 수요, 그리고 관리적 측면에서 검토가능하다(국토학, 1987 : 183; 원재무, 1995 : 706~709). 공급측면의 문제점은 시설의 양적 부족, 시설의 편재, 영세성, 불법주차 등이고, 수요측면의 사항은 자동차보유수의 증대에 따른 주차수요증대추세와 주차수요의 시 · 공간상 편중현상을 들 수 있다. 관리제도면에서는 주차요금의 획일성, 주차시설확충을 위한 재원부족과 이를 해결하기 위한 민자유치노력의 부족, 지원제도미비 기타 일반적인 관리상 문제로 요약할 수 있다.

2. 종 류

주차장은 주차의 위치와 형태에 따라 도로변에 주차하는 노상(路上)주차장과 도로를 벗어나서 주차하는 노외(路外)주차장으로 구분할 수 있다. 노상주차장(on street parking lot)은 도로변 또는 교통광장에 주차하는 주차기간이 짧은 주차를 수용하는 공간이다. 이러한 형태의 주차는 교통흐름의 제고와 공공교통의 우선노선제공(버스우선노선)에 따라 점점 감소되는 추세에 있다(OECD, 1980 : 4). 노외주차장(off street parking lot)은 단순히 평면광장에 주차하는 형태와 옥내에 입체식으로 주차하는 두 가지 유형이 있다. 전자는 노상주차와 같이 주차이용회전율이 높은 데 반해 건축물 내 주차(indoor parking)는 주차기간이 길고, 설치기준과 입지적 기준이 전자에 비해 까다롭다(김원, 1994 : 298).

법에서는 주차장을 노상 · 노외 · 건축물부설주차장으로 구분하고 있다(「주차장법」 제 2 조 제 1 호). 여기서 건축물부설주차장은 건축물의 내부 또는 그 부지 안의 일정한 구역이나 그 인근의 건축물에 부대하여 설치된 주차장으로 당해 건축물의 이용자의 이용에만 제공되는 주차장이다.

3. 주차수요추정

(1) 수요요인

주차수요의 영향요인은 인구특성 · 토지이용 · 대안적 교통수단 · 접근성 · 주차시설의 혼잡도 · 위치 · 비용, 그리고 지방행정을 들 수 있다(HRB, 1971: 16~18).

가구규모 · 연령분포 · 소득 · 자동차소유 · 주거밀도 등 기본적인 인구특성(人口特性)이 주차수요에 영향을 미친다. 젊은 연령층이 주차에 영향을 보다 많이 주고, 저밀도주거지역이 자동차의존도가 높기 때문에 주차수요가 상대적으로 높다. 주어진 지역에서의 주요 활동주체와 내용에 따라 주차수요가 차이가 있다. 주차발생지부근에 대안적 교통수단(交通手段)의 이용가능성이 높으면 주차수요가 감소된다. 지역의 총주차수요는 접근도로의 이용가능성에 의해 좌우된다. 주차혼잡(駐車混雜)은 수요를 억제한다. 이용자의 목적지에 대비한 주차시설의 위치(位置)가 주요 변수가 되고 있는데, 도시 전체적으로는 충분한 주차시설이 있어도 수급이 불균형되는 공간이 있는데 대표적인 곳이 중심업무지역이다. 높은 주차비용(駐車費用)은 주차수요를 감퇴시킨다. 지방행정기관(地方行政機關)의 정책과 계획이 주차수요에 직접적인 영향을 준다.

(2) 추정방법

주차수요추정방법(駐車需要推定方法)은 과거추세방법 · 원단위방법 · 자동차시종점조사방법 · 사람 통행실제조사방법의 4가지가 있다(원재무, 1995: 560~567).

과거추세연장법(過去趨勢延長法)은 과거 주차수요증가패턴을 토대로 장래까지 연장시켜 장래 발생될 주차수요를 분석하는 방법이다. 이 방법은 개략적이고 단기적 수요추정으로 적용이 쉽다는 장점이 있는 반면에 급격히 변화하는 도시여건 하에서는 적용하기 곤란하다. 원단위방법(元單位方法)은 주차수요를 건물의 용도에 따라 원단위하여 장래의 건축연면적에 적용하여 주차수용량을 구하는 방법이다. 이 방법은 개별적인 건물의 장래 주차수요를 추정하는 데 적합한 방법이지만, 주차이용효율을 정확히 산출하기 어렵고, 주차발생원단위가 변하는 경우에 신뢰성이 떨어진다. 시종점방법(始終點方法)은 승용차의 기종점과 총주차대수의 상관관계에 따라 주차수요를 산정하는 방법이다.

4. 주차장의 설치

주차장의 설치는 주차수요가 예상되는 다음의 지역에 설치하는 것이 좋다(김 원, 1994 : 299~300).

① 업무목적의 교통으로 도로교통의 혼잡이 예상되는 지구
② 역 · 터미널 등 교통접속지점
③ 쇼핑 · 관광 등 주차수요를 창출하는 상업지구
④ 토지이용이 고도화된 지구
⑤ 파크 앤 라이드를 제도화하기 위한 순환선지구

노상주차장은 시장, 군수 또는 구청장이 설치하며, 노외주차장은 시장·군수 또는 구청장의 허가를 받은 사람이 설치하는데, 주차장정비계획이 수립되어 있으면 그 계획에 따라야 한다. 노상주차장은 설치구역 내의 주차수요와 노외주차장 기타 주차관련시설 등과의 연계성을 고려하여 적정하게 분포하도록 설치한다. 다만, 주간선도로 · 보차미분리도로 등에서는 설치하지 않는 것을 원칙으로 한다. 노외주차장은 지역의 토지이용상황, 이용자의 보행거리, 이용자편의 등을 고려하여 적정규모로 설치하도록 한다. 그러나 초등생 · 유아의 내왕이 많은 곳, 주차장에서 목적지까지 5분 이내의 거리, 좌회전해야 주차할 수 있는 지역에는 주차장설치를 가급적 피하는 것이 좋다(김 원, 1994 : 300)

「도시계획시설의 결정 · 구조 및 설치기준에 관한 규칙」에서 제시하고 있는 주차장결정기준은 다음과 같다(제30조 제 1 항).

① 원활한 교통의 흐름을 위하여 주간선도로의 교차로에 인접하여 설치되지 않도록 할 것
② 주간선도로에 진 · 출입구가 설치되지 아니하도록 할 것
③ 대중교통수단과 연계되는 지점에 설치할 것

Ⅳ. 자동차터미널

1. 의 의

자동차터미널(정류장)이라 함은 여객자동차터미널 · 화물터미널, 그리고 공영차고지시설을 말한다(시설규칙 제31조). 여객자동차터미널(bus terminal)은 「여객자동차운수사업법」 제 2 조 제 5 호의 규정에 의한 시설로서 여객자동차터미널사업자가 시내버스운송사업, 농어촌버스운송사업, 시외버스운송사업 또는 전세버스운송사업에 제공하기 위하여 설치하는 터미널을 말한다(시설규칙 제31조 제 1 호). 화물터미널(freight terminal)은 「화물유통촉진법」 제 2 조 제 7 호의 규정에 의한 시설로서 화물터미널사업자가 일반화물자동차운송사업과 해상화물운송사업에 제공하기 위하여 설치하는 터미널이다(시설규칙 제31조 제 2 호). 공영차고지는 여객자동차운수사업용 차고지와 화물자동차운수사업용차고지로 구분한다(시설규칙 제31조 제 3 호).

2. 중요성

터미널의 특징은 다음과 같이 요약할 수 있다(Button, 1995 : 242).

1) 터미널은 인구집중지에 근접하여 입지하고, 때문에 국지적으로 부정적인 환경효과를 일으키는 경우도 있다.

2) 터미널은 여러 교통수단과 관련된 활동이다.

3) 전자정보에 의한 교통관리기법의 사용증가에 따라 정보중심으로서의 중요성이 증대되고 있다.

4) 터미널은 일단 완성되면 오랜 물리적 수명을 갖는다.

5) 터미널은 대규모 시설이기 때문에 수용력의 소규모 변경은 어려운 불가분의 투자이다.

6) 터미널은 어떠한 대안적인 실용적 용도도 갖지 못한다.

7) 터미널은 비용감소의 특성을 갖고 있다.

8) 최근에는 감소되고 있지만 터미널은 전통적으로 그 제공과 운영에 있어서 공공부문에 속한다.

3. 입지 및 결정기준

(1) 버스터미널

버스터미널은 버스이용자의 버스노선 상호간 및 버스와 다른 교통수단간의 접속기능, 버스운행관리기능 및 자동차교통흐름을 정리하여 도시의 발전형태를 유도하는 기능을 갖고 있다. 따라서 버스터미널의 위치는 이용객의 이용이 편리하며, 차량의 진·출입에 지장이 없고, 토지이용상으로도 적당한 지점을 선정할 필요가 있다. 또한 버스터미널은 가급적 도심부를 피해 외곽지에 입지하도록 선정하되 반드시 지하철·버스노선과 접속이 가능하도록 하여 승객의 이용에 편의를 도모하는 위치를 선정한다.

시설규칙에서 제시하고 있는 버스터미널과 버스터미널운수사업용 공영차고지의 결정기준은 다음과 같다(시설규칙 제32조 제 1 호).

① 주간선도로 또는 다른 교통수단과의 유기적인 연결이 가능한 지역에 설치할 것
② 여객수요가 집중되는 지역으로서 이용자가 접근하기 쉬운 지역에 설치할 것
③ 고속국도를 주로 이용하는 자동차를 위한 터미널은 고속국도와 쉽게 연결되도록 할 것
④ 터미널과 차고지의 소음권에 평온을 요하는 지역이 포함되지 아니하도록 인근의 토지이용현황을 고려할 것
⑤ 준주거·상업(근린상업 제외)·준공업 및 계획관리지역에 한하여 설치할 것. 다만, 시내버스터미널은 일반주거(제 2 종 및 제 3 종)·녹지(생산 및 자연)지역에 설치할 수 있으며, 시외버스터미널·전세버스터미널·버스터미널공영차고지는 자연녹지지역에도 설치할 수 있다.

(2) 화물터미널

산업경제활동의 거대화에 수반되는 물자수송량의 증대에 대처하기 위해 트럭수송의 고속화·대형화가 진행되고 있는 반면에, 도시내 교통혼잡이나 환경보전을 위해 대형차의 도심부진입을 제한하고 있어 물자의 도시간 수송과 도시내 집배의 교통수단이 분화되고 있다(김대수 외, 1994 : 139). 트럭터미널은 도시내·외 교통의 결절점에 입지하는 시설이다. 터미널의 입지는 도

시외곽부의 도시간 고속도로와 그 도시의 환상간선도로와의 인터체인지 근접지에 위치한다.

시설규칙에서 제시하고 있는 화물터미널과 화물자동차운수사업용 공영차고지의 결정기준은 다음과 같다(시설규칙 제32조 제 2 호).

① 주간선도로 또는 다른 교통수단과의 유기적인 연결이 가능한 지역에 결정할 것
② 고속국도를 주로 이용하는 자동차를 위한 터미널의 경우에는 고속국도와 쉽게 연결되도록 할 것
③ 지역의 현황 또는 장래에 있어서의 공간구조 · 산업활동 및 물동량을 고려하여 유통의 원활을 기할 수 있을 것
④ 용지를 확보하기 쉽고 지역간의 교통이 편리한 장소에 설치할 것
⑤ 수송능률을 높이고 모든 교통시설과의 연결이 쉽도록 인근의 토지이용계획을 고려할 것
⑥ 상업(근린상업 제외) · 공업(전충공업 제외) 및 계획관리지역에 한하여 설치할 것. 다만, 지역의 토지이용계획상 불가피한 경우로서 지역간을 연결하는 주간선도로 또는 고속국도와의 연결이 쉬운 인접지역에 2만m^2 이상의 규모로 설치하는 때에는 환경오염방지대책을 수립한 경우에 한하여 자연녹지지역에도 설치할 수 있다.

제 4 절 지속가능교통정책

Ⅰ. 의 의

1. 개 념

교통정책(交通政策)은 교통문제를 해결하거나 경감시키기 위한 공공적 노력이다. 교통정책의 주요 목표(目標)는 산업에 효율적인 서비스제공으로 경제성장과 국가번영에 기여하고, 개인적 이동(특히 자동차에 대한 효과적인 선택을 갖지 못한 사람들)의 합리적 수준을 확보하여 사회적 수요를 충족시키고, 해로운 영향을 최소화하는 3가지로 요약할 수 있다(DOT, 1977 : 2).

교통정책의 영역(領域)은 질 · 양 · 조직 · 자원배분의 4가지 영역에 대한

통제로 귀착할 수 있다(Stubbs, *et al.,* 1980 : 147). 여기서 질(質)은 안전, 양(量)은 제공되는 서비스내용, 조직(組織)은 교통부문의 조직, 그리고 자원배분(資源配分)은 교통부문의 효율적인 자원배분을 각각 강조하고 있다.

2. 녹색교통

대부분의 대도시교통문제는 심각한 상태에 처해 있다. 현재의 자동차화된 교통체계는 환경과 사회에 심각한 악영향을 주고 있으며, 이러한 적색교통모형(red modes)은 장기적 측면에서 지속가능하지 못하기 때문에 도보와 자전거 같은 녹색교통모형(green modes)으로의 대체하는 노력이 이루어지고 있다. 대체로 녹색교통수단(綠色交通手段)은 에너지보전 · 환경영향, 그리고 사회적 형평의 관점에서 이상적인 교통방법이다(Tolley, 1990 : 13). 그러나 녹색교통수단과 적색교통수단(赤色交通手段) 간에는 상충관계에 있다(Tolley, 1990 : 14). 이러한 상충관계에 따라 위험증가, 길어진 교통거리, 악화되고 있는 시설, 그리고 증가되는 오염의 상황에서는 녹색모형의 사용이 감소될 수밖에 없다. 합리적 사회에서는 조만간 에너지효율적이며 공해 없는 교통형태인 녹색교통이 도시가 생존하기 위해서는 지배적인 이동수단이 될 것이다(Tolley, 1990 : 1).

3. 정책의 구분

부정적인 환경영향을 줄일 수 있는 교통정책(交通政策)은 교통기술 · 교통공급 · 교통수요로 나누어 고찰할 수 있다(Greene and Wegener, 1997: 181~182). 교통의 환경적 영향은 교통에 사용하는 기술(技術)과 이의 영향을 줄이는 데 사용하는 기술에 크게 의존한다. 이를 위한 대표적인 것은 자동차 배출통제를 위한 기술이다. 오염을 영(零)에 근접시키는 수소연료셀의 개발이 가시화되고 있다. 최근에 이동성의 성장을 통제하는 교통공급정책(交通供給政策)의 가능성을 인식하기 시작했다. 많은 도시에서 자동차도로의 건설이 취소되고, 저속과 사고감소를 위한 속도제한, 보행화, 주차금지 등이 도입되고 있다. 자동차소유와 휘발유세의 증가조치와 병행하여 자동차의 이동성을 줄이려는 방안도 검토되고 있다. 아울러 대중교통에서는 기존노선의 서비스를 개선하고 신규노선을 건설한다. 교통수요(交通需要)는 인간활동의 물리적인 분리에서 나타난 결과이다. 교통수요관리는 고밀도 · 혼합토지이용 · 고속

대중교통역에의 근접 · 텔레커뮤니케이션 등을 통한 교통의 대처로 교통수요를 감소시키는 데 초점을 둔다.

OECD 환경정책위원회의 교통특별팀에서는 1994년 이래로 환경적으로 지속가능한 교통계획(environmentally sustainable transport planning)을 기술개발과 수요관리를 통해 달성하기 위한 조처를 전개하고 있는데, 목표연도인 2030년에는 다음의 특징을 나타낼 것으로 전망하고 있다(Eppel, 1999: 51~52).

1) 교통수단의 연료로 전기가 보다 효율적으로 사용될 것이다.

2) 사람과 화물의 이동필요성을 줄이기 위해 취락형태의 변화를 최소화한다.

3) 승객과 화물교통의 발생을 억제하기 위해 원격통신의 사용이 증대된다.

4) 생산의 지역화는 화물의 장거리이동을 줄이고, 재화의 이동도 줄이게 된다.

5) 보다 낮은 교통과 환경적으로 지속가능한 개발을 위해 공공교육캠페인을 계속한다.

Ⅱ. 정책방향

1. 환경교통관리

자동차교통을 억제하고 보행 및 자전거교통의 문제를 피하기 위해 여러 방안들이 검토되고 있는데, 지구수준(area-wide)의 교통억제정책과 도시수준(city-wide)의 자동차교통억제를 위한 관리정책이 추진되고 있다. 전자의 예는 화란의 교통진정지역(traffic calming area), 부케난(C. Buchanan)의 환경지역(Environmental area) 제안 같은 것이고, 후자는 환경교통관리(environmental traffic management) 조치를 들 수 있다(Tolley, 1990 : 27~28).

환경교통관리(環境交通管理)는 하부구조개선작업을 공간 · 경제 · 법률 · 심리, 그리고 교육적 접근과 통합하는 급진적 접근방법이다(Tolley, 1990: 28). 이는 다른 교통수단을 변경하여 자동차교통을 감소시키려 하는 교통계획의 새로운 접근방법이다. 환경교통관리의 달성을 위해서는 보행교통장려 · 자전거교통장려 · 대중교통촉진 · 자동차의 교화, 그리고 통행감소도시계획의 5가지 원칙이 중요하다(Tolley, 1990 : 29). 이 중에서 보행과 자전거교통의 이용의 제고가 중심적인 위치를 차지하고 있으며, 다음에 대한 고려도 요구된다.

첫째, 많은 자동차교통, 특히 쇼핑과 통근교통은 대중교통으로 전환해야 한다.

둘째, 대중교통지지정책을 위해 자동차를 요구하는 공간을 줄이고, 속도도 제한하는 전략의 수립이 요구된다.

셋째, 통행을 줄이는 도시계획이 필요한데, 분산적 정책보다 집중적 정책의 중요성이 증대되고 있다.

2. 교통체계관리

교통관리기법은 초기의 교차로개선 · 신호주기조정 · 도로시설물관리 등

표 3-3 TSM 기법

범 주	기법(예)	
1. 차량유동개선	• 교차로신호체계개선 • 가변차선 • 고속도로진입억제방안 • 교통연동화	• 일방통행로 • 노외하역 • 노상주차제거 • 버스승강장재배치
2. 고점유차량의 선별처리	• 버스와 카풀차량노선 • 교통신호선점버스	• 버스와 카풀차량접근램프 • 통행료정책
3. 첨두교통축소	• 업무시간재조정 • 혼잡비	• 첨두시 화물차량제한
4. 주차관리	• 주차규제 • 역세권주차시설	
5. 자동차사용제한	• 자동차 함께 타기 • 인력교통수단	• 자동차제한지역
6. 대중교통개선	• 대중교통마케팅 • 대중교통터미널 • 교통서비스의 통합	• 대중교통요금정책 • 안전조치
7. 대중교통관리 효율화조치	• 노선평가 • 교통체계성과평가	• 차량모니터링

자료 : Levy, 1997 : 220에서 재구성.

과 같은 교통공학적인 단기적 기법에서 장기적이고 체계적인 교통체계관리기법(交通體系管理技法)으로 바뀌어 오고 있다(원재무, 1995 : 752). 〈표 8-3〉은 교통체계관리(Transportation System Management : TSM)와 관련된 일련의 기법을 제시한 것이다(Levy, 1997 : 219～220).

Ⅲ. 정책수단

친환경적인 교통정책은 대중교통수단이 중심이 되며, 보행이나 자전거와 같은 녹색교통수단의 이용을 활성화하려는 지속가능한 교통정책이다(서울 시정연, 1995 : 217). 이를 위한 실천방안으로 쾌적하고 안전한 보행, 자전거이용증대, 대중교통우선정책, 교통진정화정책, 그리고 수요관리중심의 교통정책의 5가지로 나누어 고찰하기로 한다(EGUE, 1996 : 178～190; 서울 시정연, 1995: 218～220).

1. 쾌적하고 안전한 보행교통환경조성

도보가 일상생활에서 중요한 역할을 하지만, 현재의 교통정책에서는 이를 무시 또는 경시하는 경향이 있기 때문에 보행을 지지하는 정책의 필요성이 제기되고 있다. 도보교통의 문제는 열악한 시설, 도보에 대한 인식부족, 자동차교통에 대한 사고위험증가 때문에 어려움을 겪고 있다(Tolley, 1990 : 22). 따라서 보행의 위험을 줄이기 위해 분리된 보행도(footpath), 정비된 노면, 그리고 장애의 제거가 요구된다(Tolley, 1990 : 15). 즐거운 보행과 매력있는 공간이 되도록 정취 있는 가로를 조성하고, 보행자쉼터 등 편의시설을 계획적으로 설치해야 한다.

유럽의 많은 도시들은 자동차사용을 줄이거나 자동차를 강조하지 않는 도시개발이 되도록 하며, 대신에 주민들에게 매우 매력적인 도보환경을 창조하는 여러 조치를 취하고 있다(Beatley, 2000 : 137). 자동차 없는 도시(car-free cities)를 만들기 위한 도로망을 구성하거나, 자동차가 없거나(car-free) 제한(car-limited)하는 도심을 만들고 있다. 근린도로를 보다 안전하고 조용한 보행자환경으로 만들기 위해서도 크고 작은 여러 조치들이 취해지고 있다(Beatley, 2000 : 140). 근린에 자동차진입을 제한하기 위해 좁고 요철(凹凸)의

도로를 만들거나 또는 나무를 심거나 말뚝을 박는 조치 등을 시행하고 있다. 많은 도시들이 시속 30km지역을 지정하고 있다. 특히 자동차가 보행자의 도보속도보다 빠르지 않도록 설계된 도로를 주거지역에 지정·운영하는 제도가 네덜란드(woonerf)와 영국(home zone)에서 시행되고 있다(Beatley, 2000 : 142～143).

유럽의회에서는 1988년에 「보행자권리헌장」(European Charter of Pedestrians' Rights)을 제정하여 안전하고 쾌적한 환경 속에서 도보교통이 이루어질 수 있는 구체적인 원칙과 방향을 제시하고 있다(Tolley, 1990 : xvi～xvii). 자동차교통이 중심이 되는 도시에서 인간의 존엄을 회복하고 자연의 감내범위 내의 도시교통이 이루어질 수 있는 보행자교통이 우선시되는 보행자도시(pedestrian town)의 건설방안도 제기되고 있다.

자동차위주의 도로망과 도시패턴에 익숙해 있던 미국에서도 보행환경개선의 노력을 기울이고 있다. 메사추세츠주정부는 1998년 안전·편리·연속적인 보행네트워크구축을 위한 계획과 전략을 수립하면서 시설개선접근과 함께 행태적 접근방안을 제시하고 있다(지우석·한명희, 2000 : 31～35). 시설개선은 차량속도저감, 차도로부터 보행공간의 격리, 잦고 짧은 횡단거리, 보도의 질 개선 등의 정책이다. 행태적 접근은 홍보·교육·법에 의한 강제유도, 인센티브 활용 등이다.

2. 자전거이용제고

자전거교통은 구입·운영이 저렴하고, 신속한 집간 연결교통수단이며, 자동차에 비해 효율적으로 공간활용이 가능하고, 환경친화적인 장점을 가지고 있다(Tolley, 1990 : 22; Hulsmann, 1990 : 219～220; Cullingworth and Nadin, 1997 : 272). 특히 자전거처럼 환경친화적인 교통수단은 거의 없다. 대기오염도 없고, 상대적으로 좁은 공간을 차지하며, 노소(老少)가 거의 비용 없이 이용할 수 있고, 이용자에게 물리적인 운동을 제공한다(Beatley, 2000 : 166). 그러나 자전거이용자는 위험하고, 모든 도로에서 자신만의 교통로를 확보하지 못하고 있다(Cullingworth and Nadin, 1997 : 272).

우리나라에서는 자전거이용활성화를 위해 「자전거이용활성화에 관한 법률」(1995)이 제정되어 자전거이용시설의 설치·유지관리 및 자전거도로의 이용방법 등에 관한 내용을 규정하고 시장 · 군수는 자전거이용시설정비계획을 수립 · 시행하도록 규정하고 있다(법 제5조). 자전거이용을 제고시키기 위해서는 자전거전용도로망의 확충, 자전거도로를 대중교통연계수단으로 활용하고, 지구교통사업 또는 도로정비사업시 자전거도로 도입을 의무화하며, 교통사고를 줄이기 위해 자전거이용에 관한 조례를 제정하는 방안 등을 검토해야 한다.

독일에서는 1979년부터 '자전거친화도시'(bicycle-friendly towns) 프로젝트를 시행하고 있다(Hulsmann, 1990 : 221~229). 자전거친화도시에서는 대체로 자전거의 가치와 적법한 이동유형으로서 보는 자전거타기문화(bike-riding culture)의 함양이 중요하다(Beatley, 2000 : 183).

3. 수요관리중심의 교통정책

교통혼잡은 교통수요에 비해 교통시설의 공급이 부족한 데서 발생한다. 따라서 교통문제해결방법도 시설을 확충하든지, 교통수요발생을 억제하거나 교통시설과 공급을 조절하여 균형을 이루게 하는 방안으로 구분할 수 있다. 그러나 한정된 투자재원을 고려할 때 시설확충보다 교통수요조절을 통해 균형적인 교통체계를 유지하는 방안이 현실적으로 바람직하다.

교통수요관리(交通需要管理)란 통행자통행형태의 변화를 통해 교통수요를 조절하는 것으로 보다 많은 사람들을 자가용승용차 교통수단에서 대중교통수단으로 옮겨 가게 함으로써 교통혼잡을 완화시키고자 하는 것이다. 이러한 교통수요관리방안은 매우 다양하여 토지이용규제, 교통영향평가의 기준강화 및 대상지역확대, 개발부담금 및 교통유발부담금의 징수 등을 포함하며, 또한 정부의 자동차관련세제 · 보험료징수 · 운전면허정책까지도 포함된다.

4. 교통진정화정책

교통진정화(traffic calming)는 자동차교통의 부정적 효과를 줄이기 위한 조치와 관련된다. 이는 좁은 의미에서는 속도제한 · 주차제한 · 보행자화조치와 관련된 것이고, 광의로는 자동차여행의 필요성을 줄이기 위해 설계된 차량과세와 토지이용을 포함한 전체적인 교통정책과 동일하다(Cullingworth and Nadin, 1997 : 273~274; Beatley, 2000 : 139~140).

많은 교통진정화방안(交通鎭靜化方案)의 주요 단점은 기본적으로 그 개념과 운영이 지방적이라는 데 있다(Cullingworth and Nadin, 1997 : 274). 종합적인 교통정책이라기보다는 지방거주자들의 반응에 초점을 두고 있다. 결과적으로 일정지역의 진정화효과는 문제를 다른 지역으로 옮기는 결과를 가져온다(Cullingworth and Nadin, 1997 : 274).

〈표 8-4〉는 도로유형에 따라 당면하고 있는 문제점과 교통진정화를 위해 고려할 수 있는 조치들을 기술하고 있다.

표 8-4 도로유형별 교통진정화조치(독일)

도로유형	문 제 점	진정화조치
간선도로	• 높은 교통밀도, 많은 화물차 • 보행자, 자전거 통행환경열악 • 사회공간으로서 도로기능상실 • 도로횡단문제 • 과속 • 주차문제	• 가변신호제 • 보행로주차금지제 • 보행자, 자전거우선횡단지역 • 자전거로 건설 • 보행자안전대기공간
집 · 분산도로	• 높은 교통밀도 • 과속 • 도로횡단문제 • 자전거안전문제 • 불법주차문제	• 속도제한, 도로단절, 추월금지 • 저속교통을 위한 다목적차선구축 • 보행로확대, 횡단도로의 요철화 • 보행자와 자전거산책로건설 • 도로에 녹지공간조성 · 가로장식물설치
주거지도로	• 높은 교통밀도 • 도로횡단문제 • 주차문제 • 불충분한 자전거로와 보행로 • 불충분한 공간녹지	• 속도제한, 도로단절, 추월금지 • 회전기회축소, 화물차금지 • 도로요철화, 보행로확대 • 유희공간조성, 일방통행로

자료 : Whitelegg, 1990 : 78에서 재작성.

5. 대중교통우선정책

대중교통(public transportation)은 일반대중을 대량수송하는 교통을 말한다. 자가용승용차의 증가에 따라 대중교통체계의 이용이 감소되고 있다. 때문에 대중교통체계는 수익성이 적고, 따라서 서비스수준도 낮아지고 있다. 따라서 대중교통은 정부기관의 보조금에 의해 사회적으로 혜택을 받지 못한 노약자와 빈곤층의 이동성을 보장하고, 혼잡지역에 대한 대안적 통근수단으로 그 위치를 확보하고 있다(Murray, 2001 : 177).

최근에 대도시주민들은 새로운 도로의 개설보다는 대중교통의 개선을 선호하는 경향이 있다. 개선된 대중교틍은 자동차교통을 감소시켜 거리의 혼잡을 줄일 수 있다고 생각한다. 이는 또한 환경주의자들에게는 대기질과 연료소비의 이유 등으로 이를 선호하게 한다. 이는 도시설계에 있어 자동차교통을 위한 설계보다는 보행자친화적인 밀집된 토지이용패턴을 유도하는 대중교통에 관심을 갖게 한다(Levy, 1997 : 217). 대중교통은 수단별로 장단점에 차이가 있다(원재무, 1995 : 321～322). 지하철이나 전철은 건설비가 많이 소요되는 데 비해, 대량성 · 저렴성 · 안전성면에서 우수하다. 버스는 건설비가 필요없는 장점이 있으나 다른 차량과 같이 노면 위를 운행하므로 신속성이 미흡하다. 택시는 기동성 · 쾌적성의 장점이 있으나, 요금이 비싸고 대량성이 부족하다.

대중교통서비스의 기능을 달성하기 위해서는 보다 효과적인 가격구조, 개선된 안락성(travel comfort), 보다 나은 서비스의 적합성과 편의성, 교통시간의 단축, 그리고 서비스에 대한 접근성개선이 요구된다(Murray, 2001: 178).

대중교통이용촉진을 위해 버스전용차선제, 버스우선신호제, 환승체계의 개선, 통근버스의 운영, 다인승차량우선 통행방안 등이 사용되고 있다. 그리고 중요한 것은 교통수단간에 상호보완이 될 수 있도록 투자와 노선을 조정하는 것이 필요하다.

자동차교통을 줄이고 대중교통을 지원하기 위해 화란정부에서는 A-B-C 입지정책을 시행하고 있는데, 이는 대중교통이용을 촉진하기 위해 대형 공공시설과 상업활동의 입지를 조율하는 제도이다(Beatley, 2000 : 112～113). 즉 A-입지는 제한된 주차시설 때문에 자동차로는 용이하게 접근하기 어려운 철도역에 인접한 도심지역의 대중교통입지를 말한다. B-입지는 교외철도역이나 다른 양질의 대중교통수단과 근접하여 자동차와 대중교통으로 쉽게 접근할 수 있는 대중교통입지이다. C-입지는 지하철과 직접 연결되고 대중교통으로 접근하기는 어려움이 있는 도시외곽의 위치를 말한다. 입지유형에 따라 주차면적의 기준을 제한하여 대중교통의 이용을 촉진한다. 병원이나 공공건물은

A-입지에 위치하여 대중교통으로의 접근을 권장한다. 민간기업은 보다 넓은 주차장이 요구되는 자동차지향입지를 허용한다. 이 정책은 기본적으로 고밀도도시개발전략이다.

제 9 장

공원녹지계획

제1절 개 요

Ⅰ. 의 의

1. 개 념

도시녹지(都市綠地)란 광의(廣義)로는 하천 · 산림 · 농경지까지를 포함한 개방공간(open space) 또는 녹화된 공간 전부를 일컫는다(토개공, 1993: 11; 국토학, 1977: 304). 협의(狹義)로는 공원녹지를 쾌적한 도시환경을 조성하고, 시민의 휴식과 정서함양에 기여하는 공간 또는 시설을 말한다〔「도시공원 및 녹지 등에 관한 법률」(이하 "법") 제2조 제1호〕.

최근에 도시녹지공간에 대한 관심이 높아지고 있는데, 이는 도시화와 도시성장에 따라 주택지 · 공업지 · 교통용지 등에 대한 수요증대에 따라 도시녹지공간은 점차 감소되고 있기 때문이다. 이에 따라 도시환경의 쾌적성을 점검하는 지표의 하나로 녹지공간의 확보상태를 조사할 정도에 이르렀다.

2. 중 요 성

역사적으로 여러 도시학자들에 의해 제시된 이상도시(理想都市)의 모습은 시대적 배경과 도시문제의 내용에 따라 각각 상이한 모습으로 제시되고 있으나, 공통적인 특징의 하나는 자연과 녹지의 중요성을 강조했다는 점을 들 수 있다. 꼬르뷔제(L. Corbusier)의 「빛나는 도시」는 고밀도개발을 통한 녹지공간의 확보방안을 모색했고, 하워드(E. Howard.)의 「전원도시」에서도 저밀도개발을 통한 녹지와의 융화를 추구했다.

기존도시개발에 있어서도 공간녹지의 중요성을 각국에서 강조하였다. 프랑스에서는 오스망(Hausman)의 「파리개조계획」의 특징은 가로망계획과 개방공간에 있었다. 미국에서 번함(D. Burnham), 옴스테드(F. Olmsted) 등에 의해 진행된 도시미운동(city beautiful movement)도 그 핵심은 도시녹지공간의 계통화에 두었다. 영국에서는 하워드(E. Howard)의 전원도시의 개념을 바탕으로 언윈(R. Unwin,), 아버크롬비(P. Abercrombie) 등에 의해 제시된 런던주변의 그린벨트안은 녹지의 중요성을 인식한 도시계획적 접근으로 이해할 수 있다.

3. 공간관념의 변화

도시형성에 있어 특정한 공간에 대한 공동인식이 중요한 역할을 해 왔다. 군사적 · 경제적 또는 기술적 요인만큼이나, 무엇이 사람을 평안하거나 불편하게 만드는가 하는 심리적 인식은 폐쇄공간과 개방공간의 상대적 배열에 영향을 주어 왔다. 공간에 대한 관념은 시간에 따라 변화해 왔다. 중세의 도시는 성(城)으로 둘러싸여 농촌지역과 차단되어 있어 공간은 필연적으로 폐쇄되어 있었다. 르네상스는 인간에게 외면적 목표에의 이동감각을 창조했으며 원근법의 발견은 먼 지평선까지의 조감을 자극했다. 바로크시대의 새로운 건축은 공간의 확산을 가져왔고 내파(內破)에서 외파(外破)로 가져왔다. 현대에 들어 신기술과 교통통신의 발달은 인간이 광범하게 분산하여 활동할 수 있도록 했다.

최근에 미국사회에서는 도시공원과 개방공간에 대한 관점의 변화가 나타나고 있다(Gold, 1978 : 447～448).

1) 환경 · 여가 · 노동에 대한 사고의 변화에 따라, 물리적 건강 · 생활의 질에 대한 관심과 함께, 도시에서의 여가시간과 장소에 대한 새로운 견해가 등장하고 있다.
2) 자원의 제약을 인식하고, 현존자원의 합리적 사용에 관심이 증대되고 있다.
3) 주민과 함께 하는 개발의 중요성이 강조되고 있다.

4) 인간개발을 유도하는 위락의 기능과 역할이 중시되고 있다.
5) 민간부문의 참여를 통한 여가공간개발의 필요성이 중시되고 있다.
6) 모든 계층을 위한 공원 · 녹지의 조성 · 공급이 중시되고 있다.

4. 관련법 정비

도시공원과 녹지와 관련된 단일법인 「공원법」은 1967년에 제정되어 자연공원과 도시공원을 수용하는 근거를 제공하다가, 1980년에 「자연공원법」과 「도시공원법」으로 분리되었다. 「도시공원법」은 2005년 3월 31일에 「도시공원 및 녹지 등에 관한 법률」로 전면 개정하여(시행일 : 2005년 10월 1일) 오늘에 이르고 있다.

Ⅱ. 기능과 분류

1. 기 능

공간녹지의 기능과 역할에 대해 대체로 도시개발형태유도 · 환경보전 · 생산기능 · 위락기능, 그리고 방재기능의 5가지로 정리할 수 있다(Satterthwaite and Marcou, 1968 : 187; 日笠 端, 1988 : 165; 도시계획연구회, 1994 : 60~64; 内山正雄, 1996 : 58; 조경공사, 1976 : 377; 황기원, 1991 : 131; 신동진 · 진영효, 1995 : 20~21).

(1) 도시개발형태유도

공간녹지의 규모 · 성격 · 위치와 형태는 현재와 미래의 도시개발에 중요한 영향을 준다. 도시지역에서의 공원녹지의 입지는 근린주구환경은 물론, 부동산가치에도 영향을 주어 전체적으로 도시의 성장 · 발전에 큰 영향을 미치게 된다(황용주, 1986 : 356~357). 특히 도시외곽에의 공간녹지의 존재는 도시의 무질서한 외연적 확대를 방지하고, 시가지의 팽창을 저지하는 개발제한적 성격을 함께 갖고 있다. 따라서 공간녹지는 도시의 양호한 생활환경을 구성하여 커뮤니티의 가치와 안전성을 증진하는 역할을 수행할 뿐만 아니라 장래개발에 대한 유보지적 역할을 하게 되어 전체적으로 도시개발과 성장형태를 유도하게 된다.

(2) 환경보전

공간녹지는 공기, 물, 토양, 동 · 식물 같은 자원으로 이루어져 도시생태계보전 · 미기후(微氣候) 조절 · 공해방지 · 완충효과 등으로 도시의 자연환경과 경관을 보전하는 기능을 수행한다. 대부분의 도시에서 에너지소비량의 증대, 분진 등에 의한 온실효과, 건축지의 증가에 따른 열전도율의 증대 등에 의해 시가지의 표면온도가 상승하여 열섬(heat island)을 형성하게 된다. 그러나 녹지의 존재는 복사열의 흡수, 일조의 완화 등으로 미기후를 개선하는 효과를 가져온다. 그리고 녹지의 공해에 대한 효과는 탄소동화작용에 의한 대기오염정화와 소음진동의 차단 · 흡수· 완충효과로 요약할 수 있다.

(3) 생산기능

공간녹지는 농경지 · 산림 · 임야 등 자연녹지가 주요한 구성부문이기 때문에 이의 경제적 의미는 상당하다. 즉, 생산녹지로서 농경지는 농산물, 삼림지는 임산물을 생산하는 공간으로 활용한다. 수려한 자연경관과 역사적 시설물이 위치한 공간들은 관광객을 유인하는 자원으로 활용할 수 있다. 이러한 공간녹지의 생산기능은 고용과 소득에 긍정적인 영향을 가져온다.

(4) 위락기능

시민의 보건 · 휴양 및 레크레이션을 제공하는 공간으로서 공간녹지는 위락성 · 쾌적성의 관점에서 긍정적인 인간의 욕구를 충족시킨다. 녹지의 존재는 심리적 안정감을 주고, 계절에 따른 독특한 경관을 형성하여 도시주민에게 심리적 안정감 · 긍지 · 인간성 · 향토애를 갖게 한다. 전통적으로 공원은 보양적(혼잡에 대한 목가적인 대항점) 성격과 치유적(도시생활의 긴장의 완화) 성격의 양면을 갖고 있다(Garvin, 1996 : 30).

(5) 방재기능

도시공원은 수목과 공한지의 확보에 의하여 도시의 안전성을 향상시키는 시설이다. 이는 공공재해를 억제하거나 방지하는 효과와 재해시에 대피기능과 화재의 연소방지기능을 갖는다.

2. 분 류

공간녹지(空間綠地)는 여러 기준에 의해 분류할 수 있다. 엘리오트(C.

Eliot)는 수행기능(遂行機能)에 따라 서비스를 위한 공간녹지와 구조를 위한 공간녹지로 구분하였다. 탄켈(S. B. Tankel)은 사람들의 인지여부(認知與否)에 따라 사람들이 일상생활에서 알고 있는 공간녹지와 잘 알지 못하는 공간녹지로 구분했다. 전자에 속하는 것은 활용되는 공간녹지(레크레이션용지 · 유통공간), 식별되는 공간녹지(관망되는 공간녹지), 느껴지는 공간녹지(프라이버시차단)로 구분된다. 후자에 속하는 공간녹지는 도시를 지탱하는 공간녹지(방풍림 · 비행기활주로), 도시개발패턴을 형성하는 공간녹지(장래유보지)로 구분하고 있다(황용주, 1983 : 357~359).

개방공간(開放空間)이란 광의로 건물이나 구조물로 사용되지 않는 공간으로, 개발의 대상지이다(Satterthwaite and Marcou, 1968 : 185). 즉, 도시공간은 건축지(建築地)와 비건축지(非建築地)로 나눌 수 있다. 비건축지는 교통용

그림 9-1 개방공간의 분류

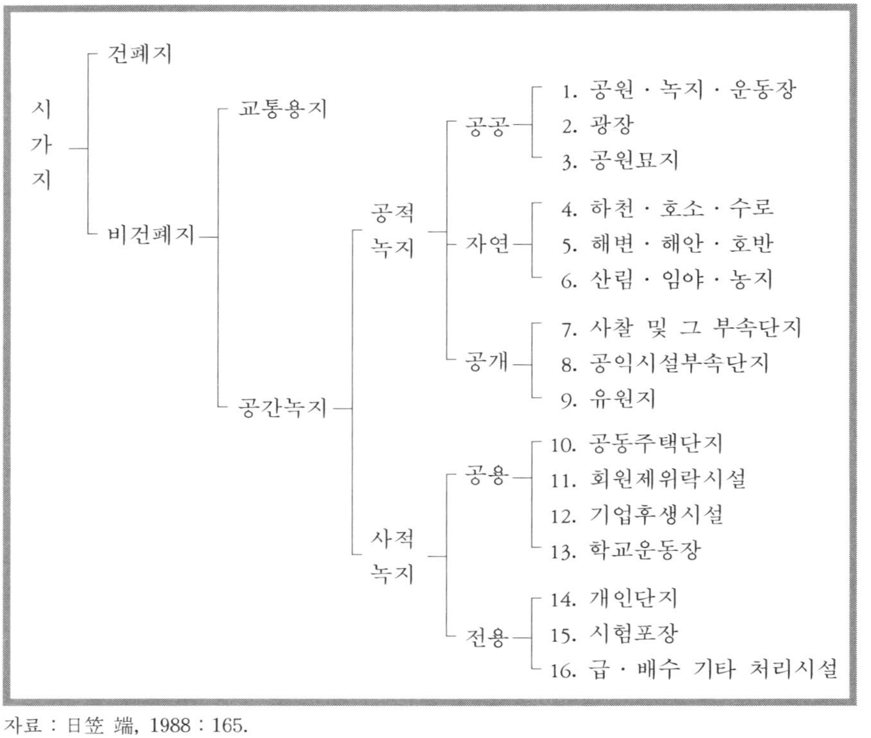

자료 : 日笠 端, 1988 : 165.

지와 공간녹지로 세분할 수 있다. 따라서 공간녹지(空間綠地)란 비건축지 중 교통용지를 제외한 공간을 지칭하는 말이다. 공간녹지는 공적 녹지와 사적 녹지로 구분한다. 공적 녹지(公的綠地)는 공공녹지 · 자연녹지 · 공개녹지로 나뉘어지고, 사적 녹지(私的綠地)는 공용녹지 · 전용녹지로 구분된다(〈그림 9-1〉 참조).

「도시공원 및 녹지 등에 관한 법률」에서는 공원녹지를 도시공원 · 녹지 · 유원지 · 공공공지 및 저수지, 도시자연공원구역, 식생이 자라는 공간, 기타 공간 또는 시설을 지칭하고 있다(법 제2조 제1호).

Ⅲ. 계획의 의의

1. 개　　념

공원녹지계획은 공원과 녹지를 조성 · 개량 · 정비하는 도시계획 시설계획이다(국토학, 1991, 294) 공원녹지계획의 목적은 생활의 질과 도시환경을 개선하는데 있으며, 보다 좋고, 건강하고, 즐겁고, 매력적인 도시환경을 창조하여 인간의 복지를 극대화하는데 있다(Gold, 1980 : 10).

공원 · 유역 · 관광 · 보전, 그리고 쾌적에 대한 계획은 단일기능으로 수행하기 어렵다. 더욱이 공간녹지계획은 지역사회 · 도시 · 지역 · 국가와 관련된 토지이용 · 경제 · 사회 · 교통 등의 고려사항들을 모두 통합한 계획적 접근이 요구된다(Satterthwaite and Marcou, 1968 : 185).

2. 목　　적

공원녹지계획 수립의 목적은 다음과 같이 정리할 수 있다(內山正雄, 1996 : 56).

① 아름답고 특색있는 경관의 창출
② 도시 형태의 규제, 유도
③ 안전하고 건강한 도시 환경의 확보
④ 옥외 레크레이션 공간의 제공
⑤ 도시 내에 부족한 자연의 제공
⑥ 이들을 통한 향토 의식의 함양과 인간성의 회복

제 2 절 개발계획

Ⅰ. 계획과정별 활동

1. 목표설정

공원녹지계획의 목표설정을 위해서는 도시의 장기적 목표는 무엇인가, 어떤 생활유형을 바라는가, 소비자 특히 시민들은 무엇을 원하는가, 어떻게 자원을 보다 효과적으로 이용함으로써 인간진보에 보다 긍정적으로 기여할 수 있을 것인가 등에 대한 검토작업이 선행되어야 한다. 이러한 과업들은 도시개발과정에 영향을 주는 사회·경제·물리적 요인의 다양성에 대한 사려 깊고 심층적인 분석에 의해 달성될 수 있다. 이러한 노력이 모든 계획에서처럼 공간녹지계획에서도 제 1 차적인 과업이다. 공원녹지계획의 목표는 기본적으로 도시기본계획과 도시관리계획에서 제시하고 추구하고 있는 기본목표의 달성을 위한 하위수단으로서의 의미를 갖고 있다.

공원녹지계획의 목표설정과 관련하여 공간녹지개발의 기본전략은 다음과 같이 설정할 수 있다(황기원, 1991 : 146~147).

1) 이용자중심의 공원개발　보는 공원에서 사용(使用)하는 공원, 시설조성에서 서비스제공 위주로 전환, 대공원 위주에서 근린중심의 공원개발조성, 그리고 시민참여에 의한 개발이 되어야 한다.

2) 효율적·자율적·행정적 체제의 구축　공원녹지관리기구의 개선과 전문인력의 양성, 개발재원의 충분한 확충과 지속적 투자, 그리고 능률적·체계적인 녹지관리체계구축이 요구된다.

3) 균형개발　자원결핍지역에 공원을 우선 개발하고, 어린이·저소득층의 수요에 높은 우선순위를 부여하여 지역별·계층별로 균형되고 쾌적한 삶이 이루어지도록 한다.

4) 자원의 효율적 이용　단일목적의 공원보다 다목적공원의 개발, 새로운 공원조성보다는 기존공원의 활용도를 제고하는 방안강구, 기존시설의 개선 확충, 그리고 녹지공간개발과 시설설치에 민간자본의 적극참여를 유도해야 한다.

2. 자료의 수집 · 분석

공원녹지계획을 수립함에 있어서도 도시의 공원녹지와 관련된 실태를 파악하고, 이를 바탕으로 미래를 예측하기 위해 자료의 수집 · 분석이 중요한 과제이다. 계획수립의 기본자료는 자연자원 · 인간욕구, 그리고 제도적 구조에 대한 자료로 범주화할 수 있다.

1) **자원조사분석** 계획하고자 하는 지역의 자원 — 물 · 땅 · 공기 — 의 수용력에 관한 항목의 확인과 분석은 이 단계에서의 첫번째 작업과제이다. 이 작업은 지질 · 산림 · 수문 · 식물 · 생태 · 지리, 그리고 토양학 등 여러 관련 학자들과의 학제적 연구가 요구된다. 이 분석은 자원의 양과 질, 현재와 잠재적 이용, 경제적 가치, 위락적 기능, 그리고 쾌적성에 대한 연구를 포함한다.

2) **주민의 욕구분석** 주민의 필요 · 동기 · 바램, 그리고 관습에 대한 연구를 바탕으로 해서 어떻게 물리적 자원을 최대한 이용할 수 있을 것인가, 위락적 요구를 충족할 수 있을 것인가, 긍정적인 경제적 기능을 촉진할 수 있을 것인가 등을 결정할 수 있다. 어떤 유형의 환경을 원하는가, 어떤 종류의 위락을 원하는가를 확인할 수 있는 자료의 확보가 요구된다.

3) **제도적 측면분석** 공원녹지의 조성 · 운영 · 관리를 위한 행정체계와 지원체계에 대한 자료의 수집 · 분석이 요구된다.

3. 수요추정

공원녹지의 필요면적은 녹지의 질, 녹지에 대한 주민들의 인식수준, 도시의 경제 · 사회 · 자연적 여건, 특히 공해와 재해의 발생상황, 국민의 자연보호에 대한 전통적인 사고방식과 기술 등에 따라 변화하는 것이다(강기택, 1980).

공원녹지의 수요산정방식(需要算定方式)은 기능배분방식 · 생태학적 방식 · 인구기준원단위적용방식 · 공원이용률적용방식, 그리고 생활권별 배분방식으로 구분할 수 있다(황기원, 1991 : 150~153).

기능배분방식(機能配分方式)은 도시전체면적을 도시의 기능별로 적정비율을 설정하여 배분하는 방법이다. 생태학적 방법(生態學的 方法)은 도시민의 일상생활에 필요한 산소의 공급원으로서 요구되는 녹지면적을 기준으로 산정하는 방법이다. 예를 들면 일본의 한 생태학자는 1인당 $40m^2$를 제시하고 있다. 이 지표를 공원녹지계획의 지표로 활용하는 데는 제약이 있으나, 공원녹지의 중요성을 강조하는 점에서 시사하는 바가 크다.

인구기준원단위방식(人口基準元單位方式)은 도시민 1인당 요구되는 면적을 바탕으로 공간녹지를 산정하는 방식이다. 이 방식은 총량적 측면에서 도시개발단계별로 공급지표를 설정·제시하는 편리한 방식이다. 그러나 이 방식은 적정원단위를 합리적으로 설정하기 어렵고, 인구밀도가 조밀한 대도시에서 적용하는 데에 한계가 있다.

공원이용률(公園利用率)에 의한 방법은 공원유형별 이용률을 감안하여 산출한 공원유형별 수요를 바탕으로 전체공원면적을 산정하는 방법이다. 이 방법은 수요에 의해 요구되는 면적을 산정하기 때문에 합리적이나, 이용률·활동면적산출에는 면밀한 조사가 요구된다.

$$P = \sum \frac{N_i * A_i * S_i}{C_i}$$

여기서 P : 공원수요량
N_i : 공원종류별 1일 이용인구
A_i : 공원종류별 시간당 이용률
S_i : 공원종류별 이용자 1인당 활동면적
C_i : 공원종류별 유효면적률

생활권(生活圈) 단위별 산정방법은 생활권계층별로 요구되는 공간녹지를 산정하는 방법이다. 이 방법은 공원면적을 지역별·유형별로 적절히 배분하여 지역별로 평형된 서비스를 제공하는 장점이 있다.

4. 공간배치

(1) 배치시 고려사항

도시공원을 설치함에 있어서는 각 도시공원이 지니고 있는 각기 다른 기능이 상호보완적으로 발휘될 수 있도록 당해 도시계획구역 전반에 걸친 환경보전계통, 일상권 또는 주말권의 휴양·오락계통과 재해방지 및 공해완화를 위한 녹지계통 등 도시의 녹지공간계통을 종합적으로 검토하여 도시공원의 분포에 균형이 이루어지도록 하여야 한다.

공원을 조성배치할 때에는 접근성·안전성·쾌적성·편익성·시설적지성을 고려하여야 한다(신동진·진영효, 1995 : 23~24). 접근성(接近性)은 이용자가 대중교통수단에 의해 용이하게 접근하여 이용할 수 있도록 도로망이 구축되어야 하고, 승용차이용자를 위해 충분한 주차공간도 확보해야 함을 의미한다. 안전성(安全性)은 이용자의 접근과정에서의 차량통행으로부터의 안전성 확보, 공원시설이용시 안전사고방지, 범죄로부터의 안전 등을 의미한다. 쾌적성(快適性)은 양호한 자연환경을 확보하여 이용자에게 쾌적감을 줄 수 있어야 한다. 편익성(便益性)은 필요한 각종 편익시설들이 일상이용권과 쉽게 연계되도록 한다. 시설적지성(施設適地性)은 도입한 공원시설을 충분히 받아들일 수 있는 여건을 확보해야 한다.

그림 9-2 공간녹지의 배치유형

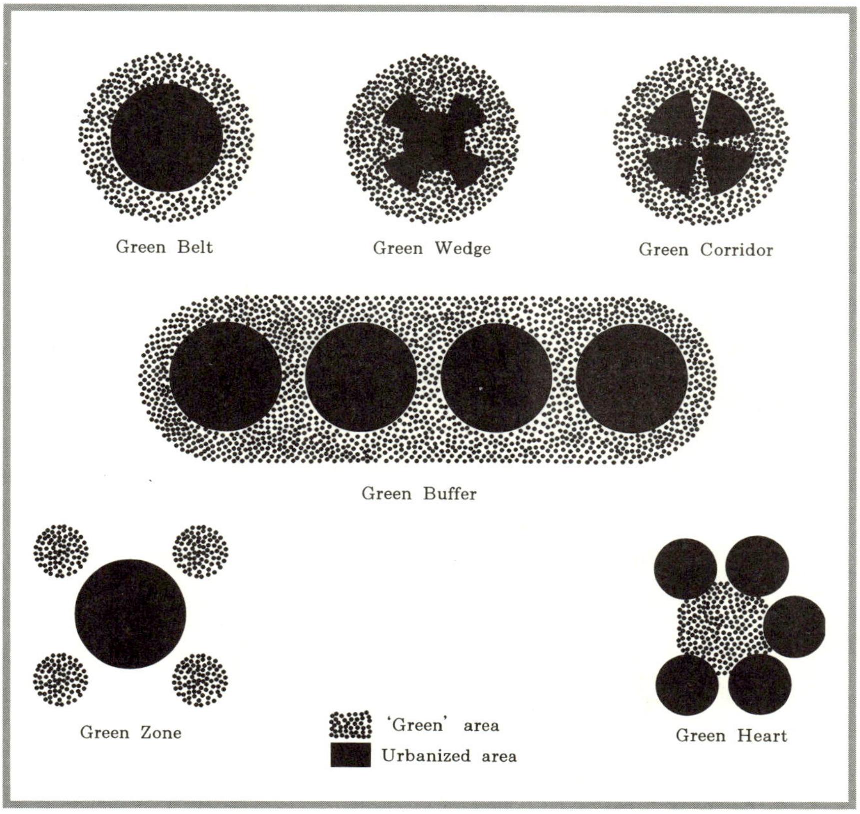

자료 : Burthenshaw, 1981 : 193.

(2) 구성체계

공간녹지의 배치형식(配置形式)은 환상형(green belt) · 선형(green wedge) · 회랑형(green corridor) · 차단형(green buffer) · 지구형(green zone) · 중심형(green heart) 등으로 구분할 수 있다(Burthenshaw, 1981 : 193; 日笠 端, 1988 : 168; 황용주, 1986 : 390; 한근배, 1990 : 68). 패턴의 선택은 도시의 입지여건 · 발전상황에 따라 적정하게 선택해야 한다(〈그림 9-2〉 참조).

5. 집행관리

(1) 공간의 확보

공원녹지의 취득과 통제를 위한 방안은 취득 · 규제 · 과세조치들로 구분할 수 있다. 공공기관에 의한 토지의 취득(取得)은 매입 · 기부 · 몰수 등의 방법을 통해 토지의 전부 또는 일부를 수행할 수 있다. 규제적(規制的) 수단에 의해서 개방공간을 획득하는데 주로 사용하는 방법은 지역지구제 · 세부분할통제 등이 있다. 과세(課稅)는 저밀도개발을 유지하여 개방공간의 특성을 견지하는 데 도움을 주는 수단의 하나이다. 과세는 개방토지를 미개발상태로 유지하도록 하는 것은 물론 개발결정에도 영향을 미치는 요인이다. 많은 지방정부는 조세감면, 조세연기, 상이한 조세율적용, 평가의 보류 등의 방법을 활용한다.

신도시를 제외한 대부분의 기존도시에서 도시계획구역 내에 시가화가 많이 진행된 상황에서 공원녹지조성을 위한 공간을 확보하는 것은 대단히 어렵다. 그리고 도시계획에 의해 다른 용도로 지정활용되고 있는 토지를 용도변경하여 공원녹지로 변경하는 것도 대단히 어렵다. 이러한 여건에서 필요한 공원녹지공간을 확보하기 위해서는 다음의 조치가 요구된다(황기원, 1991: 155~156). 기지정된 공원녹지의 전용 · 해제를 규제하는 한편, 각종 도시개발사업시 공공용지에 공원녹지의 조성기준을 명시하고, 다른 용도에의 활용이 어려운 한계토지를 공원녹지로 활용하는 방안도 강구되어야 한다. 특히 각종 개방공간을 공원녹지와 연계개발이 되도록 한다.

(2) 재원확충

도시별로 계획 및 지정된 공원녹지를 조성하기 위해 토지를 매입하는 데는 막대한 재원이 요구된다. 특히 지가가 높은 시가화지역에 공원을 조성하는 데는 어려움이 많아 장기미집행상태로 남아 있는 경우가 많다.

도시공원조성을 위한 재원(財源)은 국비 · 지방비 · 민간자본으로 나눌 수 있다. 국비(國費)는 국고보조금 · 지방교부세로 나눌 수 있고, 지방비(地方費)는 일반회계예산 중 지역개발비·입장료 · 사용료 · 점용료수입 · 수익자부담금·원인자부담금 등의 수입이 있다(김필두, 1992 : 50). 그러나 도시공원 및 공원시설의 설치 · 관리에 소용되는 비용은 특별한 경우를 제외하고는 그 공원이 속해 있는 자치단체가 부담하는 것을 원칙으로 한다(법 제39조 제 1 항). 현실적으로 유한한 재정여건상 공원조성을 위한 재원을 다른 개발사업에 우선하여 충분히 확보한다는 것은 쉬운 일이 아니다. 때문에 민자유치방안(民資誘致方案)도 적극 검토되어야 할 것이다.

Ⅱ. 공원녹지기본계획

1. 수립권자 및 수립대상지역

특별시장 · 광역시장 또는 대통령령으로 정하는 시의 시장이 10년을 단위로 하여 관할구역안의 도시지역에 대하여 공원녹지의 확충 · 관리 · 이용상황을 종합적으로 제시하는 기본계획(이하 “공원녹지기본계획”)을 수립하여야 한다(법 제 5 조 제 1 항). 기본계획수립권자는 지역여건상 필요하다고 인정하는 때에는 인접한 시 · 군의 관할구역의 일부를 포함하여 기본계획을 수립할 수 있다. 이 경우 미리 당해 시장 · 군수와 협의하여야 한다(법 제 5 조 제 3 항).

2. 계획내용

공원녹지기본계획(이하 “기본계획”)에는 다음의 사항이 포함되어야 한다(법 제 6 조 제 1 항).

① 지역적 특성 및 계획의 방향 · 목표에 관한 사항
② 인구 · 산업 · 경제 · 공간구조 · 토지이용 등의 변화에 따른 공원녹지의 여건변화에 관한 사항
③ 공원녹지의 종합적 배치에 관한 사항
④ 공원녹지의 축(軸)과 망(網)에 관한 사항

⑤ 공원녹지의 수요 및 공급에 관한 사항
⑤ 공원녹지의 보전·관리·이용에 관한 사항
⑦ 도시녹화에 관한 사항
⑧ 그 밖에 공원녹지의 확충·관리·이용에 필요한 사항

3. 계획수립 및 승인

⑴ 계획의 수립

㈎ 기초조사 기본계획수립권자가 기본계획을 수립 또는 변경하고자 하는 때에는 미리 인구·경제·사회·문화·토지이용·공원녹지·환경·기후 등의 사항에 대하여 기본계획의 수립 또는 변경에 필요한 사항을 조사하거나 측량하여야 한다(법 제7조 제1항). 기본계획수립권자는 효율적인 조사 또는 측량을 위하여 필요한 경우에는 조사 또는 측량을 전문기관에 의뢰할 수 있다(법 제7조 제2항).

㈏ 수립절차 기본계획수립권자는 기본계획을 수립 또는 변경하고자 하는 때에는 미리 공청회, 시·도도시 공원위원회 또는 시·군도시 공원위원회의 자문, 지방의회의 의견청취절차를 거쳐야 한다. 이때 제시된 의견이나 자문내용이 타당하다고 인정되는 때이는 이를 기본계획에 반영하여야 한다(법 제8조).

⑵ 계획의 승인 및 공고

기본계획은 건설교통부장관의 승인을 얻어야 한다(법 제9조 제1항). 건설교통부장관이 기본계획을 승인하고자 하는 때에는 환경부·산림청 등 관계중앙행정기관의 장과 협의한 후, 중앙도시계획위원회의 심의를 거쳐야 한다(법 제9조 제2항).

건설교통부장관은 기본계획을 승인한 때에는 관계중앙행정기관의 장과 기본계획수립권자에게 관계서류를 송부하여야 하며, 관계서류를 송부받은 기본계획수립권자는 이를 공고하고 일반이 열람할 수 있도록 하여야 한다(법 제9조 제4항).

4. 계획의 효력 및 정비

도시관리계획 중 도시공원·도시자연공원구역 및 녹지에 관한 도시관리계획은 기본계획에 부합되어야 한다(법 제10조 제 1 항). 기본계획수립권자는 5년마다 관할구역의 기본계획에 대하여 그 타당성 여부를 전반적으로 재검토하여 이를 정비하여야 한다(법 제10조 제 2 항).

제 3 절 시설계획

Ⅰ. 공 원

1. 의 의

(1) 개 념

도시공원(都市公園)은 도시지역안에서 도시자연경관의 보호와 시민의 건강·휴양 및 정서생활의 향상에 기여하기 위하여 도시관리계획(都市管理計劃)으로 결정된 것을 말한다(법 제 2 조 제 3 호).

도시공원의 개념도 위락활동의 변천에 따라 시대적으로 조금씩 달리 채색되어 왔다. 1920년대 중반까지는 공원이 주로 평상의 번잡한 환경으로부터 도피하여 전원적 자연환경 속에서 정적인 위락을 취하는 장소를 의미했으나, 이후의 경향은 동적이며 능동적인 위락활동이 공원기능에 가미되었다. 최근에는 급증하는 도시공해에 따라 환경보전의 측면에서 완충녹지 혹은 차단녹지확보 기능까지도 가세되고 있다(조경공사, 1976 : 377).

(2) 연 혁

시민의 여가욕구충족을 위해 만들어진 공원은 도시의 오래된 구성요소 중 하나이다. 공원계획의 역사적 궤적을 추적하기는 어렵지만 이의 발달과정은 다음과 같이 개략적으로 정리할 수 있다(Jubenville, 1976 : 25～27). 최초의 계획된 공원과 유사한 조경은 메소포타미아지방에서 나타났고, 바빌론의 매달린 정원(Hanging Garden)이 그 시대의 대표적 계획공원이었다. 그리스와 로마에서는 스포츠나 위락적 가치와 병행하여 공원경관을 조성하였다. 중세에는 공원의 중요성이 감소되었고, 많은 공원들은 성직자나 귀족들의 소유가 되어서 공원 본래의 기능을 상실하게 되었다. 르네상스는 위락패턴과 공원계획에 대한 흥미 있는 변화를 가져왔는데, 1500년대와 1600년대에 근대적인 의미의 운동, 위락시설과 같은 인공적 · 미적 환경이 조성되기 시작했다.

근대공원계획은 19세기 후반에 등장했다. 도시공원은 산업혁명 후 인구의 도시집중이 크게 일어난 19세기 중엽부터의 일이며, 1844년에 조성된 영국 리버풀의 버켄히드 파크(Birkenhead Park)를 비롯하여 뉴욕의 센츄럴 파크(Central Park), 독일의 프리드리히 빌헤름즈 가르텐(Friedrich Wilhelms Garten) 등이 대표적인 초기공원들이다. 즉, 산업혁명 이후의 도시는 그 규모가 확대되고 도시 내의 인공환경의 급증에 따라 주민들이 쉽게 자연환경과 접할 기회가 줄어들었기 때문에 조성된 공간이 공원이다. 근대공원의 기원은 시민들이 자유롭게 이용할 수 있는 공유지(common)와 개인소유의 사원(private garden)으로 나눌 수 있다(Burthenshaw, *et al.*, 1981 : 182). 여기서 공유지는 개인소유지이면서도 여러 주민이 공동으로 이용할 권리, 특히 레크레이션으로의 이용이 보장된 토지이다. 많은 자치단체에서는 공유지를 매수하여 적극적으로 레크레이션수요에 대처하고 있다(김귀곤, 1994 : 48). 한편 왕실과 귀족들의 사냥터였던 녹지공간들이 공원으로 개방되기 시작했다.

우리 나라 최초의 공원은 영국인 고문 브라운(Brown)의 건의에 의해 설치된 파고다공원(1897년)이다(손정목, 1979 : 77~78). 해방 후 1960년대에 들어 5개의 고궁을 근린공원으로 지정하였으며, 1970년대에 들어 낙성대 · 서소문 · 도산공원 등이 조성되어 본격적인 공원개발에 접어들게 되었다(김귀곤, 1994 : 57)

(3) 종 류

공원은 그 기능과 규모에 따라 어린이공원 · 지구공원 같은 일상적인 이용에 제공되는 공원, 중앙공원 · 운동공원 같은 도시지역전반의 이용에 제공되는 공원, 국립공원과 같은 광역적인 이용에 미치는 공원, 그리고 동물원·식물원 같은 특수한 이용에 기여하는 공원으로 크게 구분할 수 있다(內山正雄, 1996 : 15).

「도시공원 및 녹지 등에 관한 법률」에서는 도시공원을 그 기능 및 주제에 따라 생활권공원과 주제공원으로 구분한다(법 제15조 제1항). 생활권공원(生活圈公園)은 도시생활권의 기반공원 성격으로 설치 · 관리되는 공원으로,

소공원 · 어린이공원 · 근린공원으로 세분한다. 여기서 소공원은 소규모 토지를 이용하여 도시민의 휴식 및 정서함양을 도모하기 위하여 설치하는 공원이고, 어린이공원은 어린이의 보건 및 정서생활의 향상에 기여함을 목적으로 설치된 공원이며, 근린공원은 근린거주자 또는 근린생활권으로 구성된 지역생활권거주자의 보건 · 휴양 및 정서생활의 향상에 기여함을 목적으로 설치된 공원을 말한다.

주제공원(主題公園)은 생활권공원 외에 다양한 목적으로 설치되는 공원으로, 역사 · 문화 · 수변 · 묘지 · 체육공원 등으로 세분된다. 여기서 역사공원(歷史公園)은 도시의 역사적 장소나 시설물, 유적 · 유물 등을 활용하여 도시민의 휴식 · 교육을 목적으로 설치하는 공원이다. 문화공원(文化公園)은 도시의 각종 문화적 특징을 활용하여 도시민의 휴식 · 교육을 목적으로 설치하는 공원이다. 수변공원(水邊公園)은 도시의 하천변 · 호수변 등 수변공간을 활용하여 도시민의 여가 · 휴식을 목적으로 설치하는 공원이다. 묘지공원(墓地公園)은 묘지이용자에게 휴식 등을 제공하기 위하여 일정한 지역에 묘지와 공원시설을 혼합하여 설치하는 공원을 말한다. 체육공원(體育公園)은 주로 운동경기나 야외활동 등 체육활동을 통하여 건전한 신체와 정신을 배양함을 목적으로 설치하는 공원이다. 이외에 시 · 도의 조례에 의하여 세분된 주제공원을 설치할 수 있다(법 제15조 제 1 항).

2. 조성계획

(1) 입 안

도시공원의 설치에 관한 도시관리계획이 결정된 때에는 그 도시공원이 위치한 행정구역을 관할하는 시장 · 군수가 그 도시공원의 조성계획(이하 "공원조성계획")을 입안하여야 한다(법 제16조 제 1 항).

(2) 결 정

공원조성계획(公園造成計劃)은 시 · 도지사가 도시관리계획으로 결정한다. 이 경우 지방의회 의견청취와 관계행정기관의 장과의 협의는 이를 생략할 수 있으며, 시 · 도도시계획위원회의 심의는 시 · 도도시공원위원회의 심의로 갈음할 수 있다(법 제16조 제 2 항).

⑶ 실 효

도시공원의 설치에 관한 도시관리계획결정은 그 고시일부터 10년이 되는 날까지 공원조성계획의 고시가 없는 경우에는 그 10년이 되는 날의 다음 날에 그 효력을 상실한다(법 제17조 제 1 항). 시 · 도지사는 도시관리계획결정의 효력이 상실된 때에는 지체없이 그 사실을 고시하여야 한다(법 제17조 제 2 항).

⑷ 정 비

시장 · 군수는 공원조성계획이 결정 · 고시된 후 주변의 토지이용이 현저하게 변화하거나 주민요청이 있는 경우에는 공원조성계획의 타당성 여부를 전반적으로 재검토하여 필요한 경우 이를 정비하여야 한다(법 제18조 제 1 항).

3. 시설의 설치 및 관리

⑴ 의 의

공원시설(公園施設)이란 도시공원의 효용을 다하기 위하여 설치하는 시설로, 도로 또는 광장 · 조경 · 휴양 · 유희 · 운동 · 편익 · 공원관리시설 등으로 다양하게 구성되어 있다(법 제 2 조 제 4 호).

⑵ 설치 · 관리

도시공원은 시장 · 군수가 공원조성계획에 의하여 설치 · 관리한다(법 제19조 제 1 항). 2 이상의 행정구역에 걸치는 도시공원의 관리자 및 그 관리방법은 관계 시장 · 군수가 협의하여 결정한다(법 제19조 제 2 항).

도시공원을 관리하는 시장 · 군수(이하 "공원관리청")는 도시공원 또는 공원시설의 관리를 공원관리청이 아닌 자에게 위탁할 수 있다(법 제20조 제 1 항). 공원관리청은 도시공원 또는 공원시설의 관리를 위탁한 때에는 그 내용을 공고하여야 한다(법 제20조 제 2 항).

⑶ 점용허가

도시공원 안에서 공원시설 이외의 시설 · 건축물 또는 공작물을 설치하는 행위, 토지의 형질변경, 죽목의 벌채 · 재식(栽植), 토석의 채취, 물건의 적치의 행위를 하고자 하는 자는 당해 도시공원을 관리하는 시장 · 군수의 점유허가를 받아야 한다(법 제24조 제 1 항). 시장 · 군수는 점용허가신청이 있을 때는 공원조성계획에 저촉되지 않고, 점용사유가 불가피하고, 공원이용상 지장을 주지 않는 경우의 요건을 모두 갖춘 경우에 한하여 점용을 허가할 수 있으며, 토지소유자가 허가신청을 한 경우에는 다른 사람에게 우선하여 허가하여야 한다(법 제24조 제 2 항).

시장 · 군수는 「국토의 계획 및 이용에 관한 법률」 제47조 제 1 항의 규정에 의한 매수청구가 있는 지목이 대(垈)인 토지를 매수하지 아니하기로 결정하거나, 매수결정을 통지한 날로부터 2 년이 경과될 때까지 당해 토지를 매수하지 아니하는 경우 당해 토지소유자는 점용허가를 받아 건축물 또는 공작물을 설치할 수 있다(법 제24조 제 5 항).

점용허가를 받은 자는 그 점용기간이 만료되거나 점용을 폐지한 때에는 지체없이 도시공원을 원상회복하여야 한다. 다만 원상으로 회복하는 것이 부적당하거나 시장 · 군수의 승인을 얻은 때에는 그러하지 아니한다(법 제25조 제 1 항).

Ⅱ. 녹 지

1. 의 의

(1) 개 념

녹지(綠地)는 도시지역 안에서 도시의 자연환경을 보전하거나 개선하고, 공해나 재해를 방지함으로써 도시경관의 향상을 도모하기 위하여 도시관리계획으로 결정된 것을 말한다(법 제 2 조 제 6 호).

(2) 종 류

「도시공원 및 녹지 등에 관한 법률」에서는 녹지를 그 기능에 따라 완충·경관 · 연결녹지로 세분한다. 여기서 완충녹지(緩衝綠地)는 대기오염 · 소음·악취 그 밖에 이에 준하는 공해와 각종 사고와 자연재해 등의 방지를 위하여 설치하는 녹지이다. 경관녹지(景觀綠地)는 도시의 자연적 환경을 보전하거나 이를 개선하고 이미 자연이 훼손된 지역을 복원 · 개선함으로써 도시경관을 향상시키기 위하여 설치하는 녹지이다. 연결녹지(連結綠地)는 도시 안의 공원 · 하천 · 산지 등을 유기적으로 연결하고 도시민에게 산책공간의 역할을 하는 등 여가 · 휴식 등을 제공하는 선형의 녹지이다(법 제35조).

이러한 기능적 분리 이외에 특정한 시설을 보호하기 위해 설치되는 시설녹지(施設綠地)가 있다. 이는 상충하는 토지이용을 분리시키고 각종 오염원을 공간상에서 차단시키고 시설에 대한 신체의 접근에 의한 재해나 시설의 파손을 방지함으로써 도시의 기능과 환경의 질을 향상시키기 위해 설치하는 도시시설로서의 녹지를 말한다. 이러한 시설녹지는 위치에 따라 철도 · 고속도로 · 국도 · 하천 · 공업단지 · 공항연변 등에 설치한다.

2. 설치 및 관리

(1) 설치 및 관리자

녹지는 시장 · 군수가 설치 · 관리한다(법 제36조 제 1 항). 그러나 공장설치 등의 특정원인으로 인한 공해나 사고의 방지를 위하여 녹지의 설치가 필요하여 도시관리계획으로 녹지를 결정한 때에는 시장 · 군수가 그 원인자에게 녹지의 전부 또는 일부를 설치 · 관리하게 할 수 있다(법 제37조).

(2) 점용허가

녹지안에서 녹지의 조성에 필요한 시설 외의 시설 · 건축물 또는 공작물을 설치하는 행위, 토지의 형질변경, 죽목의 벌채 · 재식, 토석의 채취, 물건의 적치의 행위를 하고자 하는 자는 당해 녹지를 관리하는 시장 · 군수의 점용허가를 받아야 한다(법 제38조 제 1 항). 시장 · 군수는 허가신청이 있은 때에는 점용이 녹지의 설치목적을 저해하지 아니하고, 그 조성 및 유지 · 관리에 지장을 주지 아니하는 범위 안에서 이를 허가할 수 있다(법 제38조 제 2 항).

Ⅲ. 광 장

1. 의 의

(1) 개 념

린치(K. Lynch)는 광장(plaza)이란 조밀한 도시지역의 중심에 있는 활동의 초점으로서 조성된 것이라고 했다(Marcus, *et al.*, 1998 : 14). 광장(廣場)은 포장되고, 고밀도구조물로 에워싸여 있고, 도로로 둘러싸여 있는 경우가 보통이다. 이러한 특징은 사람들을 유인하고 만남을 촉진한다. 즉, 광장은 사람들이 모여서 놀고 머무르며, 이야기를 나누고 만나는 장소이며, 도시의 자유공지로서 도시의 상징공간이 되며, 기본적으로 건물에 포위된 공간이다.

서구도시에서는 고대 이래 제례 · 집회 · 열병식 · 시장 등을 위해 시민다수가 모일 수 있도록 광장이 설치되었다(土井幸平 외 3인, 1990 : 342). 오늘의 도시에서도 광장은 정치적 · 경제적 · 교통상 의의뿐만 아니라 문화상 · 보건상 또는 비상시 구급을 위해서도 필요한 도시의 필수적인 하부구조적 기능을 수행하고 있다(국토학, 1991 : 317).

좋은 광장은 다음 4가지 특징을 갖고 있다(Heckscher, 1977 : 145~148).

1) 광장은 도시적 의미에서 존재한다. 도시조직에서 분리된 광장의 창조는 실패할 수밖에 없다.

2) 광장은 가로체계와 연결되어야 한다. 내부적으로는 도시광장은 도로의 통로나 입구로 연결되어야 한다.

3) 광장은 3차원적 개념이다. 광장은 주위를 에워싸고 있는 건물들에 의해 형태지워진다.

4) 광장은 지역사회의 거울이다. 광장은 지역사회에 의해 조성되고 채색되며, 지역사회의 색조는 광장의 존재에 의해 개선된다.

2. 종 류

도심광장(down plaza)은 규모 · 용도 · 도로와의 관계 · 유형 · 핵심기능 · 건축형태 · 입지 등의 다양한 지표에 의해 구분할 수 있다(Marcus, *et al.*, 1998 : 20). 여기서는 형태와 용도에 따라 6가지로 구분할 수 있다(Marcus, *et al.*, 1998 : 20~23).

㈎ **도로광장**(street plaza) 이는 보행로에 인접해 있고 도로에 연계되어 있는 공공개방공간이다. 이 공간은 잠시 앉고 기다리고 관망하는 데 사용한다. 여기에는 착석단면(seating edge) · 확장된 보행로(widened sidewalk) · 버스대기소(bus-waiting place) · 보행로연결(pedestrian link) · 코너포케트(corner sun pocket) · 아케이드광장(arcade plaza)이 포함된다.

㈏ **회사입구**(corporate foyer) 이는 신축된 고층건물군의 일부분이다. 이는 보통 민간소유지만 대중이 이용가능하다.

㈐ **도시오아시스(urban oasis)** 이는 정원이나 공원이미지를 갖도록 수목이 많이 심어진 광장의 하나이다. 이의 입지와 설계는 도시의 소음과 활동에서 격리된 지역에 신중하게 설치한다. 실외점심광장(outdoor lunch plaza)·정원오아시스(garden oasis)·지붕정원(roof garden)이 여기에 속한다.

㈑ **대중교통입구(transit foyer)** 이는 빈번하게 사용하는 대중교통터미널의 입출구에 접근이 용이하도록 만들어 놓은 광장유형이다. 여기에는 지하철입구(subway entry place)나 버스 터미널을 들 수 있다.

㈒ **보행자몰과 대중교통몰을 병행하는 거리** 전통적인 보행자몰에 대중교통을 허용하는 광장기능을 수행하는 도로를 말한다.

㈓ **대공공광장(grand public place)** 이는 구미의 오랜 역사를 가지고 있는 도시의 도심광장이다. 이 광장은 다양한 토지이용(사무소·소매·도매·대중교통)과 근접해 있으면서 원거리에서 다양한 계층의 사람들을 유인한다.

3. 시설기준

「국토의 계획 및 이용에 관한 법률 시행령」에서는 광장을 교통·일반·경관·지하, 그리고 건축물부설광장으로 구분한다(제 2 조 제 3 호).

(1) 교통광장

교통광장은 교차점·역전·주요 시설 광장으로 구분한다〔「도시계획시설의 결정·구조 및 설치기준에 관한 규칙」(이하 "시설규칙") 제49조 제 2 항〕. 교차점광장(交叉點廣場)은 도시 내의 혼잡한 주요 가로의 교차점에서 각종 차량과 보행자를 원활히 소통시킬 목적으로 설치하는 광장이다(시설규칙 제50조 제 1 호 가목). 이 광장은 주로 자동차전용도로나 주간선도로의 교차지점에 설치한다. 역전광장(驛前廣場)은 역전에서의 교통혼잡을 방지하고 이용자의 편리를 도모하기 위하여 철도역의 전면에 설치되는 광장이다(시설규칙 제50조 제 1 호 나목). 시설광장(施設廣場)은 항만 또는 공항 등 일반교통의 혼잡 요인이 있는 주요 시설에 대한 원활한 교통처리를 위하여 당해 시설에 접속되는 부분에 결정된다(시설규칙 제50조 제 1 호 다목).

⑵ 일반광장

일반광장은 중심대광장과 근린광장으로 구분한다(시설규칙 제49조 제2항). 중심대광장(中心大廣場)은 다수시민이 집회·행사·사교 등을 위하여 필요시 결정하는데, 그 입지는 전체시민의 이용이 용이하도록 교통중심지역에 위치하도록 하여야 하며(시설규칙 제50조 제2호 가목), 시민의 집회·행사 또는 휴식을 위해 필요한 시설과 보행자의 통행에 지장이 없는 시설을 설치하여야 한다. 근린광장(近隣廣場)은 주구단위의 시민이 활용하도록 결정되는 시설로 시장·학교 등 많은 사람이 집산(集散)하는 시설과 근접하지 않도록 인근의 토지이용상황을 고려하여 결정하여야 한다(시설규칙 제50조 제2호 나목). 이 광장의 설치시설은 시민의 사교·오락·휴식을 위해 필요한 시설을 설치하여야 하며, 통과교통을 위한 도로를 배치해서는 안 된다(시설규칙 제51조 제5호).

⑶ 경관광장

경관광장(景觀廣場)은 시민의 휴식·오락·경관과 도시공간의 보전을 위하여 필요한 경우에 하천·호수사적지 보존수림 또는 역사적·문화적·향토적 의의가 있는 장소에 결정하며, 시민이 쉽게 접근할 수 있도록 하기 위하여 도로와 연결시켜야 한다(시설규칙 제50조 제3호).

⑷ 지하광장

지하광장(地下廣場)은 철도의 지하정거장, 지하도 또는 지하상가와 접속하여 원활한 교통처리를 도모하고 이용자에게 휴식을 제공하기 위해 필요한 경우에 설치하며, 광장의 출입구는 출입이 용이하도록 도로와 접속되게 계획해야 한다(시설규칙 제52조 제3호). 이 광장에는 이용자의 휴식을 위한 시설과 광장의 규모에 적정한 출입구를 설치해야 한다(시설규칙 제51조 제4호).

⑸ 건축물광장

건축물에 축조되는 광장은 건축물의 이용효과를 높이고 광장의 기능을 고려하여 건축물의 내부 또는 주위에 결정한다(시설규칙 제52조 제4호). 이 광장에는 이용자의 휴식과 기념물의 관람을 위한 시설을 설치하되 건축물의 이용에 지장이 없도록 해야 한다(시설규칙 제50조 제5호).

제 4 절 경관계획

Ⅰ. 의 의

1. 개 념

도시경관(urban landscape)은 도시경치(townscape)와 같은 의미로, 인간의 시각과 감각에 의해 지각되는 도시를 구성하는 모든 물체와 공간의 배치·형태·구성·외관·분위기 등의 형식적인 미(美)로 정의할 수 있다(서울 시정연, 1994 : 11). 광의로는 눈으로 바라다 보이는 자연물이나 인공물의 모습뿐만 아니라 도시활동과 시민활동을 반영한 분위기, 심리적 환경 등 눈에 보이지 않는 영역까지 포함하는 인간의 공통된 생활양식을 함유한 종합적인 문화경관으로 정의할 수 있다(서울 시정연, 1993 : 9～10).

우리 나라 도시는 종합적인 경관관리정책의 결여와 경제적 이익과 기능적 측면을 강조하는 개발과 계획으로 쾌적성과 정체성을 상실한 도시환경이 되고 있다. 도시경관(都市景觀)이 도시생활의 건전한 삶을 유도하고 도시환경의 쾌적성을 확보하기 위해서라도 보존적 또는 특성화노력이 요구되고 있음에도 불구하고, 능률성과 효율성을 내세운 도시개발에 의해 도시경관은 독자성을 상실해 가는 경향이 있다(권상준, 1998 : 550). 따라서 경관계획에서는 도시의 정체성을 확보하기 위한 수단으로서 도시경관의 조성, 관리방안에 대한 체계적 검토에 초점을 두게 된다.

2. 경관의 유형

도시경관은 관점에 따라 여러 가지로 구분할 수 있다. 즉 관찰자와 대상에 따라 조망형 경관과 환경형 경관으로 구분되며, 경관대상의 공간적 넓이에 따라 광역적 경관·도시적 경관·지구적 경관으로 분류되고, 성격에 따라 자연녹지경관·도시축경관·시가지경관으로 나눌 수 있다(서울 시정연, 1994 : 11～12).

표 9-1 도시경관의 유형분류

<table>
<tr><th>관점에 따른 분류</th><th>넓이에 따른 분류</th><th colspan="2">성격에 따른 분류</th></tr>
<tr><td rowspan="2">조망형 경관</td><td rowspan="2">광역적 경관</td><td rowspan="2">자연녹지 경관</td><td>산지 경관</td></tr>
<tr><td>구릉지 경관</td></tr>
<tr><td rowspan="6">환경형 경관</td><td rowspan="3">도시적 경관</td><td rowspan="2">도시축 경관</td><td>하천축 경관</td></tr>
<tr><td>도로축 경관</td></tr>
<tr><td rowspan="4">시가지 경관</td><td>역사 경관</td></tr>
<tr><td rowspan="3">지구적 경관</td><td>공원녹지 경관</td></tr>
<tr><td>주택지 경관</td></tr>
<tr><td>상업업무지 경관</td></tr>
</table>

자료 : 서울 시정연, 1994 : 12.

3. 구성요소

도시환경의 물적 표현인 도시경관의 구성요소는 형성과정의 특징에 따라 골격요소와 구성요소 체계로 구분할 수 있다(서울 시정연, 1994 : 12). 여기서 골격요소(骨格要素)란 녹지축이나 도로망처럼 도시 전체의 얼개를 형성하는 요소를 말하고, 구성요소(構成要素)란 골격요소 사이를 메우는 건축물이나 장

그림 9-3 경관구성요소

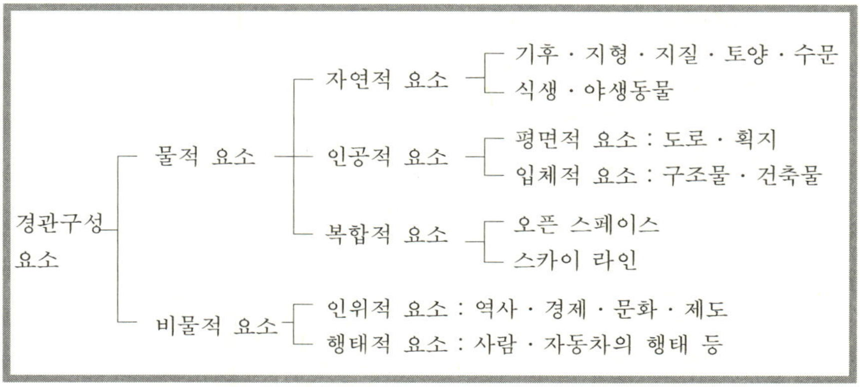

자료 : 서울 시정연, 1993 : 11.

치물을 일컫는다.

Ⅱ. 경관관리

1. 관리정책

도시경관관리는 도시민의 질 높은 생활이 이루어질 수 있도록 물리환경은 물론 사회 · 경제 · 문화적 측면을 포괄하는 종합행정으로 도시의 정체성과 지역공동체적 의식을 확보하기 위해 필요할 뿐만 아니라 쾌적한 도시환경조성을 위해 필요하다(서울 시정연, 1994 : 12～13).

우리 나라의 경관관리정책(景觀管理政策)은 규제에 의한 경관관리와 영향평가 및 심의에 의한 경관관리로 구분할 수 있다(임승빈 외 2인, 1995 : 329～340). 규제(規制)에 의한 경관관리는 지역지구의 지정에 의한 행위제한과 도시설계 · 상세계획 · 경관계획 등에 의한 계획적 규제/유도를 목적으로 하는 경관관리로 나눌 수 있다. 경관계획과 관련된 도시지역에 설정할 수 있는 용도지구는 「국토의 계획 및 이용에 관한 법률」에 의한 경관지구 · 미관지구 · 보존지구, 「도시공원법」에 의한 도시자연공원·경관녹지 등이다. 한편 역사경관정비와 관련된 법으로는 「문화재보호법」에 의한 문화재보호구역과 「전통건조물보존법」에 의한 전통건조물보존지구를 지정할 수 있다. 영향평가(影響評價) 및 심의(審議)에 의한 경관관리는 영향평가제도와 건축 · 경관 · 지방문화재심의와 같은 심의제도로 나눌 수 있다.

이와 같이 우리 나라에서는 도시경관정비는 주로 도시계획법에 의한 용도지역지구에 의하여 이루어지는데, 종합적인 정비를 위한 틀은 마련하지 못하고 있다. 도시경관관리측면에서 기존 용도지구운영의 공통적인 문제는 첫째 규제항목이 단순하여 다양한 경관문제를 다루기가 어려우며, 둘째 같은 종류의 지구로 지정되면 어느 지역에서나 동일한 규제를 받을 수밖에 없어 지역의 고유한 특성을 충분히 반영할 수 없다(이성룡 · 정석, 1997 : 10). 외국의 경우를 보더라도 도시 내의 시가지경관이나 고유한 자연경관 등을 보호·관리하기 위한 목적으로 특별목적지구(special purpose district)나 경관형성지구와 같은 별도의 지구를 지정하여 운영하고 있다(서울 시정연, 1997 : 19). 도시의 여건에 따라 필요시 경관지구를 지정하도록 하여 경관을 종합관리하는 방안을 모색해야 할 것이다(이성룡 · 정석, 1997 : 20~21).

2. 스카이라인 관리사례

영국에서는 많은 역사적 건물을 고려한 스카이라인을 보호하기 위해 표준전망을 설정, 고층건물의 제한구역지정 등의 정책을 추진하고 있다(경기연, 1998 : 28). 런던에서는 1968년에 28개의 '표준전망'을 설정하고, 이를 기준으로 신축, 고층건물의 스카이라인훼손 여부를 검토하고 있다. 표준전망은 주로 템즈강의 다리, 공원 기타 공공장소에서 조망되는 전망을 선정하였으며, 대부분이 런던중심부의 스카이라인을 포함한다. 고층건물의 신축허가를 위한 심사를 할 때는 표준전망을 보여 주는 현황사진과 여기에 신축건물을 그려 넣은 사진을 비교 · 검토하여 전망을 훼손시키는지의 여부를 검토하여 허가 여부를 결정한다(경기연, 1998 : 28). 런던에서는 스카이라인보존을 위해 고층건물을 제한하는 구역을 3가지 범주로 나누어 고층건물의 신축허가 여부를 결정한다(경기연, 1998 : 29~30). 제 1 범주는 고층건물부적합지역, 제 2 범주는 고층건물에 민감하게 반응하는 예민지역으로 제한적인 허가, 그리고 제 3 범주는 고층건물을 긍정적으로 검토할 수 있는 지역이다.

샌프란시스코는 반도모양의 구릉지로 경사지모양을 남긴 건축군형태를 만들고, 바다로의 시선을 차단하지 않게 하기 위한 방안으로 언덕 위는 고층화를 도모하고 산중턱이나 해안선에는 초고층빌딩을 건설하지 않는 방침을 취해 시가지 어디에서나 바다를 내려다 볼 수 있는 가이드라인을 확보하였다(경기연, 1998 : 32).

일본은 경관조례에 의해 건축물의 경관설계기준이 설정되어 있다(경기연, 1998 : 33). 도시 전체에 걸쳐 높이 12m, 건축면적 1,000m^2를 넘는 건축물과 고도 15m를 넘거나 토지면적이 1,000m^2를 넘는 공작물이 대상이 된다(경기연, 1998 : 33).

Ⅲ. 경관계획

1. 의 의

우리 나라의 경관관리정책의 발전방향은 기존법체계를 인정한다는 전제하에 계획적 관리/유도방향, 영향평가발전방향, 심의제도의 발전방향의 3가지 측면에서 고려할 수 있으나, 도시 전체적인 경관관리의 측면에서 경관계획에 의한 경관관리가 가장 바람직하다(임승빈 외 2인, 1995 : 340). 경관계획에 의한 경관관리는 현재의 법적 미비를 보완하는 방향에 따라 경관조례(가칭)에 의해 도시경관계획을 수립하는 방안과 도시기본계획의 부문계획으로 도시경관계획을 수립하는 방향으로 나눌 수 있다(임승빈 외 2인, 1995 : 340).

도시경관계획(都市景觀計劃)은 도시 전체 또는 각 국면에 해당하는 환경을 구성하는 과정 속에서 외관의 심미성이 창출되도록 하는 것이다(국토연, 1985 : 299). 총체적인 도시환경으로서 도시경관에 대한 장기적 미래상을 제시하고, 이를 구체적으로 실현하기 위한 관련부문간의 연계된 개발노력으로서 경관계획이 필요하다. 도시경관계획이란 시민의 욕구 · 기대 · 행동양식의 측면을 고려한 물리적 환경, 즉 도시형태를 연구 · 설계, 그리고 통제 · 유도하는 분야이다.

도시기본계획에서는 경관계획을 시 · 군 관할구역의 경관의 보호 및 형성을 위하여 수립하는 계획으로서 당해 지역의 이미지 개선, 경쟁력 증진 및 정체성 확보를 위한 구체적인 가이드라인을 제시하는 것을 목적으로 하는 계획으로 정의한다(건교부, 2005b : 31). 이는 경관계획은 다른 관련 부문과 연계하여 수립함은 물론, 도시관리계획 · 지구단위계획 등 하위계획과 각종 개발사업의 지침이 되도록 구체적으로 작성해야 함을 의미한다(건교부, 2005b : 31).

2. 계획의 접근방법

경관계획작성의 접근방법으로는 도시개발 초기부터 거시적 원칙과 세부적인 운영방침을 수립하여 일반적인 접근을 시도하는 기본계획적 방식, 도시환경에 대한 변화가 적고 도시정비단계에서 경관보전의 필요성 인식하에 법체계에 의해 경관형성을 추구하는 구속적 접근, 그리고 급격한 도시환경의 변화요구에서 보다 나은 환경조성을 위한 실천적 지침을 마련하여 관리하는 정비지침제시방식으로 구분할 수 있다(서울 시정연, 1994 : 17～18).

도시경관계획은 도시기본계획에서 경관계획의 기본방향을 제시하고, 도시관리계획에서 그 구체화 방안을 구속적으로 제시함은 물론, 지구단위계획,

용도지구, 그리고 공원녹지 등의 관련계획을 통해 실천적인 적용의 방향을 적시하고 있다(건교부, 2005b : 31; 2005c : 70~71).

3. 계획의 구성 및 수립기준

경관계획은 현황분석, 기본구상, 운영지침, 실행계획 등에 대한 내용을 포함하고 있어야 한다(건교부, 2005b : 31~32; 서울 시정연, 1994 : 19~20).

(1) 현황분석

현황분석은 경관현황조사, 의식조사, 관련계획 및 법규의 종합검토를 통해 지역의 경관적 특성도출은 물론 경관형성관리와 관련한 주요 문제점을 확인한다.

현황분석은 시 · 군 전체의 경관현황 및 경관과 관련된 기존도시계획의 내용을 조사 · 분석한다. 즉, 시 · 군 전체의 경관적 이미지와 특징을 분석하고 지역별 경관유형을 분석한다. 아울러 경관관리가 잘된 지역과 잘못 관리된 지역을 구분하여 비교평가한다. 또한 도시경관의 변화과정을 시기별로 구분하여 고찰함으로써 경관형성에 영향을 끼쳤던 동인들을 도시관련 정책변화를 통해 파악할 수 있다. 도시경관의 현황에 대한 기초조사와 함께 도시민의 의식조사, 기존계획에서 제시하고 있는 경관관련 내용들을 분석하여 실태 파악은 물론 주요한 문제점을 확인한다.

(2) 기본구상

현황분석을 통해 확인된 문제점을 중심으로 시 · 군의 정체성을 고려하고 미래상을 감안하여 시 · 군 전체의 이미지를 설정할 수 있는 계획의 목표를 설정하고, 각 목표별 실현방안을 제시한다.

설정된 계획목표를 달성할 수 있도록 경관축을 비롯한 경관골격의 형성전략과 함께 지역별 경관특성을 바탕으로 경관관리기본전략을 설정한다.

(3) 관리 대상지역

경관관리대상지역은 경관관리가 필요한 지역과 랜드마크, 조망점 등 경관요소를 고려하여 보전대상지, 개선대상지, 경관축설정지로 구분한다.

보전대상지로는 역사 · 문화가 남아있는 지역, 양호한 자연림과 민감한 자연생태계가 보전된 지역, 도시의 대표적인 수변, 상징적인 건물이나 구조물 등으로 보전 · 유지가 필요한 지역이 대상이 된다 개선대상지는 도심부, 도시 진입부, 주요간선도로변 등에서 경관개선이 필요한 곳, 비도시지역으로 난개발이 우려되는 지역이 대상이다 경관축지역은 스카이라인, 랜드마크, 주요 조망점을 고려하여 설정한다.

(4) 경관지침

경관지침은 경관의 보호 및 형성을 위한 가이드라인으로서 경관관리대상지역의 유형별로 제시하는 것이 보통이다. 이 경관지침은 토지이용계획에 따른 경관특성화계획, 색채계획, 가로경관계획, 공원 · 녹지경관계획, 역사문화유적지경관 등으로 구분하여 그 세부적인 방안을 제시하여야 한다.

(5) 실행계획

실행계획은 경관계획의 집행 및 관리에 관한 사항으로 민간 · 공공부문별로 구분하여 5년 단위의 단계별로 계획을 수립한다. 여기서는 경관지구 · 미관지구 · 지구단위계획에서 보다 구체적인 경관상세계획이 필요한 지역 등 하위계획에서 반영할 사항을 구체적으로 규정한다.

제 4 편 도시개발계획

제 10 장

도시개발

제1절 개 요

Ⅰ. 의 의

1. 개 념

(1) 도시개발

도시개발(urban development)은 변하는 도시환경과 여건에 능동적으로 대처하기 위한 계획적 노력이다. 여기서 개발의 개념은 강조점에 따라 물적 측면과 비물적 측면으로 나누어 정의할 수 있다. 비물적 측면을 강조하는 경제적 정의(經濟的 定義)에서는 토지를 보다 유용하게 하거나 보다 효율적으로 활용할 수 있도록 만드는 행위, 즉 부가가치를 창출해 내는 행위를 개발이라 지칭한다(Harvey, 1992 : 79). 다시 말하면 토지와 재산의 가격과 지대에 대한 시장의 신호에 의해 작동되는 거래와 투자를 개발이라 한다(Guy and Henneberry, 2000 : 2399～2400). 물적 측면(物的 側面)에서는 토지나 건물의 물리적 이용 또는 현재이용밀도의 변화를 의미한다(Balchin and Kieve, 1977 : 82).

도시개발(都市開發)에 대한 법률적인 정의는 국가에 따라 약간의 차이가 있다. 영국의 「도시 및 농촌계획법」(Town and Country Planning Act, 1990)에서는 개발이란 "지표 · 공중 혹은 지하에서의 건축작업 · 토목작업 · 채광작업 또는 기타 작업의 시행, 또는 건축물이나 토지의 이용에 있어서 실질적 변화를 주는 것"이라고 규정하고 있다(Cullingworth and Nadin, 1997 : 105).

이 정의의 전반부는 물적 개념, 후반부는 비물적 개념을 강조하고 있다. 일본의 「도시계획법」에서는 개발행위를 "주로 건축물의 건축 또는 특정공작물의 건설용에 공용할 목적으로 행하는 토지의 구획형질의 변경"이라 정의하고 있다(류해웅, 2001).

⑵ 개발문제

도시개발과 관련하여 제기되는 일반적인 과제(課題)는 경제적 효율성·사회적 형평성 · 정치적 민주성, 그리고 개발과 환경의 조화라는 측면에서 검토할 수 있다.

경제적 효율성(經濟的 效率性)은 '저렴하고 양질의 도시용지를 적정하게 공급하면서도 지가상승 등 부정적인 효과를 최소화할 수 있는가' 하는 점이다. 사회적 형평성(社會的 衡平性)은 '개발행위에 의해 사회적 형평성이 제고되었는가' 하는 문제이다. '개발이익은 적정하게 배분되었는가'는 여기서 주로 검토되어야 할 사항이다. 정치적 민주성(政治的 民主性)은 '개발이 기본적으로 주민의 욕구를 반영했으며, 참여의 기회는 제공되었는가' 하는 측면에 초점을 둔다. 개발(開發)과 환경(環境)의 조화(調和)는 '개발에 의해 환경파괴는 없었으며, 개발계획들과 연계는 확보되었고, 장기적인 개발방향과 전략과는 조화되는가'하는 면을 강조한다.

2. 도시개발법

⑴ 제정배경

도시개발은 내외적인 여건의 변화에 직면하고 있다. 외적(外的)으로는 환경친화적인 지속가능개발(持續可能開發)의 개념이 개발의 핵심적 위치를 차지하고 있다. 그리고 민주화 · 분권화에 따라 지역주민의 삶의 질을 생각하고 개발에의 민주적 참여를 보장하려는 노력이 강화되었다. 내적(內的)으로는 지금까지의 공급위주의 과도한 개발은 난개발 · 환경파괴와 함께 수급불균형에 따라 개발주체들의 재정압박으로 작용하게 되었다. 또한 사후관리의 부족으로 개발 후의 문제를 야기하게 되었다.

이러한 여건변화에도 불구하고 지금까지의 도시개발은 경제성장에 따른 인구 · 산업을 수용할 목적으로 단일목적의 특별법중심으로 개발사업을 수행해 왔다. 그러나 이러한 개별법적 접근은 사업간에 중복적이거나 절차미비로 체계적인 도시개발을 수행하는 데는 한계가 있었다.

이러한 문제점을 해소하기 위하여 2000년에 「도시개발법」을 제정하게 되었다. 이 법은 도시개발에 관한 필요한 사항을 규정함으로써 계획적이고 체계적인 도시개발을 도모하고 쾌적한 도시환경의 조성과 공공복리의 증진에 기여할 목적(법 제1조)으로 제정하여 시행하게 되었다.

⑵ 특성과 내용

「도시개발법」의 주요 내용은 다음과 같이 정리할 수 있다(이원영 외, 1999 : 35~37; 건설교통부, 2000e : 2).

1) **단일 또는 복합기능의 도시개발** 도시개발로 주택·산업단지뿐만 아니라 유통·관광휴양·역사·문화 등 여러 분야의 복합 또는 단일기능의 단지나 도시조성이 가능하게 되었다.

2) **민간참여확대** 민간도 도시개발구역의 지정을 제안할 수 있고, 민간사업시행자도 토지수용권을 행사할 수 있게 되었다.

3) **선계획 후개발체제의 확립** 도시개발사업을 시행할 때에는 반드시 지구단위계획을 수립하도록 하고, 준공 후에는 수립된 계획에 따라 관리하도록 했다.

4) **다양한 사업방식** 사업방식으로 환지·사용 또는 수용방식·혼합방식을 자유롭게 선택하여 시행할 수 있게 되었다.

5) **매수토지의 토지상환채권보상** 도시개발사업시행자는 토지매수가에 상당하는 토지상환채권을 토지소유자에게 지급하고, 사업시행 후 채권가액에 상당하는 토지 또는 건축물로 상환할 수 있도록 했다.

6) **도시개발특별회계설치** 지방자치단체에 개발사업지원을 위한 도시개발특별회계를 설치하여 도시계획시설 및 기반시설의 설치에 보조·융자할 수 있게 되었다.

⑶ 문 제 점

「도시개발법」은 도시개발과 관련된 기존의 「도시계획법」과 「토지구획정리사업법」의 내용을 통합하였지만, 이는 도시개발과 관련된 제한적인 소폭통합에 그쳤다. 즉, 현재 도시계획구역 내에서 많이 이루어지고 있는 재개발사업이나 택지개발사업에 대한 내용이 통합되지 못하여 도시개발체계의 종합화와 체계화가 되지 못했다(강식·안용훈, 2001 : 63).

3. 도시계획사업과 도시개발사업

도시지역에서 시행되는 사업은 크게 도시계획사업과 비도시계획사업으로 구분할 수 있다. 도시계획사업(都市計劃事業)은 도시관리계획을 시행하기 위

표 10-1 도시계획사업과 비도시계획사업의 구분

사업구분		사업내용	근 거 법
도시계획 사 업	도시계획시설사업	도시계획시설설치 · 정비 · 개량	국토의 계획 및 이용에 관한 법률
	도시개발사업	도시개발	도시개발법
	도시 및 주거환경 정비사업	1. 주거환경개선	도시 및 주거환경정비법
		2. 주택재개발	
		3. 주택재건축	
		4. 도시환경정비	
비도시계획 사 업	주택지개발사업	1. 택지개발	택지개발촉진법
		2. 대지조성	주택법
		3. 주택건설	
	상업지개발사업	1. 역세권개발	도시철도법
		2. 유통단지개발	유통단지개발촉진법
	산업단지개발 사업	1. 산업단지	산업입지및개발에관한법률
		2. 복합단지개발	지역균형개발 및 중소기업육성에 관한 법률
		3. 협동화단지	중소기업진흥 및 제품구매촉진에 관한 법률
		4. 벤처전용단지	벤처기업육성에관한특별법
		5. 자유무역지역	자유무역지역등에관한법률
	농촌개발사업	1. 정주권개발	농어촌발전특별조치법
		2. 농어촌생활환경개선	농어촌정비법
		3. 한계농지개발	

한 사업으로서 도시계획시설사업 · 도시개발사업, 그리고 도시 및 주거환경정비사업을 말한다(「국토의 계획 및 이용에 관한 법률」 제2조 제11호). 비도시계획사업(非都市計劃事業)은 특별법에 의해 조성되는 주택지 · 상업지 · 산업단지 · 농촌개발사업들을 지칭한다

도시계획사업의 하나인 도시개발사업(都市開發事業)은 도시개발구역 안에서 주거 · 상업 · 산업 · 유통 · 정보통신 · 생태 · 문화 · 보건 및 복지 등의 기능을 가지는 단지 또는 시가지를 조성하기 위하여 시행하는 사업을 말한다〔「도시개발법」(이하 "법") 제2조 제1항 제2호〕.

Ⅱ. 도시개발과정

1. 접근모형

도시계획이 도시개발과정에의 효과적인 개입이라면, 이러한 개발과정의 이면에 대한 이해가 중요하다. 도시개발과 관련한 특정한 행위자(actors)의 기여, 특정한 사상(events)의 중요성, 그리고 개발이 이루어지도록 만드는 관계의 복합성(complexity of relationships)에 대한 평가를 위해서도 개발과정의 개념화가 중요하다(Adams, 1994 : 44).

힐리(P. Healey)는 개발과정의 복합성에 초점을 두어 균형 · 단계 · 기관, 그리고 구조모형의 4가지를 제시하고 있다(Adams, 1994 : 45).

(가) **균형모형**(equilibrium models) 이 모형은 지대 · 산출 등에 반영된 유효수요에 대한 경제적 신호에 의해 개발활동이 이루어지는 것으로 보는 신고전경제학적 분석에 바탕을 두고 있다.

(나) **사상단계모형**(event sequence models) 여기서는 개발과정의 단계의 관리에 초점을 둔다. 이 접근에서는 개발과정의 다양한 활동들을 개발수요와 전망 · 개발타당성, 그리고 집행의 3개 범주로 묶어서 검토한다(Adams, 1994 : 45~48).

(다) **기관모형**(agency models) 이 접근모형은 개발과정에서의 행위자와 그들의 관계에 초점을 둔다. 여기서는 주로 행태적 또는 제도적 관점에서 행위자들의 역할관계를 분석한다. 중요한 역할을 수행하는 행위자들은 민간부문에서 개발업자 · 투자자 · 전문적 조언자이며, 공공부문에서의 개발업자

또는 개발촉진자들을 포함한다(Adams, 1994 : 65).

(라) **구조모형**(structure models) 이 모형은 개발과정의 상호관계를 구성하는 권력에 초점을 두는 도시정치경제적 접근이다. 여기서 구조(structure)란 행위자들이 자기들의 전략·이익, 그리고 행동을 정의하고 추구하는 사회경제적이며 문화적 구조를 의미한다(Adams, 1994 : 65).

2. 단계별 활동

단계모형에서 제시하고 있는 것처럼 도시개발은 시작에서 끝까지 여러 사상 또는 단계의 연속으로 이루어진다. 즉 개발과정은 예비개발활동·개발집행, 그리고 시설관리의 3단계로 진행된다(Knox, 1994 : 184~187).

(1) 예비개발활동

예비개발활동(豫備開發活動)은 부지선정·사업계획의 개념화, 그리고 그 개념화된 사업계획에 대한 타당성고려로 이루어진다.

부지선정단계(敷地選定段階)에서는 입지·규모·토지매입비·공공시설과 서비스의 이용가능성·사업계획에 대한 근린토지이용자들의 반응 등이 고려된다. 사업계획개념화(事業計劃概念化)는 어떤 형태의 개발을 어떻게 할 것인가를 중심으로 하는 계획내용의 구체화작업을 포함한다. 타당성분석(妥當性分析)에서는 소유권·공공과정·사업계획의 생존력·물리적 조건, 그리고 시장조건의 5가지 측면을 검토한다(Adams, 1994 : 49~52). 토지에는 다양한 권리들이 존재하기 때문에 개발업자들은 이들 권리들을 획득하거나 존중해야 한다. 만일 개발잠재력이 있는 토지소유자가 판매하고자 하지 않을 때에는 강제적인 구입조치를 취할 수 있다. 그러나 소유권의 제약에 의해 개발타당성이 제약받는다면, 개발업자는 타당성검토의 마지막 단계까지 토지를 유보해야 한다. 공공과정(public procedures)은 사업계획의 허가와 관련하여 각종 건축규제의 내용을 검토하여야 한다. 민간부문의 개발을 위한 실현성연구(viability study)는 예상수익이 예상비용을 초과하여 바람직한 수익률을 만드는데 충분한가를 결정하기 위해 수행한다. 개발업자는 부지가 제안된 개발을 물리적인 의미에서 수용할 수 있는가를 확보해야 한다. 그리고 시장여건(market conditions)도 개발 이전에 검토되어야 한다.

(2) 개발집행

예비단계가 완료되면 개발업자는 집행단계(執行段階)로 옮겨 가는데, 여기서는 재정 · 마케팅 · 설계와 건축활동이 포함된다. 재정(財政)은 다른 사람들에게 사업계획의 타당성을 확신시키는 것으로 투자비용에 대한 수익을 고려하고, 필요한 재원조달방안을 모색한다. 마케팅(marketing)은 그 중요성이 증대되는 활동으로 개발업자들에 의해 개발된 토지 등의 이용가능성을 홍보한다. 설계(設計)와 건축단계(建築段階)에서는 토목 · 건축 · 조경의 구체적인 공사활동으로서 작업의 속도 등이 중요하다. 건축과정은 토지소유자와 건축가가 건설업자와 계약을 하는 것으로부터 시작한다. 계약시 주요 고려사항은 비용과 완성시간이다.

(3) 시설관리

건축이 완료되면 개발업자는 세입자를 관리하고 임대료를 징수하며 사업계획을 유지 · 관리하는 일을 하거나 새로운 소유자에게 매매하는 일을 하는데, 이를 시설관리단계라 한다.

그림 10-1 개발과정

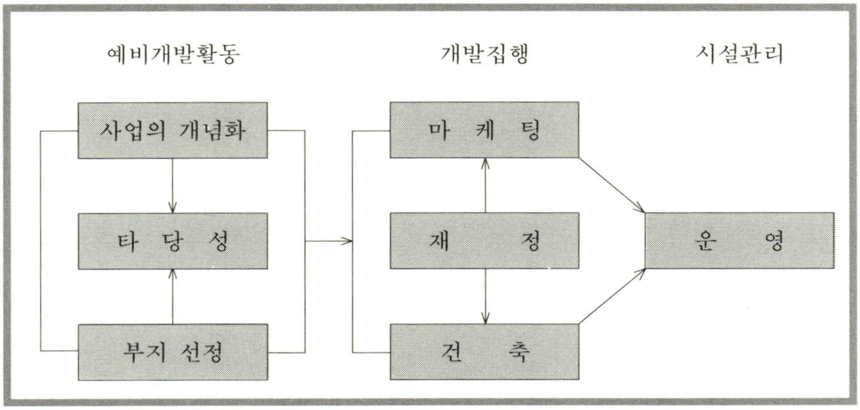

자료 : Knox, 1994 : 184.

제 2 절 개발계획

도시개발계획(이하 "개발계획")은 지정된 도시개발구역(이하 "개발구역")을 대상으로 수립하여 도시개발사업(이하 "개발사업")을 시행하게 된다.

Ⅰ. 개발구역의 지정

1. 지정권자

도시개발구역(都市開發區域)은 도시개발사업을 시행하기 위하여 지정·고시된 구역을 말한다(법 제2조 제1항 제1호). 개발구역을 지정하는 자(指定權者)는 특별시장, 광역시장 또는 도지사(이하 "시·도지사")와 건설교통부장관이다.

시·도지사(市·道知事)는 계획적인 도시개발이 필요하다고 인정되는 때에 개발구역을 지정할 수 있다(법 제3조 제1항). 개발사업이 필요하다고 인정되는 지역이 2 이상의 특별시·광역시 또는 도(이하 "시·도")의 행정구역에 걸치는 경우는 시·도지사가 협의하여 지정권자를 정한다(법 제3조 제2항). 건설교통부장관(建設交通部長官)은 국가가 개발사업을 시행할 필요가 있는 경우, 관계중앙행정기관의 장의 요청이 있는 경우, 정부투자기관의 장이 30만m^2 이상으로 구역지정을 제안하는 경우, 2 이상의 시·도의 행정구역에 걸치는 개발구역에 대해 시·도지사 간에 협의가 이루어지지 않은 경우, 그리고 천재·지변 기타의 사유로 긴급히 개발이 필요한 경우에 개발구역을 지정할 수 있다(법 제3조 제3항; 시행령 제4조).

2. 지정대상

(1) 지정대상

개발구역은 도시계획구역 안은 물론 도시계획구역 밖에 대해서도 지정할 수 있다(시행령 제2조 제1항). 도시계획구역 내에서는 주거·상업·공업 지역 또는 자연녹지지역에 대해 지정할 수 있다. 도시계획구역이 아닌 지역에 지정하는 경우에는 도시기본계획이 수립된 지역과 수립되지 않은 지역으로 나누어 볼 수 있다[도시개발업무지침(이하 "업무지침") 제 3 조 제 1 항]. 전자의 경우는 주거 · 상업 · 공업용지 또는 개발예정용지에 지정하고, 후자는 관리지역에 지정함을 원칙으로 한다.

(2) 지정기준

개발구역으로 지정하기 위해서는 다음 사항을 고려하여야 한다(업무지침 제 4 조 제 1 항).

① 해당 개발구역 및 도시의 건전한 발전을 도모할 수 있도록 광역도시계획 및 도시기본계획 등과의 부합 여부
② 해당 개발구역 및 도시의 현황과 발전추세 · 개발동향 등을 종합 · 분석하여 개발구역의 규모나 위치의 합리성
③ 도시기반시설의 설치가능성
④ 해당 개발구역과 인근지역의 자연환경 및 생태계에 미치는 영향

(3) 지정규모

개발구역의 규모(規模)는 도시계획구역 안과 밖에 차이가 있다. 도시계획구역 안의 경우, 주거지역 및 상업지역에서는 1만m^2 이상, 공업지역은 3만m^2 이상, 그리고 자연녹지지역은 1만m^2 이상을 각각 제시하고 있다. 도시계획구역 밖에서는 30만m^2 이상이 되어야 한다(시행령 제 2 조 제 1 항).

자연녹지지역 및 도시지역 외의 지역에 개발구역을 지정하는 경우에는 광역도시계획 또는 도시기본계획에 의하여 개발이 가능한 용도로 지정된 지역에 한하여 건설교통부장관이 정하는 기준에 따라 지정하여야 한다. 다만, 광역도시계획 및 도시기본계획이 수립되지 아니한 지역의 경우에는 자연녹지지역 및 계획관리지역에 한하여 개발구역을 지정할 수 있다.

그러나 「국토의 계획 및 이용에 관한 법률」에 의하여 취락지구 또는 개발진흥지구로 지정된 지역, 지구단위계획구역(地區單位計劃區域)으로 지정된 지역 그리고 건설교통부장관이 국가균형발전을 위하여 관계중앙행정기관의 장과 협의하여 개발구역으로 지정하고자 하는 지역에 대해 지정권자가 계획적인 도시개발의 필요성이 있다고 인정하는 지역에 대하여는 상기 면적 이하인 경우에도 개발구역으로 지정할 수 있도록 했다(시행령 제 2 조 제 3 항). 개발구역으로 지정하고자 하는 지역이 2 이상의 용도지역에 걸치는 경우에는 건설교

통부령이 정하는 기준에 따라 개발구역을 지정한다(시행령 제 2 조 제 4 항).

3. 지정절차

(1) 지정요청 및 제안

(가) 지정요청 시장 · 군수 또는 구청장(자치구)은 시 · 군 · 구 도시계획위원회의 자문(단, 지구단위계획구역에서 이미 결정된 지구단위계획에 따라 개발사업을 시행하고자 개발구역지정을 요청하는 경우는 자문을 거치지 아니할 수 있다)을 거쳐 도시개발구역조서, 토지면적 및 토지소유자의 동의에 관한 서류, 개발계획내용관련서류, 기초조사관련서류, 주민공청회결과, 그리고 도시계획위원회자문결과 등의 서류를 첨부하여(시행령 제 5 조; 시행규칙 제 3 조) 시·도지사에게 개발구역의 지정을 요청할 수 있다(법 제 3 조 제 4 항).

(나) 지정제안 도시개발사업의 시행자(이하 "시행자") 중 국가와 지방자치단체를 제외한 시행자는 시장, 군수 또는 구청장에게 개발구역의 지정을 제안할 수 있다. 다만, 정부투자기관의 장이 일정규모 이상으로 개발구역을 제안하는 경우는 건설교통부장관에게 직접 할 수 있다(법 제11조 제 5 항).

(2) 기초조사

시행자 또는 시행자가 되고자 하는 자는 개발구역을 지정하거나 개발구역의 지정을 요청 또는 제안하고자 하는 때에는 개발구역으로 지정될 구역안의 토지, 건축물, 공작물, 당해 도시 또는 개발구역으로 지정하고자 하는 지역과 생활권이 같은 지역의 인구변동상황 및 개발구역 안의 인구 · 토지이용·지장물 및 각종 개발사업현황에 관한 사항, 주변지역의 교통현황, 재해의 발생빈도 및 현황, 도시기본계획 · 광역도시계획 등 상위계획에 관한 사항 등을 조사하거나 측량할 수 있다(법 제 6 조 제 1 항; 시행령 제 9 조 제 1 항).

(3) 지정승인

(가) 주민 등의 의견청취 건설교통부장관 또는 시 · 도지사가 개발구역을 지정하고자 하거나 시장, 군수 또는 구청장이 개발구역의 지정을 요청하고자 하는 때에는 공청회를 열어 주민 및 관계전문가 등으로부터 의견을 청취하여야 한다. 공청회에서 제시된 의견이 타당하다고 인정되는 때에는 이를 반영하여야 한다(법 제 7 조 제 1 항).

(나) 도시계획위원회의 심의　지정권자가 개발구역을 지정하거나 개발계획을 변경하고자 하는 경우에는 관계행정기관의 장과 협의한 후 중앙도시계획위원회 또는 시·도도시계획위원회의 심의를 거쳐야 한다. 변경의 경우에도 또한 같다(법 제8조). 다만, 개발구역의 명칭변경, 개발구역면적의 100분의 10 미만의 변경, 사업시행기간, 재원조달계획 등과 같은 경미한 사항을 변경하는 경우에는 그러하지 아니한다(법 제8조; 시행령 제11조).

(다) 구역지정승인　지정권자가 개발구역을 지정한다. 다만, 시·도지사가 면적이 100만m^2 이상인 개발구역을 지정하고자 하는 경우에는 건설교통부장관의 승인을 얻어야 한다(법 제3조 제1항; 시행령 제3조).

(4) 구역지정의 고시 및 공람

(가) 지정고시　지정권자가 개발구역을 지정하고자 하는 때에는 개발구역의 명칭·위치 및 면적·지정목적·시행자 및 시행자의 주된 사무소소재지, 사업의 시행기간 및 시행방법, 토지이용계획 및 도시기반시설계획 등의 사항을 관보 또는 공보에 고시(告示)하여야 한다(법 제9조 제1항; 시행령 제12조 제1항).

개발구역이 지정·고시되는 경우 당해 개발구역은 「국토의 계획 및 이용에 관한 법률」의 규정에 의한 도시계획구역 및 지구단위구역으로 결정·고시된 것으로 본다. 다만, 제2종 지구단위계획구역 및 취락지구로 지정된 지역인 경우에는 그러하지 아니한다(법 제9조 제2항).

(나) 공　람　지정권자는 당해 개발구역을 관할하는 시장, 군수 또는 구청장에게 관계서류의 사본을 송부하여야 하며, 송부받은 시장, 군수 또는 구청장은 일반에게 14일 이상 공람(供覽)시켜야 한다(법 제9조 제1항; 시행령 제12조 제1항). 시·도지사가 개발구역을 지정·고시한 때에는 건설교통부장관에게 그 내용을 통보하여야 한다(법 제9조 제3항).

4. 지정효과

개발구역 안에서 건축물의 건축·공작물의 설치·토지형질의 변경·토석채취·토지의 분할·물건을 쌓아 놓은 행위 등을 하고자 하는 자는 시장·군수의 허가를 받아야 한다. 허가받는 사항을 변경하고자 하는 때에도 또한 같다(법 제 9 조 제 5 항). 그러나 재해복구 또는 재난수습을 위한 응급조치, 기타 경미한 행위는 허가를 받지 아니할 수 있다(법 제19조 제 6 항).

5. 지정해제

(1) 해제요건

도시개발구역의 지정은 다음의 경우 규정된 다음 날에 해제된 것으로 본다(법 제10조 제 1 항).

① 도시개발구역이 지정·고시된 날부터 3년이 되는 날까지 도시개발사업에 관한 실시계획의 인가를 신청하지 아니하는 경우에는 그 3년이 되는 날
② 도시개발사업의 공사완료(환지방식에 의한 사업인 경우에는 그 환지처분)의 공고일

개발구역지정 후 개발계획을 수립하는 경우에는 다음의 경우 규정된 다음 날에 개발구역지정이 해제된 것으로 본다(법 제10조 제 2 항).

그림 10-2 도시개발구역지정절차(시·도지사 지정시)

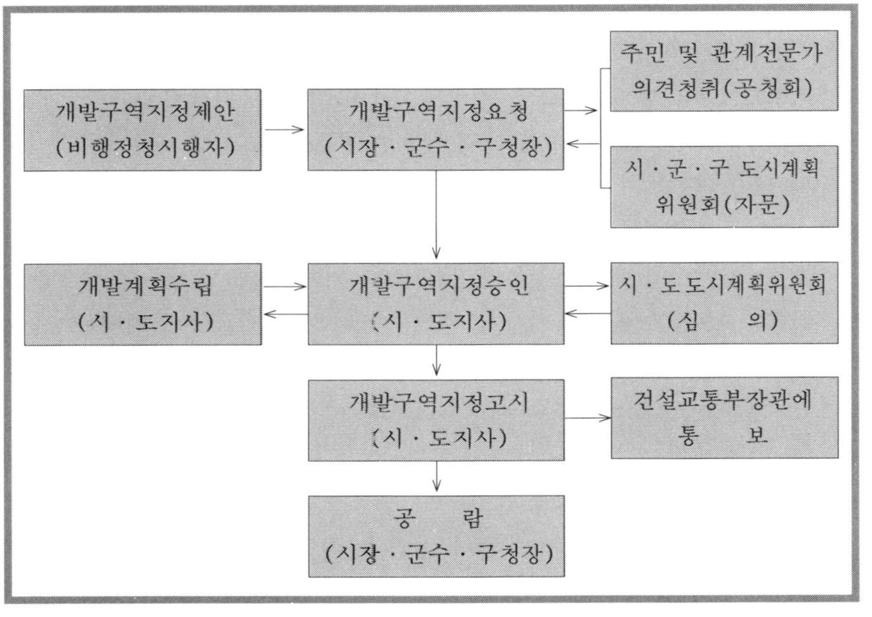

① 개발구역이 지정 · 고시한 날로부터 2년이 되는 날까지 개발계획을 수립·고시하지 아니하는 경우는 그 2년(개발구역면적이 일정규모 이상인 경우는 5년)이 되는 날
② 개발계획을 수립 · 고시한 날부터 3년이 되는 날까지 실시계획의 인가를 신청하지 아니한 경우에는 그 3년(개발구역면적이 330만m^2 이상인 경우는 5년)이 되는 날

(2) 해제절차

개발구역의 지정이 해제되는 것으로 보는 경우, 지정권자는 해제되는 내용과 사유 등을 관보 또는 공보에 고시하고, 관계행정기관의 장과 도시개발구역을 관할하는 시장, 군수 또는 구청장에게 통보하여야 한다. 통보받은 시장, 군수 또는 구청장은 관계서류를 일반에게 14일 이상 공람하여야 한다(법 제10조 제4항; 시행령 제13조 제1항 · 제2항).

(3) 해제효과

개발구역의 지정이 해제의제된 때에는 당해 개발구역에 대한 용도지역 및 지구단위계획구역은 당해 개발구역지정 전의 용도지역 및 지구단위계획구역으로 각각 환원 또는 폐지된 것으로 본다(법 제10조 제3항).

Ⅱ. 개발계획의 수립

1. 계획의 수립 및 변경

(1) 계획의 수립

지정권자(指定權者)가 개발구역을 지정하고자 할 때에는 당해 개발구역에 대한 도시개발사업의 계획(이하 “개발계획”)을 수립하여야 한다. 다만, 자연녹지지역, 도시지역 외의 지역, 취락지역 또는 개발진흥지역, 지구단위계획구역, 국가균형발전을 위해 지정하는 개발구역, 그리고 당해 개발구역에 포함되는 주거 · 상업 · 공업지역의 면적합계가 전체 개발구역지정면적의 100분의 30 이하인 지역에 개발구역을 지정하는 때에는 개발구역지정 후에 개발계획을 수립할 수 있다(법 제4조 제1항; 시행령 제5조의2). 개발구역지정 후에 개발계획을 수립하는 경우에는 개발구역지정시 지정목적 · 시행방식 및 인구수용계획 등에 관한 계획을 수립해야 한다(법 제5조 제3항).

(2) 계획의 변경

지정권자는 직접 또는 관계중앙행정기관의 장 또는 시장 · 군수 · 구청장의 요청을 받아 개발계획을 변경할 수 있다(법 제 4 조 제 2 항). 지정권자가 도시개발사업을 환지방식으로 시행하고자 개발계획을 수립하는 때에는 환지방식이 적용되는 지역의 토지면적의 3분의 2 이상에 해당하는 토지소유자와 그 지역의 토지소유자총수의 2분의 1 이상의 동의를 얻어야 하며, 개발계획을 변경하고자 하는 경우도 또한 같다(법 제 4 조 제 3 항).

2. 계획내용

개발계획(開發計劃)은 개발계획서, 관련도면 및 부속서류로 구성한다(업무지침 제10조 제 2 항).

개발계획서(開發計劃書)에는 다음 사항이 포함되어야 한다(법 제 5 조 제 1 항; 시행령 제 7 조 제 1 항).

① 개발구역의 명칭 · 위치와 면적
② 개발구역의 지정목적 및 개발사업시행기간
③ 개발구역을 2 이상의 사업시행지구로 분할하여 시행하는 경우에는 그 지구분할에 관한 사항
④ 개발사업의 시행자에 관한 사항
⑤ 개발사업의 사업시행방식
⑥ 인구수용계획
⑦ 토지이용계획
⑧ 교통처리계획
⑨ 환경보전계획
⑩ 보건의료 및 복지시설의 설치계획
⑪ 도로, 상 · 하수도 등 주요 도시기반시설의 설치계획
⑫ 재원조달계획 등의 사항
⑬ 개발구역 밖의 지역에 기반시설을 설치하여야 하는 경우에는 당해시설의 설치에 필요한 비용의 부담계획
⑭ 수용 또는 사용의 대상이 되는 토지 · 건축물 또는 토지정착물건과 관련된 권리
⑮ 학교시설계획 · 문화재보호계획 · 초고속정보통신망계획 · 공동구 등 지하매설물계획 등

Ⅲ. 개발사업의 시행

1. 사업의 시행자

⑴ 시행자의 지정

㈎ 지정대상자 도시개발사업의 시행자(이하 "시행자")는 다음 중에서 지정권자(指定權者)가 이를 지정한다(법 제11조 제1항; 시행령 제14조).

① 국가 또는 지방자치단체
② 정부투자기관(토지공사 · 주택공사 · 수자원공사 · 농업기반공사 · 관광공사)
③ 「지방공기업법」에 의하여 설립된 지방공사
④ 개발구역 안의 토지소유자 또는 이들이 도시개발을 위해 설립한 조합
⑤ 「수도권정비계획법」에 의한 과밀억제지역에서 수도권 외의 지역으로 이전하는 법인
⑥ 토목공사업 또는 토목건축공사업의 면허를 받는 등 도시개발사업을 시행할 능력이 있는 자
⑦ ①~⑥에 해당하는 자 2 이상이 도시개발사업을 시행할 목적으로 출자하여 설립한 법인

다만, 개발구역의 전부를 환지방식으로 시행하는 경우에는 토지소유자 또는 조합을 시행자(施行者)로 지정한다. 그러나 다음의 사유가 있을 때에는 지방자치단체 또는 대통령령이 정하는 자(이하 "지방자치단체 등")를 시행자로 지정할 수 있다. 이 경우 도시개발사업을 시행하는 자가 시 · 도지사인 경우에는 건설교통부장관이 이를 지정한다(법 제11조 제2항; 시행령 제16조 제2항).

① 토지소유자 또는 조합이 개발계획의 수립 · 고시일부터 6월 이내에 시행자지정을 신청하지 아니하거나 신청된 내용이 위법 또는 부당하다고 인정한 때
② 지방자치단체의 장이 집행하는 공공시설에 관한 사업과 병행하여 시행할 필요가 있다고 인정한 때
③ 개발구역 안의 국공유지를 제외한 토지면적의 2분의 1 이상이 지방자치단체 등의 시행에 동의한 때

㈏ 지정신청 시행자(施行者)로 지정받고자 하는 자는 사업시행자지정신청서(事業施行者指定申請書)를 시장, 군수 또는 구청장을 거쳐 지정권자에

게 제출하여야 한다. 다만, 지정권자가 도시개발사업을 직접 시행하는 경우에는 그러하지 아니하며, 건설교통부장관이 지정권자인 경우에는 건설교통부장관에게 직접 제출할 수 있다(시행령 제15조 제 1 항). 이 신청서에는 신청인의 성명 · 주소, 사업시행계획의 개요, 사업계획서, 자금조달계획서, 위치도에 관한 서류 및 도면을 첨부하여야 한다(시행령 제15조 제 1 항 · 제 2 항).

(다) 시행규약과 규정 　지정권자는 토지소유자가 공동으로 개발사업을 시행하고자 하거나 토지소유자 또는 조합이 수도권과밀지역에서 수도권 외의 지역으로 이전하는 법인 또는 기타 개발사업에 능력이 있다고 인정되는 자(지정대상자 ⑥ 또는 ⑦)와 공동으로 개발사업을 시행하고자 하는 때에는 개발사업에 관한 규약(規約)을 정하게 할 수 있다(법 제11조 제 3 항; 시행령 제17조).

지정대상자 중 ①~④에 해당하는 자가 개발사업을 환지방식에 의해 수행하고자 하는 때에는 시행규정(施行規定)을 작성해야 한다(법 제11조 제 4 항; 시행령 제18조 제 1 항). 시행자가 시 · 도지사, 시장 · 군수 또는 구청장인 경우에는 시행규정을 조례(條例)로 정하여야 한다(시행령 제 2 항).

(2) 시행자의 변경

지정권자는 다음의 경우에 시행자를 변경할 수 있다(법 제11조 제 8 항; 시행령 제19조의2).

① 실시계획인가 후 2년 이내에 사업을 착수하지 아니하는 경우
② 행정처분에 의해 시행자의 지정 또는 실시계획의 인가가 취소된 경우
③ 시행자의 부도 · 파산 기타 이와 유사한 사유로 인하여 사업의 목적을 달성하기 어렵다고 인정되는 경우
④ 환지방식으로 개발사업을 시행하는 토지소유자 또는 조합으로서 개발구역 지정고시일부터 1년(지정권자가 불가피하다고 인정되는 때에는 6개월 범위 내에서 인정가능) 이내에 실시계획의 인가를 신청하지 아니하는 경우

(3) 위탁시행

시행자는 항만 · 철도 · 도시기반시설의 건설과 공유수면의 매립에 관한 업무를 국가 · 지방자치단체 또는 정부투자기관에 위탁하여 시행할 수 있다(법 제12조 제 1 항). 또한 시행자는 개발사업을 위한 기초조사, 토지매수업무, 손실보상업무, 주민이주대책 등을 관할지방자치단체나 정부투자기관에 위탁

할 수 있다(법 제12조 제2항).

2. 실시계획의 작성 및 인가

(1) 계획의 작성

시행자(施行者)는 도시개발사업에 관한 실시계획(이하 "실시계획")을 작성하여야 하는데, 이 실시계획(實施計劃)은 개발구역지정권자가 개발구역지정을 위해 수립하는 개발계획에 부합되게 작성되어야 한다(법 제17조 제1항; 시행령 제28조 제1항). 그리고 실시계획에는 사업시행에 필요한 설계도서, 자금계획 및 시행기간 기타 사항에 관한 서류를 명시하거나 첨부하여야 한다(법 제17조 제5항).

이 실시계획은 지구단위계획(地區單位計劃)에 포함되어야 하며, 지구단위계획의 수립기준에 따라 작성하여야 한다(법 제17조 제1항; 시행령 제28조 제2항). 이는 모든 도시개발구역에 지구단위계획수립을 의무화하여 쾌적한 도시환경조성을 위한 기반을 마련하며, 사업준공 후에도 수립된 지구단위계획의 내용에 따라 당해 지역을 관리함으로써 처음의 개발밀도를 유지하며, 사후에 과밀개발이 되지 않도록 도시의 지속적·일관적 관리를 모색하였다.

(2) 계획의 인가

시행자(지정권자가 시행자인 경우는 제외)는 작성된 실시계획에 관하여 지정권자의 인가를 받아야 한다(법 제17조 제2항). 시행자가 실시계획의 인가를 받고자 하는 경우에는 실시계획인가신청서(實施計劃認可申請書)에 사업비 및 자금조달계획서 등 건설교통부령이 정하는 서류 및 도면을 첨부하여 시장, 군수 또는 구청장을 거쳐 지정권자에게 제출하여야 한다(시행령 제29조; 시행규칙 제17조).

지정권자가 실시계획을 작성하거나 인가하는 경우, 건설교통부장관인 지정권자는 시·도지사의 의견을, 시·도지사인 지정권자는 시장·군수 또는 구청장의 의견을 미리 들어야 한다(법 제17조 제3항). 실시계획을 변경하거나 폐지하는 경우에도 이를 준용한다(법 제17조 제4항).

(3) 인가고시 및 공람

지정권자는 실시계획을 작성하거나 인가한 때에는 사업명·사업목적·

위치 및 면적 · 시행자 · 시행기간 · 시행방식 · 지구단위계획의 내용, 그리고 인가된 실시계획도서의 공람기간 및 공람장소를 관보 또는 공보에 제시하고 (시행령 제30조), 시행자와 당해 도시개발구역을 관할하는 시장, 군수 또는 구청장에게 관계서류의 사본을 송부하여야 한다. 이 경우 관계서류를 송부받은 시장, 군수 또는 구청장은 이를 일반에게 공람하여야 한다(법 제18조 제 1 항).

(4) 관련 인 · 허가의 의제

지정권자가 실시계획을 작성 뜨는 인가를 함에 있어 실시계획에 대한 관련법의 허가 · 인가 등에 관한 규정은 관계행정기관의 장과 협의한 사항에 대해서는 당해 인 · 허가 등을 받은 것으로 본다(법 제19조 제 1 항).

3. 사업의 시행

(1) 사업시행방식의 결정

개발사업은 시행자가 개발구역 안의 토지 등을 수용 또는 사용하는 방식이나 환지방식 또는 이를 혼용하는 방식으로 시행할 수 있다(법 제20조 제 1 항).

(2) 준공검사 등

시행자(지정권자가 시행자인 경우는 제외)가 도시개발사업의 공사를 완료한 때에는 공사완료보고서를 작성하여 지정권자의 준공검사를 받아야 한다(법 제49조 제 1 항). 지정권자는 공사완료보고서를 받은 때에는 지체없이 준공검사를 하고, 도시개발사업이 실시계획대로 완료되었다고 인정되는 때에는 공사검사필증을 교부하고 공사완료공고를 하여야 하며, 실시계획대로 완료되지 아니한 때에는 지체없이 보완 · 시공 등 필요한 조치를 명하여야 한다(법 제50조 제 1 항). 지정권자가 시행자인 경우 그 시행자는 도시개발사업의 공사를 완료한 때에는 공사완료공고를 하여야 한다(법 제50조 제 2 항).

(3) 비용부담 등

(가) 비용부담 개발사업에 필요한 비용(費用)은 「도시개발법」 또는 다른 법률에 특별한 규정이 있는 경우를 제외하고는 시행자가 부담한다(법 제53조). 지정권자가 시행자인 경우 그 시행자는 그가 시행한 도시개발사업으로 인하여 이익을 받은 시 · 도 또는 시 · 군 · 구가 있는 때에는 당해 도시개발사

업에 소요된 비용의 일부를 그 이익을 받은 시·도 또는 시·군·구에 부담시킬 수 있다(법 제55조 제1항). 행정청인 시행자는 그 시행자 외의 자가 설치·관리하는 공공시설이 도시개발사업으로 인하여 이익을 받은 때에는 당해 개발사업에 소요된 비용의 일부를 당해공공시설의 관리자와 협의하여 그에게 부담시킬 수 있다(법 제56조 제1항).

(나) **도시개발특별회계** 시·도지사 또는 시장·군수는 도시개발사업을 촉진하고 도시계획시설사업의 설치지원을 위하여 지방자치단체에 도시개발특별회계(이하 "특별회계")를 설치할 수 있다(법 제59조 제1항). 특별회계(特別會計)의 재원은 일반회계로부터의 전입금, 정부의 보조금, 도시개발채권 등으로 조성된다(법 제59조 제1항). 특별회계는 개발사업의 시행자에 대한 공사비의 보조 및 융자, 도시계획시설사업에 관한 보조 및 융자 등의 용도에 사용할 수 있다(법 제60조 제1항).

(다) **도시개발채권** 지방자치단체의 장은 도시개발사업 또는 도시계획시설사업에 필요한 자금을 조달하기 위하여 도시개발채권(都市開發債券)을 발행할 수 있다(법 제61조 제1항).

제3절 개발방식

Ⅰ. 개발주체별 개발방식

1. 개발방식의 구분

개발주체(開發主體)에 의한 개발방식은 공공(제1섹타) 개발, 민간(제2섹타) 개발, 그리고 협력(제3섹타 또는 합동) 개발로 구분할 수 있다. 공공개발(公共開發)은 중앙정부·지방자치단체, 그리고 특정한 개발책임을 갖는 법정기관에 의한 개발사업으로 공익을 전제로 하는 개발이다. 민간개발(民間開發)은 토지소유자·토지소유자조합 등 민간인에 의해 추진되는 영리목적의 개발이다. 협력개발(協力開發)은 공공부문과 민간부문이 협력하여 상호보완하면서 개발사업을 진행하는 개발방식이다.

개발주체(開發主體)에 따른 도시개발방식 간에는 상호보완적인 장단점이

표 10-2 개발주체별 개발방식대비

유 형	장 점	단 점
1. 공공개발	1. 도시계획과 일관성유지 용이 2. 개발이익의 도시재투자 3. 높은 공신력	1. 재원조달의 곤란성 2. 개발의 경영관리미숙
2. 공영개발	1. 중점적 개발로 효율성 제고 2. 풍부한 경험과 전문인력확보 3. 개발이익의 공공귀속 4. 높은 공신력	1. 지방정부와 마찰가능성 2. 개발이익의 타지역투자가능성 3. 실수요자에 의한 설계변경으로 중복투자발생
3. 민간개발	1. 투자재원확보 용이 2. 수급의 직접연결 3. 용도에 따른 계획변경가능 4. 공사비경감 및 목표조기달성	1. 개발의 일관성결여 2. 개발이익의 특정기업독점가능 3. 계획불이행시 제재불가능 4. 공신력부족
4. 협력개발	1. 민자로 초기투자재원확보 용이 2. 수급의 직접연결 3. 용도에 따른 계획변경용이 4. 공사비절감 및 공사기간단축	1. 공사부문간의 업무분담불균형 2. 비용계산시 정확한 기준설정곤란 3. 개발참여기업선정시 공정성확보 곤란

자료 : Harvey, 1992 : 122~124; 건설부 · 국토연, 1991 : 194.

있다. 공공부문에 의한 개발은 일관성 있는 개발로 높은 공신력을 확보할 수 있는 장점이 있는 반면에 경영관리의 미숙과 재원조달의 곤란성이 있다. 이에 비해 민간부문에 의한 개발은 수급이 연결된 탄력적 개발과 투자재원확보의 용이성의 장점에 비해 공신력과 일관성이 부족한 단점이 있다. 이러한 공공부문과 민간부문의 개발의 장점을 살리고 단점을 보완하기 위해 협력개발 형태를 도입하게 되었다.

2. 민관협력개발

(1) 의 의

파트너쉽 개발(partnership development) 또는 민관협력개발(public-private partnership development)은 둘 이상의 행위자들(그 중 적어도 하나는 공공기관)이 주체적으로 참여하여 지속적 상호관계를 형성하여 도시개발활동을 공동의 책임하에 수행하는 행위를 지칭한다.

이 민관협력이 공공부문의 입장에서는 추가적인 조세의 부담이 없이 필요한 시설이나 서비스를 확보하는 대안적 수단이고, 민간기업의 입장에서는 새로운 시장을 확대하는 경영기회로 간주하는 일종의 윈-윈(win-win)전략이 전제되어 있다(Crosslin, 1991 : 16). 이 방법은 양 부문이 협력함으로써 민간부문은 개발에 필요한 토지에 대한 강제적인 구매력을 확보할 수 있고, 지방정부는 민간부문의 전문성과 재원을 확보할 수 있다(Harvey, 1992 : 124).

(2) 논 리

민관협력(民官協力)의 논리적 바탕은 다음 7가지로 요약 할 수 있다(Bailey, 1995 : 32~37).

1) 시너지(synergy) 협력의 주요한 이유의 하나는 둘 이상의 부분이 함께 일함으로써 따로 따로 하는 것보다 더 큰 성과를 얻을 수 있다는 점이다. 이는 이윤창조와 비상업이익과의 결합을 의미한다. 즉 민간부문 관점에서는 일정한 상업적 혜택이 시장이율 이하의 보조금제공 등을 통해 비영리부문에 양도됨으로써 개발이 가능하게 되며, 공공부문의 경우는 협력을 통해 추가적인 사회적 혜택을 제고할 수 있다.

2) 변 환(transformation) 협력은 목표에 대한 거래와 협상의 장(場)인데, 이를 통해 상호변환이 이루어진다. 민간부문은 효율지향적이고 장기적인 공공부문에 시장지향적인 민간부문의 목표를 추가할 수 있게 한다. 공공부문은 반대로 민간부문에 대해 보다 사회적이고 장기적인 목표를 추구하도록 한다.

3) 예산확대(budget enlargement) 자원제약을 받는 공공부문기관과 보조금 또는 위험감소를 추구하는 사기업이 공동벤처를 구축함으로써 예산에 대한 부담을 줄일 수 있다. 예산확대에 대한 협상이 다양한 개발제안의 구축에 있어 중요 사항이 되고 있다.

4) 개발기회확대(unlocking land and development opportunities) 개발대상지의 복잡한 소유패턴은 개발에 필요한 대규모의 토지를 확보하기 위해 협력구축이 중요하다.

5) 장소마케팅제고(place-marketing and promotion) 도시개발에 있어 도시 자체가 가지고 있는 매력과 특성으로 외부투자자를 유인하는 장소마케팅이 중요하다. 이와 같은 지방성(localities)을 제고하는 장소마케팅은 문화 · 예술 · 스포츠 등의 틈새시장(niche markets)에 대한 적극개발을 의미하고, 이러한 사업에 민관협력개발이 중요하다.

6) 하부구조와 개발에 대한 협력(co-ordination of infrastructure and development) 공공부문의 개발잠재력이 심히 제한을 받거나 민간부문의 개발사업이 불경기일 때, 양 부문의 협력으로 필요한 하부구조와 개발을 시행해 나감으로써 안정적이며 지속적인 성장전략을 추진해 나갈 수 있다.

7) 신뢰구축과 위험최소화(confidence-building and risk minimization)

공공부문이 개발잠재력의 제한을 받거나 개발산업이 불경기일 때, 신뢰구축과 위험최소화는 협력에 중요한 과업이 되고 있다. 부문간의 협력은 장기계획에서 신뢰구축에 중요하다.

(3) 유 형

파트너쉽은 목적과 내용에 따라 다양한 수준에서 이루어진다. 예를 들면, 대규모의 숙원적 문제해결을 위한 광범위한 전략을 설정하기 위한 체계적 파트너쉽(systematic partnership), 도시개발사업의 집행을 위한 프로그램 파트너쉽(programmatic partnership), 그리고 특정한 단일 사업의 달성을 위한 단기적 성격의 기술적 파트너쉽(technical partnership)으로 구분할 수 있다 (Carter, 2000 : 46~47).

협력하는 사업의 내용에 따라 단일사업 파트너쉽과 다중사업 파트너쉽으로도 구분할 수 있다(Adams, 1994 : 145~148). 단일사업 파트너쉽(single-project partnership)은 특정시점에 특정한 단일개발사업과 관련된 파트너쉽을 형성하는 방식이다. 다중사업파트너쉽(multi-project partnerships)은 공공기관이 특정한 민간 파트너(들)와 지속적인 관계를 오랫동안 형성하면서 여러 개별사업들을 수행해 나가는 형태이다. 파트너쉽에 의해 설립된 대부분의 개발회사는 이 범주에 속한다. 이들 개발회사들은 다양한 형태를 취하지만, ① 지방기관과 단일 민간개발업자 간에 공동으로 설립한 회사, ② 지방기관과 여러 민간부문개발업자들 간에 공동으로 설립한 회사, ③ 여러 개발업자들과 개발사업에 따라 분리된 파트너쉽 계약을 하는 단일지방기관의 자회사로 설립된 회사로 구분할 수 있다(Adams, 1994 : 146~148).

(4) 파트너쉽 과정

협력형성과정에서 지방정부가 주도권을 행사하는 경우를 가정하면, 먼저 지방정부에서 개발대상지의 개발계획을 제공하고, 이 개발사업에의 접근수단·요구사항 등을 제시한다. 이에 따라 제안된 개발사업에 참여희망자를 모집한다. 지방정부는 선정요건에 따라 선정작업을 진행한다. 선정된 민간기업에 대해 재정은 물론 개발유형에 대해 상세한 대화를 진행한다.

Ⅱ. 토지소유형태별 개발방식

도시개발사업시행방식은 수용 및 사용방식, 환지방식 또는 양자의 혼합방식 중에서 적절하게 선택하여 탄력적으로 운영할 수 있다(법 제20조; 시행령 제32조).

1. 수용 · 사용 방식

(1) 의 의

(가) 개 념 공용수용 · 사용은 공익사업 기타 복리행정상의 목적을 위하여 공공사업주체가 타인의 특정한 재산권(소유권 외의 권리)을 법률의 힘에 의해 강제적으로 취득 또는 사용하는 것을 말한다.

(나) 수용자와 피수용자 수용권의 주체인 수용자(收用者)는 공익사업의 시행자로서 국가, 공공단체 또는 사인에 관계 없이 공익사업의 시행자인 기업자(起業者)를 의미한다. 수용권의 객체인 피수용자(被收用者)는 토지소유자 또는 관계인을 지칭한다. 공용수용의 목적물(目的物)은 재산권으로서 토지소유권, 토지에 관한 소유권 이외의 권리, 토지정착물의 소유권 등을 포함한다. 토지 등의 수용 또는 사용에 관해서는 「공익사업을 위한 토지 등의 취득 및 보상에 관한 법률」(이하 "법률")을 준용하도록 했다(법 제21조 제2항).

(다) 공익사업의 범위 토지 등을 취득 또는 사용할 수 있는 공익사업은 주요 도시기반시설사업, 공공기관이 임대나 양도목적으로 시행하는 주택건설 및 택지조성사업, 국방 · 군사에 관한 사업 등이다(법률 제4조).

(라) 취득 또는 사용방식 협의(協議)에 의한 방식과 수용(收用)에 의한 방식으로 구분할 수 있다. 전자는 수용방식에 의한 절차를 진행하기 이전에 토지소유자 및 관계인과 협의하여 취득하는 방식이다.

(2) 협의에 의한 취득 또는 사용

(가) 토지 및 건물조서의 작성 사업시행자는 협의에 의한 토지 등의 취

득 또는 사용이 필요한 때에는 토지조서 및 물건조서를 작성하여 토지소유자 및 관계인의 서명 또는 날인을 받아야 한다(법률 제14조).

토지 · 물건의 조서작성(調書作成)은 기업자가 수용 또는 사용할 토지 및 물건의 내용을 확정하는 절차이다. 이는 수용목적물인 토지나 물건의 내용 · 수량 또는 면적 등에 관한 사실확인적인 의미를 갖는 것으로 기업자가 작성하여 서명 · 날인하고, 토지소유자 및 관계인을 입회시켜서 서명 · 날인하도록 했다.

(나) 보상계획의 작성 및 열람 사업시행자가 토지조서 및 물건조서를 작성한 때에는 공익사업의 개요, 토지조서 및 물건조서의 내용과 보상의 시기·방법 및 절차 등을 기재한 보상계획을 전국을 보급지역으로 하는 일간신문에 공고하고, 토지소유자 및 관계인에게 통지하여야 한다. 다만, 토지소유자 및 관계인이 20인 이하인 경우는 공고를 생략할 수 있다(법률 제15조 제 1 항).

사업시행자는 공고 또는 통지한 내용을 14일 이상 일반인이 열람할 수 있도록 해야 한다. 다만, 사업지역이 2 이상의 시 · 군 또는 자치구에 걸쳐 있거나 사업시행자가 행정청이 아닌 경우에는 해당 시장 · 군수 · 구청장에게도 그 사본을 송부하여 열람을 의뢰하여야 한다(법률 제15조 제 2 항).

(다) 협 의 사업시행자는 토지소유자 및 관계인과 보상에 관하여 성실하게 협의하여야 한다. 협의가 성립된 경우에는 사업시행자는 토지소유자 및 관계인과 계약을 체결하여야 한다(법률 제17조).

협의(協議)는 기업자가 수용할 토지 등에 관한 권리를 취득하거나 소멸시키기 위하여 토지소유자 및 관계인과 의논하여 이루어진 합의를 말한다. 기업자와 토지소유자 및 관계인 사이에 협의가 성립되면, 기업자는 토지소유자 및 관계인의 동의를 얻거나 공증인의 공증을 받아 관할토지수용위원회에 협의성립의 확인을 신청한다. 기업자와 토지소유자 및 관계인 사이에 협의가 성립되면, 토지수용의 절차는 이로써 종결되고 수용의 효과가 발생한다.

(3) 수용에 의한 취득 또는 사용

토지의 수용 또는 사용의 절차는 사업인정, 토지 · 물건의 조서작성, 협의, 재결 · 화해의 4단계로 나누어 이루어진다.

(가) 사업인정 사업인정(事業認定)이란 기업자가 토지를 수용 · 사용하고자 할 때에는 당해 사업이 공익사업에 해당함을 건설교통부장관에게 인정

받는 것을 말한다(법률 제20조).

1) 사업인정신청 사업인정절차는 기업자가 사업인정신청서와 관계 서류를 첨부하여 관할 시 · 도지사를 거쳐 건설교통부장관에게 제출하여야 한다.

2) 사업인정 건설교통부장관(建設交通部長官)이 사업인정을 하고자 할 때에는 관계장관 또는 그 토지를 관할하는 시 · 도지사와 협의를 하여야 하며, 또한 미리 중앙토지수용위원회 및 사업인정에 관하여 이해관계 있는 자의 의견을 들어야 한다(법률 제21조). 건설교통부장관이 사업인정을 하는 때에는 그 뜻을 지체없이 기업자 · 토지소유자 · 관계인 및 관계 시 · 도지사에게 통지하고, 시·도에서 발행하는 공보에 고시하여야 한다. 그러나 도시개발구역의 지정 · 고시가 있거나 도시개발구역의 지정에 관한 사항을 고시한 후 수용 또는 사용할 토지 등의 세목을 고시한 때에는 「공익사업을 위한 토지 등의 취득 및 보상에 관한 법률」에 의한 사업인정 및 고시가 있는 것으로 본다(「도시개발법」 제21조 제 3 항).

3) 사업인정의 효력 사업인정은 고시일 다음 날로부터 그 효력이 발생한다(법률 제22조 제 3 항). 만일 사업시행자가 고시일로부터 1년 이내에 재결신청을 하지 아니한 때에는 그 효력을 상실한다(법률 제23조 제 1 항). 사업인정고시가 있은 후에는 누구든지 고시된 토지에 대하여 사업에 지장을 초래할 우려가 있는 형질변경 등을 할 수 없다(법률 제25조 제 1 항).

(나) **협의절차** 사업인정을 받은 사업시행자는 토지조서 및 물건조서의 작성, 보상계획의 공고 · 통지 및 열람, 보상액의 산정과 토지소유자 및 관계인과의 협의절차(協議節次)를 거쳐야 한다(법률 제26조). 이 경우 협의에 의한 취득 또는 사용의 절차를 준용한다(법률 제26조 제 1 항).

(다) **재결 · 화해** 재결(裁決)은 협의의 불성립(不成立) 또는 협의의 불능의 경우에 기업자의 신청에 의하여 토지수용위원회가 수용할 토지구역 · 손실보상 · 수용의 시기 기타 사항을 결정하는 토지수용의 마지막 단계이다. 재결신청은 기업자가 사업인정고시가 있는 날로부터 1년 이내에 관할토지수용위원회에 할 수 있다(법률 제28조 제 1 항). 그러나 「도시개발법」에서는 개발계획에 대한 도시개발사업의 시행기간종료일까지 행하도록 하는 특례를 인정한다(법 제21조 제 3 항).

화해(和解)는 토지수용위원회의 재결 전 심의과정에 있어서 기업자와 토지소유자 및 관계인의 주장을 서로 양보하도록 하여 재결에 의하지 아니하고 수용목적을 달성하기 위한 것이다. 토지수용위원회는 재결이 있기 전에는 언제든지 위원 3인으로 구성된 소위원회로 하여금 기업자, 토지소유자 및 관계인에게 화해를 권유할 수 있다(법률 제33조 제 1 항). 화해가 성립되면 토지수용위원회는 화해조서를 작성하고, 화해에 참석한 위원 · 기업자 · 토지소유자 및 관계인이 서명 · 날인하여야 한다(법률 제33조 제 2 항). 화해의 효력은 협의성립이나 재결과 같은 것으로 보아야 한다.

⑷ 수용효과

공용수용의 효과는 기업자 또는 피수용자에게 권리 또는 의무를 부담시키는 데 있다. 기업자는 수용의 시기에 수용목적물에 대한 권리를 원시취득하고, 만약 피수용자가 수용목적물의 인도 · 이전 의무를 이행하지 아니하는 경우에 기업자는 대행 또는 대집행청구권을 가지며, 보상금을 지급하는 등 손실보상의무를 진다. 피수용자는 수용목적물의 인도 · 이전 의무를 지고 손실보상청구권 및 환매권을 취득하는 데 있다.

⑸ 손실보상 등

㈎ 손실보상 　공공사업을 위한 개발행위로 인하여 손실을 받은 자가 있을 때에는 시행자가 그 손실을 보상하여야 한다〔「도시개발법」(이하 "법") 제64조 제 1 항〕. 손실보상에 관해서는 그 손실을 보상하는 자와 손실을 입은 자가 협의하여야 한다(법 제64조 제 2 항). 양자간에 협의가 성립되지 아니하거나 협의할 수 없을 때에는 관할토지수용위원회에 재결을 신청할 수 있다(법 제64조 제 3 항).

시행자는 토지소유자가 원하는 경우에는 토지 등의 매수대금의 일부를 지급하기 위하여 사업시행으로 조성된 토지 · 건축물을 상환하는 채권(이하 "토지상환채권")을 발행할 수 있다(법 제22조 제 1 항). 시행자가 토지상환채권(土地償還債券)을 발행하고자 하는 때에는 발행계획을 작성하여 지정권자의 승인을 얻어야 한다(법 제22조 제 2 항).

㈏ 이주대책 　시행자는 도시개발사업의 시행에 필요한 토지 등을 제공함으로 인하여 생활의 근거를 상실하게 되는 자에 관한 이주대책 등을 수립 · 시행해야 한다(법 제23조).

(6) 조성토지 등의 공급방법

(가) **계획의 작성자** 시행자(지정권자인 경우는 제외)는 조성토지 등을 공급하고자 하는 때에는 공급계획을 작성 또는 변경하여 지정권자에게 제출하여야 한다. 이 경우 행정청이 아닌 시행자는 시장, 군수 또는 구청장을 거쳐 제출하여야 한다(법 제25조 제1항).

(나) **계획의 내용** 도시개발사업으로 조성된 토지, 건축물 또는 공작물 등(이하 "조성토지 등")의 공급계획에는 공급대상조성토지 등의 위치·면적 및 가격결정방법, 공급대상자의 자격요건 및 선정방법, 공급의 시기·방법 및 조건 등이 포함되어야 한다(시행령 제45조).

(다) **공급방법** 시행자는 그가 개발한 토지를 수립된 개발계획에서 정한 용도에 따라 공급하여야 한다. 이 경우 시행자는 도시기반시설의 원활한 설치를 위하여 필요하다고 인정하는 때에는 공급대상자의 자격을 제한하거나 공급조건을 부여할 수 있다(시행령 제46조 제1항).

2. 환지방식

(1) 의 의

환지방식에 의한 도시개발사업(이하 "환지개발")이란 무질서하거나 미개발된 토지를 토지이용계획에 따라 구획정리하고 필요한 기반시설을 구비시켜 보다 이용가치가 높은 토지로 전환시키는 계획적 노력이다. 환지개발(換地開發)은 대지로서의 효용증진과 공공시설의 정비를 위하여 토지의 교환·분합·구획변경, 지목·형질변경, 공공시설의 설치·변경을 위해 필요한 경우 또는 도시개발사업을 시행하는 지역의 지가가 인근의 다른 지역에 비하여 현저히 높아 수용·사용방식으로 시행하기 어려운 경우에 사용하는 도시개발사업의 시행방식이다(시행령 제32조 제1항 제1호).

환지개발방식의 특징은 다음과 같다(국토학, 1996 : 360~361; 황명찬, 1985a : 325~330).

1) **토지소유자에 의한 토지개발** 일반적인 택지개발사업에는 개발자가 대부분의 개발비용을 부담해야 하나 환지개발은 그 사업으로 혜택을 보게 되는 토지소유자가 부담한다. 이 방식의 근본이념은 토지소유자가 자기 자본을 들여 집단적으로 그들 자신의 토지를 개발하는 것이다.

2) 사적 소유권의 보호 이 개발기법은 자발적인 것이기 때문에 정부는 개발용지를 강제로 구매하고 개발해야 하는 복잡한 절차를 거치지 않아도 된다. 각 토지소유자는 가능하면 원래의 위치에서 가까운 지역의 개발지를 환지받기 때문에 토지소유권의 침해를 적게 받게 된다.

3) 공공용지의 용이한 확보 이 개발사업에 참여한 토지소유자가 내놓은 토지로 도로 · 공원 · 학교부지 등 지역사회에 필요한 공공시설용지를 확보하기 용이하다. 그리고 체비지 중 상당부문을 저소득층의 택지로 활용할 수 있다.

4) 토지투기 없는 도시개발수단 개발된 토지의 일부 중 사업비의 충당을 위해 매각하도록 되어 있는 체비지는 경매처분하도록 되어 있어 개발이익의 과도한 사유화를 억제할 수 있다.

⑵ 역사적 배경

근대적 의미의 환지개발의 기원은 독일 프랑크푸르트(Frankfrut) 시장인 아디케스(Adickes)에 의해 「토지구획정리에 관한 법률」이란 명칭으로 1902년에 제정 · 공포된 일명 아디케스법(Lex Adickes)에서 기원한다. 이 법안의 제안설명에 의하면 "합리적인 도시개발을 저해하고 있는 토지의 난분할(亂分割) 상태를 제거하여 주택문제의 합리적 해결에 있다"라고 말하고 있다. 이 법의 내용이 각국에 파급되었다.

우리 나라에서는 「조선시가지계획령」(1934년)의 제정을 계기로 같은 해에 나진에서 수행한 것이 최초이다. 1961년에 「도시계획법」의 제정에 따라 토지구획정리에 관한 규정(제 3 장 제 2 절)을 두었다. 1966년에 단일법으로 「토지구획정리사업법」이 제정되어 사용되었다가, 2000년 「도시개발법」의 제정에 따라 폐지되었다.

⑶ 환지계획의 작성과 인가

환지개발(換地開發)은 환지계획의 작성과 인가, 사업시행, 그리고 환지처분의 3단계로 구분하여 진행된다.

㈎ 환지계획의 작성 시행자는 도시개발사업의 전부 또는 일부를 환지방식에 의해 개발하고자 하는 경우에는 다음 사항이 포함된 환지계획(換地計劃)을 작성하여야 한다(법 제27조 제 1 항).

① 환지설계
② 필지별로 된 환지명세

③ 필지별과 환지별로 된 청산대상토지명세
④ 체비지 또는 보류지의 명세
⑤ 기타 건설교통부령이 정하는 사항

이 계획은 종전의 토지 및 환지의 위치 · 지목 · 면적 · 토질 · 수리 · 이용상황 · 환경 기타의 사항을 종합적으로 고려하여 합리적으로 정하여야 한다(법 제27조 제2항). 시행자가 환지계획을 작성하는 때에는 환지방식이 적용되는 지역의 토지면적의 2/3 이상에 해당하는 토지소유자와 그 지역의 토지소유자총수의 1/2 이상의 동의를 얻어야 한다. 환지계획을 변경하고자 하는 경우도 같다(법 제4조 제3항 · 제28조 제6항).

환지설계(換地設計)는 종전 토지와 환지의 평가액을 균형 있게 산정하여 적정위치에 환지를 할당하는 것으로 환지규모의 결정방법은 평가식(評價式) · 면적식(面積式), 그리고 양자의 절충식(折衷式)의 3가지가 있다. 이 중에서 평가식을 원칙으로 하되 사업구역의 특성에 따라 면적식 및 절충식 중에서 적합한 방식으로 계획할 수 있도록 했다(시행규칙 제20조의3 제2항). 환지는 가급적 종전토지의 위치에 지정하는 것을 원칙으로 하되 보류지(체비지 및 공공시설용지), 집단환지, 기타 부득이한 사유가 있는 경우에 한하여 다른 위치에 환지할 수 있다(시행규칙 제20조의3 제3항).

시행자는 토지면적을 조정할 필요가 있을 때에는 면적이 작은 토지에 대하여는 과소토지가 되지 아니하도록 면적을 증가하여 환지〔增換地〕를 정하거나 환지대상에서 제외〔除外換地〕할 수 있고, 면적이 넓은 토지에 대해서는 그 면적을 감소하여 환지〔減換地〕를 정할 수 있다(법 제30조 제1항). 토지소유자의 신청 또는 동의가 있는 때에는 당해 토지의 전부 또는 일부에 대하여 환지를 정하지 아니할 수 있다. 다만, 당해 토지에 관하여 임차권 등이 있는 때에는 그 동의를 얻어야 한다(법 제29조).

시행자는 도시개발사업의 원활한 시행을 위하여 필요한 때에는 토지소유자의 동의를 얻어 환지의 목적인 토지에 갈음하여 시행자에게 처분할 권한이 있는 건축물의 일부와 당해 건축물이 있는 토지의 공유지분〔立體換地〕을 부여할 수 있다(법 제31조). 그리고 국민주택 또는 공동주택(「주택법」 제2조)을 건설하기 위하여 필요한 경우에는 집단환지(集團換地)를 지정할 수 있다〔「도시개발업무지침」(이하 "업무지침"), 4-3〕.

시행자는 도시개발사업에 필요한 경비를 충당하거나 규약, 정관, 시행규정 또는 실시계획이 정하는 목적을 위하여 일정한 토지를 환지로 정하지 아니하고, 이를 체비지(替費地) 또는 보류지(保留地)로 정할 수 있다(법 제33조 제 1 항).

(나) 환지계획의 인가 행정청이 아닌 시행자가 환지계획을 작성한 때에는 시장 · 군수 또는 구청장의 인가를 받아야 한다(법 제28조 제 1 항). 행정청이 아닌 시행자가 환지계획의 인가를 신청하거나 행정청인 시행자가 환지계획을 정하고자 하는 때에는 토지소유자와 당해 토지에 대하여 임차권 · 지상권 기타 사용 또는 수익할 권리를 가진 자에게 이를 통지하고, 관계서류(환지계획의 수립기준 등)의 사본을 일반에게 공람하여야 한다(법 제28조 제 3 항; 시행령 제51조).

(4) 사업시행

사업시행단계에서는 사업의 원활한 수행을 위하여 필요시 환지예정지로 지정하고, 시행지구 내의 지정시설물의 철거작업과 택지개발사업을 수행하게 된다.

(가) 환지예정지 지정 환지개발의 경우 환지처분까지 상당한 시간이 소요되므로 종전 토지의 권리관계가 불안정한 상태에 놓이게 된다. 때문에 개발사업완료 전에도 환지처분이 있는 것과 같이 새로운 토지에 대한 권리를 행사할 수 있게 함으로써 사권의 제한을 최소화하고, 권리관계의 불안정성을 해소하기 위한 목적으로 도입된 것이 환지예정지 지정(換地豫定地 指定)이다(류해웅, 2000 : 223). 시행자는 개발사업의 시행을 위하여 필요한 때에는 개발구역 안의 토지에 대하여 환지예정지를 지정할 수 있다. 이 경우 종전의 토지에 대한 임차권자 등이 있는 경우에는 당해 환지예정지에 대하여 당해 권리의 목적인 토지 또는 그 부분을 아울러 지정하여야 한다(법 제34조 제 1 항).

환지예정지가 지정된 경우에는 종전의 토지에 관한 토지소유자 및 임차권자 등은 환지예정지의 지정의 효력발생일로부터 환지처분의 공고가 있는 날까지 환지예정지 또는 당해 부분에 대하여 종전과 동일한 내용의 권리를 행사할 수 있으며, 종전의 토지에 대해서는 이를 사용하거나 수익할 수 없다(법 제35조 제 1 항).

(나) 장애물 등의 이전 및 제거　　시행자는 환지예정지를 지정하거나 종전의 토지에 관한 사용 또는 수익을 정지시키는 경우, 도시기반시설의 변경·폐지에 관한 공사를 시행하는 경우에 필요한 때에는 개발구역 안의 장애물 등을 이전하거나 제거할 수 있다(법 제37조 제1항).

(다) 토지의 관리　　환지예정지의 지정이나 사용 또는 수익의 정지처분으로 인하여 이를 사용 또는 수익할 수 있는 자가 없게 된 토지 또는 당해 부분은 그 날부터 환지처분의 공고가 있는 날까지 시행자가 이를 관리한다(법 제38조 제1항).

(5) 환지처분

(가) 환지처분절차　　환지처분(換地處分)이란 시행자가 환지계획에 따라 개발사업을 완료한 뒤 종전의 토지에 갈음하여 새로운 토지를 교부하고, 이에 종전의 권리를 이전시키는 처분을 말한다(류해웅, 2000 : 227). 시행자는 공사가 완료되었을 때는 지체없이 이를 공고하고, 공사관계서류를 일반에게 14일 이상 공람하여야 한다(법 제39조 제1항). 시행자는 공람을 거쳐 필요한 조치를 취한 후 준공검사를 신청하거나 개발사업의 공사를 완료하여야 한다(법 제39조 제3항). 시행자는 준공검사를 받은 때에는 60일 내에 환지처분을 하여야 한다(법 제39조 제4항; 시행령 제55조). 환지처분을 하고자 하는 때에는 환지계획에서 정한 사항을 토지소유자에게 통지하고 이를 공고하여야 한다(법 제39조 제5항). 이러한 환지에 대한 통지·공고가 환지처분에 해당된다.

(나) 청 산 금　　환지를 정하거나 그 대상에서 제외한 경우에 그 과부족분에 대하여는 종전의 토지 및 환지의 위치·지목·면적·토질·수리·이용상황·환경 기타의 사항을 종합적으로 고려하여 금전으로 이를 청산하여야 한다(법 제40조 제1항). 이러한 청산금은 환지처분을 하는 때에 결정하여야 하며(법 제40조 제2항), 환지처분의 공고가 있는 날의 다음 날에 확정된다(법 제41조 제6항).

(다) 등　　기　　시행자는 환지처분의 공고가 있은 때에는 공고 후 14일 이내에 관할등기소에 이를 통지하고, 토지와 건축물에 관한 등기를 촉탁하거나 신청하여야 한다(법 제42조 제1항).

⑹ 문제점과 개선방안

환지개발은 과도한 개발이익허용, 개발이익배분의 불합리성, 토지소유자의 부당한 부담, 일정규모 이하 토지소유자의 불이익, 토지소유자의 의사반영 저조, 사업승인 후 환지계획승인하여 사업계획과 환지계획이 분리되는 등의 문제점을 지적할 수 있다(황명찬, 1985b : 372~375).

이러한 문제를 개선하기 위해서는 도시계획적 감독강화, 지구계획과의 연계, 부담과 환지의 합리화, 제도운영의 합리화, 기술인력확보와 훈련 등의 다각적인 방안이 강구되어야 한다(황명찬, 1985b : 376~379).

제 4 절 도시계획시설

Ⅰ. 의 의

1. 개 념

⑴ 정 의

도시계획시설(都市計劃施設)은 도시의 일상생활과 사회경제활동의 물리적 기반이 되는 공공시설로서 사회간접자본과 같이 생산활동을 지원하고 경제활동을 촉진하며, 쾌적한 도시환경을 조성하는 데에 중요한 역할을 한다(신동진·진영효, 1996 : 15). 이 시설을 도시계획으로 결정하여 설치하도록 하는 이유는 도시에 필요한 시설이 효율적으로 공급되도록 하면서 도시의 토지이용 · 교통체계 · 환경 등에 미치는 외부효과를 고려하여 시설의 입지 · 규모 · 형태 등을 관리함으로써 현재는 물론 미래에 대한 수요에 대비하는 데 목적이 있다(신동진 · 진영효, 1996 : 22~26).

「국토의 계획 및 이용에 관한 법률」에서는 도시기반시설과 도시계획시설을 구분하고 있다. 도시기반시설(都市基盤施設)은 도시계획으로 결정하여 설치할 수 있는 시설을 말하고(법 제 2 조 제 6 호), 도시기반시설 중 도시관리계획으로 결정된 시설을 도시계획시설(都市計劃施設)이라고 지칭하고 있다(법 제 2 조 제 7 호).

(2) 중 요 성

도시시설(都市施設)은 도시의 하부구조(urban infrastructure)를 이루고 있을 뿐만 아니라 사회간접자본(social overhead capital)의 주요한 부분을 이루고 있다.

일반적으로 하부구조(下部構造)는 생산성을 제고하고 생산비를 낮추는 역할을 할 뿐만 아니라, 소득향상과 일정한 정(正)의 상관성을 보이고 있다(World Bank, 1994 : 2~3). 즉 도시시설은 도시의 일상생활과 사회 · 경제활동의 물리적 기반이 되는 공공시설(公共施設)로서 사회간접자본과 같이 생산활동을 지원하고 경제개발을 촉진하며, 쾌적한 도시환경을 조성하는 데 중요한 역할을 한다(신동진 · 진영효, 1996 : 15; 계기석 · 변홍수, 1998 : 17; 양지청, 1998 : 32).

하부구조체계(infrastructure system)는 시원점(origin) · 종착점(destination), 그리고 배분망(distribution network)의 3가지 구성요소로 이루어졌다(Felbinger, 1995 : 104). 여기서 시원점(始原點)은 바람직한 물질이나 서비스가 창출되거나 발생되는 곳이고, 종착점(終着點)은 물질이나 서비스가 유용한 산물이나 처리가 요구되는 폐기물로 변환되는 곳이며, 분배망(分配網)은 물질이나 서비스를 발생되는 곳에서 처리되는 곳까지 연결하는 망이다. 때문에 하부구조체계는 설계 · 건설 · 연결 · 배달 · 소비, 그리고 관리되어야 한다(Felbinger, 1995 : 104).

2. 시설의 분류

도시시설은 서비스의 기본성, 서비스제공의 의무성, 물리적 배치구조, 서비스 집 · 분산 체계, 시설이용배제가능성, 비경합적 시설이용, 그리고 주변지역에 대한 부의 영향 등의 특성에 의해 분류할 수 있다(국토연, 1988 : 26~28).

제공되는 서비스의 기본성(基本性)은 도시시설이 도시의 형성에 필수적인가, 아니면 단지 생활의 질을 높여 주는 것인가에 따라 기본시설(도로 · 쓰레기처리장)과 쾌적시설(도서관 · 공원)로 구분할 수 있다. 의무성(義務性)은 제공되는 서비스가 의무적이냐, 선택적이냐에 따라 의무적 시설(소방서 · 경찰서)과 선택적 시설(운동장·유원지)로 구분할 수 있다. 시설의 물리적 배치구조(配置構造)에 따라 점형(點型 : 우체국 · 도서관) · 선형(線型 : 상 · 하수도, 전기), 그리고 면형(面型 : 자연공원)으로 나눌 수 있다. 서비스의 집 · 분산 체계(集分散體系)에 따라 시설위치에서의 서비스제공(학교 · 병원), 수요지에서의 서비스전달시설(쓰레기수거 · 우편물배달), 구역단위의 서비스제공시설(하수종말처리장 · 공해통제소)로 나눌 수 있다. 시설이용의 배제성(排除性)에 따라 배제가능시설(철도 · 학교)과 비배제시설(도로 · 하천)로 구분한다. 비경합적(非競合的)인 시설이용가능성에 따라 경합적 시설(상수도 · 주차장)과 비경합적 시설(도로 · 방재시설)로 구분할 수 있다. 그리고 주변지역에 미치는 부(負)의 영향에 따라 혐오시설(공동묘지 · 분뇨처리장)과 비혐오시설(공원 · 학교)로 각각 구분할 수 있다.

3. 시설공급관련 과제

시설체계의 관리 및 공급과 관련하여 여러 심각한 문제에 직면해 왔다. 이는 경제 · 사회 · 공간적 재구성에 의해 야기된 시설수요의 변화, 노후화되고 불량관리된 네트워크에 대한 도전, 보다 환경적으로 지속가능한 네트워크의 조성필요성, 증가되는 투자비용, 공공지출에 대한 제약, 그리고 시설개발에 대한 민간부문의 개입증가 등을 들 수 있다(Marvin and Graham, 1993).

도시하부구조의 제공 · 관리와 관련하여 제기되는 문제는 다음과 같이 요약할 수 있다(OECD, 1991 : 20~22).

㈎ 물리적 여건　　오래된 하부구조의 물리적 여건과 관련하여 여러 문제가 발생하고 있다. 사용가능연수 자체가 문제가 되는 것은 아니지만 이에 따른 퇴락, 새로운 수요압력, 그리고 부정적인 물리적 여건은 도시하부구조에 대한 불안을 증대시킨다. 하부구조가 수명이 길고, 보수와 유지에 대해 비교적 적은 지출을 요구하고 있기 때문에 많은 도시에서 영속성을 갖고 있는 것처럼 착각하는 경우가 종종 있다. 그러나 하부구조에 대한 새로운 접근이 요구되고 있다. 적절한 가격정책의 설정과 집행, 유지와 교체계획의 적정화, 새로운 기술의 추구, 새로운 관리, 제드구조 등에 대한 요구가 제기되고 있다.

㈏ 환　　경　　도시생활에 있어 환경영향에 대한 새로운 관심은 도시하부구조의 공급자와 관리자에 새로운 부담으로 작용하고 있다. 이에 관련해 지금까지 설정하여 사용하고 있는 기준은 더 이상 수용가능하지 않다. 예를 들면 도시주민들은 이제 상하수도처리에 보다 높은 수준을 요구하고, 도로의

소음과 오염을 참으려 하지 않게 되었다. 현재의 하부구조의 수준을 높이기 위한 추가적 지출수요와 관련하여 누가 지불하고 어떻게 재원조달할 것인가 하는 문제에 직면하게 되었다.

(다) 자본과 토지비용 　인플레이션과 높은 자본비용의 문제이다. 수명이 긴 시설에 대한 투자는 자본비용이 높을 때 문제를 야기한다. 도시생활을 경제적·사회적으로 존속하기 위해서는 공공부문이 대부분의 기본적 하부구조를 제공해야 된다고 생각하는 한 공공기관은 쇄신의 요구에서 탈출할 수 없다. 높은 지가를 보이고 있는 도시들에서는 새로운 하부구조의 개선과 제공에 있어 토지의 취득과 보상이 장애요인으로 작용한다. 하부구조를 위한 토지의 사용, 특히 점유에 대한 지역사회의 저항은 광범한 문제가 되고 있다.

(라) 공공지출제약 　하부구조에 대한 공공지출과 공채에 대한 저항이 많다. 이는 비용부담의 일부를 민간재원에 옮기는 방안의 강구와 도시하부구조의 지출에 대한 수익에 높은 관심을 가져왔다. 그리고 이는 하부구조를 효율적으로 사용하고 적정한 가격정책을 수립하는 것을 요구하게 되었다.

(마) 형 평 　마지막으로 도시지역에서 '가진 사람'(haves)과 '갖지 못한 사람'(have-nots) 사이의 부의 격차가 많아질 수 있는 경제적 변화의 상황에서도 도시하부구조에 대한 공평을 유지할 수 있도록 하는 것에 대한 관심이 팽대해 있다. 하부구조투자의 장기성과 다양한 환경문제에의 관련성은 세대간 형평도 본질적 중요성을 갖는다.

Ⅱ. 시설계획

1. 시설의 설치와 관리

(1) 도시계획시설의 결정

도시기반시설을 설치하고자 하는 때에는 그 시설의 종류·명칭·위치·규모 등을 미리 도시관리계획(都市管理計劃)으로 결정하여야 한다. 다만, 용도지역·기반시설의 특징 등을 감안하여 대통령령이 정하는 경우에는 그러하지 아니한다[「국토의 계획 및 이용에 관한 법률」(이하 "법") 제43조 제1항].

도시계획시설의 결정·구조 및 설치의 기준 등에 관하여 필요한 사항은 건설교통부령으로 정한다. 다만, 다른 법률에 특별한 규정이 있는 경우에는 그 법률에 의한다(법 제43조 제 2 항). 도시계획시설의 관리에 관하여 이 법 또는 다른 법률에 특별한 규정이 있는 경우를 제외하고는 국가가 관리하는 경우에는 대통령령, 지방자치단체가 관리하는 경우에는 지방자치단체의 조례로 이를 정한다(법 제43조 제 3 항).

(2) 시설부지의 매수청구

(가) 의 의 도시계획시설의 설치사업은 지방자치단체의 재정여건에 의하여 계획대로 추진되지 못하고, 장기간 집행되지 못한 경우가 많다. 이러한 장기미집행의 문제를 해소하기 위하여 도시계획시설결정의 실효제(失效制)를 도입함과 아울러 권리구제를 위한 매수청구권(買受請求權)을 인정하게 되었다. 매수청구권이란 계획규제를 받은 토지에 대하여 손실보상의 대체적 조치로서 권리자에게 토지의 매수를 청구할 수 있도록 인정하는 제도이다(류해웅, 2000 : 108).

(나) 도입배경 종전에는 도시계획시설결정고시만 되어 있으면, 행정청이 당해 토지를 수용하여야 할 의무가 없었다. 따라서 당해 토지소유자는 토지를 제대로 사용하지 못한 채 사업이 시행되어 자신의 토지가 수용 또는 매수되기를 한정 없이 기다릴 수밖에 없었다. 이에 대해 헌법재판소가 헌법불합치결정(헌법재판소 1999. 10. 21 97헌바26)을 하였다(정태용, 2001 : 248). 즉 도시계획시설사업의 시행시기결정은 행정청의 재량에 속하고, 도시계획시설사업에 필요한 적정한 기간 동안 토지소유자가 재산적 손실을 어느 정도 감수하는 것은 토지재산권의 사회적 의무이지만, 사업시행에 소요되는 기간이 과다하게 길거나 언제 재산권행사에 대한 제한이 끝나게 될지 기약할 수 없는 상태가 지속된다면, 이는 토지재산권의 사회적 제약의 범주를 넘는 수용적 효과를 가져온다고 보았다. 이 경우 토지소유자에게 토지를 계속 보유하도록 요구할 수 없으므로 매수청구권이나 수용청구권의 부여, 지정의 해제, 물질적 보상 등 다양한 보상가능성을 통하여 재산권에 대한 가혹한 침해를 적절히 보상하여야 하므로 장기미집행 도시계획시설부지에 대하여 보상입법을 하도록 하였다(정태용, 2001 : 248).

이러한 헌재의 판결을 수용하여 건설교통부에서는 도시계획법(2000. 1. 28)과 동법 시행령(2001. 7. 1) 등을 개정하여 미집행도시계획시설의 개념 및 장기에 대한 기준의 설정, 미집행도시계획시설의 전면적 재검토와 그 일정에 대한 규정, 사유대지에 대한 매수청구권부여와 매수방법에 대한 규정, 도시계획시설에 대한 단계별 집행계획의 의무화, 미매수도시계획시설에 대한 건축규제의 완화, 그리고 미집행도시계획시설에 대한 일몰제(日沒制)의 도입 등의 조항을 신설하였다(국토학, 2001b : 3).

㈐ **매수청구권자와 청구대상** 도시계획시설부지로 되어 있는 토지 중 지목이 대(垈)인 토지(당해 토지에 있는 건축물 및 정착물을 포함함)의 소유자(所有者)가 도시계획시설결정의 고시일부터 10년 이내에 당해 도시계획시설에 대한 도시계획시설사업이 시행되지 아니하는 경우(실시계획의 인가 또는 그에 상당하는 절차가 행하여진 경우는 제외)에는 당해 토지의 매수(買受)를 청구할 수 있다(법 제47조 제1항).

㈑ **매수청구절차** 토지소유자는 관련서류를 첨부하여 시장·군수에게 토지의 매수를 청구할 수 있다(법 제47조 제1항). 시장·군수는 매수청구(買受請求)가 있는 날로부터 2년 이내에 매수 여부를 결정하여 토지소유자에게 통지하여야 하며, 매수하기로 결정한 토지는 매수결정을 통지한 날로부터 2년 이내에 매수하여야 한다(법 제47조 제6항).

㈒ **대금지급방법** 시장·군수는 매수청구를 받은 토지를 매수하는 때에는 현금으로 대금을 지급한다. 다만, 토지소유자가 원하는 경우, 부재부동산소유자의 토지 또는 비업무용 토지로서 일정금액을 초과하는 경우 그 초과하는 금액에 대해서는 도시계획시설채권(都市計劃施設債券)을 발행하여 지급할 수 있다(법 제47조 제2항). 매수청구된 토지의 매수가격·매수절차 등에 관하여는 이 법에 특별한 규정이 없는 한 「공익사업을위한토지등의취득및보상에관한법률」의 규정을 준용한다(법 제47조 제4항).

⑶ 시설결정의 실효

도시계획시설결정이 고시된 도시계획시설에 대하여 그 결정·고시일부터 20년이 경과될 때까지 당해 시설의 설치에 관한 도시계획시설사업이 시행되지 아니하는 경우, 그 도시계획시설결정은 그 결정·고시일부터 20년이 되는 날의 다음 날에 그 효력을 상실한다(법 제48조 제1항). 시·도지사는 도시계획시설결정의 효력이 상실된 때에는 실효일자 및 실효사유와 실효된 도시계획의 내용을 관보에 게재하는 방법으로 지체없이 그 사실을 고시하여야 한다(법 제48조 제 2 항).

⑷ 광역시설

㈎ 의 의 광역시설(廣域施設)은 도시기반시설 중 광역적인 정비체계가 필요한 2 이상의 시 · 군의 관할구역에 걸치는 시설과 2 이상의 시·군이 공동으로 이용하는 시설을 말한다(법 제 3 조 제 8 호).

㈏ 설치 · 관리 광역시설의 설치 및 관리는 도시계획시설의 설치 및 관리에 관한 규정에 의한다(법 제45조 제 1 항). 다만, 관계 시장 · 군수는 협약을 체결하거나 협의회 등을 구성하여 이를 설치 · 관리할 수 있다. 그러나 협약의 체결이나 협의회의 구성이 이루어지지 아니하는 경우, 당해 시 또는 군이 동일한 도(道)에 속할 때에는 관할도지사가 광역시설을 설치 · 관리할 수 있다(법 제45조 제 2 항). 국가계획으로 설치하는 광역시설은 당해 광역시설의 설치 · 관리를 사업목적으로 하거나 사업종목으로 하여 다른 법률에 의해 설립된 법인이 이를 설치 · 관리할 수 있다(법 제45조 제 3 항).

㈐ 환경오염시설의 설치 지방자치단체는 환경오염이 심하게 발생하거나 해당 지역의 개발이 현저하게 위축될 우려가 있는 광역시설을 다른 지방자치단체의 관할구역에 설치하고자 하는 경우에는 환경오염방지를 위한 사업 또는 당해 주민의 편익을 증진시키기 위한 사업을 당해 지방자치단체와 함께 시행하거나 이에 필요한 자금을 당해 지방자치단체에 지원해야 한다(법 제45조 제 4 항).

⑸ 공 동 구

㈎ 의 의 공동구(共同溝)라 함은 지하매설물(전기 · 가스 · 수도 등의 공급설비, 통신시설, 하수도시설 등)을 공동수용함으로써 미관개선, 도로구조의 보전 및 교통의 원활한 소통을 기하기 위하여 지하에 설치하는 시설물을 말한다(법 제 3 조 제 9 호).

㈏ 설치 · 수용 행정청인 도시계획사업의 시행자는 공동구를 설치(정비 · 개량 포함)하는 때에는 수용될 공동구점용예정자에게 위치 · 구조 · 점용예정부문 · 비용분담 · 공사착공 및 준공예정일 등에 관한 사항을 미리 통지하여야 한다. 공동구가 설치된 경우에는 당해 공동구에 설치되어야 할 시설은

빠짐 없이 공동구에 수용되도록 하여야 한다(법 제44조 제1항).

(다) **비용부담** 행정청인 도시계획사업의 시행자는 공동구를 설치하는 경우에는 다른 법률에 의하여 그 공동구에 수용되어야 할 시설을 설치할 의무가 있는 자에게 공동구의 설치에 소요되는 비용을 부담시킬 수 있다(법 제44조 제2항).

2. 시설사업의 시행

도시계획시설사업(都市計劃施設事業)이라 함은 도시계획시설을 설치, 정비 또는 개량하는 사업을 말한다(법 제3조 제10호). 도시계획시설사업은 단계별 계획수립, 실시계획의 작성과 인가, 그리고 사업의 시행의 3단계로 구분하여 진행한다.

(1) 단계별 집행계획의 수립

(가) **계획수립절차** 특별시장, 광역시장, 시장 또는 군수(이하 "시장·군수")는 도시계획시설에 대하여 도시계획시설결정의 효력이 발생한 날로부터 2년 이내에 단계별 집행계획(段階別執行計劃)을 수립하여야 한다(법 제85조 제1항). 건설교통부장관 또는 도지사가 직접 입안한 도시관리계획인 경우에는 건설교통부장관 또는 도지사가 단계별 집행계획을 수립하여 해당 시장·군수에게 송부할 수 있다(법 제85조 제2항). 시장·군수가 단계별 집행계획을 수립하거나 송부받은 때에는 당해 지방자치단체가 발행하는 공보에 지체없이 이를 공고(公告)하여야 한다(법 제85조 제4항).

(나) **계획내용과 수립방법** 단계별 집행계획에는 대상사업 및 개요·개발수단·재원별 투자계획·보상계획, 그리고 재원조달계획을 포함해야 한다. 단계별 집행계획은 제1단계 집행계획과 제2단계 집행계획으로 구분하여 수립하되 3년 이내에 시행하는 도시계획시설사업은 제1단계 집행계획에, 3년 후에 시행하는 도시계획시설사업은 제2단계 집행계획에 포함되도록 하여야 한다(법 제85조 제3항).

(2) 사업의 시행

(가) **시 행 자** 시장·군수(市長·郡守)는 이 법 또는 다른 법률에 특별한 규정이 있는 경우를 제외하고는 관할구역 내의 도시계획시설사업을 시

행한다(법 제86조 제 1 항). 도시계획시설사업이 2 이상의 특별시 · 광역시 · 시 또는 군의 관할구역에 걸쳐 시행하게 되는 때에는 관계 시장 · 군수가 협의하여 시행자를 정한다(법 제86조 제 2 항). 그러나 협의가 성립되지 아니하는 경우, 구역이 같은 도의 관할구역이 속하는 때에는 관할도지사가, 2 이상의 시 · 도의 관할구역에 걸치는 때에는 건설교통부장관이 시행자를 지정하고 이를 고시하여야 한다(법 제86조 제 3 항).

건설교통부장관(建設交通部長官)은 국가계획과 기타 특히 필요하다고 인정되는 때에는 관계 시장 · 군수의 의견을 들어 직접 도시계획시설사업을 시행할 수 있으며, 도지사(道知事)는 광역도시계획과 관련되거나 기타 특히 필요하다고 인정되는 때에는 관계 시장 또는 군수의 의견을 들어 직접 도시계획시설사업을 시행할 수 있다(법 제86조 제 4 항).

이상의 시행자가 될 수 있는 자 이외의 자는 시장 · 군수로부터 시행자로 지정받아 도시계획시설사업을 시행할 수 있다(법 제86조 제 5 항). 시장 · 군수가 시행자를 지정한 때에는 그 지정내용을 고시하여야 한다(법 제86조 제 6 항).

(나) 실시계획의 작성 및 인가절차 도시계획시설사업의 시행자는 도시계획시설사업의 효율적인 추진을 위하여 필요하다고 인정되는 때에는 사업시행대상지역을 2 이상으로 분할하여 시행할 수 있다(법 제87조). 시행자는 도시계획시설사업에 관한 실시계획(實施計劃)을 작성하여야 한다(법 제88조 제 1 항).

시행자(건설교통부장관 및 시 · 도지사는 제외)가 작성한 실시계획은 시 · 도지사의 인가를 받아야 한다(법 제88조 제 2 항). 이 경우 건설교통부장관 또는 시 · 도지사는 기반시설의 설치 또는 그에 필요한 용지의 확보 · 위해방지 · 환경오염방지 · 경관 · 조경 등의 조치를 할 것을 조건으로 실시계획을 인가할 수 있다(법 제88조 제 2 항). 그리고 인가된 실시계획의 변경 또는 폐지하는 경우에도 이를 준용한다(법 88조 제 3 항).

건설교통부장관 또는 시 · 도지사가 실시계획을 인가하고자 하는 때에는 미리 이를 공고하고, 관계서류를 20일 이상 일반이 열람할 수 있도록 하여야 한다(법 제90조 제 1 항). 건설교통부장관 또는 시 · 도지사는 실시계획을 작성하거나 인가한 때에는 그 내용을 고시하여야 한다(법 제91조).

(다) 토지 등의 수용 및 사용 사업의 시행자는 사업의 시행을 위하여

필요한 때에는 등기소 기타 관계행정기관의 장에게 무료로 서류의 열람 또는 등사나 그 등본 또는 초본의 교부를 청구할 수 있다(법 제93조). 그리고 시행자는 도시계획구역 안에서 도시계획시설사업에 필요한 토지, 건축물 또는 그 토지에 정착된 물건 또는 권리(소유권 외)를 수용 또는 사용(법 제95조 제1항) 또는 일시사용할 수 있다(법 제95조 제2항). 도시계획구역 안에 있는 국·공유지로서 도시계획시설사업에 필요한 토지는 당해 도시관리계획으로 정해진 목적 외의 목적으로 이를 매각하거나 양도할 수 없으며(법 제97조 제1항), 이에 위반한 행위는 무효로 한다(법 제97조 제2항).

㈑ 사업의 준공 시행자(건설교통부장관 및 시·도지사 제외)는 사업의 공사를 완료한 때에는 공사완료보고서를 작성하여 시·도지사의 준공검사를 받아야 한다(법 제98조 제1항). 시·도지사는 공사완료보고서를 받은 때에는 지체없이 준공검사를 하고(법 제98조 제2항), 준공검사결과 실시계획대로 완료되었다고 인정되는 때에는 시행자에게 준공검사필증을 교부하고 공사완료공고를 하여야 한다(법 제98조 제3항). 시행자가 건설교통부장관 및 시·도지사인 경우는 공사가 완료한 때 공사완료공고를 하여야 한다(법 제98조 제4항).

⑶ 공공시설의 귀속처리

도시계획시설사업에 의하여 새로이 공공시설을 설치하거나 기존의 공공시설에 대체되는 공공시설을 설치하는 경우에는 개발행위허가에 따른 공공시설 등의 귀속에 관한 규정(법 제65조)을 준용하도록 했다(법 제99조).

제 5 절 개발허가

Ⅰ. 의 의

1. 개 념

개발허가제(開發許可制)란 일반적으로 개발행위를 제한하여 일정한 요건을 충족한 때에 그 제한을 해제하는 제도이다(류해웅, 2001). 이 제도는 도시계획구역 안에서의 무분별한 개발을 방지하고 계획적인 개발을 유도하기 위하여 토지형질변경 · 건축 등의 개발행위를 하고자 하는 때에는 미리 허가를 받도록 함으로써 난개발의 소지가 있는 개발행위를 제한하고자 하는 제도이다(정태용, 2001 : 266).

영국에서는 계획허가제를 "모든 개발행위는 원칙적으로 지방정부의 사전 승인을 받아야 한다"고 규정하고 있어 토지이용규제제도 그 자체를 의미한다(류해웅, 2001). 일본의 개발허가제도는 시가화구역 및 시가화조정구역의 양호하고 안전한 시가지의 형성, 무질서한 시가화의 방지를 목적으로 하여 일정한 개발행위(건축물의 건축 등을 목적으로 하는 토지의 구획형질의 변경)는 허가를 받도록 하는 제도이다(류해웅, 2001). 우리 나라에서는 개발행위에 대한 개념정의 없이 허가를 받아야 하는 개발행위에 대해서만 나열하고 있다〔「국토의계획및이용에관한법률」(이하 "법") 제56조 제 1 항〕.

2. 도입배경

용도지역제를 채택하고 있는 우리 나라에서는 도시지역과 비도시지역에서 지정된 용도지역의 지정목적에 반하지 않는 한 개발을 허용하는 건축자유원칙을 적용해 왔다. 이는 상위계획에 부합하지 않거나 환경 · 경관 측면에서 문제가 있는 사업도 법령위반만 없으면 반드시 허가해 주어야 하는 기속재량행위(羈束裁量行爲)였다. 최근 난개발문제는 근본적으로 계획을 수립하지 않고 관리지역이 각종 개발행위를 허용함으로써 발생하고 있으나, 운영측면에서 난개발이 우려되는 문제사업도 시장 · 군수가 허가를 거부할 수 없는 데서 비롯되고 있다. 이러한 문제를 해소하기 위하여 개발허가 자체를 기속재량행위에서 자유재량행위(自由裁量行爲)로 전환하였다. 즉 계획(건축 또는 개발계획)의 적정성, 기반시설의 확보 여부, 주변환경과의 조화 등을 고려하여 허가·불허가 · 조건부허가를 하게 된다

지금까지 도시계획구역 안에서는 소규모 난개발방지를 위하여 일정한 행위는 시장 · 군수의 허가를 받도록 했으나 허가대상이 포괄적이고, 허가기준이 모호하며, 허가절차가 불투명하여 민원이 다발하였다. 그리고 기존의 법령은 토지형질변경을 가급적 억제하고 도시계획사업적용을 위주로 하여 토지형질변경을 소극적으로 운영해 왔다. 개정된 도시계획법에서는 개발행위허가를 시장 · 군수의 판단과 재량에 의해 적극적으로 운영할 수 있도록 하고, 토지

소유자나 개발자도 수요를 스스로 판단하여 지자체와 협의하여 투명한 절차를 통해 개발하도록 했다(이원영 외, 1999 : 31).

개발허가제를 도입하여야 할 필요성(必要性)은 다음과 같이 요약할 수 있다(류해웅, 2001).

㈎ **용도지역제의 기능보완** 용도지역제가 당해 용도의 지정목적에 위배되지 아니하는 개발과 이용을 허용하고 있으나, 토지관리를 위해서는 개발이 시차를 두고 이루어진다거나 경우에 따라서 개발을 규제하여 보전하지 않을 수 없는 경우도 있다.

㈏ **계획적인 토지개발과 이용의 도모** 용도지역 · 지구 · 구역의 지정을 통한 토지의 계획적 이용은 한계가 있고, 개발사업에 의하지 아니하는 개발에 의해서도 계획적인 토지이용이 이루어질 수 있도록 하여야 한다.

㈐ **환경친화적 개발의 도모** 도시와 비도시를 막론하고 보전용도와 개발용도로 구분되어 있으나, 개발용도에서의 개발이 환경친화적으로 이루어질 수 있는 제도적 장치가 요구된다.

㈑ **기반시설이 정비된 개발의 실현** 도시계획구역에서의 개발은 기반시설을 수반하는 도시계획에 의해 이루어지고 있으나, 비도시지역의 개발은 기반시설도 갖추어지지 않은 상태에서 개발이 이루어져 난개발을 초래하였다. 따라서 개발은 기반시설을 전제하거나 함께 이루어질 수 있는 제도적 장치가 요구된다.

Ⅱ. 허가대상과 기준

1. 허가대상

도시계획구역 안에서 도시계획사업에 의하지 아니하고 다음 하나에 해당하는 행위(이하 "개발행위")를 하고자 하는 자는 특별시장 · 광역시장 · 시장 또는 군수(이하 "시장 · 군수")의 허가(이하 "개발행위허가")를 받아야 한다(법 제56조 제 1 항).

① 건축물의 건축 또는 공작물의 설치
② 토지의 형질변경(경작을 위한 경우는 제외)
③ 토석채취

④ 도시지역에서의 토지분할
⑤ 녹지지역, 관리지역 또는 자연환경보전지역 안에 물건을 1월 이상 쌓아 놓는 행위

개발행위허가를 받은 사항을 변경하는 때에도 허가를 받아야 한다. 다만, 사업기간단축, 사업면적의 1/20 이내의 축소 기타 관계법령의 변경에 따라 불가피하게 허가받은 사항의 변경 등과 같은 경미한 사항을 변경하는 때에는 개발행위허가를 받지 아니하여도 된다. 이러한 경미한 사항을 변경한 때에는 지체없이 그 사실을 시장·군수에게 통지하여야 한다. 개발행위허가를 받지 아니하거나 부정한 방법으로 개발행위허가를 받아 개발행위를 한 자는 3년 이하의 징역 또는 3,000만 원 이하의 벌금에 처한다.

재해복구 또는 재난수습을 위한 응급조치 등의 경우에는 개발행위허가를 받지 아니하고 행할 수 있다. 다만, 이 행위를 한 경우 1월 이내에 시장·군수에게 이를 신고해야 한다(법 제56조 제 4 항).

2. 허가기준

시장·군수는 개발행위허가의 신청내용이 도시계획의 내용에 배치되지 아니하고, 도시계획사업의 시행에 지장이 없는 경우에 한하여 개발행위를 허가하여야 한다(법 제58조 제 1 항).

3. 허가제한

시장·군수는 다음 사항에 대하여 1회에 한하여 3년 이내의 기간 동안 지방도시계획위원회의 심의를 거쳐 당해 지방자치단체의 조례에 따라 개발행위허가를 제한할 수 있다(법 제63조 제 2 항).

① 녹지지역으로 보전할 필요가 있는 지역
② 개발행위로 인하여 주변의 환경·경관·미관 등이 크게 오염되거나 손상될 우려가 있는 경우
③ 도시계획구역에 새로이 편입되어 도시계획을 입안중인 지역으로 개발행위허가기준이 크게 달라질 것으로 예상되는 지역

시장·군수가 개발행위허가를 제한하고자 하는 때에는 제한지역·제한사

유 · 제한대상행위 및 제한기간을 미리 고시하여야 한다(법 제49조 제3항).

Ⅲ. 허가절차

1. 개발허가

개발행위를 하고자 하는 자는 당해 개발행위에 수반되는 기반시설의 설치 또는 그에 필요한 용지의 확보 · 위해방지 · 환경오염방지 · 조경 등에 관한 계획서를 첨부한 신청서(申請書)를 개발행위허가권자에게 제출하여야 한다(법 제57조 제1항).

관계행정기관의 장이 「국토의 계획 및 이용에 관한 법률」에 의해 허가하거나, 다른 법률에 의하여 인가 · 허가 · 승인 또는 협의를 하고자 하는 경우에는 중앙도시계획위원회 또는 지방도시계획위원회의 심의를 거쳐야 한다(법 제59조 제1항).

시장 · 군수는 개발행위허가의 신청에 대하여 특별한 사유가 없는 한 15일 이내에 허가 또는 불허가의 처분을 하여야 한다(법 제57조 제2항; 시행령 제54조 제1항). 시장 · 군수가 개발행위허가를 함에 있어서 필요하다고 인정되는 경우에는 당해 개발행위에 따른 공공시설의 설치 · 위해방지 · 환경오염방지 · 조경 등의 조치를 할 것을 조건으로 개발행위허가를 할 수 있다(법 제57조 제4항). 개발행위허가권자가 조건을 붙이고자 하는 때에는 개발행위허가를 신청한 자의 의견을 들어야 한다(시행령 제54조 제2항).

시장 · 군수가 개발행위허가의 신청에 대하여 허가 또는 불허가의 처분을 하는 때에는 지체없이 그 신청인에게 허가증을 교부하거나 불허가처분사유를 서면으로 통지하여야 한다(법 제57조 제3항).

2. 준공검사

개발행위를 허가받은 자가 그 개발행위를 완료한 때에는 시장 · 군수의 준공검사를 받아야 한다(법 제62조 제1항). 시장 · 군수는 허가내용대로 사업이 완료되었다고 인정되는 때에는 개발행위준공검사필증을 신청인에게 교부하여야 한다(규칙 제11조 제3항).

3. 공공시설 등의 귀속

개발행위허가를 받은 자가 행정청인 경우 개발행위허가를 받은 자가 새로이 공공시설을 설치하거나 기존의 공공시설에 대체되는 공공시설을 설치한 때에는 그 공공시설은 그 시설을 관리할 관리청에 무상으로 귀속되고, 종래의 공공시설은 개발행위허가를 받은 자에게 귀속한다(법 제52조 제 1 항).

개발행위허가를 받은 자가 행정청이 아닌 경우 개발행위허가를 받은 자가 새로이 설치한 공공시설은 그 시설을 관리할 관리청에 무상으로 귀속되며, 개발행위로 인하여 용도가 폐지되는 공공시설은 새로이 설치한 공공시설의 설치범위 안에서 개발행위허가를 받은 자에게 무상으로 이를 양도할 수 있다(법 제52조 제 2 항).

Ⅳ. 개발행위에 의한 기반시설설치

1. 기반시설연동제

(1) 도입배경 및 목적

기반시설연동제(基盤施設連動制)는 개별사업으로 인해 기반시설의 부하가 가중되어 건전한 도시발전을 저해하고 난개발을 일으키고 있기 때문에 원인자 및 수익자 부담원칙에 따라 개발이익의 일부를 환수하여 기반시설을 합리적으로 공급하는 수단이다.

도시개발이 제대로 이루어지려면 도시공간을 대상으로 종합적인 계획의 목표와 구상을 바탕으로 토지이용 · 교통 · 환경 · 기반시설 등 부문별 계획을 종합적으로 포괄한 도시계획이 사전에 수립되어야 한다. 그러나 지금까지의 국토이용관리체계는 도시계획의 대상에서 벗어나 있는 관리지역에서 일정한 기준만 충족하면 개발이 자유롭게 허용되어 기반시설의 수용용량을 고려하지 않고 개별사업단위별로 개발사업을 시행함으로써 기반시설에 대한 비용부담 없이 무임승차하는 난개발이 발생하게 되었다.

이러한 문제점을 해소 · 방지하기 위한 조치로 개발로 인하여 추가적인 기반시설의 설치가 필요한 지역은 개발행위자가 기반시설의 설치를 부담하는 것을 조건으로 허가하는 기반시설부담구역제도와 기반시설의 용량을 초과하지 않는 범위에서 개발이 이루어지도록 유도하는 개방밀도관리구역제도가 도입되었다. 기반시설연동제는 이 두 가지 제도를 포괄한 개념이다.

⑵ 외국의 사례

기반시설연동제와 관련된 외국제도로는 적정공공시설요구제(Adequate Public Facility Requirements : APFR)를 들 수 있다. 이 제도는 개발허가를 검토하는 시점에서 개발예정지주변지역에 일정수준의 공공서비스시설이 확보되어 있지 않거나 신규개발로 인해 도시기반시설에 대한 추가적 요구가 발생할 시점까지 적절한 공공서비스시설에 대한 구체적 확보방안이 없을 경우에는 개발을 허가하지 않는다는 것으로 미국의 풀로리다주(Florida)의 동시성조항(concurrency provision)이 대표적이다.

2. 개발밀도관리구역

⑴ 지정권자와 지정대상

개발밀도관리구역(開發密度管理區域)이란 개발로 인하여 기반시설이 부족할 것으로 예상되나 기반시설의 설치가 곤란한 지역을 대상으로 건폐율 또는 용적률을 강화해서 적용하기 위하여 지정하는 구역을 말한다(법 제2조 제18호). 이 구역은 시장 군수가 주거 · 상업 또는 공업 지역에서의 개발행위로 인하여 기반시설의 처리 · 공급 또는 수용능력이 부족할 것으로 예상되는 지역 중 기반시설의 설치가 곤란한 지역에 대해 지정할 수 있다(법 제66조 제1항).

⑵ 지정절차

시장 · 군수가 개발밀도관리구역을 지정 또는 변경하고자 하는 경우에는 구역의 명칭, 구역의 범위, 그리고 건폐율 또는 용적률 강화범위를 정하여 지방도시계획위원회의 심의를 거쳐야 하고(법 제66조 제3항), 이를 고시하여야 한다(법 제66조 제4항).

⑶ 지정기준 및 관리방법

건설교통부장관은 다음 사항을 종합적으로 고려하여 구역의 지정기준 및 관리방법을 정한다(시행령 제63조).

1) 도로 · 수도공급설비 · 하수도 · 학교 등 기반시설의 용량이 부족할 것

으로 예상되는 지역 중 기반시설의 설치가 곤란한 지역

2) 구역의 경계는 도로·하천 그 밖에 특색 있는 지형지물을 이용하거나 용도지역의 경계선을 따라 설정하는 등 경계선이 분명하게 구분되도록 한다.

3) 용적률강화범위는 기반시설의 부족정도를 감안하여 결정한다.

4) 구역 안의 기반시설의 변화를 주기적으로 검토하여 용적률을 강화 또는 완화하거나 구역을 해제하는 등의 조치를 취한다.

3. 기반시설부담구역

(1) 구역지정

(가) 지정권자와 지정대상 기반시설부담구역(基盤施設負擔區域)은 개발밀도관리구역 이외의 지역으로서 개발로 인하여 기반시설의 설치가 필요한 지역을 대상으로 기반시설을 설치하거나 그에 필요한 용지를 확보하기 위하여 지정하는 구역을 말한다(법 제 2 조 제19호). 이 구역은 시장·군수가 다음에 해당되는 지역 중 기반시설의 용량이 부족할 것으로 예상되는 지역에 대해 지정할 수 있다(법 제67조 제 1 항).

① 건축물의 건축 또는 공작물의 설치, 토지의 형질변경의 개발행위가 집중되는 지역

② 규모 이상의 토지형질변경이 이루어지거나 이루어질 것으로 예상되는 지역 또는 그 주변지역

(나) 지정절차 시장·군수는 기반시설부담구역을 지정 또는 변경하고자 하는 경우에는 당해 지방도시계획위원회의 심의를 거쳐야 하고(법 제67조 제 2 항), 이를 고시하여야 한다(법 제67조 제 3 항).

(다) 지정기준 건설교통부장관은 다음 사항을 종합적으로 고려하여 기반시설부담구역의 지정기준을 정한다(시행령 제65조).

① 법 또는 법령의 제정·개정으로 인하여 행위제한이 완화되거나 해제되는 지역, 지정된 용도지역 등이 변경되거나 해제되는 지역, 대규모 개발행위가 이루어지거나 이루어질 것으로 예상되는 지역, 시장·군수가 개발행위가 집중될 것으로 예상되는 지역에 대해 지정할 수 있도록 할 것

② 대규모 개발이 이루어지거나 이루어질 것으로 예상되는 지역의 주변지역을 묶어서 기반시설부담구역으로 지정될 수 있도록 할 것

③ 소규모 개발행위가 연접하여 시행될 것으로 예상되는 경우에는 하나의 단위 구역으로 묶어서 기반시설부담구역으로 지정될 수 있도록 할 것
④ 기반시설부담구역은 기반시설이 적정하게 배치될 수 있는 규모로 할 것
⑤ 기반시설부담구역의 경계는 도로·하천 그 밖에 특색 있는 지형지물을 이용하는 등 경계선이 분명하게 구분될 수 있도록 할 것

㈑ **구역지정의 실효** 기반시설부담구역의 지정의 고시일로부터 3년 이내에 기반시설부담계획이 수립·고시되지 아니하는 경우, 당해 기반시설부담구역은 그 3년이 되는 날의 다음 날에 그 지정이 해제된 것으로 본다(법 제75조).

⑵ 기반시설부담계획

㈎ **계획내용** 시장·군수는 기반시설부담구역이 지정·고시된 경우에는 다음 사항을 포함한 기반시설부담계획을 수립하여야 한다(법 제70조 제 1 항; 시행령 제67조).

① 설치하거나 용지가 필요한 기반시설의 종류·위치·규모 등 기반시설에 대한 계획
② 기반시설의 설치 또는 그에 필요한 용지확보에 소요되는 총부담비용
③ 총부담비용 중 기반시설부담개발행위자의 부담분
④ 기반시설부담행위자부담분의 부담시기
⑤ 기반시설부담행위자부담분을 제외한 부담분의 충당방안 등 기반시설설치 및 그에 필요한 용지확보와 관련하여 시장·군수가 지원할 사항
⑥ 재원의 조달 및 관리·운영방안
⑦ 기반시설의 설치우선순위 및 단계별 설치계획

㈏ **수립절차** 시장·군수가 기반시설부담계획을 수립하거나 변경하고자 하는 때에는 주민의 의견을 청취하여야 하며(법 제71조 제 1 항), 관계행정기관의 장과 협의한 후 당해 지방자치단체에 설치된 지방도시계획위원회의 심의를 거쳐야 하고(법 제71조 제 2 항), 이를 고시하여야 한다(법 제71조 제 3 항).

㈐ **수립기준 및 부담방법** 건설교통부장관은 다음 사항을 종합적으로 고려하여 계획수립기준 및 부담방법을 정한다(시행령 제68조).

① 기반시설의 종류·위치·규모 등 기반시설의 배치계획은 당해 기반시설부

담구역의 토지이용계획 또는 향후 예상되는 개발수요를 감안하여 적정하게 정하도록 할 것

② 기반시설의 설치계획은 재원조달계획, 시설별 우선순위, 사용자의 편의와 예상되는 개발행위의 완료시기 등을 감안하여 합리적으로 정하도록 할 것

③ 총부담비용은 합리적 근거를 기준으로 산출하고, 비용의 과다선정이 되지 않도록 할 것

④ 각 기반시설부담개발행위자의 부담분은 건축물의 연면적 · 위치 · 용도, 토지의 면적 · 위치 · 이용계획 등을 종합적으로 고려하여 합리적이고 형평에 맞게 정하도록 할 것

⑤ 계획의 수립시기와 기반시설의 설치 또는 용지확보에 필요한 비용의 납부시기가 일치하지 아니하는 경우에는 물가상승분을 고려하여 부담분을 조정할 수 있도록 할 것

⑥ 기반시설부담개발행위자가 납부한 비용은 기반시설부담구역별로 회계를 구분하여 관리하도록 할 것

제 11 장

도시재개발

제 1 절 개 요

I. 의 의

1. 개 념

(1) 용 어

재개발(再開發)을 지칭하는 용어로는 갱신(renewal) · 재개발(redevelopment) · 재활성화(revitalization) · 재생(regeneration) · 회복(rehabilitation) 등이 있다.

갱신(更新)은 기존도시지역의 물리적 구조의 재사용과 재투자를 의미한다(Couch, 1990 : 75). 재활성화(再活性化)는 도시에서 잃어버렸던 삶(life)이나 활력(vitality)을 되돌려 주는 것이다. 즉 사람과 산업활동의 감소를 나타내는 지역에 대해 보다 건전한 산업활동의 혼합으로 활력 있는 공동체생활을 만드는 활동이다. 이러한 재활성화는 단순한 경제적 · 물리적 회춘을 뜻하는 갱신보다 광의의 개념이다. 재생(再生)은 다시 생성시키고 새로워진 상태를 가져오는 것으로, 지역의 경제 · 물리 · 사회 · 환경적 여건의 개선을 추구하는 종합적이며 통합적인 비전과 행동을 의미한다(Roberts, 2000 : 17; Couch, 1990 : 75). 도시재생은 감소되는 투자 · 고용에 대해 증가를 유도하고, 소비자 지출을 늘이고, 인구를 늘이는 경제적 과정으로 본질적으로 경제성장에 대한 것이다(Couch, 1990 : 75).

⑵ 정 의

재개발이란 광의(廣義)로는 "정태적인 기존도시의 물리적 환경을 동태적인 사회 · 경제 여건에 적응시켜 나가는 지속적인 도시성장 및 발전과정"으로 정의되고 있으나, 실질적으로는 협의(狹義)의 개념인 "물리적인 도시공간의 개선을 위한 수단"으로 이해하고 있다(국토연, 1983).

도시재개발은 시장의 힘으로는 충분하지 못한 곳에 정부의 직 · 간접적인 개입에 의해 도시의 경제 · 사회 · 물리적 퇴락을 되돌리는 과정이라고 정의할 수 있다(EGUE, 1996 : 207). 이 정의는 공공부문이 도시재개발에 개입할 필요성과 사회적 책임이 있다는 점을 강조하는 총체적 개발노력을 의미한다.

2. 중 요 성

재개발의 중요성은 도시의 성장과 변화, 도시재구성, 그리고 건물의 경제적 수명과 관련하여 검토할 수 있다.

㈎ 도시의 성장 · 변화 도시지역은 정적인 상태가 아니고 경제 · 사회적 여건에 맞추어 내부적 재구성의 경험과 함께 끊임없이 확장 · 수축 또는 변화한다. 즉, 도시지역에 영향을 주는 많은 변화는 경제활동에 대한 점진적인 공간적 조정과 도시지역 내 또는 지역간의 인구이동을 초래했다. 이러한 동적인 변화상황은 토지이용의 밀도변화를 초래하여 어떤 곳은 성장 · 발전하지만, 다른 곳은 파괴 · 조락하는 지역이 발생하게 된다(Couch, 1990 : 1). 이에 따라 노후화된 부분은 제거해서 신진대사작용을 촉진해야 하고, 또 현재는 제 기능을 발휘하고 있지만 앞으로 쇠퇴할 가능성이 있는 지역에 대해서는 적절한 예방조치를 강구해야 한다.

㈏ 도시재구성 도시지역의 형태와 구조는 계속적으로 변화한다. 발전의 패턴, 개별건물의 용도와 가치, 인구와 경제활동의 성격과 분포는 경제 · 사회 · 물리적 힘에 따라 언제나 변화한다. 때문에 도시지역이 팽창하든 수축하든 계획이 필요한 내부재구성과정이 있어야 한다(Couch, 2000 : 134).

㈐ 건물의 경제적 수명 도시재개발과정에 대한 이해의 핵심은 건물의 경제적 수명과 건물의 수리(refurbish) · 개조(convert) · 대체(displace) 또는 유기(abandon)에 관한 결정의 시기와 성격에 대한 것이다(Couch, 2000 : 135). 신축건물의 경우 수익이 운영비보다 높으나 시간이 지남에 따라 건물이

낡아지고 운영비가 증가하게 되어 실질소득이 감소하게 된다. 결국에는 운영비가 소득을 초과하게 된다. 이 시점이 현재의 용도가 종결되고 건물은 보수나 개조 후에 보다 새로운 용도로 전환하거나, 재개발부지(redeveloped site)가 도괴와 재건축비용을 초과하는 때에는 도괴하고 다른 용도로 전환하게 된다. 만일 이러한 어느 가능성도 재정적으로 가능하지 못한 경우에는 건물은 포기하고 공가로 남게 된다(Harvey, 1992: 100~103; Couch, 2000 : 137).

3. 목 적

도시재개발에 대한 요구는 두 개의 관점에서 고찰할 수 있다. 하나는 도시가 발전해 나가는 과정에서 경제활동을 더욱 왕성하게 하기 위해 산업지역을 확대하고 효율적인 토지이용과 교통의 편리성을 확보하기 위한 요구이다. 다른 하나는 도시의 발전의 그늘에 버려져서 지나치게 과밀해지고 낡아지는 주택과 생활환경의 개선요구이다(日笠 端, 1988 : 298; 국토연, 1983). 전자는 경제적 관점(經濟的 觀點)의 요구로 미국에서 강조되고 있고, 후자는 사회복지적 관점(社會福祉的 觀點)의 요구로 유럽에서 더욱 발전된 개념이다.

실제적인 측면에서 재개발사업의 목적(目的)은 도시구조의 개편, 토지이용의 효율화, 도시기반시설정비, 주거환경정비, 그리고 도시기능갱생의 5가지로 요약할 수 있다(한근배, 1996 : 22~30). 도시내부지역은 기준 이하의 건축물이 밀집되어 있고, 토지이용이 혼재되어 있을 뿐만 아니라 도시하부시설도 정비되어 있지 않다. 이러한 복합적인 문제를 해결하기 위해서는 토지이용의 효율화, 기반시설의 정비 등을 통한 체계적인 도시구조개편노력이 요구된다. 기개발된 지역의 노후 · 불량 · 불법화된 주택들을 정비하고, 무질서하게 혼재된 토지이용체계를 개선하여 양호한 주거환경을 조성하는 것도 중요한 의미를 갖는다. 도시기능활성화를 위해 경제적 기반을 조성하고, 경제적 에너지를 축적하여 경쟁력 높은 도시기능을 확보할 수 있도록 해야 한다.

4. 제도의 도입

(1) 법제의 발달

서구에서 산업혁명의 진전으로 도시지역에 인구가 급격하게 유입되어 주거지역을 악화시키고 그 범위가 확대됨으로써 비위생지구의 개조에 역점을 두었던 초기의 재개발개념이 확대되어 도시기능의 발전과 도시의 활성화를 위한 재개발정책이 마련되기 시작했다(한근배, 1996 : 17). 영국의 「도시및농촌계획법」(Town and Country Planning Act, 1947), 미국의 「연방주택법」(The Housing Act, 1954), 독일의 「도시건설촉진법」(Stadtebau Forderings Gestz, 1971), 일본의 「도시재개발법」(1969년) 등은 이러한 광의의 재개발을 위한 법적 기조가 되었다(한근배, 1996 : 17~18).

우리 나라의 도시재개발에 관한 제도는 1962년 「도시계획법」에 의해 일단의 불량지구개량에 관한 시설을 도시계획으로 결정하여 사업을 시행할 수 있도록 한 것이 최초이다. 불량지구개량사업을 촉진하기 위해 1965년 「도시계획법시행령」을 개정하여 재개발지구를 지정할 수 있도록 했다. 1971년 「도시계획법」에서 재개발사업에 관한 도시계획의 결정, 사업시행기준 · 실시계획 · 관리처분계획 · 청산 등의 절차를 구체적으로 정하였다. 단일법(單一法)으로는 1976년에 「도시재개발법」이 제정 · 공포되었다.

(2) 「도시 및 주거환경정비법」의 제정

도시화과정에서 대량공급된 주택들이 노후화되고 있으나, 현행법체계는 재개발사업 · 재건축사업 및 주거환경개선사업이 각각 개별법으로 규정되어 있어 체계적이고 효율적인 재정비가 이루어지기 어려웠다. 이에 개별법들의 내용을 상호보완하여 일관성 있고 체계적인 단일 · 통합법으로서 「도시 및 주거환경정비법」을 제정 · 시행(공포 2002. 12. 31, 시행 2003. 7. 1)하게 되었다. 이 법은 도시기능을 회복하고 불량한 주거환경을 계획적으로 정비 · 개량하여 도시환경을 개선하고 주거생활의 질을 제고하기 위해 제정된 것으로, 8장 88조 부칙으로 구성되어 있다.

Ⅱ. 유 형

1. 유형구분

(1) 점진적 재개발과 종합적 재개발

재개발사업은 그 추진방법에 따라 점진적 재개발(漸進的 再開發)과 종합적 재개발(綜合的 再開發)로 구분할 수 있다(Harvey, 1992 : 260).

점진적 재개발(piecemeal redevelopment)은 개별소유자가 재개발을 점진적으로 수행함에 따라 소액의 자금으로 사업추진이 용이하다. 더욱이 이는 기존 토지소유패턴에 따라 이루어지기 때문에 사업지역에서 강제적으로 철거함에 따라 발생되는 복잡한 정치 · 사회 · 법률적 문제를 피할 수 있다. 여기에다 역사적 · 건축적 · 미적으로 의미 있는 건물을 견지함으로써 도심의 명료한 특성을 보존할 수 있고, 과거와 계속성을 유지할 수 있다.

종합적 재개발(comprehensive redevelopment)은 접근성과 환경을 고려하여 도심의 모든 활동들을 통합하기 위해 전지역에 대해 완전한 계획을 허용한다.

(2) 전면 · 수복 · 보전 재개발

(가) 전면재개발(redevelopment) 도시시설이 전반적으로 노후화되어서 불량한 기존의 환경을 완전히 철거하고 새로운 시설과 기능으로의 대체가 요구되는 지역에 시행하는 재개발이다. 이 방법의 문제점은 오랜 역사와 문화가 있는 지역을 시설물이 불량하다는 이유로 전면철거하여 이질적인 시설을 건립하여(국토학, 1991a : 399) 도시의 정체성을 훼손하는 것이다.

(나) 수복재개발(rehabilitation) 단순한 형태의 조락(凋落) 현상이 존재하며, 전체적인 조락정도가 국부적 회복조치에 의해 정상화될 수 있는 상태이다. 회복조치로는 건물 개 · 보수(改 · 補修), 위생시설의 보완명령, 공공기관에 의한 공공시설제공, 자발적인 청소, 도색 등을 들 수 있다. 전통적인 도시환경과 기능을 유지하면서 시행하는 전면재개발보다는 경제적 부담이 적은 개발방식이다(국토학, 1991a : 399).

(다) 보전재개발(conservation) 아직은 불량 · 노후화가 나타나지 않지만 도시조락지역으로부터 보호하고 현재의 개발수준을 유지해야 되는 지역이다. 때문에 이 지역에 대해서는 엄격한 지역지구제, 최소주거표준규제, 공공시설의 유지에 대한 감시가 요구된다. 이는 도심에 건축물이나 시설물이 양호하게 보전된 지구와 역사적 · 문화적으로 보전이 필요한 건축물이나 시설물이 많은 지역에 적용되는 것이다(국토학, 1991a : 399).

(3) 자력재개발과 합동재개발

재개발사업의 자력시행 여부에 따라 자력재개발과 합동재개발로 구분할 수 있다(건설교통부, 2000c : 10). 합동재개발방식(合同再開發方式)은 지방자치단체가 시행자가 되어 공공시설설치 및 행정지원 등을 담당하고, 주택은 주민이 건립하는 형태로 운영하는 방식이다. 즉 환지기법을 도입하여 관리처분계획절차를 통해 환지된 토지에 주민자력으로 주택을 건립하고, 지방자치단체는 공공부문의 투자를 실시하는 기법이다.

자력재개발방식(自力再開發方式)은 사업지역권리자인 가옥 및 토지의 소유자가 조합을 구성하여 법정시행자의 자격을 갖추어 자율적으로 주택재개발을 시행하는 방식이다. 사업시행에 필요한 자금과 시공은 순수한 도급자의 지위로 또는 공동사업시행자자격으로 주택건설사업자가 제공하며, 조합원인 권리자에 대하여 환지기법의 권리변환 방법을 활용하게 된다. 주택건설사업자로부터 제공된 자금은 조합원분양 후 잔여시설을 체비시설로 지정, 이를 시행자가 매각하여 충당하거나 정관의 규정에 따라 주택건설사업자가 대물상환받아 처분한다. 지금까지의 주택재개발사업의 대부분은 이 방식에 의하여 추진되어 왔다.

2. 추세변화

(1) 영 국

영국(英國)의 도시재개발정책은 재개발사업이 시작된 19세기에서 1960년대 말까지는 슬럼철거(slum clearance)와 전면재개발(redevelopment)에 중점을 두었다. 주택과 환경개선으로 강조점이 바뀌기 시작한 것은 1970년대 초부터이고, 1970년대 중반에는 점진적 재개발(gradual renewal)과 함께 선택적 철거와 개선이 결합된 재개발사업이 이루어졌다. 이어서 도시소외계층을 위한 우선지역(priority area)이 실험적으로 도입되었고, 현재는 경제재개발을 포함한 보다 종합적인 접근을 추구하고 있다. 최근까지의 주요한 정책도구는 주민참여에 의한 주택개량에 관심을 보였으나, 요즈음엔 경제적 회생과 고용제공, 그리고 주택과 환경조건에 대한 개선을 포함하여 보다 광범한 측면에 관심을 갖고 있다(Gibson and Langstaff, 1982 : 13).

(2) 미 국

미국(美國)에서도 도시재개발의 성격이 변화되고, 따라서 정책도 변화하고 있다. 즉, 불량주택철거에서 퇴락지역예방으로, 주거지재개발에서 비주거지재개발에 대해서도 관심을 표명하고, 도시재정부담의 경감, 주민이주에 대한 보조, 저소득층가정에 대한 새로운 관심, 그리고 종합적 재개발계획을 지향하는 방향으로 변화되어 왔다(Kaufman, 1968 : 492～503). 아울러 성장지향적 재개발정책에서 보전지향적 재개발(保全指向的 再開發)로 변환되고 있다.

Ⅲ. 접근방법

1. 고찰측면

재개발에 대한 이해를 위해서는 분산적이지만 상호보완적인 5개 측면을 검토할 필요가 있다(London, *et al.,* 1980 : 374～379).

(1) 인구학적 접근(demographical approach)

도심활성화는 인구구성변화의 원인과 결과로서 인구이동의 형태에 초점을 둔다. 즉, 인구의 연령 · 성 · 교육 · 직업 · 소득분포의 변화를 도심재개발의 기본자료로서 보고 있다. 예를 들면 베이비 붐(baby-boom) 세대의 성숙, 25～35세 연령집단의 구성비의 증가, 사망률의 감소, 여성고용수의 증가, 맞벌이가정의 증가, 서비스산업고용자의 증가 등은 부유층의 유입의 증가를 나타내는 지표이다.

(2) 생태적 접근(ecological approach)

주어진 공간단위 속에서 인구의 조정이 이루어지는 과정에 대한 분석은 오랜 동안 인간생태학의 주요 관심사가 되어 왔다. 인간생태학의 중심개념은 공동생활의 구조와 형태 또는 공간에서의 적응과정에 초점을 두고 있다. 예를 들면 생태학자들은 침입과 계승(invasion and succession)의 개념에서 근린의 사회계층구성의 변화를 분석한다. 침입-계승 순환에 의해 상류층이 보다 하류층집단에 의해 대체됨으로서 근린퇴락이 나타나게 된다는 것은 도시생태학의 오래 견지된 견해이다.

(3) 사회-문화적 접근(socio-cultural approach)

사회 · 문화적 연구는 총체적 또는 구조적 단위의 분석에 초점을 두지 않고, 가치체계의 중요성을 강조하는 사회 · 심리적 시각에서 형태의 설명을 시도한다. 이 견해의 지지자들은 중산층의 증가는 이들 집단이 공유하고 있는 가치에서 이해하려 한다. 예로 도심거주를 결정하는 사람들은 주로 고등교육을 받은 청년층이고, 이들은 커뮤니티참여, 자립적 노력, 보존을 강조하는 생태적 이념을 높게 평가하는 가치체계를 갖고 있다.

(4) 정치-경제적 접근(political-economy approach)

이 접근은 전통적 접근과 마르크스주의적 접근으로 나눈다. 전자의 견해는 교외주택가격의 상승과 교통비증가는 중산층주택에 대한 공급을 줄이고, 수요는 증가하는 현상을 야기하게 된다는 것이다. 이에 따라 도심공간에 대한 경쟁이 증가되는 결과를 가져오게 되어 도시재개발을 활성화시키는 요인으로 작용할 수 있다고 본다. 후자는 정치와 경제의 '보이지 않는 손'에 대한 의존도가 낮은 반면에 근린변화를 유도하는 경제적 이익과 정치적 권력의 역할에 대해 관심을 갖는다. 집단간 권력관계와 재개발의 불공평한 수익과 비용배분에 대한 관심은 빈곤층을 퇴출시키는 부정적 결과를 가져올 수 있다는 점에 초점을 둔다.

(5) 사회운동접근(social movement approach)

사회운동분석은 도시재개발의 다양한 동인들을 통합할 수 있다. 이 접근은 자원배분과정에 대한 분석과 통제에 초점을 둔다. 집단적 행위자들은 이념을 개발하고, 지도자를 추종하며, 주어진 목표를 달성하기 위해 경쟁집단들과 갈등관계에 놓이게 된다. 예로 도심공간은 경쟁적 자원이고, 새로 유입된 중산층과 전부터 거주하고 있는 보통 빈곤층은 경쟁집단이 되며, 친도시화이념과 지역사회통제 간의 대립이 나타나게 된다.

2. 접근전략

(1) 전략적 접근

㈎ 필 요 성 과거의 도시재개발정책은 주로 소규모이고, 지리적으로 분산되며, 특별사업중심이고, 결과관련 재정지원 때문에 전략적 비전과 장기적 시각이 결여된 부동산중심재개발(property-led urban regeneration)과 도심정책인 경우가 많았다. 따라서 고립적인 재개발사업의 추진보다는 경제·사회·환경적 재개발을 위한 여건의 조성이 강조되어야 하고, 이를 위해서는 장기적인 전략적 구조가 필요하다는 인식이 나타나게 되었다(Carter, 2000 : 38).

(나) 구성요소 전략적 접근의 구성요소에 대해 파킨슨(M. Parkinson)은 의미있는 지표를 제시했다. 그는 전략적 접근은 ① 명료한 비전과 전략, ② 장기비전달성을 위한 장치와 자원의 선택, ③ 경제·사회·환경전략의 통합, ④ 수혜자와 수혜내용의 확인, ⑤ 사업기간 동안의 민·관·지역사회의 자원수준확인, ⑥ 민·관·지역사회 파트너들의 역할과 기여의 확인, ⑦ 장·단기 목표간의 관계명시, ⑧ 전략의 결과에 대한 모니터와 영향평가 등을 포함해야 한다고 했다(Carter, 2000 : 41). 이는 전략적 접근의 평가지표로서 활용될 수 있다.

(다) 전략적 구조의 원리 전략적 구조는 하향식 및 상향식 접근 간의 연계를 제공하고, 구체적 정책과 행동으로 바꿀 수 있을 정도로 현실적이고, 이해당사자들을 포함한 광범한 파트너쉽이 형성되고, 지역의 전체적인 활력·번영·경쟁력이 언급되며, 문화·쇄신·기회의 동력원으로서 도시를 유지할 수 있게 해야 한다(Carter, 2000 : 41).

(2) 파트너쉽 접근

(가) 의 의 도시재개발전략의 효과적인 집행을 위해서는 파트너쉽 접근이 필수적이라는 인식이 1980년대 후반 이후 확대되고 있다(Carter, 2000 : 43). 재개발부문에서 파트너쉽이 특히 강조되고 있는 것은 재개발사업 수행에 필요한 막대한 자금조달과 복합적인 재개발문제의 통합·협력적 수행의 필요성 등의 이유 때문이다.

(나) 모 형 매킨토쉬(M. Machintosh)는 도시재개발과 관련하여 시너지·예산확대·변환모형의 3개 파트너쉽 모형을 제시했다(Carter, 2000 : 44~45). 여기서 시너지모형(synergy model)은 파트너들이 자신들의 지식, 자원, 운영문화 등을 결합함으로써 독립적으로 사업하는 것보다 큰 성과를 얻을 수 있다고 가정한다. 예산확대모형(budgetenlargement model)은 파트너들이 함께 일함으로써 개별적으로 동원할 수 있는 것보다 많은 추가적 재원에 접근할 수 있다는 생각에 기반한다. 변환모형(transformational model)은 파트너들이 함께 작업함으로써 자체의 쇄신과 변화·발전의 혜택을 얻을 수 있다는 점을 암시한다.

(다) 과 정 파트너쉽은 몇 개의 단계를 거쳐 이루어진다(Carter,

2000 : 48). 먼저 파트너들은 공동의 필요에 대한 상호인식이 형성되어야 한다. 대화와 토의를 통해 공유된 비전과 임무를 확인 · 합의하는 작업이 필요하다. 이를 바탕으로 공식적인 파트너쉽 조직과 구조를 설립한다. 이 조직을 바탕으로 사업을 수행하고, 장래의 사업전략을 수립하고 시행한다.

3. 계획수립 · 시행시 고려사항

(1) 기본원리

도시재개발을 수립 · 시행하는 데 견지해야 할 기본원리는 다음과 같다(Roberts, 2000 : 18).

1) 도시지역여건에 대한 상세한 분석에 의거한다.
2) 도시지역의 물리적 구성 · 사회적 구조 · 경제적 기반, 그리고 환경적 여건을 수용한다.
3) 균형되고 질서 있으며 긍정적 방법으로 문제를 해결할 수 있는 종합적이며 통합적 전략의 수립과 집행을 통해 과업을 달성한다.
4) 전략과 집행프로그램은 지속가능개발의 목적에 따라 개발한다.
5) 계량가능한 작업적 목표를 분명하게 설정한다.
6) 재개발목적간의 균형을 유지한다.
7) 토지와 기존건축환경의 특성을 포함한 자연 · 경제 · 인적, 그리고 기타 자원을 가능한 최선의 이용이 되도록 한다.
8) 모든 이해당사자의 완전한 참여와 협조를 통한 합의를 추구한다.
9) 목적달성을 향한 전략과정의 측정과 도시지역에 영향을 주는 변수들의 변화하는 성격과 영향을 모니터링한다.
10) 초기적 개선프로그램 이후 발생되는 변화에 따라 계획을 수정할 수 있도록 한다.

(2) 사업수행시 고려사항

도시재개발계획과 사업을 수행함에 있어서 고려되어야 할 사항은 사회정의 · 자연균형, 그리고 폐기물의 최소화의 원칙이다(Falk, 1993 : 163~164).

사회정의(social justice)는 빈곤층의 욕구에 반응하고 변화의 과정에서 그들에 피해가 가지 않도록 하는 것이다. 그러나 불행히도 많은 개발계획이 기존지역사회에 대해 거의 고려하지 않는 경우가 많고, 결과적으로 주요 사업계획에 대한 합의를 이루는 데 오랜 시간이 걸리고 고통이 따르는 경우가 많다. 자연균형(natural balance)은 다양성을 보존하고 변화에 적응능력을 제공하는 것과 같은 생태학에서 연유된 생각이다. 폐기물의 최소화(minimization of waste)는 재사용이 비경제적일지라도 건물을 적절히 유지하고 적절한 용도로 점진적으로 변환한다면 보전이 경제적 의미를 갖게 된다.

제 2 절 정비계획

정비계획(整備計劃)의 수립 · 시행은 정비기본계획 · 정비계획, 그리고 사업시행의 3단계로 진행된다.

Ⅰ. 정비기본계획

1. 의 의

도시 · 주거환경정비기본계획(이하 "기본계획")은 광역도시계획 및 도시기본계획의 하위계획이며, 도시관리계획 등의 상위계획이다. 따라서 기본계획은 상위계획의 토지이용계획과 부문별 계획 중 도시 · 주거환경의 정비에 관한 내용을 반영하고, 하위계획 및 관련 토지이용계획에 기본계획의 내용이 반영하도록 포괄적이고 개략적으로 수립하는 계획이다(건교부, 2003b : 1).

이 기본계획은 정비구역 및 정비계획의 상위계획으로 유형별 정비구역 지정대상과 정비방향을 설정하고, 정비기반시설의 기준, 개발밀도기준, 정비방법 등 정비사업의 기본원칙 및 개발지침을 제시하는 계획이다(건교부, 2003b : 1~2).

2. 계획의 수립 및 결정

⑴ 수립권자 및 수립대상

특별시장 · 광역시장 또는 시장(이하 "시장")은 기본계획을 10년 단위로 수립하여야 한다. 다만, 50만명 미만의 시(市)의 경우에는 기본계획을 수립하지 아니할 수 있다[「도시및주거환경정비법」(이하 "법") 제 3 조 제 1 항; 시행령 제 7 조].

(2) 계획내용

기본계획(基本計劃)에는 다음 사항이 포함되어야 한다(법 제3조 제1항).

① 정비사업의 기본방향
② 정비사업의 계획기간
③ 인구 · 건축물 · 토지이용 정비기반시설 · 지형 및 환경 등의 현황
④ 주거지 관리계획
⑤ 토지이용계획 · 정비기반시설계획 · 공동이용시설설치계획 및 교통계획
⑥ 녹지 · 조경 · 에너지공급 · 폐기물처리 등에 관한 환경계획
⑦ 사회복지시설 및 주민문화시설 등의 설치계획
⑧ 정비구역으로 지정할 예정인 구역(정비예정구역)의 개략적 범위
⑨ 단계별 정비사업추진계획
⑩ 건폐율 · 용적률 등에 관한 건축물의 밀도계획
⑪ 세입자에 대한 주거안정대책
⑫ 기타 주거환경 등의 개선을 위하여 필요한 사항

(3) 수립 절차

시장이 기본계획을 수립 또는 변경하고자 하는 때에는 14일 이상 주민에게 공람하고, 지방의회의 의견을 들은 후, 해당 지방도시계획위원회의 심의를 거쳐서, 도지사에게 승인을 신청한다(법 제3조 제3항).

(4) 결정 절차

시장(특별시장과 광역시장은 제외)이 신청한 기본계획을 도지사가 승인함에 있어서는 관계행정기관의 장과 협의를 거친 후 지방도시계획위원회의 심의를 거쳐야 한다(법 제3조 제4항 · 제5항). 시장은 기본계획이 수립된 때에는 이를 지체없이 당해 지방자치단체의 공보에 고시하고, 건설교통부장관에게 보고하여야 한다(법 제3조 제6항 · 제7항).

3. 계획의 정비

시장은 기본계획에 대하여 5년마다 그 타당성 여부를 검토하여 그 결과를 기본계획에 반영하여야 한다(법 제3조 제2항).

Ⅱ. 정비계획

1. 계획수립권자

시장 · 군수는 기본계획에 적합한 범위안에서 노후 · 불량건축물이 밀집하는 등 일정요건에 해당하는 구역에 대하여 정비계획을 수립한다(법 제4조 제1항).

2. 계획내용

정비계획(整備計劃)에는 다음 사항이 포함되어야 한다(법 제4조 제1항).

① 정비사업의 명칭
② 정비구역 및 그 면적
③ 도시계획시설의 설치에 관한 계획
④ 공동이용시설 설치계획
⑤ 건축물의 주용도 · 건폐율 · 용적율 · 높이 · 층수 및 연면적에 관한 계획
⑥ 도시경관과 환경보전 및 재난방지에 관한 계획
⑦ 정비사업시행 예정시기
⑧ 재건축임대주택에 관한 사항
⑨ 지구단위계획(필요시)
⑩ 그밖에 정비사업의 시행을 위하여 필요한 사항

3. 수립 및 승인절차

(1) 수립절차

시장 · 군수는 정비계획을 수립하여, 14일 이상 주민에게 공람하고 지방의회의 의견을 들은 후 이를 첨부하여 시 · 도지사에게 정비구역지정을 신청하여야 하며, 정비계획의 내용을 변경할 필요가 있을 때에는 같은 절차를 거쳐 변경지정을 신청하여야 한다(법 제4조 제1항).

(2) 승인절차

시 · 도지사는 정비구역을 지정 또는 변경지정하고자 하는 경우에는 지방도시계획위원회와 건축위원회가 공동으로 하는 심의를 거쳐 지정 또는 변경지정하여야 한다(법 제4조 제2항).

시 · 도지사가 정비구역을 지정 또는 변경지정한 경우에는 당해 정비계획을 포함한 지정 또는 변경지정된 내용을 당해 지방자치단체의 공보에 고시하고 주민설명회 등을 거친 후 건설교통부장관에게 그 지정내용 또는 변경지정 내용을 보고하여야 한다(법 제 4 조 제 3 항).

지구단위계획구역에 대하여 정비계획의 내용이 모두 포함된 지구단위계획을 결정 · 고시하는 경우 당해 지구단위계획구역은 정비구역으로 지정 · 고시된 것으로 본다(법 제 4 조 제 5 항).

4. 정비구역선정기준과 판정방법

(1) 선정기준

정비사업을 시행하기 위해 대상지의 불량도와 노후도를 판단하려면, 여러 정비요인을 적출하여 판단하는 노력이 요구된다(한근배, 1996 : 38～39). 정비구역선정시 고려해야 하는 요소는 경제적 · 사회적 · 물리적 기타 기준으로 범주화할 수 있다(한근배, 1996 : 38～39; 양동양, 1992 : 528～529).

경제적 기준(經濟的 基準)은 지역산업의 구조적 특성(생산성 · 시설의 근대화정도 포함), 지역경제활동의 특성(소득 · 고용수준 등), 토지와 건물의 가격과 임대료수준, 세금의 나태(懶怠) 정도 등의 상황을 조사해야 한다. 사회적 기준(社會的 基準)은 범죄발생률, 인구밀도와 구조, 인구동태 등의 요인들을 포함한다. 물리적 기준(物理的 基準)은 주거밀도와 구조, 교통 및 가로율, 건물구조, 공공시설(상 · 하수도, 학교 등), 환경적 측면(소음 · 악취 · 매연)의 요인들을 고려해야 한다.

(2) 판정방법

지역의 불량도판정방법은 벌점방법 · 요소수방법 · 절충방법의 세 가지로 나눌 수 있다(한근배, 1996 : 42; 주종원, 1984 : 142～143). 벌점방법(罰點方法)은 몇 개의 요소를 택하여 나열하고 각 요소마다의 최고벌점을 정하며, 그에 따라서 하나의 건물 또는 그 블록의 평균적인 정도에 대한 벌점을 주고, 그 합계점수의 대소에 따라 불량도를 비교한다. 이 방법은 주관 및 경험에 의해 크게 좌우되는 단점이 있으나, 노후도를 계량화하여 비교한다는 장점은 있다. 요소수방법(要素數方法)은 그 지역에 해당된다고 생각되는 요소를 택하여 이들 요소 중 몇 개가 해당되는가에 따라 불량등급을 나눈다. 투명지도에 각 요소를 하나씩 그려 많이 겹치는 지역을 확인하는 이 방법은 정확한 불량도 측정은 어렵지만, 짧은 시일 내에 문제지역을 확인할 수 있다는 장점이 있다. 절충방법(折衷方法)은 그 지역에 알맞은 요소를 택하여 이들 요소 중 몇 개가 해당되느냐에 따라 불량등급을 나눈다.

5. 정비구역지정효과

정비구역의 지정고시가 있는 날부터 당해 정비구역 안에는 정비계획의 내용에 적합하지 아니한 건축물 또는 공작물을 설치할 수 없다. 다만, 시장·군수가 정비사업의 시행에 지장이 없다고 판단하여 허가한 경우는 그러하지 아니한다(법 제5조).

Ⅲ. 사업시행

정비사업(整備事業)이라 함은 도시기능을 회복하기 위하여 정비구역 안에서 정비기반시설을 정비하고, 주택 등 건축물을 개량하거나 건설하는 주거환경개선사업, 주택재개발사업, 주택재건축사업(정비구역 외에서 시행하는 사업도 포함), 그리고 도시환경정비사업을 말한다(법 제2조 제2호).

1. 시 행 자

(1) 사업별 시행자

주거환경개선사업(住居環境改善事業)은 토지 등 소유자의 2/3 이상의 동의와 세입자세대수 과반수의 동의를 얻어 시장·군수가 직접 시행하거나, 주택공사 등을 사업시행자로 지정하여 시행할 수 있다. 다만, 세입자의 세대수가 토지 등 소유자의 2분의 1 이하인 경우는 세입자의 동의를 거치지 아니할 수 있다(법 제7조 제1항). 그리고 시장·군수는 천재·지변 그 밖의 불가피한 사유로 인하여 건축물의 붕괴우려가 있어 긴급히 정비할 필요가 있는 경우는 토지 등 소유자 및 세입자의 동의 없이 사업을 시행할 수 있다(법 제7조 제2항).

주택재개발사업(住宅再開發事業) 또는 주택재건축사업(住宅再建築事業)은 정비사업조합(이하 "조합")이 시행하거나, 시장 · 군수 또는 주택공사 등과 공동(조합이 조합원 1/2 이상의 동의)으로 시행할 수 있다(법 제8조 제1항 · 제2항).

도시환경정비사업(都市環境整備事業)은 조합 또는 토지 등 소유자가 시행하거나, 시장 · 군수 또는 주택공사 등과 공동(조합 또는 토지 등 소유자가 조합원 또는 토지 등 소유자의 1/2 이상의 동의)으로 이를 시행할 수 있다(법 제8조 제3항).

시장 · 군수는 천재 · 지변 등 불가피한 사유가 있을 때, 사업시행예정일부터 2년 이내에 사업인가신청을 하지 않거나 신청내용이 위법 또는 부당하다고 인정될 때(주택재건축사업은 제외), 도시계획사업과 병행하여 정비사업을 시행할 필요가 있을 때, 사업시행인가가 취소된 때, 정비구역 안에 국 · 공유지면적이 전체토지면적의 2분의 1 이상일 때, 토지소유자의 요구가 있을 때는 직접 정비사업(주거환경개선사업 제외)을 시행하거나 토지 등 소유자로서 요건을 갖춘 자(이하 "지정개발자") 또는 주택공사 등을 사업시행자로 지정하여 정비사업을 시행할 수 있다(법 제8조 제4항).

(2) 대시행자

시장 · 군수는 조합이 시행하는 정비사업을 당해 조합이 계속 추진하기 어려워 정비사업의 목적을 달성할 수 없다고 인정하는 때에는 당해 조합을 대신하여 직접 정비사업을 시행하거나 주택공사 등 또는 지정개발자로 하여금 당해 조합을 대신하여 정비사업을 시행하게 할 수 있다(법 제9조 제1항).

2. 사업시행계획작성 및 인가

(1) 작성자 및 인가자

사업시행자(시장 · 군수가 시행자인 경우는 제외)는 정비사업시행계획서(이하 "사업시행계획서")에 정관 등과 일정서류를 첨부하여 시장 · 군수에게 제출하고, 사업시행인가를 받아야 한다(법 제28조 제1항).

사업시행자가 사업시행인가를 신청하기 전에 사업시행계획서(事業施行計劃書)의 내용에 대하여 미리 정비구역 안의 토지소유자 동의(토지면적의 3분의 2 이상)와 토지 등 소유자 동의(전체의 5분의 4 이상)를 얻어야 한다(법 제

28조 제 4 항).

(2) 계획내용

사업시행자가 작성하는 사업시행계획(事業施行計劃)에는 다음의 내용이 포함되어야 한다. 다만, 주택재건축사업 및 도시환경정비사업에는 제 3 호 내지 제 5 호의 내용을 포함하지 아니할 수 있다(법 제30조).

① 토지이용계획(건축물배치계획 포함)
② 정비기반시설 및 공동이용시설의 설치계획
③ 임시수용시설을 포함한 주민이주대책
④ 세입자의 주거대책
⑤ 임대주택의 건설계획
⑥ 건축물의 높이 및 용적률 등에 관한 건축계획
⑦ 정비사업의 시행과정에서 발생하는 폐기물의 처리계획
⑧ 시행규정(시장 · 군수 또는 주택공사 등이 단독으로 시행하는 정비사업에 한함)
⑨ 기타 사업시행에 필요한 사항

(3) 인가절차

시장 · 군수는 사업시행인가를 하고자 하거나 사업시행계획서를 작성하고자 하는 경우에는 관계서류의 사본을 30일 이상 일반인에게 공람하여야 한다(법 제31조 제 1 항).

시장 · 군수는 정비구역 밖에서 시행하는 주택재건축사업의 사업시행인가를 하고자 하는 경우에는 건축물의 높이 · 층수 · 용적률 등에 대하여 시 · 군 · 구 건축위원회의 심의를 받아야 한다(법 제28조 제 2 항).

시장 · 군수가 사업시행인가(시장 · 군수가 사업시행계획서를 작성한 경우 포함)를 하거나 그 정비사업을 변경, 중지 또는 폐지하는 경우에는 그 내용을 지방자치단체의 공보에 고시하여야 한다(법 제28조 제 3 항).

3. 사업시행방법

정비사업의 시행방법(施行方法)은 사업에 따라 차이가 있다. 주거환경개선사업(住居環境改善事業)은 합동방식(시장 · 군수가 정비기반시설을 신설하거나 확대하고 토지소유자가 스스로 주택을 개량) · 수용방식(시행자가 정비구역의 일부 또는 전부를 수용하여 주택을 건설한 후 토지 등 소유자에게 우선 공급하는 방식), 그리고 환지방식에 의해 수행한다(법 제 6 조 제 1 항). 주택재개발사업(住宅再開發事業)은 인가받은 관리처분계획에 따라 주택 및 부대 · 복리시설을 건설하여 공급하거나 환지방식에 의한다(법 제 6 조 제 2 항). 주택재건축사업(住宅再建築事業)은 인가받은 관리처분계획에 따라 공동주택 및 부대 · 복리시설을 건설하여 공급하는 방법에 의한다(법 제 6 조 제 3 항). 도시환경정비사업(都市環境整備事業)은 인가받은 관리처분계획에 따라 건축물을 건설하여 공급하는 방법 또는 환지로 공급하는 방법에 의한다(법 제 6 조 제 4 항).

4. 관리처분계획

(1) 분양공고 및 분양신청

사업시행자는 사업시행인가의 고시가 있는 날부터 21일 이내에 개략적인 부담금내역 및 분양신청기간 등을 토지 등 소유자에게 통지하고, 분양의 대상이 되는 대지 또는 건축물의 내역 등을 해당 지역에서 발간되는 일간신문에 공고하여야 한다. 이 경우 분양신청기간은 그 통지한 날로부터 30~60일 이내(단, 관리처분계획수립에 지장이 없는 경우에는 20일의 범위 내 연장가능)로 하여야 한다(법 제46조 제 1 항).

사업시행자는 분양신청을 하지 아니한 자, 분양신청을 철회한 자, 관리처분계획에 의하여 분양신청에서 제외된 자에게는 그 해당하게 된 날부터 150일 이내에 정해진 절차에 따라 토지, 건축물 또는 그 밖의 권리에 대하여 현금으로 청산하여야 한다(법 제47조).

(2) 계획의 작성 및 인가

사업시행자(주거환경개선사업 제외)는 분양신청기간이 종료된 때에는 기존건축물을 철거하기 전에 분양신청현황을 기초로 다음 사항이 포함된 관리처분계획(管理處分計劃)을 수립하여야 한다(법 제48조 제 1 항).

① 분양설계
② 분양대상자의 주소 및 성명
③ 분양대상자별 분양예정인 대지 또는 건축물의 추산액
④ 분양대상자별 종전의 토지 및 건축물의 명세 및 사업시행인가의 고시가 있

는 날을 기준으로 한 가격
⑤ 정비사업비의 추산액 및 그에 따를 조합원 부담규모 및 부담시기
⑥ 분양대상자의 종전의 토지 또는 건축물에 관한 소유권 외의 권리명세
⑦ 그 밖의 정비사업과 관련된 권리 등에 관한 사항

관리처분계획의 내용은 다음의 기준(基準)에 의한다(법 제48조 제2항).

1) 종전의 토지 또는 건축물의 면적 · 이용상황 · 환경, 그 밖의 사항을 종합적으로 고려하여 대지 또는 건축물이 균형 있게 분양신청자에게 배분되고 합리적으로 이용되도록 한다.

2) 지나치게 좁거나 넓은 토지 또는 건축물에 대하여 필요한 경우에는 이를 증가하거나 감소시켜 대지 또는 건축물이 적정규모가 되도록 한다.

3) 너무 좁은 토지 또는 건축물이나 정비구역지정 후 분할된 토지를 취득한 자에 대하여는 현금으로 청산할 수 있다.

4) 재해 또는 위생상의 위해를 방지하기 위하여 토지의 규모를 조정할 특별한 필요가 있는 때에는 너무 좁은 토지를 증가시키거나 토지에 갈음하여 보상을 하거나 건축물의 일부에 그 건축물이 있는 대지의 공유지분을 교부할 수 있다.

5) 분양설계에 관한 계획은 분양신청기간이 만료된 날을 기준으로 하여 수합한다.

6) 1세대가 1 이상의 주택을 소유한 경우 1주택을 공급하고, 2인 이상이 1주택을 공유한 경우에는 1주택만 공급한다.

7) 주택재건축사업에 대하여는 1세대가 2 이상의 주택을 소유한 경우에는 2 이상의 주택을 공급할 수 있다. 다만, 투기의 우려가 있다고 인정되는 지역에 대해서는 1세대가 2 이상의 주택을 소유하더라도 2 이하의 주택을 공급하여야 한다.

(3) 계획의 인가절차

사업시행자(주거환경개선사업 제외)가 수립한 관리처분계획은 시장 · 군수의 인가를 받아야 하며, 관리처분계획을 변경, 중지 또는 폐지하고자 하는 경우에도 같다. 다만, 경미한 사항을 변경하고자 하는 때에는 시장 · 군수에게 신고하여야 한다(법 제48조 제1항).

사업시행자는 관리처분계획의 인가를 받기 전에 관계서류의 사본을 30일 이상 토지등 소유자에게 공람하게 하고 의견을 들어야 한다(법 제49조 제1

항). 시장 · 군수는 사업시행자의 관리처분계획의 인가신청이 있은 날로부터 30일 이내에 인가 여부를 결정하여 사업시행자에게 통보하여야 한다(법 제49조 제 2 항). 시장 · 군수가 관리처분을 인가하는 때에는 그 내용을 당해 지방자치단체의 공보에 고시하여야 한다(법 제49조 제 3 항). 사업시행자는 공보의 고시가 있은 때에는 지체없이 분양신청을 한 자에게 관리처분계획의 인가내용을 통지하여야 한다(법 제49조 제 4 항).

5. 사업의 시행

(1) 정비구역세분

시장 · 군수는 정비사업을 효율적으로 추진하기 위하여 필요하다고 인정하는 경우에는 정비구역을 2 이상의 구역으로 세분할 수 있다(법 제34조).

(2) 임시수용시설설치

사업시행자는 정비사업을 원활히 시행하기 위하여 정비구역의 내·외에 새로 건설한 주택 또는 이미 건설되어 있는 주택에 그 정비사업의 시행으로 철거되는 주택의 소유자가 임시로 거주하게 하는 등의 방식으로 그 정비구역을 순차적으로 정비할 수 있다(법 제35조 제 1 항).

사업시행자는 주거환경개선사업 및 주택재개발사업의 시행으로 철거되는 주택의 소유자에 대하여 당해 정비구역 내·외에 소재한 임대주택 등의 시설에 임시로 거주하게 하거나 주택자금의 유치알선 등 임시수용에 상응하는 조치를 하여야 한다(법 제36조 제 1 항).

(3) 토지의 수용 또는 사용 등

사업시행자는 공공단체(지방자치단체 제외) 또는 개인의 시설이나 토지를 일시 사용함으로써 손실을 받은 자가 있는 경우에는 그 손실을 보상하여야 한다(법 제37조 제 1 항). 사업시행자는 정비구역 안에서 정비사업을 시행하기 위하여 필요한 경우에는 토지, 물건 또는 그 밖의 권리를 수용 또는 사용할 수 있다(법 제38조). 사업시행자는 주택재건축사업을 시행함에 있어 조합설립에 동의하지 아니한 자의 토지 및 건축물에 대하여 매도청구를 할 수 있다(법 제39조).

⑷ 주택공급

사업시행자가 정비구역 안에 주택(임대주택 포함)을 건설하는 경우에는 입주자모집방법 · 입주금 · 주택공급방법 등에 관하여는 관련규정에도 불구하고 시장 · 군수의 승인을 얻어 사업시행자가 따로 정할 수 있다(법 제50조 제1항과 제2항).

⑸ 정비기반시설설치

사업시행자는 관할지방자치단체장과의 협의를 거쳐 정비구역 안에 정비기반시설을 설치하여야 한다(법 제64조 제1항).

6. 준공인가 · 분양처분 및 청산

⑴ 준공인가

시장 · 군수가 아닌 사업시행자는 공사가 완료한 때에는 시장 · 군수의 준공인가를 받아야 한다(법 제52조 제1항). 사업시행자로부터 준공인가신청을 받은 시장 · 군수는 지체없이 준공검사를 실시하고(법 제52조 제2항), 정비사업이 인가받은 사업시행계획대로 완료되었다고 인정하는 때에는 준공인가를 하고 공사의 완료를 당해 지방자치단체의 공보에 고시하여야 한다(법 제52조 제3항). 시장 · 군수가 직접 시행한 정비사업에 관한 공사가 완료한 때에는 그 공사의 완료를 당해 지방자치단체의 공보에 고시하여야 한다(법 제52조 제4항).

⑵ 분양처분

사업시행자는 준공인가고시가 있은 때에는 지체없이 대지확정측량을 하고, 토지의 분할절차를 거쳐 관리처분계획에 정한 사항을 분양을 받을 자에게 통지하고 대지 또는 건축물의 소유권을 이전하여야 한다. 다만, 정비사업의 효율적인 추진을 위하여 필요한 경우에는 당해 정비사업에 관한 공사가 전부 완료되기 전에 완공된 부분에 대하여 준공인가를 받아 대지 또는 건축물별로 이를 분양받을 자에게 그 소유권을 이전할 수 있다(법 제54조 제1항).

사업시행자가 대지 및 건축물의 소유권을 이전한 때에는 그 내용을 당해 지방자치단체의 공보에 고시한 후 이를 시장 · 군수에 보고하여야 한다(법 제54조 제2항).

(3) 권리등기 및 청산

사업시행자는 소유권이전의 고시가 있은 때에는 지체없이 대지 또는 건축물에 관한 등기를 지방법원지원 또는 등기소에 촉탁 또는 신청하여야 한다(법 제56조 제 1 항).

대지 또는 건축물을 분양받은 자가 종전에 소유하고 있던 토지 또는 건축물의 가격과 분양받은 대지 또는 건축물의 가격 사이에 차이가 있는 경우에는 사업시행자는 이전고시가 있은 후에 그 차액에 상당하는 금액(청산금)을 분양받은 자에게 징수하거나 지급하여야 한다(법 제57조 제 1 항).

7. 비용부담

(1) 비용부담원칙

정비사업비(整備事業費)는 「도시개발법」 또는 다른 법령에 특별한 규정이 있는 경우를 제외하고는 사업시행자가 부담한다(법 제60조 제 1 항). 시장·군수는 시장 · 군수가 아닌 사업시행자가 시행하는 정비사업에 따라 설치하는 도시계획시설 중 주요 정비기반시설에 대하여는 그 설치에 소요되는 비용의 전부 또는 일부를 부담할 수 있다(법 제60조 제 2 항).

(2) 정비기반시설비부담

사업시행자는 토지소유자로부터 정비사업비용과 정비사업의 시행과정에서 발생한 수입의 차액을 부과 · 징수할 수 있다(법 제61조 제 1 항). 시장 · 군수는 그가 시행하는 정비사업으로 인하여 현저한 이익을 받은 정비기반시설의 관리자가 있는 경우에는 당해 정비사업비의 일부를 그 정비기관시설의 관리자와 협의하여 그 관리자에게 이를 부담시킬 수 있다(법 제62조 제 1 항). 사업시행자는 정비사업을 시행하는 지역에 전기 · 가스 등의 공급시설을 설치하기 위하여 공동구를 설치하는 경우에는 그 공동구에 수용될 시설을 설치할 의무가 있는 자에게 공동구의 설치이 소요되는 비용을 부담시킬 수 있다(법 제62조 제 2 항).

(3) 보조 및 융자

국가 또는 시 · 도는 시장 · 군수 또는 주택공사 등이 시행하는 정비사업에 관한 기초조사 및 정비사업의 시행에 필요한 시설로서 일정한 정비기반시설의 설치에 소요되는 비용의 일부를 보조하거나 융자할 수 있다(법 제63조 제1항). 시장·군수는 주택공사 등인 사업시행자가 주거환경개선사업과 관련하여 정비기반시설을 설치하는 경우, 설치에 소요되는 비용의 전부 또는 일부를 주택공사 등에게 보조하여야 한다(법 제63조 제2항). 국가 또는 지방자치단체는 시장·군수가 아닌 사업시행자가 시행하는 정비사업에 소요되는 비용의 일부를 보조 또는 융자하거나 융자를 알선할 수 있다.

제3절 정비사업

Ⅰ. 도심정비

1. 의 의

(1) 개 념

도심(urban center)은 도시의 중심부에 위치하여 도시 내의 여러 지역으로부터 가장 양호한 접근성을 제시하는 곳으로, 많은 활동과 기능들이 제한된 공간에서 밀집되어 일어나는 곳이다. 도심(都心)에는 중심성을 지향하는 상업 및 업무 기능들이 밀집되어 있기 때문에 중심업무지역(Central Business District : CBD)이라고 부른다.

일반적으로 도시의 중심부는 도시에서 가장 오래된 지역으로 역사성을 간직하는 공간이며, 수 차례의 재개발을 거친 경우가 많다. 따라서 도심은 집중과 다양성의 특성을 나타내고 있으며, 도시의 특성과 활력을 부여하는 도시를 대표하는 공간으로 도시의 정신이며 머리이고 도시이미지형성의 중심이 되는 공간이다.

(2) 기 능

도심은 도시의 전체적인 생활과 연계를 맺고 있기 때문에 단일기능보다는 행정·업무·상업·위락·문화·주거 등 다양한 기능을 포용하는 다기능 중심의 성격을 갖고 있다(정환용, 1991 : 32).

대도시지역의 도심은 20세기 초까지 소매·상업 중심에서 20세기 중엽에는 업무 · 상업 복합체로, 그리고 최근에는 관광 · 위락중심으로 그 성격이 바뀌고 있다. 그러나 소도시에서는 주로 소매중심으로 남아 있으며, 도시규모확대에 따라 서비스와 공공부문의 고용이 증대되고 있다(Hartshorn, 1992 : 322).

(3) 도심쇠퇴의 원인

도심(都心)의 경제적 침체는 서구도시들이 당면하고 있는 가장 심각한 문제의 하나이다. 도심은 도시의 전체적인 정체성을 확보하는 데 매우 중요할 뿐만 아니라 도시경제에서도 중요한 의미를 갖기 때문에 재활성화의 필요성이 제기되고 있다. 그러나 지금까지의 지속적인 재개발사업에도 불구하고 아직도 도심은 심각한 경제적 문제를 안고 있을 뿐만 아니라, 불편하고 퇴락되고 위험한 지역으로 인지되고 있다(Robertson, 1995 : 429). 즉, 도심지역은 경제적 쇠퇴 · 물리적 조락, 그리고 사회적 병리가 나타나고 있다.

도심쇠퇴의 주요 원인(原因)은 기대되는 중심지기능수행능력의 감퇴와 이에 따른 도심거주자의 저밀도교외지역으로의 이탈에서 찾을 수 있다(Downs, 1994:60; Home, 1982 : 4). 도심의 인구감소와 고용감퇴는 많은 사람들이 바람직한 곳으로 이주해서 살고자 하는 장기적인 사회적 추세에 바탕을 두고 있다. 여기에는 증대되는 실질소득, 자동차사용의 증대, 저밀도주거지역에서 살고자 하는 욕구, 근린에서 사회경제적 · 인종적으로 분리되어 살고자 하는 경향이 포함된다. 또한 컴퓨터와 전자커뮤니케이션기기의 사용증대, 제조업에서 노동자비중의 수축 등은 자유로운 입지선택이 가능하게 되었고, 도심 이외의 지역에서도 입지하게 되었다.

2. 재개발전략

(1) 의 의

도심의 중요성에 대한 관심이 높아지고 있는 상황에서 도심의 건강성을 점검하는 것은 매우 중요한 의미를 갖는다. 도심의 건강점검(health check)은 얼마나 다양한 사람들을 유인할 수 있느냐에 의해 파악할 수 있고, 이는 활력(活力)과 생존성(生存性)의 양면에서 검토할 수 있다(Ravenscroft, 2000: 2534). 활력(vitality)은 서로 다른 시간과 장소에서 얼마나 분주한가에 대한 것이고, 생존성(viability)은 계속하여 투자를 유인할 능력과 관련된다. 때문에 양자는 상호연관된다.

도심의 활력과 생존성을 나타내는 지표는 다양하지만, 중요한 것은 비주거용 자산의 상업적 수익성, 임대료, 보행자의 흐름, 용도의 다양성, 접근성, 물리적 하부구조 등을 들 수 있다(Ravenscroft, 2000 : 2537). 이 중에서 특히 중요한 것은 보행자흐름과 재산수익이다(Ravenscroft, 2000 : 2536).

(2) 전략방향

재활성화전략은 논쟁이 많은 문제이다(Ross and Leigh, 2000 : 370~371). 일부는 내부도시경제에 초점을 두는 데 비해, 다른 일부는 사회문제와 서비스문제에 목표를 두어야 한다고 주장한다. 물론 또 다른 일부는 양 전략을 동시에 사용해야 한다고 믿는다.

첫번째 집단에 속하는 포터(M. Porter)는 고용기회는 침체된 지역사회의 인간능력 · 가치 · 의식을 개선하기 위해 설계된 모든 계획의 실제적인 성공의 핵심이라고 생각한다. 때문에 도심활성화를 위해 도심의 기업중심과 교통중심에 근접한 위치(전략적 위치), 지역기업집단과의 근접성, 지역소비시장의 충족되지 않은 수요(자체의 시장수요), 그리고 많은 잠재노동력(인적 자원)과 같은 경쟁적 이점을 현금화해야 한다고 주장한다(Porter, 2000 : 281~283; Nunn, 2001 : 160). 그러나 이러한 이점(advantages)은 이의 불이익(disadvantages)에 의해 상쇄된다. 헨리(C. Henry)는 내부도시의 주요 약점으로 토지 · 자본 · 적정한 노동력에의 접근제약, 높은 범죄, 부적절한 교통하부구조, 주민들간의 반기업적 의식을 들고 있다.

로빈슨-반스(C. Robinson-Barnes)는 재활성화노력을 수행할 때는 순수한 경제적 고려에 앞서 내부도시주민의 사회적 수요를 고려해야 한다고 주장한다. 그녀는 지역주민들이 그들과 그들 가족을 부양할 수 있는 소득을 보장할 수 있는 기술을 함양하는 지역주민의 역량이 경제개발문제의 기본이라고 주장한다. 주민의 수요를 충족하고 그들의 생산성을 제고하기 위해서는 직업훈련, 학교/기업의 협력을 포함한 여러 상이한 문제를 언급해야 한다는 것이다.

(3) 전략내용

재개발전략은 도시규모의 대소에 관계 없이 유사성을 갖고 있는 경우가 많다. 미국의 도심재개발전략은 보통 도시설계와 토지이용과 관계되고, 그리고 재정전략과 통합하여 사용하고 있다. 주요 재개발전략은 다음과 같다(Robertson, 1995 : 430~434).

1) **보행자화**(pedestrianization) 많은 계획가들은 중심지를 보행자친화적인 모습으로 만드는 것은 교통관리 · 경제회생, 그리고 환경의 질을 개선할 수 있다고 생각한다. 그러나 중심지에 대한 보행자환경개선이 중요한 이유는 잠재적 이용자들에게 보다 매력적인 이미지(image)를 제공한다는 데 있다. 중심지의 활력과 긍정적 이미지는 경제적 지표에 의해 측정되는 것이 아니라 보행자활동의 양에 의해 측정할 수 있다. 보행자 없는 중심지는 건축환경의 질과 관계 없이 생기 없고 지루해 보인다. 보행자를 유인하기 위해서는 보행자를 차량과 격리시키는 보행자공간(pedestrian mall)의 구성이 중요하다. 이러한 보행자공간은 중심지의 공간녹지를 확대하고 인간척도(human scale)적 쾌적성을 제고할 수 있는 효과를 가져온다.

2) **옥내쇼핑센터**(indoor shopping centers) 대부분의 도시에서 중심지의 소매업의 쇠퇴는 교외지역의 쇼핑몰(shoppong mall)의 건설 때문이라고 여기고 있기 때문에 중심지의 재활성화를 위해 옥내쇼핑몰을 구상하는 것은 중요하다. 대체로 중심지 옥내공간(downtown indoor malls)은 중앙관리, 계획된 소매업혼합, 청정 · 안전 · 매력, 그리고 기후통제적 환경의 공통적 특성을 갖고 있다.

3) **역사적 보존**(historic preservation) 중심지에는 매력 있고 건축적으로 의미 있는 고건축물들이 많지만, 이들은 대개 저이용하고 있기 때문에 역사적 보전은 재개발수단으로서 중요성을 갖는다. 하나의 목적을 갖는 건물(예 : 철도역 · 은행)을 다른 목적의 건물(예 : 축제시장터 · 식당)로 재사용하는 것은 중심지건물보전이나 전체지역을 보존하는 방법으로 많이 사용한다.

4) **수변개발**(waterfront development) 수변개발도 주민의 매력을 도출하는 중요한 개발기법의 하나이다. 수변용도의 변화와 함께 주변의 지가가 하락함에 따라 도심수변지역의 재사용에 대한 기회를 제공하게 되었다. 수변을 공공녹지공간으로 활용함에 따라 녹지공간이 부족한 도심의 매력을 제고할 수 있게 되었다.

5) **사무소개발**(office development) 사무소부문(office sector)은 중심지활력의 중요한 구성부문이다. 20세기 들어 대부분의 중심지기능들이 점진적으로 분산되었지만, 사무소부문은 중심지에 남아 있는 제 1 부문이다. 사무소부문의 핵심은 중심지를 재정 · 행정 · 전문서비스의 중심지로 바꾼다는 회사중심접근(corporate center approach)이다. 이 접근은 사무소건물을 소매몰 또

는 호텔 등과 결합하는 등의 혼합적 토지이용의 대규모 구조물을 나타나게 하고, 이러한 대규모 복합건물의 도입은 중심지에 개방공간을 확대하는 결과를 가져오게 한다.

6) 특별활동발원지(special activity generators) 특별활동발원지(예 : 회의장·투기장·경기장)는 도시내외에서 많은 사람들을 중심지로 유인할 수 있는 대규모 시설이다. 이 전략은 이 시설을 중심으로 많은 파급효과를 기대할 수 있고, 이 시설은 새로운 건설을 촉진할 수 있으며, 침체지역의 재개발전략으로 활용할 수 있다.

7) 교통개선(transportation enhancement) 중심지의 교통혼잡으로 중심지에 대한 매력이 감퇴되고 있기 때문에 중심지의 접근성을 향상시키기 위한 노력들이 많이 거론되고 있다.

(4) 도심정체성확보방안

도심활성화를 위해서는 주택·호텔·위락, 그리고 문화적 매력을 높이는 방법도 고려할 수 있다. 도심에 주택을 건설함으로써 도심에 거주하는 인구를 늘일 뿐만 아니라 도심활동을 높일 수 있다. 호텔의 건설도 사업가·투자가·관광객 등을 유인할 수 있다. 전통적으로 사람을 도심으로 유인하는 데 중요한 역할을 했던 위락도 기존의 기능을 재활성화할 뿐만 아니라 새로운 매력(수족관·카지노·경기장 등)을 추가할 수 있다. 박물관·도서관·극장 등도 위락은 물론 교육기능을 수행한다.

21세기에 대비하여 중심지는 보다 강한 정체성을 확보해야 하며, 이를 위해 다음 사항을 제안할 수 있다(Robertson, 1995 : 436).

1) 고밀도의 유지 밀집성은 도보가능하고 접근성이 용이하다.

2) 역사적 보전의 강조 독자적 정체성을 확립할 수 있는 구조의 보전이 교외지역과 차별화되는 점이다.

3) 중심지의 교외화 억제 교외구조와 유사한 신축건물의 허용은 정체성을 상실하게 만들고, 교외지역과의 경쟁을 어렵게 한다.

4) 공공공간의 유지·개발 민간옥내몰에서 복제할 수 없는 지역사회의 정체성확보를 위해 중요한 공간의 유지·개발이 필요하다.

5) 새로운 개발에 대한 엄격한 설계통제 잘못 설계하거나 계획된 개발이 개발하지 않은 것보다 못한 경우가 많기 때문에 도심과 통합된 개발을 엄격하게 하고 통제해야 한다.

6) 가로활동에 대한 중요성 인지 과도한 옥내활동중심은 보행자를 줄

이게 되고, 거리에서의 기업활동을 줄이며, 결과적으로 도심의 활력을 상실하게 한다.

7) 다기능적 중심지개발　　성공적인 도심개발은 주택 · 직장 · 쇼핑 · 문화 · 위락 · 정부 · 관광 등 다양한 활동을 제공하는 데 있다.

(5) 몰 개 발

(가) 개　　념　　몰(mall)은 전통적으로 녹음과 연결된 지역으로 산책로로 사용된 것인데, 최근 들어 도심부의 새로운 유형의 도로 또는 광장을 의미하고 보행자와 대중교통을 위해 사용되고 있다(Rubenstein, 1978 : 2～3). 몰을 개발하는 이유는 중심업무지역의 활성화, 도시의 새로운 이미지형성으로 주민에게 긍지부여, 도심활동의 질과 다양성을 개선하는 장소, 교양 · 오락 · 문화 활동이 병존하는 장소로서의 복합적인 의미를 갖고 있다(Rubenstein, 1978 : 2～3).

(나) 도입배경　　1960년대에 들어 미국의 도심에서는 교외쇼핑 센터와 경쟁적인 관계에서 여러 활로를 모색하게 되었다(Robertson, 1990 : 250). 교외쇼핑 센터의 충분한 주차공간, 안락하고 안전한 쇼핑환경, 재화와 서비스에 대한 충분한 선택의 기회를 제공하는 쇼핑공간에 대항하면서 도심이 도시의 소매의 선도적 위치를 유지하도록 하기 위해 집행되는 전략이 보행자몰(pedestrian mall)이다(Robertson, 1990 : 250).

유럽에서는 1950～1960년대에 도심을 보전하고 중심부의 주거환경을 개선하기 위해 자동차교통이 없는 지역을 설정하여 집행했는데, 이러한 전략을 본받아 도심의 경제적 활성화를 위한 수단으로 보행자몰을 도입하게 되었다(Robertson, 1990 : 251). 보행자몰(pedestrian mall)은 보행자교통에 최우선순위를 부여하는 전통적인 상가(shopping street)로 이루어진 도심회랑(downtown corridor)이다(Robertson, 1990 : 250).

(다) 유　　형　　미국의 주요한 도심몰은 전통적인 보행자거리 · 병용몰, 그리고 대중교통몰이 있다(Robertson, 1990 : 250). 전통보행자거리(traditional pedestrian streets)는 보행자전용인 데 비해, 병용몰 또는 준몰(shared or semi malls)이나 대중교통몰(transit malls)은 제한된 자동차나 대중교통을 각각 허용하는 형태이다.

(라) 변 화 미국에서의 몰개발과 설계에서 몇 가지 변화를 확인하고 있다(Robertson, 1990 : 268; Marcus, *et al.,* 1998 : 19). 가장 두드러진 것은 몰에 일정수준의 자동차사용을 허용하거나 대중교통수단을 포함하는 경향이 있다. 계획가들은 교통은 몰에서의 활동수준을 증가하고 안정화시키며, 동시에 보행자활동을 증가시킬 수 있다고 생각한다. 다른 추세는 사람들이 거리의 명백한 공공영역에서부터 벗어나 실내활동이 증가되고 있다. 이는 비록 온화한 날씨에서도 도로보다는 실내도로와 면한 도심실내쇼핑몰개발과 같은 것이다.

(마) 비 판 로버트슨(Robertson)은 1990년대의 보행자몰개발과 관련하여 몇 가지 비판적 견해를 제시하고 있다(Robertson, 1990 : 270~271; Marcus, *et al.,* 1998 : 19). 상업과 소매이용의 혼합은 근무시간 이후의 활동을 유인해야 함에도 불구하고 저녁까지 활동을 지속하는 보행자몰이 거의 없다. 그리고 보행자몰이 성공하기 위해서는 개발 · 유지, 그리고 사업계획에서 조화적인 관리가 필요하다. 특별개발보다는 소매 · 위락 · 음식점기회를 혼합제공하는 전체적인 계획이 지역 내에 이용자의 지속적 흐름을 유인하는 데 필수적이다.

3. 도시환경정비사업

(1) 의 의

도시환경정비사업(都市環境整備事業)이란 상업지역 · 공업지역 등으로서 토지의 효율적 이용과 도심 및 부도심 등 도시기능의 회복이 필요한 지역에서 도시환경을 개선하기 위하여 시행하는 사업이다(법 제2조 제2호 라목). 따라서 도심재개발사업은 도시환경정비사업에 포함된다.

(2) 제도의 변천

우리 나라의 도심재개발사업의 발전단계는 서울시를 중심으로 살펴보면 다음 5단계로 구분하여 설명할 수 있다(국토연, 1996 : 420~424).

1) 태동기(1962~1973) 1962년의 「도시계획법」에 의해 불량지구개량에 관한 사업을 도시계획사업으로 시행할 수 있도록 한 것을 시초로 1971년의 「도시계획법」 전면개정시 도시재개발사업에 관한 절차를 구체화한 시기이다.

2) 법제화기(1973～1982) 1973년에 서울시도심지 11개 구역이 도심지 재개발구역으로 최초로 지정·추진되었을 뿐만 아니라 1976년 「도시재개발법」에 의해 도심재개발을 효과적으로 수행할 수 있는 법적 기반을 확보하였다. 1978년 서울시에서 도시재개발사업조례를 마련하였다.

3) 활성화기(1982～1992) 1982년 「도시재개발법」의 개정으로 도시재개발사업을 도심지재개발사업과 주택개량재개발사업으로 구분·시행할 수 있게 하였다. 이 기간중에 서울시에서는 많은 지역에서 재개발사업을 시행했다.

4) 정비기(1992～2002) 1995년에 전문개정을 통해 재개발지정절차와 사업계획결정절차를 통합하여 간소하였다.

5) 정착기(2003～현재) 2003년에 「도시 및 주거환경정비법」의 제정·시행에 의하여 도시기능회복과 기반시설정비를 목적으로 도심재개발사업이 시행될 수 있도록 했다.

(3) 문제점과 개선방안

(가) 문 제 점 공공부문에서 도심을 적극적으로 개발·정비하기 위한 재정적 부담능력이 부족하기 때문에 도심재개발사업은 주로 민간주도에 의해 이루어진다. 도심재개발대상지구의 토지에 대한 이해관계가 복잡하게 얽혀 있고, 개발지구 내의 토지를 매수하고 건설비용을 부담할 능력을 갖고 있는 사업주체는 대기업 혹은 대자본가에 한정될 수밖에 없다(주종원, 1993 : 10～11). 이 경우 원토지소유자의 사업참여와 의사반영은 어려워 보인다. 전면철거와 전면매수방식이 주를 이루고 있는 현행 도심재개발사업의 특성으로 지역주민의 권익보장과 의사반영이 어렵고, 재벌과 대기업에 의해 도심재개발이 이루어져 공익사업으로서의 도심재개발사업의 성격이 희석되고 있다(주종원, 1993 : 11).

전면철거에 의한 재개발은 보전해야 할 도심의 특성과 장소성이 제거되는 문제점을 나타낸다(주종원, 1993 : 11). 도심재개발이 사업비의 과다, 토지소유자 등의 이해대립 등으로 필지중심의 재개발이 이루어져 주변지역과의 부조화, 오픈스페이스의 단절 등의 문제에 직면하고 있다(주종원, 1993 : 12).

사업시행자의 입장에서는 도심부의 고가의 토지를 매수하고 공공시설과 그 건설비를 충당할 만한 용도는 높은 부가가치를 창출하는 업무기능이다. 따라서 사업주체는 사업의 경제적 이익을 확보하기 위하여 업무시설위주의 재개발을 시행하게 된다(주종원, 1993 : 11). 이는 도심이 수용해야 할 다양한 기능성을 획일화하는 모습으로 바뀌게 된다(주종원, 1993 : 12). 즉 도심의 주거기능이 배제되고, 따라서 도심공동화현상과 함께 도심의 외연확산을 유발한다. 유발교통량이 많은 상업 · 업무 기능의 집중은 도심부로의 교통집중을 심화시키게 되었다.

(나) 개선방안 도심공간이 전체시민에게 매력적인 장소가 되기 위해서는 도심의 각 지구에 흥미와 활기가 넘치지 않으면 안 된다. 즉 다양한 기능이 상호보완적이며 균형을 이루어야 한다(주종원, 1993 : 14). 현대적인 기능과 도시의 역사성이 공존할 수 있는 공간을 구성하는 것이 중요하다. 도심재개발에 요구되는 막대한 재원에 대처하기 위해서는 민간자본유치방안을 적극적으로 모색해야 한다. 이를 위해 사업시행자에 대한 개발지원을 적극적으로 모색해야 한다. 공공시설설치에 대한 보조방안도 모색해야 한다. 신축적인 지역제의 활용방안으로 상여지역제의 도입 등도 모색되어야 한다. 개발사업에 주민의 참여를 제고하는 장치의 확보도 요구된다.

Ⅱ. 주거지정비

1. 의 의

(1) 주거지의 중요성

주택에 의해 점유되거나 배정된 주거용지(住居用地)는 대체로 도시전체 면적의 35～40%를 점유하고 있어 차하위의 2개 범주인 개방공간과 공업용지가 각각 20%, 10%인 점을 비교하면, 그 중요성을 이해할 수 있다(Field and MacGregor, 1987 : 54; Bourne, 1981 : 19～20).

(2) 주거입지수요

주거지역은 교통 · 상하수도 · 공원 · 학교 등과 같은 각종 지역사회서비스시설과 지방쇼핑시설에의 접근성이 용이해야 한다. 그리고 근린중심은 도보거리 내에 있거나 편리한 운전거리 내에 있어야 한다.

주거지역의 입지원칙(立地原則)은 상위 또는 관련계획과 소비자의 수요에 따라 독자적인 내용으로 도출할 수 있으나, 주거지특성에 따라 요구되는 입지여건에 약간의 차이가 있다(Kaiser, *et al.*, 1995 : 348～365).

(가) 기개발지역 주거커뮤니티는 주거와 조화될 수 없는 토지이용과 불필요한 교통의 침입으로부터 보호해야 한다. 지역사회공급시설들은 각자 서비스영역을 구축할 수 있도록 위치하여야 한다. 즉 어떤 것은 도시 전체, 어떤 것은 지역사회수준, 어떤 것은 근린수준이 되도록 하여 각각 접근성이 용이해야 한다.

(나) 신개발지역 주거지역은 활동중심에의 접근이 용이하도록 위치해야 한다. 아울러 기존시설의 확장, 새로운 시설의 건설에 효율적인 위치가 되어야 한다. 또한 에너지절약, 교통행태의 혼잡함을 촉진하는 밀도와 공간패턴이 되어야 한다. 그리고 홍수지역과 생태체계에서 취약한 지역에서 탈피해야 하고, 모든 소득계층에 주택과 근린형태의 합리적인 선택폭이 제공되어야 한다.

2. 주거지 계획

(1) 의 의

도시의 토지이용계획에서 그 기능에 따라 주거지역을 계획하고 설계하는 것이 주거지계획이다. 주거지계획(住居地計劃)은 도시를 구성하는 가장 기본적인 요소인 주택을 집단적으로 건설하거나 기성시가지를 형성하고 있는 일단의 주택지를 보전·수복·재개발하기 위한 지구계획이다(日笠 端, 1988: 184). 즉, 이 계획은 주거지역을 집단적으로 정비·관리하여 토지이용에 질서를 제공함은 물론, 여러 생활관련시설들을 제공하여 도시의 주거환경을 형성하는 중요한 의미를 갖는다. 만일 이와 같은 계획이 없이 개별적 주택개발이 행해진다면, 그 도시는 무질서한 개발이 되고 말 것이기 때문이다.

(2) 계획과정

주거지계획은 우선 인간의 공간에 대한 요구의 변화, 대지의 조건, 주거지를 둘러싸고 있는 외부환경의 파악에서 비롯되나 실제적인 계획기법은 거주밀도의 적정배분, 주거의 설계, 그리고 토지이용계획을 고려하여 최종적으로 인간의 정주환경을 형성하는 것이다(황용주, 1986 : 320~321).

(가) 계획목표 주거지계획에서 추구해야 할 목표(目標)는 지역적 여건에 따라 차이가 있으나 기본적으로 고려해야 할 공통적 목표는 안전성(safety)·보건성(health)·편리성(convenience), 그리고 쾌적성(amenity)을 들 수

있다(국토학, 1991 : 442～443). 이러한 목표들을 수행해 나가는 데 고려되어야 할 기술적 목표(技術的 目標)는 다양한 기능의 충족, 이웃과의 유대강화, 주민의 기호와 선택성고려, 개발비용의 효율성, 건강과 쾌적성, 변화에의 적응성과 융통성, 공공복리와 후생의 고려, 그리고 사회통합과 형평성 등의 내용이 포함된다(황용주, 1986 : 321～323).

㈏ 적정공간분석　상업지의 공간분석과 유사하게 공지·재개발지, 그리고 개발예정지 등의 상대적인 적합성을 검토해야 한다. 공간수요분석은 기존주택의 실태와 주택시장의 추세분석, 세대수의 증가에 따른 신규주택수추정, 주거형태·밀도·근린유형에 따른 신규주택의 배분, 그리고 주택수·주택유형 등을 토지면적으로 환산하는 4단계로 진행된다(Kaiser, *et al.,* 1995: 350).

㈐ 설계시 고려사항　주택지를 설계하는 데는 그 설계하고자 하는 지구의 주변상황과 그 지구 자체의 내부상황에 따라 설계요소가 변하게 된다. 그러나 이러한 특수한 상황을 배제하고 모든 지구에서 공통적으로 추구해야 할 기본지침은 다음과 같다(주종원, 1998 : 127～128).

1) 인간척도에 적합한 환경　익명화·비인격화된 도시환경을 개선하여 근린의식이 고취되는 생활환경이 조성되도록 시설과 기능을 배치해야 한다.

2) 자원절약적인 계획　유한한 자원을 효율적으로 이용할 수 있도록 토지이용·교통체계·공급시설이 배치되도록 하여 자원절약이 되도록 한다.

3) 자연환경과 조화된 계획　주거지설계에 있어 고유의 지형·지세·기후 등의 여건을 장애요인으로 간주하기보다는 적극적으로 자원으로서 활용하는 방안을 모색해야 한다.

⑶ 근린생활권계획

㈎ 의　의　근린(neighborhood)이란 사람들이 사회적으로 상호 작용하면서 거주하는 도시공간 내에서의 제한된 영역이다. 즉 근린(近隣)은 일정한 사회적 관계가 존재하는 지리적 단위이다. 이러한 근린단위개념은 지난 50여 년간 주거계획모델로서 광범하게 사용되어 왔는데, 이는 1929년 페리(C. A. Perry)에 의해 처음으로 제안되었다. 그에 의하면 근린단위는 평균적인 가족의 안락한 생활을 유지하도록 요구된 모든 공공시설과 도로를 포함한

지역을 의미한다(Richman, 1979 : 448).

(나) 구 성 수 개의 주거지가 모여 근린생활권을 형성하게 되는데, 그 규모는 다양하나 생활권단위의 설정에는 인간의 척도와 활동의 주기성을 고려하여 알맞은 생활편익시설을 마련함으로써 쾌적한 삶의 환경을 조성해야 할 것이다.

공간계획에서는 사람들이 일상생활에서의 필요의 위계에 따라 공간적 범역을 구분하고, 이를 바탕으로 계획한다. 이러한 생활권은 그 공간적 범위에 따라 1차 생활권(근린생활권), 2차 생활권(중생활권), 그리고 3차 생활권(대생활권)으로 나뉘어진다(국토학, 1993 : 87). 여기서 1차 생활권은 생활에 필요한 기초시설과 서비스를 제공하는 보행중심의 생활공간이다. 2차 생활권은 지역중심으로서의 역할수행을 하면서 주요한 상업시설과 복지시설이 존재하는 대중교통수단으로 쉽게(10~15분) 이동할 수 있는 공간이다. 3차 생활권은 1일 생활의 결절공간으로 생산과 소비가 연결되는 생활공간이다.

(다) 설 계 페리(C. Perry)의 관심은 도시근린(city neighborhood)을 자동차시대에 맞도록 하는 데 있었다(Silver, 1985 : 165). 그는 자동차와 보행자흐름을 분리하고, 충분한 공간녹지를 제공하며, 근린학교주위의 공동체생활의 조성을 위해 거대블럭(superblocks)을 만드는 것을 제안했다(Silver, 1985 : 165). 그는 근린설계에서 고려해야 할 6개의 원칙을 제시했다(Ratcliffe, 1978 : 41).

1) 규 모 하나의 초등학교 학구(catchment area)에 관계되어야 한다.

2) 경 계 주거지역은 간선도로로서 모든 방향과 경계를 이루어야 하지만, 통과되어서는 안 된다.

3) 공간녹지 소공원과 놀이터가 충분히 제공되어야 한다(전체면적의 약 10%정도).

4) 공공서비스시설 학교와 기타 서비스를 갖는 중심이 근린에 있어야 한다.

5) 구매시설 근린상점은 변두리에 위치하게 함으로써 대략 주위의 4개 근린에 서비스할 수 있도록 한다.

6) 내부도로체계 접근이 용이하게 가로에 위계(位階)가 있어야 하지만 교통을 억압해서는 안 된다.

㈑ 비 판 근린주구공간구성의 목적의 하나는 근린의식함양으로 동질공간의 구성에 초점을 두었다. 이는 비슷한 사회적 위치를 갖는 사람들끼리 공동체의식을 고취시키는 결과를 가져와 인종간 · 계층간의 차별화 · 격리화를 가져오게 되었다(국토학, 1998 : 72). 또한 보편화 · 표준화된 단지설정은 대량생산시대에 맞는 주거지건설의 표준화를 가져왔다. 이는 생활양식의 다양성과 지역적 특수성을 반영하기 어려운 한계점을 노출하게 되었다(국토학, 1998 : 73).

3. 주거정비사업

(1) 제도의 변천

불량주택정비에 관한 제도의 변천과정을 보면 관련법규의 제정 · 시행에 따라 다음 6개 시기로 구분하여 검토할 수 있다(국토연, 1996 : 406~418).

1) 철거이주사업(1961~1971) 도시화의 진전에 따라 농촌인구의 서울 집중현상이 두드러지고, 이들 유입인구들은 도심주변의 유휴공한지를 무단점유하여 빈민불량촌을 형성하게 되었다. 이러한 불량주거지에 대한 정비방안으로 이를 철거하고 서울시 주변에 위성도시건설방안을 강구하게 되었고, 이의 구체적 사업이 광주대단지 이주사업이었다.

2) 양성화사업(1967~1973) 철거이주에 대한 주민의 반발에 따라 주거지로서 적당한 여건을 갖춘 불량주거지에 대해서는 주민자력으로 주거환경을 개선하는 기법을 사용하게 되었고, 이는 1967년의 서울시 판자집양성화정책으로 나타났다.

3) 주택개량촉진사업(1973~1981) 도시계획사업으로 주택개량재개발이 본격적으로 도입된 것은 1973년 제정된 「주택개량촉진에관한임시조치법」의 시행부터이다. 이 법은 시가 직접 사업시행자가 되어 재개발구역 내 도로 등의 공공시설을 설치하고, 주민들의 자력주택개량을 촉진하는 제도이다.

4) 도시재개발법에 의한 재개발(1976~2002) 「도시재개발법」에 의한 주거지재개발은 대규모 주거지재개발, 재개발의 질적 수준향상, 종합적 개발의 필요성에 의해 제정 · 시행된 재개발시기이다.

5) 주거환경개선사업(1989~2002) 저소득층의 주거환경개선을 촉진하기 위해 건축법 · 도시계획법 등의 기준을 완화하고, 융자금의 지원, 주민의사에 바탕을 둔 주거환경개선의 목적으로 한시적으로 도입된 개발방식이다.

6) 도시 및 주거환경정비사업(2003~현재) 「도시및주거환경정비법」에 의해

주거정비사업을 계획 · 집행하는 시기이다.

(2) 사업의 종류

주거환경정비사업은 주거환경개선사업 · 주택재개발사업, 그리고 주택재건축사업으로 구분할 수 있다(법 제2조 제2호). 주거환경개선사업(住居環境改善事業)이란 도시저소득층주민이 거주하는 지역으로 정비기반시설이 극히 열악하고 노후 · 불량건물이 과도하게 밀집한 지역에서 주거환경을 개선하기 위하여 시행하는 사업을 말한다(법 제2조 제2호 가목). 주택재개발사업(住宅再開發事業)은 정비기반시설이 열악하고 노후 · 불량 건축물이 밀집한 지역에서 주거환경을 개선하기 위하여 시행하는 사업이다(법 제2조 제2호 나목). 주택재건축사업(住宅再建築事業)은 정비기반시설은 양호하나 노후 · 불량 건축물이 밀집한 지역에서 주거환경을 개선하기 위하여 시행하는 사업을 말한다(법 제2조 제2호 다목).

제 4 절 재개발정책

Ⅰ. 재개발사업의 문제점과 개선방안

1. 문 제 점

재개발사업에 따라 얻어지는 긍정적인 효과는 황폐한 건물이 제거되어 경관상 개선된 모습을 보이게 되고, 필요한 공공편익시설을 강화하고 쾌적하고 양호한 주거환경을 조성하며, 도심상업기능을 유치 또는 활성화하여 도시의 기능을 회복 · 강화하고, 주민의 삶의 질을 제고할 수 있는 바탕을 제공한다(김 원, 1987 : 357~358). 그러나 재개발사업의 수행시 많은 문제점이 발생되고 있는데, 이를 공간적 시설간 · 사업시행상 · 관리처분상 · 공공사업용 부담, 그리고 사업계획체계상 문제로 요약할 수 있다(서울시, 1991a : 795; 국토연, 1983 : 110~114; 이태우, 1973 : 334; Lawton, 1993 : 294~297).

(1) 도시공간기능상 문제

도심지역의 재개발에 의해 업무기능이 집중되어 주거기능이 외곽지로 밀려 도시의 평면확산이 일어나게 된다. 이에 따라 직·주가 분리되어 교통혼잡이 발생하고, 도심인구의 공동화(空洞化) 현상을 초래하게 된다. 중소영세상인들의 다양한 활동이 없어지고 도시문화와 대기업들의 업무기능들만 획일적으로 집중되는 경우가 발생하여 지구기능의 단순화는 물론 도시의 특성과 정체성이 상실될 우려가 있다. 재개발사업지역과 주변지역과의 기능상·공간상 부조화가 발생될 가능성이 있으며, 주민철거에 따라 기존 근린환경이 파괴되고, 이주민들의 재정착에 따른 심리적 갈등·불안·고용·안정 등 사회복지적인 문제가 야기될 수 있다. 전체적으로 재개발이 너무 건물위주이고 사업중심이며, 종합성이 부족하다는 점이 지적되고 있다(Taylor, 1980 : 277~278).

(2) 사업시행상 문제점

사업대상지역 선정기준이 형식적이거나 불명확하여 종합적 기준에 의한 구역설정의 필요성이 제기되고 있다. 사업지역지정 후 사업완료시까지 개·보수가 불가능하여 사실상 도시환경악화를 초래하는 결과를 가져오기도 한다. 도심재개발의 경우 주로 간선도로변을 중심으로 사업이 진행되고, 문제가 많은 도심내부지역에 대한 개발이 거의 이루어지지 않고 있는 경우가 많다. 사업시행과정에서 당면하는 가장 현실적인 문제는 재개발에 대한 막대한 자금을 확보하기 어렵다는 점이고, 여기서 민자유치의 필요성이 제기된다

구역이 지정된 후 토지매수·조합형성 등의 사업시행의 어려움을 겪고 있는 지구의 경우, 토지 및 재산의 가치가 급속히 하락하고, 기존기능이 급속히 악화하는 현상을 볼 수 있다. 지구지정과 사업시행의 시간적 공백상태에서의 재산가치하락과 지구 내 기능의 악화 또한 주민의 입장에서는 큰 불편이 될 수 있다(주종원, 1993 : 11).

(3) 관리·처분상 문제점

토지평가과정에 주민의 의견반영이 적고, 토지수용 후 토지보상은 사후보상을 원칙으로 함에 따라 양도측에 불리하다. 기술적인 문제로는 토지의 권리에 대한 평가가 환지에 명확히 반영되지 않는 경우가 많으며, 입체환지에 대한 객관적 기준의 미흡 등의 한계성이 있다. 사업에 따른 공공시설부담방식이 사업규모에 관계 없이 일률적 적용이 되고 있어 공공용지의 부담률재조정의 필요성이 있다. 그리고 계획체계상 관련상위계획과의 연계가 부족하

며, 각 단계별 계획내용이 불분명하여 통제 · 조정이 어렵다.

2. 개선방향

재개발사업수행상 야기되는 문제점들에 대한 개선방안은 재개발사업의 촉진책모색, 사업방식의 개선, 재개발구역의 토지이용방식개선, 그리고 사업시행절차 및 제도의 개선으로 나누어 고찰할 수 있다(국토연, 1983 : 118~124). 재개발사업의 촉진책(促進策)으로는 토지의 취득 · 관리 · 처분의 합리화, 공공시설부담방식의 개선, 사업에 대한 금융지원확대, 사업수익증대방안을 모색해야 할 것이다. 사업시행방식(事業施行方式)은 종합적 계획에 의해 단계별 · 점진적이며 예방적인 개발이 되도록 노력해야 한다. 개발사업에 민간부문의 참여를 확대하여 공공개발의 한계성을 보완해야 할 것이다. 재개발구역의 토지이용방식(土地利用方式)을 집중형에서 분산형으로, 단순형의 토지이용에서 복합형 토지이용으로 유도하고, 전체적이고 통합적 측면에서의 재개발사업을 추진할 수 있도록 도시 내 신도시(new town in town)형의 개발이 되도록 해야 한다. 사업시행절차(事業施行節次) 및 제도상(制度上)의 개선점으로는 재개발구역지정의 합리화, 사업의 영향평가의 강화, 그리고 타계획과의 연계성을 제고해야 한다.

Ⅱ. 정책방향

1. 지속성과 재개발

지속성과 관련된 도시재개발정책들은 재개발지역의 규모에 따라 그 내용에 차이가 있을 수 있다(EGUE, 1996 : 209~217).

(가) 생태적 원리　　도시회복은 과거의 경관을 회복하거나 새로운 녹지요소나 생태가치를 확립할 기회를 부여한다. 그리고 지속가능건물을 위한 생태적 원리들을 재개발지역에 적용할 수 있는데, 예를 들면 물의 적정사용, 우수의 저장사용체계, 냉난방에서의 에너지사용의 적정화, 태양열사용, 그리고 폐기물분리 등을 들 수 있다.

(나) 접근성의 개선　　재개발지역에 대한 도시 전체의 보다 넓은 이용이 되도록 하기 위해서는 재개발지역 밖으로의 교통은 필수적이다. 이러한 정책

들이 주변중심과 시설의 기능강화에 유익하다. 이는 재개발지역과 기존 또는 개선된 지역의 시설과 서비스들간의 대중교통과 지속가능교통의 연계에 기여하게 된다.

(다) 설계의 신축성 설계의 신축성을 통한 도시재개발과정을 촉진하는 것은 필수적이다. 건물설계의 신축성은 건물들을 단일기능으로 제한하지 않음을 의미한다. 신축적인 건물설계는 구조의 수명을 연장하고, 결과적으로 근린과 지역사회의 수명을 연장하게 한다. 건물들은 급속한 기술과 사회적 변화의 결과로서 과거보다 빠르게 유행에 뒤떨어지게 된다.

(라) 정책적 신축성 영국의 환경성에서는 도심에서의 위락시설의 다양한 범주를 제고하기 위해 지역제와 계획정책에서 보다 신축성을 가질 것을 조언하고 있다. 유사하게 정책신축성이 지속적인 재개발과 회복의 목표를 돕기 위해 일정한 준거의 수정이 요구된다.

(마) 협력과 주민참여 개발업자들이 부지획득에 확실성을 갖게 되는 경우에는 주요한 장애를 제거했다고 볼 수 있다. 여러 소유자들은 도시재개발을 복합적 과정으로 만들고, 문제들은 개발회사나 기관들에 의해 극복할 수 있다. 이러한 시간소모적인 협상과 구입과정은 전문적 시각과 지방기관들에서의 신축적인 협력이 요구된다.

(바) 시각적 개선 물리적 환경의 시각적 개선(visual upgrading)은 도시회복과 재개발에 중요한 요인의 하나이다. 건물들의 회복이나 재개발은 세계적인 작업이지만, 눈에 거슬리는(eyesore) 지역의 처리는 지역민의 복지에 긍정적 효과를 준다. 같은 의미에서 원래의 물의 흐름을 회복하는 것은 지역환경자산일 뿐만 아니라 공공공간의 질이 된다.

(사) 정　화 정화(decontamination)에는 목적사용정화와 다기능성의 두 가지 접근이 있다. 목적사용접근(end use approach)에서는 기존의 오염된 토지를 제안된 특정한 새로운 용도를 위해 철거한다. 다기능성접근(multi-functionality approach)은 어떠한 인간활동이나 토지이용에 재사용할 수 있도록 부지를 철거한다.

2. 문화와 재개발

최근에 도시재활성화수단으로서 예술과 문화정책의 중요성을 강조하고 있다. 즉 이러한 종류의 전략이 활력 있고 생명력 있는 도시를 창조하는 수단으로 인식되고 있다(Darlow, 1996). 1980년 초 이래로 도시재개발에 대한 많은 문헌은 도시의 문화에 대한 문제를 제기해 오고 있다(Robins, 1995 : 45).

도시개발과 재개발의 수단으로서 문화전략을 보다 많이 사용하는 이유는 복합적이지만, 최근의 정치적 · 문화적, 그리고 경제적 변환에서 확인할 수 있다(Wansborough and Mageean, 2000 : 182~183).

> 첫째, 정치적인 측면에서 보면 도시의 문화전략발달에 영향을 준 주요한 변화는 지금까지의 중앙집중된 문화제공과 투자에 대해 지방정부주도적인 모습으로 바뀌게 되었다.
>
> 둘째, 포스트모던의 심미성에 의해 문화의 소비와 수요의 유형에 광범한 변화가 따르고 있다. 이는 대중문화의 발흥뿐만 아니라 전통적인 예술작업에 반하는 여러 계층의 수요를 충족시키는 전략이 요구되고 있다.
>
> 셋째, 경제개발과 장소마케팅에서 예술의 중요성이다(Wansborough and Mageean, 2000 : 183). 도시의 고유한 예술적이며 문화적 생활이 도시정부에 의해 장악되고, 그들의 경쟁자인 다른 도시들과 구별되는 재이미지화(reimaging) 과정을 통하여 투자자를 유치한다.

제 12 장

신도시개발

제 1 절 개 요

I. 의 의

1. 개 념

(1) 개념정의

신도시(new town)는 광의(廣義)로는 '계획적으로 개발된 새로운 도시'를 의미하나, 협의(狹義)로는 '새로이 개발된 독립된 도시'를 지칭한다(국토학, 1991a : 37). 새로운 도시취락, 특히 신도시를 지칭하는 용어는 신지역사회(new community) · 도시 내 신도시(new town in-town) · 위성도시(satellite town) 등으로 다양하게 사용되고 있다.

신도시구상의 중요성은 종합계획에 의해 건설되는 전체지역사회에 대한 대규모 취락지역이기 때문이다. 즉, 전체지역사회에 대한 계획은 점진적이고 부분적인 개발보다 더 좋은 환경을 만들 수 있기 때문이다.

(2) 개념상 특성

개념정의에서 나타난 신도시의 특성은 다음과 같다(Galantay, 1980 : 13~14).

(가) 지정기관 신도시는 설정된 목표를 달성하기 위해 만들어진 계획된 지역사회이다. 신도시건설은 부지를 획득하는 데 효과적이고, 이를 개발하

는 권한을 가지고, 도시가 생존할 규모에 이르도록 계속해서 통제를 행사하는 기관이나 조직의 존재를 가정하고 있다.

(나) **부 지** 예외적인 경우에 한해서 처녀지에 신도시가 건설된다. 대부분의 신도시는 대도시권 내에 위치하고, 이의 부지는 기존개발과 접속되어 있고, 일정규모의 기존취락을 포함한다.

(다) **기본계획** 신도시의 사고는 계획에 의해 공식화되고, 신주민이 도착하기 전에 준비된다. 신도시의 계획은 목표인구를 포용할 수 있는 성장잠재력의 추정에 바탕을 두고 있다. 목표인구는 장래의 물리적 및 사회적 수요를 판단하기 위해 필요하다.

(라) **최소규모** 신도시의 경제적 활력을 보장하기 위해서는 최소인구규모가 신속하게 달성되어야 한다. 이러한 최소규모는 국가 · 지역 · 인근대도시의 경제 · 사회 · 정치적 여건에 따라 차이가 있다.

(마) **유인인구** 개발도상국의 경우 직업제공 이전에 대량인구이동이 촉진된다. 기존취락을 포함하는 경우도 유인인구(induced population)는 전체인구의 상당한 부분을 차지하게 된다.

(바) **통 제** 대부분의 국가에서 신도시개발은 중앙정부에 의해 재정을 지원받고 통제된다. 그러나 미국 · 일본 같은 일부 나라에서는 민간 또는 민관 공동체에서 신도시개발을 수행한다.

(사) **개발기관** 조직실체로서 신도시는 기존도시와는 달리 지방정치통제에서 상대적 자유를 갖는 경우가 많다. 즉, 신도시는 기존지역사회의 하위단위라기보다는 독립적인 법적 실체이지만, 인구나 경제적 성취가 일정수준에 이르게 되면 개발기관은 다른 지방정부에 이관한다.

2. 기 원

신도시의 계획과 건설은 도시발달의 역사와 궤를 같이 한다. 최초의 신도시는 B.C. 3000년의 인도와 이집트에서도 나타나고, 플라토(Plato)와 아리스토텔레스(Aristotle)의 사상 속에서도 당대에 알맞는 단결된 사회단위로서 적정규모나 자급자족할 수 있는 완전도시에 대한 동경(憧憬)을 찾을 수 있다. 보다 구체적인 구상으로는 산업혁명 이전의 토마스 모어(Thomas More)의 이상향(utopia)을 들 수 있다.

신도시는 20세기에서 가장 중요한 계획운동의 하나이다. 이 운동은 영국에서 발원했고, 특히 하워드(E. Howard)의 「전원도시」(*Garden Cities of To-morrow*) 구상을 현대적인 신도시출현의 시작으로 볼 수 있다.

3. 개발목적

신도시개발의 동기(動機)는 대도시의 과밀한 인구집중을 완화하여 비경제적 요소들을 제거함과 동시에 지방의 진흥을 통해 지역격차를 시정하려는 일반적 동기 이외에, 대도시의 주택난해소(미 · 영) · 자연자원의 개발(캐나다·호주) · 쾌적한 생활환경(미 · 불), 전략상 인구와 산업의 분산(이스라엘 · 화란)· 그리고 신수도건설(찬디가르 · 켄베라 · 이스람바드 · 브라질리아) 등 여러 이유에 의해 건설된다(Cordon, 1977 : 85; Golany, 1976 : 123; Bach, 1971 : 57~58; 노융희, 1973 : 63~64). 신도시개발은 국가적 · 지역적, 그리고 도시적 측면에서 그 필요성과 의의가 다르다. 국가적 측면에서는 국토자원의 효율적 이용· 인구의 합리적 재배분, 지역적 측면에서는 지역발전의 거점개발, 그리고 도시적 차원에서는 각종 도시문제의 해결수단으로서 그 의미를 갖고 있다(국토학, 1991a : 37).

신도시건설의 목적(目的)은 대도시분산(metropolitan decentralization)· 도시재활성화(urban revitalization) · 지역개발(regional development) · 자립적 도시(self containment), 그리고 균형된 사회건설(social balance)의 5가지로 요약할 수 있다(Cordon, 1977 : 85). 신도시건설은 대도시에의 인구나 산업의 집중을 완화함으로써 대도시의 혼잡과 무질서를 추방하고, 나아가서 건전하고 쾌적한 도시환경을 조성하는 데 있다. 환언하면 신도시개발의 의도는 도시의 과밀화를 방지하여 도시재활성화를 촉진할 뿐만 아니라 저개발지역인 교외나 농촌지역에 새로운 도시의 건설로 그 지역에 생기를 불러 넣어 주는 지역개발의 목표도 갖고 있다. 그리고 신도시건설은 잘 통합되고 사회적으로 균형된 커뮤니티의 조성을 추구한다. 대도시의 거대성과 몰인간성은 고독· 외로움 · 즐거움 없는 생활을 만든다. 그러나 신도시는 규모가 작기 때문에 보다 깊이 있고 인간적인 접촉과 참여가 가능하게 되며, 신도시는 다양한 사회 · 경제 · 윤리집단이 적정비율로 조화를 이루기 때문에 사회적 균형을 유지하게 된다(Alonso, 1970 : 39~53). 대도시지역에서는 대규모 개발을 위한 토지

확보가 용이하지 못하다. 규모경제·통제, 그리고 제약에서의 자유 등의 이유 때문에 신도시는 생산비를 감소시킬 수 있다. 신도시에 대한 투자는 경기쇠퇴기에 수요제고와 성장을 촉진하는 데 유리한 방법이나 경제적 문제의 인식과 성장정책의 집행 간에는 시차가 크기 때문에 경기대책으로서의 효과는 의문시된다.

Ⅱ. 신도시건설의 확산

1. 영 국

제 2 차 세계대전 이후 과밀도시지역의 분산정책의 필요성을 제시한 신도시위원회(New Town Committee, 1945)의 제안에 따라 1946년에 「신도시법」(New Town Act)이 제정되었고, 이를 바탕으로 많은 신도시들이 건설되었다(Edwards, 1984 : 87).

영국의 신도시는 그 강조점과 특성의 차이에 따라 3세대로 구분할 수 있다. 제 1 세대(1947～1956)는 전원도시계획의 경험을 계승하여 과밀지역으로부터 산업과 인구분산을 제안한 바로우(Barlow) 보고서에 따라 런던을 비롯한 대도시주변에 저밀도의 신도시의 건설을 구상하게 되었다. 1947～1949년 사이에 8개 도시가 지정되었는데, 이 중 대표적인 도시는 하로우(Harlow)이다(Clapson, 1999 : 282). 제 2 세대(1961～1970s) 신도시는 대도시의 과밀이 심각하여 보다 고밀도의 신도시를 제안하게 되었다. 1950년대에 논의된 이 유형의 신도시는 컴버놀드(Cumbernauld)만이 유일하게 건설되었다(Clapson, 1999 : 282). 1960년 말과 1970년에 6개의 3세대 신도시가 지정되었는데, 밀톤 케인즈(Milton Keynes, 1967) · 피터보로우(Peterborough, 1968) · 와링톤(Warrington, 1968) · 텔포드(Telford, 1968) · 센트랄 랑카셔(Central Lancashire, 1970)가 여기에 해당된다(Thomas, 1980 : 190). 제 3 세대 신도시는 1세대와 2세대 도시의 장점을 살리는 데 주력한 것으로 전원도시의 개념을 계승하며 독립된 신도시를 건설하여 거점도시로서의 기능을 수행하도록 하였고, 앞선 세대의 신도시들보다 그 규모면에서 크다는 차이점이 있으며, 대표적인 도시는 밀톤 케인즈이다(Thomas, 1980 : 190; 서울시, 1991b : 802～803).

세대별 계획인구규모는 제 1 세대는 6～8만 명, 제 2 세대는 15～20만 명,

제 3 세대는 19～35만 명으로 각각 계획되어 있다. 신도시의 개념은 전원도시(田園都市)의 개념을 근간으로 전세계에 그 영향을 확산해 갔다.

2. 프 랑 스

파리지역에 통합적인 계획전략의 하나로서 신도시를 공식적으로 제안한 것은 1965년이었다(Tuppen, 1979 : 55). 처음에는 8개 지역을 생각했으나, 1969년의 「파리기본계획」(Paris Master Plan)의 수정에 의해 세르쥐 뽕뚜아제(Clergy-Pontoise) · 에브리(Evry) · 셍 꽝뗑 앙 이벨린느(St. Quentin-en-Yvelines) · 멜렁 세나흐뜨(Melun-Senart) · 마르네 라 발레(Marne-la-Vallee)의 5개 도시를 개발하였다(Tuppen, 1979 : 55～56).

이들 신도시의 건설목적은 파리지역의 무질서한 도시확장에 대해 장래개발에 대비한 새로운 구조적인 기반을 조성하고, 혼잡 · 비효율적인 단핵도시체계를 보다 현실적인 다핵체계로 바꾸는 것이 특히 중요한 의미를 갖는다(Tuppen, 1979 : 55～56). 신도시의 계획인구는 2000년까지 40～50만 규모로 설정했다. 런던의 신도시와는 달리 이들 도시들은 파리에 대항적인 중심이 아니라 보완적 관계를 지향했다(Tuppen, 1979 : 56).

3. 미 국

미국에서의 신도시는 여러 사상의 영향을 받아 계획 · 건설되었다(Steiner, 1981 : 2～4). 하워드(E. Howard)의 영향을 받은 전원도시형의 신도시로는 서니사이드 가든스(Sunneyside Gardens, N. Y., 1926)와 레드번(Radburn, N. J., 1929)이 있다. 이상도시적인 신도시로는 솔트 레이크(Salt Lake, Ut.)와 리버사이드(Riverside, ILL.)가 있다. 뉴딜(New Deal) 시대 타그웰(R. Tugwell)에 의해 추진되었던 그린벨트형 신도시로는 그린벨트(Greenbelt, Md.) · 그린힐스(Greenhills, OH.) · 그린데일(Greendale, Wis.)을 들 수 있다.

1960년대들어 개발업자들이 저당자금을 이용할 수 있도록 하는 법들(「New Community Development Act」과 「Housing and Urban Development Act」)이 통과되어 1974년까지 17개의 신도시건설계획이 승인되었다(Steiner, 1981 : 218).

4. 일 본

1950년대 들어서 도시집중이 심화됨에 따라 대도시권의 지가가 급등하고 주택수급의 불균형현상이 나타남에 따라 대도시권부근에 신도시를 개발하였다. 오사카 근처에 센리(千里, 1963)와 센보쿠(泉北, 1965), 도쿄 근처에 다마(多摩, 1965)·지바(千葉, 1967)·코호쿠(港北, 1974~1999, 399만 평), 그리고 연구교육도시로 쯔꾸바(筑波, 1968)를 개발하였다(배순석 외 5인, 2000 : 41).

Ⅲ. 한국의 신도시건설

1. 연대별 건설

(1) 1960년대

우리나라에서의 신도시가 본격적으로 건설되기 시작한 것은 1960년대부터인데, 공업단지배후도시개발과 수도권 과밀완화의 두 가지 정책목표를 달성하기 위해 추진되었다(신정철·김상조, 1998 : 34), 공업단지배후도시로 조성된 최초의 신도시는 울산(1962)이며, 서울시의 재개발 대책의 일환으로 건설된 성남(1968)은 수도권 과밀완화정책추진의 효시라 할 수 있다.

(2) 1970년대

1970년대에 들어서는 공업화 정책의 추진에 따라 공업지역배후도시로 여러 신도시가 건설되었는데 구미(1974)·창원(1977)·여천(1979)이 이에 속하고, 서울지역의 중소형 공장 및 공해시설을 이전시키기 위해 안산(1978)이 건설되었다.

(3) 1980년대

80년대에 들어서는 서울시의 주택문제 해결을 위한 도시 내 신도시 건설(고덕·개포·목·상계동)과, 도시외곽에서 대규모 택지 개발을 목적으로 신도시〔일산(1989)·분당(1989)·평촌(1989)·중동(1990)·산본(1989)〕가 건설되었고, 행정도시로 과천(1980)이 건설되었다.

(4) 1990년대 이후

2000년대 들어 지금까지의 신도시개발상 문제를 보완하여 자족적이며 친환경적인 도시를 장기적 계획하에 개발하고자 했다. 이 시기에 건설하거나 구상중인 신도시는 화성(동탄, 2001), 판교(2003), 파주(운정, 2003), 김포(양촌, 2005), 수원(이의, 2005), 양주(옥정, 2006)이다.

1980년에 건설된 5개의 신도시를 수도권의 제1기 신도시라면, 이들은 제2기 신도시라고 부를 수 있다(건교부, 2005 : 420∼430). 이밖에 수도권의 인구 및 기능을 흡수하는 자족적 복합도시 건설을 위해 대전(서남부지역, 2003)과 아산(배방, 2004)에 건설하고 있다(건교부, 2005 : 431∼432).

2. 개발정책

(1) 개발방향

「제4차국토종합계획」(2000∼2020)에서는 선진형 복합신도시 개발의 방향을 제시하면서 다양한 목적의 신도시건설방향을 제시하고 있다. 즉, 대도시에서의 급증하는 개발수요에 시급히 대처하기 위해 신도시 개발이 불가피한 경우에는 대도시성장관리형, 산업지대조성의 배후도시 등 지원을 위한 경우에는 산업정책 실천형, 국제개방거점구축수단으로서 신규개발이 필요한 경우에는 국제개방거점형, 남북교류협력 활성화수단으로 필요한 경우에는 남북한교류협력형, 그리고 사회여건변화에 따른 기능특화 신도시나 다기능 복합신도시(건강·복지, 생애학습·문화, 자유시간, 상업·오락, 정보거류거점, 첨단기술거점도시 등)를 각각 건립할 수 있도록 했다(대한민국정부, 2000: 55).

(2) 개발구상

최근에 기업도시, 혁신도시, 행정중심복합도시의 3가지 유형의 신도시가 정부에 의해 추진되고 있다. 여기서는 기업도시와 혁신도시에 대해서 그 의미를 간략히 검토하기로 한다.

㈎ 기업도시 기업도시(企業都市)란 산업입지와 경제활동을 위하여 민간기업이 산업·연구·관광·레저·업무 등의 주된 기능과 주거·교육·의료·문화 등의 자족적 복합기능을 갖춘 도시를 말한다(「기업도시개발특별법」 제2조 제1호).

기업도시는 기업이 원하는 지역에 민간의 기술과 자본을 활용한 도시개발을 통해 국내투자확대와 경제를 활성화하기 위해 필요하다. 또한 수도권

집중에 따라 수도와 지방간의 경제력 격차가 확대되고 있는 상황은 궁극적으로 국가 경쟁력의 약화를 초래한다. 따라서 지역간 교류와 연계개발을 통한 협력적 국토기반을 구축하고 지역혁신을 중심으로 하는 자립적 지방화를 유도하여 국토의 균형발전을 유도하기 위해서 필요하다.

(나) **혁신도시** 혁신도시(革新都市)는 수도권에서 지방이전된 공공기관을 수용하고, 산·학·연·관이 협력할 수 있는 혁신여건과 주거·교육·문화 등의 양질의 주거환경을 갖춘 친환경적 도시로서, 지역의 혁신거점기능을 수행함으로써 국가균형발전과 지역의 자립적 발전을 선도할 목적으로 건설되는 도시이다(건교부, 2005f : 1～3).

이 도시건설의 법적근거는 2004년에 제정·공포된 「국가균형발전특별법」 제18조의 '공공기관의 지방이전'에 대한 조항이다. 이에 의하면 수도권집중을 억제하고 지방의 특성화발전을 위해 수도권에 소재한 공공기관을 지방이전계획을 수립·시행하도록 규정하고 있다. 이러한 이전된 공공기관을 중심으로 건설되는 도시가 혁신도시이다.

혁신도시는 도시 내 기존개발지에 건설되는 도시 내 개발형과 도시외곽에 건설되는 신도시형으로 구분할 수 있다. 이 도시는 수도권과 대전·충남을 제외한 각 시·도에 1개씩 건설하되, 인접한 시·도간에 공동으로 건설할 수 있도록 했다(건교부, 2005f : 3～4).

Ⅳ. 신도시의 유형

골라니(G. Golany)는 신도시를 자립적 도시(自立的 都市)와 의존적 도시(依存的 都市)로 구분하여, 각각의 범주에 속하는 주요한 신도시의 유형을 설명하고 있다(Golany, 1976 : 22～53). 여기서 신도시의 자족성 여부를 판단하는 기준은 행정적·경제적, 그리고 기능적 측면에서 검토할 수 있다(신정철·김상조, 1998 : 20). 행정적 측면은 독립적 행정기구의 존재 여부를 말하며, 경제적 자족성은 재정의 자립성, 산업구조의 균형성, 고용의 자족성 등이 판단기준이고, 기능적 측면은 주변지역과 구별할 수 있는 독자적인 기능과 생활권의 분리 여부가 중요하다.

1. 자립적 도시

(1) 뉴 타 운

뉴타운(new town)의 성격을 이해하기 위해서는 자립성 · 균형사회 · 토지이용패턴의 다양성 · 자체 정부, 그리고 규모의 5가지 요소를 고려해야 한다(Golany, 1976 : 26~28). 자립사회(self-contained community)는 뉴타운의 경제가 생산과 소비의 양면에서 자체적으로 수요에 충족하는 상태를 의미한다. 균형사회(balanced community)는 다양한 사회 · 연령 · 소득계층을 포함하여 사회적 통합을 유지할 수 있는 건강한 지역사회를 의미한다. 뉴타운에서 다양성을 수용하기 위해서는 다양한 토지이용(diverse land use)이 필수적이다. 자체 정부(self government)의 존재는 지역사회에서 요구하는 지방공공서비스와 쾌적성을 효과적으로 제공할 수 있을 뿐만 아니라 정체성과 자립성을 증가시킬 수 있다. 계획의 관점에서 보면 자립적 뉴타운은 일정규모 이상이 되어야 한다. 적정도시규모는 경제적으로 요구되는 최소규모와 사회적으로 바람직한 최대규모 사이에서 지역의 여건에 따라 결정되는 것이 보통이다. 이 중 자립성과 균형사회는 뉴타운이 다른 유형의 도시개발과 구별되는 기준이다.

(2) 뉴 커뮤니티

뉴 커뮤니티(new communities)는 새롭게 계획된 대규모 개발로, 기존도심을 확장하여 건축하거나 개인토지에 새롭게 개발한다. 이 도시는 자유시장의 논리에 의해 고급주택을 건축하는 것으로 자립적이며 균형되고 일정한 경제적 기회를 갖추도록 계획한다. 기개발지의 경우 도심의 통근거래 내에 입지하는 것이 보통이거나 도심을 포함하기도 한다. 이 지역은 직업시장에의 접근이 용이하고, 지역거주자에게 고용기회를 제공하도록 계획한다.

뉴 커뮤니티는 기본적인 사회와 문화서비스 · 교육시설 기타 일상적 쾌락을 갖출 수 있도록 계획한다. 다양한 토지이용이 되도록 계획하며, 자연녹지지역이나 개방공간목적으로도 토지를 배분한다.

(3) 뉴 시티

뉴 시티(new city)는 인구 25만 이상의 대규모 도시로 주요한 도시밀집지로부터 상당히 멀리 떨어져 건설된다. 이 신도시는 지역의 성장을 촉진하고 균형된 국가나 지역의 성장을 지원하기 위해 종합적으로 계획한다. 이 도시는 자체 주민들이나 주변지역거주자들에게 다양한 직업기회를 제공하기 위한 건전한 경제기반을 갖도록 계획한다. 또한 양호한 공공시설의 제공을 위해 자체 정부를 가져야 하고, 다양한 연령 · 사회 · 경제적 집단을 포용하는 균형된 지역사회가 되어야 한다.

뉴 시티는 주거 · 공업 · 상업 · 위락 등을 포함한 다양화된 토지이용패턴이 되어야 하고, 도시와 주변지역을 위해 대량대중교통체계를 갖추어야 한다.

(4) 회사도시

회사도시(company town)는 단일회사의 운영을 전폭적으로 지원하기 위해 건설된 공동체를 비롯하여 다양한 정주유형을 포함하는 것이 일반적이다. 그러나 이 형태의 주요한 특징은 회사활동과 경제의 독특성에 있다. 따라서 회사도시는 그들의 경제적 활동에 따라 여러 유형으로 구분할 수 있다.

대표적인 회사도시의 유형은 자연자원도시(natural resources town) · 에너지도시(energy town) · 휴양도시(resort town) 등을 들 수 있다.

(5) 개발도시

개발도시(development town)는 미개발지, 기존도시, 농촌지역사회에 건설된 새로운 정주공간이다. 이는 인구재배치와 사회경제활동의 분산을 위한 국가정책을 충족시키기 위해 기존도시중심에서 멀리 떨어진 곳에 건설된다. 이 도시는 다양한 사회 · 경제 · 행정활동의 지역중심으로서 기능한다. 이 도시는 규모는 작지만 자립적인 경제기반과 다양한 토지이용의 특성을 갖는다. 개발도시의 주택은 주로 중산층과 저소득층을 대상으로 하고, 주로 보조주택과 공업고용기회를 제공한다.

(6) 지역거점

지역거점(regional growth center)은 경제적으로 침체되고 인구가 적은 농촌이나 소도시를 회생시키기 위해 기존정주공간을 대규모로 확장하고, 새로운 시설이나 쾌적성을 집중시키는 것이다. 이 거점은 주변지역인구를 위한 고용기회를 제공해야 하고 자립적인 도시이다.

(7) 자유입지지역사회

자유입지지역사회(freestanding community)는 대도시에서 멀리 떨어진 새로운 정주공간이다. 이 도시는 농촌지역에 위치한 최소한의 경제적 자립기반을 갖는 정주공간이다. 이는 자체와 주변지역에 서비스를 제공하지만, 다른 유형의 도시보다 용이하게 집행할 수 있도록 소규모인 경우가 보통이다.

2. 의존적 도시

(1) 위성도시

위성도시(satellite town)는 대도시의 통근거리 내에 건설된 대규모 도시공간이다. 인접한 도시중심에 경제적으로 의존하고 제한된 토지이용유형을 갖는 침실개발을 주로 하는 이 도시는 요구되는 최소한의 서비스와 교육시설을 제공하며, 대부분의 경우 독립정부를 갖는다. 많은 위성도시는 주변도시중심에 대량교통을 제공한다.

(2) 메트로 타운

메트로 타운(metro town)의 목적은 대도시복합체(metropolitan complex) 내의 중심도시가 수행하고 있는 사회 · 경제적 활동을 분산하기 위한 것이다. 즉 이 도시는 대도시권(metropolitan region) 내에 개발분산과 질서 있는 인구배분을 달성하기 위한 목적을 갖고 있다. 도시권역 내의 각 도시는 일정한 기능을 수행하는 도시들로서 지역집괴(regional clusters)를 형성하지만, 대도시의 주요 사회 · 경제적 기관들은 중심도시에 남아 있어야 한다.

메트로 타운은 모든 지역중심들과 연결되는 대량대중통근망에 의존한다. 이 도시는 명료한 물리적 형태, 다양한 토지이용, 다양한 사회경제 및 연령집단, 그리고 다양한 직업기회를 갖는다.

(3) 토지세분할

토지세분할(land subdivision)은 대규모 개발목적으로 도시의 토지를 구획하는 것이다. 주로 도시외곽에서 발생되는 토지세분할은 도시의 증대되는 주택수요에 충족하기 위해 침실커뮤니티의 기능이 계획된다. 여기서는 쇼핑과 기타 시설을 제공한다고 하더라도 고용기회를 제공하지 않기 때문에 거주자들은 주로 도시의 다른 부분으로 통근한다.

(4) 계획단위개발

계획단위개발(planned unit development)은 팽창도시의 성장을 흡수하기 위해 한계지역에 집행되는 경우가 많다. 이의 주요한 토지이용은 주거지이지만 상업 · 공업 · 개방 공간을 포함할 수 있다.

계획단위개발(計劃單位開發)은 단일 또는 통합된 소유에 의해 개발되는 도시관할구역 내의 대규모 개발로서 도시의 계획과 지역제규제로서 개발된다. 여기서는 다양한 사회집단을 포용하기 위해 혼합된 토지이용을 도입하고, 주민들을 위해 개방공간을 제공한다.

(5) 도시 내 신도시

도시 내 신도시(new town in-town)는 대도시 내에 신도시의 원리를 적용하자는 개념이다. 이는 대도시의 주요한 문제를 효과적으로 해결하기 위해 건설된다. 즉 이 도시의 목적은 종합계획에 따라 대규모 · 단계적 개발을 통해 물리적 · 사회적으로 퇴락된 부분을 재활성화하기 위한 것이다. 이 도시는 다양한 주택유형, 근린구조, 사회와 문화적 쾌적성, 교육시설들을 제공한다. 이는 제한된 토지이용의 다양성과 제한된 고용기회를 갖는 것이 보통이다.

제 2 절 개발계획

Ⅰ. 개발계획과정

신도시개발계획도 일반적인 계획과정에 따라 계획이 수립 · 집행되고 있지만, 여기서는 개발지역선정 · 개발계획작성, 그리고 계획집행활동에 대해 살펴보기로 한다.

1. 개발지역선정

(1) 지역타당성연구

계획의 초기단계인 지역타당성연구에서는 신도시사업의 경제적 · 사회적 · 물리적, 그리고 환경적 가능성을 검토한다. 이러한 제 1 차적인 타당성연구 다음에는 선정된 부지를 중심으로 보다 상세한 타당성검토가 있어야 한다. 이 단계에서 민간개발업자는 투자 이전에 사업타당성을 검토하고, 공공개발업자는 신도시를 도시성장을 위한 국가정책의 하나로서 검토해야 한다(Golany, 1976 : 63).

(2) 부지선정

부지선정은 신도시의 성패와 직결되기 때문에 모든 적절한 기준을 고려하여야 한다. 부지선정기준은 물리, 사회와 경제, 지역자원, 환경과 생태, 그리고 정치적 준거로 나누어 고찰할 수 있다(Golany, 1976 : 68~77).

물리적 기준은 토지이용의 관점에서 고찰해야 한다. 지형 · 경관 · 수자원은 특별히 중요한 의미를 갖는다. 장래의 성장을 수용할 수 있을 정도의 충분한 공간을 확보할 수 있어야 하며, 부지는 내외의 교통과 유통이 원만히 이루어져야 하고, 주요 고속도로와의 접근성을 확보해야 한다. 신도시의 지역 내에서의 사회경제적 역할을 검토하는 것도 중요하다. 부지는 지역사회의 생활유형과 가치를 풍부하게 하는 경관의 다양성을 개발하는 것을 허용해야 한다. 그러나 개발은 생태에 피해를 최소화하게 이루어져야 한다. 그리고 계획가와 개발업자는 예상되는 부지와 그 주변지역개발에 대한 협력을 이끌어 내기 위해 정치력구조를 조사해야 한다.

최적부지선정에는 토지의 이용가능성, 재정자원, 마케팅, 개발의 긴급성 등과 같은 개발업자의 통제 밖에 있는 다양한 힘이 작용한다. 신도시부지를 선정하는 데는 주관적 판단을 최소화하고, 가능한 많은 지표를 사용하여 체계적으로 분석 · 검토하여 최적부지를 선정하여야 한다. 지역셀등급방법(Method of Rating Regional Cells : MRRC)은 분석대상지역을 소규모의 등면적의 셀로 구분하여 수용된 기준에 의해 등급화하는 방법으로, 가장 높은 누적점수를 받은 지역이 최적부지로 선정되는 방법이다.

2. 개발계획작성

신도시계획에서 추구하는 주요 부문별 계획목표는 다음과 같다.

(1) 사회계획

신도시에서의 사회계획의 제1목표는 사회의 삶의 질을 제고하고, 주민의 개인적 만족을 높이는 것이다. 신도시지역사회는 다음의 방법으로 기존도시보다 나은 높은 삶의 질의 수요에 부응하게 된다(Golany, 1976 : 121).

① 개인의 높은 정체성
② 자연과의 접촉, 자연자원의 평가필요성의 인지, 이의 유익한 사용
③ 인간의 사회 · 근린에서의 역할인지
④ 지역사회에서 양호한 사회적 가치의 개발
⑤ 사회 · 경제적 안전과 함께 사회적 질서와 안정성
⑥ 사회적 병폐와 결핍의 최소화
⑦ 충분한 고용
⑧ 새로운 기회를 제공하는 사회 · 물리적 환경
⑨ 역동적 사회를 형성하는 젊은 층의 높은 구성비
⑩ 바람직한 새로운 지방지도력의 제고
⑪ 교통사고의 최소화
⑫ 보다 낮은 긴장과 심적 압박
⑬ 적절한 정부와 정치구조
⑭ 억압 · 분리 · 빈곤으로부터 자유로울 수 있는 보다 좋은 환경에 대한 기대

⑵ 경제계획

경제적 목표는 신도시개발의 주요하고 일반적인 목적으로 도시의 특성의 바탕이 되고, 장래의 개발과 성공을 나타내는 지표가 된다. 주요한 목표로는 자립적 여건의 극대화, 고용과 소득증대를 위한 다양한 기회제공, 하부구조의 개선, 건전한 경제기반의 확립 등을 제시할 수 있다. 이러한 경제적 목표는 사회적 목표와 통합하여 고려해야 한다.

⑶ 토지이용계획

부지선정이 이루어지고 나면 개발업자는 토지이용의 유형, 개발순서, 개발방법에 대해 결정해야 한다. 토지이용과정은 토지이용목표기술, 부지의 종합분석, 토지적합성조사, 토지이용설계 전략, 그리고 최종토지이용계획의 단계로 이루어진다.

⑷ 교통과 통신

교통계획의 목표는 보차(步車) 분리제공, 모든 지역에서의 편리한 접근과 주차, 안전한 이동, 낮은 공해, 승객과 보행자의 심미적 즐거움을 제공할 수

있도록 설계되어야 한다. 아울러 환경을 통합하는 경관제공, 모든 집단과 사회계층의 선택을 위한 다양한 교통유형제공, 계층적인 교통망의 구성, 저렴·안전·내구·변경용이한 교통체계, 하부구조와 시설의 건설·개발·유지·운영의 통합 등을 제시해야 한다.

3. 계획의 집행

신도시계획과 개발에서 3가지의 주요 단계는 재원확보·적정부지선정, 그리고 토지획득이다(Golany, 1976 : 64~66). 신도시개발은 대체로 민관의 공동의 관심사이기 때문에 민간부문에 모든 재정부담을 지우는 것은 개발에 장애요인으로 작용한다. 공공부문에서는 지역사회 전체를 위해 요구되는 학교·의료센터·공공건물·녹지대·하수도·도로 등과 같은 시설에 대해서는 재정지원해야 하고, 저소득주택에 대한 지원방안도 강구되어야 한다.

Ⅱ. 개발사업시행절차

우리 나라에는 신도시에 대한 별도의 법이 없이 「택지개발촉진법」에 의해 용지공급이 이루어지고 있다. 신도시의 택지개발(宅地開發)은 택지개발예정지구지정·택지개발계획수립, 그리고 택지개발단계의 3단계로 진행된다.

1. 택지개발예정지구

(1) 지정권자 및 지정제안

택지개발예정지구(宅地開發豫定地區)라 함은 「국토의 계획 및 이용에 관한 법률」에 의한 도시지역과 그 주변지역 중 건설교통부장관 또는 특별시장·광역시장·도지사(이하 "시·도지사")가 지정·고시하는 지구(이하 "예정지구")를 말한다[「택지개발촉진법」(이하 "법") 제2조 제3호].

건설교통부장관(지정하고자 하는 예정지구면적이 20만m^2 미만인 경우로서 2 이상의 특별시·광역시·도(이하 "시·도")에 걸치지 아니한 경우에는 특별시장·광역시장 또는 도지사를 지칭)이 「주택법」에 의한 택지수급계획(宅地需給計劃)이 정하는 바에 따라 택지를 집단적으로 개발하기 위하여 필요한 지역을 예정지구(豫定地區)로 지정할 수 있다(법 제3조 제1항). 그리고 택지개발사업시행자는 건설교통부장관에게 예정지구의 지정을 제안할 수 있다(법 제3조의 2 제1항).

⑵ 지정절차

건설교통부장관이 예정지구를 지정(또는 변경)하고자 하는 때에는 미리 관계중앙행정기관의 장과 협의하고, 당해 지방자치단체의 장의 의견을 들은 후, 주택정책심의위원회(면적이 20만m^2 미만으로서, 2이상의 시·도에 걸치지 아니하는 경우는 시·도주택정책심의위원회)의 심의를 거쳐야 한다. 다만, 예정지구의 해제와 경미한 사항의 변경은 그러하지 아니한다(법 제3조 제2항). 건설교통부장관이 예정지구를 지정하고자 할 때에는 주민 및 관계전문가의 의견을 들어야 한다(법 제3조의3 제1항).

건설교통부장관이 예정지구를 지정하고자 하는 때에는 미리 예정지구로 지정할 토지를 조사하여야 한다(법 제4조 제1항). 건설교통부장관은 필요하다고 인정하는 때에는 시장(특별시장 및 광역시장 포함), 군수 또는 택지개발사업시행자에게 토지의 조사를 명할 수 있다(법 제4조 제2항). 건설교통부장관은 예정지구를 지정한 때에는 예정지구의 명칭·위치·지정일자, 그리고 지정면적의 사항을 고시(告示)하여야 한다(시행령 제4조).

⑶ 지정해제

건설교통부장관은 예정지구를 지정한 날로부터 2년 이내에 택지개발계획의 승인을 신청하지 아니한 때, 택지개발계획이 승인된 날로부터 3년 이내에 택지개발사업실시계획의 승인을 신청하지 아니한 때에는 그 지정을 해제하여야 한다(법 제3조 제3항).

2. 택지개발계획

⑴ 작성자 및 승인절차

택지개발사업의 시행자(이하 "시행자")는 택지개발계획(이하 "개발계획")을 작성하여 건설교통부장관의 승인을 얻어야 한다. 승인된 개발계획을 변경하고자 할 때에도 같다(법 제8조 제1항). 시행자가 개발계획을 작성할 때에는 그 내용에 관하여 미리 관할 시장·군수의 의견을 듣거나 협의하여야 하며, 당해 시장·군수는 그 요청을 받은 날로부터 30일 이내에 의견을 제시하여야 한다(시행령 제7조 제1항).

(2) 계획의 내용

시행자가 작성하여 승인신청하는 개발계획(開發計劃)에는 다음 사항이 포함되어야 한다(시행령 제7조 제1항; 시행규칙 제7조).

① 개발계획의 명칭
② 시행자의 명칭 및 주소와 대표자의 성명
③ 개발계획의 개요(수용인구 및 주택계획, 집단에너지공급계획, 교통계획, 단계별조성계획, 관할 시장·군수의 의견 및 이의 반영 여부, 인근지역현황도)
④ 개발기간
⑤ 토지이용에 관한 계획(주택건설용지·공공시설용지에 관한 계획)
⑥ 개발하고자 하는 토지의 위치와 면적

(3) 고 시

건설교통부장관이 개발계획을 승인한 때에는 이를 고시하고, 관할 시장 또는 군수에게 그 내력을 송부하여 일반에게 공람하게 하여야 한다(법 제8조 제2항).

3. 택지개발실시계획

(1) 작성자 및 승인자

시행자는 택지개발사업실시계획(이하 "실시계획")을 작성하여 건설교통부장관의 승인을 얻어야 한다. 승인된 실시계획(實施計劃)을 변경하고자 할 때에도 또한 같다(법 제9조 제1항).

(2) 승인신청서류

시행자가 건설교통부장관에게 제출하는 승인신청서(承認申請書)에는 다음 사항이 포함되어야 한다(시행령 제8조 제1항·제2항).

① 사업시행지
② 사업의 종류 및 명칭
③ 시행자의 명칭·주소 및 대표자성명
④ 시행기간
⑤ 자금계획서

⑥ 사업시행지의 위치도 및 지적도
⑦ 계획평면도 및 개략설계도서
⑧ 공공시설 등의 명세서 및 처분계획서
⑨ 토지 등의 매수 및 보상계획서
⑩ 토지 등을 수용하고자 할 때에는 수용할 토지 등의 명세

⑶ 승인 및 고시

건설교통부장관이 실시계획을 승인하고자 할 때에는 관계 시장 · 군수의 의견을 들어야 한다. 다만, 이미 시행자가 시장 · 군수와 협의를 한 경우에는 그러하지 아니한다(시행령 제 8 조 제 3 항). 건설교통부장관이 실시계획을 승인한 때에는 이를 고시하고, 시행자 및 관할 시장 또는 군수에게 그 뜻을 통지하여야 한다(법 제 9 조 제 3 항).

4. 개발사업의 시행

⑴ 시 행 자

택지개발사업(宅地開發事業)은 다음 중 건설교통부장관이 지정한 자가 시행한다(법 제 7 조 제 1 항).

① 국가 · 지방자치단체
② 한국토지공사 · 대한주택공사
③ 지방공기업법에 의한 지방공사
④ 공공시행자(제 1 호와 제 2 호 해당자)와 주택건설사업자가 공동으로 출자하여 설립한 법인

⑵ 준공검사 및 관리

시행자는 택지개발사업을 완료한 때에는 지체없이 건설교통부장관으로부터 준공검사를 받아야 한다(법 제16조 제 1 항; 시행령 제11조의2 제 1 항). 건설교통부장관은 승인한 실시계획대로 완료되었다고 인정되는 때에는 준공검사서를 시행자에 교부하고, 이를 관보에 공고하여야 한다(시행령 제11조의2 제 2 항).

시장 · 군수는 택지개발사업이 준공된 지구에 대하여 이미 고시된 실시계획에 포함된 상세계획으로 관리하여야 한다(법 제16조 제 3 항).

(3) 택지의 공급

시행자가 개발된 택지를 공급하고자 하는 때에는 공급대상자, 공급시기·방법 및 조건, 공급가격 등에 대한 내용에 대해 건설교통부장관의 승인을 얻어야 한다(법 제18조 제1항; 시행령 제13조 제1항).

택지를 공급받은 자(국가·지방자치단체 및 대한주택공사 제외) 또는 그로부터 당해 택지를 취득한 자는 승인을 얻은 용도에 따라 주택 등을 건설하여야 한다(법 제19조).

(4) 공공시설 등의 귀속

시행자가 택지개발사업의 시행으로 새로이 공공시설을 설치하거나 기존의 공공시설에 대체되는 시설을 설치한 경우, 그 시설을 관리할 관리청에 무상으로 귀속된다(법 제25조 제1항).

5. 권한의 위임 및 위탁

(1) 시·도지사 위임

건설교통부장관은 다음의 사항을 시·도지사에게 위임한다. 다만, 국가가 사업시행자인 경우 또는 국가의 계획 또는 조정이 필요한 지구로서 건설교통부장관이 필요하다고 인정하여 예정지구지정시 그 뜻을 고시한 경우에는 그러하지 아니한다. 그리고 사업시행구역이 2이상의 시·도에 걸쳐 있는 경우에는 사업시행면적이 넓은 지역의 시·도지사에 위임한다(시행령 제18조 제1항).

① 면적이 20만m^2 미만인 예정지구의 지정·변경지정 또는 해제, 이의 고시(告示), 그리고 사업시행자의 지정에 관한 권한
② 면적이 20만m^2 이상 330만m^2 미만인 예정지구에 대한 경미한 사항의 변경지정, 그리고 이의 고시(告示)에 관한 사항
③ 면적이 330만m^2 미만인 예정지구에 대한 택지개발계획의 승인에 관한 권한
④ 택지개발사업실시계획의 승인, 그리고 이의 승인고시 및 통지에 관한 권한
⑤ 준공검사, 택지의 공급승인, 그리고 선수금 및 토지상환채권발행의 승인에 관한 권한

(2) 시행자 위임 또는 위탁

건설교통부장관은 다음의 권한을 시행자에게 위임 또는 위탁한다(시행령

제18조 제 2 항).

① 시행자의 성명, 사업의 종류, 수용할 토지 등의 세목을 토지 등의 소유자 및 권리자에게 통지하는 권한
② 승인된 개발계획을 토지소유자 및 관계인에게 통지하는 권한
③ 준공업자에 관한 권한

제 3 절 개발사례

신도시건설의 구체적인 사례로서 영국의 밀톤 케인즈(Milton Keynes)와 우리 나라의 행정중심복합도시를 중심으로 그 개발과정과 내용을 검토하기로 한다. 전자는 영국의 대표적인 제 3 세대의 신도시이며, 후자는 수도기능의 분산정책의 일환으로 건설하게 될 신도시이다.

Ⅰ. 밀톤 케인즈

1. 개 요

밀톤 케인즈(Milton Keynes)는 영국에서 22번째로 지정된 신도시이며, 제 3 세대의 첫번째 신도시이다(Edwards, 1984 : 89). 이는 가장 규모가 크고, 가장 야심적인 신도시의 하나로 알려져 있다. 1967년 1월 북부버킹검셔(North Buckinghamshire) 의회에서 신도시지정명령(New Town Designation Order)의 통과에 따라 그 지리적 범위가 지정되었다(Clapson, 1999 : 281). 이 지역은 도로와 철도로의 접근이 용이한 곳으로 런던(London)에서 북서로 50마일, 버밍엄(Birmingham)에서는 25마일의 거리에 위치하고 있으며, 이들 도시들과는 고속도로(M1)로 연결된다(Nishiyama, 1988:230).

밀톤 케인즈(Milton Keynes) 개발의 기본적 생각은 1967년 당시에 3개의 소도읍과 13개 마을을 포함하는 지역(31,000ha)을 지정하여 1985년에 15만명, 목표연도(2000년)까지 25만의 인구가 되도록 하는 것이었다. 1970년에 제출된 계획안은 1971년에 기본계획이 확정되고 건설이 시작되었으며, 개발은 밀톤 케인즈 개발회사(Milton Keynes Development Corporation)에서 주관하

고 있다.

밀톤 케인즈의 개념은 보다 많은 고용기회를 창출하기 위한 지역개발정책과 연결된 신도시건설에 있는 것이지, 인구와 산업의 분산을 위한 전통적인 수단은 아니다. 이 도시의 설계개념(設計槪念)은 옛 것과 새 것의 통합으로서 저밀도, 분산된 주거환경의 양식으로서의 전통적 생활환경과 격자형 도로망체계를 통한 자동차시대의 장래생활상과의 조화를 고려했다(Nishiyama, 1988 : 230).

2. 계획목표

밀톤 케인즈의 도시계획목표는 70여 개의 목표들이 제시되고 있는데, 이를 다음 6개의 주요 목표군으로 정리할 수 있다(Bor, 1984; MKDC, 1970 : 13~21; Davies, 1972 : 105~106; Osborn and Whittick, 1977 : 237).

1) 기회와 선택의 자유(opportunity and freedom of choice) 도시는 주민에게 교육 · 고용 · 주택 · 위락 · 보건 등 모든 활동과 서비스에 대해 가능한 최대의 대안간의 선택의 기회를 제공해야 한다. 이는 공급권(catchment areas)의 개념을 반대하고, 광범하게 배분된 결절점과 광범하게 중복된 서비스공급권을 제시했다. 이는 대부분의 도시계획에서 사용하고 있는 근린단위(neighborhood unit)의 개념에 반대하고 있음을 의미한다.

2) 용이한 이동과 접근, 그리고 양호한 통신(easy movement and access, good communications) 진정한 선택의 자유가 있으려면 이동의 자유가 있어야 한다. 이는 신도시설계에서 도시의 어떤 지점에서든 모든 지점에 대해 신속·자유 · 직접접근에 높은 가치를 부여함을 의미한다. 양호한 통신도 집에서 일정지역까지의 통신이 좋으면 좋은 설계라고 생각했으며, 동시에 통신수단선택의 자유도 포함한다. 도시는 이동의 편의성과 접근의 자유가 제공되어야 한다. 즉 활동과 지역 간에 높은 접근성을 제공해야 하며, 공 · 사 간의 교통수단과 방법에 대한 선택의 자유가 주어져야 한다.

3) 균형과 다양성(balance and variety) 모든 신도시들이 사회적 균형과 다양성을 지향하지만, 이 도시에서도 다시 강조해서 언급하고 있다. 도시는 다양한 범위의 사회 · 연령 · 인종집단을 이루어 다양한 소득계층을 유인하여 살고 일하도록 해야 한다. 이러한 목표와 관련하여 주택정책도 서로 다른 규모와 연령의 가구를 유인할 수 있도록 적정한 주택유형을 혼합하도록 한다. 다양성의 확보와 아울러 균형을 모색하려는 노력을 계속한다.

4) 매력적 도시(attractive city) 모든 신도시는 매력적 모습을 지향한다. 오늘의 신도시는 산업과 인구 양면에서 기존도시들과 경쟁관계에 있기 때문에 신도시에서 제공하는 매력을 마케팅해야 한다. 때문에 도시는 시장의 여건에 따라 신축적인 반응을 해야 한다. 이러한 의미에서 장래에 어떤 형태의 도시 · 산업 · 서비스가 되어야 할 것인지 예측하기 어렵지만, 주민의 표출된 수요에 부응하기 위해 미래의 다양성을 허용해야 한다. 도시의 매력은 물리적인 외형은 물론, 도시에 거주하는 개인이 향유하는 삶의 질에서 연유한다.

5) 대중인지와 참여(public awareness and participation) 이 목표는 대부분의 계획에서 받아들이고 있지만, 이의 설계에 미치는 영향에 대해서는 충분히 인지하지 못하고 있다. 기본계획이 작성된 이후에는 장래의 도시거주예정자는 계획에 참여할 수 없다. 때문에 계획은 많은 결정들을 장래를 위해 가급적 개방해 놓아야 한다. 이는 설계에도 새로운 태도를 요구한다. 물리적 계획을 좋은 생활에 대한 일반적인 개념에 의해 작성하기보다는 보다 현대적이고 불가지적(agnostic) 입장을 수용해야 한다. 설계만으로는 완전참여를 보장하기 어렵기 때문에 정치적 · 사회적 행동이 요구된다. 개발회사는 다양한 통로로 정보를 제공해야 한다. 주민들은 도시에서 명료하면서 현장감 있는 지식을 획득할 수 있어야 한다.

6) 자원의 효율적이며 인상적 사용(efficient and imaginative use of resources) 개발회사는 계획에 이용가능한 모든 자원을 효과적이며 효율적으로 사용해야 할 책임을 갖고 있다. 이 계획에 의한 공 · 사 부문의 투자는 신도시의 성장에 가장 경제적인 방법으로 이루어야 한다.

3. 계획의 내용

(1) 토지이용과 교통패턴

먼저 5개의 대안적인 도시형태를 비교했다(〈그림 12-2〉 참조). 각 대안은 상이한 고용배치를 나타내는데, 완전집중에서 분산에 이르기까지 다양한 형태이다. 주어진 규모 · 형태 · 밀도의 여건에서 집에서 직장까지의 트립의 합계인 총개인거리(total person mileage)와 도시 내 주민들의 여행거리의 합계인 총도로거리(total road mileage), 그리고 도로투자비를 계산하여 각 도시형태별로 비교한 결과 분산형이 가장 유리하고 저렴한 것으로 판단되었다. 토지이용계획은 고용과 서비스 센터가 광범하게 분산된 모습을 보이고 있는데, 이는 다양성과 선택의 자유를 제공하는 형태이다.

그림 12-1 대안적 도시형태

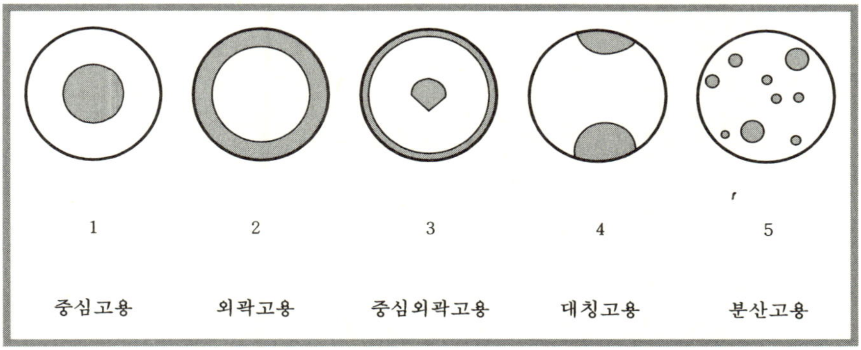

(2) 대중교통과 도로

교통수단의 자유로운 선택이 이루어지도록 한다는 목표가 분석의 출발점이었다. 이는 자동차의 사용을 억제하기 위한 어떠한 신중한 조치도 취하지 않음을 가정했다. 다음으로 대중교통의 수요를 추정했다. 먼저 대부분이 자가용을 소유한다고 해도 통근교통의 20%는 대중교통을 이용할 것으로 보았다. 교통수단의 선택은 대안적 교통수단과 비교하여 집간(door-to-door) 여행에 소요되는 시간에 의해 좌우된다. 자가용에 근접하지 않는 한 대중교통은 자발적으로는 거의 이용하지 않을 것이라고 보았다. 도시특성상 최선의 대중교통체계는 여행자의 30%를 대중교통에 의해 처리하는 것으로 생각했다. 버스의 규모가 클수록 제공하는 서비스의 질은 감퇴되지만, 25인승 이하가 되어도 서비스질은 급격히 개선되지 않았다. 따라서 가장 좋은 버스규모는 25~30명 수준으로 보았다. 통근시간은 약 25분을 기본으로 생각했다.

도로망계획은 남북으로 10개(V1~V10), 동서로 10개(H1~H10)로 종횡의 격자형 도로로 구성되어 있다. 이러한 격자형의 채택은 장래의 팽창에 대처하자는 목적이 있다. 간선도로에 의해 구획된 공간은 주거지역으로 보통 100~120ha에 이르는 공간으로 약 5,000명의 인구가 거주하도록 구상되었다(Osborn and Whittick, 1977 : 236~246).

(3) 활동중심으로서 결절

선택과 기회의 목표는 활동중심의 위치에서 반영되었다. 근린의 중심에 활동이 위치하는 것이 아니라 근린집단의 외곽, 교통결절에 위치하도록 했다. 때문에 각 활동들은 둘 이상의 근린에 공여하고, 둘 이상의 상이한 지역중심이 도보권 이내에 위치하게 된다. 활동중심은 초등학교 · 선술집(pub) · 상점 등의 시설이다. 그러나 모든 지역이 동일한 시설들의 결합으로 이루어지는 것은 아니고, 지역마다 결합되는 공급시설군이 다르게 된다. 여기서 다양성과 선택의 자유의 목표를 달성할 수 있다.

(4) 기능배치

중심은 도시 내에 균분되고, 일일수요를 위한 소규모 상점은 주거지에서 도보거리 내에 위치한다. 도심은 쇼핑몰 · 사무소 · 은행 · 극장 · 연주홀 · 시청 · 스포츠시설 · 운동장 · 넓은 주차장과 수목 등을 포함한 전통적인 도로와 광장을 결합한 다목적 복합체이다. 선형공원 · 운하 · 강 · 골프장 · 운동장 · 다양한 공원 등 풍족한 개방공간을 확보한다. 주거지는 저밀도개발을 지향하여 대체로 15~25동/ha으로 다양하게 제시했다. 다양한 유형과 규모의 주택이 제공되는데, 주택은 소유와 임대가 반반이 되도록 계획했다. 산업면에서는 1,200개의 회사가 입지하도록 계획되었는데, 이들은 주로 국도인 A5와 철도 부근에 위치하도록 했으며, 이 중 150개는 외국회사이다. 지역 내의 최대고용기회는 2,000명을 고용하고 있는 대학(개방대)이다.

4. 공 과

밀톤 케인즈의 계획목표는 양호한 경관에 널찍한 개발, 즉 공간녹지를 충분히 제공하는 것으로, 이는 전원도시개념으로의 회귀를 의미한다(Osborn and Whittick, 1977:237). 이 계획은 주민들에게 원하는 것을 제공하고, 모든 수준에의 참여를 촉진하고, 가능한 조심스럽게 사람들의 바램을 해석하겠다는 의도를 갖고 있다(Osborn and Whittick, 1977 : 237). 밀톤 케인즈건설의 주요 긍정적인 성취는 다음과 같다(Bor, 1984 : 167).

① 부문간 조화 속에서도 각 부문의 신속하면서도 효율적 개발
② 다양한 주택과 선택기회제공
③ 중소기업을 포함하여 국가 · 국제적 기업에 의한 공업 · 상업 개발
④ 첫단계에서의 도심개발 · 쇼핑몰 · 편리한 주차시설

⑤ 잘 조성된 다양한 위락시설
⑥ 개인발전에의 높은 질을 성취하기 위한 지속적 노력

이 도시는 다른 신도시에 비해 몇 가지 긍정적 교훈을 제공하고 있다(Peiser and Chang, 1999 : 1693). 신축적 계획은 시장여건과 토지이용수요의 변화를 수용할 수 있다. 그리고 자동차기반의 설계는 혼잡을 최소화할 수 있다. 공원길과 개방공간은 대부분의 교외보다 더 많다. 또한 밀턴 케인즈는 국제기업을 유치하는 데 매우 성공적이었다. 이는 그들의 마케팅노력도 중요하지만 학교와 기타 지역사회서비스가 충분하게 제공되었기 때문이다.

이 도시계획의 단점은 전체적인 외형이 분절되어 시각적인 응집이 없으며, 관리 · 재정상 문제 때문에 대중교통이 만족할 만한 상태가 아니다(Bor, 1984 : 167~168). 재정적인 측면에서 밀톤 케인즈도 상당한 재정손실을 기록하고 있다(Peiser and Chang, 1999 : 1681). 이 도시처럼 여러 이점이 있는 데도 불구하고 적자를 기록하고 있는 현실은 재정적으로 성공적인 신도시개발 자체를 의문시하게 한다(Peiser and Chang, 1999 : 1681).

Ⅱ. 행정중심복합도시

1. 의　　의

(1) 개　　념

행정중심복합도시(行政中心複合都市)는 중앙행정기관 및 그 소속기관(이하 "중앙행정기관 등")이 이전하여 행정기능이 중심이 되는 복합도시로 새로이 건설되는 도시이다〔「신행정수도 후속대책을 위한 연기 · 공주지역 행정중심복합도시 건설을 위한 특별법」(이하 "법") 제2조 제1호〕.

행정중심복합도시(이하 "행정도시")는 수도권과밀해소 및 국가균형발전을 선도하고 그 구심적 역할을 수행하기 위해 건설한다(법 제3조 제1항).

(2) 추진배경

정부에서는 신행정수도건설을 위해 「신행정수도건설특별조치법」(2004. 1. 16)을 제정하고 추진위원회를 구성하여 건설사업을 추진하였으나, 찬반논란 끝에 반대론자들이 신행정수도건설의 절차적 하자를 들어 위헌소송을 제기하였다. 헌법재판소는 제기된 소송에 대해 수도의 소재지를 변경하기 위해서는 국민투표를 거쳐야 하기 때문에, 이러한 절차를 명시하지 않은 「신행정수도건설특별조치법」은 위헌이라는 결정(2004. 10. 21)을 내렸다.

헌법재판소의 위헌결정으로 「신행정수도건설특별조치법」은 폐기되었으나, 후속대안으로 행정도시의 건설을 위해 「신행정수도 후속대책을 위한 연기·공주지역 행정중심복합도시 건설을 위한 특별법」(2005. 3. 18)을 제정, 공포하였다. 이러한 후속대책에 대해서도 수도의 분할이라는 입장에서 반대론자들이 헌법소원을 제기하였으나, 합헌결정(2005. 11. 24)을 내림으로써 예정대로 행정도시의 건설을 추진하게 되었다.

(3) 찬반논의의 요지

신행정수도 또는 행정도시건설에 대한 찬반논의의 요지는 실체적 측면(實體的 側面)과 절차적 측면(節次的 側面)으로 요약할 수 있다.

실체적 논의(實體的 論議)는 행정도시건설이 건설목적인 수도권집중의 부작용해소, 국가균형발전, 그리고 국가경쟁력강화에 긍정적인 효과를 가져올 것이라는 주장과 부정적인 영향이 많아 건설목적을 달성하기 어려울 것이라는 주장의 대립이다.

절차적 논의(節次的 論議)는 행정도시건설의 결정과정에서 국민의 공감대를 충분히 형성하지 않는 가운데 추진되고 있다는 부정적 입장에 비해, 지지입장에서는 특별법이 국회를 통과했고 추진과정에 여론수렴과정을 거쳤기 때문에 국민적 공감대가 형성되었다고 주장했다.

2. 수도기능분산의 논리와 사례

(1) 분산의 논리

강력한 수도(首都)는 공·사 부문이 연계되어 정부가 경제활동을 유인하고, 유인된 경제활동은 또한 정부부문을 강화하고, 다시 정부부문은 민간부분을 유인하는 시너지적 관계를 유지하게 된다(Campbell, 2001). 이에 따른 수도에의 기능 집중은 수도와 비수도 지역, 국가의 중심지와 변경지 간의 격차를 확대하게 된다. 이러한 집중의 문제에 대처하기 위해 분권화(decentralization)가 시대의 패스워드(password)가 되고 있다(Gottman, 1983 : 88).

수도기능의 분산은 단일의 요인보다는 다양한 고려의 결과로 이루어지는 것으로 보는 것이 일반적이나, 대체로 정치적 측면과 경제적 측면의 요인들로 구분할 수 있다. 정치적 동인(政治的 動因)은 수도중심의 정치문화의 개선, 행정기능의 쇄신, 국가안보의 취약성 대비 등이 포함된다. 경제적 동인(經濟的 動因)은 기존수도의 혼잡과 이에 따른 비효율성을 거론하면서, 지역균형발전을 주목적으로 제시하는 경우가 많다. 즉, 수도에의 기능집중은 효율성이 감소되는데 비해, 다른 지역에서는 고용확대에 따른 외부혜택이 증가되고 수도로의 인구이동의 필요성을 감소시켜 결과적으로 국토의 균형발전을 가져온다는 논리이다(Blair, *et al.*, 2003 : 7～10).

수도기능분산에 회의적(懷疑的)인 시각은 비용(費用), 혼란(混亂), 희생(犧牲), 경쟁력 약화(競爭力 弱化)의 4가지 관점으로 집약된다(Hall, 1993: 83; Campbell, 2001). 수도기능분산에 따른 신도시 건설은 막대한 비용(費用)이 소요되기 때문에, 이전비용을 문제해결에 투입하는 경우 저렴하게 해결할 수 있다는 주장이다. 논리적으로 거대하고 · 혼합되고 다양화된 도시생활의 찬미자(Jane Jacobs 등)와 잘 정비되고 효율적이며 이상적인 도시를 옹호하는 학자(Le Corbusier 등) 사이에 이념적인 대립이 있다. 기존수도가 지역들간의 균형을 이루고 중심적 기능(hinge function)을 수행하기 때문에, 경쟁적인 도시들을 약화시키지 않고 이전할 수 없다. 마지막으로 세계화시대에 주요한 세계도시들은 최고수준의 활동, 국제자본, 그리고 엘리트인력의 유인을 위한 경쟁이 가속화하고 있는 상황에서, 기존수도와 새로이 건설된 신도시가 경쟁관계의 세계적인 수도들과 대항하여 중추기능을 확보하는데 어려움에 처할 수 있다.

(2) 분산의 형태

분산목적(分散目的)의 수도기능이전(首都機能移轉)은 대체로 완전이전보다는 부분이전형태(部分移轉形態)를 취하는 경우가 많다(Campbell, 2001). 수도의 완전한 이전에 따른 여러 문제 때문에, 수도는 보다 전문화된 명령과 통제중심지로서 기능하도록 하고, 일상적인 정부기능은 지방에 분산하는 정책을 추구하는 것이 필요하다. 즉, 수도이전보다는 정부기능을 분산하고 수도는 전문화된 관리와 통제기능의 중심지로서 기능하도록 하는 경향이 있다

(Hall, 1993 : 83).

(3) 분산사례

(가) 외 국 최근에 많은 유럽의 국가들에서는 지방정부에 권력과 책임을 분산하는 경향이 증가되고 있다. 독일처럼 전통적으로 분권화된 국가는 물론, 프랑스 · 스페인 · 이태리처럼 전통적으로 집권화된 국가에서도 지역기반의 기관을 많이 만들고 있다(Campbell, 2001; 박양호 · 김창현, 2002 : 162~171).

(나) 우리나라 공공기관의 지방이전시책은 1973년 경제기획원에서 수립한 대도시인구분산책이었다. 이후 3차 이전계획(수정계획포함)에 의해 9개 청 단위 기관을 대전 제 3 청사로 이전토록 하였다.

3. 계획내용

(1) 입지선정

행정도시는 충청권을 대상으로 균형발전성, 개발가능성, 보전필요성의 3개 측면을 고려하여 4개의 입지 후보지를 선정하였다. 이 후보지를 대상으로 국가균형발전효과, 국내외에서의 접근성, 주변환경에 미치는 영향, 삶의 터전으로서의 자연조건, 그리고 도시개발비용 및 경제성의 5개 평가항목으로 평가하여, 연기-공주지역이 선정되었다(추진위, 2004 : 125~128).

선정된 연기-공주지역은 서울에서 직선 120km, 청주공항 30km, 경부고속철도 8km, 대전 · 청주에서 10km에 위치한 충청권의 중심지이며, 전국 각지에서 2시간 정도에 접근할 수 있는 위치이다.

(2) 규모와 기능

행정도시는 충남 연기군(남 · 금남 · 동면)과 공주시(장기 · 반포면) 일원의 2,212만 평(주변지역: 6,769만 평)에 인구 30~50만 명 수준의 신도시를 2030년까지 단계적으로 건설하는 내용이다.

도시의 주 기능은 국가행정기능이며, 보조기능은 국책연구, 문화, 국제교류, 첨단산업 및 관광기능을 복합적으로 수행하도록 구상하고 있다. 이 행정도시에는 서울에서 이전되는 49개 공공기관〔정부기관 19개(국무총리, 12부, 4처, 2청), 정부위원회 12개, 정부소속기관 11개, 국책연구기관 17개〕을 수용하게 된다.

(3) 개발목표

도시개발목표는 상생과 도약을 구현하는 신도기개발과 품격 높은 세계적 모범도시건설이다. 이를 위한 도시건설의 기본방향은 국가균형발전을 선도할 수 있는 행정기능중심의 복합형 자족도시(複合型 自足都市), 자연과 인간이 어우러지는 쾌적한 친환경도시(親環境都市), 편리성과 안정성을 함께 갖춘 인간중심도시(人間中心都市), 그리고 문화와 첨단기술이 조화되는 문화·정보도시(文化·情報都市)로 설정하고 있다(법 제6조).

4. 개발절차

도시개발은 예정지역의 지정, 도시개발기본계획, 도시개발계획, 실시계획의 수립과정을 거쳐 개발사업을 시행하게 된다.

(1) 예정지역의 지정 및 관리

(가) 예정지역 등 지정

① 예정지역 등 지정 　건설교통부장관은 대통령의 승인을 얻어 예정지역 및 주변지역(이하 "예정지역 등")을 지정한다. 건설교통부장관이 예정지역 등을 지정하고자 하는 때에는 미리 공청회를 열어 주민 및 관계전문가 등으로부터 의견을 듣고, 관계지방자치단체의 장의 의견을 들은 후, 관계중앙행정기관의 장과의 협의 및 행정도시건설추진위원회(이하 "위원회")의 심의를 거쳐야 한다(법 제11조).

건설교통부장관은 예정지역들의 지정을 위하여 예정지역 등으로 지정될 지역일원에 대한 인문·자연환경, 토지이용상황 등의 조사를 실시하여야 한다(법 제10조 제1항). 그리고 건설교통부장관이 예정지역 등의 경계를 설정함에 있어서는 자연지형·환경성·경제성 및 행정구역 등을 고려하여야 한다(법 제11조 제2항).

건설교통부장관은 예정지역 등을 지정하거나 변경한 때에는 관보에 고시하고, 관계서류의 사본을 지방자치단체의 장에게 송부하여야 한다. 관계서류의 사본을 송부받은 관계지방 자치단체의 장은 이를 일반인이 열람할 수 있도록 해야 한다(법 제12조 제1항).

② 지정효과 예정지역으로 지정 · 고시된 지역은 도시개발구역으로 결정 · 지정 및 고시된 것으로 본다(법 제13조 제 1 항). 예정지역 안에서의 개발행위를 하고자 하는 자는 건설청장의 허가를 받아야 한다(법 제14조 제 1 항).

③ 지정해제 예정지역은 공사완료공고가 있는 날의 다음 날에, 주변지역의 건설청장이 주변지역에 대한 새로운 도시관리계획을 결정 · 고시한 날의 다음 날 또는 예정지역 등의 지정 · 고시일로부터 10년이 경과할 때까지 새로운 도시관리계획의 결정 · 고시가 없는 때에는 그 기간의 만료일 다음 날에 해제되는 것으로 본다(법 제15조).

(나) 광역도시계획수립

① 수립목적 광역도시계획을 수립하는 것은 예정지역 등과 인접지역간의 공간구조 및 기능을 상호연계시키고 환경을 보전하며 광역시설을 체계적으로 정비하기 위해서이다(법 제17조 제 1 항).

② 수립권자 및 수립대상지역 건설교통부장관은 예정지역 등과 그에 인접한 광역시 · 시 또는 군의 전부 또는 일부를 행정도시광역계획권(이하 "광역계획권")으로 지정하여, 이 광역계획권을 대상으로 광역도시계획을 수립한다(법 제17조 제 1 항 · 제 2 항).

③ 수립절차 건설교통부장관은 위원회의 심의를 거쳐 광역계획권을 지정하고, 위원회의 심의를 거쳐 행정도시광역도시계획(이하 "광역도시계획")을 수립하여야 한다(법 제17조 제 1 항 · 제 2 항). 건설교통부장관이 광역계획권을 지정 또는 변경하거나 광역도시계획을 수립 또는 변경한 때에는 이를 고시하여야 한다(법 제17조 제 4 항 · 제 5 항).

④ 수립효과 수립 또는 변경된 광역도시계획은 광역계획권에 이미 수립되어 있는 광역도시계획 및 도시기본계획에 우선하며, 기 수립되어 있는 내용을 광역도시계획에 부합하도록 변경하여야 한다(법 제17조 제 6 항).

(2) 중앙행정기관 이전계획

① 수립절차 행정자치부장관이 중앙행정기관 등을 행정도시로 이전하는 계획(이하 "이전계획")을 수립하여 대통령의 승인을 얻어야 한다(법 제16조 제 1 항). 행정자치부장관이 이전계획을 수립하고자 하는 때에는 미리 공청회를 열어 국민 및 관계전문가 등으로부터 의견을 듣고 관계중앙행정기관

의 장과의 협의 및 위원회의 심의를 거쳐야 한다(법 제16조 제4항). 행정자치부장관이 이전계획의 승인을 얻은 때에는 이를 관보에 고시하여야 한다(법 제16조 제5항).

② 계획내용 이전계획에는 이전대상 중앙행정기관 등, 이전방법 및 시기, 이전에 소요되는 비용의 추정치, 중앙행정기관 등의 이전에 따른 행정능률제고방안, 기타 필요한 사항이 포함되어야 한다(법 제16조 제3항). 이전대상 중앙행정기관 중에서 통일부, 외교통상부, 법무부, 국방부, 행정자치부, 여성가족부는 제외하도록 했다(법 제16조 제2항).

(3) 건설계획

1) 기본계획

① 수립권자 건설교통부장관이 행정도시건설기본계획(이하 "기본계획")을 수립한다(법 제19조 제1항).

② 계획내용 기본계획에는 도시건설사업의 개요, 인구배치 및 토지이용의 기본구상, 이전대상 중앙행정기관 등의 배치방향, 도시교통 및 경관·환경보전의 기본방향, 교육·문화·복지시설 설치의 기본방향, 도로, 상·하수도 등 주요 기반시설 설치의 기본방향, 재원조달방안, 개발계획수립의 지침 등의 사항을 포함하여야 한다(법 제19조 제2항).

③ 수립절차 건설교통부장관이 기본계획을 수립하고자 하는 때에는 미리 공청회를 열어 주민 및 관계전문가 등으로부터 의견을 듣고, 관계지방자치단체의 장의 의견을 들은 후, 관계중앙행정기관의 장과의 협의 및 위원회의 심의를 거쳐야 한다(법 제19조 제3항). 건설교통부장관이 기본계획을 수립한 때에는 이를 고시하여야 한다(법 제19조 제4항).

2) 개발계획

① 수립권자 건설청장은 행정도시건설사업에 관한 계획(이하 "개발계획")을 수립하여야 한다(법 제20조 제1항). 사업시행자는 개발계획을 건설청장에게 제안할 수 있다(법 제20조 제2항).

② 계획내용 개발계획에는 인구수용계획, 이전대상 중앙행정기관 등의 수용계획, 토지이용계획, 교통처리계획, 도시문화계획, 경관계획, 환경보전계획, 교육·문화시설 및 보건의료·복지시설의 설치계획, 도로, 상·하수

도 등의 주요 기반시설의 설치계획, 시행기간 및 단계별시행에 관한 계획, 예정지역 중 제 1 종 지구단위계획구역의 지정이 필요한 지역, 재원조달계획, 예정지역 밖의 지역에 설치하는 시설의 설치비용부담계획, 실시계획 및 제 1 종 지구단위계획수립지침 등이 포함되어야 한다(법 제20조 제 3 항).

③ 수립절차 건설청장이 개발계획을 수립하고자 하는 때에는 미리 공청회를 열어 주민 및 관계전문가 등으로부터 의견을 듣고, 관계지방자치단체의 장의 의견을 들은 후, 관계중앙행정기관의 장과의 협의 및 위원회의 심의를 거쳐야 한다(법 제20조 제 5 항). 건설청장이 개발계획을 수립한 때에는 이를 고시하고, 관계서류의 사본을 관계지방자치단체의 장에게 송부하여야 한다. 관계서류의 사본을 송부받은 관계지방자치단체의 장은 이를 일반인이 열람할 수 있도록 하여야 한다(법 제20조 제 6 항).

3) 실시계획

① 수립권자 사업시행자는 개발계획이 수립·고시된 때에는 행정도시건설사업에 필요한 사항을 포함한 행정도시건설사업 실시계획(이하 "실시계획")을 수립하여야 한다(법 제21조 제 1 항). 여기서 사업시행자는 건설교통부장관이 정부투자기관 중에서 위원회의 심의를 거쳐 지정한다. 다만, 행정중심복합도시건설사업의 효율적 시행을 위해 필요한 때에는 국가 또는 지방자치단체를 사업시행자로 지정할 수 있다(법 제18조 제 1 항). 사업시행자는 사업의 효율적 시행을 위해 필요한 경우에는 건설청장의 승인을 얻어 건설사업의 일부를 정부투자기관·민간사업자 또는 민관합동법인으로 하여금 대행할 수 있도록 했다(법 제18조 제 4 항).

② 계획내용 실시계획에는 개략설계도서, 계획평면도, 재원조달계획서, 연차별 자금투입계획서, 사업시행지역의 위치도 및 지적도, 공공시설 등의 명세서 및 처분계획서, 존치되는 기존 건축물 및 공작물에 관한 계획서, 제 1 종 지구단위계획의 결정에 필요한 관계서류 및 도면 등이 포함되어야 한다(법 제21조 제 1 항; 시행령 제13조 제 2 항).

③ 승인절차 및 고시 사업시행자는 실시계획을 수립하여 건설청장의 승인을 얻어야 한다. 이 경우 건설청장은 승인 전에 위원회의 심의를 거쳐야 한다(법 제21조 제 1 항). 건설청장이 실시계획을 승인한 때에는 이를 고시하고, 관계서류사본을 관계지방자치단체의 장에게 송부하여야 한다. 관계서

류의 사본을 송부받은 관계지방자치단체의 장은 이를 일반인이 열람할 수 있도록 하여야 하다(법 제 21조 제1항 · 제5항).

⑷ 개발사업의 시행

① 토지 등의 수용 등　　사업시행자는 예정지역 안에서 행정도시건설사업(이하 "건설사업")의 시행을 위하여 필요한 때에는 토지 등을 수용 또는 사용할 수 있다(법 제24조).

② 조성토지공급계획　　사업시행자는 건설사업으로 조성된 토지를 공급하고자 하는 때에는 조성토지의 공급계획을 작성하여 건설청장의 승인을 얻어야 한다. 이 경우 건설청장은 승인 전에 위원회의 심의를 거쳐야 한다(법 제25조 제1항).

③ 준공검사　　사업시행자는 건설사업의 전부 또는 일부를 완료한 때에는 지체 없이 건설청장의 준공검사를 받아야 한다(법 제27조 제1항). 건설청장은 준공검사를 한 결과 개발사업이 실시계획대로 완료되었다고 인정하는 때에는 사업시행자에게 준공검사서를 교부하고 공사완료공고를 하여야 하며, 실시계획대로 완료되지 아니한 때에는 지체 없이 보완시공 등 필요한 조치를 명하여야 한다(법 제27조 제6항).

5. 추진기관

행정도시의 건설은 추진위원회와 건설청에 의해 주도된다. 추진위원회(推進委員會)는 행정도시건설관련 주요 정책사항을 심의하는 기관으로, 2인의 위원장(국무총리 및 민간전문가)과 관계부처장관(10인) 및 관계분야 전문가(17인)로 구성되어 있다. 건설청(建設廳)은 예정지역관리, 개발계획수립, 실시계획승인, 사업준공검사, 기반시설설치계획 등 건설사업집행을 총괄하는 건설교통부산하기관으로 2006. 1. 출범했다. 주무부처는 건설교통부와 행정자치부이다. 건설교통부는 예정지역 및 주변지역의 지정, 사업시행자 지정, 기본계획의 수립 등 사업초기의 중요계획을 수립하는 역할을 한다. 행정자치부는 중앙행정기관 등의 이전계획 및 청사건립계획 수립 등의 역할을 한다.

제 4 절 기술집적단지

Ⅰ. 의 의

1. 개 념

최근에 기술개발과 쇄신을 촉진하기 위한 첨단기술중심지가 과학공원(science park) · 연구공원(research park) · 쇄신센터(innovation centre) · 테크노폴리스(technopolis) 등과 같이 다양한 형태와 이름으로 개발 · 건설되고 있다(Monck, *et al.*, 1988 : 62~63). 여기서 과학공원(科學公園)은 대학 등 고등교육기관이나 연구소와 공적 운영상 연계를 맺고 지식기반기업의 형성과 성장을 촉진하기 위해 설계된 것으로 기술을 지역 내 기업에 이전하는 데 적극 관여하는 관리기능을 갖고 있다. 쇄신(刷新) 센터는 새로운 생각을 발전시킬 수 있는 창업 또는 소기업을 수행할 수 있는 시설을 제공하는 소규모 개발이다. 연구공원(硏究公園)은 시범적인 생산 이외의 모든 제조업을 금지한다(Monck, *et al.*, 1988 : 63). 테크노폴리스(technopolis)는 일본에서 지역경제개발을 촉진하기 위해 학술연구기능 · 생산기능, 그리고 주거기능을 결합한 첨단단지이다.

첨단산업(尖端產業)은 연구개발(R&D)집약적(총비용 중 R&D 비중이 높다)이고, 과학기반적(science-based)이며, 체계지향적(system oriented)인 고성장산업이다(Malecki, 1991 : 174~176). 그리고 첨단산업은 자원절약적 · 지식집약적 · 고부가가치 · 시스템종합적 산업으로 고성장산업이나 제품의 수명이 짧은 특성을 나타내고 있다. 주요한 첨단기술(尖端技術)로는 생명(bio-tech.) · 재료(materials) · 공간(space tech.) · 핵(nuclear tech.) · 정보기술(informational tech.) 등이 거론되고 있으나, 관련부문에의 응용성, 기존생산성의 향상과 비용절감, 사회적 수용성, 수익성과 경쟁성 등의 관점에서 정보기술(information technology)이 가장 파급효과가 크다(OECD, 1988 : 35~36).

2. 건설동기

첨단산업에 대한 대중적 관심이 증대되고 있는 것은 첨단산업은 많은 새로운 일자리를 제공하게 될 것이며, 첨단산업은 높은 경쟁성 · 쇄신성의 특성으로 경제의 온상(seedbed)이 되고, 첨단산업에 대한 지원정책은 이를 통해 형성된 고용과 소득이 지역의 매력으로 작용할 수 있다는 가정과 기대에 바탕을 두고 있다(Markusen, 1983 : 18).

새로운 형태의 신도시로 나타나고 있는 기술집적도시의 건설동기나 목적은 다양하나(Massey, *et al.*, 1992 : 21), 대체로 재산업화(reindustrialization)·지역개발(regional development), 그리고 시너지창조(creation of synergy)의 3가지로 요약할 수 있다(Castells and Hall, 1994 : 222~224). 재산업화는 새로운 산업에 새로운 직업을 만들어 기존산업과 기존직업을 대체하기 때문에 일컫는 말이다. 비교우위이론(comparative advantage theory)에서는 경제는 타기업도 효과적으로 경쟁할 수 있는 상황에서 일정한 이점을 향유할 수 있는 곳으로 옮길 때 발전한다고 보고 있으며, 이는 창조적 파괴(creative destruction)의 원리와 같다. 때문에 저개발지역은 보다 쇄신적인 재산업화전략에 의존하게 된다. 많은 국가에서 국가의 중심지역에 집중된 산업과 경제활동은 지역격차를 야기하여 시급한 해결이 요구되는 공간적 문제로 등장하고 있다. 따라서 성장산업을 중심지역에서 저개발지역으로 이전시키기 위해 다양한 형태의 입지상 이점을 제공하는 정책을 추진하고 있다. 이러한 정책에 따라 기존기업의 자회사를 변경지역에 위치시키게 된다. 이러한 외부에서 유입한 첨단개발이 침체된 지역경제를 활성화할 수 있다고 본다. 시너지는 인간상호작용을 통해 새롭고 가치 있는 정보를 창출하는 것으로 볼 수 있는데, 성공적인 시너지는 R&D와 생산의 연계를 포함한 쇄신의 결합을 통해서 달성된다. 성공적인 첨단기술산업단지는 시너지의 창출에 바탕을 두고 있다.

Ⅱ. 입지여건

1. 입지인자

첨단산업단지의 입지요인으로 많이 거론되고 있는 것은 고속접근로, 고기술노동력의 존재, 연구기능의 집적, 쇄신적 기업환경, 양호한 생활환경, 그리고 청정한 자연환경 등을 들고 있다(Nijkamp and Mouwen, 1980 : 258; Malicki, 1984 : 268).

㈎ 고속접근로 최신의 정보와 기술의 신속·정확한 획득과 교환이

기술집적도시입지의 중요 요인이다. 사람과 물자의 교역이 국내는 물론 해외지역에까지 확대되고 있기 때문에 항공로 · 고속도로 같은 고속접근로의 용이한 이용이 요구된다. 아울러 첨단정보통신망을 국내외지역과 구축하여 활용하는 방안도 모색해야 한다.

(나) **고기술노동력** 일정지역의 노동시장에서의 기술자 · 과학자 · 공학자의 부족은 많은 첨단기업에서 인적 자본의 비용과 이용가능성에 높은 우선순위를 부여하고 있다. 이런 관점에서 대학이 첨단산업의 지식중심의 주요 역할을 수행했다.

(다) **연구기능의 집적** 첨단기술산업은 정부 · 대학 · 기업의 다양한 연구기관들과 공동연구, 연구시설의 공동이용, 학제간 연구, 그리고 연구결과의 실험과 응용 등 여러 연구관련기관들의 상호협력적인 여건 속에서 연구 · 개발된다. 따라서 부화장(incubator)으로서 연구기관의 집적여건이 중요하다.

(라) **쇄신적 기업환경** 모험자본의 이용가능성과 젊은 쇄신기업의 R&D 활동에 대한 대중적 지지와 같은 쇄신적 기업환경은 관련산업의 집적을 유도하는 요인으로 작용한다.

(마) **양호한 생활환경** 고급노동력은 도시의 쾌적성(문화 · 사회 · 교육, 그리고 과학시설들)에 높은 우선순위를 두고 있고, 이런 의미에서 도시는 고급노동력을 유인하는 주요 장소이다. 따라서 관련된 교육 · 문화 · 공공시설과 같은 하부구조의 정비 · 개선을 통한 격조 있는 삶이 유지되도록 해야 한다.

(바) **청정한 자연환경** 청정하고 안락한 자연환경 속에서 연구활동이 이루어질 수 있는 여건의 조성도 중요하다.

2. 생산단계별 입지인자

첨단기술활동과 관련하여 생산단계를 연구와 개발, 상업화 전 시험생산, 그리고 제조와 판매의 3단계로 나눌 때, 생산단계에 따라 투입요소와 시장에 대한 수요가 각각 다르다(Berg and Cameron, 1988 : 363).

연구/개발단계(研究/開發段階)에서는 과학과 기술노동력의 공급, 다른 연구기관과 고등교육기관과의 접촉을 용이하게 하는 양호한 커뮤니케이션이 절대적으로 요구된다. 특히 국제적인 명성을 갖고 있는 고등노동자는 양질의 노동 및 생활환경을 기대한다. 공장에 대한 실험실 · 사무실 등은 급히 조정가능하도록 신축적 구조인 것이 좋고, 건축은 현대적이며 첨단기술적 이미지를 기대한다. 상업화 전 시험단계(商業化前試驗段階)에서는 기술·공학·마케팅·회계·법률·컴퓨터기술은 증가되는 데 비해, 과학자들은 상대적으로 감소한다. 여기서는 잠재적 시장과 공항시설에의 근접이 많이 강조되고, 중요한 투입요소에 대한 근접도 요구된다. 생산단계(生産段階)에서는 관리·전문 직원이 감소되는 반면에 숙련과 반숙련(半熟練) 노동자가 증가한다. 공장규모는 증가하고 투입요소를 위한 교통시설과 하부구조는 수익성 있는 생산을 위해 중요하다.

Ⅲ. 유 형

첨단산업관련지역은 신기술산업복합체·기술도시·기술공원·테크노폴리스, 그리고 쇄신적 대도시의 5가지 유형으로 구분할 수 있으나(Castells and Hall, 1994 : 10~11), 신도시적 특성을 갖고 있는 앞의 4가지 유형에 대해 고찰하기로 한다.

1. 신기술-산업 복합체

(1) 의 의

신기술-산업 복합체(new techno-industrial complexes)는 정부나 대학이 개발에 중요한 역할을 수행하지만, 사전에 작성된 신중한 계획이 없이 발생되는 것이다. 그러나 이러한 자연발생적인 성장의 성공사례를 본받기 위한 기관들(공·사 부문)의 의도적인 노력에 의해 이 유형은 계속 성장하고 있다. 쇄신적 환경의 바탕 위에서 건설된 첨단기업의 복합체로 구성된 이 유형은 R&D와 제조업을 연결한 것이다. 이의 대표적인 예는 실리콘 밸리(Silicon Valley)와 보스턴의 Route 128을 들 수 있다.

(2) 실리콘 밸리

실리콘 밸리는 미국 샌프란시스코(San Francisco) 반도의 산타 클라라(Santa Clara)군에 위치한 지역(70km×15km)으로 스탠포드 대학(Univ. of Stanford)의 전자공학연구 프로젝트(F. Terman 교수가 주도)를 산업과 연결하고자 1950년대에 산업단지(Standford Industrial Park)를 조성하여 첨단산업의 기반을 구축하고 관련모험산업의 자연스런 집적을 유도하는 데서부터 출발했다(Castells and Hall, 1994 : 15). 1960년대 들어 쇄신적 전자산업의 성장과 제 1 세대 기업들의 파생기업의 발생, 그리고 국방부의 전자기반프로그램의 지원정책에 힘입어 크게 발전하여 컴퓨터산업의 지배와 지역의 산업구조를 국제화시켜 1980년대에는 새로운 쇄신적 파생단계에 접어들었다. 이 지역의 첨단산업고용자는 1960년에 6천 명에서 1985년에는 21.5만 명에 이르고 있다(Castells and Hall, 1994 : 14).

(3) Route 128

1968~1975년의 기간에 보스톤도시권(Greater Boston)에서는 25.2만의 제조업의 일자리를 잃게 되었다. 이러한 빈 공장건물, 지역의 유인책, 경험있는 저렴한 공업노동력의 이점을 활용하기 위해 로웰 컴퓨터회사의 본사(중국계 미국인 Wang이 설립)가 1960년대에 이 지역에 위치하고, 뒤따라 많은 컴퓨터관련기업들이 고속도로 128번 주위지역에 입지하기 시작했다. 이 지역은 MIT · Harvard를 비롯하여 65개 대학이 위치하는 등 학술 · 과학 · 공학적인 능력을 갖춘 인력의 세계최대의 집중지여서 다른 지역보다 유리한 입지적 여건을 갖고 있다. 이의 결과로 1975~1980년 사이에 약 25.2만의 첨단산업을 중심으로 한 제조업의 새로운 일자리가 창출되었다.

2. 기술도시

(1) 의 의

기술도시(science cities)는 엄격히 말하자면 과학연구복합체(scientific research complexes)로 제조업과 직접적인 공간적 연계는 없다. 이는 격리된 과학적 환경에 인적 · 물적 자원을 집중해서 입주한 연구소간에 상호협력을 통해 보다 높은 과학적 업적을 제고하는 데 있다. 이의 예는 시베리아의 Academgorodok, 일본의 쯔쿠바(Tsukuba)와 칸사이(Kansai), 그리고 한국의 대덕을 들 수 있다. 여기서는 쯔꾸바와 대덕에 대해 검토하기로 한다.

(2) 쯔쿠바

쯔꾸바(筑波) 연구학원도시는 동경의 급속한 발전과 과도한 인구집중으로 인하여 대학 및 연구기관 등의 환경이 점차 악화됨에 따라 높은 수준의 연구 및 교육을 수행하기 위한 거점을 형성함은 물론 수도권전역의 균형 있는 발전을 도모하기 위해 건설하게 되었다. 동경 동북쪽 60km 지역에 위치하며 28,559ha의 면적에 인구 22만 명이 거주할 수 있는 도시이다. 중심지 2,696ha(전체의 9.4%)는 연구교육지구로 인구 10만 명, 이를 둘러싼 나머지 지역은 주변교외지구로 인구 12만 명을 각각 수용하도록 계획하였다. 1963년 각의를 통과하고 1967년부터 토지구입을 시작했다. 현재 48개 국립연구소 및 교육기관이 입지하게 되었고, 200여 민간연구시설이 창설되었거나 계획되어 있다.

(3) 대 덕

대덕연구학원도시는 과학기술입국의 실현을 위해 첨단산업기술분야의 연구소와 주거, 그리고 문화복지시설이 공존하는 우리 나라의 최초의 기술연구도시이다. 1973년 1월 연구학원도시건설을 위한 기본방침을 확정하고, 동년 11월 지구지정, 동년 12월 건설기본계획이 확정되었다. 1974년 4월 건설착수, 1977년 12월 산업기지개발구역으로 지정고시, 1981년 8월 대덕산업기지개발기본계획을 확정했다. 1990년에 건설완료하였다. 기지의 규모는 27.6km^2(834만 평)인데, 14.77km^2(447만 평)에 대해서만 도시적 용도로 개발하고, 나머지는 공원 및 녹지로 보존하도록 했다. 연구단지개발계획의 기본방향은 다음과 같다.

> 첫째, 대전시를 모도시로 하여 기존도심부의 상업서비스기능을 이용하고 주변지역의 공업지대와 연계하여 연구개발의 성과를 산업생산활동과 직결시키는 등 단지와 기존도시와의 연계성을 유지한다.
>
> 둘째, 대전의 업무 · 문화 및 예술 기능의 중심지로 조성하는 둔산신시가지 개발계획과 조화를 이룬다.
>
> 셋째, 전원녹지공간에 주거 · 교육 · 문화 · 복지 시설을 갖춘 쾌적한 환경 속에 교육연구기능이 이루어지도록 한다.

연구시설지는 대학과 연구기관의 유치를 위한 지역으로 지구전체면적의 46.5%인 1,280만m^{2}를 차지하며, 그 배치는 자연의 산지로 둘러싸인 단지 내 지형조건을 이용하여 각각의 시설공간의 독립성과 전원적 분위기를 갖추도록 하였다. 이 연구시설지에는 총 50여 개의 연구기관이 입주하게 계획하고 있다. 주거지는 전체면적의 7%인 190만m^{2}이며, 5개의 근린생활권에 인구 5만

명, 주택 1만 호를 수용할 계획이다. 교통계획은 단지외곽의 동측과 북측은 경부고속도로와 호남고속도로로 연결되며, 서측과 남측은 유성과 둔산지구로 연결되어 있다. 단지 내 도로는 네 방향으로 뻗은 방사상관통로와 단지외곽을 일주하는 환상도로로 나누어져 있다.

3. 기술공원

(1) 의 의

기술공원(technology parks)은 일자리와 기술을 제공하여 결과적으로 소득과 경제성장을 가져올 수 있는 첨단제조기업을 지정된 지역에 집중시키는 데 목적이 있다. 여기서는 제조업의 R&D 기능을 특화하기도 하지만, 주로 제조기능을 강조하고 있다. 정부가 기술공원의 설계와 개발에 주요한 역할을 수행하고 있지만, 기술공원개발업자의 주요 관심은 고성장공업부문의 기업에서의 투자를 유치하여 성장거점으로서 기능하도록 유도하는 데 있다. 이의 예로 타이완의 신주(Hsinchu), 불란서의 소피아 앙띠 뽈리(Sophia-Antipolis), 영국의 캠브리지(Cambridge)가 있다. 여기서는 신주(Hsinchu)에 대해 검토하기로 한다.

(2) 신 주

신주과학기반 공업공원(Hsinchu Science-based Industrial Park)은 대만 서부해안에 위치한 저개발지역으로 신주(Hsinchu)시에서 서쪽으로 6 km의 거리에 있다. 이 공원은 중앙정부에 의해 계획 · 조성되어 1980년부터 운영을 시작했다. 2,100ha의 면적에 공업 · 주거 · 연구 지구와 공공시설과 장래의 확장을 위한 유보지로 구성된 청정 · 쾌적한 환경을 갖고 있다. 정부의 목표는 2000년까지 150～200개의 첨단기업을 유치하여 3～4만의 고용을 창출하는데 두었다. 공단 내에 2개의 국립대와 정부의 연구소가 위치하여 공단발전에 중요한 역할을 수행하고 있다. 정부연구소 · 대학, 그리고 민간첨단기업 간에 협력망을 구축하여 지방경제성장에 기여하는 역할을 수행하고 있다.

4. 테크노폴리스(technopolis)

(1) 의 의

지역개발과 산업분산의 도구로서 건설된 이 유형은 일본의 테크노폴리스 계획이다. 이는 첨단기술산업을 전략산업으로 육성하면서 동시에 균형된 지역발전을 도모하기 위한 것으로 공업발전이 비교적 뒤떨어진 일부지역에 산업 및 주거환경이 잘 조화된 도시를 건설하려는 구상에서 비롯된다.

그림 12-2 테크노폴리스의 공간배치유형

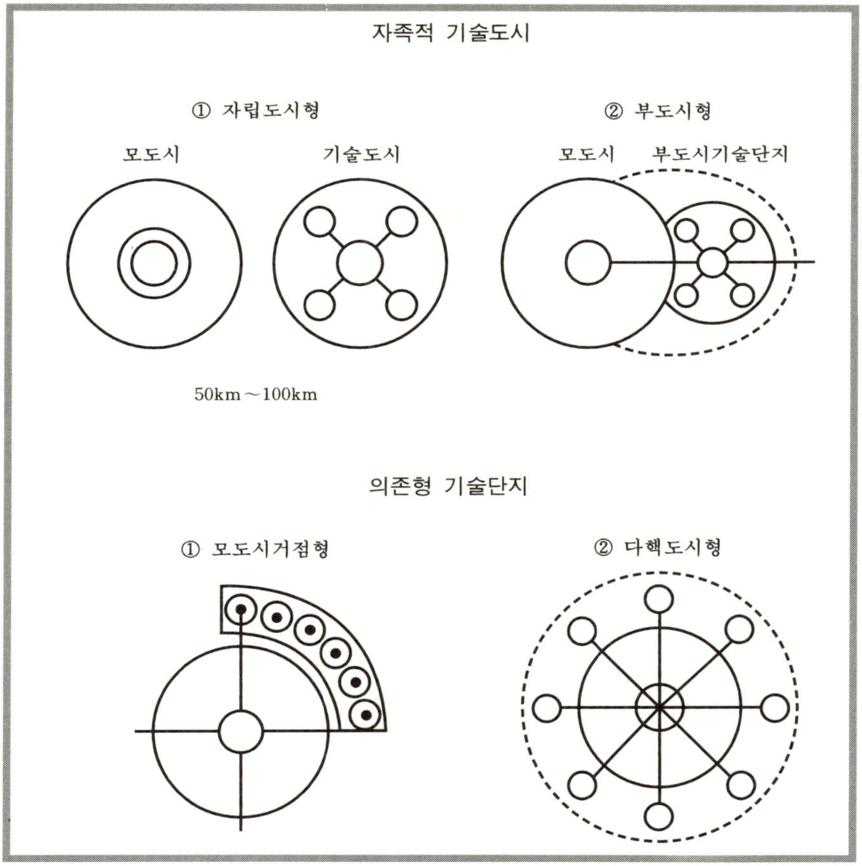

자료 : 권상준, 1998 : 420.

(2) 개발유형

테크노폴리스의 개발유형은 모도시와의 기능분담관계에 따라 신도시형과 모도시의존형으로 구분할 수 있다. 전자는 자립도시형과 부도시형, 후자는 모도시거점형과 다핵도시형의 4가지로 세분할 수 있다(국토연, 1986 : 204~205). 첫째 자립도시형(自立都市型)으로 모도시와 독립된 신도시를 건설하는 것이다. 둘째 부도시형(副都市型)은 모도시근교에 신시가지를 개발하여 모도시의 부도심기능을 수행하도록 하는 것이다. 셋째 모도시거점형(母都市據點型)이란 모도시 및 주변에 제 기능이 배치된 모도시를 핵심으로 일체적인 형태로 개발하는 것이고, 마지막으로 다핵도시형(多核都市型)은 모도시 및 그 주변의 기존의 집적기능을 활용하여 다핵형으로 개발하는 것이다(〈그림 12-2〉 참조).

(3) 건설사례

일본에 건설된 테크노폴리스는 26개인데, 위치와 기능에 따라 3개 유형으로 구분할 수 있다(Castells and Hall, 1994 : 119).

> 첫째 유형은 2차 산업의 기반이 결핍되어 있고, 전통적인 지방공업기업들은 새로운 기술을 수용하기 어려운 여건에 있어 침체하고 있는 테크노폴리스(예 : Hakodate)이다.
>
> 둘째 유형은 위성도시형 공업(반도체 · 세라믹 · 전자 등)을 성공적으로 유치하고 있지만, 전통적인 소기업은 상대적으로 침체되고 있는 테크노폴리스(예 : Tohoku · Kyushu)이다.
>
> 셋째 유형은 전통적인 지방공업을 성공적으로 현대적인 지방산업으로 전환시킨 것으로 전통산업이 보다 R&D에 대한 투자를 높이고 기술집약적인 모습으로 전환하여 성공이 전망되는 유형(예 : Hamamatsu)이다.

전체적으로 테크노폴리스 프로그램은 새로운 고용을 창출하는 데 성공하지 못했을 뿐만 아니라, 성공한 제한된 사례도 자회사(子會社) 유형으로 쇄신적 잠재력이 제한되고 위험에 취약한 면을 보이고 있다(Castells and Hall, 1994 : 141~142).

우리 나라에서는 광주에 1.88km^2(약 570만 평)에 이르는 면적에 대해 연구 · 제조 · 주거의 기능이 조화된 첨단단지를 2단계로 나누어 조성할 계획을 확정하였다(Chung, 1990 : 55~77). 1단계가 조성완료되어 일부기능의 입주·가동이 시작되고 있으나, 기대하는 연구 · 제조 기능의 입주가 이루어지지 않고 있는 실정이다.

제 5 절 개발사업의 평가

Ⅰ. 이론적 평가

신도시개발에 대해 그 긍정적인 효과에도 불구하고, 일부 학자들은 그 경제적 정당성은 불명하다고 비판하면서(Richardson, 1978b : 105~106), 신도시의 유일한 정당성은 기존도시의 확장과 재건축에 적용할 수 있는 쇄신을 검증하기 위한 실험(experiment)에 있다고 주장(W. Alonso)한다. 여기서는 신도시개발논리에 대한 주요한 비판적(批判的) 논점을 요약하여 검토하기로 한다.

1. 대도시분산효과

리차드슨(H. Richardson)은 신도시에 대한 기존의 찬성논리에 대해 다음과 같이 반박하고 있다(Richardson, 1978b : 105~106). 신도시는 혼잡한 대도시지역의 분산도구로서 지지받는 경우가 많았다. 이러한 지지의 이론적 기반은 많은 대도시지역의 규모이하의 적정도시규모의 개념에 근거하고 있다. 그러나 적정도시개념 자체가 모호하다. 그리고 기존도시지역의 지속적 성장이 비효율적이라는 명료한 증거가 어디에도 없다고 지적한다.

분산전략이 신도시의 입지를 정하는데 중요하여 주로 대도시권 인근에 신도시가 건설되었으나, 신도시에 이주해 오는 주민들의 많은 부분은 인근 배후지역에서 오고 있다(Richardson, 1978b : 108). 그리고 신도시에서 수용하는 인구는 전체인구의 극히 적은 부분을 차지하는데 불과하여 국가의 도시정책에 미치는 영향이 매우 미미하다. 대규모의 신도시 프로그램도 도시성장을 수용하는 데 거의 영향이 없었고, 인구성장을 완화하는 데도 큰 효과가 없었다.

2. 재개발보다 저렴한 정책수단

스톤(A. Stone)은 신도시를 분리된 녹지공간(greenfield)이나 처녀도시

(virgin town)로 건설하는 것이 기존도시와 연결된 지역이나 도시중심을 재개발하여 신도시를 건설하는 것보다 비용이 적게 든다는 주장에 대해, 지가가 기존 도시에서의 거리에 따라 낮아진다거나 재개발이 미개발지에 건축하는 것보다 항상 고가라는 주장은 모순이라고 지적한다. 또한 기존도시의 소규모확장정책과 대비하여 신도시개발은 높은 위험에 처하고 수요에 앞서 하부구조에 대한 높은 투자가 요구된다. 이러한 측면에서 신도시는 개인기업의 관점에서는 투기적인 사업이다. 그리고 이러한 이유 때문에 일부 성공적인 경험은 공공부문이 매우 적극적인 역할을 하고, 정부에서 장기보조를 제공하는 곳에서 발생함을 볼 수 있다.

신도시건설은 농업용지의 보존과 지속가능개발에 긍정적인 영향을 주는 것만은 아니라는 지적도 있다. 이는 기존도시는 신도시보다 높은 밀도에 의해 인구증가에 대처하기 때문이다.

3. 적정규모와 균형사회건설

신도시는 독립적, 자립적인 지역사회가 되기 위해서는 상당한 규모 이상이어야 한다. 개발과 재화 · 서비스의 생산에서의 완전한 규모경제를 위해서는 적은 인구규모를 가진 도시에서는 달성하기 어렵다. 대도시에 근접한 소도시의 경우는 대도시의 시설과 서비스에 대한 혜택을 얻을 수 있지만, 이러한 개발은 자립원리에 반하는 것이다. 때문에 초기의 신도시보다 최근에 이를수록 신도시의 인구규모가 확대되고 있음을 확인할 수 있다(Harvey, 1992 : 254～256).

신도시에 대한 정당성의 상당부분은 소도시가 대도시에 비해 공동체 사회, 쾌적한 환경, 그리고 사회적 균형의 점에서 우월하다는 논리에 바탕을 두고 있다. 그러나 작은 것이 큰 정부 또는 새로운 것이 오래된 것보다 이점을 갖고 있다는 것은 편견이다. 아울러 신도시는 잘 계획된 주택과 공간조직을 포함한 매력적인 생활환경이 주민을 유인하는 효과를 가져온다고 주장한다. 그러나 실제적인 신도시유입인구는 특정계층을 중심으로 이루어지는 경향이 있기 때문에 균형사회건설목적과는 거리가 있는 경우가 많다.

Ⅱ. 경험적 평가

1. 영 국

영국의 신도시정책은 국가의 주택문제를 해결하는 데 일부 기여하고, 인구배분에 영향을 주는 도구로, 사회적 실험으로, 건축· 계획, 그리고 도시형태에서 쇄신을 수용한 점에서 성공적이었다(Richardson, 1978b : 109). 균형되고 근린단위의 자립적 도시의 초기적 구상은 수정되었다. 경직적인 토지이용지역제의 포기, 토지배분에서의 신축적 접근, 다른 중심들과의 연계강화, 보다 큰 규모의 도시로의 변환, 다양한 주택공급은 여러 가지 오류를 피할 수 있게 해 주었다(Richardson, 1978b : 109).

영국의 신도시는 정부의 지원 하에 미국과 다른 여러 혜택을 누릴 수 있었다(Peiser and Chang, 1999 : 1681). 즉 중앙정부의 지원 하에 충분한 재원을 확보할 수 있었다. 토지수용권에 의해 토지를 저렴하게 획득할 수 있어 미국의 민간개발신도시가 누릴 수 없는 경제적 이점을 얻게 되었다. 또한 신도시 입지는 중앙정부에 의해 전략적으로 선택할 수 있어서 미국에서 개발업자가 신도시의 부지로서 제한된 토지에 대해 선정해야 하는 것과는 대조된다. 더욱이 영국의 신도시는 기업과 정부기관들이 신도시에 입지하는 데 중앙정부의 지원을 받을 수 있었다.

2. 미 국

미국의 공공부문의 신도시프로그램(Title VII)에 의해 건설된 14개 신도시 중 13개가 파산하여 실패한 사업으로 종결되었다. 결국 이 프로그램은 통과된 지 6년 후인 1976년에 폐지되었다. 그리고 민간부문에 의해 건설된 신도시들도 일부의 성공사례를 제하고는 대부분 파산하거나 재정적 재구성을 해오고 있다(Peiser and Chang, 1999 : 1680).

미국의 신도시가 실패한 원인은 여러 가지가 있지만, 불량한 부지선택(정부가 최선의 입지를 선택하기보다는 토지소유자가 부지를 제안), 부적절한 후원(대규모 지역사회개발의 경험이 적은 개발업자), 그리고 부적절한 재원을 포함한다(Peiser and Chang, 1999 : 1680).

3. 한 국

수도권역의 신도시건설의 성과(成果)는 부동산시장의 안정 및 서민주거 수준향상, 계획적인 도시개발과 양질의 택지공급, 산업파급효과 및 고용효과, 그리고 기반시설공급의 긍정적 효과를 가져왔다(배순석 외 5인, 2000 : 83~93).

신도시개발의 문제점(問題點)은 신도시주변의 난개발, 주거기능위주의 배드타운, 단기간의 건설 및 재원조달상 어려움 등을 들 수 있다(배순석 외 5인, 2000 : 94~100). 신도시개발에 따른 개발이익의 추구를 위해 소규모 개발이 신도시주변에 무분별(無分別)하게 일어나고 있다. 수도권 신도시는 주택시장의 심각한 수급불안해소를 위해 주택의 조기대량공급을 주된 정책목표로 하여 계획되었다. 이러한 이유로 이들 신도시들에는 주거(住居)나 상업기능(商業機能) 이외의 여타 도시기능유치를 위한 충분한 조치가 병행되지 못했다. 선진국의 신도시건설기간이 20~30년 이상이 소요되는 경우가 많은 데 비해, 우리 나라는 매우 짧은 기간에 건설되었다. 단기간(短期間)의 건설(建設)로 인해 단계적이고 체계적인 개발이 이루어지지 않음으로써 부작용과 문제점 또한 발생하였다. 신도시개발사업 집행과정에서 소요되는 도시개발자금(都市開發資金)을 단시일 내에 택지분양수익으로 조달하고, 이러한 분양수익으로 도시주변의 기반시설에 투자하도록 계획되어 있다. 즉 도시 내 기반시설에 대한 선행투자가 어려우며, 상업·업무용지를 저렴하게 공급할 수 없어 자족기능과 편익시설을 조기에 정착시키기 어려운 문제도 야기시켰다. 이외의 문제로 고밀도아파트중심의 도시개발로 지속가능한 도시개발과는 거리가 멀다. 신도시주변지가의 상승과 이의 외부유출로 원주민의 상실감을 유도했다. 그리고 수도권에 대한 집중투자로 국토의 불균형을 초래하게 되었다.

이러한 문제를 해결하기 위해서는 충분한 시간을 두고 단계별·종합적으로 계획하고 개발하여 부동산투기를 억제하고 부정적인 효과를 줄여서 지속가능한 도시가 되도록 해야 한다(배순석 외 5인, 2000 : 101~102).

제 13 장

지속가능개발

제1절 개 요

Ⅰ. 의 의

1. 개념정의

(1) 지속가능개발

지속가능개발(持續可能開發)에 대해 부른트랜드위원회(Brundtland Commission)에서는 '장래세대의 수요충족에 대한 손상 없이 현세대의 수요충족을 보장하는 인류의 능력'이라고 정의하고 있다(OECD, 1990 : 20). 지금까지는 이 정의가 가장 많이 사용되고 있지만, 약간 다른 시각의 정의도 제시되고 있다. 즉, 지속가능개발을 '생태체계를 지지할 수 있는 수용력의 범위 내에서 삶의 질을 개선하는 것'(UNEP), '자연 · 건축 · 사회 체계의 활력에 위협이 없이 지역사회의 모든 주민에게 기초적인 환경 · 사회 · 경제적 서비스를 제공하는 개발'(ICLEI), '지지생태체계의 수용력 내에서 생활하면서 삶의 질을 개선하는 수단'(World Conservation Union)이라고 각각 정의하고 있다(Cartwright, 2000: 68; EGUE, 1996 : 8).

(2) 지속가능도시개발

지속가능개발에 대한 관심은 증가되고 있지만, 지속가능한 도시개발의 구체적인 방안에 대한 합의는 부족하고, 구체적인 정책으로서 경험적인 적용이 결여되어 있다(Nijkamp and Opschoor, 1997 : 52).

지속가능도시개발(sustainable urban development)은 지방 · 국가 · 지구생태 체계의 변화하는 생산잠재력과 조화를 이루는 도시개발이라고 볼 수 있다(OECD, 1990 : 20). 보다 높은 지속성을 확보하기 위해서는 도시개발은 기능적이며 자기규제적 성장과 최소낭비의 원칙을 견지해야 한다(OECD, 1990: 37). 여기서 기능적이며 자기규제적 성장원칙이란 특정부문의 경제성장은 전체로서 체계성장에의 순기여 정도에 따라 평가된다는 뜻이다. 최소낭비의 원칙은 자원에 대한 효율적인 재순환틀로서의 자연생태체계가 기능하도록 해야 하는 것을 의미한다.

(3) 정의의 특성

지속가능개발에 대한 개념정의들에는 보다 구체적인 설명이 요구되는 개발(開發) · 수요(需要) · 장래세대(將來世代)의 개념이 포함되어 있다(Blowers, 1993 : 5~6; Gaffikin and Morrissey, 1999 : 91).

개발(development)은 성장과 혼동하기 쉽지만, 양자의 개념에는 차이가 있다. 즉, 성장은 경제체계의 물리적 · 양적 확장을 의미하고, 개발은 문화 · 사회 · 정치적 차원의 개선과 진보의 관념을 포함하는 질적 개념이다. 유엔헌장(The Charter of U. N.)에서는 개발(開發)을 '보다 큰 자유 속에서의 사회적 진보와 생활수준의 향상'이라고 정의했다. 이는 개발을 개선된 삶의 질로 이해하는 매우 포괄적인 의미이다(Pezzoli, 1997). 수요(needs)는 자원의 배분과 관계되는 것으로, 지속성은 모든 사람의 기초수요를 충족시키고 보다 나은 생활에 대한 열망을 충족시키기 위한 기회의 배분에 이르게 한다. 장래성(futurity) 또는 세대간 형평(inter-generational equity)은 인간의 활동을 고려함에 있어 장래세대의 수요와 열망을 충족하기 위한 현재세대의 능력을 고려해야 한다. 지속개발은 사람 · 세대 · 지방 간에 균형을 추구하는 것이지만, 경제적 필요와 환경적 수용력 간의 복잡한 균형을 의미한다(Hardy and Lloyd, 1994 : 773; Haughton and Hunter, 1994 : 16~19). 지속가능한 개발의 경제적 의미는 경제적 효율성과 소득의 균등배분이라는 전통적 관심에 모아지고 있다. 이는 현세대에 의해 차세대가 불이익을 받지 않기 위해서는 현세대에 의해 장래세대에 대한 실제적인 보상이 자본재의 전이를 통해서 이루어져야 함을 의미한다(Barbier, *et al.*, 1990 : 1260).

2. 역사적 배경

(1) 대두배경

지속성개념(sustainability concept)의 탄생은 환경과 개발과 관련된 지구문제에 대한 새로운 인식의 논리적 부산물이다. 1970년대까지는 정치가와 정책결정자들은 환경에 대해 중립성입장에서, 환경은 이용 또는 개발하고 어떤 경우는 보전해야 한다는 시각이 대부분이었다(Buckingham-Hatfield and Evans, 1996 : 2). 그때까지는 오로지 일부 학자들과 사회운동가들만이 성장이나 환경개발을 제한해야 한다는 생각을 가졌었다.

많은 학자들의 입장에 변화를 가져온 계기는 로마클럽(Club of Rome)의 「성장의 한계」(*The Limits to Growth,* 1972)의 출간과 1972년에 스톡홀름에서 개최되었던 유엔환경회의였다(Wheeler, 1998 : 436; Buckingham-Hatfield and Evans, 1996 : 2). 로마클럽보고서의 결론은 세계의 인구 · 오염 · 식량생산과 자원소모의 현재추세가 변하지 않는다면, 지구의 성장한계는 백년 이내에 도달할 것이라는 것이다. 그러나 이러한 성장추세는 변경가능하고, 이를 통해 생태적 · 경제적으로 안정적 여건을 확립할 수 있다는 긍정적인 결론도 첨부하였다(Pezzoli, 1997). 이 보고서는 결론적으로 현대공업사회와 관련된 경제성장은 환경에 위해(危害)를 가져오기 때문에 경제성장과 환경보호를 가능하면 조화시켜야 한다고 주장했다(Ratcliffe and Stubbs, 1996 : 143).

(2) 유엔 인간환경회의

개발과 보전이라는 대립적인 개념에 대한 국제적인 인식의 출발은 1972년 스톡홀름에서 개최된 「유엔 인간환경회의」(The United Nations Conference on the Human Environment : UNCHE)였다. 이 회의는 환경문제의 심각성을 인식한 선진국주도로 개최되었으나, 개발도상국은 환경보전보다는 개발이 시급한 과제라는 견지에서 부정적인 입장이었다. 어쨌거나 이 회의의 결과 인간환경선언 및 인간환경을 위한 행동계획을 채택하고, 「유엔환경계획」(United Nations Environmental Programme : UNEP)을 창설하였다.

1982년 나이로비에서 개최된 UNCHE의 10주년 기념회의에서는 그동안의 성과를 평가하는 과정에서 보다 장기적이고 종합적인 환경계획의 필요성을 지적하였다. 1983년 UN총회에서는 환경과 개발 간의 관계 및 관련문제를 조명하는 보고서를 작성하도록 결정하였다. 이에 따라 1983년에 구성된「환경과 개발에 관한 세계위원회」(World Commission on Environment and Development;WCED : Brundtland Commission)에서 1987년에 「우리의 공동미래」(Our Common Future, 일명 Brundtland Report)라는 보고서를 발표하여, 빈곤과 악순환으로부터 탈피하여 환경과 자원기반을 보전하면서 개발을 추진할 수 있는 지속적 개발이 중요한 경제정책이라고 주장하였다(곽승준 · 김선희, 1994 : 21; 유동운, 1992 : 419).

(3) 지구정상회의(Earth Summit)

1992년에 UNCHE 20주년 기념으로 리우데자네이로(Rio de Janeiro)에서 지구정상회의(Earth Summit)로 알려진「국제연합 환경과 개발에 관한 회의」(The United Nations Conference on Environment and Development : UNCED)를 개최했다. 이 회의에서 채택한 문서내용은 환경과 개발에 관한 리우선언(Rio Declaration), 21세기를 위한 세부실천요강〔「의제 21」(Agenda 21)〕, 기후변화협약, 생물다양성협약, 산림원칙성명으로 구성되어 있다.

(가) 리우선언　　이 선언에서는 세계에 만연된 빈곤의 근절을 요구했다. 아울러 오염을 발생시킨 자 —— 주로 부유한 선진국 —— 는 이를 정화해야 하고, 그들은 빈곤국이 환경적으로 건전한 방법으로 그들의 삶의 기준을 개선하도록 도와야 한다는 원칙을 제시하였다(Pezzoli, 1997).

(나)「의제 21」　　「의제 21」(Agenda 21)은 지속개발을 위한 국가의 행동강령으로 2000년까지 수행해야 할 2,500여 개의 행동을 구체적으로 제시한 내용이다(Macdonald and Heaney, 1999 : 41). 유엔총회에서는 UNCED의 결과를 지지하고 UNCED 합의내용의 이행에 대한 검토를 향후 유엔총회의 매년 토의의제로 선정하였으며,「의제 21」의 국가별 집행상황을 검토 · 감독하기 위해 경제사회이사회에 지속개발위원회(Commission on Sustainable Development : CSD)를 설치하였다(Ratcliffe and Stubbs, 1996 : 144; 이호생, 1994 : 9~13).

(다)「지방의제 21」　　「의제 21」의 권유에 따라(제28장 제 2 절 a) 지방

정부가 주체가 되어 주민의 참여와 협조를 통해 구체적인 행동계획으로서 「지방의제 21」(Local Agenda 21)」을 많은 지자체에서 채택하기에 이르렀다. 이는 「의제 21」의 행동내용 중 3분의 2는 지방기관과 관련되는 것이기 때문에 각 지방기관이 자체적인 지방의제를 도출하도록 한 것이다(Macdonald and Heaney, 1999 : 41).

⑷ 세계정상회의(World Summit)

㈎ 개최배경 2002년 여름(8. 26~9. 4)에 남아프리카의 요하네스버그(Johannesburg)에서 지속가능개발에 관한 세계정상회의(World Summit on Sustainable Development)를 개최하였다. 이는 1992년 지구정상회의(Earth Summit)의 10년이 지난 시점에 이의 집행상황을 점검하고, 이에 대한 보다 나은 집행방안을 구체화하기 위한 목적으로 개최하였다. 이 회의에는 정부수반, 국가대표, NGO · 기업 · 기타 집단의 지도자들을 포함한 많은 사람들이 참여하였다.

㈏ 의 제 인간 삶의 개선, 인구 증가에 따른 자연자원의 보전, 증가되는 식량 · 물 · 주택 · 위생 · 에너지 · 보건서비스 · 경제적 안전성을 포함한 주요 난제들을 주요 의제로 선정하여 논의하였다.

㈐ 채 택 문 회의 결과, 요하네스버그 선언(Johannesburg declaration)과 세계정상회의의 집행계획(Implementation plan of World Summit)의 두 가지 사항에 대한 논의결과를 채택하였다. 채택된 집행계획의 부록에는 빈곤퇴치, 생산과 소비의 비지속가능 패턴의 변화, 자연자원의 보호와 관리, 세계의 지속가능개발, 건강, 지역별 지속가능개발, 집행수단 및 제도정비의 사항이 포함되어 있다.

⑸ 도시정상회의

1996년에 이스탄불(Istanbul)에서 개최된 「인간정주회의」(Habitat Ⅱ: City Summit)에서는 모든 사람에게 적정한 주거와 도시세계에서의 지속가능한 인간정주개발이라는 두 가지 주제를 놓고 회의를 하였다(Pezzoli, 1997). 이 회의에서 「인간정주회의의제」(*Habitat Agenda*)를 발간했는데, 여기서 21세기의 처음 20년간 세계의 도시와 농촌은 지속가능한 인간정주가 되는 개발을 위해 국제 · 국가, 그리고 지방수준의 행동이 지구적으로 요구된다고 결론맺었다

(Pezzoli, 1997). 그러나 국가간에 서로 다른 정치 · 사회 · 경제적 입장의 차이에 의해 지속가능도시에 대한 구체적 합의는 도출하지 못했다(Satterthwaite, 1997 : 1667~1668).

Ⅱ. 지속성의 논리

1. 생태중심철학과 기술중심철학

환경주의(環境主義)는 생태중심철학과 기술중심철학이라는 두 개의 상이한 철학적 바탕 위에서 발원했다(O'Riordan, 1977 : 4~11).

생태중심철학(生態中心哲學)은 자연은 인간생활에만 필수적인 것이 아니라, 인간의 개성 · 사회적 기능 · 인간관계의 기본적 매체라고 믿고 있다. 따라서 사람들에게 개방공간과의 접촉과 자연적 경험은 인간실존에 필수부문이고, 자연 없이는 인간의 잠재력을 성취할 수 없다고 본다. 기술중심철학(技術中心哲學)은 과학적 합리주의의 물결에서 출현한 것으로 효용적 관점에서 '최장기간에 최대다수에게 최대혜택'을 제공할 수 있는 자연의 이용방안을 모색하는 실용적 · 낙관적 견해이다. 그러나 이 양 견해는 근본적인 차이라기보다는 정치적 상황에 따른 지적 이념의 분리라고 본다.

2. 인간중심주의와 비인간중심주의

정통적인 인간중심주의(anthropocentrism)는 인간을 도덕적 가치를 가지고 있는 유일한 존재로 여기는 반면에 인간 이외의 존재에 대해서는 인간의 필요와 이익의 관점에서 본다. 또한 여기서는 서구사고를 지배했던 사회와 경제적 이익을 주요한 가치로 보고, 자연의 경제는 자원의 소비와 보전의 시각에서 본다(Buchdahl and Raper, 1998 : 94).

비인간중심주의(nonanthropocentrism)는 자연은 스스로 가치 있는 것으로 보아야 하며, 인간에의 혜택을 제공하는 여부에 의해서 판단해서는 안 된다고 여긴다. 여기서는 자연의 경제가 주요한 가치로 인간의 사회와 시장경제는 자연경제에 기생한다고 본다. 사회와 경제개발은 자연제약에 의존해야 한다고 생각한다(Buchdahl and Raper, 1998 : 94).

3. 강지속성과 약지속성

지속성(持續性)에 대한 논의가 진전됨에 따라 약한 관념의 지속성과 강한 관념의 지속성으로 대비되는 개념이 나타나게 되었다. 이는 심록(deep green) 생태학과 경록(light green) 환경주의자 사이의 오래된 차이를 반영하는 것이다(Haughton and Hunter, 1994 : 20).

약지속성(weak sustainability)의 입장은 자연환경자원을 인조자본축적과 대체할 수 있다고 간주한다. 이 견해는 새로운 기술산물은 자연환경자원에 어떤 경우에도 대체할 수 있기 때문에 체계 내의 전체적인 자본수준은 일정하거나 증가되는 수준으로 유지할 수 있다고 본다. 그러나 강지속성(strong sustaninability) 시각은 인조자본축적과 자연환경자본축적은 언제나 상호교차 관계를 갖는 것은 아니라고 본다. 이의 지지논리는 인조자본은 즉각적으로 상하로 변동하지만, 자연자본자산이 일정수준 이하로 고갈되면 그 효과는 돌이킬 수 없고 소멸될 가능성이 있다고 여긴다.

경록(輕綠)은 자연이 인간에 친절하기 때문에 인간도 자연에 친절해야 된다는 인간중심적 시각(human-centered perspective)이고, 심록(深綠)은 지구와 그 피조물은 우리의 존재사유와 같이 존재권리를 갖고 있기 때문에 지구를 존경해야 된다는 자연중심적 시각(nature-centered perspective)이다(Barton, 1996 : 117). 이러한 양 시각에서 지속성은 개발론자와 환경주의자 사이의 간극을 연결하는 조정적 단어이다(Haughton and Hunter, 1994 : 21).

제 2 절 도시개발의 방향

Ⅰ. 도시개발의 원리

1. 개발의 목표

지속가능개발의 목표에 대해 다양한 견해가 있는데, 서로 상충되는 면이 있다. 경제학자들은 성장 · 균형 · 효율을, 사회학자들은 참여 · 사회적 이동 · 사회적 결속 · 문화적 정체성 등을 제시하고 있는 데 비해, 생태학자들은 생태체계의 통합 · 처리능력, 생태적 다양성 등의 측면에서 검토하고 있다(Drakakis-Smith, 1995 : 663).

지속가능한 개발이 되기 위해서는 장래개발과 관련된 모든 의사결정을 유도할 5가지의 근본적인 목표에 부합되어야 한다(Blowers, 1993 : 6~8).

(1) 자원보전

자원보전의 목표는 효율적 토지이용, 비재생자원의 낭비적 사용의 억제, 비재생자원의 재생가능한 자원으로의 대체, 그리고 생태적 다양성의 유지를 통한 현세대와 장래세대의 자연자원의 공급을 보장하는 것으로 요약할 수 있다.

(2) 건축개발

이 목표는 물리적 자원의 이용과 이의 토지에 대한 영향에 관한 것이다. 자원보전은 자원소비를 최소화하고, 토지의 생산성을 유지하며, 건물의 재사용을 촉진하는 개발패턴을 요구한다. 건축개발의 목표는 건축환경의 개발과 사용은 자연환경과 조화를 이루고, 양자간은 균형을 유지하거나 상호 상승하는 것을 보장해야 한다.

(3) 환경의 질

개발은 환경의 질을 중시해야 한다. 이는 환경을 악화시키거나 오염시키는 것을 피해야 하며, 이를 통해 재생력을 감소시키지 말아야 한다는 것을 의미한다. 때문에 이 목표는 환경을 악화하거나 오염시키는 과정을 줄이고, 생태체계의 재생력을 보호하며, 인간건강을 해치거나 삶의 질을 저감시키는 개발을 방지해야 한다는 것이다.

(4) 사회적 형평

사회적 불평등을 줄이고 국가간 또는 국내에서의 갈등을 줄이는 것은 부국과 빈국 모두에게 장기적으로 환경적 이익을 제공하게 된다. 지속성은 물리적 · 사회적 · 도덕적 개념이며, 이의 목표는 빈부의 격차를 증대시키는 어떠한 개발도 방지하고 사회적 불평등을 감소시키는 개발을 조장해야 한다.

(5) 정치적 참여

변화는 위로서만 얻어지는 것이 아니라, 밑으로부터도 촉진된다. 중앙정부로부터 지방정부로의 분권은 지속가능한 정책에 대한 책임의 분산을 촉진하고, 쇄신의 기회를 증대한다. 따라서 지역사회수준에서부터 각급 상급수준의 정부에 이르기까지 정치적 의사결정과 환경개선노력에 참여가 제고될 수 있도록 가치 · 태도 · 형태에 변화가 있어야 한다.

2. 개발의 지도원리

도시의 지속적 개발을 위한 지도원리는 생태적 · 사회경제적 · 관리적 범주로 나누어 고찰할 수 있다(Haughton and Hunter, 1994 : 200~235).

(1) 생태적 원리

(가) 치유보다 예방 이 원리는 개발에 대한 예방적 접근을 의미하는 것으로, 활동의 환경에 대한 영향이 명료하게 파악되지 않으면 행동을 삼가해야 한다는 것이다.

(나) 환경적 상호의존성 도시는 지역 · 국가 · 지구적 차원에서 주변지역의 환경에 직 · 간접으로 심대한 영향을 미친다. 때문에 정책결정자는 도시 내외의 바람직하지 못한 영향을 극소화시키기 위해서 환경적 상호의존성을 이해해야 한다.

(다) 폐기물극소화 환경친화적인 도시가 되기 위해서는 원료의 재사용과 재순환을 극대화하고, 불필요한 폐기자원을 최소화하고, 제품의 내구성을 높여야 한다.

(라) 재생 · 재순환 가능재료의 최대사용 지속가능개발을 위해서는 저폐기물 또는 무폐기물 기술의 사용을 장려해야 하고, 지속성의 한계 속에서 재생가능한 자원의 사용을 극대화해야 한다.

(마) 다양성변이의 유지와 제고 이 원리는 지구적 수준과 지방적 수준 양면에서의 생태다양성과 관계된다. 이 다양성은 자연 · 문화 · 경제 환경에까지 확대하여 적용되어야 한다는 의미이다.

(바) 지방의 환경포용력 확인 환경문제에 대한 대처능력에 있어 지방적 차이가 있음을 수용해야 한다. 예로 미기후(microclimates)는 도시의 환경적 능력에 영향을 미치고, 도시개발은 미기후에 영향을 주는 관계에 있다. 따라서 도시개발시 지방의 환경적 포용력과 대처능력 간의 의미를 검토해야 한다.

(사) 연구를 통한 환경이해제고 지속가능한 도시개발을 위한 모든 지도

원리는 환경적 과정에 대한 높은 이해가 필요하다. 또한 환경오염과 도시관리에 대한 기초연구도 중요하다.

⑵ 사회 · 경제적 원리

이는 주로 개인과 기업에 의해 환경의 남용을 통제하는 정책과 관련되는 것이며, 환경과 경제 간의 상호의존성과 관련된 원리이다.

㈎ 적절한 기술 · 원료 · 설계의 사용　환경문제에 대한 기술적 해결은 자연에 반(反)하는 작업이고 고가(高價)인 경우가 많다. 때문에 저가(低價)의 고유한 해결책이 고가의 수입된 모형보다 특히 유용할 수 있다는 점을 유념할 필요가 있다.

㈏ 경제적 부와 환경적 부에 대한 새로운 지표의 설정　현재 대부분의 국가에서 국부측정에 사용하고 있는 국민소득(GNP)은 인공적인 것만 인지했지 자연자산은 도외시했다. 결과적으로 장기적인 성장력으로서의 환경과 자연재고를 급격하게 고갈시키며, 오도된 성장을 가져왔다. 때문에 국부에 대한 새로운 지표선정이 중요한 의미를 갖게 되었다.

㈐ 경제적 생산성과 환경적 생산성을 위한 새로운 지표의 설정　이는 낭비적 생산과 비재생자원의 비지속적 사용에서 지속성을 고려한 자원사용으로의 변환을 모색해야 한다는 의미이다. 이를 위해 생산성은 자연자원에 대한 투입요소의 결과로서 측정되어야 한다.

㈑ 규제적 통제로 수용가능한 최소기준확립　전통적으로 국가와 지방정부에서는 환경정책의 집행에 있어 '명령과 통제'적 접근을 해왔으나, 배타적인 직접규제의 사용은 효과체감을 가져옴으로써 기대했던 성과를 확보하기 어려웠다. 따라서 개선된 시장장려책은 환경문제에 대한 최소기준을 설정한 법률적 규제와 함께 사용해야 한다.

㈒ 환경비용의 내부화　이 원리의 핵심은 오염발생자가 자연환경의 '자유재'를 남용하는 상황을 적극적으로 제거함으로써 시장기능이 작용하도록 할 필요가 있다. 이에 의하면 환경재(環境財)의 사용자는 그들의 행동에 대한 총비용을 지불해야 한다. 결과적으로 경제정책은 오염발생자와 자연자원사용자가 그들의 행동에 따른 진정한 환경비용지불을 조장하는 것이 필요하다.

㈓ 환경정책에 대한 사회적 수용성보장　환경의 소비에 따른 비용부담

은 사회의 소외계층, 그리고 특정지역에 수용하기 어려운 추가적 재정부담을 가져올 수 있다는 점을 인지하는 것이 중요하다. 따라서 지불능력을 고려하여 특정계층에는 비용부담유예조치 등으로 사회적 수용력을 확보해야 한다.

(사) 광범한 공공참여 환경정책결정에 참여를 확대함으로써 전략형성·정책집행, 그리고 사업계획의 관리를 보다 효과적으로 수행할 수 있다.

(3) 관리원리

도시환경개선정책의 성공은 이들 정책들이 계획 · 집행 · 조정 · 모니터되는 방법에 따라 좌우된다. 관리원리는 도시지역에서의 환경개선을 위한 효과적 행정의 지침을 제공한다.

(가) 보 조 성 보조성은 권력과 책임의 분권을 의미한다. 많은 국가에서 도시환경정책제안을 중앙정부에서 작성집행하고 있는데, 지방정부나 지역사회집단에 보다 큰 자율성을 부여해야 할 필요성이 증대되고 있다. 도시환경프로그램의 집행과 관리는 가능한 한 정부의 책임이 최저가 되는 수준에서 이루어져야 한다.

(나) 신축적인 정책작성과 집행 도시와 환경문제의 광범성과 동학성을 고려하면 도시환경관리에 대한 신축적인 접근이 요구된다. 복합적 문제는 복합적 해결을 요하고, 때문에 특정한 철학적 접근과 원리에 의한 개별적 정책도구의 사용보다 도구의 '포트폴리오'(portfolio)(예 : 가격· 과세 · 보조금 · 규제책의 조합)의 고려가 보다 효과적일 수 있다.

(다) 장기적인 환경관리전략 세대간 형평성은 필연적으로 환경관리에 대한 장기적 시각을 요구한다. 개별도시에 대한 전략적이며 장기적인 시각은 현재와 장래 주민의 생활의 질 제고에 중심목표가 되고, 이를 통해 지구의 지속성에 기여할 수 있다.

(라) 환경관련정책간의 조정 정부 간 또는 정부 내의 정책은 환경정책과 다른 정책 간의 보완과 조정, 그리고 공 · 사부문 간 동반자관계를 통해 개선될 수 있다.

(마) 비차별과 동등한 청문권 도시개발제안은 다른 지역에 악영향을 미칠 수 있는데, 영향지역 내외의 주민에게 동등한 청문권을 부여하는 것이 요구된다. 이는 초경계적인 오염문제는 영향받는 모든 사람들에게 동등한 권리

를 부여함으로써 해결할 수 있다는 의미이다.

(바) **환경정보에 대한 접근성제고** 지역사회와 기업은 당연한 권리로서 개발제안의 환경적 결과를 알려야 한다. 정보에 대한 보다 나은 이용가능성은 의사결정의 개선에도 중요하다.

Ⅱ. 도시개발의 방향

1. 기본방향

(1) 「의제 21」의 개발방향

리우환경회의의 행동강령인 「의제 21」(Agenda 21) 중 제 7 장인 지속가능한 인간정주개발증진(Promoting Sustainable Human Settlement Development)의 방향은 다음과 같다(지구환경대책기획단, 1992 : 138~164).

① 전 주민에게 적절한 주거지 제공
② 인간정주관리의 개선
③ 지속가능한 토지이용계획 및 관리의 증진
④ 환경하부시설의 통합설비구축
⑤ 정주체계에서의 지속가능한 에너지 및 교통체계개선
⑥ 재해위험지역 내의 정주계획과 관리의 향상
⑦ 지속가능한 건설산업활동의 촉진
⑧ 인적 자원개발 및 정주개발능력형성의 증진

(2) 주요 부문별 방향

지속가능도시개발(sustainable urban development)은 도시의 장기적인 사회와 생태적 건강을 제고하는 개발이라고 정의할 수 있으며, 이러한 개념정의에 의한 도시개발의 방향은 다음을 포함해야 한다(Wheeler, 1998 : 439~443).

1) **조밀 · 효율적 토지이용** 토지는 가장 중요한 제한된 자원이기 때문에 기건축지역의 토지이용의 효율성을 높여서 보다 녹지가 많고, 안전 · 쾌적 · 생활가능한 지역으로 만들어야 한다.

2) **자동차저감 · 접근성제고** 현 교통체계는 오염 · 혼잡 · 교외확산 · 생태파괴 · 사회분화와 같은 도시문제를 야기하고 있다. 보다 지속가능한 도시교통이 되기 위해서는 근접에 의한 접근, 현 교통위계의 개편, 수요감소원칙에

근거해야 한다.

3) 효율적 자원이용, 오염과 폐기물감소 지속성으로의 지향은 에너지와 자원의 흐름에 많은 관심을 기울이며, 보다 현명한 자원사용이 되도록 계획하는 것이다.

4) 자연체계의 회복 도시의 많은 지역이 인공적이지만, 아직도 거의 대부분의 입지는 원래의 생태체계로 재생할 수 있는 요소가 많다. 이러한 회복노력은 거주성 · 생태적 건강, 그리고 도시지역의 전체적 지속성에 보탬이 된다.

5) 양호한 주택과 생활환경 품위 있는 인간의 삶이 유지될 수 있는 주거공간을 확보한다는 것은 매우 중요하다.

6) 건강한 사회생태 건강하고 지속적인 사회생태를 제고하기 위해서는 인간사회 · 기회, 그리고 권한을 제고할 수 있는 모든 기회를 추구하는 것을 의미한다.

7) 지속가능경제 인간과 자연체계에 장기적인 건강을 제공하는 경제는 회복경제(restoration economy) · 인간중심경제(human centered economy), 그리고 지방중심경제(locally-oriented economy)가 되도록 해야 한다.

8) 지역사회참여와 개입 지방과 지역의 민주주의의 함양은 도시지속성의 중요 요소인데, 이를 위해 보다 개방적인 지방정치과정, 계획에서의 주민참여가 제고되어야 한다.

9) 지방문화와 지혜의 보전 도시지역의 문화적 전통은 지역의 활력을 제공하고, 지방문화 · 역사 · 지혜는 지속성을 가미해 주기 때문에 보전해야 한다.

2. 개발계획

(1) 지속개발의 집행

지속가능개발을 집행하는 데는 다음의 몇 가지 점을 고려할 필요가 있다(Macdonald and Heaney, 1999 : 48~49).

1) 물리적 환경은 물론 사회적 형평과 경제적 측면을 고려하는 총체적 접근(holistic approach)이 필요하다.

2) 상이한 정책의 통합, 특히 환경 · 경제 · 사회적 문제를 통합하기 위해 명료한 장기전략이 필요하다.

3) 계획은 환경역량(environmental capacity)에의 도달 여부에 관해 보다 엄격한 검토를 해야 한다.

4) 많은 유인책과 억제책을 이용한 적극적인 환경결정들이 제시되어야 한다.

5) 환경정책의 집행에 의해 혜택받지 못한 계층이 더욱 혜택받지 못해서는 안 된다.

6) 지속가능개발을 달성하기 위해 다양한 공 · 사 조직과 기업들이 개입되어야 한다. 지역의 기업과 지역사회조직들의 지지가 없는 전략은 성공하지 못한다.

7) 민주주의와 형평은 주민참여증대를 통해 제고되어야 한다.

8) 상이한 지역과 사람의 유형에 따른 국지화된 수요는 인지되어야 한다.

9) 정부간의 조화가 요구된다.

(2) 지속성지표

도시지속성지표는 여러 세대에 걸쳐 장기적으로 경제, 사회 또는 환경적 건강에 관한 본원적 내용을 반영한다(Maclaren, 1996 : 186). 그러나 대부분의 지표가 대체로 복잡한 현상을 단순화하는 것으로 단지 상황이나 문제의 단면을 제시하는 데 그치기 때문에 적용에 한계가 있다.

지속성지표는 단순한 환경 · 경제 · 사회지표와는 달리 다음의 사항이 고려되어야 한다(Maclaren, 1996 : 186~188).

1) **통합지표**(integrating indicators) 지속성지표는 지속성의 경제 · 환경 · 사회적 측면 간의 연계를 묘사하고자 하기 때문에 통합적인 성격을 갖는다. 예로 실업률은 경제적 압박뿐만 아니라 사회적 긴장을 나타내며, 물고기 회귀율은 환경의 질(수질)뿐만 아니라 경제적 활력의 여건을 나타낸다.

2) **전향지표**(forward-looking indicators) 지속성지표가 세대간 형평의 달성을 위해 진보를 측정하기 위한 것이라면 전향적이어야 한다는 것이다. 가장 단순한 전향지표는 추세지표인데, 이러한 역사적 추세는 장래의 지속성에 대한 간접적인 정보를 제공해 준다. 이러한 추세지표는 지속성의 목표를 달성하기 위한 중간 또는 최종단계의 목표수치를 설정하여 사용할 수 있다. 다른 전향지표는 예측지표인데, 수리적인 모형을 작성하여 미래의 상태를 전망하고 계획지표로 활용할 수 있다.

3) **배분지표**(distributional indicators) 지속성지표는 세대간 형평뿐만 아니라 세대 내 형평도 측정할 수 있어야 한다. 이는 인구 내 또는 지리적 지역에 걸쳐 (사회 · 경제 · 환경적) 상태의 배분을 고려해야 한다. 전형적인 통합지표들은 배분적 효과를 고려하는 데 실패했지만, 연령 · 성 · 입지 등으로 분리한 지표는 이러한 문제를 극복할 수 있다. 아울러 지속성지표는 환경적 효과가 지방적 의미를 갖는가, 비지방적인 문제인가를 구별할 필요가 있다.

4) 이해관계자들의 투입(multi-stakeholder input) 사회지표운동(soial indicators movement)의 역사는 가장 영향력 있고 타당하며 신뢰성 있는 지표는 정책과정에 다양한 참여를 통해 획득한 투입요소에 의해서 이루어지는 것임을 암시하고 있다. 따라서 지속성지표에서도 이해관계자들을 확인하여 정책과정에 반영하는 노력이 중요하다. 이를 지속성지표에 적용할 수 있다.

3. 개발프로젝트

지속가능도시개발에 대한 다양한 개념들이 등장하고 있다. 예를 들면 녹색도시(green city)·생태도시(eco-city)·적주도시(liveable city)·자원도시(resourceful city)·환경도시(environmental city) 등이다(Nijkamp and Perrels, 1994 : 3). 국제기구에서도 적정주거공급과 쾌적성제고를 위한 도시개발프로그램을 수립하고 있는데, Habitat의 지속가능도시(sustainable city), WHO의 건강도시(healthy city), UNESCO의 생태도시(eco-city), OECD의 생태적 도시(ecological city) 등이 여기에 해당된다(곽승준·김선희, 1994 : 26).

1987년에 11개 유럽도시들이 세계보건기구(WHO)의 건강도시프로젝트(healthy cities project)의 창립회원이 되어서 이 운동을 전개하였는데, 현재는 많은 도시들이 참여하고 있다(EGUE, 1996 : 22). 이 건강도시개념의 뿌리는 리차드슨(B. Richardson)의 위생도시(Hygeia)에서 찾을 수 있다. 건강한 도시에는 맑은 공기, 깨끗한 물, 자연식물을 건강한 생활에 필수적인 요소로 생각했다. 위생도시(衛生都市)는 면적 4,000에이커에 인구 10만 인으로 하고, 일광과 환기를 최대한도로 하기 위하여 잔디·정원을 부단히 배열하고, 인구는 1ha당 60인, 주거는 4층 이하로 제한하고 있다. 건강한 도시로서 사망률의 저하는 유리벽돌의 사용, 씻을 수 있는 벽체의 재료, 주택동간격의 증대 등으로 달성된다고 보았다. 토마스 제퍼슨(Thomas Jefferson)은 이 개념에 바탕을 두고 인디애나주에 제퍼슨 빌(Jefferson ville)을 계획하였다(주종원 외 2인, 1999 : 163~164). 그의 구상은 격자형 도시에 한 블럭씩 띄워서 공원을 배치하여 더 많은 빛과 공기를 얻게 하고, 화재의 확산을 줄일 수 있다고 생각했다.

제 3 절 환경계획

Ⅰ. 의 의

1. 개 념

(1) 대두배경

환경계획은 난삽한 환경문제에 체계적으로 대처하기 위해 1960년대 말에 등장한 비교적 새로운 영역이다(Levy, 1997 : 58). 계획과정에서 환경적 관심을 체계적으로 다룬 사람은 맥하그(Ian McHarg)이며, 이후 레오폴드(Leopold, *et al.*) 등에 의해 발전되어 왔다(Fabrick and O'Rourke, 1982 : 7~14).

환경계획은 인구와 번영과 성장에 따라 인간이 보다 환경을 파괴할 능력이 증대되었고, 인간의 산출물과 산출방법에 환경파괴적인 측면이 높아졌기 때문에 등장했다(Levy, 1997 : 58).

(2) 개념정의

환경계획(environment planning)이란 개발사업과 관련된 환경요인들을 체계적으로 분석·관리하여 개발에 따른 부정적 환경영향을 최소화하고, 환경적 혜택을 극대화하기 위한 행동노선이라고 정의할 수 있다(Fabrick and O'Rourke, 1982 : 1).

환경계획은 환경관리에 관한 종합적 접근으로 장래의 불확실성에 대한 예방적 접근이고, 환경과정과 정책에 대한 통합적 성격을 반영하여 의사결정에 대한 전략적 견해를 견지하는 3가지 특징을 가지고 있다(Blowers, 1993 : 14~17). 이러한 환경계획은 장기적인 환경관리를 의미한다. 그리고 이는 목적(目的)과 과정(過程)을 포함한다(Blowers, 1999 : 154). 과정으로서 환경계획은 총합적(holistic)·통합적(integrative), 그리고 전략적(strategic)인 개입형태를 의미한다. 목적의 측면에서는 환경보호와 사회적 형평이 계획의 주요한 목적이 되었고, 이는 현재의 지속가능개발에 일정한 고찰시각을 제시하고 있다.

(3) 접근시각

환경계획(環境計劃)을 계획과정적 활동에 초점을 맞추어 환경정책의 작성 · 평가 · 집행의 과정이라고 이해할 수 있는데, 이러한 정의에는 기술적·전문적 · 정치적 의미를 내포하고 있다(Buckingham-Hatfield and Evans, 1996 : 7~9).

기술적 해석(technocratic interpretation)은 자연생태체계를 이해하고 관리하는 데는 과학적 지식이 선행되어야 한다는 의미이다. 이 접근은 환경관리와 계획의 과정에서 사회 · 경제적 환경의 중요성을 부정하는 것은 아니지만 기술적 접근과 해결의 중요성을 강조한다. 전문적 해석(professional interpretation)은 급격히 확대되는 환경의제(environmental agenda)에 대한 전문가집단의 반응과 관련된다. 전통적으로 토지이용에 기반을 두거나 도시설계의 전통을 가진 직업집단이 환경관련업무를 다루는 데 적합하다고 생각할 수 있으나, 어떠한 단일직업집단도 환경계획과 관련된 정책영역의 전부를 다루는 것은 생각할 수 없다. 정치적 해석(political interpretation)은 지속성의 장기적 목표가 환경계획의 정치과정과 연결되었다고 이해하는 입장이다. 이 접근에서는 복합적인 환경문제를 다루기 위해서는 부서와 전문적 경계를 초월한 통합적·총합적 정책접근이 요구된다고 본다.

2. 환경문제

(1) 문제의 대두

도시는 주요한 인구이동과 인구성장의 궤적지(軌跡地)이다. 도시는 비재생자원의 주요한 소비지일 뿐만 아니라 오염과 폐기물의 주요한 생산지이다. 즉, 도시는 성장의 엔진이면서 환경문제의 근원지로 이해할 수 있다(Bartone, *et al.,* 1994 : 9). 때문에 현재의 환경위기의 많은 부분은 직 · 간접으로 도시에 귀인시킬 수 있다.

오늘의 환경에 대한 주류의 견해는 과거의 그것과는 판이하게 다르다(Roseland, 2000 : 76). 과거의 환경문제는 대체로 작은 문제이고, 기술적이며, 해결가능하고, 정치적으로 다툼이 없었다. 그리고 이 문제는 경제성장과 사회진보의 부산물이고 개선된 기술에 의해 해결할 수 있을 것으로 믿었다. 그러나 오늘날 대부분의 선진국에서는 환경문제는 매우 심각하고, 이의 해결을 위해서는 기술적인 접근뿐만 아니라 사회와 경제의 심각한 변화 없이는 해결하기 어렵다는 인식이 확산되고 있다. 이러한 인식의 변환을 가져온 것은 지속가능개발개념이다(Roseland, 2000 : 76).

(2) 문제의 특성

대체로 환경적 과정은 매우 복잡하고 완전히 이해하기 어렵고, 환경문제는 정치적인 경계를 넘어서서 발생되는 경우가 많다. 그리고 하나의 환경문제의 해결책은 다른 환경문제의 원인이 되고 있으며, 환경문제에 대한 결정은 특정집단과 개인에게 큰 이익과 손실을 가져다 주기 때문에 강한 감성과 정치적 갈등을 유발하고 있는 등의 취급하기 어려운 면이 많다(Levy, 1997: 261). 때문에 환경문제는 전형적인 난삽한 문제(wicked problems)로서의 특성을 나타내고 있어 명확히 정의하기 어렵고, 다른 부문이나 문제들과 깊은 연계를 맺고 있다.

지구를 생태위기에 직면하도록 하는 현재의 환경문제는 다음의 특성을 보이고 있다(Blowers, 1997 : 848~852; 1999 : 155~156).

1) 현대환경문제는 그 기원이 인류발생적(anthropogenic in origin)이다. 이는 환경문제의 원인과 결과가 인간활동과 관련되어 있다는 의미이다. 즉, 환경문제는 인류문명발달과 함께 시공간적으로 발생되어 왔지만, 현대적인 환경문제는 지구적인 수준에서도 이러한 문제에 대처하는 자연체계의 용량이 위협받는 상황에 놓여 있다.

2) 현대환경문제는 생존을 위한 관심(concern for survival)이다. 과거 환경에 대한 관심은 보건이나 쾌적성, 그리고 환경질과 같은 것이었지만, 오늘날의 관심은 자원고갈과 장기적인 인류의 생존에 집중되어 있다.

3) 환경문제는 영향범위가 전지구적(global in reach)이다. 이는 오염원이나 영향이 지구적 수준으로 파급하여 오존층 파괴, 산성비나 지구온난화 같은 문제를 야기하고 있다.

4) 영향의 불평등성(unevenness of impact)이다. 즉, 영향이나 이를 다루는 능력이 사회적으로 불평등(socially uneven)한 경향이 있다. 현세대에서 만들어진 위험이 다음 세대에 전가될 수 있다. 공간적인 전가도 이루어져 오염활동이 '오염천국'(pollution heavens) 또는 배후지역에 집중되고 있다.

5) 환경문제의 공간적 불평등패턴은 이익간 갈등(conflicts between interests)을 만들거나 강화시킨다. 이러한 갈등은 공간적(지역간)·시간적(세대간), 계층간·기관간의 갈등으로 나타난다.

6) 환경문제를 확인하고 해결책을 제시하는 데 있어 전문가체계의 역할

(dominance of experts and expert system)이 강조되고 있다. 환경문제에 대한 논의는 전문성의 문화 속에서 과학적 증거와 반증거를 통해 이루어져야 한다.

7) 마지막 특징은 윤리적 측면(ethical dimension)이다. 이는 자연에 대한 본질적 가치와 관련된 의사결정에서의 참여, 환경자산의 가치와 비용, 그리고 사회적 불평등에 대한 문제를 포함한 광범한 것이다.

3. 접근방법

환경계획과 관리의 새로운 패러다임으로 통합적 접근(integrated approaches)이 등장하고 있다. 이 접근은 통합적환경관리(integrated environmental management)·생태체계적 관리(ecosystem management)·통합적자원관리(integrated resources management) 등을 포함한 접근방법이다(Margerum, 1997).

이러한 통합된 계획과 관리접근방법은 널리 인식되고 있지만, 이를 실제 적용하는 데는 많은 어려움이 따른다. 따라서 여기서는 이의 개념을 명료화하기 위한 실체적 특징과 적용상 문제를 다루는 과정적 특징을 살피기로 한다(Margerum, 1997).

(1) 실체적 요소

통합적인 환경계획과 관리의 실체적 요소(substantive elements)로 총합·상호연계·목표지향, 그리고 전략적 요소가 고려되고 있다(Margerum, 1997).

(가) 총합적 접근 총합적 접근(holistic approach)은 지역의 범위를 넘어서 물리적·사회경제적 요인들을 가능한 광범하게 구체화하는 것이다. 이는 문제를 분리되고 독립적으로 분석하는 것이 아니라 전체적으로 검토해야 한다는 의미이다.

(나) 상호연계적 접근 상호연계접근(interconnective approach)은 체계의 다양한 구성요소간의 상호작용을 점검해야 한다는 입장이다. 더 이상 단일의 매체(공기·물·토양 등)에 대해 단일의 오염원에 초점을 두기보다는 전체적인 생태체계에서 상호 직·간접으로 영향을 주고받는 다양한 매체 가운데서의 상호작용을 고려해야 한다. 환경계획과 정책에서도 학제적인 접근에 의해 다양한 기술과 전문성이 반영될 수 있어야 한다.

(다) 목표지향적 접근 목표지향적 접근(goal oriented approach)은 계획과 집행에 관련되는 다양한 이해관계자들간에 공통적인 목표를 확인해야

할 필요성을 의미한다. 공통목표의 확인은 참여자들이 문제에 대해 공동의 이해와 공동의 해결방안을 개발하는 것을 촉진하게 한다.

(라) **전략적 접근** 전략적 접근(strategic approach)은 통합적 환경계획과 관리가 되도록 정치적 의사결정무대의 현실에 보다 적응적·예측적, 그리고 조화되도록 하는 데 목적이 있다. 이 접근에서는 참여자들이 특정한 문제에 초점을 두고, 중요 문제를 집중조사하며, 보다 명료하게 정의된 임무를 개발하는 데 둔다.

(2) 과정적 차원

실체적 구성요소에 비해 과정적 측면(procedural dimension)은 잘 발달되지 않은 분야이다. 그러나 공통적인 주제는 조정(coordination)의 필요성을 강조하고 있다. 여기서는 환경계획과 관리에 있어 관련된 기관과 정부조직 간의 협력과 통합적 접근을 강조할 뿐만 아니라 이해당사자들의 광범한 참여를 요구하고 있다. 이해당사자와 일반대중의 상호작용은 통합적 계획과 관리의 가장 중심적인 구성요소이다.

Ⅱ. 계획과정

1. 과정별 활동

(1) 계획목표

환경계획은 인간활동에 의한 자연환경피해를 최소화하는 데 있다. 이외에 주로 제시되는 주요한 목표들은 다음과 같은 것이다(Levy, 1997 : 260; McAllister, 1982 : 58).

1) **자연보전** 희귀 또는 위험종과 그의 서식지를 보전해야 하고, 특별한 생태·지학·역사·경관·위락적 의미를 갖는 구역의 보호가 중요하다.

2) **자원보전** 자원이용인구의 안정화, 자원보전적 생활유형으로의 전환, 재생가능한 에너지소비체계로의 전환이 중요하다. 그리고 자원의 안정적 공급에 대한 추정은 알려진 자원과 기술에 국한하고 불확실한 발견과 진보에 의한 예측을 제한하여 지구적 안정상태가 되도록 한다.

3) **오염통제** 공기·물·토지의 위해한 오염을 최소화하여 인간건강과 생활에 대한 위협을 제거해야 한다.

4) 특정지역의 보존을 통한 심미적 · 위락적 목표의 성취

(2) 조사 · 예측 · 분석

현재의 환경여건과 관련된 이용가능한 정보의 부족은 자료수요에 대한 정의의 실패, 조직상 문제, 그리고 모니터링제약 때문이다. 현존의 사용가능한 자료는 부분화되어 있고, 접근하기 어려운 경우가 많다. 이에 대한 가능한 치유방법은 자료원의 단순한 정리에서부터 검색체계와 함께 환경자료은행을 구축하는 것에 이르기까지 다양하다(Wood, 1988 : 109).

환경목록(environmental inventory)은 개별적 환경특성에 대한 조정된 정보패키지이다. 이 목록은 지도 · 자료 · 레포트 등으로 구성되어 있고, 토지 · 물 · 공기 · 취락, 그리고 환경정책 등의 지도와 속성표를 포함하는 각 요소별 부분을 포함하여야 한다(Kaiser, *et al.,* 1995 : 174~175). 각 개별 환경요소는 가치 있는 자원, 중요한 생태적 기능, 인간정주에 위험한 위해 등을 포함해야 한다.

환경목록이 준비되면 자료들은 계획과 의사결정지원정보를 만들기 위해 분석해야 한다. 환경분석유형은 환경영향분석(environmental impact analysis) · 누적영향평가(cumulative impact assessment) · 임계지역분석(critical area analysis) · 위험분석(hazard analysis)을 포함한다.

(3) 대안의 작성과 평가

(가) 대안작성 환경목표를 만족시키는 계획대안은 두 가지 조건을 만족시켜야 한다. 첫째, 환경계획의 목표와 환경조사는 만족할 만큼 상세화되어야 한다. 둘째, 적절한 기관의 구성과 계획대안에 대한 주민참여는 계획이 확정되기 이전에 만들어져야 한다(Wood, 1988 : 109).

(나) 대안평가 각 대안의 환경영향평가는 집행에 따른 경제 · 인구 · 환경적 결과를 결정하는 것과 관계된다(Wood, 1988 : 110). 영향의 상대적 중요성은 계획평가에서 가중치와 척도를 사용하여 결정할 수 있다. 도시의 환경평가로서 세계보건기구(WHO)에서는 안전성 · 건강성 · 편의성 · 쾌적성의 4가지를 들고 있다(尾島俊雄 外, 1990 : 4).

대안평가방법은 4가지 접근방법으로 나누어 고찰할 수 있다(Wilson, *et al.,* 1979 : 109~154).

1) 계획과 정책의 교차분석(plan and policy tradeoff analysis) 계획의 생태적 · 경제적 효과와 계획 속에 내재되어 있는 관련교차관계를 평가한다.

2) 사업영향분석(project impact analysis) 특정한 사업계획의 전체계획에 대한 영향을 평가한다.

3) 비용-혜택분석(cost-benefit analysis) 특정한 환경적 목표를 달성하는 데 요구되는 비용을 결정하는 데 적용된다.

4) 사회 · 문화적 관심분석(analysis of social and cultural concerns) 계획과 정책의 사회복지와 일반적인 삶의 질에 대한 영향을 평가한다.

(4) 계획집행과 관리

계획집행은 직접행동 · 규제조치, 그리고 간접적인 조치로 나눌 수 있다(Willson, *et al.,* 1979 : 156~209).

계획이 집행중인 상황에서는 계획활동이 완료된 것은 아니다. 계획의 결과가 의도한 것과 의도하지 않은 것, 계획한 것과 계획되지 않은 것의 모든 영향을 계속적이면서 체계적으로 모니터링하여 부정적인 영향을 최소화하고 계획목표의 효과적 달성에 활용할 수 있도록 하는 계획관리의 노력이 요구된다.

계획지역환경의 상태에 대한 모니터링은 환경적 조건과 추세와 특정계획 정책과 사업의 결과에 대한 계속적 모니터링전략, 계획정보체계의 보완, 정책과 사업의 결과와 지역의 기본목표에 관련된 주민의견의 주기적 청취, 그리고 모니터링정보에 의한 계획목표 수정의 4가지의 기본요소로 구성되어 있다(Willson, *et al.,* 1979 : 212~221).

2. 영향평가

(1) 환경영향평가

(가) 의 의 환경영향평가(環境影響評價)란 계획과 정책의 집행, 개별 사업의 수행, 그리고 입법 등의 결정에 따르는 환경적 의미를 사정(assessing)하는 과정이다(Wathern, 1988 : 3). 환경영향평가는 개발행위에 앞서 그 개발행위가 주위자연 및 생활환경에 미치는 해로운 영향을 평가하여 사전에 예방 또는 감소시킬 대책을 강구하고, 아울러 이들 대책의 효과적인 수행을 위한 여러 대안을 모색하는 환경관리제도이다.

환경영향평가제도를 최초로 입법화한 나라는 미국으로 1969년 「환경법」

제정과 함께 도입했다. 우리 나라에서는 1977년「환경보전법」의 제정에 의해 그 법적 토대를 마련했고, 1991년「환경정책기본법」을 거쳐 1993년「환경영향평가법」으로 체계화되었다. 유사한 영향평가제도의 통합조치에 따라 1999년「환경·교통·재해 등에 관한 영향평가법」으로 통합·운영되고 있다.

(나) 평가과정 환경영향평가는 다음의 절차에 의해 진행된다(환경청, 1988 : 1-6~7).

① 지역개황파악
② 환경영향요인검토
③ 환경영향조사항목설정
④ 현황조사
⑤ 사업시행으로 인한 환경영향예측항목의 설정
⑥ 환경영향요인 및 인자의 분석
⑦ 환경영향예측 및 평가
⑧ 환경보전목표의 설정
⑨ 환경에 미칠 악영향의 도출
⑩ 환경영향저감방안수립
⑪ 종합해석에 의한 대안평가
⑫ 사후환경관리계획 수립
⑬ 종합평가 및 결론
⑭ 환경영향평가서 작성

일반적으로 토지이용계획가는 모든 개발제안들은 평가를 받아야 한다고 주장하나, 많은 나라들이 평가를 받아야 할 사업계획을 구체적으로 나열하는 경우가 보통이다. 우리 나라에서 제시하고 있는 환경평가대상사업은 도시의 개발을 비롯하여 15개 분야의 사업들이다(「환경·교통·재해등에관한영향평가법」 제4조).

(다) 평가방법 환경영향평가기법은 개별 영향평가기법과 종합평가기법으로 구분할 수 있다. 개별 영향평가기법은 계량적 모형기법(quantitative modelling)·최악상태상정기법(worst-case calculation)·실험기법(laboratory & field experimentation), 그리고 한계수준기법(quantitative & qualitative threshold)이 있다. 종합기법은 특별분석기법(ad hoc method)·지도중첩기법

(map overlay method)·점검표기법(checklist method)·행렬식기법(matrix method), 그리고 네트워크기법(network method)으로 나눌 수 있다(국토학, 1987 : 383～384).

⑵ 사전환경성검토제도

㈎ **의 의** 현행 환경영향평가제도는 대부분의 사업이 타당성조사와 병행하여 실시하지 아니하고 계획이 확정된 후 사업실시단계에서 주로 오염저감방안으로 검토하고 있어 입지의 타당성 등 근본적인 친환경적인 개발의 유도에 한계가 있다. 이에 따라 계획이 확정된 이후의 사업실시단계에서 환경영향평가시 사업의 취소 등 여러 사회문제와 경제적 손실을 초래하였다. 그리고 공공기관뿐만 아니라 민간이 시행하는 소규모 개발사업에 대해서도 친환경적 개발을 할 필요가 있어서 사전환경성검토(事前環境性檢討) 제도를 법제화하게 되었다.

이 제도는 각종 개발계획이나 개발사업을 수립·시행함에 있어서 타당성조사 등 계획초기단계에서 입지의 타당성·주변환경과의 조화 등 환경에 미치는 영향을 고려하게 함으로써 친환경적 개발을 유도하고자 도입된 제도이다(성현찬·민수현, 2000 : 21).

즉, 사전환경성검토는 환경기준의 적정성유지 및 자연환경의 보전을 위하여 환경에 영향을 미치는 행정계획 및 개발사업이 환경적으로 지속가능하게 수립·시행될 수 있도록 하는 제도이다[「환경정책기본법」(이하 "법") 제25조].

㈏ **검토대상** 사전환경성검토대상은 환경영향평가대상사업을 내용으로 하는 행정계획(行政計劃)과 보전이 필요한 지역 안에서 시행되는 개발사업(開發事業)으로 구분할 수 있다(제25조의2). 행정계획은 농공단지정 등 15개 계획이며, 개발사업은 관리지역에서 사업계획면적이 일정기준 이상인 22개 사업이다(시행령 제7조)

㈐ **검토시기** 관계행정기관의 장은 행정계획은 해당계획의 수립·확정 이전까지, 개발사업은 허가 등을 하기 전까지 환경부장관 또는 지방환경관서의 장에게 사전환경성검토협의를 요청하여야 한다.

㈑ **협의절차** 사전협의를 요청하는 자(계획수립 및 승인자, 사업을 허가·인가·승인하는 자)가 중앙행정기관의 장인 경우는 환경부장관, 중앙행정

기관 이외의 자는 지방환경관서의 장과 협의하도록 하고 있다.

사전협의를 요청하는 자가 환경에 영향을 미치는 행정계획을 수립·확정하거나 개발사업을 승인·인가·허가 등을 하고자 하는 경우에는 환경성검토서 등 관련서류를 구비하여 환경부장관 또는 지방환경부서의 장에게 협의요청을 한다.

관계행정기관의 장이 행정계획에 대한 사전환경성검토서를 작성함에 있어서는 주민, 관계전문가, 환경단체, 민간단체 등 이해당사자의 의견을 들어야 한다(법 제25조의5). 협의요청을 받은 경우, 계획 또는 사업에 대한 환경성을 평가하여 30~40일 이내에 협의결과를 협의요청기관에 통보하여야 한다.

제 4 절 지속가능개발정책

Ⅰ. 의 의

1. 개 념

환경적으로 지속가능한 도시개발은 적절한 정책전략을 통해서 달성될 수 있다. 지속가능도시개발의 정책은 도시재개발·토지이용·교통체계·에너지관리·건축과 보전정책, 그리고 문화정책에 이르기까지 다양한 부문을 포함한다(Finco and Nijkamp, 2001 : 295). 때문에 성공적인 지속정책이 되기 위해서는 제도적 요인(환경에 관한 조직과 관리, 제도 등), 시민의 태도와 행태(생활유형·이동패턴·환경인식 등), 그리고 도시의 구조와 형태(인구밀도·도시형태·교통망 등)에 의해 결정된다(Finco and Nijkamp, 2001 : 295).

지금까지의 계획체계가 지속가능개발전략의 수요에 충족될 수 있는 수용력을 제공하는 데 미흡한 점이 많았는데, 이는 다음과 같은 이유 때문이다(Healey and Shaw, 1993 : 770).

첫째, 계획체계의 자유재량성 때문에 환경목적을 지방적 이익에 따라 편리하게 해석한다.

둘째, 중앙집권적 계획체계에 따라 중앙정부의 태도와 목표에 의존적이기 때문에 환경문제에 대한 쇄신적 능력을 절감시킨다.

셋째, 계획규제는 주로 민간부문개발에 초점을 두고 공공부문의 개발에 대한 규제는 제한되거나 부분적인 규제에 그친다.

넷째, 계획가 스스로 환경문제를 이해하고, 계획간의 통합에 시간이 걸린다. 따라서 환경계획은 명료한 집행전략 없이 형식적 또는 계획에 따라 우선순위를 부여하는 정도밖에 활용되지 못하고 있다.

다섯째, 아황산가스 방출 · 에너지보전 같은 매우 기술적인 수준에서 특정 문제에 주로 토론을 집중시켰다. 따라서 상이한 개발에 따른 환경비용과 혜택에 대해 일반적 평가를 내리기 어렵게 한다.

여섯째, 오염규제, 수자원 · 에너지산업 등과 같은 중요 환경문제에 대한 정부에서의 책임이 분산되어 종합적인 환경정책을 수립 · 시행하기 어렵게 한다.

도시환경관리를 위한 정책의 실패는 단기적으로는 총합적인 환경의 질의 문제를 야기하며, 장기적으로는 보건 · 삶의 질 · 자연환경 · 문화유산, 그리고 사회적 결속의 측면에서 높은 사회적 비용을 일으키게 된다(Nijkamp, 1996: 270～271).

2. 고찰측면

성공적인 지속가능개발정책의 개발과 집행에 중요한 성공요인들은 하드웨어, 사회적 · 조직적 · 생태적, 그리고 재정적 장치로 나누어 고찰할 수 있다(Nijkamp, 1996 : 274～278).

하드웨어(hardware)는 오염 · 폐기물 · 하수, 특히 교통망에 대한 기술개발과 관련되는 것이다. 지속가능개발을 위해서는 양질의 주택제공과 함께 교육 · 보건 · 복지 등과 같은 기본적 하부구조의 제공이 중요하다. 도시오염통제 · 적절한 폐기물처리공장 · 공업오염통제장치 · 환경생물기술, 그리고 청정에너지기술과 같은 필요한 기술적 장치와 관련된 현대기술의 개발이 중요하다.

사회적 장치(socioware)는 삶의 질 퇴락에 효과적으로 대처할 수 있는 지역사회중심의 도시지지체계(예를 들면 지역사회조직 · NGO · 비영리재단)의 개발과 접근을 용이하도록 하는 것이다. 사회적 측면의 필수조건은 적절한 환경교육의 제공, 환경인식의 제고, 환경캠페인의 개발, 그리고 환경통제망의 설계 등을 들 수 있다.

조직적 장치(orgware)는 도시환경의 질을 제고하기 위한 목적으로 상이한 기관들간의 충분한 협력과 조정이 이루어질 수 있게 하는 효율적인 행정체계의 개발과 관계된다. 참여적 서비스공급체계 · 자립적 지역사회기반의 사업계획·민관협력개발계획 등은 이러한 의미에서 매우 중요하다.

생태적 장치(ecoware)는 환경적 이익의 충분한 인식과 도시개발계획에서 적정한 환경적 이익을 보장하는 법률적 · 제도적 체계의 존재를 의미한다. 모니터링체계와 배출기록과정의 개발은 특히 관심을 둘 만하다. 물리적 계획도 중요한데, 도시지역에서의 환경피해와 혐오의 많은 부분은 잘못 설계된 공간계획과 불필요한 공간유동을 야기하는 낡은 도시하부구조에서 연유하기 때문이다.

재정장치(finware)는 도시개발과 환경사업의 집행을 위해 필요한 재정자원의 창출과 관계된다. 이는 부족한 재정자원의 (양적) 규모뿐만 아니라 이들 자원을 다양한 재원과 결정수준에 배분하는 데 있어서의 제도적 적합성과도 관계된다.

Ⅱ. 정책도구

지속가능정책도구는 여러 기준에 의해 범주화할 수 있으나, 여기서는 협력과 협조(collaboration and partnership), 정책통합(policy integration), 시장도구(market instruments), 그리고 측정과 모니터링(measuring and monitoring)의 4가지로 나누어 검토하기로 한다(EGUE, 1996 : 56~97).

1. 협력 · 협조를 위한 도구

상이한 조직과 이익 간의 협력과 협조의 구축은 대부분의 환경문제들이 관련행위자와 기관들의 협력을 통해서 해결할 수 있기 때문에 중요하다(EGUE, 1996:62).

이 범주에 속하는 도구는 지방기관의 운영에 초점을 두는 범주와 지방기관과 지역사회 간의 관계를 다루는 도구들로 나눌 수 있다. 전자에는 전문교육과 훈련, 학제간 작업, 그리고 협력과 네트워크를 들 수 있다. 후자는 지역사회상담과 참여, 그리고 쇄신적 교육장치와 의식제고가 있다(EGUE, 1996: 62~65).

(가) 전문교육과 훈련 지속성전략의 확립과 집행에는 도시관리자나 부문별 전문가에게 과거와는 다른 준거의 틀이 요구된다. 문제에 대한 다른 시각을 강조하는 것은 성공적인 협력의 전제조건이다. 이를 위해 환경문제를 다루는 지방기관막료들의 지식 · 적합성 · 신뢰성을 교육과 훈련을 통해 높일 필요가 있다. 그리고 정책통합을 위해서도 기술적 · 직업적 전문가의 역할이 중요하다.

(나) 학제적 작업 여러 분야에서 차출된 과업지향적인 기술적 전문가 집단이 공동작업하기 위해서는 자신의 전문적 경계를 초월하여 작업하는 것이 필요하다. 전문가들은 자신의 관련된 기술적 숙련성을 상실함이 없이 보다 넓은 시야에서 작업을 할 수 있다.

(다) 협력과 네트워크 지속가능개발의 집행을 위해서는 다양한 행위자와 기관들의 지지와 협조가 요구되기 때문에 협력에 기반한 접근이 요구된다. 네트워크는 문제의 공동해결을 위해 모든 부문의 기술 · 자원의 동원을 추구하는 참여적 접근방법이다. 도시정부는 다양한 이해관계자의 통합적 협력(orchestrating partnerships)을 유도하는 적극적 역할이 중요하다.

(라) 지역사회상담과 참여 사회의 모든 집단들은 지속가능개발을 위해 무엇이 요구되는가를 결정하는 데 각자의 목소리를 가져야 한다. 최근에 환경관리과정에 대한 광범한 참여의 중요성을 강조하고 있다. 지역사회의 모든 집단들은 협조와 협력을 통해 긍정적 접근을 얻을 수 있다. 이를 위해 의사결정과정에 참여를 촉진하고, 주민의 가치와 태도를 반영하고, 투명한 의사결정과정 등이 요구된다.

(마) 쇄신적 교육장치와 의식제고 지방기관에서는 전통적인 교육과 훈련방법을 사용하고 있는데, 이는 보다 큰 지역사회에서 사용하기에는 부적절한 경우가 있기 때문에 쇄신적인 장치의 강구가 요구된다. 이는 관리와 통제에 보다 유연한 접근이 요구됨을 의미한다. 쇄신적 장치는 보다 상호작용적이고, 비공식 · 자발적인 것을 포함한 다양한 의견을 사용하는 정보교환체계이다. 의식제고는 지속성문제가 사람들의 일상생활과 밀접하다는 것을 나타내는 것과 같이 사람을 움직이는 요인에 관심을 기울이는 것이 요구된다.

2. 통합정책

지속가능도시관리를 위한 도구들의 많은 부분은 전체적인 목표설정과 관련된 것이고, 이들 도구들은 환경정책 또는 행동들과 관련되어 개발되어 왔다. 이제는 이러한 도구들을 지속성의 관점에서 검토해야 한다. 특히 환경적 문제에 대한 경제적 · 사회적 고려사항을 통합하고 정책형성에 있어 보다 장기적인 시각을 선택해야 한다. 주요한 도구들은 다음과 같다(EGUE, 1996 : 71~79).

(가) 환경성명과 헌장　　지방기관의 환경가치와 목적에 대한 전체적인 성명은 환경지향적 정책개발의 기반이 되고, 환경적 영향을 평가하는 기준이 된다.

(나) 환경전략 또는 행동계획　　환경성명을 행동으로 바꾸는 데는 명료한 정책목표, 책임의 기술, 그리고 집행을 포함하는 전략 또는 행동계획의 확립이 요구된다.

(다) 「지방의제 21」의 전략　　「지방의제 21」은 지속가능개발을 촉진하고 통제하는 전략적 과정이다.

(라) 환경예산　　환경예산은 환경관리를 위한 실제적 도구이다. 이 제도는 환경분야의 여러 항목, 예를 들면 수질 · 소음 · 폐기물 · 생태 등의 항목들을 일반예산과목처럼 체계화한 후 기준연도의 현황, 익년도의 계획, 목표연도의 목표치를 계량화하고 환경지표로 나타내며, 각 생태예산항목이 과다지출되지 않도록 통제하는 체계를 말한다(서울 시정연, 2001 : 4).

(마) 환경관리체계　　환경전략의 준비와 집행을 위한 표준화된 접근은 환경관리체계에 의해 제공된다. 여기서는 환경정책을 채택하고, 중요한 환경영향을 확인하고, 행동계획을 정하고, 결과를 모니터링하는 조직으로 구성되어 있다. 관리체계는 달성해야 할 성과수준보다는 가정을 상술한다.

(바) 환경영향평가　　환경영향평가는 제안된 새로운 활동이나 개발의 환경에 대한 효과를 평가한다.

(사) 전략환경평가　　전략환경평가는 정책설계과정의 일부로서 수행되어야 한다. 여기서는 전체적인 목표가 기술되고, 목표달성을 위한 다양한 정책대안이 고려되고, 이들 대안의 상대적인 환경영향을 평가해야 한다.

3. 시장도구

지속성을 위한 주요한 시장기구는 환경과세 · 가격구조 · 시설규제 · 투자평가 · 예산, 그리고 구매의 6가지를 들 수 있다(EGUE, 1996 : 79~85).

(가) 과 세　환경세(環境稅)는 외부불경제를 유발하는 행위에 대해 이를 내재화(內在化)하는 조세를 부과하는 것으로 효율적인 환경정책을 수행하기 위한 정책도구 중의 하나이다. 환경세는 환경오염저감을 가져오는 부가가치세, 특별소비세, 부담금, 부과금 또는 사용료를 말한다.

(나) 가격구조　환경재산권제(環境財産權制)는 환경자원이 공공재로 취급되어 이용되기 때문에 많은 문제가 야기되고 있는 상황을 고려하여 환경재에 대해서도 사적 재산권을 설정하여 이용자에게 오염비용을 부담케 하는 제도이다. 이를 통해 정부의 개입 없이 문제를 해결할 수 있다고 주장한다. 오염권판매제(汚染權販賣制)는 배출부과금제와 비슷하나 사후납부가 아닌 사전에 일정한 가액으로 책정된 오염권, 즉 오염배출권을 기업에 판매하는 제도이다.

(다) 시설규제　법적 · 행정적 규제는 환경오염방지를 위해 환경오염행위에 대한 법적인 제재를 가하는 방법으로 환경기준 · 배출허용기준 · 토지이용규제 등이 주종을 이루고 있다. 환경영향평가제도는 개발사업이 환경에 미치는 영향을 사전에 평가하여 수업수행시 사업자가 환경영향을 최소화할 수 있는 대안을 수립 · 실시하도록 유인하는 제도이다.

(라) 투자평가　공공투자는 정부가 공해방지 또는 오물처리시설에 직접 투자함으로써 환경오염을 줄이고 예방하고자 하는 정책을 말한다. 예를 들면 정부가 청정연료공급, 대기오염측정당설치, 하천정화사업, 오폐수처리시설설치 및 운영, 쓰레기 수거 및 처리시설의 운영 등의 환경개선사업을 말한다.

(마) 예산에서 환경고려　지출의 환경효율성의 이해, 즉 단위당 지출자금의 환경적 혜택이나 비용은 모든 공공서비스의사결정에 적용되어야 한다. 이는 환경적 비용과 혜택을 화폐로 전환하라는 의미가 아니고 환경적 비용과 혜택을 확인하고 계량화하는 장치가 존재하는 것을 말한다.

(바) 구매시 환경고려　재화와 서비스에 대한 대량소비자로서 도시정부는 상당한 구매력을 갖고, 구매우선순위는 상당한 영향력을 갖고 있다. 구매

조건에 환경기준을 포함함으로써 지속가능제품 제조업자를 지원하고 다른 수요자와 공급자에 의미 있는 신호를 준다.

4. 측정과 모니터링

(1) 측　정

일반적인 지속성지표는 없고, 계획이나 전략의 목표에 따라 정의하는 것이 보통이다. 여기서는 환경지표와 삶의 질지표로 나누어 살피기로 한다(EGUE, 1996 : 89~91).

환경지표(environmental indicators)는 환경질지표와 환경성과지표로 구분할 수 있다. 환경질지표(environmental quality indicators)는 주요 환경특징의 여건을 측정하는 데 사용하는 것으로 환경질(環境質)의 추세나 결핍의 수준을 나타낸다. 환경성과지표(environmental performance indicators)는 환경의 여건을 직접적으로 측정하지는 않지만 환경에 대한 인간행동의 영향을 측정한다. 이는 정책결정의 결과를 모니터링하기 위한 도구이다.

삶의 질(quality of life) 개념은 매우 모호하지만, 일반대중의 지속성에 대한 태도를 기술하는 수단으로 해석할 수 있다. 때문에 삶의 질지표는 환경지표와 언제나 상이한 것은 아니지만, 보다 사용자친화적이고 지역사회 전체에 걸쳐 확인가능하고 의미 있어야 한다.

(2) 모니터링체계

모니터링은 정책과정과 계획작성의 주요 부분으로 다른 모든 관리도구의 사용과 연계되도록 구축해야 한다. 환경여건을 측정하기 위한 지표에 대해 지속적인 모니터링이 없으면 쓸모가 없다. 모니터링체계의 요소는 측정되는 지표의 유형에 의해 결정된다. 환경질지표는 환경보고서의 기술과정을 통해 이루어지고, 환경성과지표는 환경관리과정을 통해 모니터링된다. 모니터링은 주기적으로 수행하고, 모니터링체계에 주민참여가 중요하다.

제 5 절 개발과 보전

Ⅰ. 의 의

1. 개 념

보전의 사전적 의미는 사물을 안전 또는 전체적 상태로 보존, 감시, 보호 그리고 유지하는 것과 관련된다(Barlowe, 1978 : 227). 경제 · 사회적 관점에서는 자원의 오랜 기간에 걸친 현명한 사용을 의미한다(Barlowe, 1978 : 227).

서로 유사한 의미를 갖고 있는 보전(保全)과 보존(保存)이라는 말은 상호구별 없이 사용하는 경우가 많으나 양자의 의미는 차이가 있다. 보존(preservation)은 보다 오래된 용어로 중요한 변화 없이 유지하는 것을 말하는 데 비해, 보전(conservation)은 20세기 들어서 많이 사용하는 말로 주요한 가치 있는 요소를 유지하기 위해 일정한 변화의 필요성을 인지하는 것이다(Larkham, 1999 : 105). 보전은 보존보다 광범하고 긍정적이며 동적인 개념을 포함한 것이다. 보존이 더 이상의 퇴락을 방지하는 것을 의미하는 데 비해, 보전은 변화를 허용하되 보전하는 것에 대한 이익에 주요 관심을 갖는다(Kong and Yeah, 1994 : 252).

국가에 따라서 쓰이는 용어에도 차이가 있다. 즉, 영국에서는 보전(conservation)을 주로 사용하나, 미국에서는 역사보전(historic preservation)이라는 용어를 사용하고 있다(Attoe, 1979 : 298).

2. 등장배경

개발은 단순(simple)에서 복합(complex)으로, 내적(interior)에서 외적(superior)으로, 그리고 불량(worse)에서 양호(better)로 바뀌는 것을 의미했다. 그러나 개발에 의한 변화가 항상 예상되는 긍정적 효과를 가져오기보다는 반생산적인 결과를 가져오는 경우도 많다(Rajeswar, 2001 : 17). 특히 보전에 대한 관심은 현대도시계획이 종합적인 철거와 재개발로 역사적인 특성을 갖는 도심들이 대규모로 재개발되는 현상에 대한 반작용으로 등장하였다(Larkham, 1992 : 91).

이제는 1950~1960년대처럼 도시재개발에 있어 대규모의 철거재개발은 더 이상 수행되지 않고 있다. 대신에 개발사업은 오래된 건물의 보존(preservation)과 회복(restoration)에 보다 초점을 두고 있다. 즉 보존기반의 개발접근(preservation-based development approach)이 등장하고 있다. 이에 따라 도시보전은 도시계획의 일부분으로 받아들이고 있다(Larkham, 1992 : 91). 그리고 보전계획은 더 이상 일부 선각자나 소수집단의 주장이 아니라, 환경관리의 필수요소가 되고 있다(Kain, 1981 : 1).

3. 제도의 도입

영국에서는 1882년에 「역사기념물보호법」(Historic Monuments Protection Act)이 통과되어 역사보전이 최초로 제도화되었다(Kain, 1981 : 5). 그러나 이는 주로 수동적인 입법으로 보호요건을 구비한 기념물은 소수이고, 선사시대의 것이 대부분이었다(Larkham, 1992 : 96). 역사지역의 보호와 관련된 획기적 입법은 지방계획기관이 보전지역(conservation area)을 지정할 수 있는 권한을 부여한 1967년의 「도시쾌적법」(Civic Amenities Act)이다(Pendlebury, 1999 : 423; Greed, 1993 : 165). 이 법에 의해 지정되는 보전지역의 지정목적은 지역의 전체적인 시각적 질과 특성을 유지하는 데 있다. 이 지역에서의 건물신축은 가능하나 지역의 역사적 유형에 적합해야 한다. 「도시와 농촌쾌적법」(Town and Country Amenities Act, 1974)은 보전지역의 통제에 대한 권한을 증가시켰는데, 어떠한 건축물의 도괴도 방지하고, 나아가서 식물·나무·도시경관·가로장식물의 보호에 대한 권한도 부여했다(Greed, 1993: 165). 보전관련입법사항은 1990년 「도시및농촌계획법」(Town and Country Planning Act)에 통합되었다.

미국의 경우 도시재개발에서 역사보전으로의 변환은 연방과 지방개발정책의 재구성에 의해 촉진되었다. 「국가역사보전법」(National Historic Preservation Act, 1966)에 의해 보존운동에 적극적인 연방개입을 제안했다(Reichl, 1997). 이 법에 의하면 내무장관(Secretary of the Interior)은 지구(districts)·부지(sites)·건물(buildings), 그리고 지방 또는 국가의 역사적 중요성을 갖는 목적물을 포함한 역사적 장소의 국가등재업무를 수행하도록 했다(Leichenko, *et al.*, 2001 : 1973).

「기념물과 유적지에 대한 국제위원회」(ICOMOS : International Commission on Monuments and Sites)에서는 1964년에 역사적 기념물에 대한 보전 접근을 확립하기로 하는 베니스헌장(Venice Charter)을 채택했다(Steinberg, 1996 : 466).

Ⅱ. 보전의 논리

역사보전에 대한 지지논의는 심리적 · 교훈적 · 재정적 · 유행적 · 역사적 이유에서 찾을 수 있다(Larkham, 1996 : 6~13).

문명은 영구함이고, 문명인은 시 · 공간에 속하는 존재이기 때문에 그는 앞과 뒤를 돌아봄으로써 자신의 정체성을 확인할 수 있다. 친근한 것에 대한 보전은 특히 스트레스가 많은 때에는 개인과 집단의 정체성을 안정시키는 심리적 가치(心理的 價値)를 제공하게 된다. 선조로부터 받은 역사적 유물을 보존 · 보전하는 것은 도덕적 · 교훈적 의무(敎訓的 義務)이다. 역사의 물리적 조형물은 관찰자에게 조경, 사람, 과거의 일과 가치를 가르치며 '문화적 기억'(cultural memory)에 대한 실체를 제공한다. 보전은 장기적인 면에서 수익을 가져오는 재정적 혜택(財政的 惠澤)이 따른다. 보전에 따른 비용과 획득의 문제는 비용--혜택의 기법을 통해 평가해야 한다. 과거의 보존은 주변도시에 많은 혜택을 제공하는데, 관광객유치를 통한 경제적 혜택, 보다 이질적인 사람들이 광범한 생활을 영위함에 따른 사회적 혜택, 예술적 활동의 바탕을 제공해 줌에 따른 문화적 혜택 등을 들 수 있다(Garvin, 1996 : 396). 회사의 본사나 사무소를 오랜 역사적 전통을 가진 건물에 위치함으로써 그들 회사나 사무소의 전통에 대한 광고효과를 가져오게 된다. 여러 전문가집단이 다양한 주거지역을 점유함으로써 그들에게 만족을 줄 수 있기 때문에 역사적 가치를 갖는 건물이나 환경에 관심을 갖는다. 이러한 유행적 경향(流行的 傾向)이 보전을 지지하게 한다. 건물과 주변에 새로운 요소를 가미함으로써 보전과 보존(preservation)을 조화시켜 도시의 역사성(歷史性)을 확보할 필요성도 강조되고 있다.

Ⅲ. 보전방법

보전방법과 관련하여 여러 문제가 제기된다(Larkham, 1996 : 5).

첫째, 무엇이 보전되어야 하고, 누가 이를 확인하며, 그것이 지역주민의 생활과 부합되는가.

둘째, 보전이 개발에 어느 정도 영향을 주게 되는가.

셋째, 어떻게 보전 또는 보존이 추진되는가.

넷째, 물리적인 도시구성부문을 어느 정도 제한하며, 기능변화의 성격과 범위는 어느 정도인가.

1. 방 법

보전방법은 법적 방법과 경제적 방법으로 나누어 고찰할 수 있다(Attoe, 1979 : 314~317; Garvin, 1996 : 396, 409).

(1) 법적 방법

법적 방법(法的 方法)에는 역사적 건물과 지역의 등재, 설계통제 등의 수단이 있다. 영국의 경우 특별한 건축적 또는 역사적 이익이 있다고 생각되는 건물 또는 건물군으로 중앙정부에 등록된 것에 대해서는 지방계획기관의 등록건물동의서의 획득 없이는 도괴, 변경 또는 확장을 할 수 없도록 했다.

보전지역(保全地域)은 보존 또는 개선이 요구되는 특징이나 외형이 특별한 건축적 또는 역사적 이익이 있는 지역을 말한다. 보전지역 내의 모든 비등록건물의 도괴는 보전지역동의를 얻어야 한다. 이 지역에서의 개발행위는 다른 지역에 비해 제한되며, 광고도 제한된다. 이 지역 내의 모든 수목들도 보호된다.

설계통제(設計統制)는 심미적 통제와 도시설계 또는 도시경관이다. 심미적 통제는 건물의 외부설계와 관련된 것으로 주로 보전지역, 수려한 자연경관지역, 국립공원, 등록건물지역에 이 규정을 적용한다. 도시설계는 종합적인 재개발계획들의 실패에 따라 건축가와 계획가들이 도외시한 공공공간에 대한 인식을 반영하여 등장한 것이다. 여러 학자들이 제한한 도시설계의 원리는 다음과 같다.

① 인간척도에 의한 건축, 주변을 고려한 중·저고도개발
② 전통적이며 지방재료의 사용
③ 보행자접근과 우선의 보장
④ 혼합토지이용과 계획에서의 주민참여를 통해 지역사회창조
⑤ 도시건물이 설계와 장식에 의해 확인할 수 있게 건물의 기능상 중요성반영
⑥ 광장, 좁고 구불거리는 도로, 조경, 교통소음제한 등의 사용으로 다양하고 활력 있는 도시형태조성

⑵ 경제적 방법

경제적 방법(經濟的 方法)은 정부가 복구 또는 회복의 비용에 사용할 경비를 보조해 주는 보조금, 과세보조, 위험시되는 랜드마크에 대한 매매할 수 있는 회전자금지원, 소유자의 개발권판매를 허용하는 개발권이양, 역사적으로 중요성을 갖고 있는 건물의 소유주가 도괴시키거나 관리나태의 경우 벌금을 부과하는 것 등이 있다.

2. 규 모

보전은 자연지역에서부터 개별 건물에 이르기까지 다양한 규모와 여건 속에서 이루어진다(Attoe, 1979 : 303～309).

자연지역(自然地域)의 보전은 역사보전의 요체이다. 지금까지 자연지역의 보전이 역사보전의 한 측면이라고 거의 생각하지 않았지만, 최근 들어 자연적 과거(natural past)도 건축된 과거(built past)처럼 중요하다고 인식하기에 이르렀다.

가장 인상적인 역사보전유형의 하나는 전체도시(全體都市)를 보호하는 것이다. 도시는 하나의 단일건물 같은 목적물이고 변화의 압력에 취약하다. 특정시기의 편린을 나타내는 도시를 보전하는 것은 장래세대에게 특정한 역사적 시기의 독특한 도시공간과 형태를 경험하게 한다. 스카이라인(skyline) 보전은 두 가지 형태를 취한다. 하나는 고도제한으로 주요 건물의 시각적 영향을 보전하기 위해 주변의 건물의 높이를 제한하는 것이고, 다른 하나는 도시 전체의 스카이라인을 보전하는 것이다. 후자의 예로 옥스퍼드에서는 신축 건물이 도시의 실루엣(city's silhouette)을 심각하게 변화시키지 않을 때만 건축을 허용하고 있다.

도시의 성장과 변화가 계속되고 있어도 과거의 흔적(pockets of the past)은 남아 있다. 이러한 지구(地區)가 강한 물리적 밀착성을 갖고 있거나 지역의 정체성을 갖는 곳이 있다. 근린보전(近隣保全)은 지구보전(地區保全)과 차이가 없는 경우도 있지만, 지구가 도시의 물리적 구성이라면 근린은 생활방법에 적용된다. 근린보전의 목적은 건물의 보전과 함께 생활유형, 특정한 사회경제적 단면도 아울러 보호하는 데 있다. 종종 건물의 전면도로 · 보도도 보전할 가치가 있다. 가로경관보전(街路景觀保全)은 전면에 대한 보전이지만, 필요에 따라 내부의 개조도 허용한다. 기타 개별건물(個別建物), 도시의 구성부문(예 : 교회첨탑 등)도 보전의 대상이 된다.

3. 준 거

역사보전(historic preservation)이 도시계획의 한 부문이 되게 된 것은 비교적 최근의 일이다(Attoe, 1979 : 297). 역사보전의 정책에 대한 결정은 여러 동인(動因)과 준거(準據)에 의해 이루어진다. 보전계획이 성공적으로 집행되기 위해서는 정치적 · 경제적 고려사항이 매우 중요하지만, 먼저 어떤 도시경관이 역사적으로 중요한가에 대한 결정의 확실한 바탕을 확립해야 한다.

역사보전의 준거는 심미성 · 대표성 · 희소성 · 역사적 역할 · 주변지역의 역할, 그리고 최고성이 일반적으로 사용되는 것이다(Attoe, 1979 : 309～313). 도시 내의 건물과 지구들은 특정한 역사적 유형 내에서 특별한 성취를 나타내고 있기 때문에 보전된다. 한 건물이 다른 건물보다 아름답다고 증명하기는 어렵지만, 어떤 건물들은 특정한 건축, 장식, 조경 또는 도시설계의 유형을 요약한다. 이러한 판단의 준거의 틀은 각기 상이하지만, 부근지역 또는 세계의 걸작과 비교하여 평가한다. 건물이 건축적 설계의 예시적인 것이 아니더라도 특정한 집단이나 유형을 나타낼 때는 보전된다. 또한 건물이 건축 또는 유형의 예시로서 마지막으로 남아 있는 상태라면 보전된다. 중요한 역사적 사건이 이루어진 건물과 도시지역인 경우에 과거의 사건과 현재의 도시의 삶과의 상징적 연계를 위해 보전된다. 일정지역의 건물(군)에의 투자는 주변지역에 영향을 줄 때 보전된다. 그리고 어떤 건물들은 최고(最高) · 최초(最初) · 최대(最大) · 최고(最古)일 때 보전된다.

4. 형　　태

역사보전은 복구 · 회복 · 보전 · 모방 · 이전의 다양한 형태로 이루어진다 (Attoe, 1979 : 298～303). 보존활동의 가장 전통적인 형태는 복구(restoration)이다. 이는 건물을 원래의 상태로 돌려놓는 것이다. 건물은 시간이 지남에 따라 변경되거나 훼손되게 되는데, 복구는 파괴된 것을 회복시키고 첨부된 요소를 제거하는 활동이다. 이와 관련된 문제는 어느 시대의 형태로 복원할 것인가 하는 점과 어떤 상태로 공급시설(목욕탕 · 냉난방 · 배수 등)을 복구할 것인가 하는 문제에 직면하게 된다. 회복(rehabilitation)과 수선(renovation)은 낡은 건물을 사용가능한 상태로 만드는 것을 말한다. 모든 건물들은 쇠퇴하기 때문에 계속해서 유용하기 위해서는 어느 범위까지는 회복활동을 계속해야 한다. 보전(conservation)은 과거의 모습으로 보존하는 것이 아니라 미래의 변화를 지향하는 것이다. 보전은 부적절한 유행의 상태를 도괴 또는 수정하여 매력적이고 작용가능한 장소로 유지하는 데 사용되는 것이다. 모방(imitation) 또는 모형(replication)은 도시수준에서 많이 사용되는 것은 아니지만, 완전철거상황에서 기존지역의 모형(模型)을 신축할 때 사용하는 기법이다. 이전(relocation)은 경제적인 이유 때문에 사용되는 방법 중 하나인데, 건물을 매입하거나 신축하는 데 비용이 많이 들 때 사용한다.

제 5 편 도시계획제도

제 14 장

도시계획제도

제 1 절 도시행정조직

I. 행정조직의 구성

도시행정조직(都市行政組織)이란 광의(廣義)로는 한 국가의 도시제도 전반, 즉 자치단체의 종류 · 행정계층구조 · 중앙과 지방과의 관계 · 행정구역 · 행정기관과 주민과의 관계 · 지방의회와 집행기관 등을 포괄하는 의미를 지닌다. 협의(狹義)로는 도시자치단체의 내부조직(기능 · 구조)만을 지칭한다(박수영, 1990 : 262).

도시자치단체(都市自治團體)란 도시지역에서 공공정책을 결정하고 집행할 수 있는 권한을 행사하는 공공단체로서 자신의 구역에서 자신의 사무를 국가로부터 상대적으로 독립된 지위에서 자주적으로 처리할 수 있는 법인격을 갖춘 단체를 말한다(박수영, 1990 : 270). 도시자치단체는 보통자치단체와 특별자치단체로 구분할 수 있다.

1. 보통도시자치단체

(1) 유형구분

보통도시자치단체(普通都市自治團體)는 행정계층조직을 근거로 기초단체와 상급단체(광역단체 혹은 중간단체)로 구분한다. 이들 단체간의 구성방식(構成方式)은 기초단체가 상급기관보다 행정책임과 권한을 더 부여받는 기초단체강화형(영미계)과 상급단체가 기초단체보다 더 많은 권한과 책임을 갖는 상급단체강화형(대륙계)으로 구분할 수 있다. 수평적 관계에서 자치단체의 요건과 법적 지위가 동일한 획일형과 인구규모 등에 따라 차이가 있는 변용형으로 구분할 수 있다(박수영, 1990 : 272~273). 전자는 불·북구제국에서, 후자는 영·미·일·독, 그리고 한국에서 취하고 있는 형태이다.

우리 나라의 상급자치단체(上級自治團體)는 특별시와 광역시, 기초자치단체(基礎自治團體)에는 시와 군 및 자치구로 구성되어 있다〔「지방자치법」(이하 "법") 제2조 제1항〕. 상급자치단체인 특별시와 광역시는 정부의 직할 하에 두도록 했다. 기초자치단체 중에서 시(市)는 도의 관할 하에, 군(郡)은 광역시 또는 도의 관할구역 안에 두며, 자치구(自治區)는 특별시와 광역시의 관할구역 안에 두도록 했다(법 제3조 제2항). 그리고 특별시 또는 광역시가 아닌 인구 50만 이상의 시에는 자치구가 아닌 구(區)를 둘 수 있도록 규정했다(법 제3조 제3항).

⑵ 지정요건

㈎ 특별시 상급자치단체로서 특별시(特別市)는 국가의 수도이면서 수위도시라는 특성을 고려하여 특별한 법인격을 부여하여 다른 도시자치단체와 구별하고 있다. 즉, 서울은 1946년 경기도에서 분리되어 중앙정부직속의 특별한 지위를 보장받다가 1949년 「지방자치법」이 시행됨에 따라 특별시로 승격되었다. 1962년 서울특별시위상에 대한 특별조례에 따라 국무총리의 직접적인 통제를 받는 지위를 얻게 되었다.

㈏ 광역시 광역시(廣域市)는 도(道)에서 분리하여 도와 동등한 지위를 갖는 법인격을 부여하고 있는데, 현재 부산(1963)을 비롯하여 대구(1981)·인천(1981)·광주(1987)·대전(1988)·울산(1997)의 6개 도시가 지정되어 있다. 광역시의 승격기준에 대해서는 객관적인 기준이 명시되어 있지 않지만, 대체로 인구 100만 이상의 대도시로 국토균형발전·지역개발, 그리고 주민생활편익을 고려하여 지정하고 있다.

㈐ 시 기초자체단체인 시(市)는 인구 5만 이상이 되는 지역으로 다음의 요건을 갖추어야 한다(법 제7조 제1항; 시행령 제7조 제1항).

① 당해 지역의 시가지를 구성하는 지역 안에 거주하는 인구의 비율이 전체인

구의 60% 이상일 것

② 당해 지역의 상업·공업 기타 도시적 산업에 종사하는 가구의 비율이 전체 가구의 60% 이상일 것

③ 1인당 지방세납입액·인구밀도 및 인구증가경향이 정해진 기준 이상일 것

㈑ 복합시 　　도농복합형태의 시로 지정할 수 있는 대상지역은 다음과 같다(법 제7조 제2항).

① 시와 군을 통합한 지역

② 인구 5만 이상의 도시형태를 갖춘 지역이 있는 군

③ 인구 2만 이상의 도시형태를 갖춘 2개 이상 지역의 인구가 5만 이상인 군(이 경우 군의 인구가 15만 이상이어야 함)

④ 국가의 정책으로 인하여 도시가 형성되고, 도의 출장소가 설치된 지역으로서 그 지역의 인구가 3만 이상이고, 인구 15만 이상의 도농복합형태의 시의 일부인 지역

이 복합시(複合市)의 지정요건은 다음과 같다(시행령 제7조 제2항).

① 당해 지역의 상업·공업 기타 도시적 산업에 종사하는 가구의 비율이 군 전체가구의 45% 이상일 것

② 당해 군의 재정자립도가 전국 군 재정자립도의 평균치 이상일 것

㈒ 읍 　　읍(邑)이 될 수 있는 지역은 인구 2만 이상이어야 한다. 다만, 다음의 경우는 인구 2만 미만인 경우에도 읍으로 지정할 수 있다(법 제7조 제3항).

① 군사무소 소재지 면

② 읍이 없는 도농복합형태의 시에 있어서 그 면 중의 1개면

읍의 지정요건은 다음과 같다(시행령 제7조 제3항).

① 당해 지역의 시가지를 구성하는 지역 안에 거주하는 인구의 비율이 전체인구의 40% 이상일 것

② 당해 지역의 상업·공업 기타 도시적 산업에 종사하는 가구의 비율이 전체 가구의 40% 이상일 것

2. 특별도시자치단체

특별도시자치단체(特別都市自治團體)는 보통자치단체와는 별도의 구역을 단위로 하여 보통지방자치단체를 보완하며, 특수한 행정수요에 효과적으로 대응하기 위해 설치되는 도시행정조직체이다. 특별자치단체가 필요한 것은 보통자치단체의 구역이 특별한 형태의 도시정부활동에는 적합하지 않거나 불만스러운 경우(지리적 고려), 규모경제를 고려하여 보통자치단체의 구역을 넘어서 서비스를 공급할 필요가 있거나(규모의 고려) 보통자치단체에 가해진 재정적·법적 제약에서 벗어나기 위해(재정적·법적 고려), 정치적 간섭으로부터 분리·운영할 필요가 있을 때(정치적 고려) 기타 전문적 필요성 등의 사유에 의해 조직·운영된다(박수영, 1990 : 302~307).

우리 나라의 경우 지방자치단체조합(地方自治團體組合)과 지방공기업조합(地方公企業組合)이 여기에 속한다. 전자는 자치단체간의 상호협력에 의해 결성되는 독립된 법인격을 갖는 조직이고, 후자는 지방공기업에 관한 사무를 공동으로 처리하기 위해 설치하는 것이다.

Ⅱ. 도시계획기관

1. 기능과 조직

⑴ 기　　능

계획기관은 도시정부의 집행기구로서 기능하는 경우가 대부분이다(Levy, 1997 : 87). 조직단위의 범주를 계선(line) 활동과 막료(staff) 활동으로 구분한다면, 도시계획은 일부는 계선, 일부는 막료활동으로 구성된 혼합된 계선-막료기능(mixed line-staff function)으로 이루어진다.

지방계획기관은 다양한 업무를 수행하고 있지만, 주요한 기능은 다음과 같이 요약할 수 있다(Pickford, 1968 : 526).

① 지역사회개발목표의 확립
② 도시의 성장과 개발에 관한 연구
③ 개발계획의 작성
④ 계획에 대한 대중적 이해와 수용의 제고

⑤ 타정부기관과 민간집단에 대한 기술서비스제공
⑥ 도시성장에 영향을 미치는 개발활동간의 조화
⑦ 토지이용규제의 관리

(2) 조 직

계획기관의 내부조직은 다양하기 때문에 모든 상황에 부합되는 단일모형을 발견하기는 어렵다. 계획기관의 조직(組織)은 규모, 도시정부 내에서 계획기관의 위치, 커뮤니티의 계획에 대한 욕구 등에 의해 영향을 받는다. 계획부서를 구분하는 방법은 기능·과정·시간·지역에 따라 구분할 수 있다(Spencer, 1979 : 75; Howard, 1968 : 549).

기능(機能)에 의한 부서구성은 계획기관을 관계되는 주요 도시기능에 따라 조직하는 것으로 토지이용·교통·위락 등으로 조직할 수 있다. 계획업무수행에 필요한 과정(過程)이나 기술(技術)에 따라 기획·조사·개발·평가 등으로 조직할 수도 있다. 시간(時間)에 의한 구성은 계획기관을 업무와 관련된 시간의 범위에 따라 장기·중기·단기 등으로 구성하는 방식이다. 그리고 계획기관의 관할범위(管轄範圍)에 따라 중심업무지역·근린지역계획·임항계획 등으로 부서를 구성하는 방식도 있다.

계획부서조직시 계획기관을 세분하는 것은 다음의 장점이 있다. 첫째 개인의 책임을 명료화하여 능률성을 제고하고 전문화를 통해 기술개발을 촉진할 수 있으며, 둘째 주민들이 관련업무종사자에게 보다 쉽게 확인·접촉할 수 있으며, 셋째 장기적인 업무분담의 계속성을 보호한다(Spencer, 1979 : 74~75). 그러나 이러한 장점에도 불구하고 계획부서의 세분은 융통성이 결여되고, 부서간 협조를 어렵게 만드는 등 단점도 따르기 때문에 지나친 부서의 세분은 바람직하지 않다.

2. 계획관련부서

(1) 중앙정부

중앙정부에서 도시계획관련부처는 건설교통부와 행정자치부이다. 건설교통부(建設交通部)에서는 국토균형발전본부장과 산하 도시환경기획관이, 행정자치부(行政自治部)에서는 지방지원본부와 산하 도시환경기획관이 도시계획관련 주무부서이다.

(2) 지방정부

지방정부의 도시계획관련주무부서는 지방자치단체에 따라 차이가 많다. 서울특별시는 도시계획국, 광역시에서는 도시교통국·도시건설국·도시주택국 등의 다양한 명칭이 사용되고 있다. 도(道)에서는 건설교통국산하의 과(課)에서, 일반시 또는 군에서는 도시과에서 도시계획 및 도시개발업무를 수행하고 있다.

3. 도시계획위원회

도시계획에 관한 사항을 심의·조사·연구하기 위하여 도시계획위원회를 설치·운영한다. 이 위원회는 중앙도시계획위원회와 지방도시계획위원회로 구분된다.

(1) 중앙도시계획위원회

(가) 기 능 중앙도시계획위원회는 건설교통부에 둔다[「국토의 계획 및 이용에 관한 법률」(이하 "법") 제106조]. 이 위원회는 광역도시계획·도시계획·토지거래계약허가구역 등 건설교통부장관의 권한에 속하는 사항과 다른 법률에서 중앙도시계획위원회의 심의를 거치도록 한 사항을 심의하고, 도시계획에 관한 조사·연구를 수행하도록 한다(법 제106조).

(나) 구 성 중앙도시계획위원회는 위원장·부위원장 각 1인을 포함한 25~30인 이내의 위원으로 구성한다(법 제107조 제1항). 위원(委員)은 관계중앙행정기관의 공무원과 토지이용·건축·주택·교통·환경·방재·문화·농림 등 도시계획에 관한 학식과 경험이 풍부한 자 중에서 건설교통부장관이 임명 또는 위촉한다(법 제107조 제3항). 위원 중에서 공무원이 아닌 위원의 수는 10인 이상으로 하고, 그 임기는 2년으로 한다(법 제107조 제4항). 위원회의 위원장 및 부위원장은 위원 중에서 건설교통부장관이 임명 또는 위촉한다(법 제107조 제2항).

(다) 분과위원회 중앙도시계획위원회에는 안건을 효율적으로 심의하기 위해 분과위원회(分科委員會)를 둘 수 있다. 분과위원회는 위원장을 포함한 5~9인의 위원으로 구성한다(시행령 제109조 제2항). 분과위원회의 심의는 중

앙도시계획위원회의 심의로 본다(법 제110조 제2항). 분과위원회별 소관업무는 다음과 같다(법 제110조 제1항, 시행령 제109조).

> 제1분과위원회 : 토지이용계획에 관한 구역 등의 지정, 용도지역 등의 변경계획에 관한 심의, 개발행위에 관한 사항의 심의
> 제2분과 위원회 : 중앙도시계획위원회가 위임하는 사항의 심의

㈑ 전문위원　　도시계획에 관한 중요사항을 조사·연구하기 위하여 중앙도시계획위원회에 전문위원(專門委員)을 둘 수 있다(법 제111조 제1항). 전문위원은 위원장 및 위원회나 분과위원회의 요구가 있을 때에는 회의에 출석하여 발언할 수 있다(법 제111조 제2항). 전문위원은 토지이용·교통·환경 등 도시계획에 관한 학식과 경험이 풍부한 자 중에서 건설교통부장관이 임명한다(법 제111조 제3항).

(2) 지방도시계획위원회

지방도시계획위원회는 특별시·광역시·도(이하 "시·도")와 시·군·구(자치구)에 각각 설치·운영한다(법 제113조).

㈎ 시·도 위원회　　시·도 도시계획위원회는 위원장 및 부위원장 각 1인을 포함한 20~25인(전문가위원은 전체의 2/3 이상)으로 구성하며(시행령 제111조 제1항), 위원장은 당해 지방자치단체의 부시장 또는 부지사가 되며, 부위원장은 위원 중에서 호선한다(시행령 제111조 제2항). 이 위원회에서는 다음 사항을 심의 또는 자문한다(법 제113조 제1항).

① 시·도지사가 결정하는 도시관리계획의 심의 등 시·도지사의 권한에 속하는 사항과 다른 법률에서 시·도 도시계획위원회의 심의를 거치도록 한 사항의 심의
② 건설교통부장관의 권한에 속하는 사항 중 중앙도시계획위원회의 심의대상에 해당하는 사항이 시·도지사에게 위임된 경우 그 위임된 사항의 심의
③ 도시관리계획과 관련된 사항에 대한 시·도지사에 대한 자문
④ 그 밖의 심의 또는 자문

㈏ 시·군·구 위원회　　시·군·구 도시계획위원회는 위원장 및 부위원장 각 1인을 포함한 15~20인(전문가위원은 전체의 50% 이상)으로 구성(단, 2 이상이 시·군·구공동으로 위원회를 설치하는 경우는 30인까지 가능)한다(시

행령 제112조 제 1 항). 위원장은 당해 자치단체의 부시장 · 부군수 · 부구청장이 되며, 부위원장은 위원 중에서 호선한다. 다만, 2 이상의 시 · 군 · 구에 공동으로 설치한 위원회의 위원장은 당해 시장 · 군수 · 구청장이 협의하여 정한다(시행령 제112조 제 2 항). 시 · 군 · 구 도시계획위원회의 심의 또는 자문사항은 다음과 같다(법 제113조 제 2 항).

① 건설교통부장관 또는 시 · 도지사의 권한에 속하는 사항 중 시 · 도 도시계획위원회의 심의대상에 해당하는 사항이 시장 · 군수 · 구청장에게 위임 또는 재위임된 경우, 그 위임 또는 재위임된 사항의 심의
② 도시관리계획과 관련된 사항에 대한 시장 · 군수 · 구청장에 대한 자문
③ 개발행위의 허가 등에 관한 심의
④ 기타

시 · 도 도시계획위원회 또는 시 · 군 · 구 도시계획위원회에 분과위원회를 둘 수 있고(법 제113조 제 3 항), 분과위원회에서 심의하는 사항 중 도시계획위원회에서 지정하는 사항은 분과위원회의 심의를 도시계획위원회의 심의로 본다(법 제113조 제 4 항).

㈐ **도시계획상임기획단** 지방자치단체의 장이 입안한 광역도시계획, 도시기본계획 또는 도시관리계획을 검토하거나 지방자치단체의 장이 의뢰하는 광역도시계획, 도시기본계획 또는 도시관리계획에 대한 기획 · 지도 및 조사·연구를 위하여 해당 지방자치단체의 조례가 정하는 바에 따라 지방도시계획위원회에 도시계획상임기획단(都市計劃常任企劃團)을 둘 수 있다(법 제116조).

제 2 절 도시계획법제

I. 의 의

1. 개 념

(1) 기 능

도시법(urban law)이란 도시지역의 경제 · 사회문제와 관련된 법제도의

규정을 총괄하여 연구하는 분야이다(권태준, 1973 : 98). 즉, 도시법(都市法)은 도시정부체계를 규정하고, 도시계획체계와 토지개발규제를 확립하고, 도시계획가와 관리자의 권력을 제한한다(McAuslan, 1993 : 236). 다시 말하면 이러한 법적 장치를 통해 도시계획 또는 개발과 관련된 개인과 기관들의 행위를 규제할 수 있으며, 법의 범위 안에서의 행위를 보장 또는 적법화하여 효과적으로 도시계획과 개발활동을 수행할 수 있도록 하는 지지역할을 한다.

계획법(計劃法)은 계획체계가 갖는 합리성·획일성과 현실의 비합리성·다양성을 조정하는 역할을 한다(권태준, 1973 : 91). 아울러 도시개발과정에 투입되는 어떤 법적 투입도 형평적·신축적·환경의식적 그리고 참여적인 측면을 고려해야 한다. 아울러 계획법체계는 관리하기 쉽고, 이해와 이용이 간단하고 효율적이며, 공평한 과정으로 계획·규제·관리체계를 조장, 강화 또는 도입할 수 있어야 한다(McAuslan, 1993 : 254).

(2) 접근방법

최근까지 계획법의 연구는 토지이용규제의 법적 측면에 집중해 왔다. 그러나 계획에 대한 접근태도의 변화에 따라 계획법에 대한 접근자세에도 변화가 따르고 있다. 이러한 계획에서의 주요한 변화는 1960년대에 나타났는데, 계획에 관한 전문성이 토지이용에만 선입견을 갖기보다는 '새로운 종합성'을 추구하게 되었다(Heskin, 1972 : 250~253).

웨버(Weber)에 의하면 복합체계로서 도시는 경제·정치·토지이용·주택·보건·교육·문화·교통·시설·유통·폐기물처리·재정·설계, 그리고 법과 같은 하부체계로 구성되어 있다. 즉, 법체계는 도시의 중요한 하부체계(下部體系)이다. 이러한 새로운 접근은 「도시법(*Urban Law*) : 도시의 생활의 질과 관련된 법의 연구」의 제목을 붙인 저서의 출현을 통해서도 알 수 있다. 이러한 새로운 도시법의 개념은 도시거주자와 이들에 대한 법적 체계의 영향, 그리고 그들이 거주하는 환경에의 영향에 초점을 둔다. 이는 공급자지향적 분석에서 이용자지향적 분석으로의 전환과 유사한 면이 있다.

이러한 도시법접근(都市法接近)은 도시문제의 원인과 해결에 있어 법의 역할을 제시하고, 추구하는 법의 제 원리를 규범적·쇄신적 계획과 연결한다. 그리고 이러한 접근은 문제를 정부권력과 사유재산권으로 이해하는 것 대신에 도시문제라는 관점에서 접근한다. 예를 들면 주택관련법은 주택보유를 개선 또는 악화시키는 역할을 하고, 고용법은 실업을 유발 또는 경감하며, 복지법은 빈곤을 창조하거나 경감하는 것과 같이, 도시법도 도시문제를 발생시키거나 완화하는 역할과 관련된다. 때문에 도시법에 대한 접근은 법원리보다는 도시문제에 초점을 두고, 정적인 규칙보다는 과정으로서의 법을 다루어야 한다.

2. 계획법의 이념

법의 역할과 기능에 대해 3개의 상호대립되는 철학 또는 이념적 시각이 있다(McAuslan, 1980 : 2). 즉 법은 개인재산과 이를 위한 제도를 보호하기 위해 존재하고 사용되어야 한다고 주장하는 전통적 보통법적 접근(traditional common law approach), 공익의 증진을 위해 법이 존재해야 한다는 정통행정·계획적 접근(orthodox public administration and planning approach), 그리고 법은 공공참여의 증진을 위해 존재해야 한다고 보는 급진 또는 대중적 접근(radical or populist approach)으로 구분할 수 있다. 여기서는 이 세 가지 기본이념을 중심으로 고찰하기로 한다(McAuslan, 1980 : 2~6).

(1) 사유재산이념

계획의 역사적 기원은 19세기 중반의 도시근로자계층의 열악한 생활환경 개선을 위한 노력으로서 사유재산(토지와 주택)의 사용을 통제하고 규제하는 권력의 획득에서 찾을 수 있다. 그러나 법에 의해 인가된 정부의 규제조치는 도시지역의 재산소유자에게는 환영받지 못할 조치로 간주하여 그들은 자신들의 재산권침해에 대해 법원이나 변호사의 도움을 추구할 뿐만 아니라 재산권 보호에 관한 관련규정에 관심을 갖게 되었다.

정부행위에 대해 도시토지소유자를 보호해야 한다는 이 원칙은 보통법적 입장인 사유재산이념(private property ideology)을 형성하게 만들었다. 이에 따라 사유재산소유자의 권리를 보호·방어하는 원칙들과 적절한 한계(법관의 신념·이념에 의해 정의) 내에서 정부권력을 유지할 필요성 등이 계획법에 대한 법원의 주요한 관심이 되었다.

(2) 공익이념

두 번째 이념은 행정관리들이 법에 대해 이해하고 있는 공익이념(public interest ideology)이다. 여기서는 법은 필요하면 개인토지소유자의 사적 이익에 반하더라도 공익증진을 위한 행동계획으로서의 지지와 적법성을 제공하는 역할을 수행해야 한다고 주장한다. 이 공익이념(公益理念)은 법이 행정가에게 광범한 권한을 부여하여 그들의 행위를 적합하게 하고, 어떠한 배상이나 소청도 제공하지 않도록 한다. 배상이 이루어지는 경우도 주로 하위기관에서 상급기관으로, 지방에서 중앙으로와 같이 행정체제 내에서 이루어지도록 한다.

이 체제 내에서도 토지소유자의 권한을 보호하기 위한 특별한 규정을 만들 수 있지만, 경험에 의하면 이는 사법적 관여를 줄이거나 법원에의 접근을 억제하는 목적의 규정으로 이용되는 경우가 많다. 그리고 법원으로 하여금 공익을 위해 취한 정부행동에 대해 토지소유자를 보호해야 할 범위에 한계가 있음을 인정하도록 한다.

(3) 대중참여이념

법이 대중참여를 높이기 위한 제도적 장치라는 주장은 앞의 두 개의 이념과 경쟁적인 관계에 있다. 이 견해는 법을 계획과정에서 참여의 권리를 제공하는 장치로서 보는 시각으로, 재산권 때문이 아니라 민주주의와 정의라는 보다 추상적인 원리에 바탕을 두고 있다.

이 이념의 바탕에는 토지개발이나 환경의 변화에 영향을 받게 될 사람이나, 영향의 결과 또는 이익에 대해 관심을 갖는 사람들은 계획의 결정에 참여해야 한다는 것이다. 이 대중참여이념(public participation ideology)은 공익이념처럼 재산소유자의 특별한 지위를 부인하고 민주적 의사결정과정에서 관계되는 많은 사람들의 이익의 하나처럼 간주해야 한다고 주장한다. 그리고 이 이념은 공무원들이 자신의 견해와 가정의 옳고 그름을 판단하는 기준으로서 공익이념에 대해서도 거부적 견해를 갖고 있다. 즉 공무원들은 시민들과 토론 또는 협의를 통해서만 행동해야 한다고 주장한다.

Ⅱ. 우리 나라 도시계획법제의 발달

우리 나라의 도시계획법제의 발달은 법제의 제정시기와 내용을 고려하여 조선시가지계획령시대(1950년대 이전)와 신법제도입(1962년) 이후의 발달과정으로 구분하여 설명할 수 있다(권원용, 1997 : 9~20; 국토연, 1990 : 6~7; 건설부, 1987 : 859~862). 신법제도입 이후 대체로 매 10여년마다 주요한 개정·정비를 거쳐 오늘에 이르고 있다. 여기서는 조선시가지계획령시대 · 도입기(1960~1970년대) · 정비기(1980~1990년대) · 정착기(2000년 이후)로 구분하여 각 단계별 주요 개정내용과 특색을 중심으로 검토하기로 한다.

1. 조선시가지계획령시대

근대적 도시계획의 법제의 정비는 1934년의 「조선시가지계획령」에서 찾을 수 있다. 이 시가지계획령의 내용은 1962년의 「도시계획법」이 제정되기 이전까지 사용되었다. 이 계획령은 총칙(제1조~제14조), 지역 및 지구의 지정과 건축물 등의 제한(제15조~제41조), 토지구획정리(제42조~제50조)의 3장 50조 부칙으로 구성되었다(정태용, 2001 : 538~544).

이 계획령의 특징은 다음과 같다(국토학, 1989 : 64~65; 김의원, 1982 : 12).

1) 도시계획법과 건축법은 분리되지 않고 혼합되어 있다.

2) 지방행정청의 재량을 없애고, 민간의 권익을 무시한 강제성을 띠고 있다.

3) 모든 시가지계획은 조선총독부만 입안할 수 있게 했다.

4) 일본의 도시계획에서 취급하고 있는 제한주의를 취하지 않고, 필요한 경우에는 어디에서나 적용할 수 있게 했다.

5) 토지구획정리사업은 행정청시행으로 국한하고, 민간시행은 인정하지 않았다.

이 계획령은 한국에 근대적인 도시계획법을 처음 도입한 데 의미가 있으나, 이는 지방행정청의 재량범위를 갈살해 버렸으며 민간의 권익을 거의 무시한 강제적인 것이라는 비판이 따른다(류해웅, 1998 : 105).

2. 도 입 기

(1) 1960년대

1962년에 제정된 「도시계획법」(법률 제983호)은 일제의 법제도를 청산하고 새로운 도시계획체계를 확립했다는 점에서 우리 나라 도시계획의 전환점이 되었다. 조선시가지계획령에 포함되어 있던 내용 중 건축분야는 「건축법」(1961)으로 분리하고, 도시계획과 토지구획정리사업 분야는 이 법으로 규정하였다. 이 법의 주요한 특징은 다음과 같다.

1) 도시계획구역 안에 주거 · 상업 · 공업 · 녹지 지역을 지정할 수 있도록 했다.
2) 도시계획구역 내에 풍치 · 미관 · 방화 · 교육 · 위생 및 공업지구를 지정할 수 있도록 했다.
3) 토지구획정리사업의 절차를 규정하였다.
4) 계획의 일부를 지방장관에게 위임하는 규정을 두었다.
5) 경제기획원에 중앙도시계획위원회를 신설하였다.
6) 도시계획시설로 주차장 · 학교 · 도서관 · 유원지 등의 시설을 추가하였다.

1963년에 도시계획구역 이외의 지역에 대해서도 도시계획법을 준용할 수 있도록 하는 등의 규정에 개정이 있었다. 1966년에 「토지구획정리사업법」이 단일법으로 제정됨에 따라 1967년에 이와 중복되는 분야를 삭제하는 개정이 있었다

(2) 1970년대

공업화와 도시화가 진전됨에 따라 발생되는 도시문제에 효과적으로 대처하기 위한 목적으로 1971년에 전문개정(94조 부칙 3항)을 하였다. 이의 주요한 내용은 다음과 같다.

1) 새로운 지구(고도 · 업무 · 임항 · 공지 · 보존 · 주차장정비)를 추가했다.
2) 구역제(특정시설제한 · 개발제한 · 도시개발예정구역)를 도입했다.
3) 도시계획입안권을 건설부장관에서 시장 · 군수로 변경하였다.
4) 영세토지분할의 허가제를 신설했다.
5) 공동구설치에 관한 규정을 신설했다.
6) 재개발사업의 집행절차에 관한 절(節)을 신설했다.

7) 행정청이 아닌 도시계획사업시행자를 규정하였다.

8) 지방도시계획위원회를 설치하는 규정을 신설했다.

9) 사권보호를 위해 도시계획의 실효, 도시계획시설소유자의 토지매수청구권인정, 조성대지의 원소유자에 대한 우선양도제도 등을 신설했다.

1972년에 특정가구정리지구를 신설하고, 1976년에는 「도시재개발법」의 제정에 따라 관계조문을 삭제정리하고, 1979년에는 주차장정비지구를 「주차장법」에 의해 지정된 지구로 한다는 내용을 삽입하였다.

3. 정 비 기

(1) 1980년대

민주화 · 전문화의 요구를 도시계획에 반영하고, 지금까지의 정부주도하의 도시계획의 문제점을 보완하기 위해 도시계획에 대한 주민참여기회를 보장했다. 또한 도시계획의 효율성 · 전문성 확보와 주민의 재산권에 대한 적절한 보호를 기하여 도시계획사업시행과 사소유권보호와의 조화를 강구하여 도시계획에 대한 공신력을 제고하고자 했다. 1981년 개정된 법의 주요 골자는 다음과 같다.

1) 도시기본계획수립을 의무화했다.

2) 연차별 집행계획수립을 제도화했다.

3) 도시(기본)계획수립과정에 주민참여를 제도화했다.

4) 시가화조정구역에 관한 규정을 신설했다.

5) 도시계획사업의 사전공람제도에 관한 규정을 신설했다.

6) 중앙도시계획위원회의 심의에 앞서 도시계획전문기관의 자문 또는 조사연구를 의뢰할 수 있도록 했으며, 지방도시계획위원회에 도시계획상임기획단을 설치할 수 있도록 했다.

7) 단지조성사업에 대해 환지규정을 준용할 수 있는 규정을 신설했다.

(2) 1990년대

광역화 · 자치화라는 시대적 흐름을 반영하고, 개발밀도를 미시적으로 통제하겠다는 의도로 1991년의 개정시 광역계획과 상세계획의 개념을 도입했다. 개정된 주요한 내용은 다음과 같다.

1) 건설부장관은 도시기본계획을 승인하고자 할 때에는 미리 관계지방의회의 의견을 듣도록 했다.

2) 도시계획구역 안에서 지정하는 15개 지구 중 교육 및 연구지구 · 업무지구 및 임항지구를 시설보호구역으로 통합하여 필요에 따라 지정 · 운영하도록 하고, 공지지구 및 특정가구정비지구를 폐지했다.

3) 건설부장관은 택지개발예정구역 · 공업단지 · 재개발구역 등을 상세계획구역으로 지정할 수 있도록 하고, 상세계획구역 안에서 상세계획으로 정하여야 할 사항을 제시했다.

4) 건설부장관은 필요시 2 이상의 도시계획구역을 대상으로 광역계획구역을 지정할 수 있도록 하고, 광역계획구역을 대상으로 입안하는 광역계획의 내용 · 입안자를 정했다.

5) 현실에 맞지 않는 벌금 및 과태료 금액을 현실화했다.

4. 정 착 기

(1) 2000년대

2000년 1월 28일 공포된「도시계획법」은 순수계획법으로서 의미를 부여했고, 같은 날「도시개발법」을 제정하여 도시개발에 관해 기존의「토지구획정리사업법」 및 도시계획법상의 도시개발사업에 관한 규정을 통합하여 종합적 · 체계적인 도시개발을 위한 법적 기반을 마련하였다. 개정된 주요 내용은 다음과 같다.

1) 건설교통부장관이 전국차원의 도시발전기본방침을 수립할 수 있게 했다.

2) 광역계획의 성격을 명료화하여 광역도시권의 발전방향을 제시함은 물론 개별도시계획의 지침으로서 기능하도록 규정했다.

3) 도시기본계획을 도면위주의 규제계획에서 도시발전을 서술하는 정책계획으로 변경하고, 시의 행정구역에 대해서는 반드시 계획을 수립하도록 하고, 군은 필요시 수립하도록 했다.

4) 지구상세계획과 도시설계제도를 지구단위계획으로 통합했다.

5) 건축법의 지역지구 내 행위제한규정을 도시계획으로 이관했다.

6) 개발제한구역에 관련하여「개발제한구역의 지정 및 관리에 관한 특별조치법」을 제정했다.

7) 10년 이상 장기미집행시설은 5년마다 필요성을 재검토하고 도시계획시설채권을 발행하여 사업을 시행하는 근거를 마련하였다. 이는 도시계획수립시 반드시 재원조달방안을 마련하여 장기미집행시설의 추가발생을 방지하기

위한 것이다.

8) 도시계획관련권한의 상당부문을 시 · 도에 이양했다.

9) 시도의 조례로 지역실정에 맞는 새로운 지구의 지정을 허용했다.

10) 민간에게도 도시계획입안제안권을 부여했다.

11) 개성 있는 모범도시를 만들기 위한 시범도시를 지정 · 육성할 수 있게 했다.

12) 도시계획결정시 관계기관과 협의하도록 하고, 협의기간을 정했다.

(2) 현행계획법

종전법에서는 국토를 도시지역과 비도시지역으로 구분하여 도시지역에는 「도시계획법」, 비도시지역에는 「국토이용관리법」으로 이원화하여 운영하였다. 그러나 국토의 계획적 · 체계적인 이용을 통한 난개발방지와 환경친화적인 국토이용체계를 구축하기 위하여 도시계획법과 국토이용관리법을 통합하여 「국토의 계획 및 이용에 관한 법률」을 제정 · 공포(2002년 2월 4일)하여 시행(2003년 1월 1일)하게 되었다. 이 법의 주요 내용은 다음과 같다.

1) 전국토를 종전의 5개 용도지역(도시 · 준도시 · 농림 · 준농림 · 자연환경보전지역)에서 4개 용도지역(도시 · 관리 · 농림 · 자연환경보전지역)으로 축소하고, 준농림지역이 편입되는 관리지역을 세분(보전 · 생산 · 계획관리지역)하여 관리함으로써 난개발문제의 해소를 도모하였다(법 제6조 및 제36조).

2) 토지를 합리적으로 이용하고, 토지에 대한 중복규제를 최소화하기 위하여 다른 법률에 의하여 일정 면적 이상의 지역 · 지구 · 구역을 지정하고자 하는 경우에는 건설교통부장관과 미리 협의하거나 승인을 얻도록 했다(법 제18조).

3) 종전의 「국토이용관리법」의 적용대상이었던 비도시지역에 대하여도 도시기본계획 및 도시관리계획을 수립하도록 함으로써 계획에 따라 개발이 이루어지는 '선계획 후개발'의 국토이용체계를 구축하였다(법 제18조 및 제24조).

4) 계획관리지역 또는 개발진흥지구로서 개발수요가 많은 지역에 대해서는 건폐율 · 용적률 등을 다른 지역보다 완화하여 적용할 수 있도록 하되 제2종 지구단위계획구역으로 지정하여 토지의 효율적 이용을 도모하고, 고밀도개발에 따른 기반시설부족 · 환경훼손 등을 방지할 수 있도록 했다(법 제51조 제3항 및 제52조 제3항).

5) 개발행위허가제도가 종전에는 도시지역에 한정되었으나 이의 실시지역을 전국토로 확대하는 한편, 개발행위허가제는 미리 도시계획위원회의 심의를

그림 14-1 도시계획관련법제

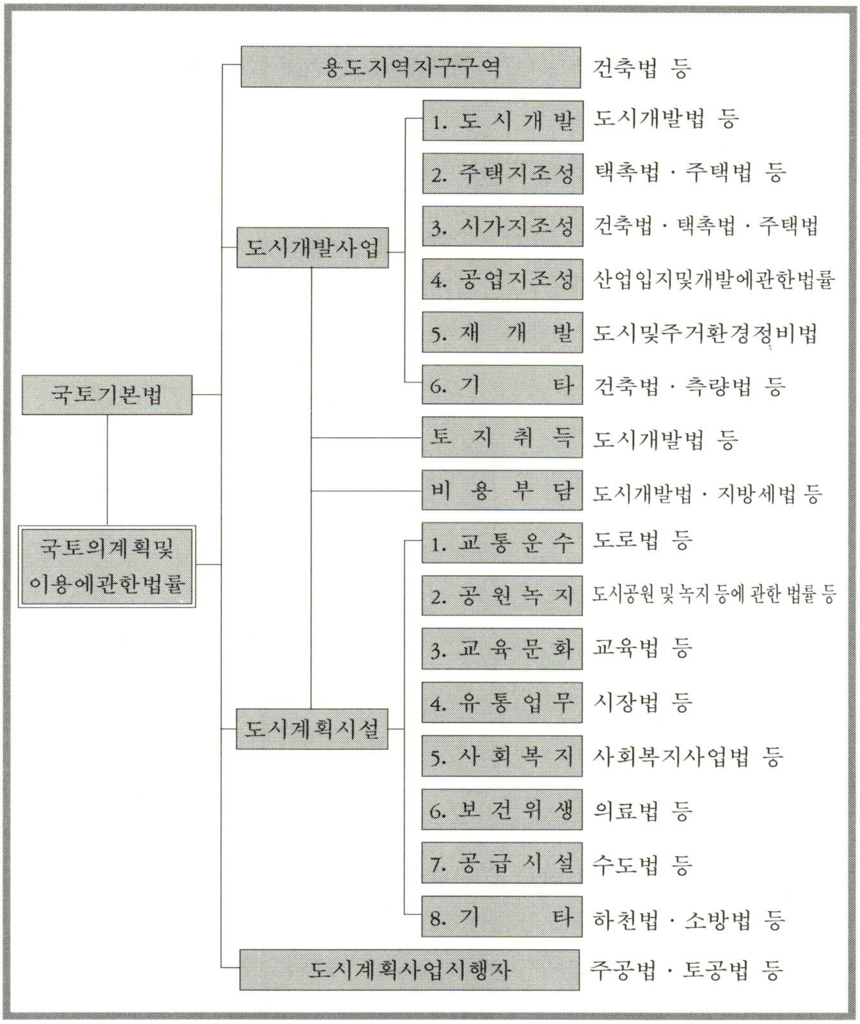

자료 : 국토연, 1984 : 14; 1989 : 51~54에서 재구성.

거치도록 했다(법 제56조 및 제59조).

6) 기반시설을 더 이상 설치할 수 없을 정도로 개발이 완료된 지역에 추가적인 개발행위로 인하여 기반시설의 용량이 부족하지 아니하도록 건폐율 · 용적률을 강화하는 개발밀도관리구역제도를 도입했다(법 제66조).

7) 개발행위가 집중되어 기반시설의 설치가 새로이 필요한 지역에서 개발

행위를 하는 자는 기반시설을 직접 설치하거나 설치에 필요한 비용을 납부하도록 하는 기반시설부담구역제도를 도입했다(법 제67조～제75조).

8) 농림지역과 자연환경보전지역의 훼손을 방지하기 위하여 용적률과 건폐율을 강화하였다(법 제77조 및 제78조).

Ⅲ. 도시계획관련법체계의 구성

우리 나라의 「국토의 계획 및 이용에 관한 법률」은 「국토기본법」을 상위법으로 하고, 도시계획사업과 도시계획시설설치 및 조성사업을 수립·시행하는 데 있어 〈그림 14-1〉에서와 같이 다양한 관련법과 연계를 맺고 있다.

제3절 도시정책

Ⅰ. 의 의

1. 개 념

도시정책(urban policy)이란 도시지역에 대한 정부의 활동이라고 할 수 있다(Blackman, 1995 : 12). 이는 정부목표에 따라 도시화와 도시성장에 영향을 미치고, 지도할 목적을 가진 정부의 조치들이다(Berg, *et al.*, 1982). 즉, 도시정책은 도시화와 도시성장의 규모·속도·입지·형태에 영향을 미치고 도시화와 도시성장과 함께 하는 문제들을 완화하기 위한 정부의 노력이라고 정의할 수 있다. 이 정책은 단순하게 물리적 개발(physical development)만을 의미하는 것이 아니고, 사람들이 자신에게 영향을 주는 사회적·정치적 결정에 어떻게 적극적으로 참여할 것인가에 대한 것이다(Hill, 2000 : 2).

도시정책(都市政策)은 도시거주민의 복지에 관한 것이다. 이는 계획과 공공서비스의 제공, 그리고 지방경제개발의 지원을 포함한다(Blackman, 1995: 5). 즉, 도시정책의 계획과 집행에 공공지출의 많은 부분이 소비되고 있다. 때문에 이를 정당화하기 위해서는 긍정적 효과들을 제시하고 공공지지를 획득해야 할 필요성이 있다. 도시정책에 대한 정당성(正當性)은 경제·사회·

행정 · 정치 · 문화적 이유 등의 측면에서 찾을 수 있다(Cheshire, 1987:34~37). 경제적 이유는 형평과 효율성에 관한 것이다. 산업과 공간구조변화에 따라 발생되는 비용의 많은 부분은 도시지역에 집중되어 나타날 가능성이 많다. 도시지역은 사회문제가 집중되고 있는 대표적인 곳이다. 행정적인 측면에서도 도시문제에 당면하고 있는 주민들을 효과적으로 관리하기 위한 정책개발이 필요하다. 그리고 도시정책에 대한 문화적 이유도 있을 수 있다.

2. 특　　성

도시정책은 다양한 특징을 나타내고 있다(Rondinelli, 1973 : 14~19).

1) 정책작성은 지적과정이라기보다는 다양한 이익집단간의 갈등을 해소하는 사회 · 정치적 과정이다.

2) 정책은 공 · 사 부문 모두에서 매우 분화되고 다핵화된 구조를 통해 작성되고 집행된다.

3) 정책문제는 명확히 정의하기에는 복합적이고 무정형적이며 난해하다.

4) 문제인지 · 정책반응, 그리고 프로그램집행은 오래 걸리고 시차가 있다.

5) 체계적 분석과 평가는 실제적인 정책산출을 결정하기 어렵기 때문에 매우 복합적이다.

6) 정책대안을 분석하는 데 사용되는 사실 · 정보, 그리고 통계는 사전에 인지된 특수한 이익을 통해 주관적으로 해석된다.

7) 정책문제의 해결을 위한 대안의 수는 불확실하고, 대안들은 정치적 상호작용을 통해 진보된다.

8) 정책형성과 집행에의 참여자들은 대체로 제한된 평가능력을 갖고 있다.

9) 정책계획은 문제의 진전 · 이익집단의 반응, 그리고 제안된 해결책의 효과성에 대해 불확실, 위험, 그리고 부분적으로 무시되는 상황에서 이루어진다.

3. 정책문제

많은 국가들이 도시정책을 시험해 왔지만 기대한 만큼 성공적인 정책은 거의 없었던 것으로 평가되고 있다. 이는 잘못 계획된 정책, 부적절한 집행, 실현불가한 목표 등의 이유도 있지만 많은 경우는 도시정책이 국가경제정책과 유리된 데 그 원인이 있다(Richardson, 1987 : 227). 따라서 성공적이며 효과적인 국가도시정책이 되기 위해서는 공간요소와 경제 · 사회 정책을 통합하여야 한다(Richardson, 1987: 240).

정책은 매우 복합적이고 모호한 현상이다. 이러한 점을 고려하여 도시정책분석평가에는 다음의 상호관련된 질문에 답할 수 있어야 한다(Atkinson and Moon, 1994 : 17~19).

1) 도시정책의 문제초점은 무엇인가.
2) 문제초점은 어떻게 설명되는가.
3) 정책의 목적은 무엇인가.
4) 목적은 어떻게 달성되는가.
5) 정책은 어떻게 재원조달되는가.
6) 정책은 어떻게 관리되는가.
7) 정책은 정치적인 지지를 받는가.
8) 적절한 법적 기반이 있는가.
9) 모니터링을 위한 조치는 무엇인가.

Ⅱ. 도시개발정책

1. 정책목표

많은 국가들은 국가정주패턴의 변화를 위해 여러 유형의 공간정책을 채택하고 있다. 도시정책목표는 국가에 따라 다르지만 기본논제는 대도시지역에의 과도한 인구집중에 따른 부정적 효과를 감소시키고, 국토공간에서의 사회경제적 기회의 지리적 균형을 성취하고, 국가경제성장률을 유지하는 데 두고 있다. 이에 따라 생활수준의 효과적 증가, 국토자원의 보전, 그리고 지역간 결속유지 등의 목표가 제시되고 있다(Richardson, 1987a : 208; Berg, *et al.*, 1982; Golany, 1976 : 2).

여기서 유의할 사항은 대부분의 국가에서 도시정책목표를 진정한 공간목표(종주성의 경감, 중간도시의 제고, 도농이주의 감소 등) 대신에 경제적 효율성, 경제개발의 촉진, 형평의 개선, 정치적 안정과 국가안보의 유지, 환경폐해의 저감, 그리고 국가통합의 촉진 등과 같은 일반적 사회목표에 더 높은 비중을 두고 있다는 점이다(Richardson, 1987b : 240).

2. 개발전략

(1) 구 분

국가도시개발전략은 중심-변경 패러다임에 의해 집중전략과 분산전략으로 구분할 수 있다(Richardson, 1981 : 273~280; 1985 : 22).

(가) **집중전략** 집중전략(集中戰略)은 중심지역 내에서의 존재를 강조하고 있으며, 이는 자발적인 방법(유형 Ⅰ)과 대도시개발계획에 의하는 방법(유형 Ⅱ와 Ⅲ)으로 구분할 수 있다. 대도시개발계획유형은 대도시지역 내에서 대도시교통체계에 의해 상호연결되는 접촉적인 다중심유형(Ⅱ)과 종주도시의 영역에서 떨어진 형태(Ⅲ)로 나눌 수 있다(〈표 14-1〉 참조).

표 14-1 국가도시개발전략

구분	개 발 전 략	특 징
집중전략	Ⅰ. 자유방임(laissez-faire)	아무것도 하지 않음
	Ⅱ. 다핵개발(polycentric deveopment)	대도시권 내에 부심 · 위성도시건설
	Ⅲ. 비지적 분산(leapfrog decentralization)	대도시권 밖에 도시중심건설
분산전략	Ⅳ. 대항도시(countermagnets)	수위도시에 대항되는 도시건설
	Ⅴ. 거점(growth centres)	개발중심
	Ⅵ. 개발축(development axes)	개발회랑(corridors)
	Ⅶ. 지역대도시(regional metropolis)	Ⅳ와 Ⅹ의 결합
	Ⅷ. 도청(provincial capitals)	지역적 핵심도시개발
	Ⅸ. 중간도시(secondary cities)	도수준의 핵심도시들의 개발
	Ⅹ. 소서비스중심(small service centres)	농촌중심도시
	Ⅺ. 혼합(hybrids)	혼합된 개발전략

자료 : Richardson, 1981; 274; 1985 : 23.

(나) **분산전략** 분산전략(分散戰略)은 공간적 분산의 정도와 도시규모에 따라 나눈 것이다. 대항도시(countermagnets) 전략의 배경에는 수위도시에 대항하는 극화전략의 형태이다. 거점개발(growth centers) 전략은 거점이 그

의 주변에 파급효과를 창출하지 못하기 때문에 최근에 선호도가 떨어지고 있다. 개발축(development axes) 접근은 개별거점의 제한된 생존력을 극복하기 위한 의도이다. 지역대도시(regional metropolis)는 하나 또는 둘의 주요 지역이 국가인구분배정책에서 중요한 역할을 하고 있다는 생각에 바탕을 둔 것으로, 이 지역의 대도시에 우선권을 부여하여 성장을 촉진하여 주변지역에 파급효과가 미치도록 한다. 도청(provincial capitals) 전략은 준국가계획을 강화하고 행정분산을 제고하는 것으로, 이는 경제적이라기보다는 행정적·정치적이다. 이 전략은 잠재력을 무시하고 모든 도청의 개발을 촉진하기 때문에 비효율적이다. 중간도시(secondary cities) 전략은 경제적 잠재력을 준거로 일정한 도청과 도청 아닌 지역을 공간적으로 선정하는 것이다. 소서비스중심(small service centers)과 농촌개발(rural development)은 최대한의 인구분산책으로 농촌여건을 매력 있게 하여 도시지역으로의 인구유출의 유인을 최소화하는 것이다.

(2) 의 미

도시화전략수립시 고려되어야 할 사항은 다음과 같다. 자원을 전국적으로 골고루 분산시키는 것은 비효율적이고, 낙후지역에 대한 대책은 그 지역이 갖고 있는 성장잠재력에 바탕을 두어야 한다. 국토공간전략의 공간규모는 획일적으로 논할 수 없고, 대부분의 경우 신도시개발은 성장하는 대도시문제를 해결하는 데는 비효율적이고 자원낭비적이다. 그러나 대도시주변 통근거리 내에 위성도시나 주택도시를 개발하는 것은 별개의 문제이다.

개발도상국의 공간정책에서 확인할 수 있는 주요 교훈은 다음과 같다(Richardson, 1987 : 209~218).

> 첫째, 공간정책은 수위도시와 핵심도시의 극화력(極化力)이 약화되고, 혼잡비가 발생하는 개발의 중간단계에 개입하는 것이 효과적이다.
> 둘째, 도시와 농촌 정책은 보완적이지 대안적 관계는 아니다.
> 셋째, 수위도시의 성장완화정책은 타당하고 효과적이다.
> 넷째, 중소도시의 제고는 최근 공간정책의 주요 과제이다.
> 다섯째, 인구억제는 매우 효과적인 도시화정책이다.

3. 정책도구

(1) 구 분

정책도구는 함축적(implicit) 도구와 명시적(explicit) 도구로 나눌 수 있다. 전자는 도시개발에 관해 분명하지 않고, 의도적 · 의식적인 정책이 아니다. 후자는 분명하고 직접적으로 도시개발을 추구하는 정책이다. 도시개발정책으로서의 효과는 함축적 · 간접적 정책이 직접적 · 명시적 정책보다 크다.

함축적 정책(含蓄的 政策) 도구는 가격 · 공업 · 신용 · 인적 및 자원개발 · 교통통신정책 등이다. 명시적 정책(明示的 政策) 도구는 입지 · 공업단지조성 · 하부구조조성 · 행정기능분산 등이 포함된다(Richardson, 1985 : 43).

(2) 효 과

도시개발전략을 집행하기 위한 다양한 정책 중 많이 거론되는 것은 인구이동통제와 보조, 하부구조투자, 산업과 입지에 대한 재정장려책, 그리고 행정분권 등이다(Richardson, 1981 : 280～281).

인구이동통제(人口移動統制)와 보조정책은 집행하기 어렵고 비효율적인 정책이다. 하부구조(下部構造)의 입지는 인구분포의 변화를 가져올 수 있는 정책도구이지만, 적정한 하부구조의 제공이 산업유인의 필요조건이지 충분조건은 아니다. 많은 개발도상국가에서 중심지역 특히 수위도시지역의 산업을 분산시키기 위한 산업입지정책(産業立地政策)이 큰 성공을 거두지 못하고 있는데, 이는 수위도시지역이 배후지역에 대해 지속적 우월성을 확보하고 있고 묵시적인 정책들이 수위도시에 유리하게 집행되기 때문이다. 따라서 분산에 따른 계량가능하고 가시적이면서 단순한 혜택이 배후지역에 자동적으로 돌아갈 수 있는 종합정책이 필요하다. 마지막으로 최근에 많은 국가들이 지방분권정책(地方分權政策)을 추진하고 있으나 재정분권을 수반하지 않은 경우가 많아 그 효과가 의문시된다. 때문에 권위와 책임이 병행될 수 있도록 지방정부에 재정적 자치권을 부여하는 조치가 필요하다.

Ⅲ. 도시별 정책

1. 대도시

⑴ 의 의

20세기의 여러 변화 중에서 가장 두드러진 현상이면서도 이해가 부족한 것이 거대도시화(巨大都市化)이다. 거대도시(metropolis)는 단순히 규모가 큰 도시가 아니고 질적으로 새로운 정주형태이다. 즉 과거의 도시들보다 훨씬 규모가 크고, 복잡하며, 경제 · 정치 · 문화면에서 지배적인 중심역할을 수행하고 있다(Angotti, 1993 : 1).

도시의 규모가 확대됨에 따라 도시가 스스로 경제적으로 효율적인가 여부와 배후지역에 자연 · 재정 · 인간자원을 유출시킴으로써 해당 지역의 경제성을 약화시키는가 여부에 대해 관심을 갖게 한다(Haughton and Hunter, 1994 : 69).

⑵ 접근시각

㈎ 대 도 시 대도시의 팽창에 대해 대부분의 학자들은 분산정책의 추진이 바람직하다고 생각한다(Hill, 1988 : 302). 라이트(F. Wright)는 거대도시(megalopolis)는 너무 거대하기 때문에 반도시적인 사람들은 극단적으로 저밀도의 환경에서 살기를 원한다고 했다. 맘포드(L. Mumford)는 거대도시(巨帶都市)는 문화적 재앙이라고 공격하면서 농촌지역에 신도시건설을 옹호하였다. 그러나 고트만(J. Gottmann)은 거대도시의 건설은 긍지를 갖기에 충분하다고 느꼈으며, 같은 시각에서 독시아디스(C. Doxiadis)는 지구 전체의 선형적인 성장패턴을 제시하였다.

제이콥(J. Jacob)은 대도시(great city)의 조밀한 중심지는 사회의 새로운 일자리를 위한 필수불가결의 부화장(hatcheries)이라고 보았다(Hill, 1988: 302). 그녀는 사회적 과정은 생태적 발달과 유사하다고 생각하면서 다음과 같이 도시생태체계를 해석한다(Hill, 1988 : 303~304). 즉, 발달되지 않은 생태체계는 안정적이거나 적응하지 못한다. 예로 호수의 조류가 상호지지할 수 없을 정도로 제한된 종(species)이 존재하는 경우는 매우 불안하다. 동질의 녹조는 질병이나 가뭄의 공격에 저항하지 못할 뿐만 아니라 생존을 위한 체계의 질서를 구축하지도 못한다. 반대로 잘 발달된 삼림의 생태체계는 상호보완적인 종(種)을 포함하고 있기 때문에 생존가능성이 상대적으로 높다. 삼림의 중심은 저습지로 많은 작고 어린 종들이 사는 조밀 · 풍요 · 비옥한 망(web)이다. 이 중심지역은 어린 종을 키우고, 성장시켜 독립시키고, 가끔은 다른 숲 · 초원 · 고지대로의 이동을 가져온다.

사회도 자연의 성숙된 삼림생태체계처럼 복합 · 탄력 · 창조적일 때 양호하다. 그녀는 사회계층 · 문화유형 · 경제생산단위와 같은 지표로 인간을 세분하는 것은 동식물의 종과 유사하며, 다양성이 많을수록 더욱 좋다고 가정한다. 도시는 생태체계의 중심에의 조밀 · 비옥 · 탄력 · 세밀화된 습지와 유사하다고 보면서 도시생활의 가장 큰 덕목은 다양성(diversity)이라고 주장한다. 도시의 다양성은 고밀도를 필요로 하고, 가능하면 건축 · 윤리 · 사회 · 정치, 그리고 문화적 다양성이 혼합되는 것을 요구한다. 이러한 복합성과 밀집된 다양성의 위험을 다루기 위해서 적절한 계획이 필요하다고 여긴다.

㈏ **개발계획** 거대도시의 계획에 대한 과학적 접근의 발달을 제어하는 두 가지 편견이 있는데, 하나는 반도시선입견(anti-urban bias)이고 다른 하나는 반계획선입견(anti-planning bias)이다(Angitti, 1993 : 146).

반도시선입견(反都市先入見)의 기본가정은 도시화는 도시문제를 야기한다는 것이다. 즉 도시적 또는 거대도시적일수록 인구밀집이 이루어지고 거대해지며, 다양해지고 자연으로부터 일탈되는 것으로 본다. 그리고 거대도시는 범죄와 폭력 등의 사회적 일탈을 잉태하는 것으로 보았다. 이러한 반도시적 접근방법은 중심도시를 농촌지역으로 옮기거나(영국의 전원도시), 농촌적인 모습을 중심도시에 가져오는(미국의 도시미운동) 것과 같은 노력을 가져왔다. 반도시화는 철학적으로는 전 자본주의사회를 지배했던 전래의 가치를 추구하게 되고, 정치적으로는 사회서비스에 대한 재정감축 등과 같은 보수적 정책의 버팀돌이 되고 있다. 이러한 입장에 의한 계획가들은 '덜 함이 낫고, 작은 것이 아름답다'(less is better and small is beautiful)는 구호에 매달리고 있다.

반도시주의자들의 일부는 도시발달은 시장기능의 작용에 의해 이루어진다고 보고, 인간환경에 의식적인 계획과 개입에 현재 또는 장래의 어떠한 의미 있는 역할도 부정하는 입장을 갖고 있다. 이는 계획에 대해 보수적이며 반도시적이며 반계획적 선입견(反計劃的 先入見)의 이념적 혼합으로 이끈다.

예를 들면 반필드(E. Banfield)는 도시빈곤은 거대도시에 내재되어 있는 해결할 수 없는 사회적 결함을 반영하는 것이라고 생각한다. 그는 시장이 문제를 자동적으로 교정할 수 있으므로 정부가 도시문제에 개입해야 할 어떠한 이유도 발견할 수 없다는 것이다. 따라서 시장기능이 자유롭게 작용하도록 어떠한 방해나 개입도 바람직하지 않다는 주장이며, 이는 계획적 노력을 경시하게 된다. 이들 이론들은 거대도시를 변화시킬 어떠한 시도도 불가능하다고 생각한다.

(3) 수도권관리정책

(가) 정책의 전개　　수도권인구집중방지를 위한 각종 정책들이 1960년대 중반 이후부터 오늘에 이르기까지 다양하게 진행되고 있다. 이러한 수도권관리정책의 전개과정을 그 내용에 따라 3단계로 구분하여 고찰할 수 있다(건교부, 2005e; 193~197).

① 발아기(64~75) : 초기에는 수도권문제를 광역적으로 처리하기보다는 당면과제의 해소에 초점을 두었다. 이 시기의 주요 정책은 대도시인구집중방지책(1964, 건설부), 수도권인구집중억제방안(1969, 청와대), 대도시인구분산책(1973, 경제기획원), 인구소산계획(1975, 서울시) 등을 들 수 있다.

② 본격추진기(76~88) : 수도권정비를 위한 광역적, 제도적 장치를 마련하여 본격적으로 수도권정책을 추진한 시기이다. 주요한 정책은 수도권인구재배치기본계획(1976, 무임소장관실), 「수도권정비계획법」 제정(1982), 수도권정비기본계획(1984) 등이 대표적이다. 그러나 이 시기의 후반부에 아시안 게임(86), 올림픽(88) 등에 의해 규제완화정책이 추진되어 소기의 성과를 달성하지 못했다.

③ 방향전환기(89~현재) : 1990년을 전후한 시기에 지역균형발전기획단이 발족하여 수도권문제를 주요 문제로 다루게 되었다. 즉, 지금까지의 정책을 검토하여 제 3 차 국토계획, 신경제 5개년계획에 수도권정책의 방향을 설정하여 제시하였다. 이를 수용하여 1994년에 「수도권정비계획법」이 대폭 개정되었고, 이에 따라 제 2 차 수도권정비계획이 수립되었다. 최근에는 제 4 차 국토종합계획의 수정, 인천신공항개항, 개발제한구역해제 등의 환경변화를 수용하고 공공기관지방이전 등 국가균형발전정책 등을 감안하여 제 3 차 수도권

정비계획을 추진하고 있다.

(나) 수도권정비계획

① 법정비 : 1982년에 제정된 「수도권정비계획법」(이하 "법")은 세계화·지방화 등 여건변화에 따라 1994년에 전면개정되어, 획기적인 규제완화조치가 이루어졌다. 대학·공장은 총량제도, 대형건축물은 과밀부담금제도를 도입하여 종래의 직접규제를 간접규제로 전환하였다. 그리고 수도권역을 과밀억제·성장관리·자연보전의 3개로 단순화하였다. 이 법에 의해 1997년에 제2차 수도권정비기본계획이 수립되었다.

② 수립절차 : 수도권정비계획은 건설교통부장관이 중앙행정기관의 장·서울특별시장·광역시장 또는 도지사의 의견을 들어 입안한다(법 제4조 제1항). 입안된 계획안은 수도권정비계획위원회의 심의, 국무회의 심의, 대통령의 승인을 얻어 건설교통부장관이 결정한다(법 제4조 제2항) 결정된 계획은 관보에 고시한다. 결정된 계획을 변경할 때에도 같은 절차를 거친다.

③ 계획내용 : 수도권집중억제기조의 유지와 경쟁력제고를 목표로 하는 「제2차 수도권정비계획」(1997~2011)에서는 공간구조를 4개축 중심의 다핵분산형을 제시하였다. 서울-인천축은 국제교류의 중심지, 안산-아산축은 산업벨트 및 물류거점지역, 파주-포천축은 남북교류 및 경제협력거점지역, 그리고 이천-가평축은 자족전원도시 및 종합관광지대로 각각 개발·정비하도록 하고 있다. 선진국수준의 광역교통망을 구축하고, 국제교류시설을 확충하여 경쟁력을 강화하는 방안도 아울러 제시하고 있다.

2. 중소도시

(1) 의 의

일반적으로 중소도시는 인구규모(人口規模)를 기준으로 정의하고 있으나, 국토공간에서의 도시규모와 그 분포가 다르기 때문에 일률적으로 말하기 곤란하다. 따라서 학자들에 따라 다양한 기준을 제시하고 있다〔(Christaller는 5,000~100,000명; 石川榮耀는 3~10만 명; Thompson은 20만 명; 우리 나라에서는 100만 명 이하의 시급도시를 중소도시의 범주로 보고 있다(국토학, 1997, 826)〕.

중소도시의 특징(特徵)은 인구·경제·사회적인 측면에서 검토할 수 있다(Rondinelli, 1982 : 256~279). 인구적 특징은 대도시보다 성장속도가 완만

했으나 1950년대 이래로 빠르게 성장하고 있다.

경제적으로는 상업과 서비스활동이 주이고, 소규모 제조업도 수행하고 있다. 그리고 이들 도시는 배후지역에 대한 각종 활동의 서비스센터, 중소규모의 기업활동이 이루어지고 있는 경제활동의 중심지, 개방화·국제화에 대비한 농업의 활성화방안의 하나로 거론되고 있는 상업 · 농업의 촉진처, 그리고 지역발전에 필수적인 새로움과 변화의 수용 · 확산처, 즉 변화의 중심지로 알려지고 있다(Rondinelli, 1983 : 258~269; 정환용, 1993 : 20).

(2) 중 요 성

중소도시에 대한 관심이 증대되는 이유는 이들 도시가 수행하는 공간상 기능과 역할의 중요성 때문이다. 이들 도시의 역할과 기능은 다음과 같이 요약할 수 있다(Hardoy and Satterthwaite, 1986 : 6~8; 박수영, 1990 : 104~105; 김안제, 1989 : 130~134).

> 첫째, 농촌과 직접적으로 연계되는 도시로서 주민에게 도시적 혜택을 제공하는 정주공간일뿐만 아니라 농촌개발의 중심지이다.
>
> 둘째, 농촌경제를 진작시켜 농촌부문의 근대화를 촉진할 수 있는 공간이며, 중소기업중심의 산업구조는 대도시의 대기업과 기능연계를 맺게 하여 국가경제의 기반적 기능을 수행한다.
>
> 셋째, 지방행정의 중심지로서 지방자치와 민주주의의 정착의 바탕을 제공함은 물론 지방의 수요와 중앙의 정책을 연결시키는 정치적 기능을 수행한다.
>
> 넷째, 대도시지향적인 이농향도 인구의 중간흡입처로서 대도시팽창의 문제를 완화할 수 있고, 균형된 도시체계를 유도할 수 있다.
>
> 다섯째, 침체지역의 개발을 촉진할 수 있는 개발거점이다.

중소도시는 국토의 정주체계 내에서 대도시와 농촌 지역의 중간적 위치에서 양 기능을 상호조정 · 보완하는 역할을 수행한다. 많은 개발도상국가에서 대도시의 성장을 억제하고 경제활동을 분산하거나 침체지역을 재건하기 위한 재배분투자조정을 시도하고 있지만, 중간도시의 육성 없이는 이의 성공을 기대하기 어렵다(Rondinelli, 1983 : 9~10).

(3) 개발전략

정체되어 있는 중소도시의 육성전략은 중소도시가 수행하고 있는 또는 수행하기를 기대하는 기능과 역할의 측면에서 검토되어야 한다. 즉 중소도시의 기능활성화는 정주공간으로서 생활환경을 개선하고 생산공간으로서 생산환경을 개선하는 노력이 요구된다. 전자를 위해서는 생활환경의 하부구조인 교육 · 문화 · 의료시설 등에 대한 투자를 강화하여 쾌적하고 격조 높은 삶이 이루어질 수 있도록 해야 한다. 후자는 지방공업을 육성하고 지역의 성장을 유인할 수 있는 기반산업의 집중육성과 전체적으로 공업입지여건을 개선하여 지방자원과 연결될 수 있는 성장산업을 유치하는 데 유리한 여건을 조성해야 한다(정환용, 1993 : 21).

⑷ 소도읍육성

㈎ 의 의 　지방소도읍(地方小都邑)을 농어촌의 중심거점지역으로 육성하기 위하여 필요한 사항을 정하기 위해 「지방소도읍육성지원법」(이하 "법")을 제정하여 시행하고 있다(법 제1조). 여기서 지방소도읍이라 함은 시·군에 설치된 읍지역 또는 시 · 군에 설치된 면지역 중 인구가 집중되어 농어촌의 중심거점지역으로 기능회복 · 정비가 필요한 지역 중 행정자치부장관이 지정한 지역을 말한다(법 제2조 제1항).

㈏ 지정절차 　지방소도읍지정신청은 관할 시 · 도지사가 행정자치부장관에게 한다(시행령 제2조 제1항). 이 때 행정자치부장관은 미리 중앙행정기관의 장과 협의하여야 하고, 지정한 때에는 그 사실을 관보에 고시하고 인터넷 등 정보통신망에 게재함은 물론 관할 시 · 도지사에 통지하여야 한다(시행령 제2조 제2항~제4항).

㈐ 육성계획 　지방소도읍지역을 관할하는 시장 · 군수는 관할 시 · 도지사와의 협의를 거쳐 종합육성계획(綜合育成計劃)을 수립하고, 관할 시 · 도지사를 거쳐 행정자치부장관에게 제출한다(법 제4조 제1항). 행정자치부장관은 관계 중앙행정기관의 장과 협의를 거쳐 승인하고 이를 고시한다(법 제4조 제2항). 관할 시장 · 군수는 종합육성계획에 따라 매년 연도별사업계획(年度別事業計劃)을 작성하여 관할 시 · 도지사에게 제출하고, 시 · 도지사는 관계행정기관의 장과 협의를 거쳐 확정한다(법 제5조 제1항).

종합육성계획에 의한 개발사업은 국가 또는 지방자치단체가 시행한다. 다만, 관할 시장 · 군수가 필요하다고 인정하는 개발사업에 대해서는 정부투자기관 · 지방공사 · 민간개발사업자를 사업시행자로 지정할 수 있다(법 제7조).

3. 시범도시

(1) 의 의

시범도시(示範都市)의 지정과 개발은 도시의 고유한 특성을 살려서 창의적이고 선진적인 도시환경을 조성해 나가겠다는 의도가 있다. 즉 지금까지의 획일적이고 몰개성적인 도시환경에 대한 반성이다. 시범도시는 미국과 일본 등지에서는 모형도시(model city)라는 개념으로 사용되어 왔다.

과거에는 새로운 정책이나 시책 또는 도시계획제도를 시행함에 있어 그 적용타당성을 사전에 검토하지 않고 급작스럽게 획일적으로 시행함에 따라 그 부작용이 적지 않았다. 이 시범도시는 새로운 정책이나 제도를 적용하기에 앞서 필요한 예비적 검토를 해 볼 수 있어 시행착오를 줄일 수 있으며, 지자체간에 선의의 경쟁을 유발할 수 있을 뿐만 아니라 시범도시의 성과가 다른 도시에 전파됨으로써 우리 나라 드시의 전체적인 발전을 유도할 수 있다(이원영 외, 1999 : 34).

(2) 성 격

시범도시의 성격은 다음과 같이 요약할 수 있다(서충원 외 3인, 2000 : 5).

1) 시범도시는 분야별로 특정한 시범사업을 통해 지역특성에 맞는 창의적 도시환경을 조성하는 데 필요한 실질적 수단이다.

2) 시범도시제도는 시범사업과 도시계획을 연계시켜 시범사업을 효과적으로 추진하기 위한 제도적 장치이다.

3) 시범도시사업을 통해 관련부처와 기관이 상호협력하도록 하며, 개별적인 중복사업을 방지할 수 있는 연계협력체계가 마련된다는 점이다.

4) 선의의 경쟁체제를 통해 도시환경개선에 대한 지방정부의 창의적인 노력과 역량을 키워 나갈 수 있는 계기를 가져다 주었다.

5) 시범도시제도는 도시환경조성에서 하드웨어성격을 띠는 물리적 수단 못지 않게 소프트웨어에 해당하는 사회문화적 수단이 중요하다는 것을 인식시켜 주는 계기가 되었다.

(3) 지 정

㈎ **목적과 대상** 건설교통부장관은 도시의 경제·사회·문화적인 특성을 살려 개성 있고 지속가능한 발전을 촉진하기 위하여 필요한 때에는 직접 또는 관계중앙행정기관의 장이나 시·도지사의 요청에 의하여 생태·정보통신·과학·문화·관광 기타 교육·안전·교통 및 경관 분야별로 시범도시(시범지구 또는 시범단지를 포함함)를 지정할 수 있다〔「국토의 계획 및 이용에 관한 법률」(이하 "법") 제127조 제1항; 시행령 제6조 제1항〕.

㈏ **지정기준** 시범도시는 다음의 기준에 적합하여야 한다(시행령 제126조 제2항).

1. 시범도시의 지정이 지역균형발전에 기여할 수 있을 것
2. 시범도시의 지정에 대한 주민의 호응도가 높을 것
3. 시범도시의 지정목적달성에 필요한 사업에 주민이 참여할 수 있을 것
4. 시범도시사업의 재원조달계획이 적정하고 실현 가능할 것

㈐ **지정절차** 시범도시는 건설교통부장관이 직접 또는 관계중앙행정기관의 장이나 시·도지사의 요청에 의하여 지정할 수 있다(법 제127조 제1항). 관계중앙행정기관의 장이나 시·도지사가 시범도시의 지정을 요청하고자 하는 때에는 미리 설문조사·열람 등을 통하여 주민의 의견을 들은 후 관계지방자치단체의 장의 의견을 들어야 한다(시행령 제126조 제4항). 시·도지사가 시범도시지정을 요청하고자 하는 때에는 시·도도시계획위원회의 자문을 거쳐야 한다(시행령 제126조 제5항). 건설교통부장관이 시범도시를 지정하고자 하는 때에는 관계 중앙행정기관의 장과 협의한 후, 중앙도시계획위원회의 심의를 거쳐야 한다(시행령 제126조 제7항). 건설교통부장관이 시범도시를 지정한 때에는 관보에 공고하고, 관계 행정기관의 장에게 통보하여야 한다(시행령 제126조 제8항).

㈑ **사업계획의 수립·시행** 시범도시를 관할하는 시장·군수·구청장은 시범도시사업계획(이하 "사업계획")을 수립·시행하여야 한다. 사업계획에는 목표·전략 및 추진체계, 사업시행에 필요한 관련계획의 조정·정비에 관한 사항, 재원조달에 관한 사항 등을 포함한다. 시장·군수·구청장이 사업계획을 수립하고자 하는 때에는 미리 설문조사·열람 등을 통하여 주민의 의

견을 듣고, 건설교통부장관과 협의 후 수립하고, 사업계획을 수립한 때에는 그 주요내용을 고시한 후 그 사본 1부를 건설교통부장관에게 송부하여야 한다(시행령 제128조).

(마) 지 원 건설교통부장관, 관계중앙행정기관의 장 또는 시·도지사는 지정된 시범도시에 대하여 예산·인력 등 필요한 지원을 할 수 있다(법 제127조 제2항). 건설교통부장관, 관계중앙행정기관의 장 또는 시·도지사는 사업계획수립소요비용의 80%, 사업시행비용(보상비 제외)의 50% 범위 내에서 보조 또는 융자할 수 있다(시행령 제 129조 제1항). 관계중앙행정기관의 장 또는 시·도지사가 시범도시에 대해 예산·인력 등을 지원한 때에는 그 지원내역을 건설교통부장관에게 통보하여야 한다(시행령 제129조 제2항).

(바) 사업의 평가·조정 시범도시를 관할하는 시장·군수·구청장은 매년 말까지 당해연도 사업의 추진실적을 건설교통부장관과 당해 시범도시의 지정을 요청한 관계중앙행정기관의 장 또는 시·도지사에게 제출하여야 한다(법 제130조 제1항). 건설교통부장관, 관계중앙행정기관의 장 또는 시·도지사는 제출된 추진실적을 분석하여 필요하다고 인정되는 때에는 사업계획의 조정요청, 지원내용의 축소 또는 확대 등의 조치를 할 수 있다(시행령 제130조 제2항).

Ⅳ. 토지거래정책

1. 의 의

(1) 개 념

토지거래(土地去來)란 토지의 취득 및 양도처분을 목적으로 하는 경제주체간의 경제행위이다. 법률적으로는 토지에 관한 권리의 변동, 즉 권리의 발생·변경·소멸을 일으키는 거래당사자간의 유상행위를 지칭한다. 토지거래규제(土地去來規制)란 토지의 합리적 이용을 유도하고 토지투기와 지가상승을 억제하기 위해 거래를 규제하는 제도를 말한다.

(2) 제도의 도입

정부는 1978년 8월 8일에 "부동산투기억제와 지가안정을 위한 종합대책”(8.8 조치)을 발표하였는데, 여기에는 토지거래 허가 · 신고제의 도입, 등기와 관련된 인감증명제도 및 관인계약서제도(실시시기는 유보)를 도입하였다. 1978년 12월「국토이용관리법」 제2장 2에 “토지거래 등의 규제”를 신설하여 투기적 거래가 성행하고, 지가의 급상승지역에 대해 건설부장관이 규제지역으로 지정할 수 있도록 했다. 규제지역 내에서 일정규모 이상 거래시에는 시장 · 군수에 신고하고 도지사의 허가를, 일정규모 이내의 거래시에는 도지사에 신고를 각각 하도록 했다. 그러나 이의 실시시기는 대통령령이 정하는 날로 유보했다. 1983년「국토이용관리법」의 개정으로 허가제와 신고제를 분리하였다.

⑶ 거래규제제도의 내용

토지거래규제는 직접적 규제와 간접적 규제로 구분할 수 있다. 직접적 규제는 토지거래허가신고제 · 농지매매증명제 · 임야매매증명제 · 택지초과소유허가제 등이 있다. 간접적 규제는 거래정보확보수단(인감증명제 · 관인계약서사용의무제 · 부동산등기의무제) · 토지세제, 그리고 시장관리(부동산중개제도) 등이 있다.

2. 토지거래허가제

⑴ 허가구역의 지정

㈎ 대상지역 건설교통부장관은 국토의 이용 및 관리에 관한 계획의 원활한 수립 및 집행, 합리적 토지이용 등을 위하여 토지의 투기적인 거래가 성행하거나 지가가 급격히 상승하는 지역과 그러한 우려가 있는 지역으로서 대통령령이 정하는 지역에 대해서는 5년 이내의 기간을 정하여 토지거래계약에 관한 허가구역(이하 “허가구역”)으로 지정할 수 있다(법 제117조 제1항). 여기서 대통령령이 정하는 허가구역지정대상지역은 도시계획(광역 · 기본 · 관리계획) 등 토지이용계획이 새로이 수립되거나 변경되는 지역, 법령의 제 · 개정 또는 폐지로 인하여 토지이용에 대한 행위제한이 완화되거나 해제되는 지역, 법령에 의한 개발사업이 진행중이거나 예상되어 있는 지역과 그 인근지역, 그 밖에 투기우려가 인정되는 지역이다(시행령 제116조 제1항).

㈏ 지정절차 건설교통부장관이 허가구역으로 지정하고자 하는 때에

는 중앙도시계획위원회의 심의를 거쳐야 한다. 다만, 지정기간이 만료되는 허가구역을 계속하여 다시 허가구역으로 지정하고자 하는 때에는 중앙도시계획위원회의 심의 전에 미리 시·도지사 및 시장·군수 또는 구청장의 의견을 들어야 한다(법 제117조 제2항). 건설교통부장관이 허가구역으로 지정한 때에는 지체 없이 공고하고, 그 공고내용을 시·도지사에게 통지하여야 한다(법 제117조 제3항). 통지를 받은 시·도지사는 지체 없이 그 공고내용을 그 허가구역을 관할하는 등기소의 장과 시장·군수 또는 구청장에게 통지하여야 하며, 그 통지를 받은 시장·군수 또는 구청장은 지체 없이 이를 7일 이상 공고하고, 그 내용을 15일간 일반이 열람할 수 있도록 하여야 한다(법 제117조 제4항). 허가구역의 지정은 허가구역지정공고한 날로부터 5일 후에 그 효력이 발생한다(법 제117조 제5항).

(2) 허가절차와 기준

(가) 허가절차 허가구역 안에 있는 토지에 관한 소유권·지상권을 이전 또는 설정하는 계약을 체결하고자 하는 당사자는 공동으로 시장·군수 또는 구청장의 허가를 받아야 한다. 허가받은 사항을 변경하고자 하는 때에도 또한 같다(법 제118조 제1항). 허가를 받고자 하는 자는 그 허가신청서에 계약내용과 그 토지의 이용계획 등을 기재하여 시장·군수 또는 구청장에게 제출하여야 한다(법 제118조 제3항). 시장·군수 또는 구청장은 허가신청서를 받은 때에는 그 허가신청서를 받은 날부터 15일 이내에 허가 또는 불허가의 처분을 하고, 그 신청인에게 허가증을 교부하거나 불허가처분사유를 서면으로 통지하여야 한다(법 제118조 제4항).

(나) 허가기준 시장·군수 또는 구청장은 다음에 해당하는 경우에는 허가를 하여서는 아니 된다(법 제119조).

1. 토지거래계약을 체결하고자 하는 자의 토지이용목적이 다음에 해당되지 아니하는 경우
   ① 자기의 거주용 주택용지로 이용하고자 하는 경우
   ② 허가구역을 포함한 지역의 주민을 위한 복지시설 또는 편익시설로서 관할 시장·군수 또는 구청장이 확인한 시설의 설치에 이용하고자 하는 것인 경우
   ③ 허가구역 안에 거주하는 농업인·임업인·어업인 또는 대통령령이 정하

는 자가 당해 허가구역 안에서 농업 · 축산업 · 임업 또는 어업을 영위하기 위하여 필요한 것인 경우

④ 「공익사업을 위한 토지 등의 취득 및 보상에 관한 법률」, 그 밖의 법률에 의하여 토지를 수용 또는 사용할 수 있는 사업을 시행하는 자가 그 사업을 위하여 필요한 것인 경우

⑤ 허가구역을 포함한 지역의 건전한 발전을 위하여 필요하고 관계법률에 의하여 지정된 지역 · 지구 · 구역 등의 지정목적에 적합하다고 인정되는 사업을 시행하는 자 또는 시행하고자 하는 자가 그 사업에 이용하고자 하는 것인 경우

⑥ 허가구역의 지정 당시 당해 구역 안에서 사업을 시행하고 있는 자가 그 사업에 이용하고자 하는 것인 경우 또는 그 자의 사업과 밀접한 관련이 있는 사업을 행하는 자가 그 사업에 이용하고자 하는 것인 경우

⑦ 허가구역 안에 거주하고 있는 자의 일상생활 및 통상적인 경제활동에 필요한 것 등으로서 대통령령이 정하는 용도에 이용하고자 하는 것인 경우

2. 토지거래계약을 체결하고자 하는 자의 토지이용목적이 다음에 해당되는 경우

① 도시계획 그 밖에 토지의 이용 및 관리에 관한 계획에 적합하지 아니한 경우

② 생태계보전 및 주민의 건전한 생활환경보호에 중대한 위해를 초래할 우려가 있는 경우

③ 그 면적이 그 토지의 이용목적으로 보아 적합하지 아니하다고 인정되는 경우

㈐ 허가제외거래　　허가구역 안의 토지에 대해서도 경제 및 지가동향과 거래단위면적 등을 종합적으로 고려하여 일정용도별 면적 이하의 토지에 대해서는 토지거래계약에 관한 허가를 요(要)하지 아니한다(법 제118조 제2항). 이외에 토지수용 · 경매 등의 경우에는 거래계약허가제의 규정을 적용받지 아니한다(법 제121조 제2항; 시행령 제121조).

⑶ 허가지역관리

㈎ 토지이용의무　　토지거래계약허가를 받은 자는 그 토지를 허가받은 목적대로 이용하여야 한다(법 제124조 제1항). 다만, 토지를 취득한 후 토지의 이용 및 관리에 관한 계획이 변경되어 그 이용목적대로 이용할 수 없는 경우, 허가기준에 적합하게 이용목적변경을 승인받은 경우 등은 토지이용의무를 면제한다(시행령 제124조). 시장 · 군수 · 구청장은 허가받은 자가 허가받

은 목적대로 이용하고 있는지 여부를 조사하여야 한다(법 제124조 제2항).

(나) 지가동향조사 건설교통부장관 또는 시·도지사는 토지거래허가제도의 실시, 그 밖에 토지정책의 수행을 위한 자료를 수집하기 위하여 지가의 동향 및 토지거래상황을 조사하여야 한다(법 제125조).

3. 선매제도

(1) 의 의

선매제도(先買制度)는 토지거래허가제가 시행되는 지역에서 토지매매에 대한 거래허가신고가 있는 경우, 그 토지가 공공이용을 위해 필요한 경우와 허가받은 대로 토지이용이 이루어지지 않은 토지에 대해(법 제122조 제1항) 일반인의 사적 거래에 우선하여 공적 기관에서 우선매입할 수 있도록 하는 제도이다.

(2) 선매절차

시장·군수·구청장은 허가신청이 있는 날로부터 1월 이내에 선매자를 지정하여 토지소유자에게 통지하여야 하며, 선매자는 지정통지를 받은 날로부터 1월 이내에 당해 토지소유자와 선매협의를 완료하여야 한다(법 제122조 제2항). 여기서 선매자로 지정될 수 있는 자는 국가·지방자치단체·한국토지공사·그 밖의 정부투자기관 또는 공공단체를 포함한다. 시장·군수·구청장은 선매협의가 이루어지지 아니한 때에는 지체없이 허가 또는 불허가 여부를 결정하여 이를 통보하여야 한다(법 제122조 제3항).

(3) 매수청구

거래불허가처분을 받은 토지소유자는 불허가처분통지를 받은 1월 이내에 시장·군수·구청장에게 당해 토지에 관한 권리의 매수를 청구할 수 있다(법 제123조 제1항).

제 4 절 도시경영관리

Ⅰ. 의 의

도시경영(都市經營)은 이론적이기보다는 실무적·실천적 개념이므로 국가마다 그 의미에 다소 차이가 있다. 미국(美國)에서의 도시경영은 도시관리차원에서 접근하고 있어, 민영화와 이용자부담원칙 등 공공서비스공급의 효율화문제가 강조된다(이용우·배용수, 2000 : 7). 이에 의하면 도시정부는 하나의 경영체로서 도시정부 자신이 생산·공급하고 있는 공공서비스분야에 민간의 경영기법을 도입하여 최소의 비용으로 최대의 공공복지효과를 달성하고, 시민의 복지총량을 효율적으로 확대하여야 하는 역할을 수행해야 한다고 생각한다. 이에 반해 일본(日本)에서의 도시경영은 공공서비스뿐만 아니라 도시정책 전반에 대한 경영마인드의 도입, 즉 최소의 경비로 최대의 지역복지효과를 지향하는 제도개혁 내지 정책전개로 기업식 경영방식과 자율적인 경영이 강조된다(이용우·배용수, 2000 : 8).

우리 나라의 경우 도시경영을 일본과 유사한 개념으로 이해한다. 즉, 자치단체내부조직의 체제관리나 재정운용이 주요 대상이며, 외부의 행정환경요인과의 관계에서 도시정부의 인적·물적 자원을 보다 효율적으로 관리·운영하는 경영사업에 대해서도 초점을 맞추고 있다.

이를 종합하면 도시경영은 공공서비스공급과 관련된 도시관리차원에서 경영마인드가 접목된 협의의 개념과 도시정부활동 전반에 대한 광의의 개념으로 구분할 수 있다(이용우·배용수, 2000 : 8).

Ⅱ. 도시서비스공급관리

1. 의 의

(1) 개 념

도시환경의 질은 도시의 물리적 환경과 사회적 특징의 산물이고, 이러한 특징들은 제공하는 서비스의 범위와 질에 의해 결정된다(OECD, 1987 : 11).

일반적으로 공공서비스는 공동체의 편익을 위하여 제공하는 재화와 용역으로서 사회일반대중의 일상생활에 필요불가결한 서비스이다. 공공서비스는 공공의 생존적 수요 및 경제·사회적 기회를 충족시켜 주고 불공평한 소득격차를 완화하는 소득재분배 등의 기능을 가진다. 따라서 도시서비스도 시민간, 그리고 도시지역간 균형의 달성을 위한 재분배정책으로서의 의미가 있다.

전통적으로 도시서비스는 국가나 지방정부의 집권적인 공급대상이었기 때문에 공급의 보편성·공통적 기준, 그리고 형평기준에 의한 공급결정이 주요한 주제였다. 그러나 최근 들어 새로운 패러다임이 등장했는데, 이의 지도이념은 보편성·표준화의 관념에서 시민들의 다양한 도시서비스수요에 대한 민감성과 반응성을 인지하는 방향으로 전환되고 있다(OECD, 1987 : 11~12).

⑵ 분 류

공공서비스는 비용부담, 서비스의 속성 및 사회적 기능, 서비스의 파급효과, 서비스가 전달되기 위해 이동하는 주체, 생산과 소비의 공간적 범위, 서비스제공에 필요한 시설의 시장성과 입지저항성 또는 광역성 등에 의해 분류되고 있다. 〈표 14-2〉는 공공서비스를 비용부담에 따라 순수공공재·지방공공재·요금제로 구분하고, 서비스의 사회적 기능에 따라 생활기반·문화발전·사회복지·산업지원 및 지역개발로 나누어 분류한 것이다.

2. 접근이론

⑴ 복지주의

복지주의(welfarism)의 주요 특징은 교육·보건·공공부문주택·개인적 사회서비스 등의 주요 서비스를 국가가 직접 제공하는 서비스공급관리에 있다(Bailey, 2001 : 337). 이러한 서비스개발은 케인즈유형(Keynesian-style)의 정책과 프로그램의 채택에 기반하고 있다. 국가는 가부장적이며, 보호적 입장이고, 경제적으로 빈곤한 집단을 지원하며, 경제성장과 번영을 위해 총체수요를 관리하는 정책을 채택한다(Bailey, 2001 : 337). 그러나 상승하는 복지제공에 의한 기대상승은 국가개입의 수준을 실질적으로 증대시킨다. 이러한 장치는 도시정부의 공공부문서비스 공급증가의 결과를 가져온다.

표 14-2 공공서비스 유형구분

비용부담 / 사회적 기능	순수공공재	지방공공재	요 금 재
생활기반서비스	경찰 · 소방 · 민방위	일반행정 · 민원· 교통 · 재해	상하수도· 폐기물수거처리
문화발전서비스	초등교육, 국립박물관, 국립 · 도립공원	교육 · 체육 · 문화 · 예술 · 도시공원	교육 · 체육· 문화 · 예술
사회복지서비스		사회복지· 주민건강증진	보건진료· 묘지/화장장
산업지원 및 지역개발서비스	국도	산업생산지원 · 중소기업/지역특화산업 육성 · 소비자보호 도로 · 하천관리	지역개발사업· 도시계획사업· 주거환경개선

자료 : 이용우 · 배용수, 2000 : 21.

(2) 후기복지주의

오늘의 공공서비스공급관리는 정부의 직접적인 공급에서 시장체계의 도입이 전향적으로 이루어지고 있다. 이러한 논의는 후기복지의제(post-welfare agenda), 후기포드주의(post-fordism), 정부에서 협치(協治)로의 전환(a shift from government to governance) 등과 같은 새로운 접근시각들이 등장함에 따라 나타난 현상이다(Bailey, 2001 : 336). 이러한 새로운 접근시각들은 모두 계층적 · 표준화된 관료적 생산기술에 의한 서비스생산보다는 소비자수요에 부응하는 미시적 · 기업적 망(network)조직이 지배되는 방향으로 변환되고 있음을 강조한다(Bailey, 2001 : 336).

3. 서비스공급체계

공공서비스의 공급체계는 필요성인지, 공급에 관한 정책결정, 계획 및 재원조달, 시설설치, 서비스 생산 및 소비, 사용료징수, 시설운영, 평가 및 환류에 이어지는 일련의 과정을 의미한다(이용우 · 배용수, 2000 : 22).

공공서비스공급방법은 서비스의 생산자 · 소비자 · 결정자 간의 상호관계에 따라 정부의 직접공급(government service), 민간위탁(privatization), 민간기업에 서비스공급을 허가(franchise), 보통의 민간재처럼 시장기능에 맡기는 시장공급(market services) 등의 다양한 방법이 있다(조정제, 1989 : 50～53)

도시정부가 공급하는 공공재를 순수한 공공재의 개념에 따라 공급할 것인지, 혼합재로 공급할 것인가 하는 문제는 정치적 결정에 따를 수밖에 없지만, 어느 경우든 자원배분면에서는 장단점이 있다. 즉 공공재의 입장에 의하면 비용부담과 관계 없이 등량소비의 혜택이 있으나, 비용최소화에는 문제가 있고, 공공재에 대한 사회적 수요예측이 정확치 못하면 과잉공급으로 자원의 효율적 배분을 어렵게 만들 수 있다. 민간재적 요소를 강조하면 과소공급의 문제가 있으나 자원의 낭비는 방지된다(차병권, 1989 : 6).

Ⅲ. 재정관리

1. 의 의

(1) 개 념

재정(財政)은 국가 및 기타 공공단체가 공공욕구를 충족하기 위해 필요한 수단을 조달하고 관리사용하는 경제활동 또는 간단히 정부(政府)의 경제(經濟)라고도 정의할 수 있다(차병권, 1973 : 11～12). 따라서 도시재정(都市財政)은 도시정부의 재정으로, 도시정부가 그의 목적달성에 관련된 제 기능을 수행하기 위해 재원을 조달하고 지출하며 관리하는 질서 있고 계속적인 경제활동의 총체를 말한다(김안제, 1982 : 174; 국토학, 1987 : 435).

재정은 관리와 계획의 통합적 기능이다. 도시계획에 재정계획을 포함시키는 것은 도시정부의 재정문제가 증가되는 복잡성과 심각성, 그리고 지방정부관리의 전체적인 기능에 계획기능을 통합하려는 경향 때문이다(Snyder, 1979 : 320).

지방정부는 공공재와 서비스에 대한 수요가 공급을 초과한다는 사실을 발견하게 되었다. 인구 · 소득 · 도시화, 그리고 상승되는 기대들은 보다 광범한 지방정부의 활동을 요구하게 되었으며, 공공서비스에 대한 깊이와 범위도 최근 들어 급격하게 확장되어 오고 있다. 그리고 이러한 경향은 상당기간 계속될 것으로 보인다. 여기에 부연하여 계속되는 인플레이션은 보다 높은 생산비를 유도했다. 이와 같이 재정지출을 상승시키는 요인은 상호작용하고 있는 데 비해, 지방정부의 수익구조와 생산능력은 상대적으로 변화하지 않고 있다. 그리고 조세구조의 지방과 중앙의 편차에 의해 지방정부는 심각한 재정위기에 직면해 있다. 따라서 재정자원의 계획과 관리는 도시정부의 주요 관심의 하나가 되고 있다(Snyder, 1979 : 320~321).

(2) 특 징

도시재정은 ① 민간경제보다 공공성 · 강제성 · 계획성이 강하며, ② 국가재정보다 제약이 크고, 도시정부간 다양성이 크며, ③ 농촌재정보다 규모신장률이 크고 높으며, ④ 도시정부의 활동의 증대에 따라 재정수요증대현상이 두드러지게 나타나고 있다(김안제, 1982 : 176; 국토학, 1987 : 435).

재정은 경제안정화기능 · 소득재분배기능 · 자원배분기능을 수행한다. 이러한 재정의 일반기능 중에서 자원배분기능이 도시재정에 특히 중요한 의미를 갖는다(국토학, 1987 : 435).

2. 재정구조

(1) 세 입

세입(歲入)은 회계연도중에 정부에 유입되는 일체의 수입을 말한다. 도시정부의 세입원은 일반세입(general revenue)과 공익세입(utility revenue)으로 구분할 수 있다. 일반세입은 공경제적 수입으로서, 일반적 용도에 상용할 목적으로 강제적으로 징수되어 일반회계의 계정으로 다룬다. 공익세입은 사경제적 수입으로, 특정사업의 실시에 의한 수입으로 특별회계계정으로 처리한다.

일반회계세입(一般會計歲入)은 자체재원과 의존재원으로 구분한다. 도시정부가 법령의 범위 내에서 독자적으로 과세 · 징수할 수 있는 자체재원은 시세 · 세외수입으로 구성되어 있고, 국가 또는 상급자치단체의 지원에 의하는 의존재원은 지방교부세 · 보조금으로 구성되어 있다. 재정자립도(財政自立度)는 일반회계세입에서 자체재원의 구성비를 말한다.

특별회계세입(特別會計歲入)은 사업수입과 사업외수입으로 구성되어 있다. 사업수입은 사업의 실시에 의해 들어오는 직접적 수입이고, 사업외수입은 사업 이외의 재원에 의해 들어오는 수입으로 주요한 것은 지방채 · 보조금 · 교부금 · 이월금 · 잡수입 등이 있다. 특별회계는 교육 · 공기업 기타 특별회계로 구분할 수 있다.

⑵ 세 출

세출(歲出)은 도시정부가 목적달성을 위해 1년 동안 지출하는 총공공경비를 말한다. 세출은 도시정부가 그 목적달성을 위해 1년 동안 지출하는 공공경비로, 기관유지·산업육성·소득분배·사회안정의 기능을 수행한다. 도시세출(都市歲出)을 기능별로 보면 의회비·일반행정비·민방위운영비·지출제비·사회복지비·산업경제비·공익사업비로 구분할 수 있다. 여기서 전자 4개 비목은 유지관리비, 후자 3개 항목은 성장개발비의 성격을 갖는다(박수영, 1990:459; 김안제, 1982 : 222). 경비의 성질에 따라 인건비·물건비·경상이전·자본지출·융자 및 출자·보전재원·자치단체내부거래 기타 예비비 등으로 구분할 수 있다.

3. 재정계획

⑴ 의 의

재정계획(財政計劃)은 도시계획을 집행하고 도시행정을 수행하는 구체적인 자금계획을 말한다(국토연, 1980 : 537). 이 계획은 종합성·장기성·일반성의 특성을 갖고 있다. 여기서 종합성은 다양한 기능과 복합적 사업을 대상으로 함을 의미한다. 장기성은 단기계획이 아니라 5∼10년에 걸치는 장기적인 계획임을 지칭한다. 일반성은 구체적이고 상세한 내용보다는 전체적이고 개괄적이며 대체적인 수준의 계획에 국한함을 의미한다(국토연, 1980 : 537∼538).

재정계획은 수입계획과 지출계획으로 구성된다. 수입계획은 재원조달방안에 관한 것이고, 지출계획은 자금배분방안을 작성하는 것이다.

도시재정을 포함한 지방재정계획제도의 기능은 지방재원의 확보, 국가시책의 실현, 지방자치체의 행·재정지표, 그리고 자치제에 대한 재정조정기능의 4가지로 요약할 수 있다(지행연, 1987 : 8∼10).

⑵ 계획수립원칙

재정계획을 수립함에 있어 준수해야 할 일반적인 원칙은 다음 5가지가 있다(국토연, 1980 : 538∼539).

첫째, 재정계획은 수지균형성을 확보해야 한다.
둘째, 재정계획은 도시계획과 행정에 있어 전체적인 조화성을 확보해야 한다.
셋째, 계획 상호간에 조화가 되도록 체계화해야 한다.
넷째, 투자의 생산성을 제고하는 방향으로의 계획이 이루어져야 한다.
다섯째, 증대되는 재정수요확대에 따라 확대지향적 재정계획이 필요하다.

(3) 계획수립과정

지방자치단체의 장은 재정을 계획성 있게 운용하기 위하여 중·장기 지방재정계획을 수립하여 지방의회에 보고하고, 이를 행정자치부장관에게 제출하여야 한다(「지방재정법」 제16조 제1항).

재정계획의 수립절차는 대체로 다음 4단계에 의해 이루어진다(국토학, 2000 : 571~572).

제1단계는 기본방향과 계획지표를 설정하는 단계로, 상위계획과 관련계

그림 14-2 지방재정계획수립과정

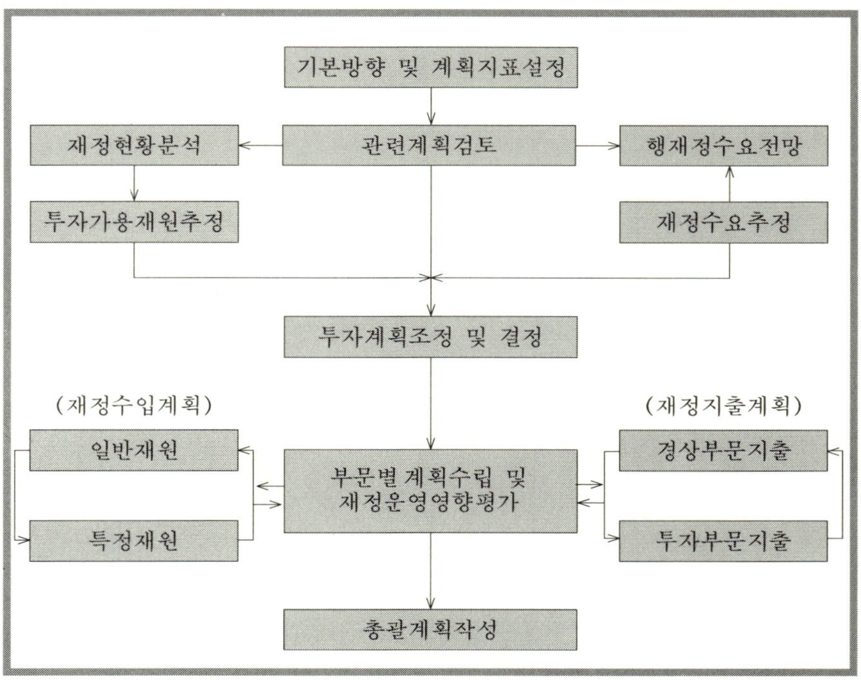

자료 : 국토학, 2000 : 572.

획, 주민의 수요를 바탕으로 작성한다.

제2단계는 계획의 여건을 분석하고 예측하는 단계로, 재원의 수요와 공급 측면을 비교·분석한다.

제3단계는 부문별 투자조정단계로, 각종 공공투자사업의 사회경제적 타당성분석과 주민의견들을 반영하여 가용재원의 범위 내에서 부문별·사업별 투자우선순위를 결정하게 된다.

마지막 단계는 총괄계획을 작성하는 단계로, 먼저 부문별 재정수입계획과 지출계획을 수립하여 재정운영에 따른 영향평가를 통해 환류과정을 거치게 된다. 이러한 환류과정을 통해 부문별 계획안을 수정·보완하여 최종적인 총괄계획안을 작성한다(〈그림 14-2〉 참조).

제 15 장

도시계획교육

제 1 절 도시연구의 진전

Ⅰ. 도시연구의 발달

1. 연구의 발달

도시에 대한 최초의 학문적 관심은 1890년대에 퇴니스(F. Tönnies) · 짐멜(G. Simmel), 그리고 베버(M. Weber) 같은 독일의 사회학자들 사이에서 이루어졌지만, 도시가 주요한 연구영역(硏究領域)의 하나로 등장하게 된 것은 1920～1930년대에 주로 미국의 시카고학파(Chicago school)의 노력에 의해 이루어졌다. 이후로 도시체계에 대한 지역사회연구 · 입지경제학 · 지리학적 관심의 확산과 함께 1950년대에 들어서는 사회과학의 대부분의 학문분야에서 '도시' 관련 주제에 관심을 보이게 되었다.

1950년대 중반에 이르러 도시 및 지역 연구의 영역에는 지적 혁명(intellectual revolution)이 일어났다. 이 시기에 일부 지리학자와 산업경제학자들은 입지와 관련된 독일학자들의 연구결과를 재발견하게 되었다. 이 중 주요한 저서는 튜넨(J. H. von Thünen)의 농업입지, 베버(A. Weber)의 공업입지, 크리스톨러(W. Christaller)의 중심지이론, 그리고 뢰쉬(A. Lösch)의 일반입지이론에 관한 것이다. 지리학자들도 지표의 특성에 대한 기술에서 탈피하여 공간분포에 대한 일반이론의 도출을 위한 연구들이 많이 등장하게 되었다. 한편 미국의 경제학자인 아이사드(W. Isard)는 신지리학과 독일의 입지이론을 결합하여 새로운 학문영역으로서 지역학(regional science)을 제안하게 되었다.

1960년대 후로는 사회과학분야(社會科學分野)에서도 도시사회학 · 도시경제학 · 도시행정학 · 도시지리학 등과 같이 도시(urban)를 머리에 붙인 학문명이 많이 나타나고, 도시를 붙이지는 않았지만 도시지역을 연구대상으로 하는 주거학 · 조경학 · 인간정주과학 등과 같은 학문이 대거 등장하게 되었고, 도시문제를 취급하는 학술전문지가 많이 등장하고 있다(Popenoe, 1965 : 37～40).

그러나 1960년대 중반까지의 도시연구는 관련 학문의 이론적 발달에서 변경적 위치에 머물러 있었지만, 지리학에서만 유독 도시연구가 높은 비중을 차지하고, 지적으로 계속 발전하고 있었다. 아울러 도시연구에 근본적인 변화를 초래한 새로운 연구관점이 영국과 프랑스를 중심으로 등장하였다. 영국에서는 생활에 대한 도시의 영향으로서 주택시장을 분석하는 신웨버주의 사회학이 발달하였다. 프랑스에서는 기존도시연구에 대한 신마르크스주의 비판이 나타나게 되었다. 이러한 새로운 시각의 가치는 논쟁적이지만, 동시에 '도시' 주제의 문제에 대한 이론적 관심의 광범한 재등장을 촉진하는 계기가 되었다(Dunleavy, 1982 : 1).

2. 연구주제와 방법

도시연구의 주요 문제는 도시 내에 공간적으로 입지한 다양한 활동 중에서 어떤 것에 연구의 초점을 형성하고 있는가를 결정하는 것이다. 시카고학파(Chicago school)는 도시내부의 사회적 과정에 초점을 두고 있다. 사회학과 정치학에서 추구했던 유사한 전략으로 '지역사회' 연구는 지방정부나 각종 근린조직과 같은 도시적인 제도(institutions)에 초점을 맞추었다. 마지막으로 최근의 정치경제적 접근은 '도시' 과정을 공간, 사회 · 문화, 또는 제도적 의미에서 정의하는 대신에 건축환경에서의 집단적 소비나 투자의 형태 같은 특정한 사회경제적 활동의 종류에 대해 초점을 두고 있다(Dunleavy, 1982 : 2).

도시에 대한 접근방법과 분석방법은 학문적 배경에 따라 다양함을 확인할 수 있다. 지리학자들은 도시연구를 주로 공간적인 접근방법 내에서 도시지역의 내부배열에 초점을 두고 도시체계의 성장도 고려한다. 자유 또는 신고전경제학은 도시지역의 구조와 특정입지에서의 사람과 기능의 배분이 이루어지는 토지시장의 영향에 주로 집중하고 있다. 정치과학접근방법은 주로 지방정부에 초점을 두며, 도시연구의 정의에 따른 제도적 전략도 아울러 고려한다. 환경심리학자들은 도시의 물리적 환경에 의한 인간행태의 패턴을 검토한다. 이들 각자의 접근방법들은 오랜 역사를 가지고 있고, 앞의 접근방법들의 복합적인 결합과 발전을 거듭하고 있다(Dunleavy, 1982 : 13).

Ⅱ. 도시계획의 인접학문

1. 인접학문

도시연구영역과 도시계획활동은 매우 학제적(學際的)인 특성을 나타내고 있다(Popenoe, 1965 : 38). 따라서 도시계획은 다양한 학문들과 학적인 연계를 맺으면서 정체성을 정립해 나가고 있다. 도시계획의 학문적 정립에 많은 기여를 해온 주요 인접학문으로는 경제학 · 사회학 · 정치학 · 심리학 · 역사학 · 지리학, 그리고 행정학을 들 수 있다.

도시경제학(都市經濟學)은 토지 · 노동 · 자본 같은 도시 내의 희소자원의 배분, 그리고 이러한 자원을 어떻게 결합하여 재화와 용역을 생산할 것인가 하는 문제와 관계된다. 도시사회학(都市社會學)은 지역사회의 조직과 계급구조 같은 도시사회의 특징을 다룬다. 도시정치학(都市政治學)은 도시에서의 정치권력의 배분과 도시정부의 다양한 형태와 관련된다. 도시심리학(都市心理學)은 도시생활의 경험과 고밀도환경의 심리적 반응을 연구한다. 도시역사학(都市歷史學)은 도시의 역사적 진전과 관계되고, 도시지리학(都市地理學)은 도시의 공간적 패턴과 과정을 다룬다. 도시계획은 도시행정(都市行政)의 하나의 기능이며, 따라서 도시행정은 도시계획에 비해 보다 광범한 도구와 전략을 갖고 있다. 도시계획은 지방정부의 기능이지만, 도시행정에 비해 보다 목표지향적이고 예측적이다(RWGCES, 1973 : 16). 도시계획(都市計劃)은 이와 같이 다양한 관련학제의 중복된 영역 내에 위치한다(홍경희, 1981 : 28; Cadwallader, 1985 : 3).

2. 주요 인접학문

(1) 도시설계

도시설계(urban design)에 대한 정의도 다양하다. 예를 들면 도시설계를

"도시구성요소들이 적절히 기능하도록 할뿐만 아니라 외형(appearance)도 즐겁게 만드는 것"(F. Gibberd), "기본적으로 장소만들기(place making)로, 여기서 장소는 특정공간이 아니라 모든 활동과 사상(事象)들이 이루어지도록 하는 곳을 의미"(P. Buchanan)한다고 각각 정의하고 있다(Rowley, 1994). 첫번째 정의는 공간의 시각적인 질을 강조한 것이고, 두번째 정의는 장소의 감각을 강조한 것이다(Rowley, 1994). 대체로 도시설계에서는 시각적 · 기능적·환경적, 그리고 다양한 도시적 경험을 중요시 한다(Rowley, 1994).

도시설계(都市設計)란 도시의 물적 환경의 조작을 통해 도시환경의 질을 향상하는 공공의 작업이다(주종원, 1987 : 1; 황용주, 1981 : 217). 도시설계의 존재가치는 건축과 도시계획 사이의 간극을 메울 수 있는 분야라는 데 있다(고슬링 · 메이트랜드, 1990 : 22). 즉, 도시설계는 거시적인 도시계획과 미시적인 건축규제의 양극화된 측면을 상호연결시키는 역할을 수행하고 있다. 도시설계는 건축에 비해 취급하는 공간적 범위가 넓고, 시간적 범위가 길며, 고려하는 변수가 많다(Levy, 1997 : 143).

도시계획과 도시설계는 상호보완적인 기능을 수행하지만, 양자간에는 서로 다른 기능을 한다(Levy, 1997 : 143). 도시설계는 도시의 일부분을 다루는 데 비해, 도시계획은 전체도시를 다룬다. 도시설계는 계획대상공간의 공간조직과 기능이라는 측면에서 용도배분을 하는 데 비해, 도시계획은 도시경계를 벗어나 지역공간에서의 기능과 역할을 검토하고 경쟁적인 기능간에 토지의 용도를 배분하는 역할을 한다. 따라서 도시계획은 도시설계에 비해 정책형성이라는 측면에서 보다 정치적이다.

(2) 지역계획

도시계획과 지역계획을 명확히 구별하기는 어렵지만, 지역계획을 취급하는 공간적 영역에 따라 지역적 지방계획(regional-local planning)과 국가적 지역계획(national-regional planning)으로 구분할 수 있다면, 전자(前者)는 도시계획과 유사한 목표와 수단을 갖고 있다(RWGCES, 1973 : 19~20).

지역적 지방계획(地域的 地方計劃)의 목표(目標)는 경제적 · 사회적(심미적 포함)인 것들이며, 수단(手段)은 주로 토지이용과 물리적 개발의 통제에 대한 것이다. 이러한 종류의 지역계획은 도시문제를 단일의 행정구역 내에서

뿐만 아니라 여러 행정구역을 포함하는 지역적 차원에서 접근하지 않으면 해결할 수 없다는 인식을 가지고 있다. 이는 공간문제는 행정구역 내에서만 발생되는 것이 아니고 문제의 내용에 따라 수개의 행정구역에 걸쳐서 발생되기 때문에 이의 해결을 위한 접근도 지역적 차원에서 검토되어야 한다는 의미이다.

국가적 지역계획(國家的 地域計劃)은 주로 중앙정부의 활동으로 국가재정의 지역간 배분에 관계된다. 이러한 종류의 지역계획의 목적은 지역적 지방계획보다 그 범위가 좁아서 주로 경제적인 면에 국한된다. 지역계획에 대한 이러한 구분·접근은 명료함이 부족하지만, 도시계획과 대비하여 고찰하는 하나의 시각을 제시한다고 볼 수 있다. 환언하면 지역계획은 국가계획과 도시계획을 연결하는 교량적 역할을 수행하고 있다.

제 2 절 도시계획교육

Ⅰ. 학과의 설립

도시계획관련학과가 대학에 설치·운영되기 시작한 것은 20세기 초였다. 영국에서 1909년에 리버풀대학교 대학원에 도시설계학과(Dept. of Civic Design)가 설치된 것이 최초이고, 다음으로는 1914년에 런던대학교(Univ. College London)에 설치되었다(Hall, 1995c : 321).

미국에서는 1909년에 하버드대학교에 계획과정이 설치되었으나 1929년까지는 독립된 학과의 형태를 갖추지 못했다(Hall, 1995c : 322; Faludi, 1978 : 12). 그러나 1930년대에 이르러 메사추세츠공대(MIT)·코넬(Cornell)·콜럼비아(Columbia)·일리노이(Illinois)대에서 각각 학과를 설치·운영하게 되었고, 여타 대학들에서도 관련된 인접학과에서 관련교과목을 개설하게 되었다(Hall, 1995c : 322).

우리 나라에서는 1965년에 동아대학교에서 도시계획학과를 학부과정에 설치한 후, 많은 대학교에서 도시계획 관련학과를 설치·운영하고 있다. 학과의 명칭은 학부제의 도입추세에 따라 다양한 명칭을 사용하고 있으나, 대체로 도시공학과 · 도시계획학 · 도시 및 지역계획학 등을 많이 사용하고 있다(국토학, 1989 : 223; 1997 : 263~264). 대학원과정의 도시계획관련학과의 설치는 일반대학원은 1972년의 동아대학고, 특수대학원은 1968년 서울대학교 행정대학원에 독립된 관련학과가 각각 최초로 개설 · 운영하였다. 현재는 많은 대학교의 대학원 과정에서 관련학과를 설치 · 운영하고 있다.

Ⅱ. 학회의 설립

영국에서 1910년에 제정된 「주택 및 도시계획법」(Housing and Town Planning Act)이 시행된 이후로 도시계획가(都市計劃家)라는 직업이 나타나고, 건축의 연장이 아닌 독자적인 도시계획이 등장하게 되었다. 왕립건축학회 · 토목학회, 그리고 왕립공인조사자협회의 제안으로 1914년에 도시계획협회(Town Planning Institute)가 결성되고, 1959년에 왕립헌장을 취득하여 왕립도시계획협회(British Royal Town Planning Institute)의 명칭을 갖게 되었다(Alterman, 1992 : 44; Faludi, 1978 : 12). 1985년에는 유럽연합을 중심으로 유럽도시계획가평의회(European Council of Town Planners : ECTP)가 결성되었다(Alterman, 1992 : 45).

미국에서는 1917년에 미국도시계획협회(American City Planning Institute)를 구성했고, 지역계획을 포함한 전문가의 참여영역을 확대하기 위해 1938년에 미국계획가협회(American Institute of Planners)로 이름을 바꾸었다(Hall, 1995c : 322). 1979년에는 미국계획가연합회(American Society of Planning Officials)와의 합병으로 미국계획협회(American Planning Association)로 그 명칭을 바꿨다(Hall, 1995c : 322; 임길진, 1995 : 91~92).

일본은 1951년에 일본도시계획학회를 결성하였다. 우리 나라에서는 1959년에 대한국토계획학회가 결성되었고, 1990년에 대한국토 · 도시계획학회(大韓國土 · 都市計劃學會)로 명칭을 변경하여 오늘에 이르고 있다.

Ⅲ. 계획교육모형

1. 모형의 구분

일반적으로 계획교육은 공식적인 교육기관에 의해 계획지식과 능력을 획득 또는 전파하는 과정을 의미한다(RWGCES, 1973 : 11). 이러한 계획교육은 상황적 여건과 계획교육 자체에 대한 변수 등을 고려하여 여러 유형으로 구분 · 고찰할 수 있다. 여기서 상황적 여건은 직업적 이념(계획은 하나의 독립적 학문분야인가 또는 학제적 학문인가, 계획가는 교양인인가 또는 전문가인가 하는 문제)과 시장과의 연계성(교육과 직업시장의 연계관계)의 변수를 고려한다. 계획 자체에 대한 변수는 계획교육의 조직 · 자원 · 내용 등을 검토한다. 여기서는 이러한 여러 가지 측면을 고려하여 계획교육의 유형을 전통적 기술모형, 학문적 대학원모형, 종합적 통합모형, 그리고 이분모형의 4가지로 구분할 수 있다(Rodriguez-Bachiller, 1988 : 204～211).

(가) **전통적 기술모형**(traditional-technical model) 이 모형은 계획을 하나의 기술적 분야——즉 보통 건축의 한 학문분야——로 보고 긴 학부과정(보통 5년)과 비교적 낮은 전문화정도(10% 미만)를 나타낸다. 여기서는 물리적 계획을 중시하는 사회적 수요를 고려하여 교과과정은 설계기법중심으로 구성하고, 교육은 프로젝트작업중심으로 교수와의 접촉을 강조한다. 이 접근방법은 유럽의 대부분의 국가에서 초기에 발달했던 역사적 형태이다.

(나) **학문적 대학원모형**(academic-postgraduate model) 이 모형의 순수한 형태는 북미에서 발견할 수 있는 것으로, 계획은 대학원에서 주로 가르친다. 여기서는 사회과학에 대한 의존도가 높고, 건축 · 설계 같은 관련분야에 높은 선택성(50%)을 제시하는 접근방법이다. 이는 전문교육의 목표를 계획에 대한 일반적인 능력을 구비한 '사유인'(thinkers)을 훈련하는 것과 다양한 사회적 수요에 부응할 수 있는 전문인을 양성하는 데 둔다. 계획교육은 프로젝트작업에 대한 비중이 비교적 낮은 반면에 개인적 연구를 강조한다.

(다) **종합적 통합모형**(comprehensive-integrated model) 영국에서 발달한 형태로 사회과학에 바탕을 두지만 학부수준에서 시작하여 3년은 학위, 그리고 1년은 전문자격을 위한 과정(소위 '3+1' 체계)으로 이루어진다. 교과과정은 기초주제에서 필수과목을 이수하도록 하는데, 필수과목은 주로 방법론·

물리환경, 그리고 행정측면으로 구성되어 있다. 이는 교양주의적 접근을 강조하고, 미국모형(1+3)보다 전문화의 비중이 낮다. 교육의 목표는 전문화이고, 지방정부의 특정시장에 종사할 매우 실무적인 내용이 중심이다.

㈑ 이분모형(bifurcated model) 스페인 · 이탈리아 등에서 채택하고 있는 형태로 타학문분야(사회과학 · 건축 또는 기술) 내에서 공통기초로 출발하여 동일구조 속에서 다른 전문분야(이의 하나가 계획)를 이수하도록 하는 제도이다.

최근에 미국에서는 민간부문에서의 계획기능이 강조되고, 학부교육의 확장이 두드러지게 나타나고 있다(Krueckeberg, 1985 : 421). 학부교육의 확장추세는 2년의 대학원교육으로는 적합한 계획가를 양성하기 어렵기 때문이다(Rodriguez-Bachiller, 1988 : 79～80).

우리 나라의 도시계획교육은 설계기법중심의 물리계획을 중시하여 이공계대학에 학과를 설치 · 운영하거나, 사회과학에 바탕을 두고 사회적 수요를 고려하여 사회계대학에 학과를 설치하는 대학으로 구분할 수 있다. 전자는 전통적 기술모형과 유사한 계획교육을 수행하고 있고, 후자는 학문적 대학원모형과 유사하다고 할 수 있다. 그러나 양자 모두 대학원교육과의 연계를 통해 전문성을 심화시키고 있는 점을 고려한다면, 우리의 도시계획교육모형은 기술모형과 대학원모형이 혼합된 계획교육모형이라고 말할 수 있다.

2. 계획교과의 구성

(1) 구성패러다임

계획교육체계의 발달에 따른 계획교육의 방향설정과 관련하여 두 개의 접근모형을 고려할 수 있으니 하나는 전문가모형(專門家模型)이고, 다른 하나는 교양인모형(教養人模型)이다.

전문가모형(specialist model)은 계획을 기본적으로 학제적 활동으로 이해하고, 다른 직업과 학문들도 모두 계획에 기여해야 한다고 생각한다. 때문에 타학문에서도 일정한 계획교육이 필요하고, 이는 대학원에서 이루어져야 한다는 입장이다(Healey, 1980 : 416). 여기서는 계획을 기본적으로 팀활동(team activity), 학제간 활동(inter-disciplinary activity), 그리고 직업간 활동(inter-professional activity)으로 이해하고 있다(Batey, 1985 : 409).

교양인모형(generalist model)에서는 계획가가 증가하고 계획활동이 확대됨에 따라 계획 자체의 정체성확립에 관심을 보이기 시작했다. 이들은 계획은 학부과정에서의 기본교육이 필요로 하는 독자적인 하나의 학문영역이라는 생각을 갖고 있다. 여기서의 계획교육은 필수적인 지식과 기법에 초점을 두게 되었다(Healey, 1980 : 417).

우리 나라에서는 도시계획관련학과가 대부분 학부과정에서 설치 · 운영하면서 독립된 학문으로서의 정체성확립을 지향하고, 계획교육은 대학원과정에서 심화된 교과를 구성운영하고 있다. 이는 교양인모형을 추구한다고 할 수 있다. 그러나 일부이지만 특정학부와의 연계 없이 대학원중심으로 전문교육을 강조하는 계획교육형태도 진행되고 있는데, 이는 전문가모형의 하나라고 말할 수 있다. 이와 같이 계획교육에 대한 전통적인 두 개의 접근논리가 우리의 도시계획교육과 연계되어 진행되고 있다.

(2) 교과구성

학제성(interdisciplinary)은 계획교육의 슬로건의 하나가 되어 왔고, 대부분의 계획학과에서는 다학제성(多學際性)을 견본으로 제시하고 있다. 그러나 이러한 학제성은 시간소모적이고 고가인 경우가 많다. 그리고 상이한 이념간의 학제성은 학문간 타협의 기회가 거의 없고 유사한 이념간 학제성은 유사한 견해와 목표를 요구하기 때문에 실제적인 학제성과는 거리가 있다. 이러한 여러 이유 때문에 학제적인 계획교육은 그 중요성이 감퇴하고 있다(Kunzman, 1985 : 447~448).

계획교육을 위한 교과구성은 전형적인 소위 '커피숍체계'(cafeteria system)로서, 계획가가 알아야 할 모든 내용들을 다 열거해 놓는 형태라고 볼 수 있다(Batey, 1985 : 414). 이 접근은 새로운 주제를 교과과정에 첨가하고, 기존과목을 중요성에 따라 제거하는 노력이 없이 계속 첨부하기 때문에 백과사전식(百科事典式)이 되고, 이는 학생들로 하여금 선택에 어려움을 주게 된다.

계획교육의 수행과 관련하여 전반적인 계획전문교육은 괄목할 만한 발전을 가져왔다고 볼 수 있으나, 우리의 현실과 여건을 바탕으로 한 토착화가 얼마나 이루어졌는가 하는 점에 대해서는 회의적인 면도 배제할 수 없다. 혹시나 한국적 현실과 실무에 대한 경험이 없이 외국의 이론을 도입함으로써 이론과 현실을 분리시키는 결과를 가져오지는 않았는가를 검토해야 한다(최상철, 1983 : 59). 도시문제에 해박한 평론가적인 도시주의자(urbanist), 개량적 방법론과 우아성, 그리고 호기심에 매료된 수치의 마술사(whiz kid), 서구적·물적 문명체계를 한국적 현실에 이식시키려는 마천루적 환상론자(visionary), 사변적 철학가(philosopher planner), 몇 가지 문제접근의 보따리를 손에 들고 온 팩케지계획가(package planner)에 이르기까지 다원화 있는 계획가들에 의해 계획교육이 이루어지고 있지는 않는가 생각해야 할 단계이다(최상철, 1983 : 59).

제 3 절 도시계획가

Ⅰ. 계획가의 역할

1. 의 미

계획가(計劃家)에 대한 기대역할은 여건의 변화에 따라 여러 영역에서 다양한 기술이 요구되는데, 대체로 정치적·기술적·관리적 측면으로 나누어 볼 수 있다(Albrechts, 1991 : 133~134).

계획이란 추상적인 분석개념이 아니라 구체적인 사회·역사적 실제이다. 때문에 계획은 정치에서 이격될 수 없다. 그리고 계획이 계획대상환경의 구조적 변화를 유인하기 위한 목적을 가지고 있기 때문에 계획가의 역할은 이러한 변화를 구체화하는 데 기여할 뿐만 아니라 이를 위해 사회적 세력도 동원해야 한다. 이러한 의미에서 계획가는 변화의 동원자이며 주창자이다.

계획가의 정치적인 기술은 정책제안을 집행할 수 있도록 조작하는 능력으로 구성되어 있다. 때문에 각 사업계획은 재정·예산적인 의미를 갖고 있다. 따라서 계획가는 기술적 숙련성과 함께 제안된 행동을 집행하기 위한 수단의 배분에 대해서도 일정한 영향력을 가져야 한다.

계획의 초기부터 계획가들은 다양한 부서와 관계자들, 사회의 각 계층, 집단 내의 여러 사람들과 협상해야 한다. 이러한 공·사 부문의 연결역할뿐만 아니라 계획가들은 지식과 행동의 교량자적 역할, 기업·재정원(財政源)·연구소들과의 접촉을 확립하는 것이 요구된다. 이러한 모든 것이 계획가의 관리자적 역할과 관계된다.

2. 역할유형

도시계획에서 계획가는 그 역할에 따라 계획의 유형이 달라질 정도로 중요한 기능을 수행한다. 이러한 계획가의 역할은 다음 몇 가지로 요약할 수 있다(Levy, 1997 : 84∼87; Greed, 1993 : 52∼58; Alexander, 1979 : 123; Stollman, 1979 : 8; Chadwick, 1978 : 119; Nutt-Powell and Nutt-Powell, 1978 : 15∼22).

(가) 심 판(umpire)　　전통적으로 도시계획가의 역할은 대립하는 팀간의 갈등을 해소하고, 공정한 게임을 위한 운동규칙을 강요한다. 이러한 견해는 현상유지를 강화한다는 점에서, 좌파학자(광의의 사회주의자)들은 계획가를 자본주의의 수레를 기름칠 하는 사람으로 보고 있다(Greed, 1993 : 52). 그러나 우파학자(광의의 보수주의자)들은 계획가의 이러한 역할을 환영했다.

(나) 기술관료(technician-administrator)　　계획가들은 스스로를 도시계획에 대해 그들의 선진지식으로 당면한 도시문제에 답을 제시하는 강력한 기술관료라고 할 수 있다(Greed, 1993 : 54). 그들은 전문지식을 바탕으로 미래와 변화를 예측하고, 문제해결과 통제방법을 정치가·주민·민간 부분에 제공하는 역할을 수행한다고 생각한다. 즉, 계획가는 스스로를 많은 정보를 통해 분석·판단하는 정통한 과학자(informed scientist)로 보고 있다. 계획가의 전통적인 역할로 기술적·전문가적 시각과 함께 중립적 공복(neutral public servant)의 역할도 강조되고 있다. 이는 계획가는 정치적으로 중립적이고 직업적인 전문적 활동에 국한해야 한다는 견해이다. 이 견해에 의하면 계획가들은 무엇은 해야 되고(should) 하지 않아야(should not) 하는가에 대한 것보다, 어떻게(how to) 할 것인가에 대해 전문적 조언역할을 수행한다고 본다.

(다) 지역사회의 합의구축자(builder of community consensus)　　이 역할은 기본적으로 계획가에 대한 정치적 견해이다. 일반적으로 정치학은 다양한 견해와 이익들 간에 조화를 이루는 예술이며, 다양한 이해관계의 거간역할을 수행한다. 어떠한 계획도 정치적 의지와 정치적 행동 없이는 집행되지 못하

고, 이러한 의미에서 계획가도 정치적 과정의 일부이거나 거기에 근접한 행동을 하게 된다. 이 견해를 지지하는 계획가는 자신이 바라는 의사결정이 이루어지도록 관료와 정치구조를 통합하는 역할을 수행하는 것이 좋다고 생각하게 되었다.

㈑ 기업가(entrepreneur)   이 역할은 본래부터 주어진 것은 아니지만, 계획가가 특정한 과업을 수행하는 기관을 운영할 때는 기업가적인 역할을 하게 된다. 예로 도시재개발사업의 경우, 공공자금에 의해 부지를 철거·정비하여 이를 민간부문에 판매 또는 임대하는 경우를 생각하자. 도시재개발기관을 운영하는 계획가는 개발업자와 계약하고, 마케팅을 해야 하는 기업가적 역할을 수행해야 한다. 이러한 역할은 민관협력개발이 강조됨에 따라 그 중요성이 증대되고 있다.

㈒ 옹호자(advocator)   이는 계획가가 특정집단이나 이익을 대표하는 역할을 수행할 수 있다는 견해이다. 옹호계획에서 계획가는 다수의 의견을 반영하기보다는 특정집단의 이익을 대변하는 경우가 많다. 일반적으로 옹호계획가가 대중적이지 못한 집단을 대변하는 경우, 급진적 · 정치적 시각을 나타낼 수도 있다. 또한 특정한 소속집단의 옹호와는 다르게 계획가가 특정한 과업이나 사업계획(예 : 공원 · 대중교통 · 환경보전 등)을 대변하는 경우도 있다.

㈓ 급진변화의 대행자(agent of radical change)   이 견해는 계획의 장기적 목표는 급격한 정치 · 경제적 변화를 제고하는 활동이라고 보는 신마르크스 또는 급진이론적 입장에 바탕을 두고 있다.

㈔ 외야수(longstop)   도시계획은 사회와 공간문제를 대상으로 하기 때문에 일단 계획이 수립 · 시행되면 그 파급효과는 지속되는 특성을 갖고 있다. 따라서 도시계획을 수행함에 있어 야구에서 최후의 수비수인 외야수처럼 중요한 역할을 하게 된다. 즉, 계획가는 오류를 범할 권리를 갖고 있지 않다.

Ⅱ. 전문직으로서 계획가

1. 직업적 속성

전문직(profession)은 실무자들과 비교하여 특별히 전문적이고 특권적 지위를 가지고 있는 집단을 지칭한다(Baum, 1983 : 3). 현실적으로 계획가는 스스로를 계획가라고 하는 사람들을 포함하여 정책분석가 · 관료 · 공학자·관리과학자 등으로 다양하게 불리는 많은 실무자들로 이루어져 있다. 이와 같이 계획가가 늘어나고 계획영역이 확대됨에 따라 직업으로서 계획에 대한 관심이 높아가고 있다.

직업으로서 계획에 대한 관심을 속성적 접근(屬性的 接近)과 정치적 접근(政治的 接近)의 양면에서 검토할 수 있다(Baum, 1983 : 10~11). 전통적 접근으로 알려진 속성적 접근(attributional approach)은 자격을 갖춘 실무자는 일정한 속성을 확인할 수 있다고 보는 규범적 접근이다. 이 속성적 접근에 의하면 전문가집단은 전문화된 숙련성을 갖고, 문제에 효과적으로 대처할 수 있는 능력을 보유하고 있는 것으로 간주한다. 그리고 그들은 직업적 윤리를 공표하여 전문성을 좋은 목적에만 활용한다고 다짐함으로써 사회적 적법성을 얻게 된다. 도시계획가는 다른 전문직처럼 관련전문기관에서 일정한 요건에 의해 회원의 자격을 획득하고, 도시계획에서의 전문적 숙련성(professional expertise)을 요구받고 있다(Prior, 2000 : 414). 이러한 속성적 접근은 직업의 경험적 검증 측면에서는 단점을 노출하기 때문에 이를 보완하기 위해 등장한 것이 정치적 접근이다. 정치적 접근(political approach)은 실무자들의 자율성과 책임성에 주로 관심을 보인다. 이 입장을 지지하는 사람들은 전문직이 갖고 있는 속성 또는 특성과 다른 실무자들이 갖고 있는 속성을 대비할 수 있는 명료한 기준을 발견하기 어렵다고 생각한다. 이 접근에서는 전문직과 실무자를 구별할 수 있는 단일의 기준은 자율성이고, 이는 정치적인 과정을 통해서 획득할 수 있다고 본다.

계획이 전문적으로서의 지위를 확립하기 위해서는 자율성 · 적법성 · 책임성, 그리고 효과성의 관점에서 검토가 요구된다(Baum, 1983 : 16~30). 계획업무를 수행하는 데 당면하게 되는 전문성과 관료적 권위 간의 갈등에서 탈피하여 효과적인 작업을 수행하기 위해서는 자율성(autonomy)을 확보하는 것이 중요하다. 직업적 자율성을 확보하기 위해서는 의사결정자로부터 정치적 또는 법적 승인을 얻는 것이 중요하다. 이러한 법적 · 행정적 승인을 적법성(legitimacy)이라고 한다. 계획가의 대중에 대한 정치적 책임(accountability)도 증가되고 있다. 마지막으로 계획가는 자신의 전문성으로 문제에 효과적

(effectiveness)으로 대처할 수 있는 능력을 함양해야 한다.

2. 도시계획직업

도시계획가의 직업적 활동영역은 공공과 민간의 양면에서 찾을 수 있지만, 대체로 공공부문에서의 활동이 많다. 즉, 많은 도시계획가들은 주로 중앙정부와 지방정부에 고용되어 업무를 수행하고 있는 경우가 일반적이다.

우리 나라의 도시계획담당공무원의 경우, 업무량이 과다하고 도시계획업무에 대한 전문적이고 체계적인 지식이 미흡한 상태이다(국토학, 1997 : 280). 특히 도시계획업무가 행정 · 토목 · 건축직 공무원에 의해서 수행되고 있어 종합과학적 지식이 요구되는 도시계획에서 창의력이나 능력을 발휘하는 데 한계가 있다. 그리고 도시계획담당공무원의 잦은 전보이동으로 고도의 전문적 기술과 업무의 지속성 · 일관성을 확보하지 못하고 있는 실정이다(국토학, 1997 : 280). 이러한 문제점들을 보완하기 위해서는 도시계획담당자의 업무집행능력을 향상시키기 위한 교육훈련프로그램의 내실화는 물론 업무의 연속성과 경험의 활용을 위해 전보제한기간을 설정하는 방안도 검토해야 할 것이다.

지방자치시대를 맞아 도시 및 지역계획업무의 중요성이 더욱 증대되고 있는 상황에서 우수한 도시 및 지역계획업무를 수행할 수 있는 공무원을 채용하기 위해서는 도시 및 지역계획직을 신설하여 도시계획업무의 특수성을 보장함은 물론, 계획업무의 전문화를 꾀하는 것이 바람직하다(국토학, 1997: 279).

Ⅲ. 윤리강령

1. 공공생활의 원칙

영국에서는 1994년에 「공공생활기준위원회」(Committee on Standards in Public Life : Nolan Committee)를 구성하여 공공생활에 대한 주요 영역을 점검하고 높은 기준을 유지하기 위한 방안을 논의했는데, 이 위원회의 세 번째 보고서에서 지방정부의 윤리적 구조에 대한 변화의 필요성을 제기하면서 특히 도시계획이 지방정부에서 다루어야 할 가장 논쟁적인 문제라고 지적했다(Prior, 2000b : 418). 이 위원회는 계획과 관련하여 보다 명료한 규칙이 필요하고, 계획과정에서 보다 높은 개방성이 요구된다면서 다음 7가지의 공공생활원칙을 제시하였다(Prior, 2000b : 419~420).

1) 무이기심(selflessness) 결정은 오직 공익에 의해서만 이루어져야 하고, 공직자나 그 친구 또는 가족의 재정적·물질적 이익을 고려해서는 안 된다.

2) 청렴성(integrity) 공직자는 그들의 직무수행에 영향을 줄 수 있는 외부의 개인이나 기관의 어떠한 재정적 또는 다른 부담이 있어서는 안 된다.

3) 객관성(objectivity) 공공업무에 관한 모든 결정은 그 장점(merit)에 따라야 한다.

4) 책임성(accountability) 공익에 관한 의사결정자는 스스로에 대해 책임과 함께 엄격성을 견지해야 한다.

5) 개방성(openness) 공공결정의 과정과 결정사유에 대해 가급적 개방성이 있어야 한다.

6) 정직성(honesty) 공직자는 그들의 공적 의무와 관련된 어떤 사익(private interests)도 명료화하고, 공익을 보호하기 위한 어떠한 갈등도 해소해야 할 의무가 있다.

7) 지도력(leadership) 공직자는 지도력과 수범으로서 이상의 원칙들을 제고하고 지지해야 한다.

2. 윤리강령

(1) 영 국

영국왕립도시계획협회(RTPI)는 공·사 부문에 종사하는 모든 회원들에게 다음의 윤리강령을 제시했다(Prior, 2000b : 420). 즉, 왕립도시계획협회헌장의 목적은 공공의 혜택을 위해 도시계획의 학문과 예술을 진전시키는 데 있다. 이 강령의 목적은 협회의 모든 구성원들이 그들의 전문적 활동을 수행함에 있어 다음을 지켜야 한다.

1) 능력·정직, 그리고 성실하게 행동해야 한다.

2) 그들의 기예와 이해를 최대화하기 위해 담대·공평하게 독립적인 전문적 판단을 행사해야 한다.

3) 회원들은 이 강령에서 제시한 대로 그들의 고용자·고객·동료 기타에게 성심으로 그들의 의무를 알려야 한다.

4) 인종·성·신념·종교·장애 또는 연령의 관점에서 차별하지 않고, 기

회균등을 제고하기 위해 타인에 의한 그러한 차별을 제거하도록 해야 한다.

5) 직업이나 협회에 분쟁을 가져와서는 안 된다.

(2) 미 국

미국계획가협회(AICP)에서는 계획가들이 지켜야 할 윤리강령으로 다음 13가지 항목을 나열하고 있다(Lucy, 1988 : 149).

① 공공이익에의 봉사
② 계획에서의 시민참여지지
③ 계획결정에서 종합적이고 장기적 속성의 인지
④ 모든 사람에게 선택과 기회의 확대
⑤ 계획과정을 통한 조정촉진
⑥ 이익간 갈등회피
⑦ 계획서비스의 완전하고 성실한 제공
⑧ 편의를 추구하지 않고 제공하지 않음
⑨ 금전획득을 위한 비밀정보의 노출 또는 부적절한 사용금지
⑩ 동등한 바탕에 공공계획서와 연구에의 접근보장
⑪ 공청회에서 완전노출의 보장
⑫ 대중의 신뢰유지
⑬ 직업적인 윤리와 행동강령의 존중

이와 같이 제시하고 있는 윤리와 직업행동강령은 다음으로 요약할 수 있다(Eisner, *et al.*, 1993 : 213).

1) 대중에 대한 책임　　계획가의 제 1 의 의무는 공익에 대한 봉사이다. 비록 공익이라는 것이 논쟁의 소지가 있지만, 계획가는 양심적으로 획득한 공익에 대한 의무를 갖고 있다.

2) 고객에 대한 책임　　계획가는 고객의 이익추구에 있어 일에 대한 근면·창조·독립·적절한 수행이 요구된다.

3) 직업적인 책임　　계획가는 지식과 기법의 개선, 문제의 적절한 해결, 그리고 계획행동에 대한 대중의 이해를 증진시키기 위해 직업의 발전에 기여해야 한다.

4) 자아에 대한 책임　　계획가는 직업적 성실성·숙달, 그리고 지식에 대한 높은 수준을 유지하도록 해야 한다.

결론적으로 계획가가 견지하고 지켜야 할 강령은 전문적 영역에 대한 숙련과 지식이 있어야 하고, 적극적 상상력을 갖고 미래를 그려낼 수 있어야 하며, 신념과 용기를 가져야 하고, 윤리적으로 순수주의자여야 한다. 그리고 의사결정자에게 명료한 판단기준을 제공해야 하고, 수행할 작업과 대중을 존경해야 하고, 팀의 일원임을 명심하여야 할 것이다(Eisner, *et al.*, 1993 : 209). 이러한 계획가의 직업과 윤리강령은 도시계획가에게도 그대로 적용할 수 있는 내용으로 생각된다.

(3) 한 국

1985년에 제정한 대한국토·도시계획학회의 회원윤리강령의 주요 내용은 다음과 같이 정리할 수 있다.

1) **성실과 공정성** 연구·종사하는 일이 국가발전과 국민복리에 중대한 영향을 주고 있음을 자각하고, 항상 성실과 공정으로 공익증진에 이바지한다.

2) **기밀유지** 연구 및 업무수행에서 알게 된 기밀을 누설하거나 사익에 이용하지 않는다.

3) **사회적 역할 인식** 전문가로서의 사회적 역할을 충분히 인식하여 여론을 오도하거나 비전문가를 현혹시키는 일이 없도록 한다.

4) **창의적 연구** 항상 창의적인 자세로 연구에 종사하여 연구의 권위를 제고하도록 한다.

5) **청 렴 성** 물질적, 금전적 이익에 구애되어 공공이익에 어긋나거나 전문가로서의 양식에 위배되고 본분에 벗어나는 일을 하지 않는다.

참고문헌

Ⅰ. 한국문헌

〈단 행 본〉

강기택, (1980), 「공원녹지계획」(서울 : 기전연구사).
강대기, (1987), 「현대도시론」(서울 : 민음사).
국토학(대한국토 · 도시계획학회), (1991a, 2000a), 「도시계획론」(서울 : 형설출판사).
———, (1991b), 「지역계획론」(서울 : 형설출판사).
———, (1996), 「토지이용계획론」(서울 : 보성각).
———, (1998), 「단지계획」(서울 : 보성각).
———, (2001), 「도시설계 : 이론편」(서울 : 보성각).
권상준, (1998), 「지방도시론」(서울 : 박영사).
김귀곤, (1994), 「도시공원녹지의 계획 · 설계편」(서울 : 서울대학교 출판부).
김신복, (1983, 1991), 「발전기획론」(서울 : 박영사).
김신복 · 노화준, (1982), 「개발기획론」(서울 : 방통대 출판부).
김인환 · 이덕길, (1998), 「신환경정책론」(서울 : 박영사).
김안제, (1979), 「환경과 국토」(서울 : 박영사).
김 원, (1985, 1994), 「도시행정론」(서울 : 박영사).
———, (1986), 「도시정책론」(서울 : 경영문화원).
———, (1998), 「사회주의 도시계획」(서울 : 보성각).
김의원, (1983), 「한국국토개발사연구」(서울 : 대학도서).
김용규, (1990), 「도시계획개론」(서울 : 성안당).
김적교, (1996), 「경제정책론」(서울 : 박영사).
김 철 · 김해룡, (1990), 「지방재정학」(서울 : 세명서관).
김철수, (1997), 「도시계획사」(서울 : 교문당).
김추윤 · 서철수 · 지종덕, (1995), 「도시계획학」(서울 : 신라).
김형국, (1983), 「국토개발의 이론연구」(서울 : 박영사).
노융희, (1973), 「신도시개발론」(서울 : 박영사).
———, (1984), 「환경과 도시」(서울 : 녹원).
노정현, (1999), 「교통계획」(서울 : 나남).
노화준, (1989), 「정책분석론」(서울 : 박영사).
———, (1991), 「정책평가론」(서울 : 법문사).
류해웅, (1994), 「토지공법론」(서울 : 삼영사).
박병식 · 이시경 · 이창기, (1995), 「도시행정론」(서울 : 대영문화사).
박병주, (1994), 「도시계획」(서울 : 형설출판사).

박수영, (1990), 「도시행정론」(서울 : 박영사).
박종화 · 윤대식 · 이종열, (1994), 「도시행정론」(서울 : 대영문화사).
배득종 · 김성수 · 유평준, (1995), 「민자유치론」(서울 : 박영사).
손정목, (1977), 「조선시대도시사회연구」(서울 : 일지사).
심정근, (1993), 「도시재정론」(서울 : 법문사).
안해균, (1992), 「정책학원론」(서울 : 다산출판사).
안문석, (1993a), 「계량행정론」(서울 : 박영사).
———, (1993b), 「환경행정학」(서울 : 법문사).
양동양, (1988), 「도시주거단지계획」(서울 : 기문당).
원재무, (1995), 「도시교통론」(서울 : 박영사).
———, (1998), 「도시시설론」(서울 : 보성각).
유근배, (1993), 「지리정보론」(서울 : 상조사).
유동운, (1992), 「환경경제학」(서울 : 비봉출판사).
유 훈, (1992), 「정책학원론」(서울 : 법문사).
———, (1995), 「지방재정론」(서울 : 법문사).
윤정섭, (1984), 「도시계획사」(서울 : 건우사).
———, (1989), 「도시계획」(서울 : 문운당).
이건영 · 원재무, (1990), 「도시교통정책론」(서울 : 박영사).
이규환, (1990), 「도시행정론」(서울 : 녹원출판사).
이정전, (1989), 「토지경제학」(서울 : 박영사).
———, (2000), 「환경경제학」(서울 : 박영사).
이종열, (1988), 「정책학원론」(서울 : 대왕사).
이태우, (1973), 「도시개발론」(서울 : 문화세계사).
임강원, (1986), 「도시교통계획 : 이론과 모형」(서울 : 서울대 출판부).
임길진, (1995), 「미래를 향한 인간적 계획론」(서울 : 나남).
장명수, (1992), 「도시계획학」(서울 : 보성문화사).
정정길, (1998), 「정책학원론」(서울 : 대명출판사).
정환용, (2001), 「계획이론」(서울 : 박영사).
조정제, (1990), 「도시경영」(서울 : 법문사).
주종원, (1984), 「도시계획 및 설계」(서울 : 형설출판사).
———, (1998), 「도시설계」(서울 : 문운당).
주종원 · 하재명 · 박찬규, (1999), 「도시구조론」(서울 : 동명사).
차병권, (1984), 「한국지방재정연구」(서울 : 서울대 출판부).
최병선, (1992), 「정부규제론」(서울 : 법문사).
하성규, (1991), 「주택정책론」(서울 : 박영사).
한근배, (1990), 「도시개발계획」(서울 : 태림문화사).
———, (1990), 「도시용도지역계획」(서울 : 태림문화사).
———, (1996), 「도시재개발계획」(서울 : 태림문화사).
한원택, (1983), 「도시개발론」(서울 : 대학문화사).

———, (1985), 「도시 및 지방행정론」(서울 : 박영사).
———. (1987), 「도시개발체계론」(서울 : 대왕사).
허재영, (1993), 「토지정책론」(서울 : 박영사).
허재완, (1993), 「도시경제학」(서울 : 법문사).
홍경희, (1981), 「도시지리학」(서울 : 법문사).
홍기용, (1995), 「지역경제론」(서울 : 박영사).
홍두승, (1992), 「사회조사분석」(서울 : 다산출판사).
황명찬, (2001), 「지역개발론」(서울 : 법문사).
황용주, (1983), 「도시계획원론」(서울 : 녹원).
황희연 · 백기영 · 변병설, (2002), 「도시생태학과 도시공간구조」(서울 : 보성각).

〈연구논문〉

강병수, (2002), "도시의 경영," 김혜천 외, 「도시 : 현대도시의 이해」(서울 : 대왕사), 299～315.
강태호, (1998), "한 · 중 역사도시의 도시공간구조 변천과정에 관한 비교연구," 「국토계획」, 33; 1(98. 2) : 7～25.
고 철, (1997), "재건축제도의 문제점과 개선방안," 「국토」(1997. 2), 15～20.
구자훈 · 이희정, (1995), "상세계획제도의 서울시 적용여건에 관한 연구," 「국토계획」, 30; 5 : 27～44.
구자훈 · 강동진 · 이희정, (2000), "지구단위계획의 탄생과 이해," 「도시정보」, 218(2000. 5) : 3～15.
권원용, (1997), "우리 나라 도시계획법의 변천과정," 「도시문제」, 43(97. 2) : 9～20.
권태준, (1973), "개정된 계획법제의 평가," 「국토개발과 환경보전」, 세미나주제발표논문, 1973. 5, 91～115.
김수철, (1990), "도시계획과 교통체계의 정립방향," 「지방행정」, 39; 440(90. 6): 10～30.
김신복, (1990), "비판기획이론과 급진적 계획," 「행정논총」(서울대 행정대학원), 28; 1 : 163～178.
김안제, (1981), "중소도시개발과 거점기능강화방안," 최상철 외 14인, 「한국도시개발론」(서울 : 일지사), 92～125.
———, (1982), "도시재정," 김안제 · 노융희 · 최상철, 「도시행정론」(서울 : 방통대), 173～265.
———, (1995), "도시관리의 전략," 한국지방자치연구원, 「도시경영」, 지자체 총서 4 (서울 : 한국지자체연구원), 71～116.
김영환, (1994), "ESSD와 신도시개발," 「국토정보」, 152(94. 5) : 49～57.
김욱동, (1995), 포스트모더니즘, 김영한 · 임지현 편, 「서양의 지적운동」, (서울 : 지식산업사), 659～691.
김 원, (1977), "도시계획이론," 강병기 · 김원 · 이종익, 「도시론 : 이론과 실제」(서울 : 법문사), 49～62.

김의원, (1982), "일제하의 한국도시계획,"「도시문제」, 17; 11(82. 11), 8∼25.

김재영, (1994), "GIS개념과 시스템구축방향,"「도시문제」, 29; 304(94. 3) : 9∼21.

박병주, (1982), "해방후 도시계획의 회고,"「도시문제」, 17; 11(82. 11), 26∼38.

손병석, (1997), "주거환경개선사업의 개선방안,"「국토」(97. 2), 21∼28.

손정목, (1998), "한국에 있어서 도시의 발달," 한국도시연구소 편,「한국도시론」(서울 : 박영사), 11∼33.

서충원 외 3인, (2000), "시범도시제도의 도입과 발전방안,"「도시정보」, 220(2000. 7) : 3∼15.

신기철, (1994), "도시형태론 : 비판적 서설(Theorizing urban form : a critical perspective),"「국토계획」, 29; 4 : 323∼345.

신정철 · 김정훈, (1994), "GIS와 도시계획정보시스템,"「도시문제」, 29; 304(94. 3) : 22∼34.

이기동, (1982), "성읍국가와 연맹왕국," 이기백 · 이기동,「한국사강좌 Ⅰ」, 고대편(서울 : 일조각), 25∼95.

이기백, (1983), "한국사의 시대구분문제," 한국경제사학회,「한국사 시대구분론」(서울 : 을유문화사), 2∼26.

이양제, (1992), "우리나라 중소도시의 성장요인에 관한 연구," 박사학위논문(서울 : 홍익대).

이태일, (1985), "용도지역지구제," 황명찬 편,「토지정책론」(서울 : 경영문화원), 250∼267.

———, (1990), "우리나라 중소도시실태와 육성방안,"「지방행정」, 39; 443(90. 9) : 68∼88.

임규호, (1989), "교통계획의 목표설정과 교통계획입안사례연구,"「교통정보」(89. 10), 3∼34.

임승빈 · 박창석 · 김성준, (1995), "경관관리를 위한 경관정책의 발전방향에 관한 연구,"「국토계획」, 30; 1 : 325∼347.

정석희, (1993), "공공부문의 도심지재개발 활성화방안,"「토지연구」 4; 6(93. 11/12) : 26∼34.

정순오 · 김홍태, (1996), "생태계보전형 도시계획모형의 개발에 관한 연구,"「한국지역개발학회지」, 8; 3(96. 12) : 107∼129.

정환용, (1983), "도시계획과정별 시민참여수단에 관한 연구,"「지역개발연구」(전남대), 15; 1 : 73∼96.

———, (1993), "중소도시의 주력산업육성방안,"「토지연구」(93. 3 · 4월호), 18∼30.

———, (1993), "장기미집행도시계획사업의 효율적 집행방안에 관한 연구,"「지역개발연구」(전남대), 25; 1(93. 12) : 1∼27.

조기준, (1977), "한국도시형성의 논리,"「전경련」, 146(77. 1) : 42∼45.

조현세 · 민병기, (1996), "상세계획의 운용방안,"「도시정보」, 15; 8(96. 8) : 2∼11.

주종원, (1993), "도심재개발의 기본방향,"「토지연구」, 4; 6(93) : 4∼18.

최병선, (1994), "광역계획의 현실정착방안 연구,"「국토계획」, 29; 4 : 43∼58.

———, (1982), "도시재정비계획 제약조건의 극복," 「도시문제」, 17; 10(82. 10): 19~31.

———, (1998), "도시와 도시정책," 한국도시연구소 편, 「한국도시론」(서울 : 박영사), 373~402.

최상철, (1983), "계획가, 계획교육과 프로패셔날리즘," 「환경논총」, 12 : 53~64.

최찬환, (1986), "도심재개발의 방법과 수단," 「도시문제」, 21; 2(86. 2) : 43~52.

황기원, (1991), "도시공원녹지계획," 한국조경학회(편), 「조경계획론」(서울 : 문운당), 125~182.

황명찬, (1985 a), "우리나라 토지구획정리사업의 평가," 황명찬 편, 「토지정책론」(서울 : 경영문화원), 322~350.

———, (1985b), "토지구획정리사업의 과제와 발전방향," 황명찬 편, 「토지정책론」(서울 : 경영문화원), 367~379.

황용주, (1981), "도시설계에 관한 기법," 최상철 외, 「한국도시개발론」(서울 : 일지사), 213~252.

황희연 · 변병설, (1998), "도시생태학," 권용우 외, 「도시의 이해」(서울 : 박영사), 213~236.

〈연구보고서〉

강병주 · 손희준, (1992), 지역경제분석기법 및 지표에 관한 연구(서울 : 한국지방행정연구원).

강식 · 안용훈, (2001), 도시개발사업의 과제 및 효율적 추진방안연구, 연구보고서 2001-21(수원 : 경기연).

건설부, (1989), 불량주택개량사업추진방안연구(서울 : 건설부).

———, (1994), 상세계획수립지침(서울 : 건설부).

건설교통부, (2000), 국토이용 계획체계의 개선방안에 관한 연구(서울 : 건설교통부).

경기연(경기개발연구원), (1996), 녹지네트워크형성에 관한 연구, R1996-04(수원 : 경기연).

———, (1998), 도시경관개선방안에 관한 연구, R1988-22(수원 : 경기연).

계기석 · 변홍수, (1998), 사회변화에 따른 도시시설전망과 계획입지방안연구, 국토연 98-14(서울 : 국토연).

고철 · 박종택, (1993), 수도권 신도시건설에 따른 가구이동 및 주거상태변화에 관한 연구, 국토연 93-22(서울 : 국토연).

곽승준 · 김선희, (1994), 국제환경협약에 대비한 국토개발정책방향 연구, 국토연 94-17(서울 : 국토연).

광주광역시, (1996), 광주시 도시경관 보전 · 관리방안에 관한 연구(광주 : 광주광역시).

구자훈 외, (1995), 상세계획제도의 운용지침에 관한 연구(시정연 95-R-03)(서울 : 서울시정개발연구원).

권태준 · 최상철, (1982), 우리나라 도시개발규제의 문제점과 지구계획제도 도입의 필요성, 지구계획제도 시리즈 No.1(서울 : 서울대 환경대학원 환경계획연구소).
국토연(국토개발연구원), (1980), 지역계획기법 연구(서울 : 국토연).
———, (1981), 지역분석을 위한 계량적 접근방법(서울 : 국토연).
———, (1982), 도시기본계획수립과 평가기준연구(서울 : 국토연).
———, (1983), 도시재개발사업의 평가 및 분석연구, 국토연 83-4(서울 : 국토연).
———, (1984), 도시계획편람(서울 : 국토연).
———, (1985a), 도시정보관리체계의 개발(서울 : 국토연).
———, (1985b), 신시가지계획지침(서울 : 국토연).
———, (1985c), 교통시설관리체계의 개선방안, 대도시권관리를 위한 정책연구(Ⅳ)(서울 : 국토연).
———, (1986a), 토지이용규제의 합리화방안연구(서울 : 국토연).
———, (1986b), 첨단산업과 지역발전방향, 연구논문 86-4(서울 : 국토연).
———, (1988), 광역도시시설의 입지 및 관리에 관한 연구(서울 : 국토연).
———, (1990), 도시계획법제에 대한 비교법적 연구, 국토연 90-2(서울 : 국토연).
———, (1994a), 도시계획법제 개편에 관한 연구, 국토연 94-15(서울 : 국토연).
———, (1994b), 광역개발계획수립지침연구, 국토연 94-3(서울 : 국토연).
———, (1994c), 국토개발계획수립지침연구, 국토연 94-3(서울 : 국토연).
———, (1996), 국토 50년(서울 : 서울프레스).
국토학(대한국토·도시계획학회), (1983), 도시계획편람 : 시설기준(서울 : 영지문화사).
———, (1987), 도시의 계획과 관리 [1](서울 : 집문당).
———, (1989), 한국국토·도시계획사(서울 : 대한국토도시계획학회).
———, (1991c), 도시의 계획과 관리 [2](서을 : 집문당).
———, (1997), 도시의 계획과 관리 [3](서울 : 보성각).
———,(2000b), 도시의 계획과 관리 [4](서울 : 보성각).
———, (2000c), 도시의 계획과 관리 [5](서울 : 보성각).
김성배·서순탁, (1992), 토지정책수단의 국제비교, 국토연 92-8(서울 : 국토연).
김시곤, (1994), 지리정보시스템(GIS)의 교통부문 도입방안(서울 : 교통개발연구원).
김필두, (1992), 도시공원의 조성과 재원조달에 관한 연구, 연구보고서 제127권(서울 : 지방행정연구원).
김현식, (1999), 21세기 도시 : 전망과 과제, working paper 99-72(안양 : 국토연).
김현식·김선희·이영아, (1997), 지속가능한 도시개발전략에 관한 연구, 국토연 97-21(서울 : 국토연).
김현식·이용우·조판기, (1998), 대도시권계획과 효율적 관리방안 연구, 국토연 98-28(서울 : 국토연).
노융희·최병선, (1982), 서독의 지구상세계획, 지구계획제도 시리즈 No.2(서울 : 서울대 환경대학원 환경계획연구소).
류해웅, (1998), 토지이용제도, 국토연논 98-1(서울 : 국토연).
———, (2001), 개발허가제의 도입에 관한 연구(안양 : 국토연).

민병식, (1993), 상세계획시행방안 연구, 국토연논 93-5(서울 : 국토연).

박양호 · 김창현, (2002), 국토균형발전을 위한 중추기능의 공간적 재편방안, 국토연 2002-6(안양 : 국토연).

박재길 · 손기찬, (1997), 도시개발법제정비방안연구(서울 : 국토연).

박헌주 · 김근용, (1993), 택지개발제도의 합리화방안, 국토연 93-6(서울 : 국토연).

배순석 · 권오현 · 천현숙, (1991), 주택재개발 활성화방안 연구, 국토연 91-22(서울: 국토연).

배순석 외 5인, (2000), 수도권 도시성장관리와 신도시개발, 국토연 2000-54(안양: 국토연).

서울특별시, (1991a), 서울 도시계획연혁(서울 : 서울특별시).

———, (1991b), 목동 공영개발평가보고서(서울 : 서울특별시).

서울 시정연(서울 시정개발연구원), (1993a), 서울도시기본계획의 검토와 보완과제, 시정연 93-R-9(서울 : 서울 시정연).

———, (1993b), 서울시 도시경관관리방안 연구(I)(서울 : 서울시정연).

———, (1994a), 서울시 도시경관관리방안 연구(Ⅱ)(서울 : 서울시정연).

———, (1994b), 도시개발사업수행을 위한 협상연구, 시정연 94-R-19(서울 : 서울시정연).

———, (1995), 지속가능한 성장을 위한 서울시 환경관리방안, 시정연 95-R-24(서울 : 서울시정연).

———, (2001), 서울시 환경관리를 위한 생태예산기법도입방안 연구, 시정연 2001-R-17(서울 : 서울시정연).

성현찬 · 민수현, (2000), 경기도의 지방자치단체 환경영향평가제도 도입방안연구, 연구보고서 2000-16(수원 : 경기연).

손경환, (1997), 주거환경개선사업의 개선방안, 국토연 97-3(서울 : 국토연).

신동진 · 진영효, (1995), 도시공원의 설치 및 관리 개선방안에 관한 연구, 국토연 95-33(서울 : 국토연).

———, (1996), 도시계획시설의 설치 및 관리 개선방안, 국토연 96-38(서울 : 국토연).

신정철 · 김상조, (1998), 신도시개발정책개선방안 연구, 국토연 98-12(서울 : 국토연).

양지청, (1998), 도시인프라개발과 민간참여방안, 국토연 98-15(서울 : 국토연).

오준근, (2000), 도시계획관련법제의 체계적 정비방안(서울 : 한국법제연구원).

오준근 · 김명연, (1996), 지방자치와 계획관계법체계의 정비에 관한 연구, 연구보고 96-3(서울 : 한국법제연구원).

온영태 · 황기원 · 최찬환, (1982), 지구상세계획의 제도화방안, 지구상세계획제도 시리즈 No.1(서울 : 서울대 환경대학원 환경계획연구소).

유재윤 · 진영효 · 김형국, (2000), 도시문화산업의 육성방안, 국토연 2000-24(서울 : 국토연).

윤양수 · 김선희 · 최지룡, (1993), 환경보전적 국토개발정책, 국토연 93-16(서울 : 국토연).

이성룡 · 정석, (1997), 서울시 도시경관관리방안 연구(Ⅲ)(서울 : 서울시정연).

이시경, (1993), 지역개발분야 토지이용규제 개선방안, 연구보고서 93-10(서울 : 한국지방행정연구원).

이양재 · 김선웅, (1997), 서울시 성장관리모니터링 체계구축(서울 : 서울시정연).

이용우 · 배용수, (2000), 21세기 도시경영의 과제와 전략, 국토연 2000-8(서울 : 국토연).

이원영 외, (1999), 친환경적 도시개발 및 정비정책의 추진방안(수원 : 경기연).

이창우 · 조항문 · 이승재, (1996), 서울시 지방의제 21 수립에 관한 연구, 시정연 96-R-16(서울 : 서울시정연).

이호생, (1994), UN 지속개발위원회의 논의현황 및 정책과제(서울 : 대외경제정책연구원).

이희정, (2000), 서울시 용도지구재정비방안 연구, 시정연 2000-R-03(서울 : 서울시정연).

정석희 · 정일훈, (1998), 도시선진화를 위한 상세계획활성화 방안, 국토연 98-13(안양 : 국토연).

정희남 · 최수, (1996), 토지신탁활성화방안 연구(안양 : 국토연).

조경공사, (1976), 조경설계기준(서울 : 조경공사).

주공(대한주택공사), (1992), 단지계획기술지침(서울 : 대한주택공사).

주성재 · 김태환, (1998), 정보화시대의 국토정책과제, 국토연 98-19(서울 : 국토연).

지우석 · 한명희, (2000), 경기도보행환경개선방안, 연구보고서 2000-14(수원 : 경기연).

지행연(한국지방행정연구원), (1987), 지방재정계획제도연구, 연구보고서 제17권(서울 : 한국지방행정연구원).

채미옥 · 김정훈, (2003), 토지적성평가제도의 개선방안 연구, 국토연 2003-27(안양 : 국토연).

토지공(한국토지공사), (1986), 도시개발계획편람(서울 : 한국토지개발공사).

———, (1989), 한국토지개발공사 10년사(서울 : 한국토지개발공사).

———, (1993), 공원녹지계획지표연구(서울 : 한국토지개발공사).

———, (1994), 단지계획 · 설계실무편람(Ⅰ)(서울 : 한국토지개발공사).

———, (1996), 환경친화적 단지계획기법(성남 : 한국토지공사).

한국토지신탁, (1997), 부동산신탁의 이론과 실무(서울 : 한국토지신탁).

환경청, (1986), 환경보전(서울 : 환경청).

〈기타 자료〉

건설부, (1987), 국토건설 25년사(서울 : 건설부).

———, (1990), 택지개발편람(서울 : 건설부).

건설부(건설교통부), (2000f), 도시개발업무지침(서울 : 건설교통부).

———, (2003a), 광역도시계획수립지침(서울 : 건교부).

———, (2003b), 도시 · 주거환경정비기본계획수립지침(서울 : 건교부).

———, (2005a), 도시기본계획수립지침(서울 : 건교부).

———, (2005b), 도시관리계획수립지침(서울 : 건교부).
———, (2005c), 제 1 종지구단위계획수립지침(서울 : 건교부).
———, (2005d), 제 2 종지구단위계획수립지침(서울 : 건교부).
———, (2005e), 국토의 계획 및 이용에 관한 연차보고서(서울 : 건교부).
———, (2005f), 혁신도시입지선정지침(서울 : 건교부).
———, (2005g), 기업도시 개발제도 설명자료(서울 : 건교부).
국토학(대한국토 · 도시계획학회), (2001b), 도시정보(서울 : 국토학), 231호.
대한민국정부, (1972), 제 1 차 국토종합개발계획(1972～1981)(서울 : 대한민국정부).
———, (1982), 제 2 차 국토종합개발계획(1982～1991)(서울 : 대한민국정부).
———, (1987), 제 2 차 국토종합개발계획수정계획(1987～1991)(서울 : 대한민국정부).
———, (1992), 제 3 차 국토종합개발계획(1992～2001)(서울 : 대한민국정부).
———, (2000), 제 4 차 국토종합계획(2000～2020)(서울 : 대한민국정부).
주공(대한주택공사), (1984), 과천신도시개발사(서울 : 대한주택공사).
추진위(신행정수도건설추진위원회), (2004), 신행정수도건설추진백서(서울 : 추진위).

Ⅱ. 번 역 서

1. 구 미 서

〈단 행 본〉

고슬링 · 메이트랜드(Gosling, D. and Maitland, B. : 박철수 역), (1990), *Concepts of Urban Design*(「도시설계론」)(서울 : 태림문화사).
길리(Gillie, F. B. : 노융희 역), (1973), 「도시계획입문」(서울 : 서울대 출판부).
던(Dunn, W. N. : 이대희 역), (1988), 「정책분석론」(서울 : 대영문화사).
알렉산더(Alexander, E. R. : 박우서 · 박경원 역), (1995), 「현대기획이론」(서울 : 나남).
엔넨, 에디트(안상준 역), (1997), 「도시로 본 중세유럽」(서울 : 한울).
프리드만(원재무 · 서충원 역), (1991), 「공공분야에서의 계획론」(서울 : 대광문화사).
홀(Hall, T. : 유환종 외 역), (1999), 「현대도시의 변화와 정책」(서울 : 푸른길).

〈보 고 서〉

지구환경대책기획단, (1992), 21세기 지구환경 실천요강 : 리우지구환경회의 문서 영문본(서울 : 경제기획원).
OECD(국토연 · 건교부 공역), (2001), OECD 한국지역정책보고서(서울 : 건교부).

2. 일 본 서

内山正雄 편(오병태 · 최기호 역), (1996), 「도시녹지의 계획과 설계」(서울 : 대우출판사).
다카히로, 미야호(도시정책과학연구회 역), (1989), 「도시경제학」(서울 : 대명).

도시계획연구회(편), (1994), 「도시계획 텍스트 북」(서울 : 대우출판사).
藤井彌太郎 · 中條潮(이재림 · 이상민 · 김만배 역), (1995), 「현대교통정책」(서울 : 교통개발연구원).
木村光宏 外(이동근 역), (1988), 「유럽의 드시재개발」(서울 : 기문당).
尾島俊雄 外 3人(대광서림 편집부 역), (1990), 「도시환경」, 신건축학대계 9(서울 : 대광서림).
相川哲夫(안재학 역), (1995), 「시스템계획기법」(서울 : 명보).
伊達美德 外(박 숙 역), (1993), 「도시재개발」, 건축계획설계 시리즈 8(서울 : 국제).
宇 都宮 · 深志(강성철 · 홍응우 역), (1993), 「개발과 환경의 정치학」(서울 : 대왕사).
日笠 端(한정섭 역), (1988), 「도시계획」(서울 : 집문당).
日端康雄(김영하 역), (1992), 「마이크로 도시계획과 토지이용」(서울 : 대한교과서 주식회사).
田畑貞壽 · 池田亮二(최창환 역), (1983), 「신주택지계획」(서울 : 명보).
天野光三(김재영 · 계기석 역), (1986), 「계량도시계획론」(서울 : 신학사).
太田勝敏(박광열 외 3인 역), (1998), 「교통시스템계획」(서울 : 교통개발연구원).
土井辛平 外 3人(대림서림 역), (1990), 「도시계획」, 신건축학대계 16(서울 : 대광서림).
黑川紀章(윤정섭 역), (1991), 「도시디자인」(서울 : 건우사).

3. 중 국 서

黃世孟 · 李永展(임승권 역), (1994), "중국 근대도시계획의 변천," 「동양도시사속의 서울」(서울 : 서울시정연), 289~309.

Ⅲ. 외국문헌

Abbott, Carl and Adler, Sy, (1989), "Historical Analysis as a Planning Tool," *Journal of the American Planning Association,* 55; 4(Autumn 1989) : 467~473.
Abravanel, Martin D. and Mancini, Paul K., (1980), "Attitudinal and Demographic Constraints," Rosenthal, Donald(ed.), *Urban Revitalization*(London: Sage), 27~47.
Adair, A., Berry, J., McGreal, S., Deddis, B., and Hirst, S., (1999), "The Financing of Urban Regeneration," *Land Use Policy,* 17(2000) : 147~156.
Adams, D., (1994), *Urban Planning and the Development Process*(London : UCL Press).
Adler, H. A., (1971), *Economic Appraisal of Transport Projects*(Bloomington, Indiana : Indiana University Press).
Albrechts, L., (1991), "Changing Roles and Positions of Planners," *Urban Studies,* 28; 1 : 123~137.
Aldridge, M., (1979), *The British New Towns*(London : Routledge & Kegan

Paul).

Alexander, E. R., (1984), "After Rationality, What?," *Journal of the American Planning Association,* 50; 1(Winter, 1984) : 62~69.

———, (1994), "To Plan or not to Plan, That is the Question : Transaction Cost Theory and its Implications for Planning," *Environment and Planning B,* 21 : 341~352.

———, and Faludi, A., (1989), "Planning and Plan Implementation : Notes on Evaluation Criteria," *Environment and Planning B,* 16 : 127~140.

Allen, Judith, (1976), "Materialist Analysis in Planning Theory," Dept. of Town Planning, *The Content of a Planning Theory Course,* Working Paper No. 25(Oxford : Oxford Polytechnic), 1~17.

Allmendinger, P., (1999), "Planning in the Future : Trends, Problems, and Possibilities," Allmendinger, P. and Chapman, M.(eds.), *Planning Beyond 2000* (Chichester : John Wiley & Sons), 241~274.

Alonso, William, (1970), "What are New Towns for?," *Urban Studies,* 8; 13 : 37~55.

Alterman, Rachelle, (1992), "A Transatlantic View of Planning Education and Professional Practice," *Journal of Planning Education and Research,* 12; 1 (Fall, 1992) : 39~54.

Altshuler, Alan, (1981), *The Urban Transportation System*(Cambridge, Mass. : The MIT Press).

Ambrose, Peter, (1994), *Urban Process and Power*(London : Routledge).

Amin, A. and Thrift, N., (1995), "Globalisation, Institutional Thickness and Local Economy," Healey, P., *et al.*(eds.), *Managing Cities : The Urban Context* (Chichester : John Wiley & Sons), 91~108.

Anas, Alex, Arnott, Richard and Small, Kenneth A., (1998), "Urban Spatial Structure," *Journal of Economic Literature,* 36(September 1998) : 1426~1464.

Andrews, Richard B., (1968), "Economic Studies," William I. Goodman and Eric C. Freund(eds.), *Principles and Practice of Urban Planning*(Washington D. C. : ICMA), 76~105.

Angotti, Thomas, (1993), *Metropolis 2000*(London : Routledge).

Armour, Audrey M., (1991), "The Siting of Locally Unwanted Land Uses : Towards a Cooperative Approach," *Progress in Planning,* 35 : 1~74.

Ashworth, G. J. and Voogd, H., (1988), "Marketing the City," *Town Planning Review,* 59; 1 : 65~79.

Ascher, William, (1978), *Forecasting*(Baltimore : The Johns Hopkins Univ. Press).

ASCP Commission on Undergraduate Education(ASCPCUE), (1990), "Creating the Future for Undergraduate Education in Planning," *Journal of Planning*

Education and Research, 10; 1(1990) : 15~26.

Ashcroft, Brian, (1979), "The Evaluation of Regional Economic Policy : The Case of the United Kingdom," Kevin Allen(ed.), *Balanced National Growth* (Toronto : Lexington Books), pp. 231~294.

Atkinson, Rob and Moon, Graham, (1994), *Urban Policy in Britain*(N. Y. : St. Martin's Press).

Attoe, Wayne O., (1979), "Historic Preservation," A. J. Catanese and J. C. Snyder(eds.), *Introduction to Urban Planning*(N. Y. : McGraw-Hill), 297~319.

Babe, Robert E., (1995), *Communication and the Transformation of Economics*(Colorado : Westview Press).

Babcock, Richard, (1975), "The Purpose of Zoning," Branch, Melville C.(ed.), *Urban Planning Theory,* Stroudsburg(Penn. : Dowden Hutchinson & Ross), 75~80.

Bach, Ira J., (1971), "A Program for New Towns," *Journal of the Urban Planning and Development Division*(American Society of Civil Engineers), 97; 1 (Apr. 1971).

Badshah, A., (1996), *Our Urban Future : New Paradigms for Equity and Sustainability*(London : Zed Books).

Baer, William C., (1997), "General Plan Evaluation Criteria," *JAPA,* 63; 3 (Summer, 1997) : 329~344.

Bailey, Nick, (1995), *Partnership Agencies in British Urban Policy*(London : UCL Press).

Bailey, Stephen J., (2001), "Cities and Services : a Post-welfarist Analysis," Paddison, Ronan(ed.), *Handbook of Urban Studies*(London : Sage), 336~350.

Balchin, P. N. and Kieve, J. L., (1977), *Urban Land Economics*(London : Macmillan).

Bamberger, Michael and Hewitt, Eleanor, (1986), *Monitoring and Evaluating Urban Development Programs,* World Bank Technical Paper No. 53(Washington, D. C. : The World Bank).

Banerjee, T., (1992), "Antiplanning Undercurrents in US Planning Education : Antithesis or Ideology?," *Environment and Planning B,* 20 : 519~536.

Banister, David, (1994), *Transport Planning*(London : E&FN Spon).

———, and Lichfield, Nathaniel, (1995), "The Key Issues in Transport and Urban Development," Banister, David(ed.), *Transport and Urban Development* (London : E&FN Spon), 1~16.

Barbier, E. B., Markandya, A., and Pearce, D. W., (1990), "Environmental Sustainability And Cost-benefit Analysis," *Environment and Planning A,* 22; 1259~1266.

Barlowe, Raleigh, (1978), *Land Resource Economics*(Englewood Cliffs, N. J. : Prentice-Hall).

Barras, Richard, (1987), "Technical Change and Urban Development Cycle," *Urban Studies*, 24 : 5~30.

Bartelmus, Peter, (1994), *Environment, Growth and Development*(London: Routledge).

Batey, Peter W., (1985), "Postgraduate Planning Education in Britain," *Town Planning Review*, 56; 4 : 407~420.

Barton, Hugh, (1996), "Planning for Sustainable Development," Greed, Clara (ed.), *Investigating Town Planning*(Essax : Longman), 115~134.

Bartone, Carl, Bernstein, Janis, Leitmann, Josef, and Eigen Jochen, (1994), *Toward Environmental Strategies for Cities*, Urban Management Programme Policy Paper 18(Washington, D. C. : World Bank).

Batty, Michael and Longley, Paul, (1994), *Fractual Cities*(London : Academic).

Baum, Howell S., (1977), "Toward a Post-industrial Planning Theory," *Policy Science*, 8 : 401~421.

———, (1983), *Planners and Public Expectations*(Cambridge, Mass. : Schenkman Publishing Co.).

Bayley, Stephen, (1975), *The Garden City*, Unit 23(Milton Keynes, UK : The Open University).

Behrman, Jack N. and Rondinelli, Dennis A., (1992), "The Cultural Imperatives of Globalization : Urban Economic Growth in the 21st Century," *Urban Development Quarterly*, 6; 2(May 1992) : 115~126.

Benevolo, Leonardo, (1967), *The Origins of Modern Town Planning*(Cambridge, Mass. : The MIT Press).

———, (1980), *The History of the City*(Cambridge, Mass. : The MIT Press).

Berg, Iain G. and Cameron, Gordon C., (1988), "High Technology Location and the Urban Areas of Great Britain," *Urban Studies*, 25; 5(Oct. 1988) : 361~379.

Berg, Leo van den, *et al.*, (1982), *Urban Europe : A Study of Growth and Decline* (Oxford : Pergamon).

Berg, Leo van den and Klassen, Leo H., (1987), "The Contagiousness of Urban Decline," Berg, Leo van den, *et al.*(eds.), *Spatial Cycle*(Hants : Gower), 84~99.

Bergh, Jeroen C. J. M. van den, (1996), *Ecological Economics and Sustainable Development*(Cheltenham, UK : Edward Elgar).

Berke, Philip R., (2002), "Does Sustainable Development Offer a New Direction for Planning? Challenges for the Twenty-first Century," *Journal of Planning Literature*, 17; 1(2002) : 21~36.

———, and Conoroy, M., (2000), "Are We Planning for Sustainable Development?," *Journal of the Ameriacn Planning Association,* 66; 1(Winter, 2000): 21~33.

Berry, Brian J. L., (1976), "Comparative Urbanization Strategies," L. S. Bourne and J. W. Simmons(eds.), *Systems of Cities*(New York : Oxford Univ. Press), 502~510.

———, and Horton, Frank E., (1974), *Urban Environmental Management : Planning for Pollution Control*(Englewood Cliffs, N. J. : Prentice-Hall).

Bianchini, Franco and Greed, Clara, (1999), "Cultural Planning and Time Planning," Greed, Clara(ed.), *Social Town Planning*(London : Routledge) : 195~207.

Bish, Robert L. and Nourse, Hugh O., (1975), *Urban Economics and Policy Analysis*(Tokyo : McGraw-Hill).

Bishop, Kevin, (1996), "Planning to Save the Planet? Planning's Green Paradigm," Tewdwr-Jones, Mark(ed.), *British Planning Policy in Transition*(London : UCL Press), 205~219.

Black, Alan, (1979), "Three Views of Transportation Planning in a Time of Scarcity(Introduction)," *Journal of the American Planning Association,* 45; 1 (1979. 1) : 7~9.

———, (1995), *Urban Mass Transportation Planning*(N. Y. : McGraw-Hill).

Black, C., Collins, A., and Smell, M., (2001), "Encouraging Walking : The Case of Journey to School Trips in Compact Urban Areas," *Urban Studies,* 38; 7 (2001) : 1121~1141.

Black, William R., (1996), "Sustainable Transportation : A US Perspective," *Journal of Transport Geography,* 4; 3(1996) : 151~159.

———, (2000), "Socio-economic Barriers to Sustainable Transport," *Journal of Transport Geography,* 8(2000) : 141~147.

Blackman, Tim, (1995), *Urban Policy in Practice*(London : Routledge).

Blair, John P., (1991), *Urban and Regional Economics*(Boston : Irwin).

Blair, J., Moore, A. and Segal, G., (2003), *Decentralizing Federal Employment: Feasibility and Impact on Ohio*(Ohio : Buckege Institute).

Blakely, Edward J., (2001), "Competitive Advantage for the 21st-century City," *Journal of the American Planning Association,* 76; 2(Spring, 2001): 133~141.

Blecher, Earl M., (1971), *Advocacy Planning for Urban Development*(N. Y.: Praeger).

Blowers, Andrew, (1986), "Town Planning-paradoxes and Prospects," *The Planner,* 72; 4(April 1986) : 11~18.

———, (1993), "The Time for Change," Blowers, A.(ed.), *Planning for a Sus-*

tainable Environment(London : Earthscan), 1~18.

———, (1997), "Environmental Policy : Ecological Modernisation or the Risk Society?," *Urban Studies,* 34; 5/6 : 845~871.

———, (1999), "Society and Sustainability," Blowers, A. and Evans, B.(eds.), *Town Planning into the 21st Century*(London : Routledge), 153~167.

Bojö, J., Mäler, K. and Unemo, L., (1992), *Environment and Development : An Economic Approach*(Dordrecht : Kluwer Academic Publishers).

Bola, Ayeni, (1979), *Concepts and Techniques in Urban Analysis*(London : Croom Helm).

Bolan, Richard S., (1983), "The Promise and Perils of a Normative Theory of Planning," Ian Masser(ed.), *Evaluating Urban Planning Efforts*(Hampshire, England : Gower), 3~15.

Bor, Walter, (1984), "Milton Keynes New City : What Lessons for and from the United States?," Haar, Charles M., *Cities, Law, and Social Policy*(Lexington, Mass. : Lexington Books), 157~174.

Bourne, L. S., (1975), *Urban Systems : Strategies for Regulation*(Oxford : Clarendon Press).

———, (1982), "Urban Spatial Structure : An Introductory Essay on Concepts and Criteria," Bourne, Larry S.(ed.), *Internal Structure of the City*(Oxford : Oxford University Press), 28~45.

———, and Simmons, J. W., (1978), "Introduction : The Nature of Urban System," Bourne, L. and Simmons, J.(eds.), *Systems of Cities : Readings on Structure, Growth, and Policy*(N. Y. : Oxford Univ. Press), 3~15.

Bracken, Ian, (1981), *Urban Planning Methods*(London : Methuen).

Branch, Melville C., (1966), *Planning : Aspects and Applications*(N. Y. : John Wiley & Sons).

———, (1975), Introduction, M. C. Branch(ed.), *Urban Planning Theory* (Stroudsburg, Penn. : Dowden, Hutchinson & Ross, Inc.), 1~20.

———, (1981), *Continuous City Planning*(New York : John Wiley & Sons).

Breese, Gerald, (1966), *Urbanization in Newly Developing Countries*(N. J. : Prentice-Hall).

Breheny, Michael and Rookwood, Ralph, (1995), "Planning the Sustainable City Region," Blowers, Andrew(ed.), *Planning for a Sustainable Environment*(London : Earthscan), 150~189.

Briggs, David, (1974), "Transport," Whittick, A.(ed.), *Encyclopedia of Urban Planning*(N. Y. : McGraw-Hill), 998~1010.

Brindley, Tim, Rydin, Yvonne, and Stoker, Gerry, (1996), *Remaking Planning* (London : Routledge).

Brook, Christopher, (1982), *The Emergence of a System of Cities,* Christopher

Brooks(ed.), Market Process 1 : Forces in Urban and Regional Development(Milton Keynes : The Open Univ. Press).

Brooks, Michael P., (1988), "Four Critical Junctures in the History of the Urban Planning Profession : An Exercise in Hindsight," *Journal of the American Planning Association,* 54; 2(Spring, 1988) : 241~248.

Brotchie, John, *et al.,* (1995), "Global Expansion of Markets," Brotchie, John, *et al.*(eds.), *Cities in Competition*(Melbourne : Longman), 33~35.

Bruton, Michael and Nicholson, David, (1990), *Local Planning in Practice*(Cheltenham : Stanley Thornes).

Buchanan, Malcolm, *et al.,* (1980), *Transport Planning for Greater London*(Hants, England : Saxon House).

Buchdahl, J. and Raper, D., (1998), "Environmental Ethics and Sustainable Development," *Sustainable Development,* 6(1998) : 92~98.

Buckingham-Hatfield, Susan and Evans, Bob, (1996), "Achieving Sustainability Through Environmental Planning," Buckingham-Hatfield, S. and Evans, B. (eds.), *Environmental Planning and Sustainability*(Chichester : John Wiley & Sons), 1~18.

Buclet, Nicolas and Godard, Oliver, (2001), "The Evolution of Municipal Waste Management in Europe : How Different are National Regimes?," *Journal of Environmental Policy and Planning,* 3(2001) : 303~317.

Burchell, Robert W. and Hughes, James W., (1979), "Planning Theory in the 1980's—A Search for Future Directions," R. W. Burchell and G. Sternlieb, *Planning Theory in the 1980's*(N. J. : Rutgers Univ.), xvii~liii.

Burnstein, Samuel J. and Mellon, W. G., (1978), "Urban Modelling : An Introduction to and Critique of Large-scale Models," S. T. Burnstein and W. G. Mellon(eds.), *Selected Readings in Quantitative Urban Analysis*(Oxford : Pergamon), 3~34.

Burtenshaw, D., Bateman, M., and Ashworth, G. T., (1981), *The City in West Europe*(N. Y. : John Wiley & Sons).

Burton, Elizabeth, (2000), "The Compact City : Just or Just Compact? A Preliminary Analysis," *Urban Studies,* 37; 11(2000) : 1969~2001.

Button, Kenneth, (1995), "Transport Terminals, Interchanges and Economic Development," Banister, David(ed.), *Transport and Urban Development*(London : E&FN Spon), 241~247.

Cadwallader, Martin T., (1985), *Analytical Urban Geography*(Englewood Cliffs, N. J. : Prentice-Hall).

Camhis, Marios, (1979), *Planning Theory and Philosophy*(London : Tavistock Publications).

Campbell, S., (2001), *Cold War Metropolis*(Minneapolis : Univ. of Minnesota Press).

Capello, Roberta and Camagni, Roberto, (2000), "Beyond Optimal City Size: An Evaluation of Alternative Irban Growth Patterns," *Urban Studies,* 37; 9 (2000) : 1479～1496.

Carter, Andrew, (2000), "Strategy and Partnership in Urban Regeneration," Roberts, Peter and Sykes, Hugh(eds.), *Urban Regeneration : A Handbook* (London : Sage), 37～58.

Carruthers, John I., (2002), "The Impacts of State Growth Management Programmes : A Comparative Analysis," *Urban Studies,* 39 ; 11(2002) : 1959～1982.

Carter, Harold, (1995), *The Study of Urban Geography*(London : Arnold).

Cartwright, Louise E., (2000), "Selecting Local Sustainable Development Indicators : Does Consensus Exist in Their Choice and Purpose?," *Planning Practice and Research,* 15; 1/2(2000) : 65～78.

Cartwright, T. J., (1973), "Problems, Solutions and Strategies : A Contribution to the Theory and Practice of Planning," *Journal of the American Institute of Planners,* 39(May 1973) : 179～187.

Castells, Manuel, (2000), "European Cities, the Informational Society, and the Global Economy," LeGates, Richard T. and Stout, Frederic, *The City Reader* (London : Routledge), 558～567.

———, and Hall, Peter, (1974), *Technopolis of the World*(London : Routledge).

Catanese, Anthony J., (1979), "History and Trends of Urban Planning," A. J. Catanese and J. C. Snyder(eds.), *Introduction to Urban Planning*(N. Y. : McGraw-Hill), 4～30.

Chadwick, George, (1978), *A Systems View of Planning*(Oxford : Pergamon).

Chakrabarty, B. K., (2001), "Urban Management : Concept, Principles, Techniques and Education," *Cities,* 18; 5(2001) : 331～345.

Chapin, F. Stuart, (1965), *Urban Land Use Planning*(Urbana, Illinois : Univ. of Illinois Press).

———, and Kaiser, Edward J., (1979), *Urban Land Use Planning*(Urbana : Univ. of Chicago).

Checkoway, Barry, (1994), "Paul Davidoff and Advocacy Planning in Retrospect," *JAPA,* 60; 2(Spring, 1994) : 139～143.

Chen, Weibang, (1987), "City Planning : A Fundamental Tool for Development," *Ekistics,* 54; 322 : 6～8.

Cherry, Gordon, (1982), *The Politics of Town Planning*(London : Longman).

———, (1996), *Town Planning in Britain Since 1900*(Oxford : Blackwell).

Cheshire, Paul, (1987), "Urban Policy : Art not Science?," Robson, Brian(ed.), *Managing the City*(London : Croom Helm), 22～29.

Childe, V. Gordon, (1950), "The Urban Revolution," LeGates, Richard T. and Stout, Frederic(eds.), *The City Reader*(London : Routledge), 24～30.

Chinitz, Benjamin, (1990), "Growth Management," *Journal of the American Planning Association,* 56; 1(Winter, 1990) : 3～8.

Christensen, Karen S., (1985), "Coping with Uncertainty in Planning," *Journal of the American Planning Association,* 51; 1(Winter, 1985) : 63～73.

Chung, Hwan-Yong, (1989), *Urban Growth Determinants in Korea,* Ph. D. thesis (Sheffield, U. K. : Univ. of Sheffield).

———, (1990), "A Study on the Construction Plan of Kwangju Technopolis," Korea Section of Regional Science Association, Korea-U.K. *International Symposium on High Tech. Center and Urban Deveolopment,* Sept. 3～4 (Taejon : KOSEF Conference Hall), 53～77.

Cicin-Sain, Biliana, (1980), "The Cost and Benefits of Neighborhood Revitalization," Rosenthal, Donald(ed.), *Urban Revitalization*(London : Sage), 49～75.

City Planning Institute Japan(CPIJ)(eds.), (1988), *Centenary of Modern Planning and Its Perspective*(Tokyo : Shokokusha).

Clapson, Mark, (1999), "Technology, Social Change and the Planning of a Post-industrial City : A Case Study of Milton Keynes," Goodman, D. and Chant C.(eds.), *European Cities & Technology*(London : Routledge), 279～300.

Clark, David, (1982), *Urban Geography*(London : Croom Helm).

Clawson, Marion, (1969), "Open(uncovered) Space as a New Urban Resource," Harvey S. Perloff(ed.), *The Quality of the Urban Environment*(Washington, D. C. : Recources for the Future, Inc.), 139～175.

Clay, Phillip L., (1981), *Neighborhood Renewal*(Lexington, Mass. : Lexington).

Cohen, Nahoum, (1999), *Urban Conservation*(Cambridge, Mass. : The MIT Press).

Colenutt, Bob, (1997), "Can Town Planning be for People Rather Than Property?," Blowers, A. and Evans, B.(eds.), *Town Planning into the 21st Century* (London : Routledge), 105～118.

Corden, Carol, (1977), *Planned Cities : New Towns in Britain and America*(Beverly Hills : Sage Publications).

Couch, Chris, (1990), *Urban Renewal : Theory and Practice*(Hampshier : Macmillan).

———, (2000), "Urban Renewal and Grants," Allmendinger, P., *et al.*(eds.), *Introduction to Planning Practice*(Chichester : John Wiley & Sons), 133～172.

Cowell, R. and Owens, S., (1997), "Sustainability : The New Challenge," Blowers, A. and Evans, B.(eds.), *Town Planning into the 21st Century*(London : Routledge), 15～31.

Cowen, D. J. and Shirley, W. L., (1991), "Integrated Planning Information

Systems," D. J. Maguire, M. F. Goodchild, and D. W. Rhind(eds.), *Geographical Information Systems : Principles and Applications,* vol.2 : Applications, Essex : Longman Scientific and Technical, 297~310.

Crandall, Robert W., (1995), "Are Telecommunication Facilities 'Infrastructure'? If They are, so What?," *Regional Science and Urban Economics,* 27 (1997) : 161~179.

Crang, Mike, (2000), "Public Space, Urban Space and Electronic Space : Would the Real City Please Stand Up?," *Urban Studies,* 37; 2(2000) : 301~317.

Croft, Michael J., (1974), "Urban Form and Structure," G. E. Cherry(ed.), *Urban Planning Problems*(London : Leonard Hill), 9~34.

Cross, Donald, (1975), *Forecasting in Urban and Regional Planning*(London : Social Science Research Council).

Crosslin, R. L., (1991), "Decision-support Methodology for Planning and Evaluating Public-private Partnership," *Journal of Urban Planning and Development,* 117; 1(March 1991) : 15~31.

Crowther, Stan, (1983), "My Hopes for Planning," *Town & Country Planning* (May 1983), 146~149.

Cullen, Ian, (1984), *Applied Urban Analysis*(London : Methuen).

Cullingworth, J. B., (1985), *Town and Country Planning in Britain*(London : George Allen & Unwin).

———, (1993), *The Political Culture of Planning*(N. Y. : Routledge).

———, (1997), *Planning in the USA*(London : Routledge).

———, and Nadin, Vincent, (1994, 1997), *Town and Country Planning in Britain* (N. Y. : Routledge).

Curl, James Stevens, (1974), "Medieval Planning," Arnold Whittick(ed.), *Encyclopedia of Urban Planning*(N. Y. : McGraw-Hill), 673~676.

Cuthbert, Mike, (1976), "The Role of Theory in Town Planning," Dept. of Town Planning, *The Content of a Planning Theory Course,* Working Paper No. 25(Oxford : Oxford Polytechnic), 19~27.

Dalton, Linda and Hankins, Wes, (1993), "Educating Undergraduates in Planning : Characteristics and Prospects," *Journal of Planning Education and Research,* 12 : 213~222.

Daniel, Peter and Hopkinson, Michael, (1985), *The Geography of Settlement* (Edinburgh : Oliver & Boyd).

Darlow, Alison, (1996), "Cultural Policy and Urban Sustainability : Making a Missing Link?," *Planning Practice & Research,* 11; 3(August 1996) : 291~301.

Davey, Kenneth, (1996), "The Structure and Functions of Urban Government,"

Davey, K.(ed.), *Urban Management : The Challenge of Growth*(Aldershot, Hants : Avebury), 47～102.

———, and Devas, N., (1996), "Urban Government Finance," Davey, K. (ed.), *Urban Management : The Challenge of Growth*(Aldershot, Hants : Avebury), 189～259.

Davies, H. W. E., (1996), "Planning and the European Question," Tewdwr-Jones, M.(ed.), *British Planning Policy in Transition*(London : UCL Press), 220～237.

———, (1999), "The Planning System and the Development Plan," Cullingworth, B.(ed.), *British Planning*(London : The Athlone Press), 45～61.

Davis, Kingsley, (1965), "The Urbanization of the Human Population," LeGates, R. and Stout, F., (2000), *The City Reader*(London : Routledge), 3～13.

———, (1973), "The First Cities : How and Why They Arise?," Davis, K.(ed.), *Cities : Their Origin, Growth, and Human Impact*(San Francisco : W. H. Freeman and Co.), 9～17.

Davies, Llewelyn, (1972), "Changing Goals in Design : The Milton Keynes Example," Evans, H.(ed.), *New Towns : The British Experience*(London : Charles Knight & Co.), 102～116.

Day, Diane, (1997), "Citizen Participation in the Planning Process : An Essentially Contested Concept?," *Journal of Planning Literature,* 11; 3(Feb. 1997) : 421～434.

Deakin, E., (1991), "Growth Management : Past, Present, and Future," DeGrove, J.(ed.), *Balanced Growth*(Washington, D. C. : ICMA), 3～10.

DeChiara, Joseph and Koppelman, Lee, (1975), *Urban Planning and Design Criteria*(N. Y. : Van Nostrand Reinhold Co.).

DeGrove, John M. and Metzger, Patricia, (1995), "Growth Management and the Integrated Roles of State, Regional, and Local Governments," Stein, Jay M.(ed.), *Classic Readings in Urban Planning*(N. Y. : McGraw-Hill), 165～177.

Devas, Nick and Rakodi, Carole, (1993), "The Urban Challenge," Devas, N. and Rakodi, C.(eds.), (1993), *Managing Fast Growing Cities*(Essex : Longman Scientific & Technical), 1～62.

Diederks, H. A., (1981), "Foreward : Patterns of Urban Growth Since 1500, Mainly in Western Europe," Schmal, H.(ed.), *Patterns of Urbanization Since 1500*(London : Croom Helm).

Dittmar, Hank, (1995), "A Broader Context for Transportation Planning," *Journal of the American Planning Association,* 61; 1(Winter, 1995) : 7～13.

Dix, Gerald, (1980), "Planning Education for Developing Countries : a Review and Some Proposals for a Policy," *Ekistics,* 285(Nov./Dec.) : 396～403.

DOT(Dept. of Transport), (1977), *Transport Policy*(London : HMSO).

———, (1981), *Neighborhoods and Urban Development*(Washington, D.C. : The Brookings Institution).

———, (1994), *New Visions for Metropolitan America*(Washington, D.C. : The Brookings Institution).

———, (2001), "What Does Smart Growth Really Mean?," *Planning,* (April 2001) : 20~25.

Doxidis, C. A., (1973), "The Structure of Cities," *Ekistics,* 36; 215 : 277~281.

Drakakis-Smith, David, (1995), "Third World Cities : Sustainable Urban Development," *Urban Studies,* 32 : 659~677.

Driedger, Leo, (1991), *The Urban Factor*(Toronto : Oxford Univ. Press).

Dumreicher, H., Levine, R., Yanarella, E., and Radmard, T., (2001), "Generating Models of Urban Sustainability," Williams, K., Burton, E. and Jenks, M.(eds.), *Achieving Sustainable Urabn Form*(London : Spon), 288~298.

Dunleavy, Patrick, (1982), "Perspectives on Urban Studies," A. Blowers, *et al.* (eds.), *Urban Change and Conflict : An Interdisciplinary Reader*(London: Harper & Row), 1~16.

Dunn, William N., (1994), *Public Policy Analysis*(Englewood Cliffs, N.J. : Prentice-Hall).

Eaton, Jonathan and Eckstein, Zvi, (1997), "Cities and Growth : Theory and Evidence from France and Japan," *Regional Science and Urban Economics,* 27 (1997) : 443~474.

Edwards, David, (1984), "The Planning, Development, and Management of Milton Keynes," Steiner, F. R. and Lier, H. N. van(eds.), *Land Conservation and Development*(Amsterdam : Elsevier), 83~113.

Eisner, Simon, Eisner, Stanley A., and Gallion, Arthur B., (1993), *Urban Pattern*(N. Y. : Van Nostrand Peinhold).

EGUE(Expert Group on the Urban Environment), (1996), *European Sustainable Cities*(Brussels : European Commission).

Eppel, Jeremy, (1999), "Sustainable Development and Environment : A Renewed Effort in the OECD," *Environment, Development and Sustainability,* 1 (1999) : 41~53.

Etzioni, Amitai, (1986), "Mixed Scanning Revisited," *Public Administration Review,* 46; 1(Jan./Feb. 1986) : 8~14.

Evans, Bob, (1993), "Why We no Longer Need a Town Planning Profession," *Planning Practice and Research,* 8; 1(Jan. 1993) : 9~15.

———, (1997), "From Town Planning to Environmental Planning," Blowers, A. and Evans, B.(eds.), *Town Planning Into the 21st Century*(London:

Routledge), 1~14.

———, and Rydin, Y., (1997), "Planning, Professionalism and Sustainability," Blowers, A. and Evans, B.(eds.), *Town Planning Into the 21st Century*(London : Routledge), 55~69.

Evans, Hugh and Rodwin, Lloyd, (1980), "The Lessons of Failure-an Evaluation of the U. S. New Communities," IFHP Working Party on New Towns (ed.), *New Towns in National Development*(Milton Keynes, UK : Open Univ.), 63~77.

Eversley, David, (1973), *The Planner in Society : The Changing Role of a Profession*(London : Faber and Faber).

Fabrick, M. and O'Rourke, J., (1982), *Environmental Planning for Design and Construction*(N. Y. : John Wiley & Sons).

Fagence, Michael, (1977), *Citizen Participation in Planning*(Oxford : Pergamon).

Fainstein, Norman T. and Fainstein, Susan S., (1982), "New Debates in Urban Planning : The Impact of Marxist Theory Within the United States," Chris Paris(ed.), *Critical Readings in Planning Theory*(Oxford : Pergamon), 147~173.

Fainstein, Susan S., (2000), "New Directions in Planning Theory," *Urban Affairs Review,* 35; 4(Mar. 2000) : 451~478.

Falk, N., (1993), "Regeneration and Sustainable Development," Berry, Jim, McGreal, Stanley, and Deddis, Bill(eds.), *Urban Regeneration : Property Investment and Development*(London : E&FN Spon), 161~174.

Faludi, Andreas, (1973), *Planning Theory*(Oxford : Pergamon).

———, (1978), *Beyond 'Planning Theory',* Paper presented at 18th European Congress of the Regional Science Association, Fribourg, Switzerland(August 29~September 1, 1978).

Farmer, W. P. amd Gibb, J., (1979), "Land Use Planning," A. J. Catanese and J. C. Snyder(eds.), *Introduction to Urban Planning*(N. Y. : McGraw-Hill), 234~258.

Felbinger, Claire L., (1995), "Conditions of Confusion and Conflict : Rethinking the Infrastructure-economic Development Linkage," Perry, D.(ed.), *Building the Public City*(London : Sage), 103~137.

Field, Brian C. and MacGregor, Bryan D., (1987), *Forecasting Techniques for Urban and Regional Planning*(London : Hutchinson).

Finco, Adele and Nijkamp, Peter, (2001), "Pathways to Urban Sustainability," *Journal of Environmental Policy & Planning,* 3(2001), 289~302.

Firey, Walter, (1965), *Law and Economy in Planning*(Austin : Univ. of Texas Press).

Fisher, Thomas B., (1999), "The Consideration of Sustainability Aspects in

Transport Infrastructure Related Polcies, Plan and Programmes," *Journal of Environmental Planning and Management,* 42; 2(Mar. 1999) : 189～219.

Flusty, S. and Dear, M., (1999), "Invitation to a Postmodern Urbanism," Beauregard, R. and Body-Gendrot, S.(eds.), *The Urban Moment*(London : Sage), 25～50.

Freese, Thomas L, (1994), "Site Selection," Robeson, J. and Copacino, W. (eds.), *The Logistics Handbook*(N. Y. : Macmillan), 604～631.

Freestone, Robert, (2000), "Learning from Planning's Histories," Freestone, R. (ed.), *Urban Planning in a Changing World*(London : E&FN Spon), 1～19.

Frey, W. H. and Zimmer, Z., (2001), "Defining the City," Paddison, R.(ed.), *Handbook of Urban Studies*(London : Sage), 14～35.

Friedmann, J., (1973), *Retracking America : A Theory of Transactive Planning*(N. Y. : Anchor Press).

Fruseth, O., (1997), "Nontraditional planning : a new strategy for building neighborhoods", *Land Use Policy,* 14; 3(1997) : 201～213.

Galantay, Erwin Y., (1980), "Definitions and Typology, Goals · Policies and Strategies," IFHP Working Party on New Towns(ed.), *New Towns in National Development*(Milton Keynes, UK : Open Univ.), 13～27.

Gaffikin, Frank and Morrissey, Mike, (1999), "Sustainalble Cities," Gaffikin, Frank and Morrissey, Mike, *City Visions*(London : Pluto Press), 90～103.

Galantay, Edwin Y., (1980), "Definitions and Typology, Goals, Polices and Strategies," IFHP(ed.), *New Towns in National Development*(Milton Keynes: IFHP), 13～27.

Gallion, Arthur B. and Eisner, Simon, (1975), *The Urban Pattern*(N. Y. : D. Van Nostrand Company).

Galloway, Thomas D. and Mahayni, Riad G., (1977), "Planning Theories Retrospect : The Process of Paradigm Change," *JAIP,* 43; 1(Jan. 1977), 62～71.

Galster, George, (2001), "On the Nature of Neighbourhood," *Urban Studies,* 38; 12(2001) : 2111～2124.

Gans, Hebert J., (1969), "Planning for People, not Buildings," *Environment and Planning,* 1; 1 : 33～46.

Garner, J. F., (1975), "Town and Country Planning Law in Great Britain," J. F. Garner(ed.), *Planning Law in Western Europe*(Amsterdam : North-Holland), 177～197.

Garvin, Alexander, (1996), *The American City*(New York : McGraw-Hill).

Gee, David, (1995), "The Sustainable City," Atkinson, Dick(ed.), *Cities of Pride* (London : Cassel), 115～126.

Gibson, Michael S. and Langstaff, M. J., (1982), *An Introduction to Urban Renew-*

al(London : Hutchinson).

Gil, Efraim and Lucchesi, Enid, (1979), "Citizen Participation in Planning," So, Frank S., *et al.*(eds.), *The Practice of Local Government Planning*(Washington, D. C. : ICMA), 552~575.

Gill, S., Higgs, G., and Nevitt, P., (1999), "GIS and Planning Departments: Preliminary Results from Survey of Local Planning Authorities in Wales," *Planning Practice & Research,* 14; 3(1999) : 341~361.

Gillingwater, David, (1975), *Regional Planning and Social Change*(Hants, England : Saxon House).

Glass, James J., (1979), "Citizen Participation in Planning : The Relationship Between Objectives and Techniques," *Journal of the American Planning Association,* 45; 2 : 180~189.

Glasson, John, (1975), *An Introduction to Regional Planning*(London : Hutchinson).

Gleeson, Brendan and Low, Nicholas, (2000), "Revaluing Planning : Rolling Back Neo-liberalism in Australia," *Progress in Planning,* 53(2000) : 83~164.

Gleeson, Michael E., *et al.,* (1975), *Urban Growth Management Systems,* Planning Advisory Service Report nos. 309, 310(Chicago : ASPO).

Golany, Gideon, (1976), *New Town Planning : Principles and Practice*(N. Y. : John Wiley & Sons).

Gold, Seymour M., (1978), "Urban Open Space in the Year 2000," *Ekistics,* 273 (Nov./Dec.) : 447~451.

———, (1980), *Recreation Planning and Design*(N. Y. : McGraw-Hill).

Goldberg, Michael and Chinloy, Peter, (1984), *Urban Land Economics*(N. Y.: John Wiley & Sons).

Goldsmith, Michael, (2001), "Urban governance," Paddison, Ronan(ed.), *Handbook of Urban Studies*(London : Sage), 325~335.

Goodall, Brian, (1978), *The Economics of Urban Areas*(Oxford : Pergamon).

Goodchild, Barry, (1990), "Planning and the Modern/Postmodern Debate," *Town Planning Review,* 61; 2 : 119~137.

Goodman, Michael D. and Monti, Daniel J., (1999), "Corporately Sponsored Redevelopment Campaigns and the Social Stability of Urban Neighborhoods," *Journal of Urban Affairs,* 21; 1(1999) : 101~127.

Gottman, J., (1983), "Capital cities," *Ekistics,* 50; 299(March/April 1983) : 234~242.

Grabow, Stephen, (1977), "Frank Lloyd Wright and the American City : The Broadacres Debate," *Journal of the American Institute of Planners,* 43; 2 (1977) : 115~124.

Graham, Stephen, (1999), "Toward Urban Cyberspace Planning : Grounding the

Global Through Urban Telematics Policy and Planning," Downey, J. and McGuigan, J.(eds.), *Technocities*(London : Sage) : 9~33.

Greed, Clara, (1993), *Introducing Town Planning*(Essex, England : Longman Scientific and Technical).

———, (2000), *Introducing Planning*(London : Athlone).

Greene, D. and Wegener, M., (1997), "Sustainable Transport," *Journal of Transport Geography,* 5; 3(1997) : 177~190.

Griffith, Jean M., (1996), "Gentrification : Perspectives on the Return to the Central City," *Journal of Planning Literature,* 11; 2(November 1996) : 241~255.

Griffiths, Ron, (1995), "Cultural Strategies and New Modes of Urban Intervention," *Cities,* 12; 4(1995) : 253~265.

Grigg, Neil S., (1986), *Urban Water Infrastructure*(N. Y. : John Wiley & Sons).

Gudmundsson, H. and Höjer, M., (1996), "Sustainable Development Principles and Their Implications for Transport," *Ecological Economics,* 19(1996) : 269~282.

Guy, S. and Henneberry, J., (2000), "Understanding Urban Development Processes : Integrating the Economic and Social in Property Research," *Urban Studies,* 37; 13(2000) : 2399~2416.

Guy, S. and Marvin, S., (2000), "Models and Pathways : The Diversity of Sustainable Urban Future," Williams, K., *et al.*(eds.), *Achieving Sustainabel Urban Form*(London : E&FN Spon), 9~18.

Hague, Cliff, (1984), *The Development of Planning Thought*(London : Hutchinson).

———, (1997), "Town Planning Into the 21st Century," Blowers, A. and Evans, B.(eds.), *Town Planning Into the 21st Century*(London : Routledge), 137~152.

———, (2000), "What is Planning and What Do Planners Do?," Allmendinger, P., Prior, A. and Raemaekers, J.(eds.), *Introduction to Planning Practice* (Chister : John Wiley & Sons), 1~19.

Hall, Peter, (1975, 1992), *Urban and Regional Planning*(Middlesex, England : Penguin).

———, (1993), "The changing role of capital cities," Taylor, J., eds., *Capital Cities,* (Ottawa : Carleton Univ. Press) : 69~83.

———, (1995a), "Towards a General Urban Theory," Brotchie, John, *et al.* (eds.), *Cities in Competition*(Melbourne : Longman), 3~31.

———, (1995b), "The Turbulent Eighth Decade : Challenges to American City Planning," Stein, Jay M.(ed.), *Classic Readings in Urban Planning*(N. Y. : McGraw-Hill), 13~33.

———, (1995c), *Cities of Tomorrow*(Oxford : Blackwell).

———, (1998), *Cities in Civilization*(N. Y. : Pantheon Books).

———, (2002), "Planning : Millennial Retrospect and Prospect," *Progress in Planning*, 57(2002) : 263～284.

———, and Hay, Dennis, (1980), *Growth Centers in the European Urban Systems* (London : Heinemann Educational Books).

———, and Pfeiffer, Ulrich, (2000), *Urban Future 21*(London : E&FN Spon).

Han, Sang-Yun and Kim, Tschangho John, (1989), "Can Expert Systems Help with Planning?," *Journal of the American Planning Association*, 55; 3(Summer, 1989) : 296～308.

Hannigan, John A., (1995), "The Postmodern City : A New Urbanization?," *Current Sociology*, 43; 1(Summer, 1995) : 152～215.

Hardy, Sally and Lloyd, Greg, (1994), "An Impossible Dream? Sustainable Regional Economic and Environmental Development," *Regional Studies*, 28; 8 : 773～780.

Harrison, M. L., (1972), "Development Control : The Influence of Political, Legal, and Ideological Factors," *Town Planning Review*, 43; 3(July 1972) : 254～274.

Hartshorn, Truman A., (1992), *Interpreting the City*(N. Y. : John Wiley & Sons).

Harvey, Jack, (1992), *Urban Land Economics*(Hampshire : Macmillan).

Haughton, Graham, (1997), "Developing Sustainable Urban Development Models," *Cities*, 14; 4(1997) : 189～195.

———, and Hunter, Colin, (1994), *Sustainable Cities*(London : Jessica Kingsley).

Healey, Pasty, (1980), "The Development of Planning Education in the UK and its Relevance ad Model for Other Countries," *Ekistics*, 285(Nov./Dec.) : 416～420.

———, (1999), "The Future Governance of Cities," Gaffikin, Frank and Morrissey, Mike, *City Visions*(London : Pluto Press), 183～193.

———, Davoudi, S., O'Toole, M., Tavsanoglu, S. and Usher, D., (1992), "Rebuilding the City," Healey, P., Davoudi, S., O'Toole, M., Tavsanoglu, S. and Usher, D.(eds.), *Rebuilding the City : Property-led Urban Regeneration* (London : E&FN Spon), 3～13.

———, McDougall, G., & Thomas, M. J., (1982), "Theoretical Debates in Planning : Towards a Coherent Dialogue," Healey, P., McDougall, G., & Thomas, M. J.(eds.), *Planning Theory : Prospects for the 1980s*(Oxford : Pergamon Press.), 5～22.

———, and Shaw, Tin, (1993), "Planner, Plan and Sustainable Development," *Regional Studies*, 27; 8 : 769～776.

———, and Williams, Richard, (1993), "European Urban Planning System : Diversity and Convergence," *Urban Studies,* 30; 4/5 : 701~720.

Heckscher, August, (1977), *Open Space : The Life of American Cities*(N. Y.: Harper & Row).

Heilbrun, James, (1987), *Urban Economics and Public Policy*(N. Y. : St. Martin's Press).

Hemmens, George C., (1980), "New Directions in Planning Theory," *Journal of the American Planning Association,* 46; 3(July 1980) : 259~260.

Henderson, W. L. and Ledebur, L. C., (1972), *Urban Economics*(N. Y. : John Wiley).

Hepworth, Mark E., (1991), "Planning for the Information City : The Challenge and Response," Fox-Przeworski, Joanne, *et al.*(eds.), *Urban Regeneration in a Changing Economy*(Oxford : Clarendon Press), 24~52.

Herbert, David T. and Thomas, Colin J., (1992), *Cities in Space : City as Place* (London : David Fulton Publishers).

Heskin, Allan, (1972), "A New Approach to Planning Law," *Journal of the American Institute of Planners*(July 1972) : 250~253.

Hester, Jr., Randolph T., (1984), *Planning Neighborhood Space with People*(N. Y.: Van Nostrand Reinhold Co.).

Hill, David R., (1988), "Jane Jacobs' Ideas on Big, Diverse Cities : A Review and Commentary," *Journal of the American Planning Association,* 54; 3 (1988) : 302~314.

Hill, Dilys M., (1994), *Citizens and Cities*(N. Y. : Harvester).

———, (2000), *Urban Policy and Politics in Britain*(London : Macmillan Press.)

Hill, Morris, (1968), "A Goal-achievement Matrix for Evaluating Alternative Plans," *Journal of the American Institute of Planners,* 34 : 19~29.

Hirsch, Werner Z., (1973), *Urban Economic Analysis*(N. Y. : McGraw-Hill).

Hobbs, F. D. and Doling, J. F., (1981), *Planning for Engineers and Surveyors*(Oxford : Pergamon).

Hobbs, Peter, (1996), "The Market Economic Context of Town Planning," Greed, C.(ed.), *Investigating Town Planning*(Essex, England : Longman), 19~31.

Hoch, Charles, (1994), *What Planners Do : Power, Politics, and Persuasion*(Chicago, Illinois : Planners Press).

Home, Robert K., (1982), *Inner City Regeneration*(London : E&FN Spon).

Hoos, Ida R., (1967), "Information Systems and Public Planning," Branch, Melville C.(ed.), (1975), *Urban Planning Theory*(Penn. : Dowden, Hutchinson & Ross), 177~188.

Hopkins, P. and Wardman, M., (1996), "Evaluating the Demand for New Cycle Facilities," *Transport Policy,* 3; 4(1996) : 241~249.

Houten, D. van, (1989), "Planning Rationality and Relativism," *Environment and*

Planning B, 16, 201~214.

Howard, John T., (1968), "The Local Planning Agency : Internal Administration," Goodman, W. I. and Freund, E. C.(eds.), *Principles and Practice of Urban Planning*(Washington, D. C. : ICMA), 546~563.

HRB(Highway Research Board), (1971), *Parking Principles*(Washington, D. C.: HRB).

Hudson, Barclay M., (1979), "Comparison of Current Planning Theories : Counterparts and Contradictions," *JAIP,* 45; 4 : 387~405.

Hunter, Albert, (1979), "The Urban Neighborhood," *Urban Affairs Quarterly,* 14; 3(1979) : 267~288.

Hutchinson, B. G., (1974), *Principles of Urban Transport Systems Planning*(N. Y.: McGraw-Hill).

Imrie, Rob, (1999), "The Implications of the 'New Managerialism' for Planning in the Millennium," Allmendinger, P. and Chapman, M.(eds.), *Planning Beyond 2000*(Chichester : John Wiley & Sons), 107~120.

Irving, Allan, (1993), "The Modern/Postmodern Divide and Urban Planning," *University of Toronto Quarterly,* 62; 4(Summer, 1993) : 474~487.

Isard, Walter, (1960), *Methods of Regional Analysis*(N. Y. : The MIT Press).

Jackson, L. S., (2002), "Consensus Process in Land Use Planning in British Columbia : The Nature of Success," *Progress in Planning,* 57(2002) : 1~90.

Jackson, Richard H., (1981), *Land Use in America*(London : V. H. Winston & Sons).

Jacobs, Allan and Appleyard, Donald, (1987), "Toward an Urban Design Manifesto," *Journal of the American Planning Association,* 53; 1(Winter, 1987): 112~120.

Jacobs, Brian D., (1992), *Fractured Cities*(London : Routledge).

Jessop, Bob, (1998), "The Rise of Hoverrance and the Risks of Failure : The Case of Economic Development," *International Social Science Journal,* 155 (1998) : 29~45.

Johnson, David A. and Schaffer, Daniel, (1985), "Learning from the Past-the History of Planning," *Journal of the American Planning Association,* 51; 2 (Spring, 1985) : 131~133.

Johnston, R. J., (1974), *Urban Residential Patterns*(London : G. Bells and Sons).

Jones, Huw R., (1981), *A Population Geography*(London : Harper & Low).

Jubenville, Alan, (1976), *Outdoor Recreation Planning*(Philadelphia : W. B. Saunders).

Judge, David, (1995), "Pluralism," Judge, D., Stoker, G., and Wolman, H.

(eds.), *Theories of Urban Politics*(London : Sage), 13~34.

Juppenlatz, Morris and Tian, Xiaofeng, (1996), *Geographic Information Systems and Remoting Sensing*(N. Y. : McGraw-Hill).

Kain, Roger, (1981), "Introduction : Definitions, Attitudes and Debates," Kain, Roger(ed.), *Planning for Conservation*(London : Mansell), 1~15.

Kaiser, Edward J. and Godschalk, David R., (1995), "Twentieth Century Land Use Planning," *Journal of the American Planning Association,* 61; 3(Summer, 1995) : 365~385.

Kaiser, Edward J., Godschalk, David R., and Chapin, Jr., F. Sturat, (1995), *Urban Land Use Planning*(Urbana, Mass. : Univ. of Illinois Press).

Kanninen, Babara J., (1996), "Intelligent Transportation Systems : An Economic and Environmental Policy Assessment," *Transportation Research Annal(A)*, 30; 1(1996) : 1~10.

Kearns, Ade and Paddison, Ronan, (2000), "New Challenges for Urban Governance," *Urban Studies,* 37; 5-6(2000) : 845~850.

Keating, W. Dennis and Krumholz, Norman, (1991), "Downtown Plans of the 1980s," *Journal of the American Planning Association,* 57; 2(Spring, 1991): 136~152.

Kelly, Eric D., (1993), *Managing Community Growth*(Westport, Connecticut: Praeger).

Kerndal-Hansen, (1983), "'Ideplan 77' for Copenhagen's City Centre," Davies, R. L. and Champion, A. G.(eds.), *The Future of City Centre*(London : Academic Press), 221~238.

Kirk, Gwyneth, (1980), *Urban Planning in a Capitalist Society*(London : Croom Helm).

Kivell, Philip, (1993), *Land and the City*(London : Routledge).

Kleinberg, Benjamin, (1995), *Urban America in Transformation*(London : Sage).

Klosterman, Richard E., (1985), "Arguments for and Against Planning," *Town Planning Review,* 56; 1 : 5~20.

Knaap, Gerrit J. and Hopkins, Lewis D., (2001), "The Inventory Approach to Urban Growth Boundaries," *Journal of the American Planning Association,* 67; 3(Summer, 2001) : 314~326.

Knox, Paul, (1994), *Urbanization*(Englewood Cliffs, N. J. : Prentice-Hall).

Kong, Lily and Yeoh, Brenda S. A., (1994), "Urban Conservation in Singapore : A Survey of State Policies and Popular Attitudes," *Urban Studies,* 31; 2 : 247~265.

Korcelli, Pioter, (1982), "Theory of Intra-urban Structure : Review and Synthesis," L. S. Bourne(ed.), *Internal Structure of the City*(N. Y. : Oxford),

93～110.

Koski, H. and Majumdar, S., (2000), "Convergence in Telecommunications Infrastructure Development in OECD Countries," *International Economics and Policy,* 12(2000) : 111～131.

Kostof, Spiro, (1991), *The City Shaped*(London : Thames and Hudson).

Kotval, Zenia, (1999), "Telecommunications," *Cities,* 16; 1(1999) : 33～41.

Krueckeberg, Donald A., (1985), "The Tuition of American Planning," *Town Planning Review,* 56; 4 : 421～441.

———, and Silvers, Arthur L., (1974), *Urban Planning Analysis : Methods and Models*(N. Y. : John Wiley & Sons).

Kwon, Tai-Joon, (1976), A *Reader in Planning Theory*(Seoul : SNU).

Kunzmann, Klaus R., (1985), "Educating Planners in Europe," *Town Planning Review,* 56; 4(1985) : 442～457.

———, (1984), "The Federal Republic of Germany," R. H. Williams(ed.), *Planning in Europe*(London : George Allen & Unwin), 8～25.

Lai, O-K and Lai, T-K, (1991), "Socialist State Planning Reconsidered : Regional Policy in China," 1949～1989, *Environment and Planning C,* 9 : 207～224.

Lampard, Eric E., (1967), "Historical Aspects of Urbanization," P. H. Hauser and L. F. Schnore(eds.), *The Study of Urbanization*(N. Y. : John Wiley & Sons).

Lampungnani, Vittorio Magnago, (1980), *Architecture and City Planning in the Twentieth Century*(N. Y. : Van Nostrand Reinhold).

Larkham, Peter J., (1992), "Conservation and the Changing Urban Landscape," *Progress in Planning,* 37; 2 : 89～181.

———, (1996), *Conservation and the City*(London : Routledge).

———, (1999), "Preservation, Conservation and Heritage," Cullingworth, B.(ed.), *British Planning*(London : Athlone Press), 105～122.

Lawton, Richard, (1989), "Introduction : Aspects of the Development and Role of Great Cities in the Western World in the Nineteenth and Twentieth Centuries," Richard Lawton(ed.), *The Rise and Fall of Great Cities*(London: Belhaven Press), 1～19.

———, (1993), "Evaluation of Regeneration Projects in Small Towns," Berry, Jim, McGreal, Stanley, and Deddis, Bill(eds.), *Urban Regeneration : Property Investment and Development*(London : E&FN Spon), 293～306.

Leary, Robert M., (1968), "Zoning," William I. Goodman and Eric C. Freund (eds.), *Principles and Practice of Urban Planning*(Washington, D. C. : ICMA), 403～442.

Ledgerwood, Grant, (1985), *Urban Innovation*(Hampshire : Gower).

Lee, Colin, (1973), *Models in Planning*(Oxford : Pergamon).

Leichenko, Robin M., Coulson, N. Edward, and Listokin, David, (2001), "Historic Preservation and Residential Property Values : An Analysis of Texas Cities," *Urban Studies*, 38; 11(2001) : 1973~1987.

LeGates, Richard T. and Stout, Frederic, (1996), "The Evolution of Cities : Introduction," LeGates, Richard T. and Stout, Frederic(eds.), *The City Reader* (London : Routledge), 15~19.

———, (2000), "'Editors' Introduction(s)," LeGates, Richard T. and Stout, Frederic(eds.), *The City Reader*(London: Routledge), 17~21, 89~91, 149~152, 215~218, 229~230, 295~298, 359~561, 463~465, 531~534.

Levy, John M., (1997), *Contemporary Urban Planning*(N. J. : Prentice-Hall).

Lichfield, Nathantiel, (1970), "Evaluation Methodology of Urban and Regional Plans : A Review," *Regional Studies*, 4 : 151~165.

———, (1979), "Towards an Acceptable Planning System," *Town Planning Review*, 50; 1(Jan. 1979) : 5~17.

———, (1984), "Planning System," Charles M. Harr(ed.), *Cities, Law, and Social Policy*(Lexington, Mass. : Lexington Books), 9~37.

———, (1996), *Community Impact·Evaluation*(London : UCL Press).

———, Kettle, P. and Whitbread, M., (1975), *Evaluation in the Planning Process* (Oxford : Pergamon).

Lier, H. N. van, (1994), "Land Use Planning in Perspective of Sustainability: An Introduction," Lier, H. N. van, Jaarsma, C. F., Jurgens, C. R. and Buck, A. J. de(eds.), (1994) *Sustainable Land Use Planning*(Amsterdam : Elsevier), 1~11.

Light, Ivan, (1983), *Cities in World Perspective*(N. Y. : Macmillan).

Lineberry, Robert L. and Sharkansky, Ira, (1974), *Urban Politics and Public Policy*(N. Y. : Harper & Row, Publishers).

LLewlyn-Davies, Lord, (1972), "Changing Goals in Design : The Milton Keynes Examples," Evans, Hazel(ed.), *New Towns : The British Experience*(London: Charles Knight & Co.), 102~116.

Lomas, Graham M., (1974), "Social Planning," Michael J. Bruton(ed.), *The Spirit and Purpose of Planning*(London : Hutchinson), 149~168.

London, Bruce, Bradley, Donald R., and Hudson, James R., (1980), "Introduction : Approaches to Inner City Revitalization," *Urban Affairs Quarterly*, 15; 4(June 1980), 373~380.

Los, Marc, (1981), "Some Reflections on Epistemology, Design and Planning Theory," M. Dear and A. J. Scott(eds.), *Urbanization & Urban Planning in Capitalist Society*(London : Methuen), 63~88.

Lucy, William H., (1988), "APA's Ethical Principles Include Simplistic Planning Theories," *Journal of the American Planning Association,* 54; 2(1988): 147~149.

Lynch, Kevin, (1975), *The Image of the City*(Cambridge, Mass. : The MIT Press).

———, (1981), *A Theory of Good City Form*(Cambridge, Mass. : The MIT Press).

———, and Hack, Gary, (1984), *Site Planning*(Cambridge, Mass. : The MIT Press).

Lynn, Laurence E., (1998), "A Critical Analysis of the New Public Management," *International Public Management Journal,* 1; 1(1998) : 107~123.

Lyons, K. J., Moss, O. F., and Perrett, P., (1989), "Geographical Information Systems," Desmond Ball and Ross Babbage(eds.), *Geographical Information Systems*(Rushcutters Bay, Australia : Pergamon Press), 8~41.

Macdonald, R. and Heaney, D., (1999), "Environmental Policy in the New Millennium-dose Planning have a Role in Achieving Sustainable Development?," Allmendinger, P. and Chapman, M.(eds.), *Planning Beyond 2000* (Chichester : John Wiley & Sons), 35~50.

Masser, Ian, (1998), *Governments and Geographic Information*(London : Taylor & Francis).

McGill, Ronald, (1998), "Urban Management in Developing Countries," *Cities,* 15; 6(1998) : 463~471.

Maclaren, Virginia, (1996), "Urban Sustainability Reporting," *Journal of the American Planning Association,* 62; 2(Spring, 1996) : 184~202.

Mackett, R. L., (1977), "Models and the Urban Planning Crisis," *Town Planning Review,* 48; 3 : 287~298.

Madani-Pour, A., (1995), "Reading the City," Healey, P., *et al.*(eds.), *Managing Cities : The Urban Context*(Chichester : John Wiley & Sons), 21~26.

Maguire, D. J., (1991), "An Overview and Definition of GIS," D. J. Maguire, M. F. Goodchild, and D. W. Rhind(eds.), *Geographical Information Systems: Principles and Applications,* vol. 2 : Applications(Essex : Longman Scientific and Technical), 9~20.

Malecki, Edward J., (1984), "High Technology and Local Economic Development," *Journal of the American Planning Association,* 50; 3 : 262~269.

———, (1991), *Technology and Economic Development*(Essex : Longman scientific & Technical).

Marcus, C., Francis, C. and Russell, R., (1998), "Urban Plaza," Marcus, C. and Francis, C.(eds.), *People Places*(N. Y. : John Wiley & Sons), 13~84.

Margerum, Richard D., (1997), "Integrated Approaches to Environmental Planning and Management," *Journal of Planning Literature,* 11; 4(May 97) : 459～475.

Markusen Ann R., (1983), "High-tech. Jobs, Markets and Economic Development Projects : Evidence from California," *Built Environment,* 9; 1 : 18～28.

Martin, David, (1991), *Geographical Information Systems and Their Socioeconomic Applications*(London : Routledge).

Marvin, S. and Graham, S., (1993), "Utility Networks and Urban Planning," *Planning Practice & Research,* 8; 4(Dec. 1993) : 6～14.

Massey, D., Quintas, P. and Wield, D., (1992), *High-Tech. Fantasies*(London: Routledge).

Mathiasen, David G., (1999), "The New Public Management and its Critics," *International Public Management Journal,* 2; 1(1999) : 90～111.

May, Graham H., (1998), "New Technology and the Urban Anvironment," *Futures,* 30; 9(1998) : 887～899.

Mayer, Margit, (2000), "Post-fordist City Politics," LeGates, Richard T. and Stout, Frederic(eds.), *The City Reader*(London : Routledge), 230～239.

Mayer, Robert R., (1985), *Policy and Program Planning : A Developmental Perspective*(Englewood Cliffs, N. J. : Prentice-Hall).

Mazziotti, Donald, (1982), "The Underlying Assumptions of Advocacy Planning : Pluralism and Reform," Chris Paris(ed.), *Critical Readings in Planning Theory*(Oxford : Pergamon), 207～225.

McAllister, Donald M., (1982), *Evaluation in Environmental Planning*(Cambridge: The MIT Press).

———, (1980), *The Ideologies of Planning Law*(Oxford : Pergamon Press).

McAuslan, Patrick, (1993), "The Role of Law in Urban Planning," Devas, Nick and Rakoi(eds.), *Managing Fast Growing Cities*(Essex : Longman Scientific & Technical), 236～264.

McConnell, Shean, (1981), *Theories for Planning*(London : Heinemann).

McDougall, Glen, (1982), "Theory and Practice : A Critique of the Political Economy Approach to Planning," P. Healey, G. McDougall, & M. J. Thomas (eds.), *Planning Theory : Prospects for the 1980s*(Oxford : Pergamon), 258～271.

McGill, Ronald, (1998), "Urban Management in Developing Countries," *Cities,* 15; 6(1998) : 463～471.

McGuire, Chester C., (1979), "Maintenance and Renewal of Central Cities," Frank S. So, *et al.*(eds.), *The Practice of Local Government Planning*(Washington, D. C. : ICMA), 469～498.

McLoughlin, J. Brian, (1969), *Urban and Regional Planning : A Systems Approach* (London : Faber & Faber).

Meegan, Richard and Michell, Alison, (2001), "Its not Community Round Here, its Neighbourhood," *Urban Studies,* 38; 12(2001) : 2167~2194.

Memmott, F. and Guinn, C., (1968), "Transportation Planning," Goodman, W. I. and Freund, E. C.(eds.), *Principles and Practice of Urban Planning*(Washington, D. C. : ICMA), 137~184.

Merrien, F., (1998), "Governance and Modern Welfare States," *International Social Science Journal,* 155(1998) : 57~67.

Meyer, Michael D. and Miller, Eric J., (1984), *Urban Transportation Planning*(N. Y. : McGraw-Hill).

MHLGWO(Ministry of Housing and Local Government Welsh Office), (1970), *Development Plans*(London : HMSO).

Michell, W., (1999), *E-topia*(Cambridge, MA. : The MIT Press).

Miller, John S. and Hoel, Lester A., (2002), "The 'Smart Growth' Debate : Best Practices for Urban Transportation Planning," *Socio-Economic Planning Sciences,* 36(2002) : 1~24.

Mills, Edwin S. and McDonald, John F., (1992), "Editors' Introduction," E. S. Mills and J. McDonald(eds.), *Sources of Metropolitan Growth*(N. J. : Center for Urban Policy Research), xiii~xxv.

MKDC(Milton Keynes Development Corporation), (1970), *The Plan for Milton Keynes,* vol. I, II(Buckinghamshire : MKDC).

Mohan, Rakesh, (1979), *Urban Economic and Planning Models,* World Bank Staff Occasional Papers, No. 25(Baltimore : Johns Hopkins Univ. Press).

Monck, C., Porter, R., Quimtas, P. and Storey, D., (1988), *Science Parks and the Growth of High Technology Firms*(London : Croom Helm).

Montgomery, John, (1990), "Cities and the Art of Cultural Planning," *Planning Practice & Research,* 5; 3(Winter, 1990) : 17~24.

———, (1998), "Making a City : Urbanity, Vitality and Urban Design," *Journal of Urban Design,* 3; 1(Feb. 1998) : 93~116.

Moore, Terry, (1978), "Why Allow Planners to Do What They Do? A Justification from Economic Theory," *JAIP,* 44; 4(October 1978) : 387~398.

Morlok, Edward K., (1978), *Introduction to Transportation Engineering and Planning*(Tokyo : McGraw-Hill).

Moos, Rudolf and Brownstein, Robert, (1977), *Environment and Utopia*(N. Y.: Plenum Press).

Morris, A. E. J., (1979), *History of Urban Form*(N. Y. : John Wiley & Sons).

Moss, Mitchell, (1987), "Telecommunications, World Cities, and Urban Policy," *Urban Studies,* 24; 6(Dec. 1987) : 534~546.

Moulaert, Frank, (2000), *Globalization and Integrated Area Development in European Cities*(Oxford : Oxford Univ. Press).

MTCP(Ministry of Town and Country Planning), (1946), *Final Report of the New Towns Committee*(London : HMSO).

Mumford, Lewis, (1961), *The City in History*(N. Y. : Harcourt, Brace & World, Inc.).

———, (1974), "Theories and Ideals of Planning," A. Whittick(ed.), *Encyclopedia of Urban Planning*(N. Y. : McGraw-Hill), 985~996.

Munasinghe, Mohan, (1997), "Towards Sustainable Development : An Implementing Framework," Chatterji, M. and Kaizhong, Y.(eds.), *Regional Science in Developing Countries*(London : Macmillan Press), 32~51.

Murphy, Raymond E., (1972), *The Central Business District*(Chicago : Aldine·Atherton).

Murray, Alan T., (2001), "Strategic Analysis of Public Transport Coverage," *Socio-economic Planning Sciences,* 35(2001) : 175~188.

Nash, C. A., (1976), *Public Versus Private Transport*(London : Macmillian Press).

———, Pearce, D., and Stanley, J., (1975), "Criteria for Evaluating Project Evaluation Techniques," *JAIP,* 41; 2(March 1975) : 83~89.

Nelson, Kathryn P., (1988), *Gentrification and Distressed Cities*(Madison, Wisconsin : Univ. of Wisconsin Press).

Newman, P. and Kenworthy, J., (1996), "The Land Use-transport Connection," *Land Use Policy,* 13; 1 : 1~22.

Newman, Peter and Thornley, Andy, (1996), *Urban Planning in Europe*(London : Routledge).

Nijkamp, P., (1996), "Improving Urban Environmental Quality," Pernia, E. (ed.), *Urban Poverty in Asia*(Oxford : Oxford Univ. Press), 241~292.

———, and Mouwen, A., (1980), "Knowledge Centres, Information Diffusion and Regional Development," J. F. Brotchie, P. Hall and P. W. Newton (eds.), *The Spatial Impact of Technological Change*(London : Croom Helm), 254~270.

———, and Opschor, H., (1997), "Urban Environmental Sustainability : Critical Issues and Policy Measures in Third-world Context," Chatterji, M. and Kaizhong, Y.(eds.), *Regional Science in Developing Countries*(London : Macmillan Press, 52~73.

———, and Perrels, A., (1994), *Sustainable Cities in Europe*(London : Earthscan).

———, and Salomon, Ilan, (1988), "Telecommunication and the Tyranny of Space," Orishimo, I, *et al.*(eds.), *Information Technology*(Berlin : Springer-Verlag), 91~106.

Nishikawa, Nancy I, (1982), "Survey Methods for Planners," H. C. Danekar (ed.), *The Planner's Use of Information*(Stroudeburg, Penn. : Hutchinson Ross

Publishing Co.), 32~55.

Nishiyama, Yasuo, (1988), "Milton Keynes," City Planning Institute of Japan (ed.), (1988), *Centenary of Modern Planning and Its Perspective*(Tokyo: Shokokusha), 230~231.

Northam, Ray M., (1979), *Urban Geography*(N. Y. : John Wiley & Sons).

Norton, Alan, (1994), *International Handbook of Local and Regional Government* (Cheltenham, UK : Edward Elgar).

Nunn, Samuel, (2001), "Planning for Inner-city Retail Development," *Journal of the American Planning Association*, 67; 2(Spring, 2001) : 159~172.

Nutt-Powell, Thomas E. and Nutt-Powell, B. R., (1978), *Modes of Action : Towards a Theory of Planning Practice*, Trent Papers in Planning, No. 78/9 (Nottingham : Trent Polytechnic).

Oatley, Nick, (1998), "Cities, Economic Competition and Urban Policy," Oatley, N.(ed.), *Cities, Economic Competition and Urban Policy*(London : PCP), 3~20.

O'Callaghan, Paul W., (1996), *Integrated Environmental Management Handbook* (Chichester : John Wiley & Sons).

OECD, (1980), *Evaluation of Urban Parking Systems*(Paris : OECD).

———, (1983), *Managing Urban Change*, vol. I Policies and Finance(Paris: OECD).

———, (1987), *Managing and Financing Urban Services*(Paris : OECD).

———, (1988a), *Transport and the Environment*(Paris : OECD).

———, (1988b), *New Technologies in the 1990s : A Socio-Economic Strategy* (Paris : OECD).

———, (1990), *Environmental Policies for Cities in the 1990s*(Paris : OECD).

———, (1996), *Innovative Policies for Sustainable Urban Development : The Ecological City*(Paris : OECD).

Okata, Jun-ichiro, (1988), "The Greater London Plan," City Planning Institute of Japan(ed.), *Centenary of Modern City Planning and Its Perspective*(Tokyo: Shokokusha Publishing Co.), 86~87.

O'Riordan, T., (1977), "Environmental Ideologies," *Environment & Planning A*, 9; 1 : 3~14.

Osborn, F. J. and Whittick, A., (1977), *The New Towns*(London : Leonard Hill).

Owens, Susan and Owens, Peter L., (1991), *Environment, Resources and Conservation*(Cambridge : Cambridge University Press).

Paquot, Thierry, (1999), "The Post-city Challenge," Beauregard, R. and Body-Gendrot, S.(eds.), *The Urban Movement*(London : Sage), 79~95.

Patterson, T. William, (1979), *Land Use Planning : Techniques of Implementation*

(N. Y. : Van Nostrand).

Patton, Carl V. and Sawicki, David S., (1986), *Basic Methods of Policy Analysis and Planning*(N. J. : Prentice-Hall).

Pearce, Barry J., (1987), "Development Control and the Development Process: An Introductory Review," Harrison, M. L. and Mordey, R.(eds.), *Planning Control : Philosophies, Prospects and Practice*(London : Croom Helm), 11~31.

Peiser, Richard B. and Chang, Alain C., (1999), "Is it Possible to Build Financially Successful New Towns? The Milton Keynes Experience," *Urban Studies,* 36; 10(1999) : 1679~1703.

Pendlebury, John, (1999), "The Conservation of Historic Areas in the UK," *Cities,* 16; 6(1999) : 423~433.

Perry, David C., (1995), "Building the Public City : An Introduction," Perry, D.(ed.), *Building the Public City*(London : Sage), 1~20.

Petts, J. and Eduljee, G., (1994), *Environmental Impact Assessment for Waste Treatment and Disposal Facilities*(Chichester : John Wiley & Sons).

Pezzoli, Keith, (1997), "Sustainable Development : A Transdisciplinary Overview of the Literature," *Journal of Environmental Planning and Management,* 40; 5(1997) : 549~601.

Pickford, James, H., (1968), "The Local Planning Agency : Organization and Structure," Goodman, W. I. and Freund, E. C.(eds.), *Principles and Practice of Urban Planning*(Washington, D. C. : ICMA), 523~545.

Pierre, Jon, (1999), "Models of Urban Governance," *Urban Affairs Review,* 34; 3(Jan. 1999) : 372~398.

———, (2000), "Introduction : Understanding Governance," Pierre, J.(ed.), *Debating Governance*(Oxford : Oxford University Press), 1~10.

Pooch, U., Machuel, D. and McCahn, J., (1991), *Telecommunications and Networking*(Florida : CRC Press).

Popenoe, David, (1965), "On the Meaning of 'Urban' in Urban Studies," P. Meadows and E. H. Mizruchi(eds.), *Urbanism, Urbanization, and Change*(Reading, Mass. : Addison-Wesley Publishing Co.), 36~47.

Porter, Michael E., (1995), "The Competitive Advantage of the Inner City," LeGates, R. and Stout, F.(eds.), (2000), *The City Reader*(London: Routledge), 278~291.

Portugali, J., (1996), "Notions Concerning the Nature of World Urbanization," *Progress in Planning,* 46; 3(1996) : 145~162.

Potter, S., Rye, T. and Smith, M., (1999), "Tax and Green Transport Plans: A Survey of UK Experience," *Transport Policy,* 6(1999) : 197~205.

Poulton, M. C., (1991), "The Case for a Positive Theory of Planning, Part 1: What is Wrong with Planning Theory," *Environment and Planning B,* 18

(1991) : 225~232.

Prior, Alan, (2000a), "Development Plans," Allmendinger, P., Prior, A. and Raemaekers, J.(eds.), *Introduction to Planning Practice*(Chichester : John Wiley & Sons), 49~81.

———, (2000b), "Ethics and Town Planning," Allmendinger, P., Prior, A. and Raemaekers, J.(eds.), *Introduction to Planning Practice*(Chichester : John Wiley & Sons), 413~422.

Radcliffe, B. and Massey, L.(eds.), (1993), *The Student's Guide to Graduate Studies in the UK 1994*(Cambridge : Hobson).

Raemaekers, Jeremy, (2000), "Planning to Conserve the Natural Heritage," Allmendinger, P., Prior, A. and Raemaekers, J.(eds.), *Introduction to Planning Practice*(Chichester : John Wiley & Sons), 285~321.

Rajeswar, J., (2001), "Conservation Ethics Versus Development : How to Obviate the Dichotomy?" *Sustainable Development,* 9(2001) : 16~23.

Ratcliffe, John, (1978), *An Introduction to Town and Country Planning*(London: Hutchinson).

———, and Stubbs, Michael, (1996), *Urban Planning and Real Estate Development* (London : UCL Press).

Ravenscroft, Neil, (2000), "The Vitality and Viability of Town Centres," *Urban Studies,* 37; 13(2000) : 2533~2549.

Reichl, Alexander J., (1997), "Historic Preservation and Progrowth Politics in US Cities," *Urban Affairs Review,* 32; 4(1997) : 513~535.

Reissman, Leonard, (1964), *The Urban Process*(N. Y. : The Free Press).

Relph, Edward, (1987), *The Modern Urban Landscape*(Baltimore : The Johns Hopkins University Press).

Richardson, Harry W., (1969), *Regional Economics*(London : Weidenfeld and Nicoldson).

———, (1973), *Regional Growth Theory*(London : Macmillan).

———, (1978a), "Theory of the Distribution of City Size : Review and Prospects," L. S. Bourne and J. W. Simmons(eds.), *Systems of Cities : Readings on Structure, Growth, and Policy*(N. Y. : Oxford Univ. Press), 169~184.

———, (1978b), *Urban Economics*(Hinsdale, Illinois : Dryden Press).

———, (1981), "National Urban Development Strategies in Developing Countries," *Urban Studies,* 18 : 267~283.

———, (1985), *Population Distribution and Urbanization : A Review of Policy Options*(Nairobi, Kenya : UNCHS).

———, (1987a), "Spatial Strategies, the Settlement Pattern and Shelter and Services Policies," Lloyd Rodwin(ed.), *Shelter, Settlement and Development*

(Boston : Allen & Unwin), 207~280.

———, (1987b), "Wither National Urban Policy in Developing Countries?," *Urban Studies*, 24; 3(June. 1987) : 227~244.

Richman, Alan, (1979), "Planning Residential Environments : The Social Performance Standard," *Journal of the American Planning Association*, 45; 4(Oct. 1979) : 448~457.

Rietveld, Piet, (1980), "Multiple Objective Decision Methods and Regional Planning," *Studies in Regional Science and Urban Economics*, vol. 7(Amsterdam: North-Holland Co.).

Rientjes, Sandra, (2002), "Making Nature Conservation Modern : An Analysis of Developments in Nature Conservation Policy in Relation to Macro-social Changes-The Netherlands as a Case Study," *Journal of Environmental Policy & Planning*, 4(2002) : 1~21.

Roberts, Margaret, (1977), *An Introduction to Town Planning Technique*(London: Hutchinson).

Roberts, Peter, (1998), "Ecological Modernization : a Model for Future Urban and Regional Planning and Development," Kivell, P., *et al.*(eds.), *Environment, Planning and Land Use*(Aldershot, England : Ashgate), 24~39.

———, (2000), "The Evolution, Definition and Purpose of Urban Regeneration," Roberts, Peter and Sykes, Hugh(eds.), *Urban Regeneration : A Handbook*(London : Sage), 9~36.

Robertson, Kent A., (1990), "The Status of the Pedestrian Mall in American Downtowns," *Urban Affairs*, 26; 2(Dec. 1990) : 250~273.

———, (1995), "Downtown Redevelopment Strategies in the United States," *Journal of the American Planning Association*, 61; 4(Autumn, 1995): 429~437.

Rodriguez-Bachiller, Agustin, (1988), *Town Planning Education*(Hunts : Gower).

Robins, Kevin, (1995), "Collective Emotion and Urban Culture," Healey, Pastry, *et al.*(eds.), *Managing Cities : The New Urban Context*(Chichester : John Wiley & Sons), 45~61.

Robinson, Ira, (1972), "Goal-Setting," I. M. Robinson(ed.), *Decision-Making in Urban Planning*(Beverly Hills : Sage), 33~41.

Rondinelli, Dennis A., (1973), "Urban Planning as Policy Analysis : Management of Urban Change," *Journal of the American Institute of Planners*, 39; 1 (1973) : 13~22.

———, (1982a), *Secondary Cities in Developing Countries : Policies for Diffusing Urbanization*(London : Sage).

———, (1982b), "A Comparative Analysis of Demographic, Social, and Economic Characteristics of Intermediate Cities in Developing Countries," Mathur,

Om Prakash(ed.), *Small Cities and National Development*(Nagoya : UNCRD), 253～285.

Roo, Gert de, (2001), "Compact Cities, Environmental Conflicts and Policy Strategies : Complexity as a Criterion for Decision Making," Williams, K., Burton, E. and Jenks, M.(eds.), *Achieving Sustainable Urban Form*(London: Spon), 229～241.

Rookwood, Ralph, (1993), "Making it Happen," Blowers, Andrew(ed.), *Planning for a Sustainable Environment*(London : Earthscan), 190～208.

Roseland, Mark, (1997), "Dimensions of the Eco-city," *Cities*, 14; 4(1997):197～202.

———, (2000), "Sustainable Community Development : Integrating Environmental, Economic, and Social Objectives," *Progress in Planning*, 54(2000) : 73～132.

Ross, Catherine L. and Leigh, Nancy G., (2000), "Planning, Urban Revitalization, and the Inner City : an Exploration of Structural Racism," *Journal of Planning Literature*, 14; 3(Feb. 2000) : 367～380.

Rowley, Alan, (1994), "Definitions of Urban Design : The Nature and Concerns of Urban Design," *Planning Practice & Research*, 9; 3(1994) : 179～197.

Rubenstein, Harvey M., (1978), *Central City Malls*(N. Y. : John Wiley & Sons).

RWGCES(Report of a Working Group at the Centre for Environmental Studies), (1973), "Education for Planning," *Progress in Planning*, 1; 1 : 1～108.

Rydin, Yvonne, (1993), *The British Planning System*(Hampshire : Macmillan).

Sager, Tore, (1994), *Communicative Planning Theory*(Aldershot : Averbury).

Sarley, Robert M., (1972), "The Planning Process," *Planning Methodology Research Unit*(London : School of Environmental Studies).

Sassen, Sasaki, (1994), *Cities in a World Economy*(London : Pine Forge Press).

Satterthwaite, David, (1997), "Sustainable Cities or Cities That Contribute to Sustainable Development?," *Urban Studies*, 34; 10 : 1667～1691.

Sawicki, David S., (1979), "Quantitative Methods in Urban Planning," Catanese, Anthony J. and Snyder, James C.(eds.), *Introduction to Urban Planning*(N. Y.: McGraw-Hill), 149～171.

Saxenian, Annalee, (1985), "The Genesis of Silicon Valley," Hall, Peter and Markusen, Ann(eds.), *Silicon Landscapes*(Boston : Allen & Unwin), 20～34.

Schatzow, Steven, (1977), "The Influence of the Public on Federal Environmental Decision-making in Canada," Sewell, W. and Coppock, J.(eds.), *Public Participation in Planning*(London : John Wiley & Sons), 141～158.

Schmid, Willy A., (1994), "The Concept of Sustainability and Land Use Planning," Lier, H. N. van, Jaarsma, C. F., Jurgens, C. R. and Buck, A. J. de, (1994) (eds.), *Sustainable Land Use Planning*(Amsterdam : Elsevier), 15～30.

Scholten, Henk J. and Stillwell, J. C. H., (1990), "Geographical Information Systems: The Emerging Requirements," Scholten, H. and Stillwell, J. (eds.), *Geographical Information Systems for Urban and Regional Planning* (Dordrecht: Kluwer Academic Publishers), 3~14.

Schumaker, Paul and Kelly, Marisa, (1999), "Affirmative Action, Principles of Justice, and the Evolution of Urban Theory," *Urban Affairs Review,* 34; 5: 619~640.

Schwarz, C. F., Thor, E. C., and Elsner, G. H., (1976), *Wildland Planning Glossary*(Washington, D. C. : U. S. D. A. Forest Services).

Scott, Allen J., (2000), "Global City Regions : Planning and Policy Dilemmas in a Neo-liberal World," Freestone, Robert(ed.), *Urban Planning in a Changing World*(London : E&FN Spon), 249~268.

———, and Roweiss, S. T., (1977), "Urban Planning in Theory and Practice : A Reappraisal," *Environment and Planning A,* 9 : 1097~1119.

Segerstahl, Boris and Vasko, Tibor, (1988), "Communication and Regional Planning: Some Systemic Remarks," Orishimo, I., *et al.*(eds.), *Information Technology*(Berlin : Springer-Verlag), 21~28.

Selman, Paul, (2000), *Environmental Planning*(London : Sage).

Sewell, W. D. R. and Coppock, J. C., (1977), "A Perspective on Public Participation in Planning," Sewell, W. R. D. and Coppock, J. C.(eds.), *Public Participation in Planning*(London : John Wiley & Sons), 1~25.

Shefer, Daniel and Kaess, Lisa, (1990), "Evaluation Methods in Urban and Regional Planning," *Town Planning Review,* 16; 1(Jan. 1990) : 75~88.

Sheller, M. and Urry, J., (2000), "The City and the Car," *International Journal of Urban and Regional Research,* 24; 4(2000) : 728~757.

Silver, Christopher, (1985), "Neighborhood Planning in Historical Perspective," *Journal of the American Planning Association,* 51; 2(1985) : 161~174.

Sim, Duncan, (1982), *Change in the City Centre*(Hampshire : Gower).

Simmie, J. M., (1974), *Citizens in Conflict : The Sociology of Town Planning*(London : Hutchinson).

Simmonds, D. C., (1986), "The Conflicting Aims of Planning," K. G. Willis (ed.), *Contemporary Issues in Town Planning*(Hampshire, England : Gower), 199~211.

Sites, William, (1997), "The Limits of Urban regime Theory," *Urban Affairs Review,* 32; 4(Mar. 1997) : 536~557.

Sjoberg, Gideon, (1960), *The Preindustrial City*(London : Free Press).

———, (1973), "The Origin and Evolution of Cities," Kingsley Davis (ed.), *Cities : Their Origin, Growth and Human Impact*(San Francisco : W. H. Freeman and Co.), 19~27.

Skea, Ralph, (1996), "The Strengths and Weaknesses of Conservation Areas," *Journal of Urban Design,* 1; 2(Jun. 1996) : 215~228.

Smit, J. de and Rade, N. L., (1980), "Rational and Non-rational Planning," *Long Range Planning,* 13(April 1980), 87~101.

Smith, Frank S. and Hester, Jr., Randolf, T., (1982), *Community Goal Setting* (Penn. : Hutchinson Ross).

Smith, Marc T., (1993), "Evolution and Conflict in Growth Management," Stein, Jay M.(ed.), *Growth Management*(London : Sage), 44~57.

Smith, Michael P., (1998), "The Global City-Whose Social Construct is it Anyway?," *Urban Affairs Review,* 31; 4(March 1998) : 482~488.

Smith, Richard W., (1973), "A Theoretical Basis for Participatory Planning," *Policy Science,* 4 : 275~295.

———, (1978), *Public Participation in Planning and Design,* Ph. D. Dissertation (California : University of California, Berkley).

Snyder, James C., (1979), "Fiscal Planning and Management," Catanese, A. and Snydwe, J.(eds.), *Introduction to Urban Planning*(N. Y. : McGraw-Hill), 320~337.

Soissons, Maurice de, (1988), *Welwyn Garden City : A Town Designed for Healthy Living*(Cambridge : Cambridge Univ. Press).

Soja, Edward W., (2000), *Postmetropolis*(Oxford : Blackwell).

Sorensen, Anthony D. and Day, Richard A., (1981), "Libertarian Planning," *Town Planning Review,* 52; 4(October 1981) : 390~402.

Spencer, James A., (1979), "Planning Agency Management," So, Frank S., *et al.*(eds.), *The Practice of Local Government Planning*(Washington, D. C. : ICMA), 61~89.

Spreiregen, Paul D., (1965), *Urban Design : The Architecture of Towns and Cities* (N. Y. : McGraw-Hill).

Starling, Grover, (1986), *Managing the Public Sector*(Chicago : The Dorsey Press).

Steinberg, Florian, (1996), "Conservation and Rehabilitation of Urban Heritage in Developing Countries," *Habit at International,* 20; 3(1996) : 463~475.

Steiner, Frederick, (1981), *The Politics of New Town Planning*(Ohio : Ohio Univ. Press).

Stewart, Murray, (1973), "Markets, Choice, and Urban Planning," *Town Planning Review,* 44; 3 : 203~220.

Stoker, Gerry, (1995), "Regime Theory and Urban Politics," Judge, D., *et al.* (eds.), *Theories of Urban Politics*(London : Sage), 54~71.

———, (1998), "Governance as Theory : Five Propositions," *International Social Science Journal,* 155(1998) : 17~28.

Stollman, Israel, (1979), "The Values of the City Planner," So, F., *et al.*(eds.), *The Practice of Local Government Planning*(Washington, D. C. : ICMA), 7~20.

Stopher, P. and Meyburg, A., (1975), *Urban Transportation Modeling and Planning* (Lexington, Mass. : Lexington Books).

Strange, Ian, (1996), "Local Politics, New Agendas and Strategies for Change in English Historic Cities," *Cities,* 13; 6(1996) : 431~437.

———, (1997), "Planning for Change, Conserving the Past : Towards Sustainable Development Policy in Historic Cities?," *Cities,* 14; 4(1997) : 227~233.

Stubbs, P., Tyson, W., and Dalvi, M., (1980), *Transport Economics,* Studies of Economics 15(London : George Allen & Unwin).

Suarez-Villa, Luis, (1988), "Metropolitan Evolution, Sectoral Economic Change, and the City Size Distribution," *Urban Studies,* 25(1988) : 1~20.

Sullivan, Arthur M., (1990), *Urban Economics*(Boston : Irwin).

Tatsuno, Sheridan, (1986), *The Technopolis Strategy*(N. Y. : Prentice-Hall).

Taylor, Lee, (1980), *Urbanized Society*(Santa Monica, California : Goodyear Publishing Co.).

Taylor, Nigel, (1980), "Planning Theory and the Philosophy of Planning," *Urban Studies,* 17; 2(June 1980) : 159~172.

———, (1998), *Urban Planning Theory since 1945*(London : Sage).

Taylor, Peter J. and Walker, D. R. F., (2001), "World Cities : A First Multivariate Analysis of Their Service Complex," *Urban Studies,* 38; 1(2001) : 23~47.

Teitz, Michael B., (1996), "American Planning in the 1990s : Evolution , Debate and Challenge," *Urban Studies,* 33; 4~5(1996) : 649~671.

———, (2002), "Progress and Planning in America Over the Past 30 Years," *Progress in Planning,* 57(2002) : 179~203.

Tewdwr-Jones, Mark, (1999), "Reasserting Town Planning : Challenging the Representation and Image of the Planning Profession," Allmendinger, P. and Chapman, M.(eds.), *Planning Beyond 2000*(Chichester : John Wiley & Sons), 123~149.

Thomas, Huw, (1996), "Public Participation in Planning," Tewdwr-Jones, Mark (ed.), *British Planning Policy in Transition*(London : UCL Press), 168~188.

Thomas, John C., (1995), *Public Participation in Public Decisions*(San Francisco: Jossey-Bass Publishers).

Thomas, Michael J., (1994), "Values in the Past : Conserving Heritage," Hwe Thomas(ed.), *Values and Planning*(Hunts : Avebury), 68~115.

Thomas, Wyndham, (1980), "Aims and Achievement of British New Towns I," IFHP Working Party on New Towns(ed.), *New Towns in National Development*(Milton Keynes, UK : Open Univ.), 189~192.

Thompson, Robin, (1990), "Believing in Green Planning," *Town & Country Planning,* 59; 5(May 1990) : 134.

Thompson, Wilbur R., (1965), *A Preface to Urban Economics*(Baltimore : The Johns Hopkins Press).

Thornley, Andy, (1996), "Planning Policy and the Market," Tewdwr-Jones (ed.), *British Planning Policy in Transition*(London : UCL Press), 189~204.

———, (1993), *Urban Planning Under Thatcherism*(London : Routledge).

Tolley, Rodney, (1990), "A Hard Road : The Problems of Walking and Cycling in British Cities," Tolley, R.(ed.), *The Greening of Urban Transport : Planning for Walking and Cycling*(London : Belhaven Press), 13~33.

Tuppen, John, (1979), "New Towns in the Paris Region : An Appraisal," *Town Planning Review,* 50; 1(1979) : 55~70.

Vermeiden, Ben, (2001), "Dutch Urban Renewal, Transformation of the Policy Discourse 1960-2000," *Journal of Housing and the Built Environment,* 16 (2001): 203~232.

Vigar, G., *et al.,* (2000), *Planning, Governance and Spatial Strategy in Britain*(London : Macmillan Press).

Vigar, Geoff and Healey, Pasty, (1999), "Territorial Integration and 'Plan-led' Planning," *Planning Practice & Research,* 14; 2(May 1999) : 153~169.

Voogd, Henk, (1983), *Multicriteria Evaluation for Urban and Regional Planning* (London : Pion).

———, (1983), "A Plea for Planning-oriented Research," Michael Batty and Bruce Hutchinson(eds.), *System Analysis in Urban Policy-Making and Planning*(N. Y. : Plenum Press), 545~564.

Wakeford, Richard, (1990), *American Development Control*(London : HMSO).

Walker, Bruce, (1981), *Welfare Economics and Urban Problems*(London : Hutchinson).

Wannop, Urlan, (1999), "New Towns," Cullingworth, Barry(ed.), *British Planning*(London : The Athlone Press), 213~231.

Wansborough, Meththew and Mageean, Andrea, (2000), "The Role of Urban Design in Cultural Regeneration," *Journal of Urban Design,* 5; 2(2000) : 181~197.

Weaver, C. Jessop, J. and Das, V., (1985), "Rationality in the Public Interest: Notes Toward a New Synthesis," Breheny, M. and Hooper, A.(eds.), *Rationality in Planning : Critical Essays on the Role of Rationality in Urban and Regional Planning*(London : Pion), 145~165.

Webster, C. J., (1993), (1994), "GIS and the Scientific Inputs to Urban Planning, Part 2 : Prediction and Prescription," *Environment and Planning B,* 21: 145~157.

———, "GIS and the Scientific Inputs to Urban Planning, Part 1 : Description," *Environment and Planning B,* 20 : 709~728.

Weiss, Shirley F., (1968), "Land Use Studies," Goodman, W. I. and Freund, E. C., *Principles and Practice of Urban Planning*(Washington, D. C. : ICMA), 106~136.

Weitz, Jerry, (1999), "From Quiet Revolution to Smart Growth : State Growth Management Programs 1960 to 1999," *Journal of Planning Literature,* 14; 2 (November 1999) : 267~337.

Wengert, Norman, (1983), "Land Use Policy," Stuart S. Nagel(ed.), *Encyclopedia of Policy Studies*(N. Y. : Marcel Dekker), 647~665.

White, Louise G., (1979), "Approaches to Land Use Policy," *Journal of the American Planning Association,* 45; 1(Jan. 1979), 62~71.

White, Rodney R., (1994), *Urban Environmental Management*(Chichester : John Wiley & Sons).

Whitehand, J. W. R., (1992), *The Making of the Urban Landscape*(Oxford : Blackwell).

Williams, R. H., (1984), "The United Kingdom," Williams, R. H.(ed.), *Planning in Europe*(London : George Allen & Unwin), 86~102.

Wilson, J. S., Tabas, P. and Henneman, M., (1979), *Comprehensive Planning and the Environment : A Manual for Planners*(Cambridge, Mass. : Abt Books).

Wirth, Louis, (1938), "Urbanism as a Way of Life," *American Journal of Sociology,* 43; 1, 1~24.

Witherspoon, Robert E., Abett, J., and Gladstone, R., (1976), *Mixed-Use Developments : New Ways of Land Use*(Washington, D. C. : Urban Land Institute).

Witzling, Larry, (1979), "Physical Planning," Catanese, A. and Snyder, J. (eds.), *Introduction to Urban Planning*(N. Y. : McGraw-Hill), 175~205.

Wright, F. L., (1935), "Broadacre City : A New Community Plan," LeGates, R. and Stout, F.(eds.), (2000), *The City Reader*(London : Routledge), 343~349.

Wood, C., (1988), "EIA in Plan Making," Wathern, Peter(ed.), *Environmental Impact Assessment*(London : Unwin), 98~114.

———, (1999), "Environmental Planning," Cullingworth, B.(ed.), *British Planning*(London : Athlone Press), 250~263.

World Bank, (1972), *Transportation*(Sector Working Paper, Washington, D. C.: World Bank).

Yiftachel, O., (1989), "Towards a New Typology of Urban Planning Theories," *Environment and Planning B,* 16 : 23~39.

———, (1998), "Planning and Social Control : Exploring the Dark Side," *Journal of Planning Literature,* 12; 4(May 98) : 395~406.

Young, Robert C., (1966), "Goals and Goal Setting," *Journal of the American Institute of Planners,* 32; 2(March 1966) : 76~85.

Zukin, Sharon, (1995), *The Culture of Cities*(Cambridge, Mass. : Blackwell).

Ⅰ. 인명색인

Ⅱ. 지명색인

Ⅲ. 사항색인

저자약력

서울대학교 사범대학 졸업
서울대학교 환경대학원 졸업(도시계획학 석사)
영국 쉐필드대학교(Univ. of Sheffield) 대학원 도시 및 지역계획학과 졸업
(도시 및 지역계획학 박사)
전남대학교 지역개발연구소장(역임)
전남대학교 경영대학(원)장(역임)
도시계획기사(1급) 출제위원(역임)
한국지역개발학회 회장(역임)
행정고시 출제위원(역임)
광주광역시 도시계획위원회 위원(현)
국토정책위원회 위원(현)
1978년 이래 전남대학교 경영대학 경제학부 지역개발전공 교수

저서 및 논문

지역개발론(공저), 법문사, 1990
계획이론, 박영사, 2001
한국의 도시성장특성
한국의 도시성장결정요인
서비스산업과 도시성장
생활의 질과 도시성장
외 다수 논문

제 3 판
도시계획학원론

1999年 2月 10日 初版發行
2003年 3月 10日 改訂版發行
2006年 3月 1日 第 3 版印刷
2006年 3月 10日 第 3 版發行

著 者 鄭 煥 庸
發行人 安 鍾 萬
發行處 (株) 博 英 社
서울特別市 鍾路區 平洞 13-31番地
電話 (733)6771 FAX (736)4818
登錄 1959. 3. 11. 제 300-1959-1 호(倫)

www.pakyoungsa.co.kr e-mail: pys@pakyoungsa.co.kr

定 價 33,000원 ISBN 89-7189-425-3